CHARLES DARWIN

**A origem das espécies
por meio de seleção natural**
ou
**A preservação das raças
favorecidas na luta pela vida**

Organização, apresentação e tradução
Pedro Paulo Pimenta

Ilustrações
Alex Cerveny

ubu

APRESENTAÇÃO

9   O grande livro de Charles Darwin
Pedro Paulo Pimenta

TEXTOS COMPLEMENTARES

639   Da tendência das espécies a formar variedades;
e Da perpetuação das variedades e espécies por meios
naturais de seleção (1858)
Charles Darwin e Alfred Russel Wallace

667   Três resenhas de *A origem das espécies* (1860)
Asa Gray, Thomas Huxley e Richard Owen

713   Esboço histórico – do progresso da opinião, anterior a esta
obra, sobre *A origem das espécies* (3ª ed. 1861)
Charles Darwin

727   Objeções variadas à teoria da seleção natural (6ª ed. 1872)
Charles Darwin

781   Autores e obras mencionadas na primeira edição

A ORIGEM DAS ESPÉCIES POR MEIO DE SELEÇÃO NATURAL

- 37 Introdução
- 47 I. Variação sob domesticação
- 93 II. Variação na natureza
- 115 III. Luta pela existência
- 141 IV. Seleção natural
- 203 V. Leis de variação
- 249 VI. Dificuldades relativas à teoria
- 295 VII. Instinto
- 341 VIII. Hibridismo
- 379 IX. Da imperfeição do registro geológico
- 417 X. Da sucessão geológica dos seres orgânicos
- 461 XI. Distribuição geográfica
- 505 XII. Distribuição geográfica – continuação
- 541 XIII. Afinidades mútuas entre os seres orgânicos. Morfologia. Embriologia. Órgãos rudimentares
- 599 XIV. Recapitulação e conclusão

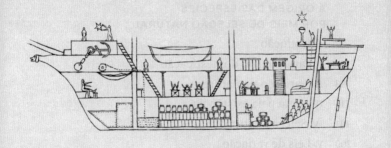

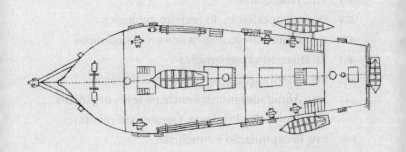

APRESENTAÇÃO

O grande livro de Charles Darwin

Pedro Paulo Pimenta

A primeira edição de *A origem das espécies por meio de seleção natural*, do naturalista inglês Charles Darwin, foi publicada em Londres em 1859. Como declarou o próprio autor, o livro é um resumo, redigido um pouco às pressas, do que seria uma obra muito mais extensa cujos germes remontam aos fins da década de 1830 e na qual Darwin vinha trabalhando arduamente entre 1856 e 1858, desenvolvendo uma teoria da seleção natural que ele mesmo formulara pela primeira vez em 1844. Esse projeto grandioso, inspirado, quanto à forma, e, em parte, também ao conteúdo, nos monumentais *Princípios de geologia* (1830-33), de Charles Lyell, permaneceu, porém, inacabado. Darwin chegou à redação do capítulo VIII, mais ou menos a metade do que ele tinha em mente (o que corresponde a mais do que o dobro da extensão total da *Origem*). Em sua versão condensada, cuja tradução o leitor tem em mãos, tornou-se a exposição de "um único argumento", ditado por uma circunstância inesperada.

No início de 1858, Darwin recebeu uma carta de seu colega, o também naturalista Alfred Russel Wallace, então em viagem de estudos pelos arquipélagos do sudeste da Ásia, com uma novidade surpreendente: Wallace encontrara o princípio de uma teoria da seleção natural com modificação, a partir de uma luta dos seres vivos pela vida – ou seja, a mesmíssima teoria que, desde a década de 1840, vinha revirando na cabeça de Darwin, mas a respeito da qual ele mantivera o mais completo silêncio. Dois naturalistas ingleses chegam, paralelamente, e mais ou menos na mesma época, a uma ideia original e a formulam praticamente nos mesmos termos. Esse prodígio foi celebrado em julho de 1858 pela leitura conjunta, na Linnean Society de Londres, da carta de Wallace a Darwin e de dois extratos de autoria deste, um vindo do ensaio de 1844 e o outro, do grande livro em preparação sobre a origem das espécies. Os artigos foram lidos por Charles Lyell e pelo botânico Joseph Hooker, amigos comuns a Darwin e Wallace. Nessa ocasião, a sociedade de eruditos decidiu que a prioridade sobre a teoria era de Darwin. O veredicto foi bem recebido por Wallace, posto que, em seu entender, era de seu colega, em todo caso, a formulação mais bem-acabada da teoria compartilhada. A Darwin coube a glória da posteridade, à sombra da qual os trabalhos de Wallace permanecem até hoje.

É claro que essa coincidência tem um elemento de acaso. Mas não é apenas disso que se trata. Na terceira edição da *Origem*, publicada em 1861, Darwin inseriu, um pouco a contragosto, é verdade, um "Esboço histórico" em que nomeia supostos precursores de sua própria teoria. É um texto estranho, em que consta o nome de muita gente que nada tem a ver com essa história. Mas sua leitura sugere, ao mesmo tempo, que a história natural do século XIX estava preparada, em certa medida, para aceitar que a descendência com modificação por seleção natural é o princípio que melhor explica a forma atual dos seres vivos, as relações de parentesco entre eles, seu comportamento, sua distribuição pelo globo e os elos que os ligam aos seres vivos que existiram outrora e se extinguiram.

Nesse texto, Darwin é justo para com seus predecessores. Presta a devida homenagem a Jean-Baptiste Lamarck, autor de uma *Filosofia zoológica* (1809), em que as formas dos seres vivos são compreendidas em constante transformação, segundo relações com o meio circundante; celebra Étienne Geoffroy Saint-Hilaire, colega de Lamarck no Museu de História Natural de Paris, proponente da ideia de que os seres vivos remontam a um germe primordial único; sem esquecer seu desafeto, Richard Owen, que rechaçara a ideia de que a integração funcional deveria servir como princípio privilegiado de compreensão e estudo da natureza orgânica; e não se esquece de seu avô, Erasmus Darwin, leitor assíduo de Buffon e dos enciclopedistas franceses, que, em um poema intitulado "Zoonomia", vislumbrara, é verdade que com as tintas da fantasia, as formas orgânicas em constante mutação, desde as mais remotas épocas. Longe, portanto, de ser uma flor rara, que brota e se desenvolve em meio a um deserto, a teoria de Darwin floresceu em um solo que, de algum modo, favorecera o seu desabrochar.

A *biologia*, como ciência com objeto próprio, dotada de princípios e procedimentos consolidados, surgiu apenas no século xix, graças, em boa parte, à contribuição do próprio Darwin (mas não podemos esquecer Gregor Mendel e Claude Bernard). Sempre houve, contudo, por toda parte, um *pensamento biológico*, o interesse ou a preocupação de explicar a origem, o modo de existência e de operação dos seres organizados, e também um fenômeno a um só tempo óbvio e estranho, concomitante a eles: a vida. Desde a Antiguidade Clássica, no Ocidente, mas também com os chineses, os hindus, sem mencionar os povos ameríndios e as nações da África, foram e vêm sendo adotadas as mais diferentes práticas medicinais, que incidem no corpo e o concebem segundo variados modelos, produzindo saberes sobre a organização vivente. A anatomia e a fisiologia surgiram como ciências ou artes até certo ponto indissociáveis da medicina. E a taxonomia, ou ciência da classificação dos seres naturais, é um procedimento que se poderia dizer universal da razão humana – cuja função lógica essencial consiste, no entender de muitos filósofos, no ato de reunir diferentes indivíduos particulares sob denominações gerais, produzindo, assim, uma representação estável da experiência sensível.

Certamente uma presença inusitada no "Esboço histórico" de Darwin é a de Aristóteles, que dificilmente poderia ser considerado um pioneiro de ideias transformistas ou evolutivas. Darwin parece ter se deixado levar pela sugestão de um colega, que, inclusive, forneceu-lhe uma tradução questionável de uma passagem do tratado *Das partes dos animais*. Mas não deixa de ser justo que, mesmo por vias tortas, o filósofo grego esteja à frente do desconjuntado elenco de precursores da *Origem das espécies*. Pois, como notou o biólogo escocês D'Arcy Thompson, autor de *On Growth and Form* [Sobre crescimento e forma] (edição definitiva de 1942), cabe a Aristóteles o mérito da invenção da biologia, senão como ciência à parte, ao menos como ramo de uma filosofia que concebe a si mesma como a ciência da compreensão racional do mundo sensível. Aristóteles e seus discípulos, entre eles Teofrasto, praticaram a taxonomia com afinco, tomando como princípio de classificação dos seres vivos as características estruturais identificadas em sua anatomia e fisiologia. Essa coordenação entre diferentes ramos do saber estará presente na história natural até o início do século XIX, em meio às numerosas transformações pelas quais passa essa ciência.

Na Antiguidade, e também, posteriormente, na Modernidade, os seres vivos serão vistos, pelas mais diferentes perspectivas, a partir de um mesmo prisma: a ideia de que eles devem ser explicados em termos de integração funcional, de relação necessária entre as partes e o todo, e, portanto, a partir da suposição de que uma finalidade governa não apenas a sua existência, como também o seu modo de atuação. Examinando-se a forma, identificam-se as funções a que ela responde e constata-se que são estas, afinal, que determinam o caráter daquela. Essa lei geral do estudo dos seres vivos quase não foi contestada desde que Aristóteles a formulou, e por boas razões: pouco importa se verdadeira ou não, se correta ou não, é uma lei tão forte, tão pertinente, que produziu ao longo dos séculos conhecimentos consideráveis acerca dos seres vivos. Daí a sua autoridade.

A partir do século XVII, porém, essa ideia começa a ser reexaminada, e seus fundamentos são colocados em questão. O primeiro ataque vem de Espinosa, que na *Ética* (1677) relega a ideia de finalidade ao rol das ilusões produzidas pela imaginação humana. Na Natureza (ou Deus), se devidamente conhecida pela razão, nada há que almeje um fim, tudo é o que tem de ser e deve ser. Assim, dizemos, por comodidade, que os dentes foram feitos para mastigar; porém, alerta o filósofo holandês, mais correto seria afirmar que a mastigação é uma atividade tornada possível pela forma dos dentes.

Mais de um século depois, nos *Diálogos sobre a religião natural* (1779), o filósofo escocês David Hume tratará de desvendar o dispositivo pelo qual a imaginação humana encontra fins onde eles não existem. É uma questão de hábito: para simplificar as coisas, temos o costume, não consciente, de compreender os seres vivos como se eles fossem máquinas. Mas toda máquina é uma fabricação humana e, como tal, responde a uma finalidade, cuja realização está inscrita em sua forma. Os organismos, ao contrário, não são fabricados, mas gerados, e não respondem a nenhum fim além da sua própria reprodução, ou, para falarmos nos termos da época, a reiteração da forma da espécie.

Paralelamente, os naturalistas vinham constatando que há certos aspectos da natureza organizada, na verdade bastante importantes, que as causas finais simplesmente não explicam e, talvez, até impeçam que sejam compreendidos. Por exemplo, a ideia de que os seres vivos seriam unidades funcionais integradas parece excluir necessariamente a possibilidade de que eles tenham algo como uma *história*: as espécies são formas, e cada uma, como distinta das demais por características singulares e conspícuas, sempre existiu e sempre existirá como ela mesma. Isso vale mesmo na suposição de formas extintas: não há nem jamais houve outra espécie como a preguiça-gigante (ou megatério), por exemplo: cada forma permanece única e idêntica a si mesma. Nesse modo de ver as coisas, a vida não tem dinâmica de transformação, e a natureza não tem história, é uma galeria de formas, dispostas às vezes em ascensão (culminando no homem), outras vezes em ramificação, mas, em todo caso, isoladas umas das outras. Uma espécie que preserva a própria existência, que evita a extinção, é uma reiteração de si mesma como forma e nada mais.

Esse modo de pensar tem seu mérito. Como mostrou o grande anatomista francês Georges Cuvier, para compreender o modo de operação das funções de um ser vivo é melhor tomá-lo como espécie isolada do que em continuidade com outras espécies. O método funciona: para demonstrar que certas ossadas fósseis encontradas na Europa setentrional e na taiga siberiana pertencem a uma espécie extinta de animal, diferente das atuais espécies de elefantes, Cuvier se detém na forma dos dentes dessas ossadas, cuja peculiaridade é suficiente para isolar o mamute do elefante e concebê-los em relação de descontinuidade. Se, em 1795, quando promoveu essa demonstração, Cuvier tivesse recusado a ideia de integração funcional, provavelmente não teria solucionado o quebra-cabeças colocado pelas ossadas (ele repetirá feitos similares numerosas vezes, incluindo o já mencionado megatério). Levada às últimas consequências, ou ao seu ponto máximo de coerência e complexidade, a teoria dos seres vivos como unidades funcionais integradas não somente exclui algo como uma história da natureza, como também *prescinde* dela – como demonstra Cuvier no prefácio a *Le Règne animal distribué d'après son organisation* [O reino animal disposto segundo sua organização] (1817).

Nas teorias de um Lamarck ou de um Geoffroy Saint-Hilaire, colegas e rivais de Cuvier em Paris, a dicotomia entre forma e tempo é suprimida. A inteligibilidade do organismo, o caráter específico das formas dos diferentes seres vivos, é a chave para a sua história, que, uma vez reconstituída, explicará por que, afinal, os seres vivos têm a forma que têm. As espécies são o resultado de um processo de desenvolvimento de disposições originárias inscritas em uma forma primordial, que conteria em si mesma ou todas as combinações possíveis entre as partes de um organismo, ou então o germe dessas possíveis combinações. Para Lamarck, como para Geoffroy, a história da vida pode ser contemplada, em seu arco temporal completo, na diversidade das formas viventes que temos diante de nós, da mais simples e seminal à mais complexa e bem-acabada. Em um lance magistral, Geoffroy adota o termo "anatomia transcendental" (Cuvier falava em "anatomia comparada") para se referir à ciência que, pelo estudo comparado de estruturas, órgãos e funções, estabelece as homologias que permitirão reconstituir a linha de descendência das espécies. Nessa teoria, não há extinção, ou, se há, ela tem um papel menor, e é sempre possível que todo fóssil que não coadune com formas atuais conhecidas corresponda, em última instância, a uma forma atual que resta por conhecer (no início do século XIX, a superfície da Terra guarda mistérios ao abrigo da curiosidade humana – como, aliás, continua sendo o caso).

Nesse ponto, começamos a vislumbrar a força e a amplitude com que o gênio de Darwin irá despontar. A anatomia transcendental minimiza a ideia de extinção, enquanto a anatomia comparada a valoriza ao máximo. Darwin mostra que ambas as perspectivas estão parcialmente corretas e são, portanto, igualmente insuficientes. Como geólogo tarimbado que era, seguidor das teorias de Lyell, mas dotado de ideias próprias, ele nos convida a pensar: e se os vestígios das eras perdidas, os registros fósseis que, no decorrer do século XIX, vão se tornando cada vez mais comuns, fossem lidos não como testemunho de formas perdidas, radicalmente diferentes das atuais, mas como sugerindo possíveis elos, parciais e insuficientes, é verdade, entre formas perdidas e as formas atualmente existentes, e, assim, compusessem uma narrativa – a da progressiva diversificação das formas de vida no planeta Terra? Então, essa palavra, "vida", designaria não um princípio, tampouco um objeto, mas um efeito temporal, referindo-se a uma história, que não seria mais uma exposição de formas acabadas nem uma progressão fixa, com hora para começar e ponto culminante previstos desde o início, mas algo mais interessante e complexo, a história do desenvolvimento de formas possíveis a partir de um ou mais germes primordiais, formas essas cuja perfeição será medida não pela sua complexidade, tomando-as em si mesmas, mas pelo seu grau de adaptabilidade a certas situações, circunstâncias às quais elas constituem uma resposta – não definitiva, mas provisória, e como que em constante reformulação.

Se falamos aqui em adaptabilidade a *situações*, e não a meios, é porque, nas teorias imediatamente anteriores à de Darwin, vigora uma oposição geral, independentemente do autor em questão, entre a vida e o meio, entre um elemento positivo, circunscrito a uma forma, de afirmação de um impulso constitutivo, e um elemento negativo, difuso, que agride constantemente e ameaça a destruição do primeiro. A vida como afirmação, como princípio interno estruturante da forma orgânica, o meio como sua negação ativa. Essa dicotomia não tem sentido para Darwin, que, embora não desconsidere o elemento "climático e físico", como ele diz, na adaptação das espécies, relega-o a segundo plano, ao mesmo tempo que distingue dele um elemento à parte.

Doravante, a oposição não será mais entre o animado e o inanimado, mas entre as diferentes espécies de seres vivos, em luta incessante por recursos de sobrevivência escassos em relação à quantidade de indivíduos que se encontram em uma região qualquer em um momento qualquer.

A introdução de uma perspectiva nova na história natural permitirá a Darwin abandonar, logo de saída, um velho dogma, estabelecido desde Aristóteles e vigente ainda no século XIX. Pois, doravante, não se tratará mais de ver nos seres vivos individuais a especificação de uma estrutura geral que os perpassa e os condiciona. Não haverá mais, no limite, espécie alguma: tudo são indivíduos em constante variação, que compõem grupos, integrados em populações que vivem em proximidade e competem umas com as outras, sofrendo mutações (ou "conversões", como também se exprime Darwin), cuja durabilidade, garantida pelo êxito, permite que sejam tomados como espécies ou como variedades. Essa questão de nomenclatura, tratada por Darwin com máxima atenção, permitirá a composição de um quadro taxonômico que é também a história da ramificação (e da extinção) das espécies a partir de parâmetros gerais originais. Darwin fala em *parâmetros*, no plural – *patterns* –, como sendo tudo o que a experiência permite pressupor, aproximando-se assim, por um momento, de Cuvier; mas reconhece, na conclusão da obra, que Lamarck e Geoffroy Saint-Hilaire não deixam de ter razão: é *logicamente* necessário postular, nas profundezas do tempo, uma única forma primordial, origem comum de *todos os seres vivos*.

É certo que esse processo de especificação ou variação se dá com elementos fisiológicos e possibilidades anatômicas restritas, porém suficientes para que se produzam, de acordo com exigências circunstanciais, as mais variadas combinações. Darwin fala em formas superiores, referindo-se com isso aos seres vivos mais complexos, os mamíferos, e em formas inferiores, os moluscos, por exemplo. Mas esse modo de falar não julga a perfectibilidade das variações e espécies, sempre relativa a circunstâncias; muitas vezes, as formas menos complexas são as mais perfeitas, quer dizer, as mais bem-adaptadas às circunstâncias. Conclui-se que entre a vida e o meio circundante não existe ajuste prévio: pelo contrário, os seres vivos têm de variar, incessantemente, em um processo imperceptível. No mundo natural, visto pelas lentes de Darwin, não há teleologia nem fins. Esta é uma das consequências mais profundas da *Origem das espécies* e, talvez, também uma das mais difíceis de se aceitar. A "ordem" que temos diante de nós não passa de uma solução temporária e provisória, um momento exíguo na história da vida, que irá se alterar de modo e em uma direção imprevisíveis. O interessante é que, em meio a essa indeterminação, a história da vida reitera um equilíbrio, e Darwin utiliza com gosto a expressão "economia da natureza", que, até então – nas obras de um Lineu, por exemplo –, tinha sabor teológico, para significar com ela a distribuição, entre os seres vivos, dos recursos escassos que facultam sua sobrevivência.

Os indícios dessa história, que fornecem a chave para encontrar seu fio e discernir suas múltiplas direções, são identificados por Darwin nas modificações que diferenciam os seres vivos entre si. Sem isso, a tarefa do naturalista se reduziria ao *guesswork* (para falarmos com Darwin) de um detetive que busca pistas sem saber quais seriam elas

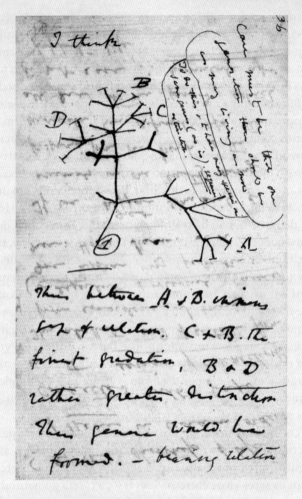

Esquema geral de ramificação das espécies por seleção natural, segundo Darwin, década de 1840.

nem tampouco onde encontrá-las. As "diferenças mínimas" (*slight differences*) entre um indivíduo e outro são mensuráveis; toda modificação se dá como "quantidade" (*amount*), o que significa que não se deve buscar linhas de diferenciação nas grandes alterações mais evidentes; ao contrário, o trabalho do naturalista exige paciência, acuidade e discernimento incomuns, sem o que ele não poderia identificar, na superfície dos corpos e em sua estrutura, os tênues sinais da mudança. O anseio de cientificidade que move a *Origem das espécies* como livro encontra assim a sua realização efetiva: a seleção natural por modificação de caracteres transmitidos é um processo tal, em que as modificações vão se acumulando incessantemente, de maneira cega, e os seres organizados são o lugar em que essa acumulação quantitativa se torna visível.

Como reconhece o próprio Darwin na introdução, a ideia da seleção natural entrelaçada à luta pela existência ou pela vida ocorreu-lhe a partir da leitura do *Ensaio sobre o princípio da população* (1798), do inglês Thomas Malthus. E, ao longo da *Origem*, são claras as ocasiões em que o vocabulário do naturalista bebe no dos economistas. Essa aproximação pode parecer inusitada, mas, na verdade, a própria economia política realizara, desde os fisiocratas até Adam Smith, empréstimos de monta junto ao vocabulário da fisiologia. Não se trata apenas, com essa apropriação, de uma maneira de falar, de simples metáforas alusivas e despretensiosas. Pelo contrário, essas convergências permitem a Darwin situar a história natural em um campo teórico à parte, adquirindo completa independência em relação à filosofia e à teologia e tornando-se, a exemplo da economia política e da fisiologia, uma ciência interessada, sobretudo, na produção de estados de equilíbrio entre necessidades e meios de satisfazê-las por meio de processos dinâmicos de circulação de bens ou recursos. A dimensão econômica da teoria de Darwin está presente desde o modelo geral da competição entre os seres vivos pelos recursos de sua sobrevivência até o vocabulário, que, por vezes, se torna fortemente político – falar-se-á em "territórios", "domínios" e "províncias" dessa *polity*, ou república, que é a Natureza. A história natural pode agora tornar-se história da natureza, as formas têm um destino incerto, e é com um misto de curiosidade e assombro que acompanhamos suas variações.

História fascinante, de contornos novos e inusitados, que a prosa de Darwin conta de maneira sedutora. É difícil resistir a ela. *A origem das espécies* é um ensaio, um livro de teoria, filosófico mesmo, em que uma ideia é delineada e, como reconhece o autor, apenas parcialmente demonstrada. Como tal, oferece eventuais dificuldades de leitura e compreensão. Mas estas são, via de regra, superáveis, graças ao efeito cumulativo das explicações. Como se trata, em toda parte, de um só e mesmo argumento, Darwin não se cansa de repetir o que já foi dito, variando o contexto e aproveitando para iluminar algo que porventura não ficara claro. De resto, as dificuldades são compensadas pelo deleite com o inesperado, o desconcertante, o maravilhoso. Quer se trate de plantas, animais ou minerais, o que interessa a Darwin é ler o mundo natural, decifrá-lo, encontrar a trajetória das mudanças que o afetam, reconstituir sua economia, traçar sua história. Abordar a natureza como se fosse um livro, retomando a metáfora de Galileu, também utilizada por Cuvier: dar voz a coisas silenciosas, ver nas ruínas do

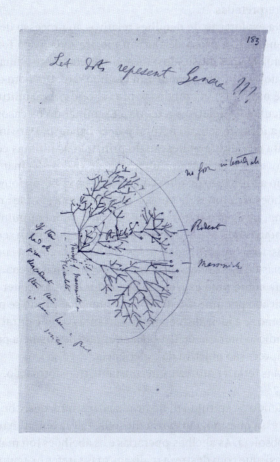

Ramificação dos roedores e marsupiais a partir de uma mesma matriz, segundo Darwin, década de 1850.

tempo não o caos, mas tantas inscrições a serem decifradas e interpretadas.

Na exploração de detalhes relativos ao processo de seleção natural, a prosa de Darwin mostra toda a sua força e produz efeitos inusitados, tocando diretamente a imaginação do leitor e provocando um fascínio raro. Um bom exemplo é o capítulo VI, um dos pontos altos da obra, intitulado "Dificuldades relativas à teoria". Examinando os casos em que a ideia de seleção natural parece balançar, Darwin não hesita em levar a aplicação do princípio às últimas consequências – o que produz uma série de visões alucinatórias, como a formação do olho como órgão da visão, ao longo de milhões e milhões de anos, a partir de uma simples membrana; bexigas natatórias que se convertem em pulmões; brânquias que se tornam asas; peixes que poderiam ser pássaros; focas quadrúpedes; ursos que se metamorfoseiam em baleias de água doce; ornitorrincos com penas; a cauda da girafa como uma espécie de abanador que parece ter sido fabricado por uma arte tal como a humana... Tudo se passa aí como se a ideia de metamorfose, tantas vezes central para a tradição literária ocidental, adquirisse pertinência para a compreensão objetiva da experiência.

Mas teria a natureza, em constante transformação, uma arte?

Lendo o capítulo VII, dedicado ao instinto, descobrimos que essa questão, tão cara à filosofia, talvez tenha se tornado obsoleta. As abelhas-operárias e os abelhões (ou mamangabas), que com destreza realizam suas tarefas e organizam uma vida social, as desconcertantes formigas escravizadoras, que não têm como sobreviver sem que um serviçal execute cada uma de suas tarefas mais vitais – o que eles teriam a nos ensinar a respeito da arte humana e dos procedimentos racionais de que tanto nos vangloriamos? A lição que aprendemos com a *Origem* não poderia ser mais devastadora para o amor-próprio da nossa espécie, que subitamente vê sua racionalidade reduzida a uma função instintiva, a um recurso que desenvolvemos, fortuitamente, e que nos auxilia a prosperar na luta pela sobrevivência. É bem menos do que gostaríamos, mas é (ou foi, até há pouco) o suficiente. O sentimento de humildade que essas páginas deveriam inspirar é reiterado nos capítulos dedicados à geologia, em que se encontra uma diluição do tempo cronológico com o qual medimos e julgamos as coisas, substituído por um imensurável tempo geológico, mais dilatado do que tudo o que o nosso entendimento seria capaz de conceber. Nessa nova escala, que Darwin busca com os *Princípios de geologia* de Lyell, a vida é um elemento entre outros, surgido recentemente, e de destino incerto. O corolário dessas proposições é a destituição dos privilégios da espécie humana, que deixa de ser o centro do mundo natural – e, contrariamente ao que se costuma pensar, tampouco adquire a prerrogativa de ser o cume do processo evolutivo.

É óbvio, por essas razões, que a ousada teoria proposta por Darwin, se aceita, tem implicações bastante negativas para certas concepções filosóficas e teológicas ainda vigentes na Europa de sua época (em especial na Inglaterra), principalmente aquelas que veem no mundo uma ordem justa e estável, uma verdadeira máquina construída ou fabricada por um artífice inteligente: Deus. Essa doutrina não é, como poderiam pensar alguns, pura superstição; ao contrário, é conhecida pelo honorável título de "teologia racional", e ela é isso mesmo: uma concepção ponderada e refletida acerca da existência de Deus e da ordem do universo, não um delírio qualquer, mas uma doutrina diretamente inspirada em Newton. O que Darwin faz não é bem combater as trevas da superstição, que não lhe dizem respeito – e que, de resto, o pensamento de sua época julgava estarem devidamente suprimidas –, mas sim contestar e abalar certos dogmas da razão, da ciência de seu tempo. Sua obra não é combativa, é crítica; não ataca, examina. E questiona, sobretudo, a pertinência, para a história natural, da crença na criação divina e na superioridade da espécie humana em relação aos demais seres vivos. Nessa medida, pode-se dizer que *A origem das espécies* não é uma história escrita pelo prisma do homem.

Um testemunho da solidez do argumento desenvolvido por Darwin é o forte entrelaçamento entre, de um lado, a formulação conceitual da teoria da seleção natural e, de outro, as evidências em prol dela. Não se trata simplesmente de corroborar uma ideia levantando exemplos a seu favor como testemunhos. Mais do que isso, a ideia mesma vai sendo formada e estruturada, ao longo do livro, a partir dos numerosos exemplos mobilizados por Darwin (nos manuscritos há muitos mais), com base em extenso conhecimento da botânica, da zoologia, da fisiologia, da anatomia, da geologia, obtidos com a melhor literatura, incluindo as técnicas de cultivo de plantas e animais; mas também, e é fundamental destacar, a partir de pesquisas de campo e experimentos realizados por conta própria. Darwin prefere, ao conforto do gabinete, as viagens, as estufas e os apiários, as fazendas e os jardins, que lhe fornecem uma perspectiva viva, detalhada e nuançada dos processos que se desenrolam no mundo natural (incluindo os promovidos pelo agenciamento humano). Seus organismos têm comportamento próprio, realizam ações concretas, surgem e desaparecem, não são estruturas abstratas ou ideias gerais nem unidades taxonômicas. Contra esse teórico de fôlego e investigador incansável, analista minucioso e expositor hábil, os argumentos da teologia natural e da religião se mostrarão, e continuam a se mostrar, desoladoramente ineficazes, para não dizer inapropriados.

Mas não é somente a teologia que tem arranhada a sua reputação na *Origem das espécies*. Também o *establishment* científico da época se vê atingido em cheio. Não faltam a Darwin, isso é verdade, aliados de primeira hora. Além de Alfred Russel Wallace, cabe mencionar dois convertidos, o grande geólogo Charles Lyell e o botânico Joseph Hooker, o zoólogo Thomas Huxley, o filósofo Herbert Spencer, todos eles britânicos, sem esquecer o naturalista norte-americano Asa Gray. Diga-se de passagem, o nome de Gray figura, ao lado de uns poucos outros, entre os fundadores da história natural nos Estados Unidos. O maior deles é certamente o suíço Louis Agassiz, aluno de Cuvier, que, além de ter sido um taxonomista exímio, fundou, em 1846, o Museu de História Natural de Harvard, contribuindo de modo decisivo para a consolidação da prática da história natural na América do Norte. Agassiz merece, naturalmente, todo o respeito da parte de Darwin. Mas sua posição, em biologia, pode ser descrita como o que se convencionou chamar de "fixismo": postula que as espécies surgiram ou foram criadas em locais separados, em diferentes momentos do tempo, como entidades à parte, e são eternas. É uma teoria derivada daquela de Cuvier (que em nenhum momento, porém, discute a questão do surgimento das espécies). Darwin a chama de "teoria da criação independente das espécies".

Na Inglaterra, o grande anatomista e paleontólogo Richard Owen, membro do British Museum e fundador no Museu de História Natural (instituição que Darwin *não julgava* necessária), busca um compromisso (que se mostra bastante delicado) entre o fixismo e a anatomia transcendental. Darwin alude respeitosamente a Agassiz logo na abertura do "Esboço histórico", mas não poupa Owen (a quem sua própria teoria tanto deve) de seus sarcasmos, apontando impiedosamente para uma característica inegável dos escritos deste último: a ambiguidade ou indefinição de suas concepções teóricas acerca do modo de organização dos seres vivos. Owen era mesmo, vez por outra, um pouco confuso. Mas não é por uma razão meramente pessoal que a teoria formulada por Darwin parece a Owen ofensiva. As novas ideias têm o efeito imediato de alterar por completo a configuração da história natural. Subitamente, mudam não apenas as suas bases teóricas, como também, e muito mais, altera-se o seu objeto e abre-se todo um campo de investigação, que se mostra, desde o início, praticamente irrestrito (e continua a ser o caso). Junto ao *establishment*, reinará doravante uma sensação desconfortável, de insegurança, que só será suprimida quando a "teoria da descendência com modificação" – denominada por Darwin, na 6ª edição, de 1872, de "teoria da evolução" – tornar-se, ela mesma, após uma longa batalha mais institucional do que propriamente científica, um saber oficial, princípio e base de uma nova ciência: a biologia evolutiva.

Em 1790, setenta anos antes da publicação da *Origem das espécies*, o filósofo alemão Immanuel Kant sentenciou: "Jamais haverá um Newton da folha de relva". Darwin provavelmente discordaria desse vaticínio, e não há dúvida de que sua ambição declarada de se tornar o Newton da História Natural foi ao menos em parte justificada pelo impacto imensurável da *Origem das espécies*. Seria um erro, porém, buscar nesse livro o programa de uma ciência. A importância da teoria da descendência com modificação por seleção natural reside, sobretudo, na mudança de perspectiva que ela trouxe, a ponto de se tornar possível uma nova ciência, a biologia, fundada no princípio de que os organismos são unidades constituídas historicamente, da combinação e da variação de certas componentes que os perfazem. Essa variação, como mostra Darwin, não é funcional, não se dá a partir de um ajuste entre meios e fins. Ao contrário, é contingente: os seres vivos não têm razão de ser para além da manutenção (ou diríamos: a reiteração) do estado que os define como tais. Paralelamente ao reconhecimento desse fato, ao longo do século XIX, veio o desenvolvimento da fisiologia experimental, com Claude Bernard, que consolidou os procedimentos da biologia como ciência empírica, sem o que, como alerta Darwin, nenhuma teoria se sustenta; e da genética, com Mendel, que confirmou e expandiu a intuição fundamental, exposta na *Origem das espécies*, de que "o elemento da descendência é o elo secreto de conexão" entre todos os seres vivos, formando um único e mesmo sistema.

Isso não significa que todos os fatos relativos à natureza organizada devam ser deduzidos com base nos princípios estabelecidos pela teoria de Darwin. O mundo da experiência, como o próprio Darwin declara, excede os limites da nossa razão, e é natural, e mesmo necessário, que os biólogos, cientistas e filósofos recorram a explicações complementares que muitas vezes mitigam a força das conclusões a que Darwin chegou. Não fazê-lo seria prova de um dogmatismo medíocre, que não coaduna com a inteligência que pulsa nas páginas da *Origem das espécies*. É a melhor maneira, inclusive, de se prevenir contra o mau uso das ideias de Darwin, que, distorcidas, forneceram as bases das teorias de eugenia e pureza racial que assombraram o mundo na primeira metade do século XX (e volta e meia teimam em ressurgir, especialmente na Europa).

O que nos leva ao problema da extensão da teoria biológica de Darwin ao domínio social, de resto prevista na conclusão da *Origem*. Desde o século XIX, o impacto do darwinismo na compreensão dos fenômenos humanos tem sido considerável, a começar pelo marxismo, passando pela psicanálise e chegando à atual tentativa de redução dos fenômenos sociais a fatos biológicos. E, de fato, recusar o valor da teoria de Darwin às ditas "ciências humanas" seria restituir à nossa espécie o mesmo privilégio de que foi privada pela biologia: não estamos no centro da natureza, não somos mais perfeitos que os outros seres vivos, e é questionável que tenhamos uma compreensão adequada de nosso papel em uma história que, como disse uma vez Lévi-Strauss, começou muito antes de nós e terminará sem a nossa presença. Mas, antes de tomarmos o pensamento de Darwin como a tábua de salvação de nosso exíguo entendimento das coisas, é bom lembrarmos que toda teoria tem seus limites. Não há dúvida de que o nosso século, muito mais do que o anterior, começou como o século de Darwin. Porém, como diz o filósofo (darwinista) Jean Gayon, essa ascendência provavelmente está fadada a desparecer, e não tardará para que Darwin se torne uma referência central, entre outras, para compreendermos não apenas o mundo da natureza, mas também o complexo modo como concebemos a nossa pertença nele, ao mesmo tempo que teimamos em insistir no caráter privilegiado de nossa espécie racional (os preconceitos teológicos são tenazes).

Cientista e pensador, Darwin foi também, à sua maneira, um escritor, que produziu uma obra volumosa e interessante. É uma pena que ela ainda não tenha sido objeto de uma edição crítica. O leitor interessado em descobrir Darwin em inglês pode começar pela edição fac-símile do original da *Origem das espécies*, com prefácio do grande biólogo alemão Ernst Mayr.[1] O segundo passo é visitar o excelente darwin-online.org.uk, que oferece, em formato PDF, a edição original dos escritos publicados e a reprodução dos manuscritos, incluindo, além dos ensaios seminais de 1842 e 1844 e dos capítulos redigidos para o "*big book*" entre 1856 e 1858, uma ampla bibliografia crítica e uma lista de traduções.

A história da recepção de Darwin em língua portuguesa vem sendo reconstituída por estudiosos no Brasil e em Portugal. Mas não se pode dizer que seja um autor considerado clássico entre nós, ao menos a julgar pela quantidade relativamente pequena de traduções publicadas. Atualmente, o leitor brasileiro conta com algumas versões da *Origem*, algumas corretas, outras nem tanto. Em relação a outros escri-

---

1 18ª ed. Cambridge, MA/Londres: Harvard University Press, 2003.

tos, há uma excelente tradução de *A expressão das emoções no homem e nos animais*, texto de 1872.[2] Com alguma sorte, pode-se encontrar nos sebos uma tradução parcial, embora representativa, da *Viagem de um naturalista ao redor do mundo*, de 1871.[3] Há também dois preciosos volumes de correspondência seleta: *As cartas de Charles Darwin: Uma seleta, 1825-1859*; e *A evolução: Cartas seletas de Charles Darwin, 1860-1870*.[4] A mesma casa editorial publicou a biografia de autoria de Janet Browne em dois volumes: *Charles Darwin: Viajando* e *Charles Darwin: O poder do lugar*.[5]

Não existe uma introdução canônica à obra de Darwin que tem sido objeto das mais variadas abordagens e interpretações. Mas o leitor pode contar com a urbanidade de Stephen J. Gould, que, além de ter escrito *Darwin e os grandes enigmas da vida*,[6] é autor de numerosos outros estudos, incluindo contribuições originais à teoria da evolução. O estudo introdutório de Julian Huxley, *O pensamento vivo de Darwin*,[7] apesar de datado, oferece uma apresentação clara e confiável do argumento da *Origem das espécies*. A história do pensamento de Darwin e de como ele chegou à sua teoria oferece material para um romance dos mais interessantes. Poucos a contaram tão bem

---

2 Trad. Leon de Souza Lobo Garcia. São Paulo: Companhia das Letras, 2000.
3 Trad. J. Carvalho. São Paulo: Abril Cultural, 1975.
4 Org. Frederick Buckhardt, trad. Vera Ribeiro. São Paulo: Unesp, 1999; trad. Alzira Vieira Allegro. São Paulo: Unesp, 2009, respectivamente.
5 Trad. Gerson Yamagami (vol. 1) e Otacílio Nunes (vol. 2). São Paulo: Unesp, 2011.
6 Trad. Maria Elizabeth Martinez. São Paulo: Martins Fontes, 1987.
7 Trad. Paulo Sawaya. São Paulo: Martins, 1960.

como Michael Ruse em *The Darwinian Revolution: Science Red in Tooth and Claw*.[8] Uma exploração mais teórica, porém não menos interessante, pode-se encontrar em Dov Ospovat, *The Development of Darwin's Theory*,[9] e em Robert J. Richards, *The Meaning of Evolution*.[10] A primeira e mais completa formulação do darwinismo como visão de mundo deve-se a Alfred Russel Wallace, *Darwinismo: Uma exposição da teoria da seleção natural com algumas de suas aplicações*.[11] O lugar da teoria da *Origem das espécies* na história do pensamento biológico é situado por William Coleman, *Biology in the nineteenth century*;[12] François Jacob, *A lógica da vida: Uma história da hereditariedade*;[13] e Ernst Mayr, *One Long Argument: Charles Darwin and the Genesis of Modern Evolutionary Thought*.[14] Por fim, em relação às discussões atuais sobre o darwinismo, com frequência ruidosas, não poderíamos citar aqui todos os numerosos livros de Richard Dawkins ou de Daniel Dennett. Uma voz mais sóbria é Peter Godfrey-Smith, de cujos escritos destacamos o mais recente, *Outras mentes. O polvo e a origem da consciência*.[15]

A presente tradução foi realizada com base no texto da primeira edição, publicada em 1859 e reproduzida em *The Ori-*

---

8 Chicago: University of Chicago Press, 1979.
9 Cambridge: Cambridge University Press, 1981.
10 Chicago: University of Chicago Press, 1992.
11 Trad. Antonio Danesi. São Paulo: Edusp, 2012.
12 Cambridge: Cambridge University Press, 1971.
13 Trad. Ângela Loureiro de Souza. Rio de Janeiro: Graal, 1983.
14 Cambridge, MA: Harvard University Press, 1991.
15 Trad. Paulo Geiger. São Paulo: Todavia, 2019.

gin of Species by Means of Natural Selection: A Facsimile of the First Edition, com introdução e índice de Ernst Mayr.[16] Durante a vida de Darwin, o livro teve mais cinco edições (1860, 1861, 1866, 1869 e 1872). A segunda edição limita-se a corrigir pequenos erros da primeira; as demais trazem inúmeras alterações de estilo e adições significativas. Além da multiplicação de exemplos, há extensas passagens de controvérsia teológica e sobre a posição de Darwin em relação ao lamarckismo inglês. Muitos especialistas consideram que esses acréscimos terminaram por desfigurar parcialmente a apresentação original do argumento. Apesar de concordarmos com essa opinião, não poderíamos deixar de oferecer em tradução o "Esboço histórico", inserido por Darwin a partir da terceira edição, de 1861, à guisa de prefácio; além do capítulo adicional, redigido para a 6ª edição, dedicado à refutação de objeções feitas à teoria da seleção natural. Neste volume, esses textos constam de um apêndice, organizado em ordem cronológica, ao lado dos artigos tornados públicos por Wallace e Darwin em 1858 e das três resenhas importantes, publicadas em 1860. O leitor encontrará, por fim, uma lista dos autores e das obras citados por Darwin no texto de 1859.

A realização desta tradução contou com o apoio e sugestões decisivos de Janaina Namba, Márcio Mauá Chaves, Natália Ranauro, Leo Wojdyslawski, Mariana Silva Ximenes, Selma Garrido Pimenta e, em especial, de Fernanda Diamant.

Universidade de São Paulo, março de 2018.

---

16 Cambridge, MA: Harvard University Press, 1964.

INTRODUÇÃO

Em minhas viagens a bordo do HMS *Beagle* como naturalista, senti-me profundamente impressionado por certos fatos acerca da distribuição dos seres que habitam a América do Sul e das relações geológicas entre os atuais e os antigos habitantes desse continente. Eram tais que pareciam lançar alguma luz sobre a origem das espécies – o mistério dos mistérios, como disse um de nossos grandes filósofos.[1] Ao retornar para a Inglaterra, em 1837, ocorreu-me que a questão poderia ser abordada mediante o paciente acúmulo e reflexão sobre toda sorte de fatos relativos a ela. Após cinco anos de trabalho, permiti-me especular sobre o tema e redigi breves notas, depois transformadas, em 1844, em um esboço de conclusões que me pareceram plausíveis. Desde então venho me dedicando com afinco a esse mesmo obje-

---

[1] Darwin cita verbatim as palavras do físico e astrônomo inglês John Herschel, em carta de 1836 a Charles Lyell, cujos *Princípios de geologia* (1830–33) teriam contribuído, na opinião de Herschel, para a solução do "mistério dos mistérios", a saber, "a substituição de certas espécies por outras". [N. T.]

to. Espero que me perdoem por entrar em detalhes pessoais; se os menciono, é para mostrar que minha decisão de vir a público não foi precipitada.

Minha obra está quase acabada. Mas, como levarei ainda dois ou três anos para terminá-la, e minha saúde não é das melhores, decidi publicar o presente resumo. Fui levado a tanto, em especial, pelo fato de o sr. Wallace, que atualmente estuda a história natural do arquipélago malaio, ter chegado a conclusões quase idênticas às minhas com relação à origem das espécies. Recebi dele, no ano passado, um relato sobre esse objeto, com o pedido de que o enviasse a *Sir* Charles Lyell, que, por sua vez, o encaminhou à Linnean Society; após o que foi publicado no terceiro volume do periódico dessa mesma sociedade. *Sir* Charles Lyell e o dr. Hooker, ambos conhecedores de meu trabalho – este último chegou a ler o esboço de 1844 –, honraram-me com a ideia de que seria recomendável publicar, ao lado do excelente relato do sr. Wallace, alguns breves excertos do manuscrito.

O presente resumo só pode ser imperfeito. Seria impossível oferecer todas as referências e autoridades que corroboram diversas de minhas afirmações, e, por isso, rogo ao leitor que tenha confiança em minha acuidade. Sem dúvida haverá erros, embora eu tenha me empenhado para me fiar apenas em boas autoridades. Apresentarei somente as conclusões gerais a que cheguei, com uns poucos fatos a ilustrá-las, que, espero, sejam suficientes. Ninguém mais sensível do que eu à necessidade de publicar em detalhes todos os fatos em que minhas conclusões foram baseadas, acompanhados pelas respectivas referências. Espero poder fazê-lo em uma obra futura. Estou ciente de que não existe questão discutida neste volume que não admita o acréscimo de fatos, e tais que muitas vezes levam a conclusões aparentemente opostas às que cheguei. Um resultado justo se deixa obter apenas quando os fatos e argumentos de ambos os lados são balanceados em cada questão, mas seria impossível fazê-lo aqui.

Lamento muito que a falta de espaço tenha me privado da satisfação de reconhecer a generosa assistência que recebi de muitos naturalistas, alguns dos quais não conheço pessoalmente. Mas não poderia deixar de exprimir nesta ocasião minha profunda dívida para com o dr. Hooker, que nos últimos quinze anos vem me auxiliando, das mais diferentes maneiras possíveis, com seu amplo estoque de conhecimento e excelente discernimento.

É plausível que um naturalista, ao considerar a origem das espécies, refletindo nas mútuas afinidades entre os seres orgânicos, nas relações embriológicas entre eles, em sua distribuição geográfica, sucessão geológica e outros fatos do gênero, chegue à conclusão de que as espécies não foram criadas independentemente, mas descenderam, como variedades, de outras espécies. Uma conclusão como essa, ainda que fundamentada, seria, porém, insatisfatória, até que se pudesse mostrar como as inumeráveis espécies que habitam este mundo foram modificadas a ponto de adquirir a perfeição de estrutura e adaptação recíproca, que por boas razões cativam a nossa admiração. Os naturalistas costumam se referir a condições externas como clima, alimentação etc. como se fossem a única causa possível de variação. Em um sentido bastante estrito, como veremos, isso é verdade; mas seria uma inversão da lógica querer atribuir às meras condições externas a estrutura de um pica-pau, por exemplo, com suas patas e sua cauda, seu bico e sua língua, tão admiravelmente adaptados para capturar insetos sob a casca das árvores. Também no caso do visco, que obtém seu alimento em certas árvores cujas sementes têm de ser transportadas por certos pássaros e cujas flores têm sexos distintos, o que exige a atuação de insetos no transporte do pólen de uma flor a outra, não há lógica em querer explicar a estrutura dessa planta parasitária e suas relações com numerosos seres orgânicos pelos efeitos de condições externas, do hábito ou de sua suposta volição.

O autor de *Vestígios da criação*[2] diria, presumo eu, que, após inúmeras gerações, um pássaro qualquer deu à luz um pica-pau e uma planta qualquer, um visco, e ambos foram produzidos tão perfeitos como os encontramos. Mas, ao que me consta, essa afirmação não chega a ser uma explicação, pois desconsidera e não explica a questão da adaptação dos seres orgânicos entre si e deles às condições físicas de vida.

Portanto, é da mais alta importância que se adquira uma perspectiva nítida dos meios de modificação e adaptação recíproca dos seres orgânicos. Quando iniciei minhas observações, pareceu-me provável que um estudo cuidadoso de animais domesticados e plantas cultivadas oferecesse a melhor oportunidade para desvendar esse problema tão obscuro. E não me decepcionei. Nesse caso, como em outros igualmente desconcertantes, pude constatar que nosso conhecimento da variação sob domesticação, imperfeito como é, oferece

---

2 *Vestiges of the Natural History of Creation*, obra publicada anonimamente em 1844; seu autor era Robert Chambers. [N. T.]

sempre a melhor e mais segura pista. Que me seja permitido exprimir aqui minha convicção acerca do alto valor desses estudos, tantas vezes negligenciados pelos naturalistas.

O primeiro capítulo deste resumo é dedicado à variação sob domesticação. Veremos que uma grande quantidade de modificação hereditária é ao menos possível e, tão ou mais importante, veremos quão grande é o poder do homem de acumular, por seleção, sucessivas variações mínimas. Passarei então à variabilidade das espécies em estado de natureza, objeto que, infelizmente, terei de tratar de maneira muito breve, pois uma abordagem apropriada requereria extensos catálogos de fatos. Ao menos teremos ocasião para discutir quais as circunstâncias mais favoráveis à variação. O capítulo seguinte é dedicado à luta pela existência entre os seres orgânicos ao redor do mundo, consequente ao seu elevado poder de multiplicação em razão geométrica. É a doutrina de Malthus, aplicada à totalidade dos reinos animal e vegetal. Como nascem muito mais indivíduos de cada espécie do que os que poderiam sobreviver e como, por conseguinte, há uma constante e recorrente luta pela existência, segue-se que qualquer ser, desde que varie em benefício próprio, um mínimo que seja, terá, dadas condições de vida complexas e não raro também variáveis, mais chance de sobreviver e, assim, de ser *selecionado naturalmente*. E, graças ao poderoso princípio da hereditariedade, qualquer variedade selecionada tenderá a propagar a nova forma modificada.

Esse tópico fundamental, a seleção natural, é tratado de modo mais extenso no quarto capítulo, no qual veremos que ela causa necessariamente a extinção de formas de vida menos aprimoradas e induz ao que chamo de divergência de caráter. No capítulo seguinte, discuto as complexas e pouco conhecidas leis de variação e de correlação de crescimento. Os quatro capítulos subsequentes são dedicados às dificuldades teóricas mais sérias e mais evidentes; a saber, em primeiro lugar, as dificuldades de transição ou de compreender como um ser simples ou um órgão simples pode ser alterado e, aprimorando-se, tornar-se um ser bastante desenvolvido ou um órgão construído de maneira elaborada; em segundo lugar, a questão do instinto ou dos poderes mentais dos animais; em terceiro lugar, o hibridismo ou a questão da infertilidade das espécies e da fertilidade das variedades quando cruzadas; e, em quarto lugar, a imperfeição do registro geológico. No capítulo seguinte, o décimo, considero a sucessão geológica dos seres orgânicos no tempo; no décimo primeiro e no décimo segundo capítulos, sua distribuição geográfica no espaço; no décimo terceiro, sua classificação e suas afinidades mútuas, tanto na maturidade quanto em estado embrionário. No derradeiro capítulo, ofereço uma breve recapitulação da obra como um todo, além de umas poucas observações a título de conclusão.

Ninguém que reconheça a nossa profunda ignorância com respeito às mútuas relações entre os seres que vivem à nossa volta haverá de se surpreender com o quanto ainda há a explicar sobre a origem de espécies e variedades. Quem poderia dizer por que uma espécie tem maior difusão e é muito mais numerosa do que outra, aparentada a ela, porém rara e com distribuição restrita? São relações da mais alta importância que determinam o atual bem-estar e, em minha opinião, o futuro êxito e a modificação de cada um dos habitantes do globo terrestre. Ainda maior é a nossa ignorância com respeito às mútuas relações entre os inumeráveis habitantes do mundo durante as sucessivas épocas geológicas passadas que formam a sua história. Mas, apesar de todas as obscuridades, não me parece haver dúvida, com base no estudo mais intenso e no juízo mais desapaixonado de que sou capaz, de que a teoria adotada pela maioria dos naturalistas, e que eu mesmo cheguei a adotar, segundo a qual cada espécie foi criada independentemente, está errada. Tenho plena convicção de que as espécies não são imutáveis, mas, ao contrário, aquelas que pertencem ao que se chama de mesmo gênero são descendentes lineares de outra espécie, via de regra, extinta, e que as reconhecidas variedades de uma espécie descendem dessa mesma espécie. Estou convencido ainda de que a seleção natural é o principal, embora não o único, meio de modificação.

CAPÍTULO I

Variação sob domesticação

Causas de variabilidade · Efeitos do hábito · Correlação de crescimento · Herança · Caráter das variedades domésticas · Dificuldade de distinguir entre variedades e espécies · Origem de variedades domésticas em uma ou mais espécies · Pombos domésticos, diferenças e origem · Princípio de seleção outrora adotado e seus efeitos · Seleção metódica e não consciente · Origem desconhecida de nossas produções domésticas · Circunstâncias favoráveis ao poder humano de seleção

Quando observamos, em nossas plantas ou animais mais antigos, indivíduos de uma mesma variedade ou subvariedade, uma das coisas que mais impressiona é o fato de eles serem, em geral, muito mais diferentes entre si do que os indivíduos de uma espécie ou variedade qualquer em estado de natureza. Se refletirmos sobre a ampla diversidade de plantas e animais que foram cultivados e que variaram em todas as épocas, nos mais diversos climas, submetidos aos mais diferentes métodos de cultivo, seremos levados a concluir que essa variabilidade maior se deve ao fato de nossas produções domésticas terem sido criadas em condições de vida não tão uniformes e, na verdade, distintas daquelas a que a espécie progenitora se viu exposta na natureza. Parece-me provável a ideia de Andrew Knight de que essa variabilidade estaria parcialmente relacionada a um excesso de alimentação. É claro que, para haver alguma quantidade significativa de variação, os seres orgânicos devem ser expostos a novas condições de vida por sucessivas gerações, e, uma vez que varie a organização, ela prossegue variando, em geral, por sucessivas gerações. Não há registro de um ser variável que tenha deixado de sê-lo quando passou a ser cultivado. Nossas mais antigas plantas de cultivo, como o trigo, com frequência produzem novas variedades; nossos mais antigos animais domésticos permanecem suscetíveis a melhorias e modificações quase imediatas.

Discute-se em qual período da vida as causas de variabilidade, não importa quais sejam, costumam atuar: se no momento da concepção do embrião ou se no estágio inicial ou final de seu desenvolvimento. Experimentos realizados por Isidore Geoffroy Saint-Hilaire mostram que o tratamento não natural do embrião causa aberrações, e sabe-se que não há como separá-las de meras variações por linhas nítidas de distinção. De minha parte, inclino-me a pensar que a causa mais frequente de variabilidade deve ser atribuída à afecção dos elementos masculino e feminino antes do ato de concepção. Numerosas razões levam-me a crer que seja assim; a principal delas é o notável efeito do confinamento ou do cultivo nas funções do aparelho reprodutor, sistema que parece bem mais suscetível a mudanças de condições de vida do que outras partes da organização. Nada mais fácil que domar um animal; nada tão difícil quanto fazer com que ele procrie em cativeiro, mesmo quando o macho e a fêmea formam relação estável, o que não é raro. Quantos animais não há que não procriam, embora vivam confinados por longo tempo, de maneira não muito rigorosa, em sua região de origem! Costuma-se atribuir isso a instintos viciados; mas quantas plantas cultivadas, perfeitamente saudáveis, nunca ou quase nunca germinam! Em alguns poucos casos, verificou-se que mudanças insignificantes, como a maior ou menor quantidade de água em algum período particular do crescimento, determina se a planta irá germinar ou não. Não é este o lugar para expor os copiosos detalhes que coletei sobre esse curioso assunto; direi apenas, para mostrar como são singulares as leis de reprodução animal em cativeiro, que animais carnívoros confinados oriundos dos trópicos procriam livremente em nosso país, exceto pelos plantígrados, ou família dos ursos, enquanto pássaros carnívoros, com raras exceções, quase nunca põem ovos férteis. Muitas plantas exóticas produzem um pólen inútil, tal como o dos híbridos mais estéreis. E não surpreende que, em cativeiro, esse sistema não atue de maneira regular e produza uma cria que não se assemelha a seus progenitores diretos ou às variações destes; basta ver, de um lado, que animais e plantas domésticas, mesmo quando fracos e doentes, procriam em cativeiro e, de outro, que indivíduos colhidos na natureza quando ainda eram filhotes, e que foram depois domesticados, tornando-se longevos e saudáveis (eu poderia oferecer numerosos exemplos), têm o aparelho reprodutor afetado de maneira tão grave, devido a causas imperceptíveis, a ponto de ele se tornar inoperante.

Alguém disse que a esterilidade é a ruína da horticultura. Porém, de acordo com a teoria aqui sustentada, a variabilidade é a razão do que há de mais luxuriante em nossos jardins, e deve-se à mesma causa que produz a esterilidade. E acrescento que, assim como alguns organismos procriam nas condições menos naturais (por exemplo, o coelho e o furão, em gaiolas), o que mostra que seu sistema reprodutivo está intacto, há animais e plantas que se submetem à domesticação e ao cultivo sem apresentar grandes variações, muitas vezes não mais do que em estado de natureza.

Os floricultores dão o nome de "plantas exóticas" a bulbos singulares, que subitamente adquirem um caractere novo, por vezes discordante em relação ao resto da planta. Tais bulbos podem ser propagados por enxerto e técnicas similares ou mesmo por germinação. Essas anomalias, muito raras na natureza, estão longe de sê-lo no cultivo: o tratamento de um dos progenitores pode afetar o bulbo, mas não atinge os óvulos ou o pólen. A maioria dos fisiologistas é da opinião de que nos primeiros estágios de formação não haveria diferença essencial entre um bulbo e um óvulo; se for assim, a existência de exóticas reforça a minha ideia de que a variabilidade deve ser atribuída em grande parte aos óvulos, ao pólen ou a ambos, afetados pelo tratamento do progenitor antes da concepção. Seja como for, esses casos mostram que, ao contrário do que querem alguns autores, a variação não está necessariamente conectada ao ato de geração.

Germinações a partir de um mesmo fruto e filhotes de um mesmo leito podem apresentar diferenças significativas por mais que a prole e os progenitores, como observa Müller, tenham sido expostos às mesmas condições de vida. Isso mostra a importância relativa destas, em comparação às leis de reprodução, de crescimento e de heritabilidade, pois, fosse direta a sua atuação e um dos filhotes variasse, os demais provavelmente também variariam da mesma maneira. É muito difícil decidir, em uma variação qualquer, o quanto cabe à atuação direta do calor, da umidade, da luz, da alimentação etc. Tenho a impressão de que nos animais tais agenciamentos produzem poucos efeitos, enquanto nas plantas parecem ser um pouco mais efetivos. A esse respeito, os experimentos recentes do sr. Buckham são muito valiosos. Quando todos ou quase todos os indivíduos expostos a certas condições são afetados da mesma maneira, a mudança parece dever-se, à primeira vista, diretamente a tais condições, mas seria possível mostrar que, em alguns casos, condições opostas produzem alterações estruturais similares. Mesmo assim, penso que uma pequena quantidade de mudança deve ser atribuída à atuação direta das condições de vida – como o aumento do tamanho em virtude da quantidade de comida, a variação da cor por conta dos tipos de alimento e da exposição à luz e, talvez, a espessura da pele de acordo com o clima.

O hábito é outra variável decisiva em relação ao período de florescimento de plantas que são transportadas de um clima a outro; e seu efeito nos animais é ainda mais pronunciado. Pude constatar que os ossos da asa do pato doméstico, por exemplo, são mais leves e os da perna, mais pesados, em proporção ao esqueleto como um todo, do que os mesmos ossos do pato-selvagem, diferença que, presumo eu, pode ser atribuída ao fato de o pato doméstico voar menos e caminhar mais que seu progenitor selvagem. Outro exemplo do efeito do uso é o pronunciado desenvolvimento, transmitido hereditariamente, das tetas das vacas e das cabras em regiões nas quais elas costumam ser ordenhadas, em comparação ao estado desses órgãos em animais que vivem em outros países. Não poderíamos nomear sequer um bovino, independentemente da região, que não tenha orelhas caídas; e parece-me provável a conjectura de alguns autores, segundo a qual isso se deve ao desuso dos músculos das orelhas, pois tais animais não se sentem alarmados pelo perigo.

São muitas as leis que regulam a variação; difíceis de discernir, algumas delas serão mencionadas brevemente no decorrer de nossa exposição. Por ora, aludirei a apenas uma, que pode ser chamada de correlação de crescimento. É praticamente inevitável que uma alteração no embrião ou na larva redunde em alterações no animal maduro. Aberrações oferecem curiosas correlações entre partes bastante distintas. Muitos exemplos podem ser encontrados na grande obra de Isidore Geoffroy Saint-Hilaire a respeito. Criadores acreditam que orelhas longas quase sempre são acompanhadas por uma cabeça alongada. Há outros casos inusitados de correlação: gatos de olhos azuis são invariavelmente surdos; coloração e peculiaridades de constituição ocorrem juntas, e há muitos casos disso tanto em plantas como em animais. Fatos coletados por Heusinger sugerem que certos venenos de origem vegetal não afetam ovelhas e porcos da mesma maneira, no que diz respeito à produção de indivíduos de coloração alterada. Cães pelados têm dentes imperfeitos; animais peludos ou com pelagem áspera tendem a ter chifres abundantes e longos; pombos com pés plumados apresentam pele entre as extremidades dos dedos; os de bico curto têm pés pequenos, os de bico longo os têm grandes. Por isso, quando o homem persiste na seleção, reforçando uma peculiaridade qualquer, é quase certo, devido às misteriosas leis de correlação de crescimento, que ele modificará outras partes da estrutura, mesmo que não o faça conscientemente.

O resultado dessas leis de variação, tão diversas e, no mais das vezes, tão desconhecidas, ou sequer vislumbradas, é infinitamente complexo e diversificado. Vale a pena examinar atentamente os muitos tratados publicados acerca de nossas plantas de cultivo mais antigas, como o jacinto, a batata, a dália e outras. Encontram-se neles, não sem surpresa, inumeráveis detalhes pelos quais as variedades e subvariedades diferem minimamente entre si quanto à estrutura e constituição. A organização como um todo parece se tornar plástica e tende a se afastar, em algum grau, daquela do tipo progenitor.

Variações não hereditárias não nos interessam aqui. Dito isso, o número e a diversidade de desvios de estrutura hereditários são intermináveis, independentemente de sua importância fisiológica ser mínima ou considerável. O tratado do dr. Prosper Lucas, em dois grossos volumes, é o melhor e mais completo a respeito do assunto. Nenhum criador põe em questão a força da hereditariedade: o semelhante produz o semelhante, tal é sua crença; apenas os autores teóricos questionaram esse princípio. Quando um desvio aparece com certa frequência e o encontramos no progenitor e na prole, fica em aberto se ele se deveria à atuação de uma mesma causa em ambos; mas, quando ocorre raramente em indivíduos aparentemente expostos às mesmas condições e surge em um progenitor, devido a uma combinação extraordinária de condições, em meio, digamos, a milhões de indivíduos, e ressurge em sua prole, então a mera doutrina do acaso praticamente nos impele a atribuir esse fenômeno à hereditariedade. Todos estão a par da ocorrência de casos de albinismo, de pele espinhosa, de corpos peludos e de outros similares em membros de uma mesma família. Se desvios de estrutura raros e inusitados são de fato hereditários, não há por que não pensar o mesmo de desvios menos estranhos e mais comuns. Talvez seja melhor tomar a hereditariedade de todo e qualquer caractere como a regra e o seu contrário, como a anomalia.

As leis que governam a hereditariedade são praticamente desconhecidas; ninguém poderia dizer por que uma mesma peculiaridade em diferentes indivíduos de uma mesma espécie ou em indivíduos de espécies diferentes ora é hereditária, ora não, ou por que, quanto a certos caracteres, os filhotes com frequência revertem a um dos avós ou a outro ancestral mais remoto, ou, ainda, por que muitas vezes uma peculiaridade é transmitida de um sexo para ambos ou, com mais frequência, porém não exclusivamente, de um sexo ao mesmo. É de importância menor para nós que peculiaridades surgidas nos machos das proles domésticas sejam transmitidas exclusivamente ou quase sempre apenas aos machos. Uma regra mais importante e, segundo penso, mais certa, é que não importa o período da vida em que a peculiaridade se manifeste, ela tende a se manifestar na prole em uma idade correspondente, embora às vezes mais cedo. Em muitos casos, é diferente: as peculiaridades hereditárias dos chifres bovinos podem se manifestar quando a prole beira a maturidade, e há peculiaridades do bicho-da-seda que se manifestam no estágio de lagarta ou de casulo. Mas doenças hereditárias e outros fatos levam-me a crer que a regra tem uma aplicação mais ampla e, se não há razão aparente para que uma peculiaridade se manifeste em determinada idade, ela tende a se manifestar na prole no mesmo período em que se manifestou em um dos pais. Parece-me uma regra da mais alta importância para a explicação das leis da embriologia. Essas observações restringem-se, evidentemente, à *manifestação* primeira da peculiaridade, não à sua causa primeira, que atuaria nos óvulos ou no elemento masculino: na prole resultante do cruzamento entre uma vaca de chifres curtos e um touro de chifres longos, a extensão maior do chifre, embora se manifeste em um período posterior, claramente se deve ao elemento masculino.

Mencionei a reversão; e comentarei agora uma afirmação recorrente dos naturalistas, a saber, que nossas variedades domésticas, se devolvidas à natureza, reverteriam gradativamente e de maneira infalível às matrizes aborígenes; do que se segue que não é possível realizar qualquer dedução sobre espécies em estado de natureza a partir de raças domésticas. Em vão busquei por fatos decisivos que pudessem corroborar essa afirmação, tão frequente e tão taxativa. Seria difícil provar que ela é verdadeira; e pode-se concluir com segurança que muitas das variedades domésticas mais definidas jamais sobreviveriam em estado selvagem. Em muitos casos, desconhecemos a matriz aborígene, o que nos impede de dizer se houve ou não perfeita reversão. Para evitar os efeitos do cruzamento, basta que uma única variedade seja introduzida em seu novo lar. Todavia, dado que algumas de nossas variedades eventualmente revertem, quanto a alguns caracteres, a formas ancestrais, não me parece improvável que, se conseguíssemos naturalizar ou cultivar, durante muitas gerações, numerosas linhagens, por exemplo de repolho, em solo árido (mesmo assim, algum efeito teria de ser atribuído à aridez), elas reverteriam, em grande medida, ou mesmo completamente, à matriz selvagem original. O êxito ou fracasso de um experimento como esse, porém, não conta muito para o nosso argumento, pois o experimento mesmo alteraria as condições de vida. Caso se pudesse mostrar que nossas variedades domésticas manifestam forte tendência à reversão – ou seja, a perder caracteres adquiridos quando mantidas em condições inalteradas e formando um corpo considerável –, de modo a limitar o livre cruzamento e a absorver os menores desvios de estrutura, em tal caso, eu afirmo, nada poderíamos deduzir sobre espécies a partir de variedades domésticas. Mas não há qualquer evidência que aponte nesse sentido. É contrário à experiência afirmar que não poderíamos continuar a criar, por um número quase infinito de gerações, cavalos de charrete ou de corrida, gado de chifres longos ou curtos, galináceos de variadas extrações ou suculentos vegetais. E acrescento que, quando as condições de vida se alteram na natureza, provavelmente ocorrem variações e reversões de caráter, cabendo à seleção natural, como será explicado mais à frente, determinar até que ponto os caracteres surgidos serão preservados.

Quando observamos as variedades ou raças hereditárias de nossos animais e plantas domésticas e as comparamos a espécies estreitamente aparentadas, percebemos que cada raça doméstica possui, em geral, um caráter menos uniforme do que espécies de fato. Raças domésticas de uma mesma espécie têm às vezes um caráter aberrante, pois, embora difiram entre si ou de outras espécies do mesmo gênero em numerosos detalhes, não raro também diferem muito, em algum outro aspecto, seja umas das outras, seja, com mais frequência, de espécies naturais estreitamente aparentadas. Com essas exceções, e com exceção da perfeita fertilidade dos cruzamentos de variedades (como veremos no capítulo VIII), raças domésticas de uma mesma espécie diferem da mesma maneira como, em menor grau, espécies estreitamente aparentadas de um mesmo gênero em estado de natureza. É algo que me parece irrecusável, pois não se encontram raças de animais ou plantas domésticas que não tenham sido classificadas pelos juízes mais competentes como apenas variedades e, por outros juízes igualmente competentes, como descendentes de espécies aborígenes extintas. Se é que um dia a distinção entre raças domésticas e espécies foi acentuada, ela não poderia se manter para sempre. Afirmou-se mais de uma vez que raças domésticas não diferem quanto a caracteres de valor genérico. Parece-me possível mostrar que essa afirmação é incorreta. Os naturalistas divergem apenas quanto à determinação de quais caracteres teriam valor genérico, e todas as atuais decisões são empíricas. E mais, segundo a teoria da origem das espécies que apresentarei ao longo deste livro, não há por que esperar diferenças genéricas em produções domésticas.

Quando tentamos avaliar a quantidade de diferenciação estrutural entre raças domésticas de uma mesma espécie, logo nos vemos enredados em dúvidas, pois não sabemos se elas descendem de uma ou mais espécies progenitoras. Seria interessante determinar esse ponto, caso fosse possível, e, por exemplo, mostrar que o galgo inglês, o cão de santo Humberto, o terrier, o Spaniel e o buldogue, que, como todos sabem, propagam fielmente o gênero a que pertencem, são crias de uma mesma espécie. Fatos como esse colocariam em dúvida a imutabilidade de muitas espécies naturais estreitamente aparentadas, como as diversas raposas que habitam diferentes cantos do mundo. Não creio, como veremos, que os nossos cães descendam todos de uma mesma espécie selvagem; mas, no caso de outras raças domésticas, há evidência presumida, ou mesmo dotada de alguma força, em prol dessa teoria.

Costuma-se supor que o homem teria escolhido deliberadamente, para a domesticação, plantas e animais dotados de uma tendência inerente à variação e capazes de suportar os mais diversos climas. Não questiono que essa capacidade contribui sobremaneira para o valor das produções domésticas. Mas eu me pergunto: poderia um selvagem saber, quando decide domesticar um animal, se ele irá variar com a sucessão das gerações e se será capaz de suportar outros climas? A variabilidade mínima do jumento ou da galinha-d'angola, a baixa resistência da rena ao calor e do camelo ao frio, não impediram sua domesticação. Não tenho dúvida de que, se animais e plantas, diferentes de nossas produções domésticas, mas tão numerosos quanto elas, e, a exemplo delas, oriundos de diversas classes e países, fossem retirados do estado de natureza e procriassem em condições de domesticação, por um mesmo número de gerações, eles variariam, em média, tanto quanto as espécies progenitoras de nossas atuais produções domésticas.

No caso da maioria de nossos animais e plantas mais antigos, não me parece possível determinar taxativamente se eles descendem de uma ou mais espécies. O principal argumento dos que creem na múltipla origem de nossos animais domésticos é que os registros mais antigos, principalmente nos monumentos do Egito, atestam a existência de uma variedade de raças, algumas delas muito semelhantes, se não idênticas, às atualmente existentes. Mas, mesmo que se pudesse comprovar que essa alegação é verdadeira em sentido exato e que tem validade geral, o que não me parece o caso, o que ela mostraria se não que algumas de nossas raças tiveram origem há 4 ou 5 mil anos atrás? As pesquisas do sr. Horner sugerem, com certo grau de probabilidade, que homens suficientemente civilizados para fabricar cerâmica teriam habitado o vale do Nilo há 13 ou 14 mil anos; e quem poderia dizer se, muito antes dessa data, não teriam existido no Egito selvagens como os da Terra do Fogo ou da Austrália, que possuem cães semidomesticados?

Tudo isso permanece vago e indeterminado. Mesmo assim afirmo, sem entrar em mais detalhes, a partir de considerações de ordem geográfica e outras, que me parece muito provável que nossos cães domésticos sejam descendentes de espécies selvagens. Com relação a ovinos e caprinos, não tenho opinião formada. Fatos que me foram comunicados pelo sr. Blyth acerca dos hábitos, da voz e da constituição do gado nelore indiano levam-me a pensar que essa raça descende de uma matriz aborígene diferente dos bovinos europeus; e juízes competentes creem que este, por sua vez, descende de mais de um progenitor selvagem. No que se refere a cavalos, por razões que não tenho como detalhar, inclino-me a pensar, em oposição a numerosos autores, que todas as raças descendem de uma mesma linhagem selvagem, embora não possa afirmá-lo ao certo. O sr. Blyth – cuja opinião, devido a suas amplas e variadas fontes de conhecimento, coloco acima da de quase todos os outros autores – pensa que todas as raças de galináceos descendem do galo indiano comum (*Gallus bankiva*). Em relação a patos e coelhos, cujas respectivas raças têm diferenças estruturais significativas, não duvido que descendam sem exceção do pato selvagem e do coelho selvagem mais comuns.

Alguns autores levaram ao absurdo a doutrina da origem de nossas raças domésticas a partir de respectivas linhagens aborígenes. Segundo creem, qualquer raça que produza verdadeiras proles, por mínimos que sejam seus caracteres distintivos, possui um protótipo selvagem. Fosse assim, haveria apenas na Europa diversas espécies de bovinos selvagens, de ovinos e de caprinos, muitas delas apenas na Grã-Bretanha. Um autor chega a crer que teriam existido, nesse país, onze espécies de ovinos peculiares a nossas ilhas. Mas, tendo em vista que a Grã-Bretanha não possui, atualmente, sequer um mamífero que lhe seja próprio, que a França tem poucos distintos da Alemanha e vice-versa e que o mesmo se aplica à Hungria, à Espanha etc., e cada um desses reinos tem seus próprios bovinos, ovinos e caprinos, deve-se admitir que a Europa gerou, afinal, algumas linhagens domésticas; pois, de onde elas poderiam ter derivado, se nenhum desses países possui espécies progenitoras? O mesmo vale para a Índia. E também no caso dos cães domésticos espalhados pelo mundo, que, eu admito, devem ser descendentes de diversas espécies selvagens, não duvido que houve uma imensa quantidade de variação hereditária. Como acreditar que teriam existido, em estado de natureza, animais como o galgo italiano, o cão de santo Humberto, o buldogue e o Spaniel, que são tão diferentes dos *Canidae* selvagens? Alguns creem que nossas raças de cães foram produzidas a partir do cruzamento de umas poucas espécies aborígenes; mas, por cruzamento, obtemos apenas formas intermediárias entre os progenitores, e, portanto, se quisermos explicar nossas diversas raças domésticas nesse processo, teremos de admitir a existência prévia, em estado selvagem, das formas mais extremas, como o galgo italiano, o cão de santo Humberto, o buldogue e outros. De resto, a possibilidade de produzir raças distintas a partir de cruzamento foi bastante exagerada. Não há dúvida de que uma raça possa ser modificada por cruzamentos eventuais, desde que com o auxílio da cuidadosa seleção de mestiços individuais que apresentem uma característica desejada qualquer; mas não me parece possível obter uma raça intermediária entre duas raças ou espécies extremamente diferentes entre si. *Sir* John Sebright realizou experimentos nesse sentido, sem êxito. A prole do primeiro cruzamento entre duas linhagens puras é razoável ou mesmo extremamente uniforme (como pude constatar nos pombos); até aí, não parece haver problema. Mas, quando essas matrizes são cruzadas entre si por gerações sucessivas, não se encontram duas proles iguais, o que mostra a extrema dificuldade, senão a inexequibilidade da tarefa. Por certo, uma linhagem intermediária entre *duas* linhagens *muito distintas* só poderia ser obtida com cuidados extremos e uma seleção longa e contínua; mas não me consta que alguma raça mais duradoura tenha sido formada dessa maneira.

Das linhagens de pombos domésticos

Creio que o melhor é estudar um grupo em especial; após alguma deliberação, escolhi os pombos domésticos. Cultivei todas as linhagens que pude comprar ou obter e contei com aqueles que, como W. Elliot, da Índia, e C. Murray, da Pérsia, tiveram a gentileza de me enviar peles de espécies dessas localidades. Foram publicados muitos tratados sobre pombos em diferentes línguas; alguns são especialmente importantes, por serem mais antigos. Associei-me a numerosos criadores eminentes e fui aceito como membro de dois clubes londrinos. A diversidade das linhagens de pombos é fascinante. Comparem-se o pombo-correio inglês e o pombo-cambalhota de face curta e se verão as maravilhosas diferenças entre os seus bicos, às quais correspondem diferenças na conformação de seus crânios. O pombo-correio, o macho em especial, também se destaca pelo extraordinário desenvolvimento da membrana caruncular ao redor da cabeça, ao qual correspondem pálpebras alongadas, orifícios nasais dilatados e uma boca de ampla abertura. O pombo-cambalhota de face curta tem um bico com contorno similar ao do tentilhão; já o cambalhota comum tem o singular hábito, transmitido hereditariamente, de voar a grandes alturas em bandos compactos e dar perfeitas cambalhotas no ar. O pombo-galinha é uma ave grande de bico longo e volumoso e pés avantajados; algumas sublinhagens têm pescoço longo; em outras, as asas e a cauda o são; outras ainda têm caudas singularmente curtas. O pombo-polonês é parente do pombo-correio, mas seu bico é curto e largo, e não longo, como o do outro. O pombo papo-de-vento tem o corpo, as asas e as pernas alongadas e gosta de dilatar a papada, enormemente desenvolvida, provocando espanto e por vezes riso. O pombo-gravatinha tem o bico curto e cônico, uma fileira de penas reviradas ao longo do peito e o hábito de dilatar levemente, de maneira contínua, a parte anterior do esôfago. O pombo jacobino tem as penas da parte de trás do pescoço tão eriçadas que formam um capucho, e as penas de suas asas e cauda são alongadas em relação ao seu tamanho. O pombo-trombeta e o pombo-risonho emitem, como sugerem seus nomes, um arrulho totalmente diferente do de outras raças. O pombo rabo-de-leque tem a cauda formada por trinta ou quarenta penas, em vez de doze ou catorze, como os demais membros de sua grande família; e essas penas formam um leque tão amplo e eriçado que, em aves mais puras, a cabeça e a cauda se tocam e a glândula oleífera é atrofiada. Outras linhagens menos distintas poderiam ser mencionadas.

Nos esqueletos das diferentes linhagens de pombos, há uma enorme diferença no desenvolvimento da extensão, da largura e da curvatura dos ossos da face. A forma do ramo da mandíbula inferior varia de maneira notável, a exemplo da largura e da extensão, assim como o número de vértebras da cauda e do sacro, bem como o das costelas e também do tamanho. A dimensão e a forma das fendas do esterno são muito variáveis, assim como o grau de divergência e de tamanho relativo de ambos os braços da fúrcula. A abertura relativa do orifício bucal, a extensão relativa das pálpebras, das narinas e da língua (nem sempre em correlação rigorosa com a extensão do bico), o tamanho da papada e da parte superior do esôfago, o desenvolvimento ou o atrofiamento da glândula oleífera, o número de penas primárias nas asas e na cauda, a extensão das asas e da cauda, uma em relação à outra e de ambas em relação ao corpo, a extensão das pernas em relação ao tamanho dos pés, o número de escutelos nos dedos, o desenvolvimento de pele entre eles – tudo isso são detalhes variáveis de sua estrutura. O período em que a plumagem ideal é adquirida varia, assim como a espessura da película que reveste os filhotes no instante do nascimento. O tamanho e a forma dos ovos variam; o método de voo é diferente, e, em algumas linhagens, também o são a voz e a disposição; por fim, em certas linhagens, há pequenas diferenças de grau entre machos e fêmeas.

Em suma, poderíamos reunir ao menos uma vintena de pombos, que um ornitólogo, se informado de que são pássaros selvagens, não hesitaria em classificar como espécies definidas. Dificilmente colocaria no mesmo gênero o pombo-correio inglês, o cambalhota de face curta, o doméstico, o polonês, o papo-de-vento e o rabo-de-leque, tendo em vista as diversas sublinhagens, muitas delas puras, que cada uma dessas linhagens – ou espécies, como certamente as chamaria – é capaz de produzir.

Apesar das grandes diferenças entre as linhagens de pombos, estou plenamente convencido do acerto da opinião mais comum entre os naturalistas, segundo a qual todas descenderam do pombo-da-rocha (*Columba livia*), incluindo-se sob essa denominação as numerosas raças ou subespécies geográficas com diferenças triviais. As razões que me levaram a essa crença se aplicam em alguma medida a outros casos; passo agora a oferecê-las, resumidamente. Se as diferentes linhagens não são variedades oriundas do pombo-da-rocha, elas descendem de pelo menos sete ou oito matrizes aborígenes, pois é impossível produzir o atual pombo-galinha a partir de um número menor. Como poderia, por exemplo, o pombo papo-de-vento ser obtido pelo cruzamento de duas outras linhagens se uma das raças progenitoras não tivesse uma enorme papada característica? O fato é que raças supostamente aborígenes foram um dia pombos-de-rocha, que não se reproduzem nem se empoleiram em árvores, não por vontade própria. Além da *Columba livia*, com suas subespécies geográficas, são conhecidas apenas duas ou três outras espécies de pombo-de-rocha, e nenhuma delas possui qualquer uma das características encontradas nos pombos domésticos. Portanto, é preciso ou que as supostas matrizes aborígenes existam nos países em que foram originalmente domesticadas, e sejam desconhecidas dos ornitólogos – o que parece improvável, dado o seu tamanho, os seus hábitos e os seus caracteres distintivos –, ou que tenham sido extintas em estado de natureza. Mas pássaros que se reproduzem em precipícios e voam com habilidade dificilmente poderiam ser exterminados, e o pombo-de-rocha comum, que tem os mesmos hábitos de linhagens domésticas, não foi exterminado sequer nas pequenas e numerosas ilhotas britânicas ou nas praias do Mediterrâneo. Parece-me grosseira, portanto, a suposição de que espécies com hábitos similares aos do pombo-de-rocha teriam sido extintas. Sem mencionar que as linhagens domésticas acima nomeadas foram levadas às mais distantes partes do mundo, quer dizer, ao menos algumas entre elas teriam reencontrado seu país natal; mas nenhuma se tornou selvagem, embora o pombo de aviário, que é um pombo-de-rocha levemente modificado, tenha se tornado selvagem em diversos lugares. Do mesmo modo, a experiência mais recente mostra que dificilmente um animal selvagem consegue se reproduzir sob domesticação; e, no entanto, na hipótese de que nossos pombos teriam origem múltipla, deve-se aceitar que ao menos sete ou oito espécies foram de tal modo domesticadas, em tempos antigos, por homens parcialmente civilizados, que se tornaram bastante prolíficas em cativeiro.

Parece-me um argumento sólido, válido para muitos outros casos, o de que as linhagens acima especificadas, embora tenham em comum com o pombo-de-rocha selvagem a cons-

pombo-cambalhota

pombo jacobino

tituição, os hábitos, a voz, a coloração e muitos detalhes da estrutura, são, no entanto, anômalas em outros detalhes da estrutura. Buscaríamos em vão, na grande família dos *Columbidae*, por um bico como os do pombo-correio inglês, do cambalhota de face curta ou o do polonês; por uma plumagem revirada como a do jacobino; por uma papada como a do pombo papo-de-vento; por uma cauda como a do pombo rabo-de-leque. Presume-se assim que o homem parcialmente civilizado não apenas teve pleno êxito na domesticação de várias espécies, como também, intencionalmente ou por acaso, livrou-se de espécies anormais, que, desde então, se tornaram raras ou extintas. Parece-me muito improvável a ocorrência de tantas contingências inusitadas.

Algumas circunstâncias relativas à coloração dos pombos merecem atenção. O corpo do pombo-de-rocha apresenta um azul-ardósia, e seu dorso é branco (azulado na subespécie indiana *Columba intermedia*, de Strickland); a cauda é terminada por uma listra negra, com a base das penas externas limitadas por branco; as asas apresentam duas listras negras; algumas linhagens semidomésticas e outras, aparentemente selvagens, têm, além de duas listras negras, asas axadrezadas. São marcas que não ocorrem juntas em nenhuma outra espécie dessa família. Mas, em cada uma das linhagens domésticas, tomando-se pássaros de boa extração, todas essas marcas eventualmente ocorrem, às vezes perfeitamente desenvolvidas. Além disso, quando pássaros de diferentes linhagens são cruzados, nenhum dos quais é azul ou apresenta qualquer uma das marcas acima especificadas, a prole tende a manifestar sem demora esses mesmos caracteres. Eu mesmo tive a oportunidade de cruzar pombos rabo-de-leque inteiramente brancos com pombos-poloneses completamente pretos, e o resultado foram pássaros manchados de marrom e preto; estes, por sua vez, eu cruzei entre si, e um dos netos apresentou uma linda cor azulada, com o dorso esbranquiçado, asas listradas de preto, as penas da cauda gradeadas e com extremidades brancas – como se fosse um pombo-de-rocha! Podemos compreender esses fatos à luz do conhecido princípio de reversão a caracteres ancestrais, supondo que todas as raças domésticas descendam do pombo-de-rocha. Se quisermos recusar essa explicação, teremos de escolher entre duas alternativas. Primeira: as supostas matrizes aborígenes foram tingidas e marcadas como o pombo-de-rocha, embora não haja outra espécie com essas características, de modo que, em cada uma das linhagens, há uma tendência de reversão às mesmas cores e marcações. Segunda: cada uma das linhagens, mesmo as mais puras, foi cruzada com o pombo-de-rocha ao longo de uma dezena ou mesmo em uma vintena de gerações, e, se digo uma dezena ou vintena, é porque não temos fatos que corroborem a crença de que o filhote reverte a um ancestral do qual está separado por várias gerações. Em uma linhagem que tenha sido cruzada com outra apenas uma vez, a tendência à reversão a um caractere derivado se torna cada vez menor a cada geração; mas, caso não tenha havido cruzamento com outra linhagem, e em ambos os progenitores haja uma tendência à reversão a um caractere perdido em uma geração precedente, essa tendência, até onde podemos ver, poderá ser transmitida integralmente por um número indefinido de gerações. São dois casos diferentes que os tratados de hereditariedade costumam confundir.

Por fim, híbridos ou mestiços derivados do cruzamento entre formas domésticas são perfeitamente férteis. Posso afirmá-lo com base em observações feitas sobre as mais diferentes raças. Seria difícil, talvez até impossível, apresentar pelo menos um caso de prole híbrida perfeitamente fértil resultante de dois animais *claramente distintos*. Alguns autores acreditam que a domesticação contínua por um longo período de tempo eliminaria essa forte propensão à esterilidade. A história natural do cachorro parece conferir alguma probabilidade a essa hipótese, desde que seja aplicada a espécies estreitamente aparentadas. Mas faltam experimentos para confirmá-la, e parece-me extremamente imprudente querer estendê-la a ponto de supor que espécies originariamente distintas, como são atualmente os pombos-mensageiro, cambalhota, papo-de-vento e rabo-de-leque, produziriam uma prole perfeitamente fértil quando cruzados *inter se*.

As seguintes razões, tomadas em conjunto – é improvável que o homem tenha reunido sete ou oito espécies aborígenes para cruzá-las sob domesticação; não se conhecem tais espécies em estado de natureza e nenhuma delas jamais reverteu à bestialidade; todas apresentam caracteres anormais sob certos aspectos, comparadas a outras *Columbidae*, mantendo-se quanto ao resto, porém bastante similares ao pombo-de-rocha; a cor azulada e as várias marcas ocasionalmente ocorrem em todas as linhagens, seja quando mantidas puras, sejam quando cruzadas; e, por fim, a perfeita fertilidade da prole mestiça – tais razões, digo eu, não me parecem deixar dúvida de que todas as nossas linhagens domésticas descendem da *Columba livia* e de suas subespécies geográficas.

Em prol dessa teoria, acrescento, em primeiro lugar, que a *Columba livia*, ou pombo-de-rocha, mostrou-se suscetível à domesticação tanto na Europa quanto na Índia; e seus hábitos, bem como muitos detalhes de sua estrutura, são compatíveis com os das raças domésticas. Em segundo lugar, por mais diferentes que sejam um pombo-correio inglês ou um cambalhota de face curta, quanto a certos caracteres, em relação ao pombo-de-rocha, quando se comparam as diversas sublinhagens dessas matrizes, em especial as oriundas de países longínquos, é possível compor uma série quase completa entre os extremos de estrutura. Em terceiro lugar, os caracteres mais distintivos de cada uma das linhagens, por exemplo a barbela ou a extensão do bico do pombo-correio, o bico curto do pombo-cambalhota e o número de penas na cauda do pombo rabo-de-leque, são, em cada uma delas, suscetíveis à variação, e a explicação desse fato é óbvia, como veremos ao tratar da questão da seleção. Em quarto lugar, os pombos vêm sendo observados com atenção e criados com todo cuidado e carinho por muitas pessoas ao longo da história. Foram domesticados há milhares de anos nas mais diferentes regiões do mundo. Os registros mais antigos são da quinta dinastia egípcia, por volta de 3 mil anos a.C., segundo me disse o prof. Lepsius; já o sr. Birch afirma que os pombos são mencionados em uma lista de mercado na dinastia anterior. Na época dos romanos, informa Plínio, o Velho, imensas somas eram pagas por certos pombos, "em conformidade à raça e ao pedigree". Pombos eram muito valorizados pelo Akber Khan da Índia, por volta do ano 1600; nada menos que 20 mil deles conviviam na corte. "Os monarcas do Irã e do Turã presentearam-

-lhe com pássaros muito raros", e, prossegue o historiador da corte, "Sua Majestade os tornou ainda mais nobres, cruzando suas diferentes linhagens, método que nunca antes fora praticado". Por volta da mesma época, os holandeses se mostravam tão entusiastas dos pombos quanto os antigos romanos. A importância dessas considerações para a explicação da grande quantidade de variação sofrida pelos pombos se tornará evidente quando tratarmos da seleção; e veremos também, nessa ocasião, por que é tão comum que as linhagens tenham um caráter algo aberrante. Outra circunstância favorável à produção de linhagens distintas é que os pombos macho e fêmea se prestam à relação estável, o que permite que diferentes linhagens sejam criadas em um mesmo aviário.

Discuti extensamente, embora não de maneira suficiente, a provável origem dos pombos domésticos. Quando adquiri pombos, passei a observá-los e notei sua facilidade em procriar; pareceu-me tão difícil crer que teriam descendido de um progenitor comum quanto outros naturalistas relutam em admitir algo similar a respeito dos tentilhões e de outros grupos importantes de pássaros em estado de natureza. Uma circunstância que me impressionou vivamente é que todos os criadores de animais domésticos, bem como os floricultores em geral com os quais conversei e cujos tratados eu li, estão firmemente convencidos de que muitas das linhagens por eles observadas descendem de espécies aborígenes correspondentes. Pergunte-se, como eu fiz, a um célebre criador de gado Hereford se os seus animais descenderam de outros com chifres longos, e ele zombará da questão. Eu nunca encontrei um criador de pombos, de galinhas, de patos ou de coelhos que não tivesse a convicção inabalável de que cada raça principal descende de uma espécie distinta. Van Mons, em seu tratado sobre peras e maçãs, mostra-se incrédulo diante da possibilidade de que as diferentes espécies de maçã formosa ou de maçã-verde inglesa procedam de sementes de uma mesma árvore. Outros inúmeros exemplos poderiam ser evocados. A explicação para essa incredulidade é simples: imersos por longo tempo em sua prática, os criadores percebem acentuadamente as diferenças entre as muitas raças e, embora saibam que toda raça varia um mínimo, pois ganham seus prêmios pela seleção de tais diferenças, preferem ignorar argumentos gerais e recusam-se a considerar que as diferenças poderiam ter sido acumuladas ao fio de sucessivas gerações. Pois eu me pergunto: não caberia ao naturalista – que conhece muito menos as leis de hereditariedade que o criador, e conhece tão pouco quanto ele os elos intermediários das linhagens de descendência, mas, mesmo assim, acredita que muitas de nossas raças domésticas descendem dos mesmos progenitores –, digo eu, ter cautela, antes de caçoar da ideia de que as espécies em estado de natureza descendem linearmente de outras espécies?

Seleção

Consideremos brevemente os passos pelos quais as espécies domésticas foram produzidas a partir de uma ou mais espécies aparentadas. Penso que se possa atribuir algum efeito à atuação direta das condições de vida e do hábito. Mas seria bastante ousado atribuir a esses agenciamentos as diferenças entre um cavalo de tração e um cavalo de corrida, entre um galgo inglês e um cão de santo Humberto, entre um pombo-correio e um cambalhota. Um dos traços mais distintivos de nossas raças domésticas é elas mostrarem adaptação, não em prol do animal ou da planta, mas do uso e prazer do homem. É provável que algumas variações úteis ao homem tenham surgido de repente, em um único passo. Por exemplo, muitos botânicos acreditam que o cardo-penteador, com seus ganchos sem rival em qualquer dispositivo mecânico, é uma simples variedade de *Dipsacus* e que o montante de modificação teria surgido repentinamente, em um grão. Provavelmente o mesmo se deu com o cão gira-espeto; e sabe-se que tal é o caso da ovelha ancon. Mas, quando comparamos o cavalo de tração ao de corrida, o dromedário ao camelo, as variadas linhagens de ovinos adaptados ao pasto ou às montanhas, a lã de cada linhagem servindo a um propósito diferente; as muitas linhagens caninas, cada uma delas boa para o homem à sua maneira; o galo de rinha, tão pertinaz no combate, a outros, tão mansos; o repertório de plantas de agricultura, de culinária, de estufa e de jardim, tão úteis ao homem em diferentes estações e para diferentes propósitos ou tão belas para os seus olhos, então, penso eu, é preciso ir além da mera variabilidade. É implausível que todas as linhagens tenham sido produzidas subitamente, tão perfeitas e úteis como as vemos hoje; sabemos, inclusive, que em muitos casos sua história é diferente. A chave reside no poder do homem de fazer uma seleção cumulativa: a natureza dá variações sucessivas, o homem as acumula em uma direção que lhe seja útil. Nesse sentido, pode-se dizer que ele cria linhagens úteis para si mesmo.

O enorme poder desse princípio de seleção não é hipotético. Sabe-se que muitos de nossos criadores mais destacados conseguiram, em uma única geração, modificar consideravelmente certas linhagens de bovinos e ovinos. Para reconhecer a plena extensão desse feito, é necessário ler os tratados escritos a respeito e observar muitos animais. Os criadores costumam se referir à organização dos seus animais como algo bastante plástico, que pode ser modelado quase a bel-prazer. Se tivesse espaço, eu poderia citar numerosas passagens extraídas das mais altas autoridades no assunto. Youatt, que provavelmente tinha mais familiaridade com o trabalho dos agricultores do que qualquer outra pessoa e, além disso, era um excelente juiz de animais, refere-se ao princípio de seleção como "o que permite ao agricultor não apenas modificar o caráter de seu rebanho, como alterá-lo por completo. É um condão, pelo qual ele dá vida a uma forma e a modela como bem entende". Lorde Sommerville, comentando os feitos dos criadores de ovelhas, afirma que "tudo se passa como se tivessem extraído uma forma de uma parede e lhe dado uma existência". *Sir* John Sebright, esse exímio criador de pombos, costumava se gabar: "Em três anos sou capaz de produzir qualquer tipo de pena; me deem seis e produzirei cabeças e bicos". Na Saxônia, a importância do princípio de seleção para a criação da ovelha merino é algo tão pacífico que os homens o praticam como um ofício: as ovelhas são dispostas sobre mesas e estudadas, como um quadro, por um *connoisseur*; o procedimento é repetido três vezes no intervalo de alguns meses, e a cada vez as ovelhas são marcadas e classificadas, para que apenas as melhores sejam selecionadas para reprodução.

Os feitos dos criadores ingleses são atestados pelos altíssimos preços dos animais de pedigree que eles exportam para os quatro cantos do mundo. Essas melhorias não se devem, de modo algum, ao cruzamento entre linhagens diferentes; os melhores criadores opõem-se de modo resoluto a essa prática, exceto, por vezes, entre sublinhagens estreitamente aparentadas. Uma vez feito um cruzamento, uma seleção mais cuidadosa torna-se ainda mais necessária do que o normal. Se a seleção consistisse apenas em escolher uma variedade suficientemente distinta e obter dela uma prole, o princípio seria tão óbvio que mal seria notado; mas, na verdade, a sua importância está no grande efeito produzido pela acumulação em uma direção, por gerações sucessivas, de diferenças tais que o olho destreinado é incapaz de discernir – diferenças que eu, por exemplo, em vão tentei identificar. Nem um homem em mil tem acuidade suficiente para se tornar um criador destacado. Se, dotado desse talento, ele se dedicar ao estudo do assunto por anos e devotar sua vida inteira à criação, com perseverança inabalável, ele terá êxito e será capaz de produzir melhorias significativas; mas, se alguma dessas qualidades lhe faltar, seu fracasso será inevitável. Poucos desconfiam da capacidade natural e dos anos de prática necessários para que alguém se torne um exímio criador de pombos.

Os horticultores seguem os mesmos princípios, mas têm de lidar com variações mais abruptas. Ninguém afirmaria que nossas produções mais requintadas foram obtidas a partir da variação de uma única matriz aborígene. Há provas de que não é assim em registros feitos com exatidão; um bom exemplo disso é o aumento progressivo das dimensões da groselha comum. Basta comparar nossas flores atuais a desenhos feitos há apenas vinte ou trinta anos para constatar as impressionantes melhorias realizadas pelos floricultores. Se uma raça de plantas está bem estabelecida, os agricultores não precisam escolher os melhores indivíduos, podem apenas recorrer a estoques de sementes e descartar as exóticas, como eles se referem às plantas que se desviam do padrão esperado. O mesmo tipo de seleção se aplica aos animais, pois, afinal, a procriação dos piores indivíduos não interessa a ninguém.

Outro meio de se observarem os efeitos cumulativos da seleção nas plantas é comparar a riqueza das flores nas diferentes variedades de uma mesma espécie de planta de jardim, ou de folhas, vagens, tubérculos ou qualquer outra parte, a outras plantas da mesma variedade, ou a diversidade de frutos de uma mesma espécie de orquidário às folhas e flores da mesma variedade. Como são diferentes as folhas de repolho, e como são similares as suas flores! E, no amor-perfeito, quão diferentes as flores e similares as folhas! E como são diferentes, em tamanho, cor, forma e pelugem, as sementes de groselha, cujas flores, no entanto, apresentam diferenças tão ínfimas! Não é que variedades amplamente diferentes em um ponto não o sejam nos demais; quase nunca, se alguma vez, é o que acontece. As leis de correlação de crescimento, cuja importância não deve ser subestimada, garantem que haja alguma diferença. Como regra geral, porém, não duvido que a seleção contínua de pequenas variações nas flores, nas folhas ou nos frutos produza raças diferentes, principalmente em relação a esses caracteres.

Pode-se objetar que o princípio de seleção só se tornou uma prática com método há pouco mais de um quarto de século e vem recebendo mais atenção em anos recentes, com a publicação de numerosos tratados, produzindo resultados imediatos e relevantes. Não é verdade, porém, que o princípio seja uma descoberta moderna. Eu poderia oferecer muitas referências, extraídas de obras antigas, que atestam o conhecimento de sua importância. Em períodos rudes e bárbaros da história inglesa, costumava-se importar animais, e leis eram promulgadas para proibir sua exportação; ordenou-se que fossem destruídos todos os cavalos de certo tamanho, um pouco como a eliminação de plantas exóticas pelos floricultores. Encontrei o princípio de seleção em uma enciclopédia chinesa antiga. Regras explícitas são estipuladas pelos autores romanos. Passagens do Gênese mostram que a cor dos animais era objeto de cuidado em tempos ancestrais. Selvagens continuam a cruzar seus cães com animais caninos selvagens para melhorar a linhagem, e já o faziam em outros tempos, como atesta Plínio, o Velho. Os selvagens da África do Sul emparelham o gado de acordo com a cor, um pouco como alguns esquimós fazem com seus cães. Livingstone mostra que mesmo os negros do interior da África que não travaram contato com europeus têm suas linhagens domésticas em alta conta. Alguns desses fatos, embora não atestem a presença de seleção, indicam que o cultivo de animais domésticos cuidadosamente supervisionados era e continua a ser uma prática mesmo dos selvagens mais inferiores. Estranho seria, na verdade, se não se desse atenção ao cultivo de linhagens domésticas, pois a hereditariedade de boas e más qualidades é um fato óbvio.

Atualmente, criadores de destaque tentam obter, por seleção metódica, novas linhagens ou sublinhagens, superiores a tudo o que existe em sua região. Para o nosso propósito, existe, no entanto, um tipo de seleção mais importante, que poderíamos chamar de não consciente, que resulta de cada um desejar ter os melhores animais e poder reproduzi-los. Assim, um criador que queira perdigueiros naturalmente tenta obter os melhores cachorros possíveis, para depois gerar proles a partir de seus melhores indivíduos, sem, no entanto, desejar ou esperar uma alteração profunda da linhagem. Não duvido que esse processo, levado a cabo durante séculos, poderia aprimorar e modificar qualquer linhagem canina, assim como Bakewell, Collins e outros modificaram muito, por meio de um processo como esse, mas executado metodicamente, as formas e a qualidade de seu gado. Mudanças lentas e insensíveis desse tipo jamais poderiam ser identificadas não fosse pelo fato de medições exatas e desenhos cuidadosos das linhagens em questão terem sido realizados há tempos, oferecendo um parâmetro de comparação. Em alguns casos, porém, indivíduos de uma mesma linhagem, não alterados ou pouco alterados, podem ser encontrados em distritos menos civilizados, nos quais a linhagem não foi tão aprimorada. Há razão para crer que o King Charles Spaniel passou por amplas modificações não conscientes desde o tempo desse monarca. Algumas autoridades competentes estão convencidas de que o setter inglês deriva diretamente do Spaniel por um lento e longo processo de modificação. Sabe-se que o perdigueiro inglês foi grandemente modificado no último século, e alguns acreditam que essa mudança teria sido efetuada principalmente pelo cruzamento com o foxhound. Seja como for, o mais importante para nós é que a mudança foi não consciente, gradual, mas nem por isso menos efetiva. O antigo perdigueiro espanhol outrora encontrado na Inglaterra era, sem dúvida, originário da Espanha, mas o sr. Barrow diz não ter visto sequer um perdigueiro espanhol nativo similar aos nossos.

Por um processo de seleção semelhante e pelo treino cuidadoso e assíduo, os cavalos de corrida ingleses superaram em agilidade e tamanho a raça arábica, sua progenitora, a ponto de as regulamentações do Goodwood Races[1] darem vantagens competitivas a esta última. Lorde Spencer e outros mostraram que o novo gado inglês tem um peso maior e atinge a maturidade antes que as raças mais antigas desse país. Comparando-se os relatos sobre pombos contidos em antigos tratados sobre o pombo-correio e o pombo-cambalhota com as aves atualmente existentes na Grã-Bretanha, na Índia e na Pérsia, parece-me possível traçar claramente os estágios pelos quais elas passaram, tornando-se tão diferentes do pombo-de-rocha.

Youatt oferece uma excelente ilustração dos efeitos de uma seleção em série que pode ser considerada não consciente, na medida em que os criadores jamais poderiam esperar ou sequer desejariam o resultado obtido: a produção de duas linhagens distintas. Os dois rebanhos de ovelha Leicester mantidos pelos srs. Buckley e Burgess "foram produzidos a partir de uma raça pura original mantida pelo sr. Bakewell há cinquenta anos. Ninguém que os conheça poderia levantar a suspeita de que os proprietários tenham maculado, um mínimo que seja, o sangue puro do rebanho do sr. Bakewell; e, no entanto, as diferenças entre as ovelhas

---

1 Pista de corridas de cavalo situada em West Sussex, Inglaterra. [N. T.]

desses dois cavalheiros é tão grande que diríamos se tratar de duas variedades distintas".

Há selvagens tão bárbaros que jamais lhes ocorreria a ideia do caráter hereditário da prole de seus animais domésticos; mesmo assim, um animal que lhes seja útil para algum propósito em particular é ciosamente preservado, durante fomes e outras intempéries às quais esses homens estão expostos, e os espécimes escolhidos produzem uma prole mais numerosa e mais duradoura do que os inferiores, de tal modo que haveria um tipo de seleção não consciente. Mesmo os bárbaros da Terra do Fogo dão valor aos animais, pois, em tempos de escassez, preferem matar e devorar velhas mulheres a sacrificar seus cães.

Nas plantas, a ocasional preservação dos melhores indivíduos, sejam ou não suficientemente diferentes para ser classificados como tais por ocasião de seu surgimento como variedades distintas, não importando se oriundos de uma mesma espécie ou de duas, por cruzamento, atesta um processo de aprimoramento, como se vê nas dimensões e na beleza das variedades conhecidas de amor-perfeito, rosa, dália, gerânio e outras plantas, em comparação às antigas variedades ou às matrizes progenitoras. Ninguém esperaria obter um amor-perfeito ou uma dália de primeira ordem a partir de sementes de uma planta de extração selvagem ou uma pera de excelente estirpe das sementes de um fruto selvagem; mas pode-se obtê-las a partir de grãos de má qualidade, em estado selvagem, que se deixem implementar em uma horta. A pera, embora cultivada na Idade Clássica, era, pelo que indica a descrição de Plínio, uma fruta de qualidade inferior. Nos tratados de horticultura não faltam expressões de grande surpresa diante da magistral habilidade de horticultores que chegam a resultados esplêndidos a partir de materiais inferiores; mas a arte, sem dúvida, é simples e, no que diz respeito ao resultado, é adotada não conscientemente. Consiste sempre em cultivar a melhor variedade conhecida, semeando-se suas sementes, e, quando surge uma variedade um pouco melhor, selecioná-la, e assim por diante. Mas os horticultores da Antiguidade que cultivavam as melhores peras conhecidas não poderiam conceber uma fruta tão esplêndida e saborosa como a nossa – que, por sua vez, deve-se, ainda que em um grau remoto, ao seu empenho de escolher, cultivar e preservar as melhores variedades que conseguissem encontrar.

Parece-me que uma grande quantidade de modificação em nossas plantas de cultivo, acumulada lenta e não conscientemente, explica por que muitas vezes não conseguimos reconhecer e tampouco identificar as raças progenitoras selvagens das plantas de cultivo mais antigo em nossos jardins ou hortas. Se foram necessários séculos ou milhares de anos para que a maioria de nossas plantas fosse modificada ou aprimorada até atingir o atual padrão de utilidade, compreende-se por que a Austrália, o cabo da Boa Esperança ou qualquer outra região habitada por homens incivilizados não forneceram até hoje uma única planta digna de ser cultivada. Não é que esses países, tão ricos em espécies, não possuam, por um estranho acaso, matrizes aborígenes de plantas úteis; apenas, as plantas nativas não foram melhoradas por uma seleção contínua que as levasse a um padrão de perfeição comparável ao das plantas de países há muito civilizados.

Com relação aos animais domésticos criados pelo homem incivilizado, não se deve esquecer que eles quase sempre têm de lutar por seu próprio alimento, ao menos em certas estações. Dadas duas regiões com circunstâncias muito diferentes, indivíduos de uma mesma espécie, dotados de constituição ou estrutura levemente diferente, teriam com frequência mais êxito em uma região do que em outra, e assim, por um processo de seleção natural, tal como será visto adiante, seriam formadas duas sublinhagens. Isso talvez explique, ao menos em parte, a observação de alguns autores segundo a qual variedades criadas por selvagens preservam melhor os caracteres da espécie aborígene do que as mantidas nos países civilizados.

A teoria aqui oferecida acerca do papel determinante desempenhado pela seleção humana explica plenamente por que nossas raças domésticas mostram adaptação de estrutura ou hábito às necessidades e aos caprichos do homem. E também explica, penso eu, o caráter muitas vezes anormal de nossas raças domésticas e por que os seus caracteres aparentes variam tanto enquanto suas partes ou órgãos internos permanecem relativamente intocados. O homem não consegue selecionar desvios de estrutura, ou, quando o faz, é apenas parcialmente, interferindo em marcas externas visíveis; o que é interno não lhe diz respeito. Sua seleção somente atua sobre variações menores, oferecidas pela natureza. Não ocorreria a ninguém produzir um pombo rabo-de-leque antes de ter visto um pombo com uma cauda levemente desenvolvida de maneira inusitada, nem tampouco um pombo papo-de-vento antes de ter visto um pombo com uma papada de tamanho incomum. Quanto mais anormal ou inusitado o caractere, em sua primeira aparição, mais chance terá de atrair atenção. Mas usar uma expressão como esta, *tentar produzir um pombo rabo-de-leque*, me parece, na verdade, bastante equivocado. O homem que primeiro selecionou um pombo dotado de uma cauda um pouco maior não poderia imaginar como seriam os descendentes dessa ave após uma longa e contínua seleção, em parte metódica, em parte não consciente. É possível que o progenitor dos pombos rabo-de-leque em geral tivesse apenas catorze penas mais longas, como o atual pombo-de-leque de Java ou indivíduos de outras linhagens nos quais contam-se às vezes dezessete penas, e também que o primeiro pombo papo-de-vento não inflasse sua papada para além do que o pombo-gravatinha faz com a parte de seu esôfago – hábito que, de resto, é ignorado pelos criadores, que não consideram que esse seja um detalhe importante de sua estrutura.

Para chamar a atenção do criador, não é preciso um desvio de estrutura mais significativo: ele é capaz de perceber as menores diferenças, e é da natureza humana valorizar toda novidade, por menor que seja, desde que ocorra em um objeto de sua posse. Tampouco se deve julgar o valor outrora atribuído às pequenas diferenças entre indivíduos de uma mesma espécie por seu valor atual, após o devido estabelecimento de numerosas linhagens. Muitas diferenças mínimas entre pombos podem surgir, e, de fato, surgem, que o criador rejeitará como defeitos ou desvios do padrão de perfeição de cada linhagem. O ganso comum não deu origem a nenhuma variedade; mas o ganso de Toulouse e o ganso comum, que diferem apenas quanto à cor, que é o mais flutuante dos caracteres, são exibidos nas feiras de criação como se fossem variedades distintas.

Penso que essas considerações explicam algo que vez por outra é notado, a saber, que ignoramos por completo a origem histórica de nossas raças domésticas. Uma linhagem, como um dialeto, não tem, por definição, uma origem determinada. Um homem preserva e cria uma linhagem a partir de um indivíduo com algum pequeno desvio estrutural ou toma mais cuidado do que de costume no acasalamento de seus melhores espécimes, aprimorando-os. Esses indivíduos lentamente se espalham pelas terras vizinhas. Permanecem sem um nome distinto, e, por não serem tão valorizados, sua história é desconsiderada. Quando se tornarem ainda mais aprimorados, pelo mesmo processo lento e gradual, se espalharão mais amplamente e serão reconhecidos como distintos e valiosos e, provavelmente, receberão um nome local. Em países semicivilizados, com poucas vias a ligar uma região a outra, a difusão da sublinhagem e o seu conhecimento são processos demorados. Tão logo os detalhes valiosos da nova sublinhagem sejam identificados, terá fim o processo ao qual dei o nome de seleção não consciente, talvez mais prontamente em um período do que em outro, à medida que a sublinhagem entre ou saia de moda, ou talvez mais em um distrito do que em outro, de acordo com o estado de civilização de seus habitantes. Mas é quase inexistente a chance de que algum registro de tais modificações – lentas, variáveis e insensíveis – venha a ser preservado.

Direi algumas palavras sobre as circunstâncias favoráveis ou contrárias à atuação do poder humano de seleção. Um alto grau de variabilidade é obviamente favorável, pois fornece materiais para que a seleção possa atuar mais livremente; não que as diferenças meramente individuais não sejam amplamente suficientes, tomadas as devidas precauções, para permitir o acúmulo de uma grande quantidade de modificação em praticamente qualquer direção desejada. Mas, dado que variações manifestamente úteis ou aprazíveis ao homem surgem apenas de maneira ocasional, a chance de ocorrerem aumenta quanto maior o estoque de indivíduos, o que, por sua vez, é determinante para o seu êxito. Com base nesse princípio, Marshall observou, a respeito das ovelhas de uma região de Yorkshire, "que, como elas geralmente pertencem a pessoas pobres e se encontram principalmente *em lotes pequenos*, não chegam a ser aprimoradas". Por outro lado, floricultores habituados a produzir grandes quantidades das mesmas plantas costumam ser mais bem-sucedidos do que amadores na obtenção de novas e valiosas variedades. Para que muitos indivíduos de uma mesma espécie possam ser mantidos em uma região extensa, é preciso que se encontrem condições favoráveis à sua livre reprodução. Se os indivíduos de uma espécie qualquer forem em número escasso, todos eles, independentemente de sua qualidade, terão como se reproduzir, o que impedirá a seleção. Mas a circunstância mais importante é, provavelmente, que o animal ou planta seja tão útil ao homem, ou tão valorizado por ele, que se dê a mais estrita atenção à menor das variações em uma qualidade ou na estrutura dos indivíduos. Sem isso, nada pode ser feito. Um naturalista me disse, com toda seriedade, que por sorte os morangos começaram a variar justamente quando os horticultores passaram a dar atenção a eles. Sem dúvida, o morango varia desde que começou a ser cultivado, mas as variações menores eram negligenciadas. Apenas quando os horticultores começaram a colher plantas individuais, com frutos um pouco maiores, mais jovens ou de melhor qualidade, produzindo sementes, selecionando-as e cultivando-as novamente, puderam surgir (com o auxílio do cruzamento com espécies distintas) as admiráveis variedades de morangos plantadas nos últimos trinta ou quarenta anos.

Em animais com sexos separados, a facilidade em impedir cruzamentos é um importante elemento para o êxito na formação de novas raças – ao menos em uma região na qual outras raças já existiam. O cercamento das terras tem, nesse caso, um papel importante. Selvagens nômades e habitantes de planícies abertas raramente possuem mais do que uma linhagem da mesma espécie. Pombos se prestam a formar uma relação estável, o que é uma grande vantagem para o criador, que assim pode manter a pureza das diferentes linhagens que convivem em um mesmo aviário. É uma circunstância que deve ter propiciado o aprimoramento de raças já existentes e a formação de novas raças. Além disso, pombos propagam-se em grande número e em alta taxa; e pássaros inferiores podem ser rejeitados, pois, uma vez mortos, servem como alimento aos demais. Já os gatos, devido a seus hábitos noturnos, não se prestam a formar casais estáveis, e, por mais que as mulheres e as crianças os valorizem, dificilmente encontramos uma linhagem distinta mais duradoura; ou, quando ela existe, vem do estrangeiro, em geral de ilhas. Sem dúvida, alguns animais domésticos variam menos que outros, mas a raridade ou a ausência de linhagens distintas de gatos, jumentos, pavões, gansos etc. deve ser atribuída, principalmente, à ausência de seleção: nos gatos, pela dificuldade de emparelhá-los; nos jumentos, por serem criados em número escasso, por pessoas pobres que não dão atenção à sua reprodução; nos pavões, por serem difíceis de domesticar e pelos estoques reduzidos; nos gansos, por serem valiosos para apenas dois propósitos, a alimentação e as penas, mas, principalmente, por não haver o desejo de produção de uma linhagem distinta.

Resumamos a origem de nossas raças de animais e plantas domésticos. Creio que as condições de vida, na medida em que atuam no sistema reprodutivo, são uma causa importantíssima de variabilidade. Mas, diferentemente de alguns autores, não me parece que a variabilidade seja uma contingência inerente e necessária em todas as circunstâncias e válida para todos os seres orgânicos. Seus efeitos são modificados por variados graus de hereditariedade e reversão; e ela é governada por muitas leis desconhecidas, em especial pela chamada lei de correlação do crescimento; deve-se conceder alguma influência à atuação direta das condições de vida; outro tanto deve ser atribuído ao uso e desuso; e o resultado é, assim, infinitamente complexo. Em alguns casos, não há dúvida de que o cruzamento entre espécies originariamente distintas desempenhou um papel importante na origem de nossas produções domésticas. Uma vez que diversas linhagens domésticas tenham se estabelecido em uma região qualquer, o ocasional cruzamento entre elas, aliado à seleção, sem dúvida contribui para a formação de sublinhagens; mas parece-me que a importância desses cruzamentos tem sido exagerada, tanto em relação aos animais quanto em relação às plantas, que se propagam por semente. Em plantas parcialmente propagadas por corte, enxerto e outras técnicas, a importância de cruzamentos entre espécies ou entre variedades distintas é enorme, pois o floricultor desconsidera a extrema variedade tanto de híbridos como de não híbridos e a frequente esterilidade dos primeiros. Mas plantas que não se propagam por semente tampouco se perpetuam e por isso não nos interessam aqui. Entre todas as causas de modificação, estou convencido de que a ação cumulativa da seleção, aplicada de maneira metódica e rápida ou então não consciente e lenta, porém com maior eficácia, é, de longe, a principal.

CAPÍTULO II

Variação
na natureza

---

*Variabilidade · Diferenças individuais ·
Espécies ambíguas · Espécies de ampla
disseminação, difusas e mais comuns, são as
que mais variam · Espécies do maior gênero, em
uma região qualquer, variam mais que as de
gêneros menores · Muitas espécies dos gêneros
maiores assemelham-se a variedades por serem
estreitamente aparentadas, embora não no
mesmo grau, e terem disseminação limitada*

Antes de aplicarmos os princípios a que chegamos no capítulo precedente aos seres orgânicos em estado de natureza, discutiremos brevemente se estes últimos estão submetidos à variação. Para tratar desse assunto de maneira apropriada, seria preciso dispor um longo catálogo de fatos puros e simples; estes, porém, estão reservados para uma obra futura. Tampouco discutirei as várias definições do termo "espécie". Nenhuma delas foi até aqui capaz de satisfazer a todos os naturalistas, embora cada um deles saiba vagamente o que quer dizer quando fala em espécie. Em geral, o termo inclui um elemento desconhecido, relativo a um ato de criação independente. O termo "variedade" é quase tão difícil de ser definido quanto o anterior; mas geralmente implica uma ascendência comum, que, no entanto, é difícil de ser comprovada. Há também as ditas aberrações, que são, em geral, gradações de variedades. Por "aberração" costuma-se entender um desvio considerável em uma parte da estrutura, prejudicial ou não benéfico à espécie, e que não costuma ser transmitido. Alguns autores utilizam o termo "variação" em sentido técnico, implicando uma modificação que se deve diretamente a condições físicas de vida; nesse sentido, supõe-se que elas não sejam hereditárias. Mas quem poderia dizer se a estatura reduzida dos moluscos nas águas salobras do Báltico e das plantas anãs dos cumes dos Alpes ou a pele espessa de animais que habitam o polo Norte não teriam se tornado eventualmente hereditárias após algumas gerações? Em tais casos, presumo, a forma seria chamada de variedade.

Do mesmo modo, há muitas diferenças menores que podem ser ditas individuais, como as que se encontram em proles com progenitores comuns ou supostamente comuns, pois são observadas com frequência em indivíduos de uma mesma espécie que habitam uma mesma localidade confinada. Ninguém imagina que todos os indivíduos de uma mesma espécie sejam moldados a partir de uma mesma forma. Essas diferenças individuais são muito importantes para nós, pois fornecem materiais que a seleção natural acumula, da mesma maneira como o homem pode acumular, em uma direção dada qualquer, diferenças individuais em suas produções domésticas. Essas diferenças individuais afetam, em geral, partes que os naturalistas consideram desimportantes, mas eu poderia mostrar, com um longo catálogo de fatos, que partes ditas importantes do ponto de vista fisiológico ou classificatório podem variar em indivíduos de uma mesma espécie. O mais experiente dos naturalistas ficaria surpreso com o número de casos de variabilidade, mesmo em partes significativas da estrutura, que ele poderia coletar com base em testemunhos confiáveis, como eu fiz, ao longo de anos. Não agrada nem um pouco aos sistematizadores encontrar variabilidade em caracteres significativos, e poucos estão dispostos a examinar laboriosamente órgãos internos importantes e compará-los aos muitos espécimes de uma mesma espécie. Quem poderia supor que a estrutura ramificada dos principais nervos próximos ao gânglio central de um inseto pode variar em indivíduos de uma mesma espécie? Seria de esperar, ao contrário, que alterações como essas ocorressem gradativamente. E, no entanto, o sr. Lubbock recentemente mostrou que o grau de variabilidade dos nervos principais do *Coccus* é comparável à ramificação irregular dos ramos de uma árvore. E esse naturalista de pendor filosófico também mostrou que os músculos de larvas de certos insetos estão longe de ser regulares. Muitos autores argumentam de modo circular quando afirmam que os órgãos importantes são invariáveis, pois, na prática, os mesmos autores, e muitos deles o confessam, classificam um caractere como significativo precisamente porque ele não varia, o que impede que se encontrem partes importantes com variações; mas, de qualquer outro ponto de vista que se adote, muitos exemplos de variação certamente poderiam ser dados.

Um ponto referente a diferenças individuais me parece extremamente desconcertante. Refiro-me aos gêneros por vezes chamados de proteiformes ou polimórficos, nos quais as espécies apresentam uma quantidade incomum de variação e a respeito dos quais os naturalistas não chegam a um acordo sobre o que é espécie e o que é variedade. Poderíamos mencionar o *Rubus*, a *Rosa* e o *Hieracium* entre as plantas, muitos gêneros de insetos e outros braquiópodes, na maioria dos quais se encontram espécies com caracteres fixos e definidos. Gêneros polimórficos em uma região parecem ser, com poucas exceções, polimórficos em outras, e, da mesma maneira, a julgar pelos braquiópodes, também parecem tê-lo sido, em períodos anteriores. São fatos desconcertantes que parecem mostrar que esse tipo de variabilidade independe das condições de vida. De minha parte, suspeito que as variações estruturais que vemos nesses gêneros polimórficos não são benéficas nem prejudiciais à espécie e, por conseguinte, não foram apropriadas ou tornadas definitivas pela seleção natural – como veremos mais à frente.

Formas que possuem, em grau considerável, caráter de espécies, mas são tão similares a outras ou estão de tal maneira conectadas a elas por gradações intermediárias que os naturalistas preferem não classificá-las como espécies distintas, são, sob muitos aspectos, as que mais nos interessam. Temos toda razão para crer que muitas dessas formas ambíguas estreitamente aparentadas teriam retido seus caracteres próprios, em sua região de origem, por um longo tempo; na verdade, por tanto tempo, até onde sabemos, quanto as espécies verdadeiras. Na prática, quando um naturalista consegue reunir duas formas mediante caracteres intermediários, ele toma uma como variedade da outra, classificando a mais comum, mas também às vezes a primeira a ter sido descrita como espécie e a outra como variedade. Contudo, casos de grande dificuldade, que não irei enumerar aqui, por vezes ocorrem e são decisivos para saber se cabe ou não classificar uma forma como variedade de outra, por mais que estejam conectadas por elos estreitos. Então, a natureza supostamente híbrida dos elos intermediários nem sempre remove a dificuldade. Muitas vezes, uma forma é classificada como variedade de outra, não porque elos intermediários de fato tenham sido encontrados, mas porque a analogia leva o observador a supor ou que eles existem em alguma parte, ou que um dia existiram – o que abre uma ampla via para dúvida e conjectura.

Para determinar se uma forma deve ou não ser classificada como espécie ou variedade, o único guia é a voz dos naturalistas com sólido discernimento e vasta experiência. Em muitos casos, devemos decidir pela maioria das vozes; pois raras são as variedades bem definidas e conhecidas que não foram classificadas como espécies por algum entre os juízes mais competentes.

É inquestionável que variedades de natureza ambígua estão longe de ser incomuns. Comparem-se as floras da Grã-Bretanha, da França e dos Estados Unidos, coligidas por diferentes botânicos, e pode-se ver o surpreendente número de formas classificadas por um naturalista como certas, que outros consideram meras variedades. O sr. H. C. Watson, a quem devo muito por todo tipo de informação, apontou-me 182 plantas britânicas geralmente consideradas variedades que diferentes botânicos, porém, classificaram como espécies; e, na confecção dessa lista, omitiu muitas variedades triviais, classificadas por alguns como espécies, sem mencionar os diversos gêneros polimórficos superiores, que ele omitiu por completo. Já o sr. Babington oferece, sob gêneros, incluindo as formas mais polimórficas, 251 espécies, enquanto o sr. Bentham encontra apenas 112 – uma diferença de 139 formas ambíguas. Entre os animais que se reúnem para copular e são dotados de alta motilidade, formas ambíguas, que um zoólogo classificaria como espécie e outro como variedade, dificilmente são encontradas em uma mesma região, mas são comuns em áreas separadas. Quantos pássaros e insetos da América do Norte e da Europa, que pouco diferem entre si, não foram classificados por um naturalista como espécies inequívocas e por outro como variedades, ou, como às vezes são chamadas, raças geográficas! Muitos anos atrás tive a oportunidade de comparar, e de conviver com outros que comparavam, pássaros de diferentes ilhas do arquipélago de Galápagos, fosse entre si, fosse com pássaros do continente, e impressionou-me sobremaneira o grau de indeterminação e arbitrariedade da distinção entre espécies e variedades. Nas ilhotas da Madeira, há muitos insetos que o sr. Wollaston, em seu admirável trabalho, classifica como variedades, mas que outros entomólogos sem dúvida classificariam como espécies. A própria Irlanda possui animais que costumam ser caracterizados como variedades, mas que certos zoólogos preferem denominar como espécies. Muitos ornitólogos experientes consideram o tetraz vermelho britânico (*L. lagopus*) uma raça definida, parte da espécie norueguesa, contra a opinião majoritária, que vê nele uma espécie peculiar à Grã-Bretanha. Uma ampla distância entre o lar de duas formas ambíguas leva muitos naturalistas a classificá-las como espécies distintas; mas qual seria a distância regulamentar? Se aquela entre a América e a Europa parece suficiente, o que dizer da que separa o continente europeu ou africano de Açores, Madeira ou Canárias, ou a Grã-Bretanha da Irlanda? O fato é que muitas formas, que juízes muito competentes consideram variedades, têm um caráter específico tão perfeito que permitem a outros, igualmente qualificados, considerá-las espécies perfeitamente definidas. Discutir, porém, se o correto é chamá-las espécies ou variedades, antes que se tenha chegado a uma definição consensual desses termos, é dar socos no ar.

Muitos casos de variedades bem definidas ou de espécies duvidosas merecem a nossa atenção. Diversas linhas interessantes de argumentação foram mobilizadas na tentativa de determinar seu estatuto, como a distribuição geográfica, a variação analógica, o hibridismo etc. Darei aqui um único exemplo, bem conhecido: a prímula e a primavera, ou a *Primula veris* e a *Primula elatior*. São plantas de aparência consideravelmente diferente; têm sabor e emitem um odor diferente; florescem em períodos levemente desencontrados; não brotam na mesma estação; vivem em montanhas, porém não na mesma altura; não têm a mesma distribuição geográfica; e, por fim, de acordo com experimentos realizados ao longo dos anos por Gärtner, um dos observadores mais cuidadosos, deixam-se cruzar apenas com muita dificuldade. Não poderíamos desejar melhores evidências de formas especificamente distintas. Por outro lado, estão unidas por elos intermediários, e é muito duvidoso que tais elos sejam híbridos; sem mencionar a enorme quantidade de evidência experimental a mostrar que elas descendem de progenitores comuns e que, por conseguinte, devem ser classificadas como variedades.

Na maioria das vezes, uma investigação mais detalhada conduz os naturalistas a um acordo sobre a classificação de formas ambíguas. Mas formas de valor ambíguo são encontradas mesmo nas regiões que conhecemos melhor. Chama a atenção o fato de que quando um animal ou planta qualquer em estado de natureza é útil ao homem, ou, por outra razão, atrai a sua atenção, não demoram a surgir registros de suas variedades, que tendem a ser classificadas como espécies. O carvalho comum, por exemplo, foi estudado minuciosamente. Um naturalista germânico não hesita em extrair mais de uma dezena de espécies a partir de formas geralmente consideradas variedades, enquanto em nosso país poderiam ser citadas autoridades em botânica teórica e prática que declaram que o carvalho-séssil e o carvalho penduculado são ou espécies perfeitamente distintas, ou, ao contrário, meras variedades.

Um jovem naturalista que se ponha a estudar um grupo de organismos com o qual não tem familiaridade sente, de início, dificuldade considerável para determinar quais seriam as diferenças específicas, quais as de variedade, pois nada sabe acerca da quantidade e do tipo de variação a que cada grupo está submetido. Nessa medida, a variação é um fenômeno de aceitação geral. Mas, se confinar sua atenção a uma classe dentro de uma região, logo decidirá como classificar as formas mais ambíguas. Então, impressionado com a quantidade de diferença que encontra nas formas que estuda, a exemplo do criador de pombos ou de galináceos já mencionado, e por ter conhecimentos ainda escassos sobre a variação analógica em outros grupos e regiões que possam ajustar suas impressões iniciais, se sentirá propenso a multiplicar as espécies. À medida que o espectro de suas observações aumenta, ele encontrará cada vez mais dificuldades, devido ao número crescente de formas estreitamente aparentadas. Mas, desde que suas observações sejam extensas, poderá, ao fim e ao cabo, decidir quais devem ser chamadas de variedades e quais de espécies. Em todo caso, seu êxito se

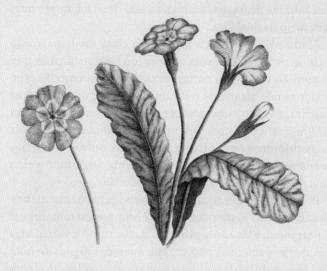

prímula
___

dará a expensas de admitir uma quantidade considerável de variação, e muitos naturalistas irão questionar a validade de suas classificações. Suas dificuldades nunca serão tão grandes como no estudo de formas aparentadas, oriundas de regiões atualmente descontínuas, pois, então, diante de uma miríade de formas ambíguas, terá de se fiar quase inteiramente pela analogia.

Ainda não foi traçada uma linha clara de demarcação entre as espécies e as subespécies (ou aquelas formas que, na opinião de alguns naturalistas, se aproximam de espécies, mas não alcançam o mesmo estatuto), ou, da mesma maneira, entre as subespécies e as variedades definidas, ou, por fim, entre variedades inferiores e diferenças individuais. Essas diferenças se misturam umas às outras em séries insensíveis, e a série impressiona a mente, sugerindo a ela a ideia de que haveria uma passagem de fato.

Por isso, as diferenças individuais, geralmente menosprezadas pelos sistemáticos, parecem-me extremamente importantes. Elas são o primeiro passo rumo a variedades que, de tão pequenas, não são consideradas dignas de nota nas obras de história natural. Quanto a variedades em algum grau mais bem definidas e mais estáveis, vejo-as como passos que levam a outras, ainda mais bem definidas e mais estáveis, que, por sua vez, levam a subespécies e espécies. Cogitou-se que a passagem de um estágio de diferença a outro, mais alto, se deveria à atuação contínua, por um longo período, das condições físicas típicas de duas regiões diferentes. Essa ideia, porém, não me agrada. Prefiro atribuir a passagem de uma variedade do estado em que ela quase não difere de seu progenitor a outro, em que a diferença é maior, à atuação da seleção natural, que, como veremos mais à frente, acumula diferenças de estrutura em direções determinadas. Por isso, uma variedade bem definida pode, em minha opinião, ser chamada de espécie incipiente, denominação justificada, ao que me parece, pelo peso dos numerosos fatos e ideias oferecidos ao longo desta obra.

Não se deve supor que todas as variedades ou espécies incipientes necessariamente alcancem o estatuto de espécies. Elas podem se tornar extintas ou sobreviver como variedades por períodos bastante longos, como foi mostrado pelo sr. Wollaston em relação a variedades de certos moluscos fósseis da ilha da Madeira. Caso florescesse uma variedade mais numerosa do que a espécie progenitora, ela seria elevada à condição de espécie, que, por sua vez, se tornaria variedade; poderia suplantar e exterminar a espécie progenitora; ou ambas poderiam coexistir e ser classificadas como espécies independentes. Retornaremos a esse ponto.

Essas observações mostram que considero o termo "espécie" um nome arbitrário, dado por conveniência a um grupo de indivíduos muito semelhantes e que, nessa medida, não difere essencialmente do termo "variedade", dado a formas menos distintas e mais oscilantes. O termo "variedade", por sua vez, em comparação a formas meramente individuais, também se aplica arbitrariamente por mera conveniência.

Guiado por considerações de cunho teórico, pensei que resultados interessantes poderiam ser obtidos em referência à natureza e às relações das espécies que mais variam, tabulando-se todas as variedades em floras definidas. De início, parecia uma tarefa simples; mas o sr. H. C. Watson, a quem agradeço pelos valiosos conselhos e pela assistência prestada, logo me convenceu de que havia numerosas dificuldades; como também o fez, subsequentemente, em termos ainda mais categóricos, o dr. Hooker. Reservarei para um trabalho futuro a discussão de tais dificuldades, assim como as tábuas com os números proporcionais das espécies em variação. O dr. Hooker autorizou-me acrescentar que, após ter lido cuidadosamente meu manuscrito e examinado as tabelas, pareceu-lhe que minhas afirmações estavam bem fundamentadas. O assunto como um todo, tratado aqui inevitavelmente de maneira breve, é bastante desconcertante, e não poderei evitar alusões a questões como "luta pela vida", "divergência de caráter" e outras que serão discutidas mais à frente nesta obra.

Alphonse de Candolle e outros mostraram que espécies de plantas de ampla disseminação costumam ter variedades; e isso seria esperado, pois estão expostas a condições físicas diferentes e entram em competição com diferentes grupos de seres orgânicos (circunstância que, como veremos, é de longe a mais importante). Minhas tabelas também mostram que, em uma região limitada, as espécies mais comuns, mais numerosas e mais difundidas (o que não se confunde com a ampla disseminação e, em certa medida, com o número de indivíduos), costumam gerar variedades bem definidas, a ponto de merecer registro em obras de botânica. Assim, as espécies mais prósperas, ou, se preferirmos, as espécies dominantes, que se disseminam mais amplamente pelo mundo, as mais difundidas em seu país de origem e as com o maior número de indivíduos são aquelas que com mais frequência produzem variedades bem definidas, ou, como prefiro chamá-las, espécies incipientes.

O que não chega a surpreender: pois, para adquirirem um grau mínimo de permanência, as variedades têm necessariamente de lutar com outros habitantes do país, o que significa que as espécies já dominantes serão provavelmente as que produzirão uma prole que estará destinada a herdar, com algum grau de modificação, as vantagens que possibilitaram a seus progenitores sobrepujar os rivais.

Dividam-se plantas originárias de uma mesma região, descritas em uma flora qualquer, em duas massas iguais, as de gêneros maiores de um lado, as de gêneros menores de outro: o número de espécies dominantes ou difusas será um pouco maior no lado dos gêneros maiores. O que não surpreende, pois o próprio fato de muitas espécies de um mesmo gênero habitarem uma região qualquer sugere que há algo de favorável ao gênero nas condições orgânicas ou inorgânicas da região, e, por conseguinte, é de esperar que se encontrem, nos gêneros maiores, que incluem muitas espécies, um número proporcionalmente maior de espécies dominantes. Mas são tantas as causas que tendem a obscurecer esse resultado que me surpreende que as minhas tabelas mostrem uma maioria não tão acentuada do lado dos gêneros maiores. Aludirei aqui a apenas duas causas de obscuridade. Plantas de água doce e de água salgada têm, em geral, disseminação ampla e são bastante difundidas, o que parece estar ligado à natureza dos lugares habitados por elas, com pouca ou nenhuma relação com o tamanho do gênero ao qual a espécie pertence. Do mesmo modo, plantas inferiores na escala da organização são, em geral, muito mais amplamente difundidas do que plantas superiores, sem qualquer relação com o tamanho do gênero.

A causa da disseminação das plantas de organização inferior será examinada nos capítulos XI e XII, dedicados à distribuição geográfica.

Ao tomar as espécies como simples variedades bem definidas e estáveis, fui levado a antecipar que as espécies de gêneros maiores em cada região apresentariam variedades com mais frequência do que espécies de gêneros menores, pois, onde quer que muitas espécies estreitamente aparentadas (i.e., espécies do mesmo gênero) tenham sido formadas, muitas variedades ou espécies incipientes estarão, via de regra, sendo formadas nesse momento. Onde crescem árvores de grande porte, esperamos encontrar árvores jovens; e onde muitas espécies de um gênero foram formadas através de variação, e houve circunstâncias favoráveis à variação, é de esperar que perdurem até hoje. Ao contrário, se tomarmos cada espécie como um ato de criação à parte, não haverá razão aparente de por que variedades devam ocorrer mais em um grupo com muitas espécies do que em outro com menos.

Para testar a verdade dessa intuição, arranjei as plantas de doze países e os insetos coleópteros de dois distritos em duas massas quase iguais: as espécies do gênero maior de um lado e as do menor de outro. O que ocorreu invariavelmente é que as espécies no lado dos gêneros maiores apresentaram variabilidade em proporção maior que aquelas do lado dos gêneros menores. E mais, as espécies dos gêneros maiores que apresentaram alguma variedade têm também, invariavelmente, um número médio de variedades maior que as espécies de gêneros menores. Ambos os resultados se seguem quando outra divisão é realizada, e todos os gêneros menores, com apenas uma a quatro espécies, são totalmente excluídos das tabelas. São fatos de significado claro, partindo-se da ideia de que as espécies são meras variedades bem definidas, estáveis, pois, quando quer que muitas espécies de um mesmo gênero tenham sido formadas, ou, se me permitem a expressão, sempre que a manufatura de espécies se mostrou ativa, encontramos, em geral, a mesma manufatura em atuação; e não faltam razões para crer que a manufatura de novas espécies é um processo lento. É certamente o caso quando tomamos as variedades como espécies incipientes, e minhas tabelas claramente mostram que, quando quer que tenham sido formadas muitas espécies de um mesmo gênero, as espécies desse gênero apresentam um número de variedades, isto é, de espécies incipientes, acima da média. Não é que todos os grandes gêneros estejam passando por muita variação e o número de espécies esteja aumentando ou que os gêneros pequenos não variem ou não estejam se multiplicando. Se fosse assim, minha teoria seria desmentida; mas o que a geologia plenamente mostra é que, com o passar do tempo, os gêneros menores com frequência se multiplicam muito, enquanto os gêneros maiores chegam ao máximo, declinam e desaparecem. Tudo o que queremos mostrar é que, onde muitas espécies de um gênero foram formadas, em média muitas ainda o estão sendo. É uma afirmação que se sustenta.

Há outras relações dignas de nota entre as espécies de gêneros maiores e suas variedades registradas. Vimos que não há critério infalível pelo qual possamos distinguir espécies de variedades bem definidas, e nos casos em que não foram encontrados elos intermediários entre formas ambíguas os naturalistas se sentiram compelidos a chegar a uma decisão pela quantidade de diferença entre elas, julgando, mediante a analogia, se a quantidade é suficiente para elevar uma ou ambas ao estatuto de espécie. Daí a importância da quantidade de diferença como critério para determinar se duas formas devem ser classificadas como espécies ou variedades. Fries observou, em relação a plantas, e Westwood, aos insetos, que em gêneros maiores a quantidade de diferença entre as espécies é com frequência muito pequena. Tentei testar essa afirmação numericamente, por médias, e, até onde mostram os resultados, é verdade que bastante imperfeitos, essa ideia é confirmada. Consultei também alguns observadores sagazes e experientes que, após terem deliberado, concordaram comigo. Sob esse aspecto, portanto, as espécies de gêneros maiores se assemelham mais a variedades do que as de gêneros menores. Ou poderíamos dizer que, nos gêneros maiores, nos quais estão sendo manufaturadas espécies ou variedades incipientes em número maior que a média, muitas das espécies já manufaturadas se assemelham, em certa medida, a variedades, pois diferem entre si por uma quantidade de diferença menor que a usual.

Espécies de gêneros maiores estão relacionadas entre si da mesma maneira que as variedades de uma espécie qualquer. Nenhum naturalista diria que todas as espécies de um gênero são igualmente distintas entre si, mas as dividiriam em subgêneros, seções ou grupos menores. Como observou Fries, pequenos grupos de espécies agregam-se em torno de outras, como satélites. E o que são variedades, senão grupos de formas relacionadas de maneira desigual e agrupadas em torno de certas formas, ou seja, em torno de suas respectivas espécies progenitoras? Sem dúvida, há uma diferença, de suma importância, entre variedades e espécies, a saber, a quantidade de diferença entre as variedades, quando comparadas entre si ou com suas espécies progenitoras, é muito menor que entre as espécies de um mesmo gênero. Quando discutirmos o princípio que chamo de divergência de caráter, veremos como isso pode ser explicado e como as diferenças menores entre as espécies tendem a aumentar e a se tornar diferenças maiores.

Outro ponto parece-me digno de nota. Variedades costumam ter disseminação restrita. É uma afirmação que beira o truísmo: se se constatasse que uma variedade tem um espectro mais amplo que o da presumida espécie progenitora, suas denominações seriam trocadas. Mas também há razão para crer que espécies estreitamente aparentadas a outras, e que, nessa medida, se assemelham a variedades, costumam ter disseminação restrita. Por exemplo, o sr. H. C. Watson mostrou-me, no sortido *London Catalogue of Plants* (4ª edição), 63 plantas classificadas como espécies, mas que ele considera tão próximas de outras espécies que seu valor é ambíguo. Essas 63 espécies presumidas se distribuem em média por 6,9 das províncias em que o sr. Watson dividiu a Grã-Bretanha. Esse mesmo catálogo registra 53 variedades reconhecidas, distribuídas por 7,7 províncias, enquanto as espécies a que essas variedades pertencem se distribuem por 14,3 províncias. Desse modo, as variedades reconhecidas têm uma disseminação quase tão restrita quanto a das formas estreitamente aparentadas, apontadas pelo sr. Watson como espécies ambíguas mas que os botânicos ingleses são praticamente unânimes em classificar como espécies de fato.

Por fim, variedades têm os mesmos caracteres gerais que espécies e, com duas exceções, não podem ser distinguidas delas. Primeiro, a descoberta de formas de ligação intermediárias, que, no entanto, não afeta os caracteres das formas ligadas; e, segundo, a ocorrência de certa quantidade de diferença, pois, por mais que duas formas que pouco diferem sejam classificadas como variedades, mesmo que elos intermediários não tenham sido descobertos, a quantidade de diferença considerada necessária para dar a elas o estatuto de espécie permanece indefinida. Em gêneros com espécies mais numerosas que a média de uma região, o número de variedades também está acima da média. Em gêneros maiores, as espécies tendem a ser estreitamente aparentadas, embora de maneira desigual, formando pequenos agregados em torno de certas espécies. Espécies muito próximas parecem ter disseminação restrita. Sob todos esses aspectos, as espécies de gêneros maiores têm poderosa analogia com variedades. Podemos compreender por que supondo que as espécies tenham se originado como variedades; mas seria algo inexplicável se cada espécie tivesse sido criada independentemente.

Vimos também que as espécies mais prósperas e mais dominantes em cada gênero são as que mais variam na média; e, como veremos à frente, variedades tendem a ser convertidas em novas espécies distintas. Os gêneros maiores tendem, assim, a crescer ainda mais, e, na natureza, as formas de vida já dominantes tendem a predominar ainda mais, com a produção de numerosos descendentes dominantes modificados. Mas também os gêneros maiores, por passos que serão explicados, tendem a se fragmentar em gêneros menores. E assim as formas dividem-se pelo mundo em grupos subordinados a grupos.

CAPÍTULO III

Luta pela existência

―――――

Depende de seleção natural · Utilização do termo em sentido geral · Poder geométrico de multiplicação · Acelerada multiplicação de animais e plantas naturalizados · Natureza das restrições à multiplicação · Competição universal · Efeitos do clima · Proteção pelo número de indivíduos · Relações complexas entre animais e plantas na natureza · Luta pela vida é mais severa entre indivíduos e variedades de uma mesma espécie e, com frequência, entre espécies de um mesmo gênero · Relação de um organismo com outro é a mais importante de todas

Antes de entrar no assunto deste capítulo, farei algumas observações preliminares para mostrar como a luta pela existência depende da seleção natural. Viu-se no capítulo anterior que entre os seres orgânicos em estado de natureza há alguma variabilidade individual, o que, de resto, ninguém parece contestar. É irrelevante para nós se uma série de formas ambíguas é chamada de espécie, subespécie ou variedade, qual o estatuto, por exemplo, de duzentas ou trezentas plantas britânicas de forma ambígua, desde que se admita a existência de variedades bem definidas. Mas a mera existência de variedade individual e de algumas variedades bem definidas, embora necessária à nossa prática, não ajuda muito a compreender como as espécies surgem na natureza. Como foram aperfeiçoadas todas as requintadas adaptações de uma parte do organismo a outra e às condições de vida e as de um ser orgânico a outro? Vemos adaptações como essas, por exemplo, no pica-pau e no visco, mas elas também são conspícuas no mais humilde dos parasitas, que se agarra aos pelos de um mamífero ou às penas de um pássaro, na estrutura do besouro aquático, nas sementes plumadas levadas pela brisa. Em suma, vemos belas adaptações por toda parte e em cada um dos membros do mundo orgânico.

Do mesmo modo, pode-se perguntar como as variedades, ou espécies incipientes, como prefiro chamá-las, vêm a ser convertidas em espécies perfeitamente definidas, que, na maioria das vezes, são muito mais diferentes entre si do que as variedades de uma mesma espécie; ou como surgem esses grupos de espécies que constituem o que chamamos de gêneros distintos, mais diferentes entre si do que espécies de um mesmo gênero. Tudo isso se segue, como veremos neste capítulo, da luta pela vida. Devido a essa luta, qualquer variação, por menor que seja, e não importa qual a sua causa, tenderá à preservação do indivíduo e será, em geral, herdada por sua prole, desde que se mostre vantajosa para um indivíduo de uma espécie em suas infinitamente complexas relações com outros seres orgânicos e com a natureza externa. Desse modo, os descendentes terão mais chances de sobreviver, pois, entre os muitos indivíduos de uma mesma espécie que nascem periodicamente, apenas um pequeno número não perece. A esse princípio, pelo qual cada variação mínima é preservada contanto que seja útil, dei o nome de seleção natural, para diferenciá-lo do poder humano de seleção. Vimos que o homem é capaz, pela seleção, de produzir excelentes resultados e adaptar seres orgânicos a seus próprios usos mediante o acúmulo de variações mínimas, porém úteis. É um poder que ele recebeu das mãos da natureza. Mas a seleção natural, como veremos daqui por diante, é um poder sempre pronto a atuar e é tão imensuravelmente superior aos débeis esforços humanos quanto as obras da natureza são superiores às da arte.

Discutiremos agora em algum detalhe a luta pela existência. Em minha futura obra, esse tópico será tratado apropriadamente de maneira bem mais detalhada. Candolle pai e Lyell mostraram ampla e filosoficamente que todos os seres orgânicos estão expostos à competição severa. Com relação a plantas, ninguém tratou do assunto com tanto espírito e habilidade quanto W. Herbert, deão de Manchester, com seus vastos conhecimentos de horticultura. Nada mais fácil do que admitir em palavras a verdade da luta universal pela vida, e nada mais difícil – ao menos em minha experiência – do que manter essa constatação sempre em vista. Mas, a menos que ela seja integralmente absorvida pela mente, estou convencido de que a economia inteira da natureza, com todos os fatos relativos à distribuição, escassez, abundância, extinção e variação, permanecerá nebulosa ou será incompreendida. Contemplamos a face de uma natureza radiante de felicidade, por toda parte vemos alimento em abundância; mas o que não vemos, ou, se vemos, esquecemos, é que os pássaros que piam felizes ao nosso redor vivem de insetos e vermes e a todo instante estão destruindo a vida; esquecemo-nos da destruição sofrida por esses cantores, por seus ovos, por seus ninhos, vítimas de aves de rapina e de outros predadores; e nem sempre nos lembramos de que o alimento, hoje superabundante, torna-se escasso em outras estações do ano.

Emprego o termo "luta pela existência" em sentido lato e metafórico, incluindo a dependência de um ser em relação a outro e (ainda mais importante) não somente a vida do indivíduo, mas o seu êxito na produção de uma progênie. Diz-se que dois animais caninos lutam entre si, em tempos de escassez, para obter alimento e sobreviver. Mas se diz que uma planta às margens de um deserto luta pela vida contra a seca, quando mais apropriado seria dizer que ela depende da umidade. Pode-se dizer que uma planta que produz anualmente mil sementes, das quais em média apenas uma chega à maturidade, luta contra outras do mesmo gênero ou de outros cujas sementes recobrem o solo. O visco depende da maçã e de umas poucas outras árvores; mas só se pode dizer que ele luta contra essas árvores, em sentido lato, porque se crescer excessivamente em uma delas o levará à morte. Mais apropriado seria dizer que lutam pela vida numerosos viscos que crescem próximos uns aos outros em um mesmo ramo de árvore. O visco é uma árvore cujas sementes são dispersadas por pássaros, e sua existência depende deles; por isso, pode-se dizer, metaforicamente, que ele luta com outras árvores frutíferas para atrair pássaros que devorem e dispersem suas sementes, e não as de seus rivais. Por conveniência, utilizo o termo "luta pela existência" nesses sentidos diversos, que se confundem entre si.

A luta pela existência segue-se inevitavelmente da alta taxa em que os seres orgânicos tendem a se multiplicar. Cada um dos seres que, no período natural de sua vida, produz numerosos ovos ou sementes, sofrerá destruição em algum desses períodos, em uma estação ou em um ano excepcional; não fosse assim, se tornariam tão numerosos, pelo princípio de sua multiplicação geométrica que não haveria região capaz de sustentá-los. Portanto, como são produzidos mais indivíduos do que o número que poderia sobreviver, existe sempre uma luta pela existência, seja entre um indivíduo e outro de uma mesma espécie, seja entre indivíduos de espécies distintas, seja entre os indivíduos e as condições de vida. É a doutrina de Malthus, aplicada com força muitas vezes redobrada à totalidade dos reinos animal e vegetal, nos quais não há, nem poderia haver, aumento artificial do suprimento de comida, nem existem as restrições de prudência impostas pelo casamento. Algumas espécies estão sempre, em um dado momento, multiplicando-se com maior velocidade do que antes; se todas o fizessem ao mesmo tempo, o mundo não teria como acomodá-las.

Não há exceção à regra de que cada ser orgânico naturalmente se multiplica a uma taxa tão elevada que, se não fosse destruído, recobriria o mundo com a progênie de um único casal. Mesmo o homem, de lenta gestação, dobra de população a cada 25 anos; nesse ritmo, em poucos milhares de anos não haveria lugar para sua progênie. Lineu calculou que se uma planta de gestação anual produzisse apenas duas sementes (e nenhuma planta é tão improdutiva) e seus descendentes produzissem, no ano subsequente, mais duas sementes, e assim por diante, em vinte anos haveria 1 milhão de indivíduos. O elefante é considerado o animal de mais lenta gestação; tentei calcular a taxa mínima provável de sua multiplicação natural e, em uma estimativa conservadora, concluí, supondo que ele se reproduza entre os trinta e os noventa anos de idade, que, gestando-se ao todo três pares de filhotes por casal, ao cabo de cinquenta anos haveria 15 milhões de elefantes descendentes dos mesmos progenitores.

Uma evidência ainda maior que a dos meros cálculos teóricos é encontrada nos diversos casos registrados de multiplicação impressionantemente rápida de vários animais em estado de natureza, em circunstâncias favoráveis, durante duas ou três estações. Ainda mais impressionante é a evidência das muitas espécies de animais domésticos espalhadas por diferentes partes do mundo. Se não fossem certificadas, passariam por inverossímeis as afirmações relativas à multiplicação de bovinos e equinos, ambos animais de longa gestação, na América do Sul e na Austrália. O mesmo vale para as plantas: não faltam casos de espécies estrangeiras que em menos de dez anos se tornaram comuns em ilhas inteiras. Muitas das plantas que hoje são mais numerosas nas planícies de La Plata, recobrindo superfícies inteiras e praticamente excluindo qualquer outra vegetação, são oriundas da Europa. E, segundo informa o dr. Falconer, há plantas espalhadas pela Índia, do cabo Comorim ao Himalaia, que foram importadas da América quando esse continente foi descoberto. Ninguém suporia que, em tais casos – e inumeráveis exemplos poderiam ser aduzidos –, a fertilidade dos animais ou das plantas teria aumentado subitamente. A explicação mais óbvia é que as condições de vida se mostraram bastante favoráveis, e, por conseguinte, houve menos destruição da população, velha ou jovem, e quase todos os filhotes puderam procriar. Então, a taxa geométrica de multiplicação, cujos resultados são sempre surpreendentes, explica, por si só, a multiplicação extraordinariamente rápida e a ampla difusão, em seus novos lares, de produtos naturalizados.

Em estado de natureza, quase toda planta produz sementes, e poucos são os animais que não copulam ao menos uma vez por ano. Portanto, é seguro afirmar que todas as plantas e animais tendem a se multiplicar em razão geométrica, que eles povoariam rapidamente qualquer localidade em que pudessem sobreviver e que a tendência à multiplicação geométrica é restringida pela destruição em alguma fase da vida. Nossa familiaridade com os animais domésticos de grande porte tende, em minha opinião, a nos enganar: não vemos qualquer destruição descendo sobre eles e nos esquecemos de que todo ano milhares são abatidos para fornecer alimento e, em estado de natureza, um número similar seria eliminado.

A única diferença entre organismos que anualmente produzem ovos ou sementes aos milhares e os que os produzem escassamente é que os de lenta gestação requerem alguns anos a mais, em condições favoráveis, para povoar um distrito inteiro, por mais extenso que seja. O condor deposita um par de ovos, um avestruz, um punhado, e mesmo assim, na mesma região, o condor pode ser mais numeroso que o avestruz: a pardela-branca deposita apenas um ovo por vez, mas acredita-se que seja o pássaro mais numeroso do mundo. Uma mosca deposita centenas de ovos, enquanto outra, como a *Hippobosca*, deposita apenas um; no entanto, essa diferença não determina quantos indivíduos das duas espécies podem ser sustentados em um distrito. Para espécies que dependem de uma quantidade constantemente oscilante de comida, é importante depositar ovos em grande quantidade, pois isso permite a rápida multiplicação de seu número. A principal importância de um bom número de ovos ou sementes é compensar a destruição ocorrida em algum período de sua vida, na maioria das vezes o inicial. Se um animal pode, de algum modo, proteger seus próprios ovos e seus filhotes, produz-se um pequeno número, e a matriz é mantida integralmente; mas, se muitos ovos ou jovens forem destruídos, muitos devem ser produzidos, ou então a espécie será extinta. Seria suficiente, para manter a população constante de uma árvore que vivesse em média por mil anos, que uma única semente fosse produzida a cada mil anos, supondo-se que essa semente não fosse destruída e pudesse germinar em segurança. Em todos os casos, portanto, apenas indiretamente é que o número médio de um animal ou planta qualquer depende do número de seus ovos ou sementes.

Na observação da natureza, é de suma importância não esquecer que cada um dos seres orgânicos ao nosso redor está em constante empenho de multiplicação; que todos vivem em luta, em algum período de sua vida; que uma pesada destruição necessariamente se abate, sobre os jovens ou sobre os velhos, em cada geração ou em intervalos recorrentes: que uma restrição seja amenizada, que uma destruição seja mitigada, e o número de espécies irá aumentar instantaneamente. A face da natureza pode ser comparada a uma superfície de fluência, com dez mil cunhas afiadas, umas ao lado das outras, e afundadas por golpes incessantes, que ora atingem uma cunha com mais força, ora outra.

Não sabemos ao certo o que restringe a tendência natural de cada espécie à multiplicação. Se examinarmos alguma das espécies mais vigorosas, veremos que, quanto mais ela se multiplica, maior a sua tendência à multiplicação. Desconhecemos as restrições, mesmo em casos particulares. O que não surpreende, se refletirmos sobre a nossa ignorância inclusive a respeito do gênero humano, que conhecemos melhor do que qualquer outro dentre os animais. Esse assunto foi tratado com habilidade por muitos autores, e pretendo discutir de maneira mais exaustiva, em uma obra futura, algumas restrições, especialmente incidentes nos predadores, da América do Sul. Por ora, farei apenas algumas observações, para que o leitor tenha em mente os pontos mais importantes. Ovos ou filhotes recém-nascidos parecem ser, em geral, os que mais sofrem; nem sempre, porém, é o caso. Quanto às plantas, uma vasta destruição atinge suas sementes; mas acredito, com base em algumas observações que realizei, que os grãos são os que mais sofrem, por geminarem em um solo ricamente provido de outras plantas. Grãos também são destruídos em grande número por outros inimigos. Por exemplo, em uma faixa de solo com extensão de três pés por dois [0,91 m × 0,60 m],[1] escavada e limpa, onde não há interferência de outras plantas, semeei nossas plantas nativas e as assinalei à medida que fertilizaram; das 357 plantadas, nada menos que 295 foram destruídas, principalmente por minhocas e insetos. Em um campo arado, as plantas mais vigorosas aos poucos matam as menos vigorosas, mesmo que plenamente crescidas; e o mesmo vale para um pasto, pisado pelo gado. Das vinte espécies plantadas em uma pequena faixa de relva de três pés por quatro, nove pereceram para que as outras onze crescessem livremente.

A quantidade de alimento para cada espécie fornece o limite último de sua multiplicação; com frequência, porém, o que determina o número médio de uma espécie não é a obtenção de alimento, mas se a espécie é presa de outros animais. Não parece haver dúvida de que o estoque de perdizes, de galos

---

[1] As unidades de medida britânicas foram convertidas para o sistema métrico (entre colchetes) com valores aproximados. [N. E.]

selvagens e de lebres em uma propriedade de grandes dimensões depende principalmente da destruição dos vermes. Se nenhum animal fosse abatido na Inglaterra durante vinte anos e, ao mesmo tempo, nenhum verme fosse destruído, provavelmente haveria, ao fim desse período, menos animais de caça do que hoje, quando, anualmente, centenas de milhares de animais são abatidos. Por outro lado, em alguns casos, como o do elefante e do rinoceronte, não há destruição por predadores; mesmo o tigre da Índia raramente ousa atacar um filhote de elefante protegido pela manada.

O clima tem um papel importante na determinação do número médio de indivíduos de uma espécie, e parece-me que as restrições mais efetivas são impostas pela ocorrência periódica de frio ou seca extrema. Segundo minhas estimativas, o inverno de 1854-55 destruiu em minha propriedade quatro quintos dos pássaros, devastação tremenda, tendo em mente que uma taxa de mortalidade de um décimo é considerada extremamente alta em epidemias que atingem a espécie humana. À primeira vista, a atuação do clima parece independente da luta pela existência, mas, por interferir principalmente na quantidade de alimento disponível, o clima introduz a mais severa luta entre indivíduos, não importando se de uma mesma espécie ou de espécies distintas, que subsistam pelo mesmo alimento. Quando, por exemplo, um clima extremamente frio atua diretamente, os que mais sofrem são os menos vigorosos ou que perdem o acesso à comida, à medida que o inverno avança. Quando viajamos do sul para o norte, ou de uma região úmida para outra, seca, vemos que certas espécies se tornam gradativamente mais raras, até desaparecerem; e, como a mudança de clima é conspícua, somos tentados a atribuir o efeito como um todo à sua atuação direta. Trata-se, porém, de uma visão inteiramente falsa. Esquecemos que cada espécie, mesmo ali onde é mais abundante, passa em alguma época de sua vida por uma enorme destruição, devido a inimigos ou a espécies que competem com ela pelos mesmos recursos e pelo mesmo lugar. E, caso esses inimigos ou rivais sejam, em algum grau, favorecidos por uma pequena alteração climática, ela se multiplica e, como cada área está inteiramente povoada, as demais espécies decrescem. Quando viajamos em direção ao sul e vemos uma espécie que decresce, podemos ter certeza de que a causa se encontra tanto no favorecimento de outras espécies quanto no fato de a espécie ser prejudicada. O mesmo acontece quando viajamos em direção ao norte, embora em grau menor, pois então o número de indivíduos de todas as espécies decresce e, portanto, decresce também o número de rivais. É assim que, viajando rumo ao norte ou escalando uma montanha, é frequente depararmos com formas abortadas, devido à atuação *diretamente* injuriosa do clima, o que não ocorre com tanta frequência quando viajamos rumo ao sul ou descemos uma montanha. Quando chegamos às regiões árticas, a cumes recobertos de neve ou a desertos propriamente ditos, a luta pela vida é travada quase exclusivamente contra os elementos climáticos.

Que o clima atua principalmente de maneira indireta favorecendo outras espécies é algo que se vê claramente pelo prodigioso número de plantas em nosso jardim que são capazes de suportar o clima, mas que, no entanto, jamais se naturalizam, pois não poderiam competir com as plantas nativas nem tampouco resistir à destruição pelos animais nativos.

Quando, devido a circunstâncias muito favoráveis, uma espécie se multiplica de maneira inusitada em uma região determinada, epidemias tornam-se frequentes; ou ao menos é o que parece ocorrer com nossos animais de caça. Trata-se de uma restrição limitadora independente da luta pela vida. Mas algumas entre essas chamadas epidemias parecem se dever a vermes parasitários que, devido a uma causa qualquer, possivelmente, ao menos em parte, à facilidade de difusão entre animais que vivem juntos, são desproporcionalmente favorecidos. Instaura-se assim uma espécie de luta entre o parasita e sua vítima.

Por outro lado, em muitos casos é indispensável à preservação de uma espécie que haja uma reserva de indivíduos proporcionalmente maior que a de seus inimigos. Isso explica por que conseguimos cultivar milho e outras sementes em nossos campos, pois o número de sementes excede em muito o de pássaros que delas se alimentam. Apesar dessa abundância sazonal de alimento, os pássaros não aumentam em número proporcional ao suprimento de sementes, pois sua população cai durante o inverno. Por outro lado, qualquer um que tenha tentado semear trigo e outras plantas similares em um jardim sabe como é difícil fazê-lo. De minha parte, posso dizer que perdi todas as sementes que plantei. A ideia de que um grande estoque é necessário à preservação de uma espécie explica, creio eu, alguns fatos singulares na natureza, por exemplo, que plantas muito raras sejam por vezes abundantes nos poucos locais onde ocorrem ou que algumas plantas sociais, isto é, com abundância de indivíduos, continuem a sê-lo mesmo nos confins de seu espectro de disseminação. Nesses casos, uma planta só consegue sobreviver se as condições de vida lhe forem tão favoráveis que elas convivam e se protejam mutuamente da destruição. Acrescento que é provável que os efeitos benfazejos do cruzamento frequente entre espécies, e, ao contrário, os nocivos da reprodução entre espécies, tenham aí algum papel. Mas não entrarei nesse tópico espinhoso.

Há muitos registros de casos que mostram como são complexas as restrições e as relações entre os seres orgânicos que entram em luta em uma mesma região. Oferecerei um único exemplo que, apesar de bastante simples, despertou meu interesse. Havia em Staffordshire uma grande charneca, extremamente lamacenta, que jamais fora tocada pela mão do homem, ao lado de muitos acres de terreno da mesma natureza, cercados 25 anos antes e semeados com pinheiro-da-escócia. A alteração da vegetação nativa na parte que fora cultivada era notável e mais conspícua do que geralmente se vê na passagem de um terreno a outro. Não apenas o número de plantas nativas da charneca havia se alterado por completo, como também doze espécies de plantas (sem contar a relva e o *Carex*) haviam florescido na plantação, mas não se encontravam na charneca. O efeito sobre os insetos deve ter sido ainda maior, pois na plantação eram comuns seis pássaros que se alimentavam de insetos e que inexistiam na charneca, frequentada por apenas dois ou três pássaros. Vemos, assim, como são potentes os efeitos da introdução de uma única árvore, pois nada mais havia sido feito, exceto pela cerca, para impedir a entrada do gado. Não se trata de um elemento menor, como pude constatar perto de Farnham, no condado de Surrey. Encontram-se aí extensas charnecas, com alguns grupos de pinheiros-da-escócia no

pinheiro-da-escócia

topo de montanhas, ao longe; nos últimos dez anos, amplos espaços foram cercados, e tantos pinheiros autossemeados despontaram, tão próximos uns dos outros, que nem todos conseguiram sobreviver. Quando verifiquei que essas jovens árvores não haviam sido semeadas nem plantadas, sua quantidade surpreendeu-me; e decidi, para efeito de comparação, observar a região, com centenas de acres de terra livre, a partir de diferentes pontos. Para minha surpresa, tudo o que vi foram as velhas árvores a que me referi, e não encontrei sequer um pinheiro-da-escócia. Mas, examinando a vegetação da charneca mais de perto, encontrei muitos grãos e pequenas árvores que haviam sido pisoteadas pelo gado. Em uma jarda quadrada [0,915 m^2], a algumas centenas de metros de distância das velhas árvores, contei 33 pequenas árvores; e uma delas, a julgar pelos anéis de crescimento, tentara em vão, durante 26 anos, erguer-se acima da vegetação circundante. E não admira que, assim que foi cercada, a terra tenha adquirido um espesso revestimento de jovens e vigorosos pinheiros. Mas a charneca era tão estéril, e tão extensa, que jamais se poderia imaginar que o gado a perscrutaria minuciosamente em busca de comida.

Vemos que, nesse exemplo, o gado foi decisivo para a existência do pinheiro-da-escócia, assim como, em muitas partes do mundo, insetos determinam a existência de gado. O Paraguai provavelmente oferece o exemplo mais curioso; aí, nem o gado, nem os cavalos, nem os cães são originalmente selvagens, embora ocorram, de norte a sul, em estado selvagem. Azara e Rengger mostraram que isso se explica pela grande quantidade, nesse país, de uma mosca de certa espécie que deposita seus ovos nos umbigos de animais recém-nascidos.

Mas sua multiplicação, por maior que seja, deve ser restringida por algum meio, provavelmente por pássaros. Supondo que seja assim, quando o número de pássaros que se alimentam de insetos aumenta no Paraguai (sua quantidade é restringida por aves de rapina ou animais predadores), o das moscas diminui, e então o gado e cavalos se tornam selvagens, alterando a vegetação (como também acontece, de resto, em outras partes da América do Sul); o que afeta diretamente os insetos e, por sua vez, os grupos de pássaros que se alimentam de insetos e assim por diante, em círculos de crescente complexidade. Começamos nossa série com pássaros que se alimentam de insetos e a encerramos com eles. Na natureza, as relações não são tão simples. Batalha após batalha é travada, com diferentes resultados; e, no entanto, no longo prazo, as forças são balanceadas tão sutilmente que a face da natureza permanece uniforme por extensos períodos, embora, sem dúvida, a menor mudança dê a vitória a um ser orgânico sobre outro. Mas nossa ignorância é tão profunda, e nossa presunção é tão alta, que nos espantamos quando nos dizem que um ser orgânico se extinguiu; e, como não vemos a causa, invocamos cataclismos que desolam o mundo ou inventamos leis da duração das formas de vida.

Ofereço mais um exemplo de como plantas e animais distantes na escala da natureza são interligados por uma complexa teia de relações. A exótica *Lobelia fulgens*, no sul da Inglaterra, não é visitada por qualquer inseto e, assim, devido à sua estrutura peculiar, não deposita sementes. Muitas de nossas plantas de orquidário dependem da visita de mariposas, que removem suas massas de pólen e as tornam férteis. Tenho ainda razão para crer que as mamangabas são

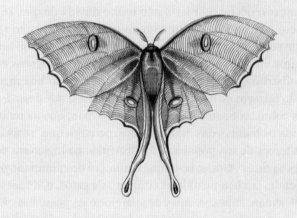

mariposa da lua

indispensáveis à fertilização do amor-perfeito (*Viola tricolor*), pois essa flor não é visitada por nenhuma outra abelha. A partir de experimentos que eu mesmo realizei, pude constatar que as visitas de abelhas, se não são indispensáveis, ao menos são muito benéficas à fertilização de nossos trevos; mas as mamangabas são as únicas que visitam o trevo-vermelho (*Trifolium pratense*), pois apenas elas são capazes de alcançar o néctar. Por isso, não tenho dúvida de que, se o gênero *Bombus* fosse extinto ou muito raro na Inglaterra, o amor-perfeito e o trevo-vermelho também se tornariam muito raros ou desapareceriam. O número de mamangabas em um distrito qualquer depende, por sua vez, em boa medida, do número de camundongos campestres, que destroem suas colmeias e seus ninhos; e o sr. Newman, que há muito estuda os hábitos das mamangabas, acredita que "mais de dois terços de sua população foi destruída na Inglaterra por esses agentes". Ora, sabe-se que o número de camundongos depende, em boa medida, do número de gatos, e, declara o sr. Newman, "nas cercanias de vilarejos e de pequenas cidades, encontrei um número maior de ninhos de mamangabas do que em outras partes, o que atribuo aos gatos, que devoram os camundongos". É bastante plausível, portanto, que a presença de um bom número de animais felinos em um distrito venha a determinar, por intermédio primeiro dos ratos, depois das abelhas, a frequência com que certas flores ocorrem nesse mesmo distrito.

Em cada espécie atuam muitas restrições em distintas épocas da vida e em diferentes estações ou anos; pode ser que uma delas seja mais poderosa, mas todas concorrem para determinar o número médio de indivíduos ou mesmo a existência da espécie. Em alguns casos, pode-se mostrar que restrições muito diferentes atuam sobre uma mesma espécie em vários distritos. Quando vemos a margem de um rio confusamente recoberta por diversas plantas de variados tipos, somos tentados a atribuir sua quantidade e suas espécies ao que chamamos de acaso. Mas é uma visão equivocada. Todos sabem que, quando uma floresta americana é derrubada, surge em seu lugar uma vegetação completamente diferente; mas, como foi observado, as árvores que atualmente crescem nas ruínas indígenas, no sul dos Estados Unidos, exibem a mesma bela diversidade e proporção de tipos que havia nas florestas virgens. Que luta não deve ter sido travada, entre numerosas espécies de árvores, ao longo dos séculos, cada uma delas dispersando milhares de sementes! Que guerra não deve ter sido deflagrada, entre inseto e inseto e entre eles, lesmas e outros animais! Entre aves de rapina e feras predadoras, cada um deles lutando para se multiplicar, alimentando-se umas das outras! E entre árvores e plantas que revestem o solo e impedem o seu crescimento! Se se jogar um punhado de folhas para o alto, todas cairão ao chão de acordo com leis definidas; mas quão simples não é esse problema, comparado à ação e reação de inumeráveis plantas e animais que determinaram, ao longo dos séculos, o número proporcional de espécies de árvores que hoje crescem nas ruínas indígenas!

A dependência entre um ser orgânico e outro, como entre um parasita e a presa, dá-se, em geral, entre seres afastados na escala da natureza. É o caso de dois seres que lutam entre si por sua própria existência, como os gafanhotos e os quadrúpedes que, a exemplo deles, se alimentam de relva. Mas a luta é mais severa, quase invariavelmente, entre os indivíduos de uma mesma espécie, que frequentam os mesmos distritos, precisam dos mesmos alimentos e estão expostos aos mesmos perigos. Em variedades de uma mesma espécie, a luta é, em geral, quase igualmente severa, e muitas vezes a disputa não demora a ser decidida. Por exemplo, se diversas variedades de trigo forem semeadas juntas e a semente mista for semeada novamente, algumas das variedades mais convenientes ao solo ou ao clima, ou naturalmente mais férteis, vencerão as outras e produzirão mais sementes, suplantando as rivais em poucos anos. Para manter um estoque misto de variedades muito próximas, como as ervilhas de diferentes cores, deve-se plantá-las, a cada ano, separadamente, misturando-se depois as sementes na devida proporção, pois, do contrário, o número das espécies mais fracas cairia e desapareceria. O mesmo se dá entre os ovinos: afirmam alguns que certas variedades montanhosas privariam outras de alimento e, por isso, elas não devem ser criadas juntas. O mesmo resultado seguiu-se quando foram mantidas juntas diferentes variedades de sanguessuga medicinal. E pode-se questionar se as variedades de alguma de nossas plantas ou animais domésticos teriam exatamente a mesma força, os mesmos hábitos e a mesma constituição, a ponto de as proporções originais de um estoque misto poderem ser mantidas por meia dúzia de gerações, se se permitisse que elas lutassem entre si como seres em estado de natureza e as sementes ou os filhotes não fossem anualmente sorteados.

Como as espécies de um mesmo gênero costumam ter, embora nem sempre, alguma similaridade de hábito e constituição e mostrar uma similaridade estrutural, a luta é, em geral, mais severa entre espécies de um mesmo gênero que entram em competição do que entre espécies de gêneros distintos. É o que vemos na recente expansão, por partes dos Estados Unidos, de uma espécie de andorinha que causou o decréscimo de outra. A recente multiplicação da tordoveia em partes da Escócia causou o decréscimo do tordo-comum. Com que frequência uma espécie de rato não ocupa o lugar de outra nos mais diferentes climas! Na Rússia, a pequena barata asiática expulsou sua congênere maior. Uma espécie de mostarda suplanta outra, e o mesmo acontece com outros animais. Podemos entrever, ainda que de maneira nebulosa, por que a competição é mais severa entre formas aparentadas, que ocupam praticamente o mesmo lugar na economia da natureza; mas, provavelmente, em nenhum caso poderíamos determinar com precisão por que uma espécie vence outra na grande batalha pela vida.

Um corolário de máxima importância a ser deduzido das observações precedentes é que a estrutura de cada ser orgânico tem estreita correlação, embora nem sempre seja clara, com a de todos os seres orgânicos com os quais ele entra em competição por alimento e habitação, dos quais tem de escapar ou dos quais é predador. É algo óbvio na estrutura dos dentes e das presas do tigre, bem como na das pernas e garras com que os parasitas se penduram em seus pelos. Já nas sementes lindamente aveludadas do dente-de-leão ou nas pernas achatadas do besouro aquático, a relação parece, à primeira vista, confinada aos elementos do ar e da água. Não há dúvida, porém, de que a vantagem de sementes aveludadas está em estreita correlação com o recobrimento do solo por outras plantas, de modo que as sementes possam ser amplamente distribuídas e cair sobre um solo que ainda não foi ocupado. A estrutura das pernas do besouro aquático, tão bem-adaptadas ao mergulho, permite-lhe competir com outros insetos aquáticos, caçar suas próprias presas e furtar-se a predadores.

A reserva de nutrientes contida nas sementes de muitas plantas parece não ter, à primeira vista, qualquer relação com outras plantas. Mas o forte crescimento de plantas jovens produzidas a partir de tais sementes (como ervilhas e feijões), quando semeadas em meio à vegetação espessa, sugere que a principal utilidade da presença de nutrientes na semente é fomentar o crescimento de plantas recém-semeadas na luta com outras plantas que crescem vigorosamente ao seu redor.

Veja uma planta no local em que ela dispersas suas sementes; por que ela não dobra ou quadruplica o número de indivíduos? Sabemos que ela poderia suportar um pouco mais de calor ou frio, umidade ou secura, pois se dispersa por outros distritos dotados dessas características. Se quiséssemos dar a uma planta, hipoteticamente, o poder de se multiplicar, teríamos de lhe conferir também alguma vantagem sobre seus rivais ou animais predadores. Nos confins de seu espectro de disseminação, uma mudança de constituição relativa ao clima seria uma vantagem para nossa planta; mas temos razão para crer que poucas plantas ou animais vão tão longe a ponto de o rigor do clima ser suficiente para destruí-las. A competição só desaparece quando alcançamos os confins extremos da vida, nas regiões árticas ou nas fronteiras dos desertos. O solo pode ser extremamente frio ou seco, mesmo assim haverá competição entre umas poucas espécies ou entre indivíduos de uma mesma espécie pelos locais mais amenos ou úmidos.

Vemos também que, quando uma planta ou animal é introduzido em uma região em meio a novos rivais, o clima pode ser exatamente igual ao de seu local de origem, mas as condições de vida se alteram de maneira profunda. E, se quiséssemos aumentar o número médio de seus indivíduos, teríamos de modificá-la de modo diferente daquele como a tratamos em seu local de origem, dando-lhe assim alguma vantagem em relação a um grupo diferente de rivais ou inimigos.

É um exercício útil atribuir, em nossa imaginação, uma vantagem a uma forma qualquer em relação a outra. Provavelmente em nenhum caso saberíamos como proceder para obter esse resultado. Isso poderá nos convencer de nossa ignorância quanto às relações recíprocas entre os seres orgânicos, convicção tão mais necessária por ser de difícil aquisição. Faremos muito se não perdermos de vista que cada ser orgânico está em incessante luta para se multiplicar em razão geométrica e que, em algum período de sua vida, durante alguma estação do ano, em cada geração ou em intervalos, ele terá de lutar por sua vida e suportar uma destruição considerável. Quando refletirmos sobre essa luta, poderemos nos consolar com a ideia de que a guerra da natureza não é incessante, o medo não se faz sentir, a morte geralmente não tarda, e os vigorosos, os mais saudáveis e mais aventurados, sobrevivem e se multiplicam.

CAPÍTULO IV

Seleção natural

Seleção natural · Seu poder, comparado ao da seleção humana · Seu poder sobre caracteres de importância trivial · Seu poder em todas as idades e em ambos os sexos · Seleção sexual · Da generalidade dos cruzamentos entre indivíduos da mesma espécie · Circunstâncias favoráveis ou desfavoráveis à seleção natural: cruzamento, isolamento, número de indivíduos · Atuação lenta · Extinção causada por seleção natural · Divergência de caracteres, relacionada à diversidade dos habitantes de uma área pequena qualquer e à naturalização · Atuação da seleção natural em descendentes de um progenitor comum por meio da divergência de caráter e da extinção · Seleção natural explica o agrupamento dos seres orgânicos como um todo

Como se dá a atuação da luta pela existência, discutida tão brevemente no capítulo anterior, no que tange à variação? Poderia o princípio de seleção, como vimos tão potente nas mãos do homem, aplicar-se na natureza? Veremos que ele atua aí com total eficácia. É preciso lembrar a infinidade de estranhas peculiaridades em que se dá a variação de nossas produções domésticas e, em menor grau, também a dos produtos naturais, sem esquecer a força da tendência hereditária; e pode-se dizer que, sob domesticação, a organização ganha algum grau de plasticidade. É preciso lembrar também que as relações recíprocas entre os seres orgânicos e deles com as condições físicas de vida são infinitamente complexas e estritamente adaptadas. Por que então, diante da ocorrência de variações úteis ao homem, seria implausível que outras eventuais variações, de algum modo úteis para cada um dos seres na grande e complexa batalha pela vida, ocorressem ao longo de milhares de gerações? E, se elas de fato ocorrem, lembrando que nascem mais indivíduos do que poderiam sobreviver, como duvidar que indivíduos de posse de alguma vantagem em relação a outros, por menor que seja, têm mais chance de sobreviver e procriar sua espécie? É certo, por outro lado, que qualquer variação minimamente prejudicial é destruída sem apelação. Dou o nome de seleção natural a essa preservação das variações favoráveis e rejeição das prejudiciais. Variações que não sejam úteis nem prejudiciais não são afetadas por seleção natural, permanecendo como elementos fluidos, como se pode ver nas espécies ditas polimórficas.

Entenderemos melhor o curso provável da seleção natural tomando o caso de uma região que passe por alguma alteração física, de natureza climática, por exemplo. Nesse caso, as proporções numéricas entre seus habitantes seriam alteradas quase imediatamente, e algumas espécies poderiam ser extintas. Vimos a maneira íntima e complexa pela qual os habitantes de uma região estão ligados, do que se pode concluir que qualquer mudança nas proporções numéricas de uns poucos habitantes, independentemente de alteração climática, afetaria seriamente muitos outros. Se as fronteiras da região fossem abertas, haveria migração de novas formas, o que perturbaria seriamente as relações entre alguns dos habitantes mais antigos. Vimos que a introdução de uma única árvore ou mamífero tem um efeito poderoso. Em uma ilha ou em uma região parcialmente cercada, na qual formas novas mais bem-adaptadas não pudessem entrar livremente e conquistar os locais disponíveis na economia da natureza, estes são ocupados por habitantes aborígenes modificados. Em tais casos, cada modificação mínima que porventura ocorra ao longo das épocas e que favoreça, de algum modo, os indivíduos de uma espécie, tornando-os mais bem-adaptados a suas condições alteradas, tenderia a ser preservada, permitindo à seleção natural atuar livremente na produção de melhorias.

Como foi dito no primeiro capítulo, temos razões para crer que alterações das condições de vida, ao incidirem em especial no sistema reprodutor, causam ou intensificam a variação; e, no caso precedente, supõe-se que as condições de vida teriam se alterado, algo que, manifestamente, favorece a seleção natural, pois aumenta as chances de que variações profícuas ocorram – e, sem variações profícuas, a seleção natural nada pode fazer. Mas não me parece que seja necessária uma quantidade extrema de variação; assim como o homem produz ótimos resultados pela adição de meras diferenças individuais em uma direção qualquer, também a natureza pode fazê-lo, e com muito mais facilidade, pois tem à disposição um tempo incomparavelmente maior. Tampouco creio que seja necessária uma grande mudança física, como de clima, por exemplo, ou uma restrição ao deslocamento que imponha limites à migração, para que se produzam novos lugares, ainda não ocupados, a serem preenchidos por seleção natural mediante a modificação e melhoria de alguns habitantes locais. Pois, como a luta entre os habitantes de cada região é sempre muito equilibrada, modificações extremamente pequenas na estrutura ou nos hábitos de um habitante com frequência lhe dão vantagem sobre outros, que modificações ulteriores, de mesma espécie, aumentariam ainda mais. Não é possível nomear uma localidade sequer em que todos os habitantes nativos estejam tão perfeitamente adaptados uns aos outros e às condições físicas que nenhum deles não poderia ser melhorado. Em regiões como essas, os aborígenes foram dominados por produtos que se naturalizaram, permitindo que estrangeiros se apossassem do território. E, assim como os estrangeiros derrotaram, por toda parte, alguns entre os nativos, é possível que os nativos remanescentes tenham sofrido modificações vantajosas, que lhes permitiram resistir aos invasores.

Se o homem é capaz de produzir, e certamente produziu, ótimos resultados com seus meios metódicos e não conscientes de seleção, do que não seria capaz a natureza? O homem interfere apenas em caracteres externos e visíveis; a natureza despreza as aparências, exceto na medida em que possam ser úteis a um ser. Ela atua em cada um dos órgãos internos, em cada diferença constitutiva, no maquinário da vida como um todo. O homem seleciona apenas em benefício próprio; a natureza, apenas em benefício do ser do qual ela cuida. Ela trabalha integralmente cada caractere selecionado, até que o ser adquira condições de vida adequadas. O homem mantém os nativos de diferentes climas em uma mesma região; raramente trata de maneira peculiar e adequada os caracteres que seleciona; alimenta o pombo de bico curto e de bico longo com a mesma ração; não distingue o exercício de um quadrúpede de pernas longas do de outro de pernas curtas; expõe ao mesmo clima ovelhas de lã fina e de lã grossa; não permite que os machos mais vigorosos lutem pelas fêmeas; não elimina, como seria o certo, todos os animais inferiores; ao contrário, nas estações mais rigorosas, protege, na medida do possível, todas as suas produções; com frequência, dá início à seleção a partir de uma forma algo aberrante, ou ao menos de uma modificação proeminente que chame sua atenção ou lhe seja útil. Na natureza, a menor diferença de estrutura ou constituição pode ser decisiva para alterar o delicado equilíbrio na luta pela vida e trazer a preservação. Quão débeis são os desejos e esforços do homem! E quão exíguo é o tempo à sua disposição! Por isso, suas produções não se comparam àquelas acumuladas pela natureza ao longo de períodos geológicos inteiros. E não admira que o caráter dos produtos da natureza seja muito mais "autêntico" que os do homem ou que eles se mostrem infinitamente mais bem-adaptados às mais complexas condições de vida e tragam o selo de um artifício muito mais elevado.

Pode-se dizer que a evolução natural realiza diariamente, hora após hora, um escrutínio de cada uma das variações, por menor que seja, ao redor do mundo todo, rejeitando o que é ruim, preservando e aprimorando o que é bom, trabalhando silenciosamente, onde e quando a ocasião se ofereça, na melhoria de cada ser orgânico em relação às condições de vida, orgânicas e inorgânicas. O progresso dessas lentas alterações permanece invisível até que a mão do tempo venha apontar para os longos lapsos entre as épocas; e tão imperfeita é nossa visão do longínquo passado das eras que tudo o que vemos é que as formas de vida são hoje diferentes do que eram antes.

Embora a seleção natural atue apenas pelo bem de cada ser, ela pode afetar caracteres e estruturas que tendemos a considerar de importância trivial. Quando vemos insetos verdes se alimentando de folhas, e acinzentados, de cascas; e galos silvestres, como a perdiz alpina e o tetraz vermelho britânico, um ficando mais branco no inverno e outro com uma cor próxima à da urze; e o galo-lira-negro ficando com uma cor próxima à da terra turfa, presumimos que esses tons são úteis a tais pássaros e insetos, pois os protegem do perigo. Mas é um fato que, se parte dos galos silvestres não fosse destruída em algum período de suas vidas, sua população aumentaria excessivamente. Sabe-se que galos silvestres são presas de aves de rapina; e os gaviões são levados até suas presas pela visão aguda, a ponto de, em certas partes do continente, evitar-se a criação de pombos brancos por serem presas fáceis. Assim, não vejo por que duvidar que a seleção natural seria mais efetiva ao dar uma cor própria a cada espécie de galo silvestre e, uma vez adquirida, manter essa cor invariável e constante. E não se deve supor que a ocasional eliminação de um animal dotado de uma cor qualquer teria menos efeito; lembremos como é essencial, para obter um rebanho de ovelhas puramente brancas, que se elimine qualquer uma que tenha o menor traço de preto. Os botânicos consideram a penugem da fruta e a cor de sua polpa como caracteres de importância trivial; mas, segundo nos informa um excelente horticultor, o sr. Downing, nos Estados Unidos, as frutas com pele mais suave sofrem muito mais ataques de besouros e carunchos do que aquelas com penugem; ameixas púrpuras padecem mais de certas doenças do que as amarelas; e certa praga ataca pêssegos de polpa amarela com muito mais frequência que os de outras cores. Se, com todo o auxílio da arte, esses pequenos detalhes fazem uma grande diferença no cultivo de tantas variedades, certamente em estado de natureza, em que cada árvore tem de lutar contra outras e enfrentar uma miríade de outros inimigos, tais detalhes determinam qual variedade de fruta, se a de pele lisa ou com penugem, se com a polpa amarela ou púrpura, vai sobreviver.

Na consideração de pequenas diferenças entre as espécies, as quais, até onde nossa ignorância permite discernir, parecem desimportantes, não devemos negligenciar a possibilidade de que o clima, a alimentação e outras circunstâncias tenham algum efeito direto, ainda que menor. Porém, muito mais importante é lembrar que existem muitas leis de variação desconhecidas, que, quando uma das partes da organização é modificada por variação e as modificações são acumuladas por seleção natural em seu benefício, causam outras modificações, não raro de natureza inesperada.

Vemos que aquelas variações que, em estado de domesticação, tendem a surgir em um período particular da vida, tendem também a ressurgir na prole no mesmo período; como é o caso das sementes de muitas de nossas plantas culinárias e de plantio, os estágios de lagarta e de casulo de certas variedades de bicho-da-seda, os ovos de galinhas e na cor da penugem de seus filhotes, os chifres de nossos ovinos e bovinos de idade adulta. Do mesmo modo, em estado de natureza a seleção natural pode intervir em seres orgânicos e modificá-los em qualquer idade, pelo acúmulo de variações profícuas nessa idade e pela manifestação dessas em idade correspondente à do progenitor, por hereditariedade. Se é bom para uma planta ter as sementes cada vez mais dispersadas pelo vento, não me parece que a seleção natural teria dificuldade de efetuá-lo, não mais do que o criador de algodão tem em aprimorar seus pés pela seleção da penugem das vagens. A seleção natural pode modificar e adaptar a larva de um inseto a uma série de contingências bastante diferentes das que concernem ao inseto maduro. Essas modificações, sem dúvida, irão afetar, pelas leis de correlação, a estrutura do adulto; se tomarmos, por exemplo, os insetos que vivem por umas poucas horas e nunca se alimentam, boa parte de sua estrutura é, provavelmente, o correlato de sucessivas modificações na estrutura das larvas. Da mesma forma, ao contrário, modificações no adulto provavelmente afetarão a estrutura da larva. Em todo caso, a seleção natural garante que as modificações consequentes a outras modificações em um período diferente da vida não sejam em nada prejudiciais, pois, do contrário, causariam a extinção da espécie.

A seleção natural modifica a estrutura dos filhotes em relação aos pais e destes em relação àqueles; e, em animais sociais, adapta a estrutura a cada indivíduo, em benefício da comunidade, desde que cada um deles se beneficie com a mudança. O que a seleção natural não pode é modificar a estrutura de uma espécie, sem lhe dar nenhuma vantagem, em benefício de outra espécie; e, embora muitos tratados de história natural afirmem que isso acontece, não me parece haver sequer um caso digno de ser investigado. Uma estrutura que tenha sido utilizada apenas uma vez na vida inteira do animal e seja muito importante para ele pode ser modificada por seleção natural, como as grandes mandíbulas de certos insetos, utilizadas exclusivamente para a ruptura do casulo, ou a ponta dura do bico de pássaros de ninho, usada para a ruptura da casca do ovo. Afirmou-se que, entre os melhores pombos-cambalhota de bico curto, perecem no ovo mais filhotes do que aqueles que são capazes de quebrar a casca, de modo que os criadores têm de auxiliá-los no processo. Mas, se a natureza tivesse de fazer com que o bico de um pombo adulto fosse muito curto para vantagem do próprio pombo, o processo de modificação seria bastante vagaroso e haveria, ao mesmo tempo, a mais rigorosa seleção de jovens pássaros dentro de ovos, privilegiando-se os que tivessem o bico mais poderoso e mais duro, e todos os dotados de bicos fracos inevitavelmente pereceriam. Ou, então, cascas mais delicadas e finas poderiam ser selecionadas; pois sabe-se que a espessura da casca dos ovos varia como qualquer outra estrutura.

Seleção sexual

Assim como, sob domesticação, muitas vezes as peculiaridades se manifestam em apenas um dos sexos e tornam-se hereditariamente ligadas a ele, é provável que o mesmo fato ocorra na natureza. Nesse caso, a seleção natural poderá modificar um dos sexos em suas relações funcionais com o outro ou mesmo instituir hábitos de vida totalmente diferentes, como ocorre com alguns insetos. E isto me leva a estas considerações sobre o que chamo de seleção sexual. Essa seleção depende não tanto de luta pela existência quanto de luta entre os machos pela posse das fêmeas, e o seu resultado não é a morte de um dos combatentes, apenas uma prole reduzida ou a ausência de prole. A seleção sexual é, portanto, menos rigorosa que a seleção natural. Em geral, os machos mais vigorosos, que estão mais adaptados a seu lugar na natureza, são os que legam uma progênie mais numerosa. Em muitos casos, porém, a vitória depende não do vigor, mas da posse de certas armas, exclusivas do sexo masculino. Um touro sem chifres ou um galo sem esporas tem chances exíguas de legar uma prole. A seleção sexual, ao permitir que o vitorioso se reproduza, pode dar ao galo uma coragem indomável, esporas longas e asas fortes para acionar a perna esporada, a exemplo do mais rústico criador de galos de rinha, que sabe muito bem que pode aprimorar seu rebanho pela cuidadosa seleção dos melhores animais. A que ponto desce essa lei na escala da natureza, eu não saberia dizer; crocodilos machos foram descritos em luta pela posse de fêmeas, mordendo-se e se atiçando como índios numa dança de guerra; salmões machos travam lutas que duram um dia inteiro; o casco de besouros machos traz marcas de mandíbula. A guerra é provavelmente mais severa entre os machos de animais polígamos, que não raro têm armamentos especiais. Os machos de animais carnívoros têm armas poderosas; o que não exclui o uso de meios de defesa como meios de seleção sexual, como a juba do leão, os ombros do javali e a mandíbula em forma de gancho do salmão macho. Muitas vezes o escudo é tão importante para a vitória quanto a espada ou a lança.

Entre os pássaros, a disputa costuma ser menos violenta. Os que estudaram o assunto são da opinião de que, em muitas espécies, os machos competem intensamente para atrair as fêmeas com o canto. Já o galo da Guiana, os chamados pássaros do Paraíso [do arquipélago malaio] e outros, costuma alinhar-se: os machos em sucessão exibem sua formosa plumagem e realizam estranhos malabarismos diante das fêmeas, que, observando tudo como espectadoras, escolhem por fim o parceiro mais atraente. Quem já teve a oportunidade de observar de perto pássaros de cativeiro sabe que cada um tem suas preferências e desgostos próprios. *Sir* R. Heron descreveu o modo como um pavão se exibia para suas fêmeas. Pode parecer ridículo atribuir efeitos poderosos a meios tão fracos. Não tenho como entrar aqui em detalhes que sustentem minha teoria a esse respeito, mas, se o homem é capaz, em pouco tempo, de dar porte e beleza ao garnisé, segundo padrões estéticos próprios, não vejo por que duvidar que fêmeas de pássaros, ao selecionar por milhares de gerações os machos mais melodiosos e mais belos de acordo com seu próprio padrão de beleza, pudessem produzir efeitos notáveis. Suspeito que algumas leis conhecidas com relação à plumagem dos pássaros machos e fêmeas adultos, em comparação à dos mais jovens, poderiam ser explicadas pela hipótese de que a plumagem foi modificada principalmente por seleção sexual, atuando quando os pássaros chegam à idade do acasalamento ou na estação em que ele ocorre, o que explica por que as tais modificações são hereditárias e se manifestam em idade correspondente, seja apenas nos machos, seja também nas fêmeas. Mas não tenho espaço para desenvolver esse ponto.

Em suma, penso que se os machos e as fêmeas de um animal qualquer têm os mesmos hábitos de vida, mas não a mesma estrutura, cor ou ornamentos, tais variações se explicam principalmente pelo princípio da seleção sexual, que deu aos indivíduos do sexo masculino, em sucessivas gerações, alguma vantagem mínima sobre outros machos quanto a meios de ataque e de defesa ou a encantos, depois transmitidos à prole masculina. Mas eu hesitaria em atribuir as diferenças sexuais exclusivamente a essa forma de agenciamento. Nossos animais domésticos mostram peculiaridades adquiridas (como a barbela dos pombos-correio machos, as protuberâncias, como chifres, em galos de certas linhagens) que não parecem úteis para a batalha nem atraentes na corte; e casos análogos se apresentam na natureza, como um tufo de pelos no peito do peru macho, que não é nem útil nem ornamental e que, se tivesse surgido sob domesticação, seria considerado uma aberração.

Ilustrações de como a seleção natural atua

Para deixar claro como a seleção natural atua do modo como acredito que o faça, peço licença para oferecer uma ou duas ilustrações hipotéticas. Tomemos um lobo que se alimenta de vários animais, capturando alguns com astúcia, outros com força, outros ainda com agilidade, e suponhamos que, devido a uma mudança na região em que ele vive, o número de uma de suas presas tenha aumentado, que seja a mais ágil delas, como um cervo, por exemplo, e que a população de outra de suas vítimas tenha decrescido na época do ano em que ele mais precisa de alimento. Em tais circunstâncias, parece-me plausível que os lobos mais ágeis e mais esguios teriam mais chance de sobreviver e, assim, de serem preservados e selecionados, desde que guardassem força suficiente para capturar suas presas em qualquer época do ano. Algo similar ocorre sob domesticação: o homem é perfeitamente capaz de aprimorar a agilidade de seus cães galgos, seja por meio de cuidadosa e metódica seleção, seja por seleção não consciente, resultante do empenho de cada criador em obter os melhores cães, sem a intenção de, assim, modificar a prole.

Mas, mesmo que não houvesse qualquer mudança na proporção do número de presas de nosso lobo, poderia nascer um rebento com a tendência de caçar certos animais. Para ver que isso não é impossível, basta observar a frequência com que grandes diferenças se manifestam nas tendências naturais de nossos animais domésticos – um gato caça ratos, outro prefere camundongos. De acordo com o sr. St. John, um de seus gatos costumava trazer para casa uma presa alada, outro, lebres e coelhos, um terceiro caçava em solo lodoso e quase toda noite trazia galinholas e narcejas. Sabe-se que a preferência por ratos a camundongos é hereditária. Mas uma pequena alteração inata de hábito ou estrutura que viesse a beneficiar um lobo individual aumentaria suas chances de sobreviver e legar uma prole. Alguns de seus filhotes provavelmente herdariam os mesmos hábitos ou a mesma estrutura, e pela repetição desse processo se formaria uma nova variedade, que suplantaria a forma progenitora ou coexistiria ao seu lado. Do mesmo modo, lobos que habitassem um distrito montanhoso e outros que frequentassem as planícies teriam naturalmente de caçar presas diferentes; e, com o passar do tempo, mediante a contínua preservação dos indivíduos mais bem-adaptados a cada um desses domínios, poderiam surgir duas variedades; e estas se cruzariam e misturariam entre si nos locais onde se encontrassem. Voltaremos a esse tópico mais à frente. Por ora, apenas citarei o sr. Pierce, que afirma que duas variedades de lobos habitam as montanhas Catskill, na costa leste dos Estados Unidos, uma que lembra o galgo e caça cervos, a outra, mais robusta e com pernas mais curtas, que costuma atacar rebanhos de pastores.

Examinemos agora um caso mais complexo. Certas plantas expelem um suco adocicado para eliminar de sua seiva, ao que parece, um elemento nocivo; utilizam, para isso, as glândulas na base das estípulas, em leguminosas, e nas costas da folha, no louro comum. Esse suco, embora escasso, é avidamente buscado pelos insetos. Suponhamos agora que um suco adocicado ou néctar seja expelido pelas bases internas das pétalas de uma flor. Nesse caso, insetos em busca de néctar seriam recobertos pelo pólen e transportariam, com alguma frequência, o pólen de uma flor ao estigma de outra. As flores de dois indivíduos distintos da mesma espécie seriam assim cruzados; e temos razão para crer que o ato do cruzamento produziria sementes vigorosas, que, por conseguinte, teriam melhores chances de prosperar e sobreviver. Algumas dessas sementes provavelmente herdariam o poder de secretar o néctar. As flores individuais que tivessem as maiores glândulas ou nectários e expelissem mais néctar seriam as visitadas com mais frequência pelos insetos e, portanto, as que mais cruzariam, impondo-se no longo prazo às demais. Também seriam selecionadas as flores com os estames mais bem proporcionados em relação ao tamanho e aos hábitos dos insetos visitantes, pois isso favoreceria, em alguma medida, o transporte de seu pólen a outra flor. Poderíamos mencionar os insetos que visitam flores para coletar pólen em vez de néctar. Como o único propósito do pólen é a fertilização, sua eliminação poderia parecer uma perda irreparável para a planta. Contudo, se apenas um décimo de sua quantidade fosse preservada e chegasse a outras flores levado pelos insetos, o que promoveria o cruzamento, a planta já seria beneficiada, e os indivíduos que produzissem cada vez mais pólen e tivessem anteras mais longas seriam selecionados.

Quando, em virtude desse processo de contínua preservação ou seleção natural de flores mais atraentes, nossa planta tivesse se tornado muito atraente para os insetos, estes passariam a levar, sem a intenção de fazê-lo, o pólen de uma flor a outra; muitos exemplos poderiam mostrar que o fazem com eficácia surpreendente. Mencionarei apenas um, que não é dos mais impressionantes, mas ilustra bem o processo de separação dos sexos nas plantas, ao qual aludimos aqui. Algumas árvores de azevinho dão apenas flores masculinas, com quatro estames, que produzem uma quantidade exígua de pólen e têm um pistilo rudimentar; outras dão apenas flores femininas, com um pistilo plenamente desenvolvido, quatro estames e anteras enrugadas, nas quais não se encontra um grão de pólen sequer. Tomei uma dessas fêmeas, situada a exatamente sessenta jardas [55 m] de um macho, e inseminei-a com os estigmas de vinte flores, extraídos de diferentes ramos ao microscópio, todos eles com grãos de pólen, alguns em profusão. Durante dias o vento não soprou na região, e não poderia haver transporte de pólen por esse meio. O clima permaneceu frio e inclemente, portanto desfavorável às abelhas; mesmo assim, cada uma das flores femininas que examinei havia sido fertilizada por abelhas, acidentalmente recobertas por pólen, que, em busca de néctar, haviam voado entre uma árvore e outra. Mas, para voltar a nosso caso hipotético, tão logo a planta se tornasse tão atraente aos insetos que eles passassem a transportar o pólen de uma flor a outra regularmente, poderia ter início outro processo. Nenhum naturalista questiona a vantagem do que Alphonse de Candolle chamou "divisão fisiológica do trabalho". O que nos autoriza a crer que seria benéfico para a planta produzir estames apenas em uma flor e em outra planta e pistilos em apenas uma flor e em outra planta. Verifica-se que, em plantas cultivadas, situadas em condições de vida novas, os órgãos masculinos ou femininos se tornam impotentes em algum grau. Supondo agora que isso ocorra na natureza em um grau ínfimo que seja, então, como o pólen é levado regularmente de uma flor a outra e como uma separação mais completa entre os sexos na planta seria vantajosa ao princípio de divisão do trabalho, indivíduos em que essa tendência fosse cada vez mais acentuada seriam continuamente favorecidos ou selecionados, até que, por fim, se efetuasse a completa separação entre os sexos.

Voltemo-nos agora para os insetos, que, em nosso caso hipotético, se alimentam de néctar. Podemos supor que a planta cuja quantidade de néctar vem aumentando lentamente, por contínua seleção, seja uma planta comum e que certos insetos dependam em grande parte de seu néctar para se alimentar. Eu poderia dar muitos fatos mostrando a prontidão das abelhas em economizar tempo, por exemplo seu hábito de abrir buracos e sugar o néctar na base de certas flores, a que elas têm acesso sem dificuldade com a boca. Em vista desses fatos, não vejo por que duvidar que um desvio acidental no tamanho e na forma do corpo, ou na curvatura e na extensão da probóscide, por exemplo, pequeno demais para que possamos percebê-lo, viesse a beneficiar uma abelha ou outro inseto, de modo que um indivíduo assim caracterizado pudesse obter alimento mais rapidamente e aumentar a chance de sobreviver e deixar descendentes, que, provavelmente, herdariam uma tendência similar a desvios estruturais mínimos. Os tubos das corolas do trevo-vermelho (*Trifolium pratense*) e do trevo-encarnado (*Trifolium incarnatum*) não parecem, à primeira vista, diferir quanto à extensão. No entanto, a abelha-operária suga com facilidade o néctar do trevo-encarnado, mas não do vermelho, que é visitado apenas por mamangabas; e campos inteiros de trevo-vermelho oferecem, em vão, abundante suprimento de precioso néctar à abelha-operária. Assim, pode ser de grande vantagem para a abelha-operária ter uma probóscide um pouco mais longa ou construída de maneira diferente. Por outro lado, constatei, mediante experimentos, que a fertilidade do trevo depende muito de abelhas visitarem-no e deslocarem partes de sua corola, de modo a sugar o pólen para a superfície estigmática. Portanto, se mamangabas se tornassem raras em um país qualquer, seria uma grande vantagem para o trevo-vermelho ter um tubo mais curto ou mais profundamente dividido até a corola, permitindo o acesso das abelhas a suas flores. Parece-me, assim, concebível que uma flor e uma abelha sejam, lenta e simultaneamente, ou uma após a outra, modificadas e adaptadas entre si da mais perfeita maneira, pela contínua preservação de indivíduos com desvios de estrutura favoráveis, implementados lentamente.

Estou ciente de que a doutrina da seleção natural ilustrada nesses exemplos hipotéticos se expõe às mesmas objeções outrora levantadas contra a nobre perspectiva de *Sir* Charles Lyell sobre "as mudanças ocorridas na Terra na época moderna, como ilustra a geologia"; mas quem diria, em nossos dias, que a atuação das ondas nas encostas, por exemplo, é irrelevante ou insignificante, se aplicada à escavação de gigantes-

abelha-operária

cos vales ou à formação de longas linhas de penhascos continentais? A seleção natural só pode atuar pela preservação e pelo acúmulo de modificações infinitesimalmente pequenas, cada uma delas benéfica para o ser em que incidem; e, assim como a geologia moderna praticamente baniu as ideias mais antiquadas, como a de que os vales teriam sido escavados por uma única onda diluviana, também a seleção natural, se o seu princípio estiver correto, deverá banir a crença na criação contínua de novos seres orgânicos ou de qualquer modificação súbita de monta em sua estrutura.

Do cruzamento entre indivíduos

Peço licença para introduzir uma pequena digressão. Tratando-se de animais e plantas com sexos separados, é óbvio que dois indivíduos devem se unir para a concepção; já nos hermafroditas, isso não é tão óbvio. Contudo, inclino-me a pensar que em todos os hermafroditas dois indivíduos se reúnem para a reprodução. É uma ideia sugerida também por Andrew Knight. Veremos por que ela é importante. Tratarei do assunto com extrema brevidade, embora disponha dos materiais necessários para uma discussão mais ampla. Todos os animais vertebrados, todos os insetos e alguns outros grupos de animais copulam para a reprodução. Pesquisas recentes diminuíram consideravelmente o número de supostos hermafroditas, e, entre os hermafroditas de fato, boa parte copula, ou seja, dois indivíduos se reúnem regularmente para reproduzir – o que é, para nós, tudo o que importa. Certamente existem muitos hermafroditas que não têm o hábito da cópula, e a grande maioria das flores é hermafrodita. Que razão haveria para supor que dois indivíduos hermafroditas concorreriam para a reprodução? Como não posso entrar em detalhes, me restrinjo a considerações gerais.

Reuni um corpo de fatos numerosos que confirmam a crença generalizada dos criadores de que, tanto em animais como em plantas, um cruzamento entre diferentes variedades ou indivíduos de uma mesma variedade, porém de estirpe diferente, produz uma prole vigorosa e fértil, assim como, por outro lado, o cruzamento entre *parentes próximos* diminui o vigor e a fertilidade. Esses fatos, por si mesmos, inclinam-me a pensar que é uma lei geral da natureza (por mais que ignoremos seu significado) que nenhum ser orgânico se fertiliza a si mesmo por uma eternidade de gerações, mas um cruzamento com outros indivíduos é porventura – talvez em intervalos longos – indispensável.

Supondo-se que esse princípio seja uma lei da natureza, parece-me possível compreender diversas classes de fatos importantes, como as que se seguem e que, de outra maneira, permaneceriam inexplicáveis. Todos os hibridizadores sabem que a exposição à umidade é prejudicial à fertilização de uma flor; mas quantas flores produzem anteras e estigmas expostos às intempéries do clima?! Quando cruzamentos ocasionais são indispensáveis, a liberdade de entrada do pólen oriundo de outro indivíduo poderá explicar esse estado de exposição, em especial porque as anteras e os pistilos da planta geralmente se encontram tão próximos que a autofertilização é quase inevitável. Por outro lado, muitas flores têm os órgãos de frutificação cuidadosamente protegidos, como nas grandes famílias de papilionáceas e ervilhas, mas a maioria delas, senão todas, mostra uma adaptação deveras curiosa entre a estrutura da flor e a maneira como as abelhas sugam o néctar: pois, ao fazê-lo, elas empurram o pólen da própria flor pelo estigma ou inserem o pólen de outra flor. As visitas de abelhas a flores papilionáceas são tão necessárias que verifiquei, em experimentos já publicados,[1] que sua fertilidade cai muito quando tais visitas são impedidas. Ora, é praticamente impossível que abelhas voem de flor em flor sem carregar pólen de uma a outra para grande benefício da planta. As abelhas atuam como um pincel de pelos de camelo: é suficiente resvalar, com um mesmo pincel, nas anteras de uma flor e depois no estigma de outra para que a fertilização esteja garantida. Mas não se deve esperar que, desse modo, as abelhas produzam muitos híbridos entre espécies distintas, pois se se misturam em um mesmo pincel o pólen de uma planta e o de outra, de espécie diferente; o primeiro terá um efeito tão preponderante que impedirá a influência do pólen estrangeiro; como, de resto, foi mostrado por Gärtner.

Quando os estames de uma flor subitamente desabrocham em direção ao pistilo ou lentamente se voltam para ele em sucessão, o dispositivo parece estar adaptado à garantia de que haverá autofertilização, e não há dúvida de que ele é útil para esse fim. Não raro, porém, requer-se o agenciamento de insetos para que os estames possam se projetar, como mostrou Kölreuter a propósito da berberis. É curioso notar, a propósito desse mesmo gênero, que parece dotado de um dispositivo especial de autofertilização, que, se for-

---

[1] "Bees and the Fertilisation of Kidney Beans", *Gardener's Chronicle*, 1857.

mas estreitamente aparentadas, ou variedades, forem plantadas próximas umas das outras, dificilmente será possível obter sementes puras, tão natural é o cruzamento entre elas. Em outros casos, ao contrário, há dispositivos especiais que impedem que o estigma receba pólen de sua própria flor. É o que mostram minhas próprias observações e também os escritos de C. C. Sprengel. Por exemplo, na *Lobelia fulgens* há um elaborado e belíssimo dispositivo, graças ao qual cada um dos infinitamente numerosos grãos de pólen são varridos das anteras conjugadas da flor antes que o estigma desta esteja pronto para recebê-los; e, como essa flor nunca é visitada, não no meu jardim, por quaisquer insetos, ela nunca deposita uma semente, embora, ao transportar o pólen do estigma de uma flor para outra, eu tenha obtido sementes em abundância, ao lado de uma *Lobelia* vizinha, visitada por abelhas, que crescia e produzia sementes livremente. Em outros casos ainda, apesar de não haver dispositivo mecânico especial que impeça o estigma da flor de receber seu próprio pólen, C. C. Sprengel mostrou, e eu posso confirmar, que mesmo assim as anteras rebentam antes que o estigma esteja pronto para ser fertilizado, ou o estigma fica preparado antes que o pólen da flor esteja pronto. Vale dizer que essas plantas têm, na verdade, sexos separados e costumam cruzar para se reproduzir. Que fatos estranhos! Como é estranho que o pólen e a superfície estigmática de uma mesma flor, dispostos lado a lado, como se propositalmente para a fertilização, sejam inúteis em tantos casos! Mas é fácil explicá-los, a partir da ideia de que um cruzamento ocasional com um indivíduo diferente é vantajoso ou mesmo indispensável.

Pude constatar que, quando variedades de repolho, rabanete, cebola e outras plantas são semeadas próximas entre si, a grande maioria terá caráter mestiço. Por exemplo, plantei 233 sementes de repolho oriundas de plantas de diferentes variedades, crescendo próximas umas às outras, das quais apenas 78 eram autênticas da espécie, embora nem todas o fossem perfeitamente. O pistilo de cada flor de repolho é rodeado não somente por seus próprios estames, em número de seis, como também pelos de muitas outras flores da mesma planta. Como é possível que um grande número de sementes gere plantas mestiças? Suspeito que isso se deva ao fato de o pólen de uma *variedade* distinta predominar sobre o da própria flor, o que é parte da lei geral de bem-estar, derivada do cruzamento de indivíduos distintos de uma mesma espécie. Mas, quando *espécies* distintas são cruzadas, inverte-se a situação, pois o pólen da planta sempre predomina sobre o estrangeiro. Voltaremos a esse tópico no capítulo VIII.

No caso da gigantesca árvore recoberta por inumeráveis flores, poderia ser objetado que o pólen dificilmente se deixa transportar de uma árvore a outra, quando muito de uma flor a outra na mesma árvore, e as flores de uma mesma árvore só podem ser consideradas indivíduos distintos em um sentido bastante limitado. Parece-me uma objeção válida, mas a natureza antecipou-se a ela ao dar às árvores uma forte tendência a gerar flores com os sexos separados. E, quando os sexos são separados, é possível que as flores masculina e feminina sejam produzidas em uma mesma árvore, desde que o pólen seja trazido de uma flor a outra, o que aumenta as chances de que eventualmente seja levado de uma árvore a outra. Constato que, ao menos em nosso país, as árvores têm os sexos separados com mais frequência do que outras plantas. Pedi ao dr. Hooker que tabelasse as árvores da Nova Zelândia e ao dr. Asa Gray que fizesse o mesmo com as dos Estados Unidos, e o resultado foi o esperado. Por outro lado, fui recentemente informado pelo dr. Hooker de que a regra não se aplica na Austrália. Portanto, se apresentei essas breves considerações a respeito das árvores, foi apenas para chamar a atenção para o assunto.

Voltando-nos agora, brevemente, para os animais, encontram-se alguns hermafroditas entre os de terra, como moluscos e vermes, mas todos copulam. Não encontrei até agora nenhum caso sequer de animal de terra hermafrodita que se fertilize a si mesmo. Podemos compreender esse fato notável, em acentuado contraste com a condição das plantas de terra, a partir da noção de que um cruzamento ocasional é indispensável, considerando-se o meio em que os animais de terra vivem e a natureza do elemento de fertilização. Não sabemos da existência de nenhum meio análogo à atuação dos insetos e à ação do vento, como no caso das plantas, que pudesse promover um cruzamento eventual entre animais terrestres sem a concorrência de dois indivíduos. Entre os animais aquáticos há muitos hermafroditas que se fertilizam a si mesmos; mas as correntes oferecem um meio óbvio para cruzamentos individuais. E, tal como no caso das flores, não sei de um único caso de animal hermafrodita com os órgãos de reprodução tão perfeitamente protegidos que se pudesse mostrar que o acesso a eles e a ocasional influência de um indivíduo diferente são impossíveis; se o afirmo, é por ter consultado o dr. Huxley, uma das maiores autoridades no assunto. Os cirrípedes oferecem um caso particularmente difícil; mas tive a oportunidade de mostrar, em meus relatos a respeito do assunto, que dois indivíduos, embora hermafroditas, por vezes copulam.[2]

A maioria dos naturalistas considera uma estranha anomalia o fato de que tanto nos animais como nas plantas existam espécies de uma mesma família, quando não de um mesmo gênero, dotadas de organizações de resto similares, que incluem espécies hermafroditas ao lado de unissexuais. Porém, se é verdade que todos os hermafroditas ocasionalmente copulam com outros indivíduos, a diferença entre espécies unissexuais e espécies hermafroditas não é tão grande como parece.

Com base nessas considerações e nos fatos que coletei, mas não poderei discutir aqui, inclino-me a pensar que, tanto no mundo vegetal como no animal, o cruzamento eventual com um indivíduo é uma lei da natureza. Estou ciente de que essa teoria põe dificuldades, algumas das quais estou tentando investigar neste momento. Por ora, podemos concluir que em muitos seres orgânicos o cruzamento entre dois indivíduos é uma condição óbvia para haver nascimento; em outros, isso ocorre em longos períodos; mas em nenhum deles, ao que me consta, a autofertilização poderia se perpetuar indefinidamente.

---

2 *A Monograph of the Sub-class Cirripedia, with Figures of All the Species.* 2 vols. Londres: 1852-1854.

Circunstâncias favoráveis à seleção natural

Entramos agora em um assunto intricado ao extremo. Uma grande quantidade de variabilidade diversificada e hereditária é sempre favorável, mas parece-me que diferenças meramente individuais são o suficiente. A existência de um grande número de indivíduos, por aumentar as chances de surgimento de variações profícuas em um dado período, compensa uma quantidade menor de variabilidade em cada indivíduo e é, em minha opinião, um elemento dos mais importantes para o êxito dos indivíduos. A natureza concede longos períodos para que a seleção natural possa atuar, mas não um período indefinido; e, como todos os seres orgânicos lutam para se apropriar de um lugar na economia da natureza, se uma espécie qualquer não for modificada e aprimorada em grau equivalente ao de seus rivais, ela logo será exterminada.

Na seleção metódica promovida pelo homem, um criador seleciona com um objetivo definido, e sua tarefa resume-se ao livre cruzamento. Mas, quando muitos homens têm quase o mesmo padrão de perfeição e tentam criar os melhores animais e obter as melhores linhagens, sem terem a intenção de modificar a linhagem, é certo que uma grande quantidade de modificação se seguirá, embora lentamente, desse processo não consciente de seleção, e isso apesar da grande quantidade de cruzamentos com animais inferiores. Assim também ocorre na natureza. No território de uma área confinada, na qual exista um local que ainda não foi tão plenamente ocupado quanto poderia sê-lo, a seleção natural tenderá sempre a preservar todos os indivíduos que variem na direção correta, embora em graus diferentes. Se a área for grande, é quase certo que seus muitos distritos apresentarão condições de vida diferentes; e então, se a seleção natural estiver modificando e aprimorando uma espécie em diferentes distritos, haverá, nos limites de cada um, cruzamento com outros indivíduos de uma mesma espécie. Nesse caso, os efeitos do cruzamento dificilmente poderiam ser contrabalanceados pela seleção natural, que sempre tende a modificar todos os indivíduos em cada distrito exatamente da mesma maneira, pois, em uma área contínua, as condições em geral se alteram gradativamente de um distrito a outro. O cruzamento afetará principalmente os animais que se reúnem para copular, que sejam peregrinos e não tenham um ritmo de reprodução muito rápido. Em animais dessa natureza, como pássaros, por exemplo, as variedades confinam-se geralmente em regiões separadas, e acredito que seja este o caso. Em organismos hermafroditas que cruzam apenas ocasionalmente e em animais que copulam, mas não são peregrinos e se reproduzem em ritmo muito acelerado, pode ser que uma nova variedade seja formada em um ponto qualquer e se mantenha coesa, de modo que todo cruzamento ocorreria principalmente entre os seus próprios indivíduos. Uma variedade local que se forme dessa maneira pode depois migrar lentamente para outros distritos. De acordo com o princípio aqui estabelecido, horticultores preferem sempre as sementes de um grande corpo de plantas de mesma variedade, pois assim são menores as chances de haver cruzamento com outras.

Mesmo nos animais que se reproduzem lentamente e se reúnem para copular, não devemos subestimar os efeitos dos cruzamentos no retardamento da seleção natural. Eu poderia apresentar um catálogo considerável de fatos mostrando que, em uma mesma área, variedades do mesmo animal podem permanecer por longo tempo distintas, por caçarem em lugares diferentes, não se reproduzirem na mesma estação ou porque variedades de uma mesma espécie preferem copular entre si.

Os cruzamentos têm um papel fundamental na natureza, pois mantêm a autenticidade e a uniformidade dos indivíduos de uma mesma espécie. Assim, é óbvio que sua eficácia é muito maior em animais que se reúnem para copular; mas, como tentei mostrar, há razão para crer que ocorreriam em todos os animais e plantas. Mesmo que aconteçam apenas em intervalos longos, estou convencido de que os filhotes produzidos ganharão tanto em vigor e fertilidade, em comparação aos resultantes de autofertilização contínua, que terão mais chances de sobreviver e propagar a espécie; e com isso, no longo prazo, a influência dos cruzamentos, mesmo nos intervalos raros, será muito grande. Se é que existem seres orgânicos que nunca se cruzam, a uniformidade de seu caráter só poderá ser mantida, permanecendo inalteradas as condições de vida, pelo princípio de hereditariedade e pela destruição, por seleção natural, dos indivíduos que se desviem do tipo; mas, caso as condições de vida se alterem e eles passem por modificação, sua prole só poderá ter caráter uniforme em virtude da seleção natural, que preserva as mesmas variações favoráveis.

Outro elemento importante no processo de seleção natural é o isolamento. Em uma área confinada ou isolada, desde que não muito grande, as condições de vida orgânicas e inorgânicas têm, em geral, grande uniformidade, e a seleção natural tende a modificar todos os indivíduos de uma espécie em variação pela área da mesma maneira. Também serão impedidos os cruzamentos entre indivíduos de uma mesma espécie que habitem distritos circundantes com condições diferentes. Mas é provável que o isolamento atue de modo ainda mais eficiente ao limitar a imigração de organismos mais bem-adaptados, após uma mudança física qualquer, como o clima, a elevação do terreno e outras. Com isso, são deixados livres novos lugares na economia natural da região para que os antigos habitantes disputem e se adaptem por modificações de estrutura e constituição. O isolamento, por fim, ao restringir a imigração e, por conseguinte, a competição, dá tempo para que uma variedade se aprimore lentamente, o que, às vezes, é importante para a produção de novas espécies. Se, no entanto, a área isolada em questão for muito pequena, seja por estar cercada de barreiras, seja por apresentar condições físicas peculiares, o número total de indivíduos sustentados será, necessariamente, muito pequeno, o que retardará a produção de novas espécies por seleção natural, pois diminui a chance de que surjam variações favoráveis.

Se, para testar a validade dessas afirmações, nos voltarmos para a natureza e examinarmos alguma pequena área isolada, como uma ilha oceânica, por exemplo, veremos que, embora o número total de espécies que aí vivem seja reduzido – como será mostrado nos capítulos XI e XII, dedicados à distribuição geográfica –, grande parte delas é endêmica, quer dizer, foi produzida ali e em nenhuma outra parte. Pode parecer, à primeira vista, que uma ilha oceânica seria muito favorável à produção de novas espécies. Mas essa impressão é enganosa, pois, para decidir se uma pequena área isolada é mais favorável à produção de novas formas orgânicas do que uma ampla área continental, é preciso antes realizar uma comparação entre essas duas áreas em um mesmo período, algo que é inexequível.

Não questiono que o isolamento tem importância considerável na produção de novas espécies; ao mesmo tempo, inclino-me a pensar que o fator decisivo é a extensão da área, especialmente no que diz respeito à produção de novas espécies, que se mostrarão mais resistentes por um longo tempo e serão capazes de se disseminar por áreas amplas. Em uma grande área aberta, são maiores as chances de que ocorram variações favoráveis, devido ao grande número de indivíduos de uma mesma espécie que ali vivem, e também serão infinitamente complexas as condições de vida, em virtude do grande número de espécies já existentes; portanto, caso alguma entre elas se modifique ou se aprimore outras também terão de fazê-lo em grau equivalente, ou serão exterminadas. Além disso, tão logo cada nova forma tenha sido aprimorada, ela poderá se disseminar pela área aberta e contínua, entrando em competição com outras. Novos domínios surgirão, e a competição para ocupá-los será mais severa em uma área grande do que seria em uma isolada. Além disso, é frequente que, devido a oscilações de nível, áreas atualmente contínuas tenham sido, até há pouco, fraturadas, de modo que, em geral, os efeitos benignos do isolamento já se fizeram sentir. Por isso, concluo que, embora pequenas áreas isoladas sejam, sob muitos aspectos, bastante favoráveis à produção de novas espécies, o curso da modificação é provavelmente mais rápido em grandes áreas. E, por fim, mais importante, entre as novas formas produzidas em grandes áreas, as que enfrentaram muitos rivais e os venceram serão aquelas que mais se disseminam, que dão origem à maioria das novas variedades e espécies e têm, assim, um importante papel na reconfiguração do mundo orgânico.

Essas considerações podem nos ajudar a entender certos fatos, aos quais aludiremos nos capítulos dedicados à distribuição geográfica (xi–xii); por exemplo, que os produtos de um continente menor, como a Austrália, tenham cedido e, aparentemente continuem a fazê-lo, aos produtos da área euro-asiática. E por isso, também, os produtos continentais se naturalizaram em ilhas. Em uma ilha menor, a corrida pela vida teria sido menos severa, teria havido menos modificação e um menor extermínio. Isso pode explicar por que a flora da Madeira é similar à flora terciária da Europa, de acordo com Oswald Heer. As bacias d'água, tomadas em conjunto, perfazem uma área pequena em comparação à do mar ou da terra e, por conseguinte, a competição entre produtos de água fresca é menos severa: novas formas foram lentamente produzidas e formas antigas, lentamente eliminadas. Vivem em água fresca os sete gêneros de peixe ganoide, últimos remanescentes de uma ordem outrora dominante; em água fresca vivem algumas das formas mais anômalas, como o ornitorrinco e a piramboia, que, à maneira de fósseis, conectam até certo ponto ordens atualmente muito afastadas na escala natural. Essas formas anômalas poderiam ser chamadas de fósseis vivos: sobreviveram até os dias presentes por habitarem uma área confinada e se verem expostas a uma competição menos severa.

ornitorrinco

Resumiremos agora, na medida do possível, pois se trata de um objeto intricado, as circunstâncias favoráveis e desfavoráveis à seleção natural. Olhando para o futuro, concluo que, para as formas terrestres, uma ampla área de dimensões continentais que tenha passado por alterações de nível e apresente, assim, diversas fraturas, será a mais favorável ao desenvolvimento de novas formas de vida duradouras e de ampla disseminação, pois, por ter sido um continente com numerosos habitantes e uma variedade de espécies, é inevitável que estes tenham sido submetidos à severa competição. Quando, posteriormente, a área for convertida, por subsidência, em grandes ilhas separadas, continuará havendo muitos indivíduos das mesmas espécies em cada uma delas, mas o cruzamento nas zonas-limite de disseminação de cada espécie será assim restringido; e, com a instituição de muitas barreiras de diferente ordem, a imigração será impedida e novos locais do território de cada ilha terão de ser preenchidos por modificações de habitantes antigos; o tempo permitirá que, em cada uma delas, as variedades se modifiquem e se aprimorem. Quando uma nova elevação venha a reconverter as ilhas em área continental, voltará a haver severa competição: as variedades mais favorecidas ou mais aprimoradas poderão se espalhar; haverá considerável extinção de formas menos aprimoradas e o número relativo proporcional dos vários habitantes do novo continente mudará mais uma vez; e, com isso, haverá amplo escopo para que a seleção natural aprimore ainda mais os habitantes, produzindo, assim, novas espécies.

Afirmo que a seleção natural atua com extrema lentidão. Sua ação depende da existência de domínios, no reino da natureza, que possam ser ocupados de modo adequado por habitantes da região que estejam passando por alguma modificação. A existência de tais sítios depende, em geral, de alterações físicas, que costumam ser muito vagarosas, e da restrição à imigração de formas mais bem-adaptadas que as locais. Mas a atuação da seleção natural depende, com ainda mais frequência, da lenta modificação de alguns habitantes que perturbe as relações entre eles e outros habitantes. Tudo depende de haver circunstâncias favoráveis, e a variação parece sempre um processo extremamente lento. O cruzamento livre é um entrave que a retarda. Muitos dirão que essas causas reunidas são mais do que suficientes para impedir a atuação da seleção natural. Não me parece o caso. Por outro lado, parece-me que a seleção natural atua sempre de modo muito lento, não raro em períodos longuíssimos e, em geral, a cada vez, apenas em uns poucos habitantes da mesma região. Parece-me ainda que essa atuação lentíssima e intermitente é consoante com o que a geologia nos ensina a respeito da maneira e da taxa de mudança dos habitantes deste nosso mundo.

Por lento que seja esse processo, se o homem, com seus débeis poderes, é capaz de tantas realizações por meio de seleção artificial, não vejo limite para a quantidade de modificação, ou ainda, para a beleza e a infinita complexidade das coadaptações entre os seres orgânicos, uns aos outros e em relação às suas condições de vida, em virtude do poder de seleção da natureza, que atua em longos períodos.

Extinção

Este tópico será discutido mais extensamente nos capítulos IX e X, dedicados à geologia. É necessário, porém, aludir a ele aqui, pois está conectado à seleção natural. Como dissemos, a seleção natural atua unicamente pela preservação de variações de algum modo vantajosas, que, por conseguinte, são duradouras. Mas como, devido à alta taxa de multiplicação dos seres orgânicos, cada área já se encontra plenamente ocupada por habitantes, segue-se que, à medida que aumenta o número de cada forma selecionada e favorecida, diminui o das formas menos favorecidas, que se tornam raras. E a raridade, como ensina a geologia, é precursora da extinção. Vemos também que uma forma representada por poucos indivíduos corre alto risco de ser eliminada, com as oscilações sazonais e o aumento do número de seus predadores. Mas podemos ir além; como novas formas continuam a ser lentamente produzidas, é inevitável que algumas se extingam, a não ser que se postule que o número de formas específicas aumentaria de maneira perpétua e quase indefinida. A geologia mostra que o número de formas específicas não aumentou indefinidamente, e há uma razão para isso: a quantidade de domínios disponíveis no reino da natureza não é ilimitada – o que não quer dizer que tenhamos como saber se uma região já chegou ao máximo de espécies que comporta. É provável que nenhuma região tenha sido plenamente ocupada, pois, mesmo no cabo da Boa Esperança, em que há mais espécies de plantas amontoadas que em qualquer outro lugar do mundo, algumas plantas estrangeiras conseguiram se naturalizar, sem, com isso, causar a extinção de qualquer uma das nativas, até onde podemos ver.

Acrescente-se que as espécies com mais indivíduos são as que têm mais capacidade de produzir, em um período limitado, variações favoráveis. Há evidência disso nos fatos oferecidos no capítulo II, que mostraram que a espécie mais comum em uma região produz o maior número de variedades registradas ou, como prefiro dizer, espécies incipientes. Assim, espécies raras, por serem modificadas ou melhoradas menos rapidamente em um período dado, serão vencidas, na corrida pela vida, pelos descendentes modificados de espécies mais comuns.

Segue-se dessas considerações que, à medida que novas espécies são formadas no curso do tempo por seleção natural, outras se tornam cada vez mais raras, até serem, por fim, extintas. As formas em competição mais direta com as que passam por modificação e melhoria são as que mais sofrem. E, como vimos no capítulo III, dedicado à luta pela existência, as formas mais estreitamente aparentadas – variedades de uma mesma espécie e espécies de um mesmo gênero ou de gêneros próximos – são aquelas que, devido a uma similaridade de estrutura, constituição e hábitos, com mais frequência entram na mais dura competição umas com as outras. Por conseguinte, cada nova variedade ou espécie, durante seu processo de formação, em geral pressiona com mais força os seus parentes mais próximos e tende a exterminá-los. Vemos o mesmo processo de extermínio em nossas produções domésticas, pela seleção natural de caracteres aprimorados pelo homem. Poderíamos dar muitos exemplos curiosos que mostrariam a rapidez com que as novas linhagens de bovinos, ovinos e outros animais, além de variedades de flores, tomam o lugar de espécies antigas inferiores. Em Yorkshire, é um fato historicamente reconhecido que o antigo gado negro foi substituído pelo de chifres longos, que, por sua vez, "foi varrido pelo de chifres curtos, como se uma pestilência mortífera o tivesse atingido" (cito as palavras de um célebre autor).[3]

Divergência de caracteres

O princípio que designo por esse termo é fundamental para a minha teoria e me parece explicar diversos fatos importantes. Em primeiro lugar, é certo que as variedades, mesmo as bem definidas, embora tenham algo do caráter de espécies, como mostram as insolúveis dúvidas sobre sua classificação, diferem menos entre si do que espécies autênticas e distintas. Mas, de acordo com minha teoria, variedades são espécies em processo de formação, ou, como prefiro chamá-las, são espécies incipientes. Então, põe-se a pergunta: como essa diferença menor entre as variedades viria a se tornar maior entre as espécies? Que isso em geral acontece, deve-se inferir do fato de a grande maioria das espécies naturais apresentar diferenças nítidas, enquanto as variedades, que, presume-se, são os protótipos e progenitores de futuras espécies bem definidas, mostram diferenças mínimas e abstrusas. O mero acaso, por assim dizer, poderia fazer com que uma variedade diferisse de seus progenitores quanto a um caractere, e sua prole, por seu

---

[3] Darwin se refere a William Youatt, citado no cap. I.

turno, também diferiria da variedade progenitora em relação ao mesmo caractere, porém em grau ainda mais acentuado. O que não é suficiente para explicar a ocorrência habitual de uma quantidade tão grande de diferença entre as variedades de uma mesma espécie e as espécies de um mesmo gênero.

Como de costume, tentaremos iluminar a questão a partir das produções domésticas. Um criador de pombos percebe que uma de suas aves tem um bico levemente encurtado; outro criador percebe em uma das suas um bico ligeiramente alongado; e cada um deles, partindo do consagrado princípio de que "criadores não apreciam um padrão médio, mas preferem sempre os extremos", segue selecionando e criando linhagens de pombos, uma com o bico cada vez mais longo (é a história dos cambalhotas), a outra com o bico cada vez mais curto. Do mesmo modo, pode-se supor que, em época remota, um homem tenha dado preferência a cavalos mais ágeis e outro, a cavalos mais fortes e robustos. As primeiras diferenças seriam muito tênues; com o passar do tempo e a contínua seleção de cavalos mais ágeis por alguns criadores e mais fortes por outros, as diferenças se tornariam mais conspícuas e seriam assinaladas como sublinhagens, até que, por fim, após séculos, elas seriam convertidas em linhagens distintas e bem definidas. Pelo fato de as diferenças lentamente se tornarem maiores, os cavalos inferiores, com caracteres intermediários, que não são nem muito ágeis nem muito fortes, seriam negligenciados e tenderiam a desaparecer. Vemos nas produções humanas a atuação do que pode ser chamado de princípio de divergência, causando diferenças que, de início, mal se percebem, mas que aumentam constantemente, levando à divergência de caráter tanto entre as linhagens quanto entre elas e o progenitor em comum.

Em que medida um princípio análogo a esse se aplicaria na natureza? Penso que ele se aplica, e com máxima eficiência; é o que sugere o simples fato de que, quanto mais modificados os descendentes de uma espécie em relação a estrutura, constituição e hábitos, maior sua capacidade de se apoderar dos mais variados e diversos domínios no reino da natureza, propagando-se por ela.

É o que vemos em animais com hábitos simples. Tome-se um quadrúpede carnívoro cuja espécie há muito atingiu o número médio de indivíduos que determinada região poderia sustentar. Supondo que seus poderes naturais de multiplicação atuem livremente, ela só poderá se multiplicar se a região não sofrer nenhuma modificação e as variedades que descendem dela se mostrarem capazes de se apoderar de domínios ocupados por outros animais; algumas, por exemplo, poderiam se tornar aptas a se alimentar de presas diferentes, mortas ou vivas; outras poderiam aprender a habitar outros lugares, como as árvores ou a água; outras, ainda, poderiam se tornar menos carnívoras. Quanto mais diversificados se tornassem os hábitos e a estrutura de nossos animais carnívoros, mais domínios eles poderiam ocupar. O que se aplica a um animal, aplica-se também, em todos os tempos, aos demais, desde que variem, pois de outra maneira a seleção natural nada pode fazer. O mesmo vale para as plantas. Foi provado experimentalmente que, se um lote de terra for semeado com uma espécie de relva e outro, similar, com variados gêneros de vegetação, obtém-se neste um número maior de plantas e de folhas secas. O mesmo acontece quando uma variedade e, posteriormente, muitas variedades mistas de trigo são semeadas nessas mesmas porções de terra. Assim, se qualquer uma das espécies de relva continuasse a variar, e fossem sucessivamente selecionadas aquelas variedades mais diferentes entre si, da mesma maneira como espécies e gêneros distintos diferem entre si, um maior número de plantas individuais dessa espécie, incluindo seus descendentes modificados, conseguiria viver em uma mesma porção de solo. Sabe-se que cada espécie e variedade de relva dispensa, anualmente, uma quantidade incontável de sementes, e pode-se dizer que faz o máximo para se multiplicar. Por conseguinte, não há dúvida de que, no curso de muitos milhares de gerações, as variedades mais distintas de uma espécie de relva teriam sempre maior chance de êxito e de multiplicação, suplantando, com isso, as variedades menos distintas; e variedades, quando se tornam muito distintas entre si, adquirem a dignidade de espécies.

A verdade do princípio segundo o qual a maior quantidade de vida é sustentada pela maior diversificação de estrutura pode ser constatada em muitas circunstâncias naturais. Em uma área extremamente pequena, especialmente se aberta à imigração, e na qual a luta entre indivíduos é severa, encontramos sempre uma grande diversidade de habitantes. Por exemplo, constatei que um torrão de grama de três pés por quatro [0,90 × 1,20 m], que permanecera exposto por muitos anos a exatamente as mesmas condições, era capaz de sustentar vinte espécies de plantas, pertencentes a dezoito gêneros e oito ordens, o que mostra o quanto essas plantas diferiam entre si. É o que ocorre com plantas e insetos em pequenos nichos; e o mesmo se dá em riachos de água doce. Os fazendeiros sabem que a colheita é maior com a rotação de plantas pertencentes às mais diversas ordens; a natureza obedece ao que se poderia chamar de rotação simultânea. A maioria dos animais e das plantas que vivem próximos ao entorno de uma porção de terra poderia viver dela, supondo-se que ela não tenha uma natureza peculiar, e pode-se dizer que, mesmo assim, lutaria ao máximo para sobreviver. O que se vê é que, quando a competição é mais acirrada, as vantagens de diversificação da estrutura, com as concomitantes diferenças de hábito e de constituição, determinam que os habitantes que disputam mais acirradamente pertençam, via de regra, a diferentes gêneros e ordens.

O mesmo princípio se verifica na naturalização de plantas em terras estrangeiras por agenciamento humano. Seria de esperar que as plantas que conseguiram se naturalizar em uma terra qualquer fossem, em geral, estreitamente aparentadas das nativas, pois estas últimas são como que criadas e adaptadas à região em que vivem. Talvez fosse de esperar que plantas naturalizadas pertencessem a uns poucos grupos, mais adaptados a certas circunstâncias de seus novos lares. Mas não é o que acontece. Como notou Alphonse de Candolle, em seu grande e admirável livro, floras se beneficiam de naturalização em proporção ao número de gêneros e espécies nativas, e o benefício é maior ainda para os novos gêneros do que para as novas espécies. Daremos um único exemplo. Na edição mais recente do *Manual of the Botany of the Northern United States*, do dr. Asa Gray, são enumeradas 262 espécies de plantas, pertencentes a 162 gêneros. Isso mostra que essas plantas naturalizadas têm uma natureza muito diversificada. E diferem ainda mais das plantas nativas, pois, dos 162 gêneros, nada menos que cem são estrangeiros, uma adição considerável aos gêneros desse país.

Considerando-se a natureza das plantas ou dos animais que venceram os nativos de um país e se naturalizaram, podemos ter uma ideia, ainda que rudimentar, da maneira pela qual alguns entre os nativos teriam de se modificar para adquirir uma vantagem em relação a outros; e parece-me seguro inferir que a diversificação estrutural equivalente à formação de novas diferenças genéricas lhes teria sido vantajosa.

A vantagem que a diversificação traz para os habitantes de uma região é similar à da divisão fisiológica do trabalho entre os órgãos de um mesmo corpo, tão bem mostrada por Milne-Edwards. Nenhum fisiologista poderia duvidar que, quando o estômago está adaptado unicamente à digestão de vegetais ou de carne, ele extrai dessas substâncias o máximo de proveito. Do mesmo modo, na economia geral de um território, quanto mais diversificados os animais e as plantas em relação aos diferentes hábitos de vida, maior o número de indivíduos capazes de se sustentar por si mesmos. Um grupo de animais com organização pouco diversificada dificilmente poderia competir com um grupo dotado de uma estrutura mais perfeitamente diversificada. É duvidoso, por exemplo, que os marsupiais australianos, que estão divididos em grupos pouco diferentes entre si, que não correspondem, como o sr. Waterhouse observou, a nossos mamíferos carnívoros, ruminantes e roedores, teriam condições de competir com essas ordens bem pronunciadas. Nos mamíferos australianos, vemos o processo de diversificação em um estágio de desenvolvimento inicial e incompleto.

Após a discussão precedente, que deveria ter sido mais extensa, parece-me possível presumir que os descendentes de uma espécie modificada qualquer terão muito mais êxito à medida que sua estrutura se diversifica, possibilitando que eles se imiscuam em lugares habitados por outros seres. Vejamos agora como tende a atuar esse princípio tão benéfico, derivado da divergência de caráter, quando combinado aos princípios de seleção natural e extensão.

O diagrama a seguir nos ajudará a compreender esse ponto intrigante. As letras de (A) a (L) representam as espécies de um gênero grande em sua região; vamos supor que essas espécies se assemelhem entre si em diferentes graus, como costuma ocorrer na natureza, o que é representado pelas distâncias desiguais entre as letras. Eu disse gênero grande, pois, como vimos no segundo capítulo, as espécies de gêneros grandes variam mais que as de pequenos, e suas espécies em variação apresentam um número maior de variedades. Vimos também que as espécies mais comuns e mais amplamente difundidas variam mais do que aquelas menos disseminadas. Tomemos (A) como uma espécie comum, amplamente difundida e em variação, pertencente a um gênero grande em sua região. O pequeno leque de linhas pontilhadas divergentes de extensão desigual a partir de (A) representa suas variadas proles. Presume-se que as variações sejam extremamente pequenas e da mais diversa natureza; não se supõe que todas surjam ao mesmo tempo, mas, ao contrário, que apareçam após grandes intervalos e que tenham uma duração desigual. As variações que se mostrem profícuas serão as únicas preservadas ou naturalmente selecionadas. Entra aqui a importância do princípio de que a divergência

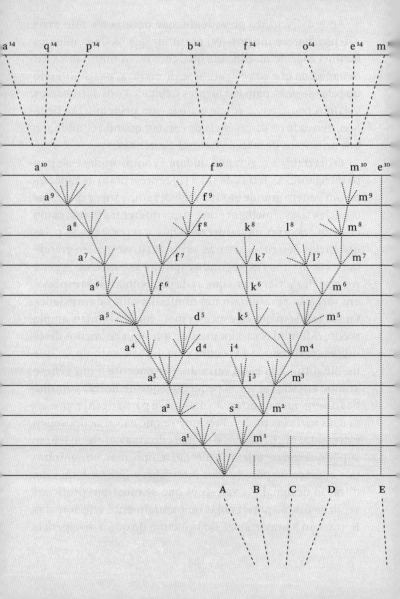

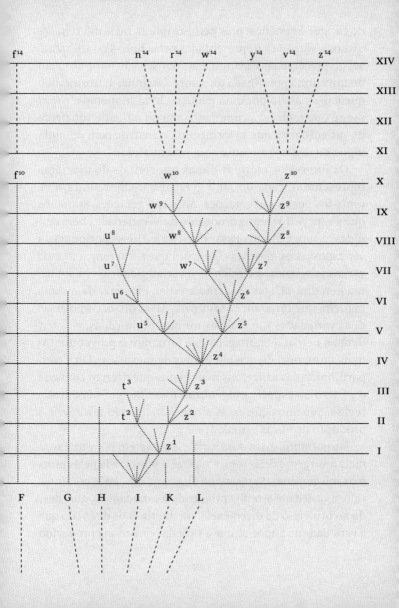

de caráter é benéfica, pois permite que as mais diferentes e diversas variações (representadas pelas linhas pontilhadas) sejam preservadas e acumuladas por seleção natural. Quando uma linha pontilhada toca uma das linhas horizontais, o que é assinalado por uma pequena letra numerada, presume-se que tenha se acumulado uma quantidade suficiente de variação para que se forme uma variedade bem definida, digna de registro em uma obra sistemática.

Os intervalos entre as linhas horizontais do diagrama representam, cada um, mil gerações; melhor ainda seria tomá-los por 10 mil gerações. Após mil gerações, supomos que a espécie (A) tenha produzido duas variedades bem definidas, a saber, a^1 e m^1. Essas duas variedades continuarão a ser expostas às mesmas condições que tornaram seus pais variáveis e, como a tendência à variabilidade é em si mesma hereditária, elas tenderão a variar, em geral da mesma maneira que variaram os seus pais. Além disso, como essas duas variedades são simples formas modificadas, elas tenderão a herdar as vantagens que tornaram o progenitor (A) mais numeroso do que habitantes da mesma região e compartilharão das vantagens mais gerais que fizeram com que o gênero da espécie progenitora fosse tão grande em sua região. Sabemos que essas circunstâncias são favoráveis à produção de novas variedades.

Se, portanto, essas duas variáveis passarem por variação, a mais divergente delas será, em geral, a preservada pelas próximas mil gerações. Supõe-se no diagrama que, após esse intervalo, a variedade a^1 tenha produzido a variedade a^2, que, devido ao princípio da divergência, irá diferir mais de (A) do que a variedade a^1. Supõe-se que a variedade m^1 tenha produzido duas variedades, m^2 e s^2, diferentes entre si e mais ainda do progenitor (A) comum a elas. O processo continua, por passos similares, por um período indeterminado; algumas variedades, passadas mil gerações, produzirão uma única variedade, em condição mais ou menos modificada; outras produzirão duas ou três; outras, nenhuma. Assim, as variedades, ou descendentes modificados oriundos do progenitor comum (A), continuarão a aumentar em número e a divergir em caráter. No diagrama, o processo é representado até a 10 000ª geração e, de forma condensada e simplificada, até a 14 000ª geração.

Não suponho, contudo, que o processo seja tão regular quanto representado no diagrama, por mais que este inclua alguma irregularidade. Longe de mim pensar que as variedades mais divergentes prevaleçam sempre e se multiplicam; com frequência uma forma intermediária se mantém e pode ou não produzir um descendente modificado. A seleção natural atua sempre de acordo com a natureza dos domínios desocupados ou parcialmente ocupados por outros seres vivos e depende de relações infinitamente complexas. Mas, como regra geral, quanto mais diversificados em sua estrutura os descendentes de uma espécie, mais domínios eles poderão conquistar e mais numerosa será a sua progênie modificada. Em nosso diagrama, a linha de sucessão é interrompida em intervalos regulares por pequenas letras numeradas, que assinalam a sucessão de formas que se tornaram suficientemente distintas para ser registradas como variedades. Mas essas interrupções são hipotéticas e poderiam ter sido inseridas em qualquer outro ponto, após períodos suficientemente longos para permitir o acúmulo de uma quantidade significativa de variação divergente.

Todos os descendentes modificados de uma espécie comum e amplamente disseminada pertencem a um gênero grande e tendem a compartilhar das mesmas vantagens que permitiram que seu progenitor tivesse êxito na luta pela vida; e prosseguirão multiplicando-se e divergindo quanto ao caráter, o que é representado no diagrama pelas numerosas ramificações divergentes a partir de (A). Nas linhas de descendência, a prole modificada das ramificações tardias e muito mais aprimoradas provavelmente ocupará o lugar das ramificações menos aprimoradas, eliminando-as; isso é representado no diagrama pelas ramificações inferiores que não alcançam as linhas horizontais superiores. Não tenho dúvida de que em alguns casos o processo de modificação se restringirá a uma única linha de descendência, sem que haja aumento do número de descendentes, por mais que a quantidade de modificação divergente tenha aumentado nas gerações sucessivas. Essa situação estaria representada no diagrama se todas as linhas oriundas de (A) fossem apagadas, exceto pela que liga a^1 a a^{10}. Do mesmo modo, por exemplo, o cavalo inglês de corrida e o perdigueiro inglês resultam, ao que tudo indica, de lentos processos de divergência de caráter a partir de suas respectivas matrizes, mas nenhum deles produziu novas ramificações ou raças.

Após 10 mil gerações, presume-se que a espécie (A) produziria três formas, a^{10}, f^{10}, m^{10}, que, por terem divergido em caráter durante sucessivas gerações, apresentarão grandes diferenças, talvez desiguais, umas em relação às outras e em relação ao progenitor comum. Supondo que a quantidade de mudança ocorrida entre cada linha horizontal de nosso diagrama seja mínima, é possível que essas três formas sejam variedades bem definidas ou tenham chegado à dúbia categoria de subespécie; pois, para convertê-las em subespécies, basta supor que o processo de modificação teve numerosos passos ou se deu em passos maiores. O diagrama ilustra os passos pelos quais cada uma das diferenças que distinguem as variedades é amplificada em diferenças maiores, que distinguem espécies. Se acompanharmos o mesmo processo por um número maior de gerações (tal como o diagrama mostra, de maneira condensada e simplificada), teremos oito espécies, assinaladas pelas letras entre a^{14} e m^{14}, todas descendentes de (A). É assim, parece-me, que as espécies se multiplicam e os gêneros são formados.

Em um gênero maior, é provável que mais de uma espécie varie. Pressupus no diagrama que uma segunda espécie (I) produziu, em passos análogos, após 10 mil gerações, duas variedades bem definidas (w^{10} e z^{10}) ou duas espécies, dependendo da quantidade de modificação que se suponha representada entre as linhas horizontais. Após 14 mil gerações, supõe-se que teriam sido produzidas seis novas espécies, assinaladas pelas letras n^{14} a z^{14}. Em cada gênero, as espécies, que já são extremamente diferentes quanto ao caráter, tendem em geral a produzir o maior número de descendentes modificados, pois estes têm mais chances de ocupar novos domínios, os mais diferentes possíveis, no reino da natureza. Por isso, escolhi no diagrama a espécie extrema (A) e a quase extrema (I) como as que mais variaram e engendraram novas variedades e espécies. Pode ser que as nove espécies restantes de nosso gênero original (assinaladas por letras maiúsculas) continuem a transmitir, por um longo tempo, descendentes inalterados, o que é mostrado no diagrama pelas linhas pontilhadas, que, por mera falta de espaço, não se prolongam para cima.

Durante o processo de modificação representado no diagrama, outro de nossos princípios, a extinção, tem papel importante. Em toda região densamente povoada, a seleção natural atua necessariamente selecionando uma forma que tenha alguma vantagem em relação a outras na luta pela vida, e há uma tendência constante a que os descendentes aprimorados de uma espécie suplantem e exterminem, a cada estágio de descendência, seus predecessores e seu progenitor original. Pois, não se deve esquecer, a competição costuma ser mais severa entre formas que se aproximam pelos hábitos, pela constituição e pela estrutura. Assim, todas as formas intermediárias entre os primeiros e os últimos estágios, ou seja, entre os estágios menos e mais desenvolvidos de uma espécie, tenderão, a exemplo da espécie progenitora original, a se extinguir. E o mesmo se dará, provavelmente, com muitas linhagens colaterais de descendência, dominadas por linhagens posteriores aprimoradas. Mas, caso a prole modificada de uma espécie entre em um novo domínio ou adapte-se rapidamente a uma condição qualquer, na qual não haja competição entre filhos e pais, pode ser que ambas continuem a existir.

Portanto, supondo que nosso diagrama represente uma considerável quantidade de modificação, a espécie (A) e todas as variedades iniciais se extinguirão e serão substituídas por oito novas espécies (a^{14} a m^{14}), e a espécie (I) será substituída por seis novas espécies (n^{14} a z^{14}).

É possível ir além. Em nossa suposição, as espécies originárias de nosso gênero teriam entre si graus variáveis de semelhança, como geralmente acontece na natureza: a espécie (A) estaria mais próxima de (B), (C) e (D) do que das outras espécies, e a espécie (I), mais próxima de (G), (H), (K) e (L) do que das outras. Essas duas espécies, (A) e (I), seriam espécies grandes, muito comuns e bastante difundidas, de modo que teriam vantagem em relação a outras espécies do mesmo gênero. Seus descendentes modificados, catorze ao cabo de 14 mil gerações, provavelmente herdariam algumas das mesmas vantagens e iriam se modificar e se aprimorar, diversificando-se a cada estágio de descendência e se adaptando a diferentes domínios da economia natural de sua região. Portanto, parece-me muito provável que substituíssem e exterminassem não somente seus progenitores, (A) e (I), como também espécies originais mais próximas de seus pais. Com isso, pouquíssimas entre as espécies originais transmitiriam prole à 14 000ª geração; e presume-se que apenas uma espécie, (F), das duas mais distantes em relação às outras nove, transmitiria herdeiros até esse estágio de descendência.

O número de espécies, que, em nosso diagrama, descendem das onze originais, chega agora a quinze. Devido à tendência divergente da seleção natural, a diferença extrema de caráter entre as espécies a^{14} e z^{14} é muito maior do que entre as mais diferentes das onze espécies originais; e as novas espécies serão aparentadas de maneira completamente diferente. Dos oito descendentes de (A), os três assinalados por a^{14}, q^{14} e p^{14} serão muito próximos, por terem ramificado recentemente a partir de a^{10}; os assinalados por b^{14} e f^{14}, por terem divergido em um período mais antigo a partir de a^5, terão algum grau de diferença em relação às três espécies anteriores; e, por fim, o^{14}, e^{14} e m^{14} serão muito próximos entre si, mas, por terem divergido no início do processo de modificação, serão bastante diferentes das cinco espécies anteriores e podem constituir um subgênero ou mesmo um gênero distinto.

Os seis descendentes de (I) formarão um subgênero ou mesmo um gênero. Mas, como a espécie (I) original é muito diferente da espécie (A), posicionando-se próxima aos pontos extremos do gênero original, os seis descendentes de (I), devido à hereditariedade, serão consideravelmente diferentes dos oito descendentes de (A), pois presume-se que os dois grupos teriam continuado a divergir em direções diferentes. Também é importante notar que as espécies intermediárias que conectavam as espécies originárias (A) e (I) tornaram-se extintas, com exceção de (F), e não deixaram descendentes. Assim, as seis novas espécies descendentes de (I) e as oito descendentes de (A) terão de ser classificadas como gêneros distintos ou mesmo como subfamílias distintas.

Por essa razão, dois ou mais gêneros são produzidos por descendência com modificação a partir de duas ou mais espécies de um mesmo gênero; e duas ou mais espécies progenitoras descenderão de uma espécie de um gênero mais antigo. Em nosso diagrama, isso é indicado pelas linhas interrompidas, abaixo das letras maiúsculas, convergindo em sub-ramificações para baixo, rumo a um progenitor comum ou a diferentes novos subgêneros e gêneros.

Reflitamos por um momento sobre o caráter da nova espécie F^{14}, cujo caráter não teria divergido muito em relação a (F), retendo sua forma inalterada ou pouco alterada. Nesse caso, suas afinidades com as outras catorze novas espécies serão curiosas e formarão um circuito. Tendo descendido de uma forma desconhecida, entre as espécies progenitoras (A) e (I), que se presume extinta, terá em algum grau um caráter intermediário entre os dois grupos que descendem dessas espécies. Mas, como esses dois grupos continuaram a divergir em caráter em relação ao tipo de seus respectivos progenitores, a nova espécie F^{14} não será intermediária direta entre elas, apenas os tipos dos dois grupos. Todo naturalista poderá evocar um caso disso.

Supôs-se até aqui, no diagrama, que cada linha horizontal represente mil gerações; mas elas poderiam perfeitamente representar 1 milhão ou 100 milhões de gerações, ou mesmo uma seção dos sucessivos estratos da crosta terrestre com vestígios de extinção. Em nossos capítulos dedicados à geologia, voltaremos ao assunto e então veremos que o diagrama lança luz sobre as afinidades entre seres extintos, que, embora geralmente pertençam às mesmas ordens, famílias ou gêneros do que os atualmente existentes, têm com frequência, em algum grau, caráter intermediário entre grupos existentes. É compreensível que seja assim, pois as espécies extintas viveram em tempos antiquíssimos, quando as ramificações de linhas de descendência não divergiam tanto.

Não vejo razão para limitar esse processo de modificação à formação dos gêneros. Se, em nosso diagrama, supusermos uma grande quantidade de modificação representada por cada grupo sucessivo de linhas pontilhadas divergentes, as formas assinaladas entre a^{14} e p^{14}, aquelas entre b^{14} e f^{14} e as outras entre o^{14} e m^{14} formarão três gêneros distintos. Teremos também dois gêneros bastante distintos, descendendo de (I), e, como estes, tanto pela contínua divergência de caráter quanto pela hereditariedade em relação a um progenitor comum, serão muito diferentes dos três gêneros que descendem de (A), os dois pequenos grupos de gêneros formarão duas famílias ou mesmo ordens distintas, dependendo da quantidade de modificação divergente que se suponha representada no diagrama. As duas novas famílias ou ordens descenderão de duas espécies do gênero original, e estas, por sua vez, descenderiam de uma espécie de um gênero desconhecido ainda mais antigo.

Vimos que em cada região a espécie do grupo maior é a que mais vezes apresenta variedades ou espécies incipientes. E não seria de esperar outra coisa; pois, como a seleção natural atua dando a uma forma vantagem sobre outras na luta pela existência, ela incide de preferência naquelas que já têm alguma vantagem, e o próprio fato de um grupo ser grande mostra que suas espécies herdaram alguma vantagem de um ancestral comum. Assim, a luta pela produção de novos descendentes modificados será travada principalmente entre os grupos maiores, que se empenham em se multiplicar. Um grupo grande lentamente dominará outro e reduzirá o seu número, diminuindo as chances de futuras variações e melhorias. Dentro de um mesmo grande grupo, os subgrupos mais recentes e mais aperfeiçoados tenderão constantemente, ramificando-se e conquistando novos domínios no reino da natureza, a suplantar e a destruir os subgrupos mais antigos e menos aprimorados. Grupos menores fraturados e subgrupos tenderão a desaparecer. Lançando o olhar para o futuro, podemos prever que seres orgânicos atualmente bem-sucedidos, pertencentes a grandes grupos, menos fraturados, ou seja, que até o presente sofreram menos extinção, prosseguirão aumentando por um bom tempo. Mas ninguém pode prever quais grupos irão prevalecer; sabemos que muitos grupos outrora muito desenvolvidos se extinguiram. Lançando o olhar a um futuro ainda mais distante, podemos prever que, graças ao contínuo e constante aumento dos grandes grupos, diversos grupos menores irão se extinguir por completo, sem deixar descendentes modificados; e, por conseguinte, entre as espécies que vivem em um momento qualquer, pouquíssimas transmitirão herdeiros à posteridade mais remota. Retornarei a esse assunto no capítulo XIII, em que tratarei de classificação; por ora, direi apenas que, de acordo com a ideia de que pouquíssimas espécies mais antigas transmitiram descendentes à posteridade e todos os descendentes de uma mesma espécie perfazem uma classe, podemos entender por que existem poucas classes em cada divisão principal dos reinos animal e vegetal. Embora pouquíssimas espécies entre as mais antigas ainda tenham descendentes vivos modificados, é provável que, em um período geológico dos mais remotos, a Terra tenha sido habitada por muitos gêneros, famílias, ordens e classes, tão numerosos quanto os que existem hoje em dia.

Resumo do capítulo

Se, como afirmamos, ao longo de muitas épocas e em diferentes e variadas condições de vida os seres orgânicos variam em diversas partes de sua organização, o que me parece incontestável; e se, devido ao poder geométrico de multiplicação de cada espécie, houver em um período de sua vida ou em uma estação do ano uma dura luta pela vida, o que tampouco me parece contestável, então, considerando-se que a infinita complexidade das relações que os seres orgânicos têm uns com os outros e com as condições de existência, o que causa infinita diversificação em suas respectivas estruturas, constituições e hábitos, parece-me que seria um fato extraordinário que jamais houvesse qualquer variação útil ao bem-estar de um ser, do mesmo modo que há tantas variações úteis ao homem. Mas, se variações úteis a um ser orgânico de fato ocorrem, é certo que os indivíduos que se caracterizam por elas terão as maiores chances de serem preservados na luta pela vida e o poderoso princípio de hereditariedade os levará a produzir uma prole com características similares. Em prol da brevidade, dei a esse princípio de modificação o nome de "seleção natural". Com base no princípio de que as qualidades são herdadas pela prole em idade correspondente à sua manifestação nos progenitores, a seleção natural pode modificar um ovo, uma semente, um filhote, com tanta facilidade quanto modifica um adulto. Em muitos animais, a seleção sexual contribui para a seleção natural, garantindo que os machos mais vigorosos e mais bem-adaptados tenham a prole mais numerosa; e dá também, apenas aos machos, caracteres úteis em sua luta com outros machos.

Para decidir se a seleção natural de fato atua assim na natureza, modificando e adaptando as várias formas de vida a suas respectivas condições e situações, deve-se considerar o teor geral dos capítulos seguintes e o peso da evidência neles oferecida. Vimos como ela engendra a extinção, fenômeno cuja importância na história do mundo é confirmada pela geologia. A seleção natural leva também à divergência de caráter: tão mais numerosa será a quantidade de seres vivos que uma área pode sustentar quanto mais divergentes forem sua estrutura, seus hábitos e sua constituição, como mostram os habitantes de pequenos nichos e a naturalização de produtos estrangeiros. Portanto, durante a modificação dos descendentes de uma espécie qualquer e em meio à incessante luta de todas as espécies para se multiplicar, quanto mais diversificados se tornarem os seus descendentes, tanto maiores serão suas chances de êxito na batalha pela vida. Por isso, as pequenas diferenças que distinguem variedades de uma mesma espécie tendem a aumentar constantemente até se tornarem iguais às diferenças maiores, entre espécies de um mesmo gênero ou até de gêneros distintos.

Vimos que a espécie que mais varia é a mais comum, a mais amplamente difundida e a que pertence ao maior gênero; e ela tende a transmitir à sua prole modificada a superioridade que a torna dominante na região em que habita. A seleção natural, como foi observado, leva à divergência de caráter e à extinção de boa parte das formas de vida menos aprimoradas, bem como das intermediárias. Penso que esses princípios permitem explicar a natureza das afinidades entre os seres orgânicos como um todo. É um fato realmente maravilhoso – que, se não nos surpreende mais, é por ter se tornado familiar – que todos os animais e plantas, ao longo do tempo e do espaço, tenham relações entre si, mediante grupos subordinados a grupos, como vemos por toda parte: variedades da mesma espécie claramente aparentadas; espécies de um mesmo gênero, aparentadas de maneira não tão clara e mais irregular, formando seções e subgêneros; espécies de gêneros distintos, com parentesco distante; e gêneros com diferentes graus de parentesco, formando subfamílias, famílias, ordens, subclasses e classes. Os diversos grupos subordinados de uma classe qualquer não poderiam ser elencados em um único filo; ao contrário, parecem agregar-se em torno de pontos, que, por sua vez, se agregam em torno de outros, e assim por diante, em círculos, praticamente ao infinito. Não me parece que a teoria de que cada espécie foi criada independentemente possa explicar esse importante fato da classificação dos seres orgânicos, perfeitamente explicável, até onde vejo, pela hereditariedade, combinada à complexa atuação da seleção natural, que, como vimos no diagrama, produz extinção e divergência de caráter.

As afinidades entre os seres de uma mesma classe foram por vezes representadas por uma grande árvore. Parece-me, no fundo, um símile verdadeiro. Os jovens ramos verdejantes poderiam representar as espécies existentes; os mais antigos, a longa sucessão de espécies extintas. Em cada período de crescimento, cada um dos ramos se empenha em brotar a partir do tronco, por todos os lados, sobrepondo-se aos ramos e galhos vizinhos e os matando, da mesma maneira como as espécies e os grupos de espécies tentam dominar outras espécies na grande batalha pela vida. Os membros divididos em grandes galhos, e estes em galhos sucessivamente menores, foram um dia, quando a árvore era pequena, jovens ramos; e essa conexão entre os antigos jovens ramos e os atuais, por ramos ramificados, poderia representar a classificação de todas as espécies extintas e existentes em grupos subordinados a grupos. Dos muitos ramos que floresceram quando a árvore era apenas um arbusto, apenas dois ou três, que hoje são espessos galhos, sobreviveram e sustentam os outros galhos, da mesma maneira como, entre as espécies que viveram em períodos geológicos longínquos, pouquíssimas têm atualmente descendentes vivos modificados. Desde que a árvore começou a crescer, muitos membros e galhos caíram ou se desprenderam, e esses galhos perdidos, de variados tamanhos, poderiam representar ordens inteiras, famílias e gêneros que não têm mais nenhum representante vivo e cuja existência é informada a nós mediante vestígios em estado fóssil. E assim como vemos, vez por outra, um galho fino isolado, que nasceu a partir de uma bifurcação situada na parte baixa da árvore e que, por um acaso, foi favorecido e ainda vive em sua cúpula, também encontramos, ocasionalmente, um animal como o ornitorrinco ou a piramboia, que, por suas afinidades, conecta, em algum grau tênue, dois grandes galhos da vida e que parece ter escapado à ação fatal dos rivais por habitar um local ermo. Assim como ramos geram, por crescimento, novos ramos, e estes, se forem vigorosos, ramificam e se impõem, por todos os lados, a ramos mais fracos, do mesmo modo ocorre, graças à geração, na Árvore da Vida, que com seus galhos mortos e partidos preenche as camadas da terra e com suas verdejantes e belas ramificações recobre a sua superfície.

CAPÍTULO V

Leis de variação

Efeitos de condições externas · Uso e desuso, combinados à seleção natural; órgãos do voo e da visão · Aclimatação · Crescimento com correlação · Falsas correlações · Estruturas múltiplas, rudimentares e pouco organizadas são variáveis · Partes desenvolvidas de maneira inusitada são muito variáveis: caractere específico é mais variável que o genérico; caracteres sexuais secundários são variáveis · Espécies do mesmo gênero variam de maneira análoga · Reversão a caracteres há muito perdidos · Resumo

Referi-me com frequência, até o presente momento, a variações – tão comuns e multiformes em seres orgânicos domesticados e, em menor grau, também nos que se encontram em estado de natureza –, como se elas se devessem ao acaso. Trata-se, é claro, de uma expressão inteiramente incorreta, mas ela serve ao menos para que reconheçamos plenamente a nossa ignorância em relação à causa particular de variação. Na opinião de alguns autores, o sistema reprodutivo teria por função produzir diferenças individuais, ou variações estruturais menores, como as de um filhote em relação aos pais. Porém, a incidência de variabilidade e a ocorrência de aberrações, ambas muito mais frequentes em seres domesticados ou criados do que em estado de natureza, levam-me a crer que os desvios de estrutura se devem, de algum modo, à natureza das condições de vida às quais os progenitores e seus ancestrais mais remotos se viram expostos por sucessivas gerações. Observei no primeiro capítulo – mas, para mostrar que isso é verdade, seria preciso um extenso catálogo de fatos, que não cabe nesta obra – que o sistema reprodutivo é claramente suscetível a mudanças nas condições de vida; e atribuí a ocorrência de distúrbios funcionais nesse sistema principalmente à condição variável ou plástica da prole. Os elementos sexuais masculino e feminino parecem ser mais afetados antes da união que irá formar um novo ser. Em plantas anômalas, o bulbo, que, em sua condição inicial, não parece diferente de um óvulo, é a única parte afetada. Mas simplesmente não sabemos por que, quando o sistema reprodutivo é perturbado, esta ou aquela parte varia em maior ou menor medida. Mesmo assim, podemos discernir, aqui e ali, um débil raio de luz e ter a certeza de que deve haver uma causa para cada um dos desvios estruturais, por menores que sejam.

É questionável que diferenças de clima, alimentação etc. tenham algum efeito direto relevante. Tenho a impressão de que esse efeito é muito reduzido nos animais, embora talvez seja um pouco maior nas plantas. Mas é certo que podemos concluir com segurança que essas influências não poderiam produzir as numerosas, impressionantes e complexas adaptações entre um ser orgânico e outro, encontradas por toda parte na natureza. Pode-se conceder alguma importância, embora menor, ao clima, à alimentação etc.; assim, de acordo com E. Forbes, os moluscos que habitam o limite do extremo sul, em águas rasas, têm uma cor mais brilhante do que as mesmas espécies que habitam mais ao norte, em águas mais profundas. Na opinião de Gould, pássaros da mesma espécie têm uma coloração mais viva em ares límpidos do que em regiões próximas ao mar. Wollaston está convencido de que a cor dos insetos é afetada pela moradia próxima à costa. E Moquin-Tandon oferece uma lista de plantas que quando crescem à beira-mar adquirem folhas carnudas. Outros casos poderiam ser aduzidos.

O fato de variedades de uma mesma espécie, quando se disseminam pela zona de habitação de outras espécies, adquirirem com frequência, ainda que em grau muito ínfimo, alguns caracteres destas últimas, condiz com nossa ideia de que espécies de todos os gêneros não passam de variedades bem definidas e duradouras. Assim, as espécies de moluscos confinadas aos mares tropicais, mais rasos, são em geral mais vivamente coloridas do que as confinadas aos mares gelados, mais profundos. Os pássaros que vivem em continentes têm, de acordo com o sr. Gould, cores mais brilhantes que os que habitam ilhas. As espécies de insetos confinadas à beira-mar costumam ser, como qualquer colecionador sabe, reluzentes ou fúlgidas. Plantas que vivem exclusivamente no litoral tendem a ter folhas carnudas. Todavia, quem defende a criação das espécies teria de afirmar que um molusco, por exemplo, foi criado com cores brilhantes para os mares quentes, enquanto outro adquiriu brilho por variação, ao migrar para águas mais quentes e rasas.

Em uma variação de mínima utilidade para um ser vivo qualquer, não há como decidir quanto deve ser atribuído à ação cumulativa da seleção natural e quanto deve às condições de vida. Assim, os peleteiros sabem que animais de uma mesma espécie têm a pele mais espessa e mais peluda quanto mais severo o clima em que eles vivem; mas quem poderia dizer quanto dessa diferença se deve ao fato de animais mais bem revestidos terem sido favorecidos e preservados durante muitas gerações e quanto se deve à atuação direta do clima severo? Pois, ao que tudo indica, o clima tem, de fato, alguma ação direta sobre a pelagem de nossos quadrúpedes domésticos.

Podem-se dar exemplos de uma mesma variedade produzida em condições de vida as mais diferentes possíveis, bem como de variedades diferentes produzidas a partir das mesmas espécies e nas mesmas condições. São fatos que mostram que a atuação das condições de vida é indireta; sem mencionar os incontáveis exemplos, conhecidos por qualquer naturalista, de espécies que se mantêm invariáveis nos climas mais opostos. Considerações como essas inclinam-me a dar um peso bastante reduzido à atuação direta das condições de vida. Indiretamente, como foi observado, elas parecem ter importante papel na afecção do sistema reprodutivo, induzindo, assim, à variação. Nesse caso, a seleção natural acumulará todas as variações benéficas, por menores que sejam, até que se tornem plenamente desenvolvidas, tal como as observamos.

Efeitos de uso e desuso

Com base nos fatos mencionados no primeiro capítulo, não me parece haver dúvida de que o uso fortalece e aumenta certas partes em nossos animais domésticos, enquanto o desuso as diminui, e tais modificações são hereditárias. Na natureza livre, não há padrão de comparação pelo qual se possam julgar os efeitos do uso ou desuso contínuo, pois desconhecemos as formas progenitoras; mas muitos animais têm estruturas que podem ser explicadas pelos efeitos do desuso. Como observou o prof. Owen, não há na natureza anomalia maior do que um pássaro que não pode voar; mas quantos não se encontram nessa condição? O pato d'água da América do Sul se limita a bater as asas rente à superfície da água, e suas asas são como as do pato doméstico de Aylesbury. Dado que os pássaros de maior porte, que perscrutam o solo para se alimentar, só alçam voo quando em perigo, creio que a quase completa ausência de asas em muitos pássaros que habitam ou habitaram diferentes ilhas oceânicas sem a presença de feras predadoras é um efeito do desuso. É verdade que o avestruz vive em continentes e se expõe a perigos aos quais não pode se furtar pelo voo; mas é capaz de correr, como faz a maioria dos quadrúpedes. Presume-se que o progenitor primitivo do avestruz tinha hábitos como os da abertada, e, à medida que a seleção natural aumentou em sucessivas gerações o tamanho e o peso de seu corpo, suas pernas foram sendo mais utilizadas, suas asas menos, até que estas se tornaram incapazes de voar.

Kirby notou (e observei o mesmo fato) que os tarsos ou as patas anteriores de muitos besouros que se alimentam de excremento são com frequência abortados; esse naturalista examinou dezessete espécimes de sua coleção e em nenhum encontrou vestígios delas. Nos *Onites apelles*, a ausência de tarsos é tão frequente que o inseto chegou a ser descrito como se não os possuísse. Em alguns gêneros maiores, eles estão presentes, mas em condição rudimentar. Os do *Ateuchus*, ou escaravelho sagrado do Egito, são totalmente defectivos. Não há evidência suficiente para corroborar a ideia de que as mutilações seriam hereditárias. Prefiro atribuir a completa ausência dos tarsos anteriores no *Ateuchus* e sua condição rudimentar em outros gêneros aos efeitos continuados do desuso em seus progenitores, pois, como os tarsos estão quase sempre ausentes no besouro que se alimenta de excremento, devem ser abortados no início da vida, o que significa que não chegam a ser utilizados por esses insetos.

Em alguns casos, não há dificuldade de atribuir ao desuso modificações estruturais que se devem inteira ou principalmente à seleção natural. O sr. Wollaston descobriu o fato notável de que duzentos besouros, entre os 550 que habitam a ilha da Madeira, têm asas tão defectivas que são incapazes de voar; entre os 29 gêneros endêmicos, nada menos que 23 têm algumas das suas espécies nessa condição. Diversas considerações levam-me a crer que a ausência de asas em tantos besouros da Madeira deve-se sobretudo à atuação da seleção natural, combinada provavelmente ao desuso; entre elas, eu mencionaria o fato de que em diferentes partes do mundo os besouros são arrastados ao mar pelos ventos e ali perecem; que os besouros da ilha da Madeira observados pelo sr. Wollaston se escondem até que o vento rescinda e o sol volte a brilhar; que a proporção de besouros sem asas é maior nas Desertas, inteiramente expostas, do que na Madeira; e, em especial, um fato extraordinário, destacado pelo sr. Wollaston, a saber, a quase completa ausência, na Madeira, de certos grupos grandes de besouros, tão numerosos alhures, cujos hábitos requerem a capacidade de voar. Por milhares de gerações sucessivas, cada besouro individual que voou menos, seja por suas asas terem se desenvolvido com menos perfeição, seja por ter hábitos indolentes, teria tido mais chance de não ser arrastado ao mar e de sobreviver, assim como, por outro lado, os besouros que mais prontamente aprendessem a voar teriam sido arrastados ao mar, sendo por fim exterminados.

Os insetos da Madeira que não extraem seu alimento do solo e que, a exemplo da *Coleoptera* e da *Lepidoptera*, que se alimentam de flores, utilizam as asas para obter subsistência, não apenas não têm as asas reduzidas, mas, como suspeita o sr. Wollaston, as teriam ampliadas. É uma hipótese compatível com a seleção natural. Pois quando um novo inseto chega à ilha, a tendência da seleção natural a ampliar ou reduzir as asas dependeria de um número maior ou menor de indivíduos terem sobrevivido na batalha contra os ventos, voando apenas raramente ou desistindo por completo de fazê-lo. Tudo se passa um pouco como com marinheiros cujo navio naufrague próximo à costa: os que sabem nadar devem nadar no limite de suas forças, e os que não sabem sequer devem tentar, é melhor que se agarrem aos destroços.

Os olhos de toupeiras e de outros roedores de toca são rudimentares, como se vê pelo tamanho, e em alguns casos são quase completamente revestidos por pele ou pelagem. É uma condição que se deve, provavelmente, à gradativa redução pelo desuso, auxiliada, talvez, por seleção natural. Na América do Sul, um roedor de toca chamado tuco-tuco, ou *Ctenomys*, tem hábitos ainda mais subterrâneos que os da toupeira, e, segundo me disse um espanhol acostumado a caçá-los, muitos deles eram cegos. Um desses espécimes, que eu mesmo capturei, era cego, e a causa disso, como mostrou a dissecção, era a infecção da membrana nictitante. Ora, dado que a frequente inflamação dos olhos só poderia ser prejudicial a todo e qualquer animal e que os olhos certamente não são indispensáveis a animais com hábitos subterrâneos, uma redução em seu tamanho, acompanhada da aderência das sobrancelhas e do crescimento de uma pelagem sobre elas, pode ter suas vantagens, e então a seleção natural apenas reforça os efeitos do desuso.

Sabe-se que são cegos muitos animais das mais diversas classes, que habitam as cavernas da Estíria, na Áustria, e do Kentucky, nos Estados Unidos. Alguns caranguejos têm um talo de apoio para o olho, que, no entanto, desapareceu; o suporte do telescópio está lá, mas o telescópio e suas lentes se foram. Atribuo a perda dos olhos ao desuso, pois é difícil imaginar que, por mais inúteis que tenham se tornado, eles possam ser de algum modo prejudiciais a animais vivendo na escuridão. Um dos animais cegos, o rato das cavernas, é dotado de olhos enormes; o prof. Silliman imaginou que, se exposto por algum tempo à luz do sol, ele recobraria parcialmente a visão. Assim como na Madeira as asas de alguns insetos foram aumentadas e as de outros, reduzidas pela seleção natural, auxiliada pelo uso e desuso, também no caso do rato das cavernas a seleção natural parece ter lutado contra a perda de luz, aumentando os olhos, enquanto nos demais habitantes de cavernas o desuso parece ter sido a regra.

É difícil imaginar condições de vida mais próximas entre si do que as das profundas cavernas de calcário situadas em climas muito similares. Ora, de acordo com a teoria de que animais cegos das cavernas da Europa e da América teriam sido criados separadamente para seus respectivos habitats, seriam de esperar uma estreita similaridade e numerosas afinidades em sua organização; mas, como foi observado por Schiødte e outros, não é o que acontece, e os insetos de cavernas dos dois continentes são parentes mais próximos do que seria de esperar a partir do grau de similaridade entre outros habitantes da América do Norte e da Europa.

De acordo com minha teoria, devemos supor que animais americanos dotados do poder de visão comum lentamente migraram, por sucessivas gerações, do mundo exterior para os recessos cada vez mais profundos das cavernas do Kentucky, assim como os animais europeus em seu continente. Temos alguma evidência dessa gradação de hábitos. Como observa Schiødte, "animais não muito distantes de formas ordinárias preparam a transição da luz à escuridão; em seguida, vêm os construídos para o crepúsculo; e, por último, os destinados à total escuridão". No momento em que um animal tenha, após inúmeras gerações, chegado ao abismo mais profundo, o desuso chega a obliterar os olhos quase por completo, e a seleção natural com frequência realizará outras alterações, como um prolongamento das antenas ou das pálpebras, como contraponto à cegueira. Apesar dessas modificações, é de esperar que se encontrem, nos animais de caverna do continente americano, afinidades com outros animais desse mesmo continente e, nos da Europa, com os deste outro. É o que acontece nas Américas, segundo afirma o prof. Dana; e há insetos de caverna europeus muito similares aos das terras circundantes. Seria muito difícil oferecer uma explicação racional, na teoria da criação independente, para as afinidades entre os animais cegos de caverna e os habitantes das regiões circundantes em ambos os continentes. É possível que numerosos habitantes de cavernas do Velho e do Novo Mundo sejam parentes próximos, por causa das relações conhecidas entre outros produtos desses continentes. Não surpreende que alguns animais de caverna apresentem anomalias, como Agassiz registrou em relação ao peixe cego, o *Amblyopsis*, e tal como é o caso do cego Proteus quanto aos répteis da Europa; surpreendente, isto sim, é que mais despojos de vida antiga não tenham sido preservados, dada a competição menos severa a que os habitantes dessas negras abóbodas provavelmente foram expostos.

Aclimatação

O hábito é uma componente hereditária das plantas, como se vê pelo período de florescimento, pela quantidade de chuva necessária para que as sementes germinem, pelo tempo de sono etc., e isso me leva a algumas palavras sobre a aclimatação. É muito comum que espécies diferentes do mesmo gênero habitem regiões com climas diferentes; e se, como creio, espécies de um mesmo gênero são descendentes de um mesmo progenitor, tudo indica que a aclimatação se efetua diretamente por uma descendência longa e contínua. Cada espécie está adaptada ao clima do lugar onde vive; espécies de uma região ártica ou mesmo de uma região temperada não suportam o clima tropical, assim como espécies tropicais não suportam aqueles climas; muitas plantas suculentas não suportam climas úmidos. Mas o grau de adaptação das espécies ao clima é superestimado, como se infere da impossibilidade de prever, em muitos casos, se uma planta estrangeira suportará ou não o nosso clima ou quais plantas e animais oriundos de países mais quentes desfrutarão de boa saúde no nosso. Temos razão para crer que, no estado de natureza, o espectro de disseminação das espécies é limitado pela competição de outros seres orgânicos, tanto quanto, senão mais, do que pela adaptação a um clima em particular. Mas, independentemente de haver adaptação estrita, temos evidência de que algumas plantas se habituam, até certo ponto, a diferentes temperaturas, ou seja, aclimatam-se. Pinheiros e rododendros, criados a partir de sementes coletadas pelo dr. Hooker em árvores que florescem no Himalaia em diferentes altitudes, mostram, em nosso país, uma capacidade peculiar de resistência ao frio. O sr. Thwaites informa ter notado fatos similares no Ceilão, e observações análogas foram feitas pelo sr. H. C. Watson a partir de espécies europeias de plantas trazidas dos Açores para a Inglaterra. Em relação a animais, há espécies que, em tempos históricos, ampliaram consideravelmente sua disseminação de latitudes mais quentes a mais frias e inversamente. Não sabemos ao certo se esses animais estavam adaptados ao seu clima nativo, mas supomos que sim; e tampouco sabemos se teriam se aclimatado a seus novos lares.

Penso que nossos animais domésticos foram originalmente selecionados pelo homem incivilizado por serem úteis e procriarem com facilidade em cativeiro, e não por suportarem longos deslocamentos, qualidade constatada apenas posteriormente; e a extraordinária capacidade mostrada por nossos animais domésticos, que não apenas suportam os mais diferentes climas como não perdem a fertilidade (um teste muito mais severo), pode ser utilizada como argumento de que uma grande proporção de outros animais atualmente em estado de natureza poderia facilmente ser levada a suportar climas muito diferentes daqueles a que estão habituados. Mas não se deve levar esse argumento ao extremo, pois é provável que alguns animais domésticos tenham suas origens em linhagens selvagens: o sangue de algum lobo tropical ou ártico ou de algum cão selvagem pode estar misturado ao de nossas raças domésticas. O rato e o camundongo, embora não possam ser considerados animais domésticos, foram levados pelo homem às mais distantes partes do mundo e têm, atualmente, uma difusão muito maior que a de qualquer outro roedor, vivendo sem impedimentos no clima frio das ilhas Faroé ao norte ou no das Falklands ao sul e em muitas ilhas da zona equatorial. Por isso, inclino-me a ver a adaptação a um clima em particular como uma qualidade inscrita na constituição, bastante flexível, da maioria dos animais. De acordo com essa teoria, a capacidade mostrada pelo homem e por seus animais domésticos de se adaptar aos mais diferentes climas e o fato de elefantes e rinocerontes, que outrora viviam no clima glacial, habitarem atualmente em zonas tropicais ou subtropicais não são anomalias, mas, antes, exemplos de uma flexibilidade constitutiva bastante comum, que se manifesta em circunstâncias peculiares.

É uma questão extremamente obscura saber o quanto a adaptação de uma espécie a um clima em particular depende meramente do hábito, da seleção natural de variedades a partir de diferentes constituições inatas ou da combinação de ambos. Que o hábito ou costume tem alguma influência, é sugerido pela analogia, mas também pela advertência, tantas vezes repetida em tratados de agricultura, desde as antigas enciclopédias chinesas, de que se tenha cuidado ao transportar animais de um distrito a outro. De fato, é improvável que o homem pudesse ter êxito na seleção de tantas linhagens e sublinhagens dotadas de constituições especialmente adaptadas a seus respectivos meios; isso se deve, penso eu, ao hábito. Por outro lado, não vejo razão para duvidar de que a seleção natural tende continuamente a preservar os indivíduos nascidos com constituições mais bem-adaptadas a seus países nativos. Os tratados de horticultura notam que certas variedades suportam certos climas melhor do que outras, como nas obras sobre árvores frutíferas publicadas nos Estados Unidos, que recomendam certas variedades para o norte, outras para o sul. A maioria dessas variedades é de origem recente, e suas diferenças de constituição não se explicam pelo hábito. A alcachofra-de-jerusalém, que não se propaga por sementes e da qual, portanto, não há variedades, costuma ser citada como caso de impossibilidade de aclimatação; o feijão roxo também, e com ainda mais veemência. Mas, antes que alguém se dê ao trabalho de semear feijões roxos no inverno, por sucessivas gerações, repetindo o ciclo de destruição da maioria das sementes, a coleta das sobreviventes, sua semeação e assim por diante, evitando sempre os cruzamentos acidentais, não poderemos dizer que afirmações como essas foram verificadas por experimentos conclusivos. Tampouco se sustenta a ideia de que a constituição desses feijões não é passível de diferenciação, pois, de acordo com relatos publicados, algumas sementes são muito mais resistentes do que outras.

Penso que podemos concluir, em geral, que o hábito, aliado ao uso e desuso, teve em alguns casos um papel considerável na modificação da constituição e da estrutura dos diversos órgãos, mas os efeitos do uso e desuso combinam-se com frequência à seleção natural de diferenças inatas – quando não são sobrepujados por ela.

Crescimento com correlação

Entendo por essa expressão que a organização como um todo se mantém tão coesa durante o crescimento e o desenvolvimento de um ser vivo que, quando pequenas variações ocorrem em alguma de suas partes, e tais que se acumulam por seleção natural, outras partes também se modificam. É um tópico de máxima importância, que ainda não foi compreendido adequadamente. O caso mais óbvio é que modificações acumuladas em benefício de um filhote ou larva afetarão, pode-se inferir com segurança, a estrutura do adulto, da mesma maneira como, inversamente, uma malformação que afete o embrião em estágio inicial comprometerá seriamente a organização do adulto como um todo. As diferentes partes homólogas do corpo, que, diga-se de passagem, no estágio embrionário inicial são iguais, parecem suscetíveis a variar em concomitância, como mostra o fato de os lados direito e esquerdo do corpo variarem em conjunto e as pernas frontais e traseiras variarem com os dentes e a mandíbula inferior, que, na opinião de alguns, é homóloga aos membros. Não tenho dúvida de que a seleção natural é capaz de dominar essas tendências de maneira mais ou menos completa. Supondo que houvesse uma família de cervos com chifres em apenas um dos lados da cabeça e essa característica se mostrasse muito útil à prole, é provável que a seleção natural a tornasse permanente.

Alguns autores observaram que partes homólogas tendem a ser coesas, como se vê com frequência em plantas aberrantes. Nada mais comum do que a união de partes homólogas em estruturas normais, como as pétalas da corola reunidas em um tubo. Partes duras tendem a afetar a forma de partes moles adjacentes: alguns creem que a conformação variável da pélvis de alguns pássaros é a causa da conformação variável de seus rins; para outros, a conformação da pélvis na mãe humana influencia, por pressão, a conformação da cabeça da criança. De acordo com Schlegel, a conformação do corpo e a maneira de deglutição das cobras determinam a posição de muitas de suas vísceras mais importantes.

A natureza do elo de correlação costuma ser bastante obscura. Isidore Geoffroy Saint-Hilaire afirma veementemente que certas malformações com frequência coexistem, outras raramente, sem que possamos entender por que é assim. Haveria algo mais singular do que a relação entre os olhos azuis e a surdez nos gatos, a cor do casco da tartaruga e o sexo feminino, as patas peludas e a pele nos pombos de dedão exposto, a presença de mais ou menos penugem nos filhotes de pássaros recém-nascidos e a futura cor de suas plumagens? Poderíamos mencionar ainda a relação entre os pelos e os dentes no cão pelado da Turquia, embora se trate provavelmente de um caso de homologia. De fato, esta última correlação dificilmente poderia ser considerada acidental, pois, se tomarmos as duas ordens de mamíferos que costumam ter pelagem anômala, os *Cetacea* (baleias) e os *Edentata* (tamanduás etc.), encontraremos uma anomalia correlativa em seus dentes.

Não conheço um caso mais apto para mostrar a importância das leis de correlação na modificação de estruturas fundamentais, independentemente da utilidade e, portanto, de seleção natural, do que a diferença entre as flores externas e internas de certas plantas compósitas umbelíferas. Todos conhecem as diferenças no raio e nos floretes centrais da margarida, por exemplo, e essas diferenças costumam ser acompanhadas pela supressão de outras partes da flor. Porém, em algumas plantas compósitas, as sementes também diferem quanto à conformação e o molde, sem mencionar o próprio ovário e suas partes acessórias, tal como descrito por Cassini. Alguns autores atribuíram essas diferenças à pressão, ideia que é corroborada pela conformação das sementes nos floretes radiados de algumas compósitas; mas, segundo me informa o dr. Hooker, no caso da corola das umbelíferas, não é nas espécies com a cabeça mais adensada que as diferenças entre as flores internas e as externas são mais frequentes. Alguém poderia pensar que o desenvolvimento de pétalas radiadas, ao privar outras partes da flor de seus nutrientes, provocaria a atrofia destas, mas há compósitas com diferenças entre as sementes dos floretes interno e externo, mas não na corola. É provável que tais diferenças tenham alguma conexão com oscilações no fluxo de nutrientes para as flores centrais e externas; e sabemos que, nas flores irregulares, as mais próximas ao eixo costumam ser submetidas à peloria, tornando-se regulares. Ao que acrescento um caso impressionante de correlação que tive a oportunidade de observar em flores centrais do tufo de gerânios de jardim: quando as duas pétalas superiores não apresentam coloração negra, o nectário aderente a elas é abortado ou, se apenas uma delas tem essa coloração, ele ocorre, porém drasticamente encurtado.

Quanto à diferença entre as corolas das flores centrais e externas da cabeça ou da umbela, não me parece descabida a ideia de C. C. Sprengel de que os floretes radiados servem para atrair insetos cuja atuação é muito benéfica, na medida em que fertilizam as plantas dessas ordens. Nesse caso, podemos entrever a atuação da seleção natural. Já as diferenças internas ou externas na estrutura das sementes nem sempre têm correlação com outras diferenças na flor e, assim, é improvável que sejam vantajosas para a planta. Nas umbelíferas, porém, essas diferenças têm uma importância tão evidente – em alguns casos, de acordo com Tausch, as sementes são ortospermas [alongadas] nas flores externas e celospermas [arredondadas] nas flores centrais – que Augustin de Candolle não hesitou em fundamentar em diferenças análogas as principais divisões que propôs entre as ordens. Em suma, é provável que as modificações estruturais, tidas em alta conta pelos sistemáticos, se devam inteiramente a leis de correlação de crescimento desconhecidas; e, até onde se vê, não têm qualquer utilidade para as espécies.

Muitas vezes atribuímos à correlação de crescimento, de modo equivocado, estruturas comuns a grupos inteiros de espécies que, no entanto, se devem unicamente à hereditariedade. Um progenitor ancestral pode ter adquirido, por meio de seleção natural, alguma modificação estrutural e, após milhares de gerações, outra modificação, independentemente da primeira; e ambas, por terem sido transmitidas a um grupo inteiro de descendentes com os mais diversos hábitos, parecem estar naturalmente conectadas de maneira necessária. Tampouco tenho qualquer dúvida de que correlações manifestas, encontradas em ordens inteiras, devem-se unicamente à maneira própria como a seleção natural atua. Alphonse de Candolle observou que sementes com asas não costumam ocorrer em frutos que não desabrocham. Eu explicaria essa regra pelo fato de que apenas as sementes de frutos que desabrocham poderiam adquirir asas, gradativamente, por meio de seleção natural, e, então, plantas individuais, que produzissem sementes um pouco mais aptas a serem transportadas para longe, teriam uma vantagem em relação a outras, com sementes menos adaptadas à dispersão; mas um processo como esse não poderia ocorrer em frutos que não desabrocham.

Étienne Geoffroy Saint-Hilaire e Goethe propuseram, praticamente ao mesmo tempo, uma lei de compensação ou balanço do crescimento. Nas palavras de Goethe, "a natureza, para que possa gastar mais de um lado, é forçada a economizar de outro". Parece-me que, até certo ponto, isso é verdade, ao menos com relação às produções domésticas: se o nutriente flui em excesso de uma parte ou órgão, ele raramente pode fluir de outra parte, não em excesso, o que explica, por exemplo, por que uma vaca leiteira dificilmente poderia engordar rápido. Nenhuma das variedades do repolho fornece folhagem abundante e nutritiva e, ao mesmo tempo, uma boa quantidade de sementes oleosas. Quando as sementes de nossas frutas atrofiam, a fruta ganha muito em tamanho e em qualidade. Nos galináceos domésticos, um vistoso tufo de penas sobre a cabeça costuma ser acompanhado por uma crista diminuta, e uma barba volumosa, por barbelas ralas. Já em relação a espécies em estado de natureza, dificilmente se poderia afirmar que a lei tem aplicação universal; mesmo assim, muitos observadores argutos, os botânicos em especial, acreditam que ela é verdadeira. Não oferecei, contudo, nenhum exemplo adicional, pois não vejo como distinguir entre, de um lado, os efeitos do amplo desenvolvimento de uma parte por seleção natural e, de outro, os da privação de nutrientes em uma parte qualquer devido ao crescimento excessivo de uma parte adjunta.

Suspeito ainda que alguns, entre os casos oferecidos de compensação, podem ser reunidos, com outros fatos, sob um princípio mais geral, a saber, que a seleção natural tenta, continuamente, economizar em cada uma das partes da organização. Se, sob condições de vida modificadas, uma estrutura antes útil se tornar menos útil, qualquer diminuição em seu desenvolvimento, por menor que seja, será aproveitada pela seleção natural, pois será proveitoso para o indivíduo não ter seu nutriente desperdiçado na edificação de uma estrutura inútil. Apenas assim consigo compreender um fato que muito me impressionou, quando estudei os cirrípedes, e muitas outras ocorrências similares poderiam ser mencionadas; qual seja, quando um cirrípede é parasitário em relação a outro, que, assim lhe dá proteção, ele quase chega a perder sua concha ou carapaça. É o caso do macho *Ibla* e, o que é muito extraordinário, dos *Proteolepas*. Pois, enquanto em todos os outros cirrípedes a carapaça consiste em três segmentos anteriores, importantíssimos, da cabeça, que é enorme e dotada de grandes nervos e músculos, nos *Proteolepas* parasitários e protegidos a parte anterior inteira da cabeça é reduzida a um mero rudimento, afixado às bases das antenas preênseis. Ora, a economia de uma estrutura ampla e complexa, uma vez que tenha se tornado supérflua – no caso, pelos hábitos dos *Proteolepas* –, embora efetuada a passos lentos, seria uma vantagem inequívoca para cada indivíduo sucessivo da espécie; e, na luta pela vida, a que todo animal está exposto, cada um dos *Proteolepas* teria mais chances de se sustentar por si mesmo, pois menos nutrientes seriam gastos do que se fossem utilizados no desenvolvimento de uma estrutura que agora se tornou inútil.

E, assim, a seleção natural invariavelmente consegue, ao que me parece, no longo prazo, reduzir e economizar uma das partes da organização, tão logo se torne supérflua, sem que, com isso, outra parte se desenvolva em grau correspondente. Assim como, inversamente, a seleção natural pode perfeitamente desenvolver ao extremo um órgão qualquer, sem requerer, como compensação necessária, a redução de alguma parte adjacente.

Parece ser uma regra válida tanto para variedades quanto para espécies, como observou Isidore Geoffroy Saint-Hilaire: uma parte ou órgão qualquer, repetido diversas vezes na estrutura de um mesmo indivíduo (como as vértebras das cobras e os estames das flores poliândricas), varia em número, mas a mesma parte ou órgão, repetido poucas vezes, ocorre sempre com um mesmo número. O mesmo autor observa ainda, em consonância com alguns botânicos, que partes múltiplas também são suscetíveis a variação estrutural. Na medida em que essa "repetição vegetativa", para utilizarmos a expressão do prof. Owen, parece denotar uma organização de tipo inferior, a observação de Isidore coaduna com a opinião, difundida entre os naturalistas, de que os seres inferiores na escala da natureza são mais suscetíveis a variação do que os superiores. Presumo que, nesse caso, entende-se por inferioridade a não especialização das diferentes partes de uma organização para o desempenho de funções particulares. E, se cabe a uma mesma parte realizar tarefas múltiplas, vê-se por que ela tem de ser variável, ou, para dizer de outro modo, vê-se por que a seleção natural deveria preservar ou rejeitar cada um dos mínimos desvios de forma com menos cuidado do que em partes que servem a um único propósito em particular. Uma faca apta a cortar todo tipo de material pode ter as mais variadas formas; mas uma ferramenta destinada a um objeto em particular deve ter uma forma própria. Se a seleção natural atua sobre cada uma das partes dos seres, o faz unicamente em benefício deles.

Alguns autores afirmam, e parece-me que têm razão, que partes rudimentares tendem a ser muito variáveis. Voltaremos mais à frente aos órgãos rudimentares e atrofiados; por ora, direi apenas que sua variabilidade parece devida à inutilidade, pois não cabe à seleção natural conter desvios estruturais. Por isso, as partes rudimentares são deixadas à livre atuação das diversas leis de crescimento, aos efeitos do desuso contínuo e à tendência à reversão.

Uma parte desenvolvida em grau ou de maneira extraordinária em uma espécie, comparada à mesma parte em espécies aparentadas, tende a ser muito variável

Muitos anos atrás, impressionou-me uma observação de teor similar a esta, publicada pelo sr. Waterhouse. Posso também inferir, com base em uma observação relacionada à extensão dos braços do orangotango, que o prof. Owen teria chegado a uma conclusão muito similar. Em vão tentaríamos convencer alguém da verdade dessa proposição sem uma longa lista de fatos, como os que coletei e não poderei apresentar nesta obra. Reitero, porém, minha convicção de que essa regra tem alto grau de generalidade. Estou ciente de diversas causas de erro, mas espero tê-las identificado. É preciso entender que a regra não se aplica a uma parte, por mais inusitado que seja o seu desenvolvimento, a não ser que o seja em comparação à mesma parte em espécies estreitamente aparentadas a ela. Assim, as asas do morcego são uma estrutura extremamente anormal na classe dos mamíferos; mas a regra não se aplica a eles, pois há todo um grupo de morcegos dotados de asas, e só poderia valer para eles caso houvesse uma espécie de morcego com asas desenvolvidas de maneira notável em comparação a outras espécies do mesmo gênero. Mas a regra se aplica com força aos caracteres sexuais secundários de aparência inusitada. O termo "caracteres sexuais secundários", utilizado por Hunter, aplica-se a caracteres ligados a um dos sexos, porém desvinculados do ato de reprodução. A regra vale para machos e fêmeas; mas, como nestas a ocorrência de anomalias em tais caracteres é menos frequente, a regra quase não se aplica a elas. A aplicabilidade geral dessa regra a caracteres sexuais secundários deve-se provavelmente à sua grande variabilidade, exibam-se ou não de maneira inusitada. É um fato que me parece indubitável. Que a regra, porém, não se restringe a caracteres sexuais secundários, é o que mostram claramente os cirrípedes hermafroditas. Devo acrescentar que mantive em vista a observação de Waterhouse quando investiguei essa mesma ordem e estou plenamente convencido de que, nesse caso, a regra é válida quase sem exceção.

Em minha obra futura, oferecerei uma lista dos casos mais notáveis; por ora, mencionarei apenas um, que ilustra a regra em sua aplicação mais abrangente. As valvas operculares dos cirrípedes sésseis (perceves ou cracas de rochas) são, no sentido próprio da palavra, estruturas importantíssimas que apresentam poucas diferenças, mesmo em gêneros distintos. Porém, nas numerosas espécies do gênero *Pyrgoma*, há uma maravilhosa diversificação de estrutura: valvas homólogas em diferentes espécies têm, por vezes, formas bastante diversas, e tão grande é a quantidade de variação nos indivíduos de muitas entre essas espécies que não é exagero dizer que há mais diferenças entre as variedades, quanto aos caracteres dessas importantes valvas, do que entre espécies de gêneros distintos.

Pássaros que habitam uma mesma região variam pouquíssimo; estudei-os com atenção e concluí que a regra vale para essa classe. Não poderia dizer se ela se aplica a plantas; caso não se aplique, isso abalaria minha crença em sua validade; felizmente, porém, seus respectivos graus de variabilidade são, precisamente, o que torna difícil a comparação entre elas.

Quando vemos em uma espécie uma parte ou órgão qualquer desenvolvido em um grau ou de maneira extraordinária, presumimos que é muito importante para ela; o que não impede que seja suscetível a variação. E por que é assim? Não me parece que a teoria de que as espécies foram criadas independentemente, com cada uma das partes como hoje as encontramos, ofereça uma explicação. Já a teoria de que grupos de espécies descenderam de outras espécies e foram modificados por seleção natural lança alguma luz sobre o fenômeno. Se, nos animais domésticos, uma parte qualquer ou o animal como um todo é negligenciado e a seleção não se aplica a ele, então a parte (por exemplo, a crista da galinha-d'angola) ou a linhagem em que ela ocorre perderá seu caráter uniforme; se dirá, então, que ela degenerou. Em órgãos rudimentares, em órgãos pouco especializados para propósitos particulares e talvez ainda em órgãos de grupos polimórficos, vemos um caso natural praticamente paralelo, pois então a seleção natural ou não intervém ou não pode operar plenamente, e a organização permanece em condição flutuante. Mas o que nos interessa principalmente aqui é que em nossos animais domésticos as partes que atualmente passam por rápidas transformações devido à contínua seleção são também as mais suscetíveis a variar. Vejam-se as proles dos pombos e a prodigiosa quantidade de diferença nos bicos de pombos-cambalhota, no bico e na barbela de pombos-correio, no porte e na cauda de pombos--de-leque, para mencionarmos apenas aqueles aos quais os criadores ingleses têm dedicado mais atenção. Mesmo em linhagens subordinadas, como o cambalhota de face curta, é notória a dificuldade de obter proles perfeitas, e não raro nascem indivíduos que se desviam do padrão. Pode-se dizer que de fato há uma constante luta, travada entre, de um lado, a tendência à reversão a um estado menos modificado e uma tendência inata a promover variedades de todo tipo e, de outro, o poder constante da seleção, que mantém o pedigree da linhagem. No longo prazo, a palma é outorgada à seleção, e não passaria pela cabeça de ninguém a possibilidade de existir uma ave rústica, como um pombo-cambalhota comum, oriunda de uma bela matriz de cambalhotas de rosto curto. Ao contrário, enquanto houver seleção atuando rapidamente, pode-se esperar uma variabilidade considerável na estrutura que é modificada. Deve-se notar ainda que os caracteres variáveis produzidos pela seleção do homem eventualmente se ligam, devido a causas que desconhecemos, mais a um sexo do que a outro, em geral ao sexo masculino, como na barbela dos pombos-correio e na papada saliente dos pombos papo-de-vento.

Voltemo-nos agora para a natureza. Se uma parte se desenvolveu em uma espécie de maneira extraordinária em comparação à mesma parte em outras espécies do mesmo gênero, podemos concluir que essa parte passou por uma extraordinária quantidade de modificação desde o momento em que a espécie se ramificou a partir do progenitor comum ao gênero. Esse momento não pode ser muito remoto, pois é raro que as espécies durem mais do que um período geológico. Uma quantidade extraordinária de modificação implica uma quantidade inusitadamente grande e contínua de variabilidade que a seleção natural acumula continuamente em benefício da espécie. E, se a variabilidade de uma parte ou órgão extremamente desenvolvido é muito grande e ocorre de maneira contínua, por um longo período, e num tempo não tão remoto, é de esperar, como regra geral, que haja ainda mais variabilidade nessas partes do que em outras da organização, que permaneceram praticamente constantes por um período mais longo. Estou convencido de que é assim. E não vejo razão para duvidar de que a luta entre a seleção natural, de um lado, e a tendência à reversão e à variabilidade, de outro, devem cessar com o passar do tempo, tornando constantes órgãos desenvolvidos de maneira anômala.

Portanto, de acordo com minha teoria, um órgão qualquer, embora anormal, que tenha sido transmitido em condições similares a muitos descendentes modificados, como as asas do morcego, por exemplo, deve ter existido no mesmo estado por um longo período, tornando-se tão pouco variável quanto outras estruturas. Apenas nos casos em que a modificação foi comparativamente recente e extraordinariamente grande é que encontraremos *variabilidade generativa*, se me permitem a expressão, presente em alto grau. Pois então a variabilidade dificilmente terá sido fixada pela contínua seleção de indivíduos variando da maneira e no grau exigidos e pela contínua rejeição dos que tendem a reverter à condição prévia, menos modificada.

O princípio subjacente a essas observações tem aplicação mais extensa. É notório que caracteres específicos são mais variáveis do que caracteres genéricos. Um simples exemplo mostra bem o que isso significa. Em um gênero superior com algumas plantas dotadas de flores azuis e outras de flores vermelhas, a cor é um caractere meramente específico, e não surpreenderia se indivíduos da espécie azul variassem em espécie vermelha e vice-versa. Mas, se todas as espécies tivessem flores azuis, a cor seria um caractere genérico, e sua variação seria uma circunstância mais inusitada. Escolhi esse exemplo para evitar uma explicação à qual a maioria dos naturalistas tende a recorrer, qual seja, que os caracteres específicos são mais variáveis que os genéricos, pois são tomados de partes de importância fisiológica menor do que a daquelas geralmente utilizadas na classificação de gêneros. É uma explicação cuja verdade é apenas parcial e é indireta; retornarei a esse ponto no capítulo XIII, no qual discuto a classificação. Seria vão mencionar evidências para sustentar a afirmação de que caracteres específicos são mais variáveis que os genéricos. Repetidas vezes, na leitura de tratados de história natural, pude constatar que os autores se sentem surpresos diante do fato de que um órgão ou parte *importante*, geralmente constante em grupos superiores de espécies, que *difere* consideravelmente em espécies estreitamente aparentadas, também seja *variável* nos indivíduos de algumas dessas espécies. Isso mostra que um caractere que costuma ter valor genérico e perde-o, tornando-se específico, torna-se também, com frequência, variável, embora sua importância fisiológica permaneça a mesma. Algo semelhante se aplica a aberrações. Isidore Geoffroy Saint-Hilaire parece não ter dúvidas de que, quanto mais diferente um órgão em diferentes espécies do mesmo grupo, mais suscetível ele está a anomalias individuais.

Na opinião comum da criação individual das espécies, como explicar que a parte da estrutura que difere da mesma parte em outras espécies do mesmo gênero é mais variável do que partes muito similares entre si nessas mesmas espécies? Não vejo como esse fato poderia ser explicado. De acordo com a ideia de que as espécies são meras variedades, bem definidas e estáveis, é de esperar variações ulteriores nas partes de sua estrutura que variaram em períodos moderadamente recentes e que, assim, se diferenciaram. Ou, para colocar de outro modo, os pontos em que todas as espécies de um mesmo gênero se assemelham entre si e nos quais diferem de espécies de outro gênero são denominados caracteres genéricos; e esses caracteres em comum eu atribuo à hereditariedade a partir de um mesmo progenitor, pois dificilmente a seleção natural poderia modificar de maneira exatamente igual diversas espécies adequadas a hábitos bastante diferentes. E mais, como esses caracteres ditos genéricos são herança de um período remoto, no qual as espécies primeiro se ramificaram a partir de seu progenitor comum, e como elas não variaram ou tampouco vieram a diferir em algum grau significativo, ou o fizeram minimamente, é pouco provável que estejam passando atualmente por variação. Por outro lado, os pontos em que as espécies diferem de outras do mesmo gênero são chamados caracteres específicos; e, como esses caracteres variaram e se diferenciaram na mesma época em que as espécies se ramificaram a partir de um progenitor comum, é provável que continuem a ser variáveis em alguma medida ou, ao menos, mais variáveis do que aquelas partes da organização que permaneceram constantes por um longo tempo.

Farei apenas mais duas observações sobre esse assunto. Parece-me ponto pacífico, e não é preciso entrar em detalhes, que caracteres sexuais secundários são muito variáveis; e tampouco parece questionável que espécies de um mesmo grupo diferem mais entre si quanto aos caracteres sexuais secundários do que em outras partes de sua organização. Para ver que essa proposição é verdadeira, basta comparar a quantidade de diferença entre os machos de pássaros galináceos, nos quais esses caracteres se mostram claramente, com a quantidade de diferença entre as fêmeas. A causa originária de variabilidade dos caracteres sexuais secundários não é manifesta; mas podemos compreender por que esses caracteres não se tornaram tão constantes e uniformes quanto outras partes da organização: foram acumulados por seleção sexual, cuja atuação é menos rígida que a da seleção ordinária, pois não implica a morte, apenas dá uma prole menor aos machos menos favorecidos. Qualquer que seja a causa da variabilidade dos caracteres sexuais secundários, por serem muito variáveis, a seleção sexual encontra amplo escopo de atuação e pode assim, prontamente, conferir com êxito, a espécies de um mesmo grupo, uma quantidade de diferença maior nos caracteres sexuais do que em outras partes de sua estrutura.

É um fato notável que as diferenças sexuais secundárias entre os dois sexos da mesma espécie manifestem-se em geral nas mesmas partes da organização pelas quais as diferentes espécies de um mesmo gênero diferem entre si. Ilustrarei esse fato com dois exemplos, que encabeçam minha lista; eles mostram diferenças bastante inusitadas, que dificilmente poderiam ser acidentais. O mesmo número de articulações no tarso é um caractere que costuma ser comum a um grande grupo de besouros; nos *Engidae*, porém, como observou Westwood, o número varia bastante, além de não ser o mesmo nos dois sexos dessa espécie. Do mesmo modo, nos *Hymenoptera* fósseis, o modo de inervação das asas é um caractere da maior importância, pois é comum a grandes grupos; em certos gêneros, porém, a inervação se modifica em diferentes espécies, bem como nos sexos de uma mesma espécie. Essa relação tem, parece-me, um significado claro, pois acredito que todas as espécies de um mesmo gênero descendem do mesmo progenitor, a exemplo do que se passa com os dois sexos de uma mesma espécie. Por conseguinte, quando quer que uma das partes da estrutura do progenitor comum ou de seus primeiros descendentes venha a variar, tais variações provavelmente serão aproveitas pela seleção natural e pela sexual, de modo a adequar as diversas espécies a seus respectivos lugares na economia da natureza, a adequar um ao outro os dois sexos de uma mesma espécie ou ainda a adequar machos e fêmeas a diferentes hábitos de vida, e os machos entre si pela posse das fêmeas.

Por fim, sou levado a concluir que há uma estreita conexão entre os seguintes princípios: a variabilidade de caracteres específicos, que distinguem uma espécie da outra, é maior que a dos caracteres genéricos, que a espécie possui em comum; uma parte qualquer que tenha se desenvolvido de maneira extraordinária em uma espécie é extremamente variável, em comparação à mesma parte em espécies congêneres; uma parte comum a um grupo de espécies como um todo apresenta um grau de variabilidade não muito elevado, por mais extraordinário que seja o seu desenvolvimento; entre espécies estreitamente aparentadas, verifica-se uma elevada variabilidade de caracteres sexuais secundários e uma grande quantidade de diferença nesses mesmos caracteres; diferenças sexuais secundárias e específicas ordinárias se manifestam, em geral, nas mesmas partes da organização. São princípios que se devem: à descendência das espécies de um mesmo grupo a partir de um único progenitor, do qual herdaram muito daquilo que têm em comum; à maior variabilidade de partes que variaram recentemente, em comparação a partes mais antigas, que, uma vez adquiridas, não sofreram mais variação; à maneira como a seleção natural se apoderou, em maior ou menor medida, dependendo do tempo transcorrido, da tendência à reversão e a variações ulteriores; à menor rigidez da seleção sexual, comparada à seleção natural; ao acúmulo de variações nas mesmas partes em diferentes espécies, por seleção natural e sexual, adaptando-as a propósitos específicos, bem como a propósitos sexuais secundários.

Espécies distintas apresentam variações análogas, e muitas vezes uma variedade específica assume caracteres de uma espécie aparentada ou reverte a um caractere de seus progenitores ancestrais

Essas proposições serão prontamente compreendidas se observarmos nossas raças domésticas. As mais distintas linhagens de pombos, nos países mais distantes, apresentam subvariedades com penas invertidas na cabeça e plumagem nos pés, caracteres que não se encontram no pombo-de-rocha aborígene e são, portanto, variações análogas, em duas ou mais raças distintas. A presença frequente de catorze ou mesmo dezesseis penachos na cauda do pombo papo-de-vento pode ser considerada uma variação, mas, em outra raça, o pombo rabo-de-leque, ela é uma estrutura normal. Não me parece haver dúvida de que tais variações análogas se devem ao fato de numerosas raças de pombos terem herdado, a partir de um progenitor comum, uma mesma constituição e uma mesma tendência à variação, quando sofrem influências similares que, no entanto, desconhecemos. No reino vegetal, há um caso de variação analógica nos estames largos, ou raízes, como costumam ser chamados, do nabo sueco e da rutabaga, plantas que diversos botânicos classificam como variedades produzidas a partir do cultivo de um progenitor comum. Caso contrário, teríamos aí a ocorrência de variação analógica em duas espécies ditas distintas, às quais poderíamos acrescentar uma terceira, o nabo comum. De acordo com a teoria de que cada espécie foi criada independentemente, o estame similar das três plantas teria de ser atribuído não à descendência comum e à tendência a variar da mesma maneira, mas a três atos de criação distintos, embora muito próximos.

Outro caso são as proles de pombos azul-ardósia em que se verifica a ocorrência ocasional de duas listras negras nas asas, costas brancas, uma listra na extremidade da cauda e uma penugem externa na base da cauda, tingida de branco. Como todas essas marcas são características do pombo-de-rocha progenitor, não me parece haver dúvida de que se trata de reversão, e não de nova variação analógica entre proles diversas. Parece-me uma conclusão certa, pois, como foi visto, essas marcas coloridas tendem a surgir nos rebentos decorrentes do cruzamento entre duas proles distintas com cores diferentes. E como não há, nas condições externas de vida, algo que possa causar o aspecto azul-ardósia pontuado por marcas, sua ocorrência se deve, portanto, às leis de hereditariedade que governam a reprodução.

É um fato surpreendente o ressurgimento de caracteres que permaneceram perdidos por muitas gerações, centenas delas, talvez. Mesmo em uma linhagem que tenha cruzado com outra apenas uma vez, a prole mostra uma tendência de reversão ao caráter de outra, separada dela por muitas gerações ou, na opinião de alguns, por uma dezena de gerações ou mais. O fato é que, após doze gerações, a proporção de sangue – para utilizarmos uma expressão corrente – do primeiro ancestral em um indivíduo é de 1 para 2 048; mas a tendência à reversão, como se pode ver, é mantida. Em uma prole que não foi cruzada, mas na qual *ambos* os pais perderam algum caractere que seu progenitor possuía, a tendência, forte ou fraca, a reproduzir o caractere perdido pode, como foi observado, ser transmitida por um número indefinido de gerações. Quando um caractere que desapareceu em uma prole reaparece após numerosas gerações, a hipótese mais provável não é que a cria subitamente tenha revertido a algum ancestral a centenas de gerações de distância, mas que em cada geração sucessiva tenha se mantido uma tendência a reproduzir o caractere em questão, que, por fim, em circunstâncias favoráveis que desconhecemos, recobrou a ascendência. Por exemplo, é provável que em cada geração de pombo-polonês, que raramente produz pássaros azuis gradeados de preto, tenha havido uma tendência, em cada geração, a que a plumagem adquirisse essa cor. É uma ideia hipotética, que, no entanto, alguns fatos parecem respaldar. Não me parece mais abstrato ou mais improvável postular a tendência a produzir um caractere transmitido ao longo de inúmeras gerações do que pensar que órgãos rudimentares ou inúteis seriam transmitidos dessa maneira, como vimos que são. Observa-se por vezes uma tendência a produzir um rudimento herdado. Na boca-de-leão comum (*Antirrhinum*), por exemplo, é tão frequente haver um rudimento de quinto estame que a planta deve ter herdado a tendência a produzi-lo.

Minha teoria supõe que todas as espécies de um mesmo gênero descendem de um progenitor comum, e é de esperar que, ocasionalmente, variem de maneira análoga, de tal modo que a variedade de uma espécie se assemelhe, quanto a alguns caracteres, a uma outra espécie, que, por sua vez, não é mais do que uma variedade bem definida e estabilizada. Mas caracteres assim adquiridos provavelmente não têm muita importância, pois a presença de caracteres relevantes é governada inteiramente por seleção natural, de acordo com os diversos hábitos das espécies, e não deixada à atuação complementar das condições de vida e da transmissão hereditária de uma constituição similar. É plausível que espécies de um mesmo gênero exibam, ocasionalmente, reversões a caracteres ancestrais desaparecidos. Como, no entanto, não sabemos ao certo qual seria o caractere comum ao grupo ancestral, não temos como determinar tais ocorrências. Se, por exemplo, não soubéssemos que o pombo-de-rocha tem os pés plumados e uma coroa aureolada, não teríamos como dizer se esses caracteres, quando encontrados em nossas proles domésticas, são ou não reversões de variações análogas; mas poderíamos inferir que o tom azulado é uma reversão, pelo número de marcas correlacionadas à tintura azul, que não poderiam, como tudo indica, se manifestar todas ao mesmo tempo, a partir de uma simples variação; o mesmo é sugerido pela coloração azul e as marcas que, com tanta frequência, surgem a partir do cruzamento de proles distintas de cores diversas. Assim, por mais que, em estado de natureza, permaneça incerto quais casos são reversões a um caractere existente e quais são novas variações análogas, minha teoria mostra que a prole em variação de uma espécie adquire caracteres (por reversão ou por variação analógica) que ocorrem em outros membros do mesmo grupo. É algo que também acontece, sem dúvida, em estado de natureza.

Boa parte da dificuldade encontrada em nossas obras sistemáticas de identificar espécies variáveis se deve ao fato de as variedades como que mimetizarem outras espécies do mesmo gênero. Pode-se oferecer um catálogo de extensão considerável de formas intermediárias entre duas outras, que, por sua vez, são classificadas ora como variedades, ora como espécies. A não ser que as espécies tenham sido criadas independentemente, isso mostra que uma delas, ao variar, assumiu caracteres da outra, produzindo uma forma intermediária. A melhor evidência disso vem das partes ou de órgãos importantes de natureza uniforme e que variam ocasionalmente, adquirindo, em alguma medida, o caractere da mesma parte ou órgão tal como ocorre em uma espécie aparentada. Coletei uma longa lista de casos como esse; não poderia, no entanto, oferecê-los nesta obra. Mas, repito, tais casos certamente ocorrem, e parecem-me bastante notáveis.

Oferecerei apenas um exemplo, dos mais curiosos e complexos, não de alteração de um caractere importante, mas da ocorrência de um mesmo caractere em diversas espécies de um mesmo gênero em parte domesticado, em parte vivendo na natureza. Parece ser um caso de reversão. O jumento raramente tem listras transversais aparentes nas pernas como as da zebra. Diz-se que elas são mais aparentes no potro, e pesquisas que realizei confirmam o fato. Afirmou--se ainda que cada uma das listras nas laterais das costas às vezes é dupla. É certo que a listra espaldar varia muito em extensão e delineamento. Descreveu-se um jumento branco, porém *não* albino, sem listras dorsais ou espaldares; e no jumento negro, que nem sempre as tem, elas por vezes são camufladas pela pelugem. Há quem diga ter avistado um jumento selvagem com uma listra espaldar dupla. O hemíono não tem listras espaldares; mas pode haver traços em sua pele, como confirmam o sr. Blyth e outros. E, de acordo com informações do coronel Poole, potros dessa espécie têm, em geral, listras nítidas nas pernas e tênues na espádua. O quaga, apesar do corpo com aspecto similar ao da zebra, não apresenta listras nas pernas; o dr. Gray encontrou um espécime com listras nítidas nas canelas.

Passando ao cavalo, encontrei na Inglaterra, nas mais diferentes linhagens, das mais variadas cores, cavalos com listras no dorso; listras transversais nas pernas não são raras em cavalos baios e nos pelo de rato, e as encontrei inclusive em um alazão; listras dorsais mais tênues ocorrem por vezes nos baios, e vi seus traços em um cavalo castanho. Meu filho examinou cuidadosamente e desenhou, para meu uso, um cavalo de tiro belga baio com uma listra dupla em cada espádua e com pernas listradas; e um especialista de minha confiança examinou, a meu pedido, um pequeno pônei galês com *três* curtas listras paralelas em cada um dos ombros.

Os cavalos da raça Kathiawari do nordeste da Índia costumam ser tão listrados que um cavalo sem listras é considerado impuro, segundo o coronel Poole, que examinou essa linhagem em nome do governo daquela província. Têm o dorso invariavelmente listrado, as pernas costumam ser rajadas e são comuns listras nos ombros, ora duplas, ora triplas; mesmo sua face por vezes tem listras. As estrias são mais visíveis nos potros; nos cavalos mais velhos, praticamente desaparecem. O coronel Poole teve oportunidade de ver Kathiawari recém-nascidos cinzas e castanhos dotados de listras. E tenho razão para pensar, com base em informações transmitidas a mim pelo sr. W. W. Edwards, que, no cavalo de corrida inglês, a listra dorsal é mais comum em filhotes do que na idade adulta. Sem entrar em mais detalhes, direi apenas que colhi casos de cavalos com pernas e ombros rajados das mais diversas linhagens, oriundas dos quatro cantos do mundo, da Grã-Bretanha ao leste da China, da Noruega ao arquipélago malaio; e posso afirmar que, por toda parte, as listras são muito mais frequentes nos cavalos baios e nos pelo de rato – lembrando que o termo "baio" compreende uma ampla paleta de cores, de tons entre o preto e o marrom até um quase creme.

Estou ciente de que o coronel Hamilton Smith, que escreveu sobre esse assunto, acredita que as diferentes linhagens de cavalo descenderiam de diferentes espécies aborígenes, uma das quais, o baio, era rajado, e que as aparências acima descritas se deveriam, sem exceção, a cruzamentos ancestrais a partir de uma raça primitiva. Essa teoria, porém, não me satisfaz, pois não se vê como ela se aplicaria a diferentes linhagens que habitam as mais distantes partes do globo, como o cavalo de tiro belga, o pônei galês, o da Noruega, a esbelta raça Kathiawari etc.

Voltemo-nos agora para os efeitos do cruzamento entre as diferentes espécies do gênero cavalo. Rollin afirma que a mula comum, produto da jumenta e do cavalo, tem uma tendência particular a pernas rajadas. Vi uma vez uma mula com as pernas tão rajadas que se poderia pensar que era o rebento de uma zebra; há uma figura semelhante à desse animal no excelente tratado do sr. W. C. Martin sobre o cavalo. Vi também quatro desenhos coloridos de híbridos de jumenta e zebra que tinham as pernas bem mais rajadas do que o resto do corpo, e um deles tinha uma listra dupla nos ombros. No famoso experimento realizado por Lorde Moreton, que cruzou uma égua alazã e um quaga macho, o híbrido resultante, e mesmo a prole depois produzida pelo cruzamento da mesma égua com um cavalo negro árabe, tinha as pernas bastante rajadas, mais até que as de quagas puros. Por fim – e este é outro caso notável –, o dr. Gray ilustrou um híbrido (e diz ele saber de outro) de jumento e hemíono; e, embora o jumento raramente tenha listras nas pernas e o hemíono não tenha as pernas ou os ombros rajados, mesmo assim o híbrido tinha as quatro pernas rajadas, além de três curtas listras duplas nos ombros, como as do pônei galês, além de umas poucas listras no rosto, como a zebra. A propósito deste último caso, estou a tal ponto convencido de que nenhuma listra colorida sequer poderia surgir por acidente que fui levado a indagar ao coronel Poole se listras faciais alguma vez ocorriam no Kathiawari, que é eminentemente listrado, ao que ele respondeu, como eu já mencionei, de maneira afirmativa.

O que dizer diante de todos esses fatos? Vemos que, por simples variação, numerosas espécies bastante distintas do gênero cavalo adquirem listras nas pernas, como a zebra, ou nos ombros, como o jumento. Vemos que no cavalo essa tendência é forte nos de cor baia, tom que os aproxima da coloração de outras espécies do mesmo gênero. O aparecimento de listras não é acompanhado por qualquer mudança de forma nem tampouco pelo surgimento de um novo caractere. Vemos que a tendência a se tornar listrado é mais acentuada em híbridos de espécies mais acentuadamente distintas entre si. Observe-se o caso das diferentes raças de pombos:

zebra

elas descendem (inclusive duas ou três subespécies de raças geográficas) de uma coloração azulada, acompanhada de listras e de outras marcas; e, quando uma linhagem assume, por simples variação, um tom azulado, essas listras e outras marcas invariavelmente ressurgem, sem outra alteração de forma ou caractere. Quando se cruzam as mais antigas e autênticas linhagens de variadas cores, vemos uma forte tendência ao ressurgimento da coloração azul, de listras e de certas marcas na prole. Segundo penso, a hipótese mais provável para explicar o ressurgimento de caracteres extremamente antigos é a existência de uma *tendência*, nos filhotes de cada geração sucessiva, a produzir o caractere há muito perdido, tendência que às vezes prevalece, devido a causas que desconhecemos. Vimos também que em muitas espécies do gênero cavalo as listras são mais nítidas ou mais comuns nos jovens do que nos velhos. Se dermos agora às linhagens de pombos o nome de espécies, algumas das quais se mantiveram inalteradas por séculos, quão exato não se tornará o paralelo com as espécies do gênero cavalo! De minha parte, não hesito em olhar para trás, contemplar milhares e milhares de gerações e encontrar um animal listrado, como uma zebra, embora talvez com uma armação totalmente diferente, progenitor comum de nossos cavalos domesticados, descendam eles ou não de uma raça selvagem, bem como do jumento, do hemíono, do quaga e da zebra.

Aqueles que preferem crer que cada espécie de equino foi criada independentemente dirão que cada uma dessas espécies foi criada com uma tendência particular à variação, em estado de natureza ou de domesticação, tornando-

-se assim, com frequência, listrada como outras espécies do gênero, além de mostrar forte propensão, quando cruzada com espécies de outras partes do mundo, à produção de híbridos com listas similares, não às dos progenitores, mas às de outras espécies do mesmo gênero. Admitir que é assim implica, no meu entender, substituir uma causa real por outra se não irreal, ao menos desconhecida; é transformar as obras de Deus em zombaria e ilusão. Eu preferiria crer, à maneira das velhas e absurdas cosmogonias, que moluscos fósseis jamais existiram, foram gravados nas pedras cópias de seres atualmente existentes em nossos litorais.

Resumo

Nossa ignorância em relação às leis de variação é profunda. Em menos de um caso em cem poderíamos tentar explicar por que esta ou aquela parte difere, em maior ou menor medida, da mesma parte nos progenitores. Mas todas as comparações sugerem que as mesmas leis teriam atuado na produção de diferenças menores entre espécies de um mesmo gênero. As condições externas de vida, como o clima, a alimentação etc., parecem induzir a algumas modificações mínimas. O hábito, por produzir diferenças de constituição, o uso, por fortalecer, e o desuso, por enfraquecer ou diminuir os órgãos, parecem ter efeitos mais poderosos. Partes homólogas tendem a variar desse mesmo modo, formando um todo coeso. Modificações em partes rijas e em partes externas por vezes afetam partes mais moles e partes internas. O desenvolvimento excessivo de uma parte determinada pode exaurir partes adjuntas, mas cada uma das partes da estrutura que puder ser mantida o será, contanto que não seja em detrimento do indivíduo. Mudanças de estrutura em uma idade tenra geralmente afetam partes desenvolvidas depois, e há muitas outras correlações de crescimento cuja natureza não compreendemos. Partes múltiplas variam em número e em estrutura, talvez por não terem se especializado exclusivamente no desempenho de uma função em particular, de modo que suas modificações não foram restringidas por seleção natural. É provável que, por essa mesma causa, os seres orgânicos inferiores na escala da natureza sejam mais variáveis do que os superiores, cuja organização como um todo é mais especializada. Órgãos rudimentares inúteis são descartados pela seleção natural, o que pode explicar a variabilidade de tantos entre eles. Caracteres específicos, que começaram a se diferenciar desde o momento em que as diversas espécies de um mesmo gênero se ramificaram a partir de um progenitor comum, são mais variáveis do que caracteres genéricos, herança ancestral, que permaneceu invariável no mesmo período. Ocorreu-nos mencionar partes ou órgãos especiais que continuam a variar, pois variaram recentemente, e que por isso são diferentes. Mas também vimos, no segundo capítulo, que o mesmo princípio se aplica ao indivíduo como um todo, pois o distrito em que se encontram muitas espécies de um mesmo gênero, isto é, no qual houve previamente uma boa quantidade de variação e diferenciação, ou onde a manufatura das espécies atuou intensamente, é aquele onde se encontram, em média, mais variedades ou espécies incipientes. Caracteres sexuais secundários são muito variáveis e diferem consideravelmente em espécies de um mesmo grupo. A variabilidade nas mesmas partes da organização é geralmente tomada como uma vantagem, que confere diferenças sexuais secundárias aos sexos de uma mesma espécie e diferenças específicas a diferentes espécies de um mesmo gênero. Qualquer parte ou órgão que se desenvolva de forma ou em tamanho extraordinário, em comparação à mesma parte ou órgão em uma espécie aparentada, deve ter passado por uma extraordinária quantidade de modificação desde o momento em que o gênero surgiu, o que permite entender por que ela com frequência é mais variável do que outras partes, pois a variação é um processo longo, contínuo e lento, e, nesses casos, a seleção natural não tem tempo hábil para sobrepujar a tendência a variações subsequentes e à reversão a um estado menos modificado. Mas, quando uma espécie dotada de um órgão extraordinariamente desenvolvido se torna progenitora de muitos descendentes modificados – processo esse que, no meu entender, tem de ser longo e exige um considerável período –, então, nesse caso, a seleção natural tem como atribuir um caráter fixo ao órgão, por mais extraordinário que seja o seu desenvolvimento. Espécies que herdaram quase a mesma constituição de um progenitor comum e foram expostas a influências similares tendem naturalmente a apresentar variações análogas, e essas mesmas espécies podem, ocasionalmente, reverter para algum dos caracteres dos progenitores ancestrais. Por mais que novas e importantes modificações não surjam a partir de reversão e variação analógica, essas modificações contribuem para a bela e harmoniosa diversidade da natureza.

Qualquer que seja a causa de cada uma das mínimas diferenças da prole em relação aos progenitores – e elas devem ter uma causa –, a acumulação constante de diferenças benéficas por seleção natural dá ensejo às modificações estruturais mais importantes, que permitem aos inumeráveis seres que povoam a face da Terra lutar uns com os outros e, aos melhores e mais aptos entre eles, sobreviver.

CAPÍTULO VI

Dificuldades relativas à teoria

Dificuldades relativas à teoria de descendência com modificação · Transições · Ausência ou raridade de variedades transicionais · Transições de hábitos de vida · Hábitos diversos em uma mesma espécie · Espécies com hábitos muito diferentes dos de espécies aparentadas · Órgãos extremamente perfeitos · Meios de transição · Natura non facit saltum · Órgãos de importância menor · Nem sempre os órgãos são absolutamente perfeitos · As leis de unidade de tipo e de condições de existência são abarcadas pela teoria da seleção natural

O leitor certamente não terá esperado pela chegada deste capítulo para que lhe ocorresse uma série de dificuldades. Algumas delas são tão graves que até hoje não consigo refletir a seu respeito sem me sentir atordoado; mas, até onde posso julgar, a maioria é aparente e, entre as reais, nenhuma é fatal para a minha teoria.

Essas dificuldades e objeções podem ser dispostas em quatro itens. Em primeiro lugar, se as espécies descendem de outras espécies, mediante gradações imperceptivelmente mínimas, por que não encontramos formas transicionais por toda parte? Por que a natureza como um todo não se encontra em confusão, mas apresenta, ao contrário, espécies muito definidas?

Em segundo lugar, como é possível que um animal com a estrutura e os hábitos do morcego, por exemplo, tenha sido formado pela modificação de outro animal com hábitos inteiramente diferentes? Como crer que a seleção natural teria produzido, por um lado, órgãos de importância trivial, como a cauda de uma girafa, que serve para espantar moscas, e, por outro, órgãos tão maravilhosamente estruturados, como o olho, cuja perfeição inimitável ainda não chegamos a compreender por completo?

Em terceiro lugar, poderiam os instintos ser adquiridos e modificados por meio de seleção natural? O que dizer de um instinto tão maravilhoso como o que leva as abelhas a fabricar favos, antecipando, assim, em sua prática, as descobertas de matemáticos profundos?

Em quarto lugar, como explicar que as espécies, quando cruzadas, sejam estéreis e produzam proles estéreis, enquanto as variedades mantêm intacta a sua fertilidade?

Os dois primeiros itens serão discutidos a seguir; o instinto e o hibridismo, em dois capítulos separados, logo após este.

Da ausência ou raridade de variedades transicionais

Como a seleção natural atua unicamente pela preservação de modificações vantajosas, cada nova forma surgida em uma região populosa tende a substituir e a exterminar a forma progenitora, menos aprimorada, ou formas menos favorecidas com as quais entram em competição. Extinção e seleção natural caminham, assim, de mãos dadas. Portanto, se tomarmos toda espécie como descendente de outra forma, desconhecida, segue-se que, na formação e no aperfeiçoamento de uma nova forma, tanto a forma progenitora quanto as variedades transicionais serão, via de regra, exterminadas.

Mas, se, de acordo com essa teoria, inumeráveis formas transicionais terão existido, por que então não as encontramos embebidas na crosta da Terra em número incontável? É uma questão que será discutida no capítulo IX, dedicado à imperfeição do registro geológico. Por ora, direi apenas que a resposta a essa questão se encontra, ao que me parece, no fato de esse registro ser muito mais imperfeito do que se costuma supor, o que se deve, principalmente, à circunstância de a maioria dos seres orgânicos não habitar as profundezas do oceano e a maioria de seus restos ter sido embebida e preservada para idades futuras apenas em massas de sedimento suficientemente espessas e extensas para suportar uma enorme degradação sucessiva; lembrando que só pode haver acúmulo de massas fósseis onde houve depósito suficiente de sedimento no leito raso dos mares em subsidência. São contingências bastante raras, que ocorrem em longuíssimos intervalos. Enquanto o leito do mar permanecer estacionário ou estiver em elevação ou não forem depositados sedimentos em quantidade suficiente, continuará havendo lacunas na história geológica. A crosta da Terra é um vasto museu; mas suas coleções naturais foram reunidas em diferentes momentos, separados por amplos intervalos.

Mas pode-se alegar que, em espécies numerosas, estreitamente aparentadas e que atualmente habitam o mesmo território, seria de esperar que se encontrassem formas transicionais em abundância. Tomemos um caso simples. Quando percorremos um continente de norte a sul, geralmente deparamos, em intervalos sucessivos, com espécies estreitamente aparentadas, ou então representativas, que preenchem quase o mesmo lugar na economia natural da região. Essas espécies representativas não raro se encontram e interagem; à medida que uma delas se torna cada vez mais rara, a outra se torna cada vez mais frequente, até por fim substituí-la. Mas, se compararmos essas espécies entre si onde elas se misturam, veremos que elas são, em geral, tão absolutamente distintas uma da outra em cada um dos detalhes de estrutura quanto o seriam espécimes oriundos dos territórios respectivamente dominados por elas. Em minha teoria, essas espécies aparentadas descendem de um progenitor em comum; durante o processo de modificação, cada uma delas se adapta às condições de vida de sua região, suplementando ou exterminando o progenitor original e todas as variedades transicionais entre os seus estados anteriores e o atual. Portanto, não devemos ter a expectativa de encontrar, em cada uma das regiões, no presente, variedades transicionais em abundância, embora elas tenham existido e, quem sabe, estejam embebidas em algum estrato dessas mesmas regiões em condição fóssil. Mas, e quanto à região intermediária, com condições de vida intermediárias, por que atualmente não encontramos variedades intermediárias, como elos estreitos ligando uma forma a outra? É uma dificuldade que, por longo tempo, me desconcertou. Mas penso que é, ao menos em parte, contornável.

Para começar, devemos ser extremamente cautelosos ao inferir que, por uma área ser atualmente contígua a outra, ela também o teria sido por um longo período anterior. A geologia leva-nos a crer que nos períodos terciários tardios quase todos os continentes estavam fragmentados em ilhas, e nestas poderiam ter se formado espécies independentes, desde que as ilhas fossem desertas e não houvesse zonas intermediárias em relação ao continente. Em virtude de alterações da forma da Terra e do clima, muitas áreas marinhas que hoje são contíguas teriam, até tempos recentes, uma condição bem menos uniforme que a atual. Mas não me aproveitarei desse atalho para fugir da dificuldade em questão, pois acredito que muitas espécies definidas se formaram em áreas contíguas, embora não questione, ao mesmo tempo, que a condição outrora fragmentada de áreas hoje contíguas tenha tido um importante papel na formação de novas espécies, especialmente de animais peregrinos.

Quando observamos espécies que atualmente se distribuem por uma área extensa, vemos, em geral, que suas populações ocupam um território amplo e, subitamente, tornam-se mais raras, até desaparecerem. Por essa razão, o território neutro entre duas espécies representativas costuma ser estreito, em comparação ao território ocupado por cada uma delas. Vemos o mesmo quando escalamos montanhas, e, como observou Alphonse de Candolle, é notável, por vezes, o modo abrupto com que uma espécie alpina desaparece. O mesmo fato foi apurado por Forbes em sua sondagem das profundezas do oceano com uma draga. Para os que consideram as condições climáticas e físicas os elementos determinantes da distribuição dos seres vivos, tais fatos, aliados à gradativa e insensível diluição das condições climáticas, da altura e da profundidade, parecerão surpreendentes. Mas, tendo em vista que o número de quase todas as espécies, mesmo em sua metrópole de origem, aumentaria enormemente, não fosse a competição com outras, quase todas predadoras ou então presas, pois cada ser orgânico está direta ou indiretamente relacionado a outros (o que para nós é de suma importância), veremos que o espectro de ocupação de uma região não depende apenas de alterações insensíveis das condições físicas, mas também, em boa medida, da presença de outras espécies, com as quais eles interagem e competem e pelas quais podem ser destruídos. E, como essas diferentes espécies são objetos bem definidos (não importa como vieram a sê-lo), ou seja, que não se misturam entre si por graduações insensíveis, o espectro de cada uma tende a ser bem definido, pois depende daquele das demais. Por fim, toda espécie que se encontra nos confins de seu próprio espectro, na qual o número de indivíduos é menor, expõe-se ao extermínio, dependendo da oscilação do número de seus inimigos ou presas, bem como de variações incidentes ao regime climático. Isso confere uma nitidez ainda maior à área de sua distribuição geográfica.

Se estou certo de acreditar que espécies aparentadas ou representativas que habitam uma área contígua distribuem-se, em geral, de tal modo que cada uma tenha um espectro amplo, com um território neutro comparativamente menor entre elas, no qual se tornam, abruptamente, cada vez mais raras, então a mesma regra provavelmente se aplica às variedades, pois não há diferença essencial entre elas. Ora, se imaginarmos que uma espécie em variação está adaptada a uma área consideravelmente ampla, teremos de imaginar também que duas variedades estariam adaptadas a duas áreas consideravelmente amplas e uma terceira, a uma zona intermediária mais estreita; e, por habitar uma área menor e mais restrita, a variedade intermediária existirá em menor número. Essa regra se aplica, até onde posso ver, a variedades em estado de natureza. Encontrei exemplos notáveis em variedades intermediárias entre outras variedades bem definidas do gênero *Balanus*. Informações que obtive com o sr. Watson, o dr. Asa Gray e o sr. Wollaston indicam que, quando há variedades intermediárias entre duas outras formas, elas costumam ser menos numerosas do que as formas conectadas por elas. A nos fiarmos nesses fatos e nessas inferências e concluirmos, a partir deles, que variedades que ligam duas outras variedades existiram, em geral, em menor número do que as formas por elas conectadas, penso que poderemos compreender por que variedades intermediárias não sobrevivem por períodos muito longos e, via de regra, são exterminadas e desapareçam antes das formas por elas conectadas.

Como já foi observado, qualquer forma que exista em menor número tem mais chance de ser exterminada do que outra mais numerosa, e, nesse caso em particular, a forma intermediária estaria eminentemente exposta aos avanços de formas aparentadas próximas, existentes em ambos os lados. Mas parece-me haver uma consideração muito mais importante, a saber, que durante o processo de ulterior modificação, no qual, segundo supõe a minha teoria, as variedades são convertidas em duas espécies perfeitamente distintas, estas, por serem mais numerosas e habitarem áreas maiores, terão vantagem considerável sobre uma variedade intermediária, menos numerosa, que habite uma zona intermediária e estreita. Formas mais numerosas terão sempre mais chance, em um período qualquer, de apresentar modificações ulteriores propícias à seleção natural do que formas mais escassas, que existam em menor número. Portanto, na corrida pela vida, as formas mais comuns tendem a vencer e a suplantar as menos comuns, que se modificam e aprimoram-se mais lentamente. Aplica-se aqui, ao que me parece, o mesmo princípio mostrado no segundo capítulo, que explica por que as espécies comuns apresentam em média, em uma região qualquer, um número maior de variedades bem delimitadas do que as espécies mais escassas. Ilustrarei o que quero dizer supondo três espécies de ovelhas: uma primeira adaptada a uma extensa região montanhosa, outra, comparativamente mais escassa, adaptada a uma porção rochosa, e uma terceira, adaptada às vastas planícies na base das montanhas. Com a mesma perseverança e habilidade, cada um desses habitantes se empenha em aprimorar suas proles por meio de seleção. Nesse caso, as chances de um rápido aprimoramento favorecem os grandes proprietários das montanhas ou os da planície, em detrimento dos pequenos proprietários da faixa intermediária. Por conseguinte, cedo ou tarde algum deles irá ocupar o lugar do grupo menos aprimorado e, assim, dois grupos originalmente numerosos entrarão em contato direto, sem a interposição da variedade intermediária.

Creio, portanto, que as espécies tendem a se tornar objetos minimamente bem definidos, e não a apresentar, em um período qualquer, um caos inextricável de variados elos intermediários. Pelas seguintes razões. Em primeiro lugar, variedades novas formam-se lentamente: a variação é um processo vagaroso, e a seleção natural nada pode fazer até que surjam variações favoráveis e uma porção do território de uma região venha a ser ocupada por uma modificação aprimorada de um ou mais indivíduos. A disponibilidade de tais regiões depende, por sua vez, de lentas mudanças climáticas, da ocasional imigração de novos habitantes ou, o que provavelmente é mais importante, de que alguns entre os antigos habitantes se modifiquem lentamente, instituindo, assim, uma ação e reação entre as novas formas e as antigas. De modo que, em uma mesma região, em dado instante do tempo, teremos apenas umas poucas espécies produzindo modificações estruturais mínimas em alguma medida permanentes. É algo que se pode constatar com certeza.

Em segundo lugar, é provável que áreas atualmente contíguas tenham sido até recentemente porções isoladas, onde muitas formas, em especial de classes que se reúnem para copular e têm o hábito de se deslocar, tenham se tornado suficientemente distintas para serem alçadas à condição de espécies representativas. Nesse caso, é necessário que tenham existido, em cada uma das partes isoladas do território, variedades intermediárias entre as diversas espécies representativas e seus progenitores comuns, que, porém, foram suplantadas e exterminadas no processo de seleção natural.

Em terceiro lugar, quando duas ou mais variedades se formam em diferentes porções de uma área perfeitamente contígua, é provável que as variedades intermediárias se formem nas zonas intermediárias e tenham, via de regra, uma existência breve. Do que sabemos a respeito da distribuição atual de espécies estreitamente aparentadas ou representativas, bem como das variedades, temos razão para crer que, quando se encontram em zonas intermediárias, elas são menos numerosas do que as variedades que elas tendem a conectar. É uma causa por si mesma suficiente para que as variedades intermediárias se exponham ao extermínio acidental. Além disso, durante o ulterior processo de modificação por seleção natural, é quase certo que elas serão vencidas e suplantadas pelas formas por elas conectadas. Pois essas formas, por serem mais numerosas, apresentam, no agregado, variação maior e passam, assim, por sucessivos aprimoramentos, por meio de seleção natural, adquirindo outras vantagens suplementares.

Por fim, supondo que minha teoria esteja correta, se olharmos não para uma parcela de tempo qualquer, mas para o tempo como um todo, certamente terão existido incontáveis variedades intermediárias a conectar, de maneira estreita, as espécies de um mesmo grupo; mas, como foi observado, o processo mesmo de seleção natural tem a tendência constante de exterminar as formas progenitoras e os elos intermediários, e, por conseguinte, a evidência de que essas variedades de fato existiram só pode ser encontrada nesses resíduos fósseis, preservados em registros extremamente imperfeitos e intermitentes, como veremos no capítulo IX.

Da origem e das transições de seres orgânicos dotados de estrutura e hábitos peculiares

Oponentes da minha teoria indagaram como um animal de terra carnívoro, por exemplo, poderia ter sido convertido em outro, de hábitos aquáticos; teria subsistido um animal em estado de transição? É fácil mostrar que, dentro de um mesmo grupo, existem animais carnívoros dotados de cada um dos graus intermediários entre hábitos perfeitamente aquáticos e hábitos estritamente terrestres; e, como cada um deles existe graças a uma luta pela vida, é claro que cada um, com seus respectivos hábitos, está devidamente adaptado ao lugar que ocupa na natureza. Veja-se o *Mustela vison*, da América do Norte, que tem membranas entre os dedos e o pelo, as pernas curtas e a cauda similares às da marmota. No verão, esse animal mergulha à caça de peixes; mas, no longo inverno, abandona as águas congeladas e alimenta-se, como outras doninhas, de camundongos e animais da terra. Se se indagasse agora como um quadrúpede que se alimenta de insetos poderia ter sido convertido em um morcego, haveria uma questão bem mais difícil, para a qual eu não tenho uma resposta à mão.

Aqui como alhures, padeço de uma desvantagem considerável, pois, dos muitos casos que poderia mencionar, não posso oferecer mais do que um ou dois exemplos de estruturas e hábitos transicionais de espécies estreitamente aparentadas de um mesmo gênero ou dos diversos hábitos de uma mesma espécie, sejam eles constantes ou ocasionais. Parece-me que seria preciso nada menos que uma longa lista de casos para relativizar a dificuldade de um caso como o do morcego em particular.

Veja-se a família dos esquilos. Temos aí, como observou *Sir* J. Richardson, um exemplo da mais fina gradação entre animais com caudas levemente achatadas e outros, com a parte posterior do corpo bastante ampla e uma pele fofa nos flancos – os chamados esquilos-voadores, cujos membros são unidos entre si e à base da cauda por uma larga porção de pele, que serve como paraquedas e permite-lhes planar de uma árvore a outra, situadas a distâncias consideráveis. Não há dúvida de que cada estrutura é útil a cada tipo de esquilo na região em que ele habita, na medida em que lhe faculta fugir de pássaros e de outras feras predadoras, coletar comida com rapidez e mesmo, ao que tudo indica, diminuir o risco de quedas abruptas. Disso, porém, não se segue que a estrutura de cada esquilo é a melhor que poderia ser concebida para toda e qualquer condição natural. Que se alterem o clima e a vegetação, que outros roedores ou feras predadoras imigrem, que alguma entre as presentes se modifique, e a analogia nos leva a crer que ao menos alguns esquilos se tornariam menos numerosos ou seriam exterminados, a não ser que também se modificassem e sua estrutura se aprimorasse de maneira equivalente. Portanto, não vejo dificuldade em admitir que, especialmente em meio à mudança das condições de vida, haveria a preservação contínua de indivíduos com membranas laterais cada vez mais plenas, cada modificação sendo útil, e cada ser se propagaria até que, pelos efeitos cumulativos desse processo de seleção natural, se produzisse um perfeito esquilo-voador.

Veja-se agora o *Galeopithecus*, ou lêmure-voador, outrora classificado, por um equívoco, entre os morcegos. Ele é dotado de uma membrana lateral bastante ampla, que se distende dos cantos da mandíbula até a cauda, passando pelos membros e pelos dedos alongados desse animal, e conta ainda com um músculo extensor. Embora não exista atualmente nenhum elo estrutural de adaptação entre o *Galeopithecus* e os *Lemuridae*, não vejo dificuldade em supor que tais elos existiram, e cada um deles foi formado por graus que, a exemplo do próprio esquilo-voador, teriam sido imperfeitos, mas, mesmo assim, úteis para os seres que os detinham. Tampouco vejo uma dificuldade insuperável em postular a possibilidade de que os dedos conectados por membranas e os antebraços do *Galeopithecus* possam ser estendidos, por seleção natural, convertendo esse animal, quanto aos órgãos do voo, em um morcego. Nos morcegos em que a asa membranosa se estende do topo dos ombros à cauda, incluindo as patas, vemos talvez os traços de um aparato originalmente construído para que se planasse, e não para que se voasse pelos ares.

Se por volta de uma dúzia de gêneros de pássaros se extinguissem ou supondo que não fossem conhecidos, quem ousaria inferir a existência de pássaros que utilizam suas asas como barbatanas, a exemplo do pato d'água (*Micropterus* de Eyton)? Ou como nadadeiras na água e patas em terra, como o pinguim? Como velas, como o avestruz? Ou mesmo sem qualquer propósito funcional, como o quiuí (*Apteryx*)? A estrutura de cada um desses pássaros é boa para aquele que a detém, nas condições de vida a que está exposto, pois cada um deles tem de lutar para sobreviver. Mas não necessariamente é a melhor para toda circunstância possível. Não se deve inferir, com base nas presentes observações, que algum dos graus de estrutura de asas aos quais aqui nos referimos, que talvez sejam todos resultados de desuso, indicaria os passos naturais pelos quais os pássaros vieram a adquirir um poder de voo acabado; mas eles servem ao menos para mostrar a possível diversificação dos meios de transição.

Tendo em vista que alguns membros de classes de animais aquáticos, como os *Crustacea* e os *Mollusca*, são adaptados à vida em terra e que, além de pássaros, existem mamíferos voadores, insetos dos mais diversos tipos e um dia existiram répteis voadores, é plausível que os peixes-voadores, que hoje dão seus saltos nos ares, mergulhando de volta com o auxílio da movimentação de suas barbatanas, tivessem se modificado a ponto de se tornarem animais dotados de asas perfeitas. E, caso isso tivesse ocorrido, quem jamais poderia imaginar que em um estado de transição inicial eles habitaram o alto-mar e utilizaram seus incipientes órgãos de voo, até onde sabemos, para escapar à voracidade de seus predadores?

Quando vemos uma estrutura qualquer muito aperfeiçoada a um hábito particular, como as asas de um pássaro para o voo, não devemos esquecer que, nos animais, os graus iniciais de transição estrutural dificilmente se verificam por muito tempo, pois logo são suplementados no processo mesmo de aperfeiçoamento por seleção natural. Podemos concluir, além disso, que graus transicionais entre estruturas adaptadas a hábitos de vida muito diferentes raras vezes se desenvolvem, em um período inicial, em uma quantidade grande de indivíduos e abaixo de formas subordinadas. Assim, para retornarmos à ilustração imaginária do peixe-voador, não parece provável que peixes realmente capazes de voar se desenvolvessem abaixo de muitas formas subordinadas, de modo a capturar diferentes tipos de presa por diversos meios, tanto na terra como na água, até que os órgãos do voo alcançassem um alto estágio de perfeição e lhes dessem uma vantagem decisiva em relação a outros animais na batalha pela vida. Por isso, é sempre pequena a chance de descobrirmos, em condição fóssil, espécies com estrutura em estágio transicional, pois existiram em menor número do que espécies com estruturas plenamente desenvolvidas.

Oferecerei agora dois ou três exemplos de hábitos diversificados e alterados em indivíduos de uma mesma espécie. Na ocorrência de um desses casos, a seleção natural pode perfeitamente adaptar o animal, por meio de uma modificação em sua estrutura, aos hábitos que se modificaram ou a apenas um de seus muitos diferentes hábitos. Mas seria difícil dizer, e é irrelevante para nós, se, em geral, primeiro mudam os hábitos e depois as estruturas ou se pequenas modificações de estrutura levam à mudança de hábitos. É provável que ambos se modifiquem quase simultaneamente. Em relação aos casos de hábitos modificados, será suficiente aludir aos insetos britânicos que atualmente se alimentam de plantas exóticas ou mesmo de substâncias artificiais. Numerosos exemplos poderiam ser oferecidos de hábitos modificados. Quando estive na América do Sul, tive a oportunidade de observar o bem-te-vi (*Saurophagus sulphuratus*) apoiando-se sobre um ponto e depois deslocando-se para outro, como um falcão, e outras vezes permanecendo imóvel, à beira d'água, para dar um bote, como faria um mergulhão com um peixe. Vemos por toda parte, em nosso país, o chapim-real (*Parus major*) subindo em árvores quase como se as estivesse escalando; muitas vezes, como um picanço, ele mata passarinhos golpeando-os na cabeça; e cheguei mesmo a vê-los e ouvi-los enquanto batiam as sementes de teixo contra um galho, quebrando-as como se fossem uma casca de noz. Na América do Norte, o urso preto foi visto por Hearne nadando com a boca aberta, como se fosse uma baleia, capturando insetos na água. Mesmo em um caso extremo como este, se o suprimento de insetos fosse constante e não houvesse, na mesma região, rivais mais bem-adaptados, não vejo dificuldade em admitir que uma raça de ursos se tornasse, por seleção natural, cada vez mais aquática em sua estrutura e seus hábitos, com bocas cada vez maiores, até que se produzisse uma criatura aberrante, à imagem de uma baleia.

Assim como às vezes vemos indivíduos de uma espécie seguirem hábitos totalmente diferentes dos demais de sua espécie e de outras do mesmo gênero, deve-se esperar, de acordo com minha teoria, que tais indivíduos ocasionalmente venham a suscitar uma nova espécie, com hábitos anômalos e a estrutura modificada, minimamente ou muito, a partir da própria estrutura de seu tipo. Tais casos ocorrem na natureza. Haveria exemplo mais conspícuo de adaptação do que o do pica-pau que escala árvores para capturar insetos nas estrias da casca? Existem na América do Norte pica-paus que se alimentam de frutos, enquanto outros, de asas alongadas, capturam insetos no voo; mas, nas planícies de La Plata, onde não cresce uma árvore sequer, encontra-se um pica-pau que declarou, aos meus olhos, desde as partes essenciais de sua organização até as cores de suas penas, desde o tom áspero de sua voz até o voo ondulado, o mais estreito parentesco de sangue com a espécie que habita nossas ilhas, embora, diferentemente desta, jamais tenha escalado uma árvore.

Os petréis são os pássaros mais aéreos e oceânicos que existem; contudo, nos silenciosos recantos da Terra do Fogo, o *Puffinuria berardi* poderia ser confundido, por seus hábitos gerais, pela incrível capacidade de mergulho, pela destreza com que nada ou voa (isto é, quando inadvertidamente levanta voo), com um arau ou um mergulhão. Apesar de tudo, trata-se essencialmente de um petrel, embora com muitas partes de sua organização profundamente modificadas. O mais arguto anatomista que examinasse o cadáver de um melro d'água jamais poderia suspeitar de seus hábitos subaquáticos, mas a verdade é que esse membro anômalo da família dos tordos, estritamente terrestre, obtém sua subsistência pelo mergulho, prendendo-se às pedras com as patas e batendo as asas sob a água.

Quem acredita que cada ser vivo foi criado tal como hoje se encontra deve ter sentido certa surpresa ao deparar com

mergulhão

um animal cujos hábitos não são condizentes com sua estrutura. É óbvio que os pés com membranas entre os dedos dos patos e dos gansos foram formados para o nado, mas há gansos que vivem em terra e raramente ou nunca se aproximam da água, e ninguém até hoje, exceto por Audubon, viu a fragata, com seus pés com membranas, pousar sobre a superfície do mar. Por outro lado, mergulhões e galeirões são eminentemente aquáticos, embora seus dedos sejam apenas ladeados por membranas. Parece evidente que os longos dedos das aves pernaltas são formados para caminhar sobre pântanos e plantas aquáticas, e, no entanto, a galinha é quase tão aquática quanto o galeirão, assim como a codorniz tem hábitos quase tão terrestres quanto a codorna ou a perdiz. Nesses casos, e muitos outros poderiam ser citados, os hábitos mudaram sem que houvesse mudança correspondente na estrutura. Pode-se dizer que os pés com membranas do ganso-de-magalhães se tornaram rudimentares em relação à função, embora não à estrutura. Na fragata, a membrana profundamente embrenhada entre os dedos mostra que a estrutura começou a se alterar.

Quem acredita em numerosos atos de criação independentes diria que, em tais casos, aprouve ao Criador fazer com que um ser de um tipo ocupasse o lugar de outro, de tipo diferente; o que me parece apenas uma maneira pomposa de reiterar essa mesma crença. Já quem acredita na luta pela existência e no princípio de seleção natural reconhecerá que cada ser orgânico tenta constantemente aumentar o número de sua população e que, por isso, um ser qualquer que varie minimamente seus hábitos ou sua estrutura irá adquirir uma vantagem em relação a outro habitante da mesma região e ocupará o lugar deste, por mais diferente que seja do lugar que antes ocupava. Assim, não causará surpresa que existam gansos e fragatas com pés com membranas, seja de terra, seja, mais raramente, em contato com a água; que existam codornizes de dedos longos vivendo em prados em vez de pântanos; que existam pica-paus onde não há árvores; ou que existam tordos-mergulhões e petréis com hábitos de araus.

Órgãos complexos extremamente perfeitos

Supor que um olho, com todos os seus inimitáveis dispositivos de ajuste de foco para diferentes distâncias, de admissão de diferentes quantidades de luz e de correção de aberrações cromáticas e esféricas, teria sido formado por seleção natural parece, eu reconheço, algo absurdo, no mais alto grau. E, no entanto, a razão declara que, caso se possa mostrar que existem numerosas gradações desde um olho perfeito e complexo até um muito imperfeito e simples, cada um desses graus sendo útil àquele que o possui, e se, além disso, o olho variar, que seja minimamente, e as variações forem hereditárias, como certamente é o caso, e se, por fim, uma variação ou modificação qualquer for útil a um animal em condições de vida em alteração, então a dificuldade para se crer que um olho perfeito e complexo poderia ser formado por seleção natural, embora seja insuperável para a nossa imaginação, mal poderia ser considerada real. Como um nervo vem a se tornar sensível à luz, é algo que não nos diz respeito, não mais do que a origem da vida; mas alguns fatos me levam a crer que qualquer nervo sensível poderia se tornar sensível à luz ou, do mesmo modo, às vibrações mais grosseiras que produzem o som.

Para obter, em uma espécie qualquer, a gradação através da qual um órgão foi aperfeiçoado, teríamos de considerar exclusivamente os ancestrais lineares, o que dificilmente seria factível; isso nos constrange a tomar, em cada caso, as espécies do mesmo grupo, ou seja, os descendentes colaterais da mesma forma progenitora, para ver quais gradações são possíveis e se, por sorte, algumas delas não foram transmitidas a partir de estágios primordiais de descendência, em condição inalterada ou pouco modificada. Entre os vertebrados atualmente existentes, encontramos apenas uma pequena gradação de variação na estrutura dos olhos, e espécies fósseis nada nos mostram a esse respeito. Provavelmente teremos de descer muito, dentro dessa grande classe, até os estratos fósseis mais inferiores conhecidos, para descobrir assim os primeiros estágios de aperfeiçoamento do olho.

Partindo dos *Articulata*, podemos dar início a uma série tomando um simples nervo óptico pigmentado, desprovido de qualquer outro mecanismo; e, a partir desse estágio inferior, mostrar a existência de numerosas gradações de estrutura, ramificando-se em duas linhagens fundamentalmente diferentes, até chegarmos a um estágio moderadamente alto de perfeição. Certos crustáceos, por exemplo, têm uma córnea dupla, a interna dividida em facetas, dentro das quais há uma protuberância em forma de lente. Em outros crustáceos, os cones transparentes revestidos por pigmento, cuja atuação consiste em restringir listras laterais de luz, são convexos na extremidade superior e devem atuar por convergência; na extremidade inferior, parece haver uma substância vítrea imperfeita. Levando-se em conta esses fatos, delineados aqui de maneira extremamente breve e parcial, mas que mostram grande diversidade de gradação nos olhos dos crustáceos atualmente existentes, e tendo em mente o quão reduzido é o número de animais atualmente existentes em comparação ao número dos que se extinguiram, não vejo dificuldade (não mais do que em outras estruturas) de admitir que a seleção natural converteu o simples aparato de um nervo pigmentado, revestido por uma membrana transparente, em um instrumento óptico tão perfeito quanto o de qualquer um dos membros da grande classe dos *Articulata*.

Quem porventura admitir essa conclusão e constatar, após a leitura deste tomo, que um bom número de fatos, que de outra maneira pareceriam incompreensíveis, pode ser explicado pela teoria da descendência, não deve hesitar em ir além e admitir que mesmo uma estrutura tão perfeita como o olho de uma águia poderia ser formada por seleção natural, embora, nesse caso, os graus de transição sejam desconhecidos. Sua razão deve impor-se à sua imaginação; mas reconheço que senti essa dificuldade tão agudamente que não me surpreende que hesitemos em levar tão longe o princípio de seleção natural.

A comparação entre o olho e o telescópio é praticamente inevitável. Sabemos que esse instrumento óptico foi aperfeiçoado pelos contínuos esforços dos intelectos humanos mais elevados e naturalmente inferimos que o olho teria sido formado por um processo de alguma maneira análogo. Mas não seria uma inferência presunçosa? Que direito temos de assumir que o Criador opera com poderes intelectuais como os do homem? Se quisermos comparar o olho a um instrumento óptico, devemos tomar, em nossa imaginação, uma espessa camada de tecido transparente recobrindo um nervo sensível à luz e supor que cada uma das partes dessa camada seria continuamente alterada quanto à densidade, de modo que as diferentes densidades e espessuras fossem dispostas em camadas separadas, a certa distância umas das outras, e as superfícies de cada uma delas mudassem lentamente de forma. Devemos supor que haveria um poder supervisionando atentamente cada uma das mínimas alterações acidentais nas camadas transparentes, selecionando cuidadosamente cada alteração que, de algum modo ou em algum grau, nas mais variadas circunstâncias, tendesse a produzir uma imagem mais distinta. Devemos supor ainda que cada um dos estados do instrumento fosse multiplicado por um milhão, e cada um deles fosse preservado até que outro melhor fosse produzido, destruindo-se os antigos. Em corpos vivos, a variação causaria alterações mínimas, a geração as multiplicaria quase ao infinito e a seleção natural escolheria, com destreza infalível, cada aprimoramento. Que esse processo se desenrolasse por milhões e milhões de anos e, a cada ano, em milhões de indivíduos de diferentes gêneros, pergunto: não parece crível que se formasse assim um instrumento óptico vivo superior a outro, de vidro, como as obras do Criador são superiores às do homem?

Caso se demonstrasse a existência de um órgão complexo qualquer que não pudesse ser formado por pequenas modificações numerosas e sucessivas, então minha teoria viria abaixo. Mas não encontro nenhum caso assim. Sem dúvida, há muitos órgãos cujos graus de transição desconhecemos, especialmente se tomarmos espécies isoladas, ao redor das quais, de acordo com minha teoria, houve extinções de monta; ou então em um órgão comum aos membros de uma grande classe, pois, nesse caso, o órgão teria sido formado em um período extremamente remoto, desenvolvendo-se posteriormente em cada um dos membros da classe. Nesse caso, para descobrir os primeiros estágios de transição pelos quais o órgão teria passado, seria preciso remontar a formas ancestrais antiquíssimas, há muito extintas.

Deve-se ter extrema cautela antes de concluir que um órgão não poderia ter sido formado por uma transição qualquer. Numerosos casos poderiam ser oferecidos, entre os animais inferiores, de um mesmo órgão que desempenha ao mesmo tempo funções inteiramente distintas, como um canal alimentar que respira, digere e expele, na larva da libélula e nos peixes *Cobitis*. A hidra revira-se pelo avesso, e então a superfície externa digere e o estômago respira. Nesses casos, se uma vantagem qualquer puder ser adquirida, a seleção natural não terá dificuldade de especializar uma parte ou órgão que realiza duas funções para que venha a realizar apenas uma, alterando por completo através de gradações insensíveis à sua natureza. Às vezes, dois órgãos distintos de um mesmo indivíduo desempenham simultaneamente a mesma função. Por exemplo, há peixes com guelras ou brânquias que respiram o ar dissolvido na água ao mesmo tempo que expelem ar pelas bexigas natatórias, órgão que possui um ducto pneumático que o alimenta e é dividido por partições intensamente vascularizadas. Nesses casos, um dos dois órgãos pode facilmente ser modificado e aprimorado, de modo a realizar por si mesmo a tarefa completa, contando, durante o processo de modificação, com o auxílio do outro, que, por sua vez, poderá ser modificado para um propósito diferente ou então ser obliterado.

O exemplo das bexigas natatórias dos peixes é interessante, pois mostra com clareza, e isso é muito importante, que um órgão originalmente construído para um propósito determinado, a flutuação, pode ser convertido para outro inteiramente diferente, a respiração. Bexigas natatórias foram utilizadas como acessórios aos órgãos auditivos de certos peixes, ou, não sei bem ao certo qual seria a melhor formulação, uma parte do aparato auditivo foi usada como complemento às bexigas natatórias. Os fisiologistas em geral concordam que as bexigas natatórias são homólogas, ou "idealmente similares" [como diz Owen], quanto à posição e à estrutura, aos pulmões de animais vertebrados superiores; e não parece haver grande dificuldade em aceitar que a seleção natural teria convertido uma bexiga natatória em um pulmão ou em um órgão utilizado exclusivamente para a respiração.

Não me parece haver dúvida de que todos os animais vertebrados dotados de pulmões descenderam, por geração ordinária, de um protótipo ancestral, do qual nada sabemos, dotado de um aparato de flutuação ou de bexigas natatórias. O que nos permite compreender, pelo que pude inferir da interessante descrição dessas partes pelo prof. Owen, o estranho fato de que cada partícula de alimento e comida que absorvemos tenha de passar pelo orifício da traqueia, não sem risco de ser absorvido pelos pulmões, apesar do belíssimo dispositivo pelo qual a glote é fechada. Nos vertebrados superiores, as brânquias desapareceram por completo; as fendas laterais do pescoço e o curso em espiral das artérias assinalam, no embrião, sua localização prévia. É perfeitamente possível pensar que as brânquias, hoje completamente desaparecidas, tenham sido gradualmente trabalhadas pela seleção natural, adquirindo um propósito diverso do original. E, da mesma maneira como, no entender de certos naturalistas, as brânquias e as vértebras dorsais dos *Annelida* são homólogas às asas e bolsas de asas dos insetos, é provável que órgãos que, em um período muito remoto, serviram à respiração tenham depois se convertido em órgãos do voo.

Oferecerei mais um exemplo, dada a importância de se considerar, nas transições de órgãos, a probabilidade de conversão de uma função em outra. Os cirrípedes pedunculados, classe de crustáceos marinhos, possuem duas minúsculas camadas de pele, que chamarei de freio ovígero, que, com a secreção de uma gosma, retêm os ovos até que sejam atrelados ao saco. Esses cirrípedes não têm brânquias; a superfície inteira de seu corpo, incluindo o pequeno freio, serve à respiração. Os *Balanidae*, ou cirrípedes sésseis, por outro lado, não têm freio ovígero, os ovos permanecem soltos no fundo do saco, na concha protegida, mas têm grandes brânquias dobradas. Parece-me inquestionável o fato de que os dotados de freio ovígero de uma família são homólogos estritos daqueles de outra, a ponto de ambos se disporem em gradação. Por isso, não tenho dúvida de que as pequenas dobras de pele, que originalmente serviram como freio ovígero e, do mesmo modo, auxiliavam, muito sutilmente, o ato da respiração, foram gradualmente convertidas, por seleção natural, em brânquias, simplesmente pelo aumento de tamanho e pela obliteração de suas glândulas aderentes. Se todos os cirrípedes pedunculados se extinguissem – e eles já passaram por um grau de extinção bem maior que os cirrípedes sésseis –, quem jamais imaginaria que as brânquias, nessa última família, teriam existido originalmente como órgãos que impediam que os ovos fossem expelidos do saco?

Como dissemos, é preciso ter muita cautela antes de concluir que um órgão qualquer não poderia ter sido produzido por gradações transicionais sucessivas, mas não há dúvida de que certos casos apresentam sérias dificuldades, alguns deles serão discutidos em minha obra futura.

Um dos casos mais difíceis é o dos insetos neutros, que não se estruturam em machos e fêmeas férteis. Esse caso será examinado no próximo capítulo. Outro caso delicado é o dos peixes dotados de órgão elétrico. É impossível para nós conceber os passos que levaram à produção desses maravilhosos órgãos. Como Owen e outros observaram, sua estrutura interna se assemelha de perto à de um músculo comum; e as raias, como foi recentemente mostrado por Matteuchi, possuem um órgão estreitamente análogo ao do aparato elétrico dos peixes, que, no entanto, não produz descarga elétrica. Isso nos ensina que somos ignorantes demais e não poderíamos afirmar que não é possível, nesse caso, uma transição qualquer.

Outra dificuldade ainda mais séria relativa a órgãos elétricos é que eles ocorrem em apenas uma dezena de peixes, muitos dos quais têm entre si afinidades remotas. Em geral, quando um mesmo órgão aparece em muitos membros de uma mesma classe, especialmente em membros com hábitos de vida muito diferentes, podemos atribuir essa presença à herança a partir de um ancestral comum e sua ausência, em outros membros, à perda do órgão por falta de uso ou por seleção natural. Mas, se os órgãos elétricos foram herdados de um progenitor ancestral (cuja existência estaria, portanto, atestada), é de esperar que um parentesco especial ligasse entre si os diferentes peixes elétricos, o que não é o caso. Por outro lado, a geologia não autoriza a crença de que todos os peixes um dia tiveram órgãos elétricos, suprimidos na maioria dos descendentes modificados. A presença de órgãos luminosos em uns poucos insetos, pertencentes a famílias ou ordens diferentes, oferece uma dificuldade paralela. Outros casos poderiam ser mencionados. Por exemplo, nas plantas, o curiosíssimo dispositivo de uma massa de grãos de pólen, apoiados em um suporte com uma glande pegajosa na extremidade, é igual nas *Orchis* e nas *Asclepias*, gêneros de plantas floríferas tão distantes um do outro quanto seria possível. Em casos de duas espécies muito diferentes dotadas de um órgão anômalo aparentemente igual, deve-se observar que, embora a aparência geral e a função do órgão sejam as mesmas, é possível, quase sempre, detectar uma diferença. Inclino-me a pensar que, assim como dois homens atinam independentemente com a mesma invenção, também a seleção natural, trabalhando para o bem de cada ser e aproveitando-se de variações análogas, por vezes modifica, quase da mesma maneira, duas partes em dois seres orgânicos que, assim, não devem sua estrutura comum à herança a partir de um mesmo ancestral.

Em muitos casos, é extremamente difícil conjecturar por meio de quais transições um órgão teria chegado ao seu estado atual, e, no entanto, considerando-se que a proporção entre formas vivas e conhecidas e formas extintas e desconhecidas é muito pequena, constato, não sem admiração,

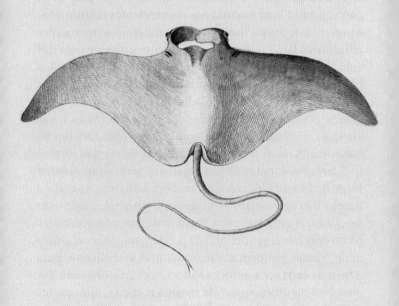

raia

que dificilmente se encontra um órgão para o qual não aponte um grau transicional conhecido. É uma observação confirmada pelo venerável adágio da história natural, *Natura non facit saltum* [a natureza não dá saltos], máxima admitida por quase todos os naturalistas mais tarimbados; ou, como bem colocou Milne-Edwards, a natureza é pródiga em variedades e avara em inovações. Seria assim na teoria da criação das espécies? Estariam ligados entre si, invariavelmente, todas as partes e órgãos de muitos seres independentes, cada um deles supostamente criado à parte e designado a um lugar na natureza? Por que haveria a natureza de dar saltos de uma estrutura a outra? Na teoria da seleção natural, compreende-se claramente por que ela não o faria, pois atua aproveitando-se de variações sucessivas mínimas e jamais poderia saltar, mas avança sempre, a passos curtos e lentos.

Órgãos de importância aparentemente menor

Dado que a seleção natural atua por vida e morte – pela preservação dos indivíduos com alguma variação favorável e a destruição daqueles com um desvio estrutural desfavorável –, por vezes senti dificuldade para compreender a manutenção de partes triviais, cuja importância não parece suficiente para justificar sua preservação em indivíduos em constante variação. Guardadas as devidas diferenças, pareceu-me uma dificuldade tão grande quanto aquela do caso do olho, que é um órgão complexo perfeito.

Em primeiro lugar, somos demasiadamente ignorantes em relação à economia de um ser orgânico qualquer para declarar quais mudanças mínimas são importantes ou não. Em um capítulo precedente, ofereci exemplos de caracteres os mais triviais, como a queda das frutas e a coloração de sua carne, que, por serem determinantes para evitar o ataque de insetos ou serem correlativos a diferenças constitutivas, certamente são incidentes à seleção natural. A cauda da girafa lembra um abanador, e parece incrível, à primeira vista, que tenha sido adaptada a seu propósito atual por sucessivas modificações mínimas, cada vez melhores, para um objetivo tão frívolo quanto espantar moscas. Mas é melhor ter cuidado antes de sermos taxativos a esse respeito. Pois sabemos que a distribuição, e a existência mesma do gado e de outros animais na América do Sul, depende inteiramente de sua capacidade de resistir ao ataque de insetos, a tal ponto que indivíduos capazes de se defender desses pequenos inimigos poderiam aumentar sua área de pasto e, com isso, adquirir uma vantagem considerável. Não é que quadrúpedes de grande porte sejam destruídos por moscas (exceto por raras exceções), mas eles se veem incessantemente acuados, o que reduz sua força, os expõe a doenças, diminui sua resistência em uma busca mais prolongada por alimento e os impede de escapar do ataque de feras predadoras.

Alguns órgãos que hoje têm pouca importância provavelmente foram de extrema importância para um progenitor antigo. E, após serem lentamente aperfeiçoados, continuaram a ser transmitidos, praticamente sem alteração, de uma geração a outra, mesmo após perderem a utilidade. De resto, a seleção natural impediria qualquer desvio de estrutura eventualmente prejudicial. Tendo em vista a importância, para a maioria dos animais aquáticos, da cauda como órgão de locomoção, isso talvez explique a sua presença generalizada e a utilização para os mais diferentes propósitos em tantos animais de terra cujos pulmões ou bexiga natatória modificadas traem uma origem aquática. Uma cauda bem desenvolvida, uma vez formada em um animal aquático, pode depois ser trabalhada para os mais diferentes propósitos, como abanador, como órgão de preensão ou para ajudar o animal a se virar, como no caso do cão, embora a lebre, que mal tem uma cauda, se vire com a mesma rapidez.

Em segundo lugar, pode ser que atribuamos importância a caracteres que, na verdade, quase não a têm e tiveram origem em causas secundárias, independentes da seleção natural. É preciso lembrar que o clima, a alimentação etc. provavelmente têm alguma influência direta na organização; que caracteres reaparecem, devido à lei da reversão; que a correlação de crescimento é de suma importância na modificação de variadas estruturas; e, finalmente, que a seleção sexual com frequência modifica, e muito, os caracteres externos de animais dotados de vontade própria, dando a um macho uma vantagem na disputa com outro ou na sedução da fêmea. Além disso, quando uma modificação de estrutura surgiu primeiro das causas supracitadas ou de outras, desconhecidas, pode ter sido, à primeira vista, sem qualquer vantagem para a espécie, porém tornando-se depois, uma vantagem para descendentes dessa espécie em novas condições de vida e com hábitos recém-adquiridos.

Alguns exemplos ilustrarão essas observações. Se só existissem pica-paus verdes e não soubéssemos de muitos tipos pretos e malhados, ouso dizer que pensaríamos que a cor verde é uma bela adaptação, que permite a esse pássaro, que frequenta árvores, esconder-se de seus inimigos e que, por conseguinte, é um caractere importante, adquirido por meio de seleção natural. Não tenho dúvida de que a cor desse pássaro se deve a alguma causa distinta, provavelmente à seleção sexual. Um bambu trepadeira do arquipélago malaio escala as árvores mais altas com o auxílio de sofisticados ganchos, que ele finca nas extremidades dos galhos, e esse dispositivo é, sem dúvida, muito útil para a planta; mas, como vemos ganchos similares em muitas plantas que não são escaladoras, é possível que os ganchos do bambu tenham surgido de leis de crescimento desconhecidas, sendo subsequentemente aproveitados por uma planta que passava por modificação e se tornava escaladora. A pele calva na cabeça do abutre costuma ser vista como adaptação direta para que ele destrinche a carniça, e pode ser isso mesmo, mas também é possível que se deva à ação direta de materiais pútridos. De toda maneira, é preciso ter muito cuidado com inferências como essa; basta lembrar que a pele da cabeça do peru, que tem hábitos higiênicos, também é calva. As suturas no crânio de filhotes de mamíferos costumam ser oferecidas como uma bela adaptação, que auxilia no parto, e não há dúvida de que o facilitam e são mesmo indispensáveis, mas, como suturas também ocorrem no crânio de filhotes de aves e de répteis, que têm apenas de quebrar a casca de um ovo, podemos inferir que essa estrutura surgiu das leis de crescimento e foi aproveitada para o parto nos animais superiores.

Ignoramos profundamente as causas que produzem pequenas variações desimportantes. Para ver que é assim, basta refletir por um momento nas diferenças entre as proles de nossos animais domésticos em certas regiões,

girafa

especialmente as menos civilizadas, onde houve pouca seleção artificial. Observadores atentos estão convencidos de que o clima úmido afeta o crescimento do pelo e de que há uma correlação entre o pelo e os chifres. Raças de montanha são sempre diferentes de raças de planície. Uma região montanhosa provavelmente afeta os membros traseiros, por exercitá-los mais, e mesmo, possivelmente, a forma da pélvis, e então, pela lei da variação homóloga, os membros dianteiros e mesmo a cabeça provavelmente são afetados. O contorno da pélvis também pode afetar, pela pressão, o contorno da cabeça do feto no útero. Há razão para crer que a respiração intensa, necessária às terras altas, aumentaria o tamanho do peito, e novamente haveria correlação. Animais criados por homens selvagens não raro têm de lutar pela própria subsistência, expondo-se assim, em certa medida, à seleção natural: indivíduos com diferenças mínimas de constituição têm mais êxito em climas diferentes, e há razão para crer que há correlação entre constituição e cor. Observadores atentos afirmam ainda que a suscetibilidade a ataques de moscas está correlacionada à cor do gado e ao veneno de algumas plantas, de modo que a cor estaria submetida à atuação da seleção natural. Mas somos ignorantes demais para especular acerca da importância relativa de muitas das leis de variação, conhecidas ou desconhecidas, e se aludi a elas aqui foi apenas para mostrar que, se somos incapazes de explicar as diferenças características de nossas raças domésticas, que no entanto admitimos terem surgido, em geral, por processos ordinários de geração, não devemos dar um peso exagerado à nossa ignorância quanto à causa precisa de diferenças mínimas análogas entre as espécies. Eu poderia ter aduzido, para o mesmo propósito, as diferenças entre as raças do homem, tão definidas. Acrescento que é provável que se possa lançar alguma luz acerca da origem dessas diferenças por um tipo particular de seleção sexual; mas qualquer consideração a esse respeito sem que se entrasse em copiosos detalhes seria frívola.

As observações precedentes levam-me a algumas palavras sobre os recentes protestos de alguns naturalistas contra a doutrina utilitarista de que cada detalhe da estrutura teria sido produzido em benefício de seu detentor. Em seu entender, muitas estruturas foram criadas para ser belas diante dos olhos do homem ou por uma simples questão de variedade. Se verdadeira, essa doutrina seria absolutamente fatal à minha teoria. Mesmo assim, admito que muitas estruturas não têm utilidade direta para seus detentores. Condições físicas tiveram, provavelmente, algum pequeno efeito na estrutura, independentemente de qualquer bem assim obtido. O crescimento por correlação teve, sem dúvida, um papel importantíssimo, e é certo que a modificação de uma parte muitas vezes acarreta mudanças em outras que não têm qualquer utilidade direta. Do mesmo modo, caracteres que antes eram úteis, surgidos a partir de crescimento por correlação ou de outra causa qualquer desconhecida, podem ressurgir pela lei de reversão, por mais que sejam desprovidos de utilidade imediata. Os efeitos da seleção sexual, quando exibidos nos adereços para seduzir as fêmeas, só podem ser úteis em um sentido bastante forçado. Mas a consideração mais importante é que a parte principal da organização de cada ser vivo se deve à hereditariedade e, por conseguinte, embora cada um esteja, por certo, bem-adaptado a um lugar na natureza, muitas das atuais estruturas não têm nenhuma relação direta com os hábitos de vida de cada espécie. É difícil crer que os pés com membranas do ganso-de-magalhães ou da fragata têm alguma utilidade para essas aves ou que os mesmos ossos, encontrados no braço do macaco, na perna dianteira do cavalo, na asa do morcego e na nadadeira da foca, seriam de especial utilidade para cada um desses animais. Podemos atribuir essas estruturas, sem medo de errar, à hereditariedade. Mas, para o progenitor do ganso-de-magalhães ou da fragata, pés com membranas foram um dia tão úteis quanto são atualmente para qualquer pássaro aquático. E, assim, podemos supor que o progenitor da foca não tinha nadadeiras, mas patas com cinco dedos, adaptadas para caminhar, e podemos mesmo nos arriscar na suposição de que os ossos dos membros do macaco, do cavalo e do morcego, herdados de um progenitor comum, tiveram, para este, um uso mais específico do que têm hoje para animais de hábitos tão diferentes. O que nos permite inferir que esses ossos podem ter sido adquiridos por seleção natural, submetidos, outrora como hoje, às diversas leis de hereditariedade, reversão, crescimento por correlação etc. Portanto, cada detalhe de estrutura em cada criatura viva (exceção feita à influência direta de condições físicas) pode ser visto como especialmente útil ou a uma forma ancestral ou aos descendentes dela, direta ou indiretamente, por meio das leis complexas do crescimento.

A seleção natural não poderia produzir modificação em uma espécie qualquer exclusivamente em benefício de outra espécie, por mais que se encontrem na natureza espécies que tiram proveito da estrutura de outras. O que a seleção natural faz com frequência é produzir estruturas que prejudicam diretamente outras espécies, como se vê nas presas da víbora ou no ovipositor da vespa icnêumone, através do qual seus ovos são depositados nos corpos vivos de outros insetos. Caso se pudesse provar que uma parte da estrutura de uma espécie qualquer teria sido formada exclusivamente em benefício de outra espécie, minha teoria estaria arruinada, pois algo assim não poderia ser produzido por seleção natural. Por mais que se encontrem, nas obras de história natural, muitas afirmações de semelhante teor, não encontro sequer uma que seja relevante. Sabe-se que a cascavel tem veneno para sua própria defesa e para a destruição de suas presas, mas alguns autores supõem que, ao mesmo tempo, o guizo dessa cobra a prejudicaria, pois alertaria a presa para que escapasse. É o mesmo que supor que o gato, quando se prepara para dar o bote, enrola a cauda para alertar o rato. Mas não há espaço aqui para entrar em semelhantes discussões.

A seleção natural tende apenas a tornar cada ser orgânico tão perfeito quanto ou minimamente mais perfeito do que outros habitantes com que ele tem de lutar por sua existência. Vemos que tal é o grau de perfeição a que se chega naturalmente. Os produtos endêmicos da Nova Zelândia, por exemplo, são perfeitos, se comparados entre si, mas encontram-se em franca retirada diante do avanço de legiões de plantas e animais oriundos da Europa. A seleção natural não produz perfeição absoluta, e, até onde podemos julgar, o alto padrão a que nos referimos nem sempre é encontrado na natureza. As autoridades mais graduadas garantem que a correção da aberração da luz não é perfeita sequer no olho, esse órgão sumamente perfeito. Se nossa razão nos leva a admirar com entusiasmo uma série de inimitáveis dispositivos da natureza, essa mesma razão nos diz que há dispositivos nem tão perfeitos – por mais que nem sempre o nosso juízo seja acertado, em ambos os lados. Como considerar perfeito o ferrão de uma vespa ou uma abelha se, uma vez aplicado ao agressor, não pode mais ser extraído, devido às serras invertidas, à custa invariavelmente da morte do inseto que, ao tentar arrancá-lo, é eviscerado?

Para compreender por que a retirada do ferrão causa a morte do próprio inseto, basta olharmos para esse órgão como algo que originalmente existiu, em um progenitor remoto, como um instrumento perfurante e serrado, tal como o de tantos membros dessa mesma grande ordem, e que depois foi modificado, embora não aperfeiçoado, para o seu presente propósito, com o veneno originalmente adaptado para causar escoriações que se intensificam após a ferroada. Pois, se o poder de aferroar é útil à comunidade como um todo, então ele preenche todos os quesitos de seleção natural, por mais que cause a morte de alguns de seus membros. Admiramos o poderoso faro pelo qual os machos de muitos insetos encontram suas fêmeas; mas poderíamos admirar a produção, com esse único propósito, de milhares de zangões, inteiramente inúteis à comunidade, exceto por suas industriosas e estéreis irmãs? Por mais difícil que seja admitir, não há como não admirar o ódio selvagem instintivo da abelha-rainha que a incita a eliminar, instantaneamente, as jovens rainhas, suas filhas, tão logo elas nascem, sob pena de depois perecer em combate contra elas. Pois, sem dúvida, isso é para o bem da comunidade, e o amor ou o ódio maternal (embora este último seja, felizmente, menos frequente) são, na verdade, indiferentes diante da seleção natural. Admiramos os variados e engenhosos dispositivos pelos quais são fertilizadas, pelo agenciamento dos insetos, as flores de orquídeas e de outras várias plantas; mas consideraríamos tão perfeita a produção por nossos pinheiros de densas nuvens de pólen, para que alguns grãos sejam levados por uma brisa, a esmo, até os óvulos?

Resumo deste capítulo

Discutimos neste capítulo algumas dificuldades e objeções que poderiam ser postas à minha teoria. Muitas são delicadas; mas parece-me que, no decorrer da discussão, iluminaram-se fatos que, na teoria da criação independente, permanecem inteiramente obscuros. Vimos que as espécies, em um período qualquer, não são indefinidamente variáveis nem são interconectadas por muitas gradações intermediárias, em parte porque o processo de seleção natural sempre é bastante lento e atua, em um dado momento, apenas sobre umas poucas formas e, em parte, porque esse mesmo processo implica, quase continuamente, que sejam suplantadas e extintas as gradações precedentes intermediárias. Espécies estreitamente aparentadas que hoje vivem em áreas contíguas muitas vezes se formaram quando a área era descontínua e as condições de vida não se atenuavam, de maneira gradual e insensível, de uma parte a outra. Quando são formadas duas variedades em dois distritos de uma área contígua, com frequência se forma também uma variedade intermediária, adaptada à zona intermediária entre esses distritos. Mas, pelas razões já mencionadas, a variedade intermediária não raro é menos numerosa do que as duas formas por ela conectadas, e estas últimas, por serem mais numerosas, terão por conseguinte uma vantagem considerável sobre aquela, terminando, via de regra, por suplantá-la e exterminá-la.

Vimos também que é preciso cautela antes de concluir que diferentes hábitos de vida não poderiam ser partes de uma gradação contínua, que um morcego, por exemplo, não poderia ter sido formado por seleção natural a partir de um animal que, de início, apenas planava pelos ares.

Vimos que essas espécies podem, em novas condições de vida, mudar de hábitos ou diversificá-los, adquirindo outros, bastante heterogêneos em relação aos de seus congêneres mais próximos. E assim, tendo em vista que cada ser orgânico apenas tenta viver onde quer que consiga fazê-lo, podemos compreender a existência de gansos-de-magalhães com membranas interdigitais, pica-paus de chão, tordos-mergulhões e petréis com hábitos de arau.

A ideia de que um órgão perfeito como o olho poderia ter sido formado por seleção natural é suficiente para deixar qualquer um estupefato, mas a verdade é que, não importa o órgão, se concebermos uma longa série de gradações de complexidade, cada uma delas boa para seu detentor, então, sob condições de vida em alteração, não haverá impossibilidade lógica de que se adquiram graus de perfeição quaisquer por meio de seleção natural. Nos casos em que não conhecemos nenhum estado intermediário ou transicional, devemos ser cautelosos em concluir que eles não poderiam ter existido, pois as homologias entre muitos órgãos e seus estados intermediários mostram que maravilhosas metamorfoses funcionais são ao menos possíveis. Por exemplo, tudo indica que bexigas natatórias foram convertidas em pulmões. As transições devem ter sido facilitadas pela execução de duas funções muito diferentes por um mesmo órgão, que então se especializou em uma delas, ou, ao contrário, pela execução de uma mesma função por dois órgãos diferentes, um deles se aperfeiçoando com o auxílio do outro.

Em quase todos os casos, nossa ignorância é muito grande para que possamos asseverar que uma parte de um órgão seria tão desimportante para o bem-estar da espécie que modificações em sua estrutura não pudessem ter sido acumuladas por meio de seleção natural. Mas podemos estar certos de que muitas modificações devidas inteiramente à lei do crescimento e aparentemente sem qualquer benefício para a espécie foram, depois, aproveitadas pelos descendentes modificados dessa mesma espécie; e também que muitas vezes uma parte outrora importante pode ser mantida, como a cauda de um animal aquático, por exemplo, por seus descendentes de terra, embora sua importância tenha se tornado tão pequena que não poderia ter sido adquirida, no estado atual, por seleção natural, poder que atua unicamente pela preservação de variações profícuas à luta pela vida.

A seleção natural nada produz em uma espécie exclusivamente para o benefício ou dano de outra, por mais que produza partes, órgãos e excreções muito úteis ou mesmo indispensáveis ou, então, muito nocivas para outras espécies, porém muito úteis ao seu detentor. Em uma região populosa, a seleção natural atua sempre, principalmente, pela competição entre os habitantes e produz, assim, perfeição ou força na batalha pela vida apenas de acordo com o padrão dessa região. É comum, portanto, como se pode ver, que os habitantes de uma região menor cedam aos de outra, maior. Pois, nesta última, terá havido mais indivíduos e mais formas diversificadas, a competição terá sido mais severa e o padrão de perfeição terá sido mais alto. A seleção natural não necessariamente produz perfeição absoluta; e tampouco, até onde podemos ver com nossas limitadas faculdades, encontram-se por toda parte produtos aprimorados.

A teoria da seleção natural permite compreender com clareza o significado pleno do venerável adágio da história natural, *Natura non facit saltum* [a natureza não dá saltos]. Se olharmos para os atuais habitantes do mundo, veremos que esse adágio não é estritamente correto, mas se incluirmos os de tempos passados ele se torna, em minha teoria, estritamente verdadeiro.

É consenso que todos os seres orgânicos teriam sido formados por duas grandes leis – unidade de tipo e condições de existência. Por unidade de tipo entende-se o acordo fundamental quanto à estrutura dos seres orgânicos de uma mesma classe, que é praticamente independente de seus hábitos de vida. Minha teoria explica a unidade de tipo pela unidade de descendência. A expressão "condições de existência", em que tanto insiste o ilustre Cuvier, é abarcada integralmente pelo princípio de seleção natural. Pois a seleção natural atua ou pela adaptação das partes variáveis de cada ser às suas condições de vida, orgânicas ou inorgânicas, ou por tê-las adaptado durante longos períodos no passado; em alguns casos, as adaptações foram auxiliadas pelo uso ou desuso, sendo sempre pouco afetadas pela ação direta de condições

quiuí

de vida e estando, em todos os casos, submetidas a diversas leis de crescimento. Portanto, na verdade, a lei das condições de existência é a mais elevada, pois inclui, com a hereditariedade de adaptações prévias, a lei da unidade de tipo.

CAPÍTULO VII

Instinto

Instintos são comparáveis a hábitos, mas têm outra origem · Instintos graduados · Pulgões e formigas · Instintos variáveis · Origem dos instintos domésticos · Instintos naturais do cuco, do avestruz e das abelhas parasitárias · Formigas escravizadoras · Abelhas-operárias e seu instinto de fabricar favos · Dificuldades da teoria da seleção natural relativamente aos instintos · Insetos neutros ou estéreis · Resumo

O instinto poderia ter sido tratado nos capítulos precedentes; mas pareceu-me mais conveniente abordá-lo em separado, especialmente devido ao maravilhoso caso do instinto das abelhas-operárias na fabricação de favos, que provavelmente terá ocorrido a muitos leitores como uma objeção suficiente para derrubar, de um só golpe, toda a minha teoria. Fique claro que não me diz respeito, em qualquer sentido, a origem dos poderes intelectuais primordiais, não mais do que a origem da vida mesma. Interessa-me unicamente a diversidade de instintos e outras qualidades intelectuais de animais tomados no interior de uma mesma classe.

Não tentarei definir o que é o instinto. Seria fácil mostrar que o termo abarca, em geral, numerosas ações intelectuais distintas, e, não obstante, todos compreendem o seu significado quando, por exemplo, se diz que o instinto impele o cuco a migrar ou a depositar seus ovos em ninhos de outros pássaros. Costuma-se dizer que uma ação é instintiva quando, para ser realizada, ela requer experiência de nossa parte; mas um animal, especialmente se bastante jovem, poderia realizá-la sem ter experiência alguma, executando-a do mesmo jeito que muitos outros indivíduos, sem saber o propósito para o qual é realizada. Eu poderia mostrar que nenhuma dessas características do instinto é, de fato, universal. Um quinhão de juízo ou razão, como diz Pierre Huber, entra em jogo, mesmo em animais das partes mais inferiores da escala da natureza.

Frederick Cuvier e outros metafísicos mais antigos comparam o instinto ao hábito. É uma comparação que, em minha opinião, oferece uma noção bastante precisa do estado mental em que uma ação é realizada, porém não de sua origem. Quantas ações são realizadas inconscientemente, às vezes em direta oposição à nossa vontade consciente! Mas, mesmo assim, elas podem ser modificadas pela vontade ou pela razão. Hábitos podem facilmente se associar a outros hábitos e a certos períodos e condições físicas do corpo. Uma vez adquiridos, permanecem constantes ao longo da vida. Seria possível apontar muitas outras similaridades entre instintos e hábitos. A exemplo do que acontece quando se cantarola uma canção conhecida, também nos instintos uma ação se segue a outra numa espécie de ritmo. Quando somos interrompidos ao cantarolar ou soletrar algo de cor, geralmente nos vemos forçados a recomeçar, para recobrar a sequência habitual de pensamentos. É o que Pierre Huber constatou a respeito da lagarta, que tece uma teia extremamente complicada. Quando tomou uma lagarta que completara sua teia, chegando ao sexto estágio, e a transpôs para uma teia que se encontrava no terceiro estágio, a lagarta simplesmente refez o quarto, o quinto e o sexto estágios de fabricação. Mas quando transpôs uma lagarta que chegara ao terceiro estágio a uma teia que se encontrava no sexto estágio, quando boa parte do trabalho já estava feito, a lagarta, longe de se aperceber do benefício, sentiu-se confusa e viu-se forçada a retomar sua teia a partir do terceiro estágio, no qual a deixara, de modo a terminá-la, pondo-se, assim, a refazer o trabalho já encerrado.

Supondo que uma ação habitual tenha se tornado hereditária – e parece-me possível mostrar que isso às vezes ocorre –, então a similaridade entre um instinto e o que na origem foi um hábito se torna tão grande que é impossível distingui-los. Se Mozart, em vez de tocar o pianoforte aos três anos de idade com pouquíssima prática prévia, o que é um espanto, tivesse tocado uma canção inteira sem absolutamente nenhuma prática, seria possível dizer que o fizera instintivamente. Mas seria um erro grave supor que a maioria dos instintos teria sido adquirida por hábito numa geração e depois transmitida por hereditariedade às gerações sucessivas. É possível mostrar claramente que os mais maravilhosos instintos que conhecemos, a saber, o da abelha-operária e o de muitas formigas, não pode ter sido adquirido desse modo.

Todos concordam que o instinto é tão importante para o bem-estar de cada espécie quanto a estrutura corpórea, dadas suas condições de vida presentes. Alteradas essas condições, é ao menos possível que modificações mínimas de instinto sejam proveitosas a uma espécie; e, caso seja possível mostrar que tais variações de fato ocorrem, por menores que sejam, então não vejo dificuldade em admitir que a seleção natural preserva, e continuamente acumula, variações de instinto, na medida em que sejam proveitosas. Originaram-se desse modo, ao que me parece, os mais complexos e mais maravilhosos instintos. E, assim como modificações de estrutura corporal são geradas e incrementadas pelo uso ou hábito e são minimizadas ou, na falta deste, perdidas, não tenho dúvida de que o mesmo se dá com os instintos. Creio, porém, que os efeitos do hábito estão subordinados, quanto à importância, aos efeitos da seleção natural do que se pode chamar de variações acidentais de instintos – ou seja, produzidas pelas mesmas causas desconhecidas que produzem desvios mínimos de estrutura corporal.

Um instinto complexo só poderia ser produzido através de seleção natural pelo lento e gradual acúmulo de numerosas variações mínimas, porém proveitosas. Assim, tal como no caso das estruturas corporais, encontram-se na natureza não tanto transições gradativas de fato, pelas quais cada instinto teria sido adquirido – elas só poderiam ser dadas nos ancestrais lineares de cada espécie –, mas alguma evidência de tais gradações nas linhas colaterais de descendência. Caso contrário, teríamos ao menos de mostrar que alguma espécie de gradação é possível; é o que faremos agora. Eu mesmo pude constatar, não sem surpresa, que, de modo geral, é possível detectar as gradações que levam aos mais complexos instintos, ainda que existam poucas observações de instintos de animais fora da Europa e da América do Norte e que os instintos de espécies extintas sejam desconhecidos. O adágio *Natura non facit saltum* [a natureza não dá saltos] aplica-se com quase igual força a instintos e órgãos corporais. Mudanças de instinto podem às vezes ser facilitadas pelo fato de a mesma espécie possuir diferentes instintos em diferentes períodos de vida, em diferentes estações do ano, quando se encontra em diferentes circunstâncias e assim por diante. Nesses casos, esse ou aquele instinto pode ser preservado por seleção natural. É possível mostrar que tais casos de diversidade de instinto numa mesma espécie ocorrem na natureza.

Assim como no caso da estrutura corporal, e em conformidade com minha teoria, o instinto de cada espécie é bom para ela mesma, mas nunca foi produzido, até onde se pode ver, exclusivamente pelo bem de outras. Um dos exemplos mais contundentes que conheço de um animal que parece realizar uma ação unicamente pelo bem de outro é o dos pulgões, que de bom grado cedem às formigas sua excreção adocicada. Os seguintes fatos mostram que o fazem de bom grado. Retirei todas as formigas de um grupo de cerca de doze pulgões que se encontravam numa azedinha e as mantive afastadas por muitas horas. Transcorrido esse intervalo, estava certo de que os pulgões logo iriam excretar. Observei-os por algum tempo com uma lupa, mas nenhum deles o fez; pincei-os e os cutuquei, com um fio de cabelo, como teriam feito as formigas com suas antenas: nada. Decidi permitir que uma formiga os visitasse, e imediatamente ficou claro, pelo modo como corria agitadamente entre eles, que estava perfeitamente ciente de ter encontrado um fértil rebanho. Começou então a roçar, com suas antenas, primeiro o abdômen de um pulgão, depois o de outro; e cada um deles, ao sentir as antenas, imediatamente contraiu o abdômen e excretou uma límpida gota de suco adocicado, avidamente devorado pela formiga. Mesmo os mais jovens entre os pulgões se comportaram dessa maneira, mostrando que a ação é instintiva, e não resultado da experiência. Mas, por ser uma secreção extremamente viscosa, é provável que sua secreção seja conveniente aos pulgões e, portanto, é prová-

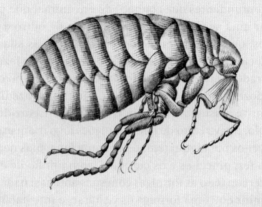

pulgão

vel que esse ato não tenha em vista unicamente o bem das formigas. Embora eu não creia que exista no mundo um animal que realize uma ação exclusivamente em benefício de outra espécie, é certo que cada espécie tenta tirar vantagem dos instintos de outras, assim como cada uma se aproveita da estrutura corporal mais fraca de outras. Do mesmo modo, em alguns poucos casos, deve-se considerar que certos instintos não são absolutamente perfeitos. Mas, como detalhes a respeito desse e de outros pontos não são estritamente necessários, podemos deixá-los de lado.

Dado que, em estado de natureza, algum grau de variação de instintos e a transmissão necessária de tais variações são indispensáveis à atuação da seleção natural, seria desejável que fossem oferecidos tantos exemplos quanto possível a esse respeito. A falta de espaço me impede de fazê-lo. Tudo o que posso afirmar é que os instintos certamente variam – por exemplo, o instinto migratório, tanto em extensão como em direção, além do número total de indivíduos perdidos. O mesmo vale para os ninhos de pássaros, que variam em parte dependendo do local escolhido, da natureza e da temperatura do clima habitado, mas com frequência de causas que desconhecemos por completo. Audubon mostra numerosos casos notáveis de diferenças em ninhos de uma mesma espécie, no norte e no sul dos Estados Unidos. O medo de um inimigo em particular é por certo uma qualidade instintiva, como se pode ver em pássaros de ninho, embora seja reforçado pela experiência e pela visão do medo, em outros animais, diante do mesmo inimigo. Mas o medo em relação ao homem é adquirido lentamente, como mostrei em outra parte, por animais que habitam ilhas desertas, por exemplo; e isso ocorre mesmo na Inglaterra, onde os pássaros de grande porte são mais arredios que os de pequeno, pois foram mais agredidos pelo homem. É seguro atribuir esse traço a essa causa, pois em ilhas desabitadas pássaros grandes não são mais temerosos que os pequenos: o pega, tão recluso na Inglaterra, é dócil na Noruega, assim como o é a gralha-cinzenta no Egito.

Uma série de fatos mostra que a disposição geral dos indivíduos de uma mesma espécie, nascidos em estado de natureza, é extremamente diversificada. E numerosos casos poderiam ser oferecidos, em certas espécies, de hábitos ocasionais e estrangeiros que, se forem vantajosos, podem gerar por meio da seleção natural instintos inteiramente novos. Estou ciente, porém, de que opiniões gerais como essa, sem fatos que as corroborem em detalhes, produzem apenas uma impressão débil na mente do leitor. Mas posso garantir, mais uma vez, que falo com base em sólidas evidências.

A possibilidade ou mesmo probabilidade de variações hereditárias de instinto em estado de natureza será reforçada pela breve consideração de uns poucos casos de espécies domesticadas. Isso nos mostrará também as partes desempenhadas respectivamente pelo hábito e pela seleção das chamadas variações acidentais na modificação das qualidades intelectuais de nossos animais domésticos. Pode-se dar um bom número de exemplos curiosos e autênticos de hereditariedade de todos os tons de disposição e preferência, bem como dos mais estranhos ardis associados a certas disposições mentais e períodos. Examinemos o caso mais familiar das diferentes raças caninas. Ninguém colocaria em dúvida que jovens perdigueiros (eu mesmo vi um exemplo disso), quando levados a passear pela primeira vez, apontam para outros cães e chegam mesmo a encurralá-los; ir buscar algo que está longe é, em algum grau, um instinto hereditário dos cães de caça; já os pastores mostram uma tendência a correr ao redor de um rebanho de ovelhas, e não em direção a ele. Não vejo por que essas ações seriam essencialmente diferentes de instintos: são realizadas sem experiência prévia pelos jovens, de maneira quase idêntica por todos os indivíduos, com visível deleite por cada uma das linhagens e sem uma finalidade deliberada – o jovem perdigueiro está tão ciente de que aponta para a presa em benefício de seu senhor quanto a borboleta sabe por que deposita seus ovos numa folha de repolho. Diante de uma espécie de lobo que, ainda jovem e destreinada, permanece imóvel como uma estátua ao sentir o cheiro de sua presa e só depois se aproxima com um andar peculiar e de outra que, em vez de atacar um rebanho, corre ao seu redor, levando-o a um lugar isolado, não hesitaríamos em chamar de instintivas essas ações. Instintos domésticos, para assim chamá-los, são, por certo, muito menos fixos e mais variáveis do que instintos naturais, mas sofreram uma seleção bem menos rigorosa e foram transmitidos ao longo de um período incomparavelmente mais breve, sob condições de vida menos estáveis.

O cruzamento entre cães de diferentes raças mostra bem até que ponto esses instintos, hábitos e disposições são hereditários e a curiosa mistura que eles compõem. Sabe-se, por exemplo, que o cruzamento com buldogues afetou por muitas gerações a coragem e a obstinação do galgo inglês, enquanto o cruzamento com estes últimos deu a toda uma família de pastores uma tendência a caçar lebres. Esses instintos domésticos, quando testados por cruzamento, assemelham-se a instintos naturais, que da mesma maneira tornam-se curiosamente misturados e por um longo tempo exibem traços de instinto de um dos pais. Por exemplo, Le Roy descreve um cão cujo tataravô era lobo, e o traço desse parentesco despontava de um único modo: quando chamado por seu senhor, o cão não acudia a ele em linha reta.

Fala-se por vezes de instintos domésticos como ações que se tornaram hereditárias unicamente devido a um longo e compulsório hábito; mas não me parece que isso seja verdade. Não ocorreria a ninguém, e tampouco seria possível, ensinar o pombo-cambalhota a rodopiar, ação que, como eu pude testemunhar, é realizada por jovens pássaros dessa espécie que nunca viram um pombo rodopiar. É plausível que um pombo individual tenha um dia mostrado uma leve tendência por esse estranho hábito e que a longa e contínua seleção dos melhores indivíduos em sucessivas gerações tenha feito dos cambalhotas o que eles são. Nas proximidades de Glasgow, segundo me informa o sr. Brent, há cambalhotas domésticos incapazes de voar mais que dezoito polegadas [45,7 cm] sem darem uma cambalhota sobre si mesmos. É questionável que ocorreria a alguém ensinar um cão a apontar, não fosse um indivíduo qualquer a mostrar uma tendência para isso, o que ocasionalmente se manifesta, como eu mesmo pude ver num terrier puro. Uma vez manifestada a tendência inicial, a seleção metódica e os efeitos hereditários do treinamento compulsório em cada geração sucessiva completam o trabalho. E a seleção não consciente continua a operar à medida que cada homem tenta obter, sem a intenção de aprimorar a linhagem, cães que resistam e cacem melhor. Por outro lado, em alguns casos, o hábito parece ter sido suficiente. Nenhum animal é tão difícil de ser domesticado quanto o filhote de coelho selvagem: poucos animais são tão dóceis quanto o filho do coelho doméstico. Mas suponho que os atuais coelhos domésticos tenham sido selecionados pela docilidade e presumo que devemos atribuir a alteração hereditária do extremo arredio para o extremo dócil simplesmente ao hábito e ao mais estrito, continuado e longo confinamento.

Os instintos naturais se perdem com a domesticação. Pode-se ver um exemplo notável disso nas raças de galináceos que raramente ou nunca chocam, ou seja, que se recusam a se sentar sobre seus próprios ovos. A familiaridade é a única coisa que nos impede de ver a modificação profunda e universal introduzida pela domesticação na mente dos animais que convivem conosco. Dificilmente se poderia duvidar de que, nos cães, o amor pelo homem se tornou instintivo. Todos os lobos, raposas, chacais e espécies do gênero do gato, uma vez domesticadas, mantêm-se dispostos a atacar galinhas, ovelhas e porcos; tendência que também se mostra incurável em cães que vieram filhotes de regiões como a Terra do Fogo e a Austrália, onde os selvagens não os mantêm como animais domésticos. Mas é muito raro que nossos cães civilizados, mesmo quando jovens, tenham de ser ensinados a não atacar as criações. Sem dúvida eles as atacam, vez por outra; então apanham e, quando não se remediam, são eliminados. Desse modo, é provável que o hábito, aliado a algum grau de seleção, provavelmente tenha contribuído para civilizar, hereditariamente, os nossos cães. Por outro lado, os pintos perderam, por hábito, o medo do cão e do gato, que, sem dúvida, lhes fora incutido pelo instinto, e que também é instintivo nos faisões, que são criados pela mãe. Não é que as galinhas tenham perdido o medo por completo, mas apenas o medo de cães e gatos – pois, como se vê, quando ela emite um sinal de perigo, os pintos deixam a sua bainha (especialmente os jovens perus) e escondem-se em matos ou arbustos mais próximos, com o propósito instintivo, é evidente, de permitir que a mãe fuja. Esse instinto, retido por nossas galinhas, tornou-se porém inútil em circunstâncias de domesticação, posto que a mãe perdeu quase por completo, pela falta de uso, a capacidade de voar.

Conclui-se assim que instintos domésticos foram adquiridos e instintos naturais foram parcialmente perdidos, em parte por hábito, em parte pela ação do homem, que ao longo de sucessivas gerações selecionou e acumulou hábitos intelectuais e ações peculiares que primeiro se manifestaram a partir disso, que, do alto de nossa ignorância, chamamos de acidente. Em alguns casos, o hábito compulsório foi por si mesmo suficiente para produzir tais mudanças intelectuais hereditárias; em outros, o hábito compulsório nada fez e tudo resultou de seleção, levada a cabo metódica e não conscientemente; na maioria dos casos, porém, hábito e seleção provavelmente atuaram juntos.

Talvez considerando alguns casos possamos entender melhor como, em estado de natureza, os instintos foram modificados por seleção. Escolherei apenas três, em meio a muitos que pretendo discutir em minha futura obra; a saber, o instinto que leva o cuco a depositar seus ovos em ninhos de outras aves; o instinto escravizador de certas formigas; e o poder das abelhas-operárias de formar colmeias.

Esses dois últimos exemplos costumam ser considerados pelos naturalistas, com razão, os mais maravilhosos de todos os instintos.

De acordo com a opinião corrente, a causa mais imediata ou final do instinto da fêmea do cuco é a seguinte: se ela não deposita seus ovos à razão de um por dia, mas em intervalos de dois ou três dias, é porque, se tivesse de fazer seu próprio ninho e chocar seus próprios ovos, os primeiros teriam de permanecer por algum tempo sem incubação, pois do contrário o mesmo ninho teria de comportar ovos e pássaros de diferentes idades, e então o processo de depósito e de incubação dos ovos seria excessivamente longo, um sério inconveniente, pois a fêmea tem de migrar cedo e os filhotes mais velhos teriam de ser alimentados exclusivamente pelo macho. Tal é, no entanto, a situação do cuco americano, cuja fêmea constrói o próprio ninho, deposita seus ovos e alimenta os filhotes, tudo isso ao mesmo tempo. Acredita-se que a fêmea do cuco americano eventualmente deposite seus ovos em ninhos de outros pássaros, sejam eles da mesma espécie ou não; porém, de acordo com a autoridade do dr. Brewer, trata-se de um equívoco. Mesmo assim, eu poderia oferecer diversos exemplos de vários pássaros que eventualmente depositam seus ovos em ninhos alheios. Suponhamos por um instante que o progenitor ancestral de nosso cuco europeu tivesse os hábitos do cuco americano, mas a fêmea eventualmente depositasse seus ovos em ninhos de outras espécies. Se o pássaro adulto tirasse proveito desse hábito ocasional e os jovens se tornassem mais vigorosos devido à vantagem de terem se aproveitado do instinto maternal equivocado de outra fêmea, em vez dos cuidados de sua mãe, inevitavelmente ocupada com o processo de depositar ovos e alimentar filhotes de diferentes idades ao mesmo tempo, então a vantagem seria tanto dos pássaros adultos quanto de seus filhotes gestados em ninhos alheios. A analogia leva-me a crer que jovens criados dessa maneira tenderiam a seguir, hereditariamente, o hábito ocasional e aberrante de sua mãe e tenderiam a depositar seus próprios ovos em ninhos de outros pássaros, tendo assim êxito na criação de seus filhotes. E um processo dessa natureza, continuado, poderia gerar, como creio que gerou, um estranho instinto como o do cuco. Por fim, de acordo com o dr. Gray e outros observadores, a fêmea do cuco europeu não perdeu inteiramente o amor e o carinho materno por sua prole.

O hábito de ocasionalmente depositar ovos em ninhos de outros pássaros, sejam eles ou não da mesma espécie, é bastante comum entre os galináceos; isso talvez explique a origem de um instinto singular do grupo dos avestruzes, seus parentes. Pois as fêmeas de avestruz, ao menos as da espécie americana, costumam se reunir e depositar seus ovos primeiro em um ninho, depois em outro; e então os machos os chocam. Esse instinto provavelmente se explica pela grande quantidade de ovos produzidos em intervalos de dois ou três dias, tal como no caso do cuco. Mas é um instinto ainda imperfeito. Um surpreendente número de ovos permanece abandonado nas planícies; em apenas um dia, colhi nada menos que vinte que haviam sido desperdiçados.

Muitas abelhas são parasitárias e depositam ovos nos ninhos de outras espécies. É um caso ainda mais notável que o do cuco, pois essas abelhas tiveram não somente os instintos como também as estruturas modificadas de acor-

avestruz

do com seus hábitos parasitários e não possuem o aparato para coleta de pólen que seria necessário para armazenar o alimento de seus filhotes. Outras espécies de inseto também são parasitárias, como a *Sphecidae*, similar à vespa. Recentemente, o sr. Fabre deu boas razões para crermos que, embora a vespa *Tachytes nigra* faça uma cavidade própria, em que armazena presas imobilizadas para alimentar suas larvas, ela, quando encontra uma cavidade já pronta, devidamente abastecida por outra vespa *Sphex*, aproveita-se desse prêmio e torna-se, dada a ocasião, parasita. Nesse caso, assim como no suposto caso do cuco, não vejo dificuldade para que a seleção natural torne permanente um hábito ocasional, desde que vantajoso para a espécie e desde que o inseto, cujo ninho e cujo alimento são criminosamente extorquidos, não seja ele mesmo exterminado.

Instinto de escravização

Esse instinto notável foi descoberto pela primeira vez na *Formica (Polyergus) rufescens* por Pierre Huber, um observador ainda mais agudo que seu célebre pai. Essa formiga depende inteiramente de seus escravos; sem o auxílio deles, a espécie certamente se extinguiria em um ano. Os machos e as fêmeas férteis não trabalham. As operárias, ou fêmeas estéreis, embora enérgicas e intrépidas na captura de escravos, não fazem outra coisa. São incapazes de erguer sua própria habitação e de alimentar suas próprias larvas. Quando constatam que uma habitação se tornou inconveniente e terão de migrar, são as escravas que decidem pela migração e carregam nos dentes os seus senhores. Estes são tão imprestáveis que, quando Huber enclausurou um grupo de trinta indivíduos sem nenhum escravo, mas com farto alimento do seu gosto, e com as larvas e pupas ao seu lado como estímulo para que trabalhassem, eles nada fizeram; mal conseguiam se alimentar, e muitos morreram de fome. Huber então introduziu um único escravo (*Formica fusca*) e ela imediatamente se pôs a trabalhar, alimentou e salvou os sobreviventes; fez células, nutriu as larvas, pôs tudo no lugar. Haveria algo mais extraordinário que esses fatos, de resto certificados? Se não tivéssemos notícia de outras formigas escravizadoras, seria em vão indagar como um instinto tão espantoso poderia ter sido aprimorado a esse ponto.

O mesmo Huber descobriu que a *Formica sanguinea* também é escravizadora. Essa espécie é encontrada na região sul da Inglaterra, e seus hábitos foram examinados pelo sr. F. Smith, do British Museum, a quem agradeço por informações a respeito deste e de outros pontos. Embora confie inteiramente nas declarações de Huber e de Smith, tentei abordar o assunto com uma predisposição cética, pois é perfeitamente compreensível que alguém ponha em questão um instinto tão extraordinário e odioso como o de escravizar. Por isso, apresentarei com algum detalhe as observações por mim realizadas. Explorei catorze formigueiros habitados por *Formica sanguinea* e em todos eles encontrei ao menos alguns escravos. Machos e fêmeas férteis da espécie escrava são encontrados apenas em suas próprias comunidades e nunca foram vistos em habitações de *Formica sanguinea*. Os escravos são pretos e têm metade do tamanho de seus senhores vermelhos, de modo que o contraste de aparência é acentuado. Quando o formigueiro é levemente perturbado, as escravas saem e, a exemplo de seus senhores, tornam-se agitadas e defendem a habitação; no caso de um abalo mais forte que exponha as larvas e as pupas, as escravas trabalham energicamente, carregando seus senhores e levando-os para um local seguro. Claro está, portanto, que as escravas se sentem em casa. Observei por horas, nos meses de junho e julho, por três anos sucessivos, formigueiros localizados em Surrey e em Sussex e nunca vi uma escrava entrando em um deles ou de lá saindo. Como, durante esses meses, o número de escravas é baixo, pensei que poderiam se comportar de maneira diferente quando em maior número. Mas o sr. Smith me disse ter observado formigueiros por horas a fio, nos meses de maio, junho e agosto, tanto em Surrey como em Hampshire, sem jamais ter visto escravas, numerosas no mês de agosto, entrando ou saindo. Considera, por isso, que seriam estritamente domésticas. Os senhores, ao contrário, podem ser vistos sempre às voltas com a provisão de materiais e de alimentos de toda espécie. Contudo, no mês de julho do ano corrente [1859] eu me deparei com uma comunidade provida de uma grande reserva de escravas e pude observar algumas delas, misturadas aos senhores, deixando o formigueiro e marchando ao longo de uma mesma estrada que conduzia a um altíssimo pinheiro-da-escócia, a 25 jardas de distância [23 m], que elas escalavam juntas, provavelmente à caça de afídeos ou de bactérias *Coccus*. De acordo com Huber, que teve muitas oportunidades para observação, na Suíça as escravas costumam trabalhar com os senhores na construção do formigueiro, e cabe unicamente a elas abrir as portas deste pela manhã e fechá-las à noite.

E, como diz Huber, sua principal tarefa é buscar por afídeos. Os diferentes hábitos de senhores e escravos nesses dois países provavelmente dependem apenas da maior quantidade de escravos capturados na Suíça do que na Inglaterra.

Certa feita, tive a sorte de presenciar uma migração de um formigueiro a outro; foi um espetáculo dos mais interessantes contemplar os senhores, tal como descritos por Huber, cuidadosamente trazendo os escravos nas mandíbulas. Outra vez, chamou-me a atenção uma horda de escravizadoras caçando num mesmo ponto; evidentemente, não buscavam por comida: aproximavam-se e eram vigorosamente repelidas por uma comunidade independente da espécie escrava (*Formica fusca*); às vezes até três delas se agarravam ao mesmo tempo às pernas de escravizadoras. Estas matavam suas oponentes de maneira impiedosa, carregando seus corpos mortos, como alimento, para o formigueiro, situado a 29 jardas [26,5 m] de distância. Mas não conseguiram capturar pupas para serem criadas como escravas. Decidi então extrair uma pequena quantidade de pupa da *Fusca* de outro formigueiro e coloquei-as num espaço aberto, próximo ao local do combate; foram avidamente capturadas e levadas pelas tiranas, que provavelmente imaginaram que, com isso, teriam vencido o combate.

Ao mesmo tempo, depositei no mesmo lugar uma pequena quantidade de pupa de outra espécie, *Formica flava*, com algumas dessas formigas, amarelas, agarrando-se aos escombros do formigueiro. Essa espécie pode ser escravizada, embora raramente o seja, como notou o sr. Smith. Embora pequena, é uma espécie corajosa, e já vi como ela ataca furiosamente seus oponentes. Certa vez deparei, para minha surpresa, com uma comunidade de *Flava* independente, sob uma pedra debaixo de um formigueiro da escravizadora *Sanguinea*; quando, por acidente, perturbei as habitações de ambas, as pequenas formigas investiram contra as vizinhas com uma coragem surpreendente. Movido pela curiosidade de verificar se a *Sanguinea* é capaz de distinguir a pupa da *Fusca*, que ela costuma escravizar, da pupa da *Flava*, que raramente captura, tornou-se evidente que o fazem, e imediatamente: pois, como vemos, elas não hesitaram em capturar num instante a pupa da *Fusca*, mas mostraram-se temerárias ao deparar com a pupa e mesmo com a terra do formigueiro da *Flava*, batendo em retirada. Mais ou menos uma hora depois de as formigas amarelas terem se retirado, criaram coragem e levaram consigo a pupa que estas haviam deixado para trás.

Numa noite eu visitei outra comunidade de *Sanguinea* e encontrei certo número dessas formigas entrando no formigueiro e carregando consigo cadáveres de *Fusca* (o que mostra que não se tratava de migração), além de numerosas pupas. Acompanhei a fileira em que o butim era trazido, e ela se estendia por cerca de quarenta jardas [36,5 m] até um pequeno matagal bastante espesso, do qual vi emergir a última *Sanguinea* carregando uma pupa; mas não consegui encontrar o desolado formigueiro em meio à espessa mata. Mas ele devia estar por perto, pois dois ou três indivíduos de *Fusca* corriam por ali, agitados, enquanto outro permanecia imóvel, sobre as ruínas de seu lar, segurando a própria pupa em sua boca.

Tais são os fatos, que não precisam de minha confirmação, relativos ao espantoso instinto da escravização. Observe-se agora o contraste entre os hábitos instintivos da *Sanguinea* e os da *Formica rufescens*. Esta não constrói seu próprio formigueiro, não determina suas migrações, não traz comida para seus filhotes, nem sequer é capaz de se alimentar por si mesma: depende inteiramente de um bom número de escravos. A *Sanguinea*, por outro lado, tem muito menos escravos e mesmo pouquíssimos, no início do verão. Os senhores determinam quando e onde o formigueiro deve ser erguido e, nas migrações, carregam os escravos. Tanto na Suíça quanto na Inglaterra as escravas parecem ser as únicas responsáveis por cuidar das larvas, incumbindo aos senhores de realizar expedições de escravização. Na Suíça, escravas e senhores trabalham juntos, construindo o formigueiro e trazendo materiais para sua edificação; ambos, mas principalmente as escravas, cuidam dos afídeos, e como que os amamentam; e, assim, ambos obtêm comida para a comunidade. Na Inglaterra, apenas os senhores costumam deixar o formigueiro para coletar materiais e comida para si mesmos, para seus escravos e para as larvas. De modo que, em nosso país, os senhores recebem menos préstimos de seus escravos do que na Suíça.

Não me cabe conjecturar os passos pelos quais o instinto da *Sanguinea* teria se originado. Mas, como formigas que não são escravizadoras capturam pupas de outras espécies, como eu vi, se estiverem nas proximidades de sua habitação, é possível que pupas originalmente armazenadas como alimento tenham se desenvolvido e as formigas assim criadas acidentalmente tenham seguido seus próprios instintos, realizando os trabalhos que lhes eram consignados. Se sua presença se mostrasse útil para a espécie que as havia capturado – se para essa espécie fosse mais vantajoso capturar trabalhadores do que procriá-los –, então o hábito de coletar pupa como alimento pode ter sido, por seleção natural, reforçado e tornado permanente, com o propósito, bastante diferente, de criar escravos. Uma vez adquirido o instinto, mesmo que ele nem sequer vá tão longe quanto o da *Sanguinea* britânica, que, como vimos, não é tão auxiliada por escravos quanto a mesma espécie na Suíça, não vejo por que a seleção natural não poderia incrementar e modificar o instinto – supondo-se sempre que cada modificação seja útil para a espécie –, até que se formasse uma formiga tão abjeta e dependente de seus escravos como a *Formica rufescens*.

O instinto de construção de alvéolos da abelha-operária

Não entrarei aqui em detalhes a esse respeito, apenas traçarei em linhas gerais as conclusões a que cheguei. É preciso ser insensível para examinar a requintada estrutura de uma colmeia, tão belamente adaptada ao seu fim, e não ser tomado por uma admiração entusiasmada. Os matemáticos nos informam que as abelhas resolveram na prática um problema dificílimo, dando a seus alvéolos a forma apropriada para acomodar a maior quantidade possível de mel com um mínimo de consumo da preciosa cera em sua construção. Observou-se que um artesão habilidoso, com as ferramentas e medições adequadas, teria dificuldade considerável para fazer alvéolos de cera na forma correta, realizados à perfeição por uma multidão de abelhas trabalhando numa colmeia escura. Concedam-se quaisquer instintos e mesmo assim parecerá inconcebível, à primeira vista, que elas possam realizar os planos e ângulos necessários, ou mesmo saber se foram feitos corretamente ou não. Mas a dificuldade não é tão grande quanto parece: em minha opinião, é possível mostrar como esse belo trabalho se seguiria de uns poucos instintos, bastante simples.

Fui levado à investigação desse tópico pelo sr. Waterhouse, que mostrou que a forma do alvéolo guarda estreita relação com a presença de alvéolos adjacentes, e é provável que a exposição seguinte seja um simples adendo a essa teoria. Contemplemos o grande princípio da gradação e vejamos se a Natureza não nos revela aí o seu método de trabalho. Numa extremidade de uma série curta, temos as mamangabas, que utilizam seus velhos casulos para estocar mel, eventualmente com o acréscimo de pequenos tubos de cera, e fabricam casulos de cera separados, bastante irregulares e arredondados. No outro extremo da série, temos os alvéolos da abelha-operária, dispostos em dupla camada: cada alvéolo, como se sabe, é um prisma hexagonal, e cada uma das extremidades basais de seus seis lados é chanfrada, de modo que elas se reúnem numa pirâmide formada por três romboides. Essas romboides têm certos ângulos, e os três que formam a base piramidal de um único alvéolo de um dos lados da colmeia entram na composição das bases dos três favos adjacentes, no lado oposto. Na série que vai da extrema perfeição dos alvéolos da abelha-operária à simplicidade daqueles da mamangaba, encontram-se os alvéolos da abelha mexicana *Melipona domestica*, cuidadosamente descritos e ilustrados por Huber. A própria estrutura da *Melipona* é intermediária entre a da mamangaba e a da abelha-operária, embora esteja mais próxima desta última: forma uma colmeia de cera quase regular, que tem alvéolos cilíndricos, nos quais os filhotes são criados, e alvéolos maiores, para armazenar o mel. Estes últimos são quase esféricos, têm lados praticamente iguais entre si, agregados em uma massa irregular. Mas é importante notar que esses alvéolos são feitos sempre tão próximos uns dos outros que formariam intersecções ou irromperiam uns nos outros se as esferas fossem completas; o que jamais acontece, pois as abelhas erguem paredes de cera perfeitamente lisas entre as esferas para que não haja intersecção entre elas. Assim, cada alvéolo consiste em uma porção esférica exterior formada por duas, três ou mais superfícies perfeitamente lisas, dependendo do fato de o alvéolo ser adjacente a dois, três ou mais favos. Quando um alvéolo entra em contato com três outros, o que inevitavelmente acontece com frequência, pois as esferas são quase do mesmo tamanho, as três superfícies lisas se unem numa pirâmide; e essa pirâmide, como observou Huber, é manifestamente uma imitação grosseira da base piramidal trilateral do alvéolo da abelha-operária. Assim como nos alvéolos destas, aqui também as três superfícies planas de um alvéolo entram necessariamente na construção dos três alvéolos adjacentes. É óbvio que esse modo de construção permite que a *Melipona* economize cera, pois as paredes lisas entre os alvéolos não são duplas, têm a mesma espessura que as porções esféricas externas, mas, mesmo assim, cada porção é parte de dois alvéolos simultaneamente.

Refletindo sobre esse caso, ocorreu-me que, se a *Melipona* tivesse feito suas esferas de tamanho igual, a alguma distância umas das outras, arranjando-as simetricamente numa camada dupla, a estrutura resultante provavelmente seria tão perfeita quanto a colmeia da abelha-operária. Escrevi então ao prof. W. Miller, de Cambridge, que teve a gentileza de examinar o seguinte raciocínio, extraído de informações dadas por ele, e disse que é rigorosamente correto.

Se um número de esferas iguais for descrito com seus centros dispostos em duas camadas paralelas, com o centro de cada esfera distante daquele das seis esferas que a circundam na outra camada à razão do raio × raiz de 2, ou do raio × 1,41421 (ou que seja a uma distância menor), e à mesma distância dos centros das esferas adjacentes na outra camada, paralela à sua, então, se se formarem planos de intersecção entre as diversas esferas em ambas as camadas, resultará disso uma camada dupla de prismas hexagonais reunidos por bases piramidais formadas por três romboides, e as romboides e as laterais dos prismas hexagonais terão cada um dos ângulos exatamente idêntico aos dos melhores favos de abelhas-operárias jamais medidos.

Portanto, pode-se concluir com segurança que, se pudéssemos modificar levemente os instintos já possuídos pela *Melipona*, que em si mesmos não chegam a ser maravilhosos, essa abelha faria uma estrutura tão perfeita quanto a da abelha-operária. Devemos supor que então ela faria alvéolos verdadeiramente esféricos e com o mesmo tamanho; o que não seria surpreendente, tendo em vista que ela já faz isso, em certa medida, e considerando-se que outros insetos escavam buracos perfeitamente cilíndricos na madeira, aparentemente girando em torno de um mesmo ponto fixo. Devemos supor ainda que a *Melipona* arranjaria seus alvéolos em camadas sobrepostas, como faz com seus favos cilíndricos. Devemos também supor – e nisso consiste a maior dificuldade – que ela seria capaz de julgar com precisão, de algum modo, a que distância se posicionar de suas companheiras, que trabalham ao mesmo tempo que ela na confecção de esferas; mas ela tem a capacidade de julgar distâncias, pois sempre descreve suas esferas de modo a serem interseccionadas, unindo então os pontos de intersecção mediante superfícies perfeitamente lisas. Por fim, devemos supor – o que não representa uma dificuldade – que, após a formação de prismas hexagonais pela intersecção de alvéolos adjacentes numa mesma camada, ela poderia prolongar o hexágono a qualquer tamanho necessário à acomodação do estoque de mel, do mesmo modo que as mamangabas adicionam cilindros de cera às bocas em círculo de seus antigos casulos. Com essa modificação de instintos que, em si mesmos, não chegam a ser maravilhosos – não mais dos que guiam um pássaro a fazer um ninho –, creio ter a abelha-operária adquirido, por meio de seleção natural, suas inimitáveis capacidades arquitetônicas.

Essa teoria pode ser testada por um experimento. Seguindo o exemplo do sr. Tegetmeier, separei dois favos e introduzi entre eles uma longa e espessa faixa quadrada de cera; no mesmo instante, as abelhas começaram a escavar pequenos poços circulares e, à medida que avançavam, aprofundando-os, tornavam-nos cada vez mais largos, até convertê-los em bacias rasas, formando esferas aparentemente perfeitas ou partes de esferas com quase o mesmo diâmetro de um alvéolo. Com viva curiosidade observei que, quando começaram a escavar, as abelhas tinham o cuidado de realizar suas perfurações a certa distância umas das outras, para que as bacias não ficassem demasiadamente próximas, de tal modo que, quando atingiam a circunferência acima descrita (próxima daquela de um alvéolo) e a profundidade de cerca de um sexto do diâmetro da circunferência de que eram parte, seus aros formavam intersecções ou senão irrompiam uns nos outros. Nesse ponto, as abelhas paravam de escavar e começavam a erguer paredes lisas de cera sobre as linhas de intersecção entre as bacias; cada prisma hexagonal era erigido sobre a extremidade em grinalda de uma bacia lisa e não, como em favos comuns, nas extremidades retas de uma pirâmide de três lados.

Então, introduzi na colmeia não uma camada espessa, mas uma prancha de cera recortada, fina e estreita, tingida de escarlate. As abelhas imediatamente começaram a escavar pequenas bacias de ambos os lados da prancha; mas esta era tão fina que, se elas escavassem com a mesma profundidade de antes, o fundo de cada bacia teria irrompido naquele da bacia escavada no oposto. Para que isso não acontecesse, as abelhas interromperam as escavações a tempo; e, tão logo as bacias adquiriram profundidade, ganharam um fundo liso, formado por finas pranchas de cera escarlate, intocadas pelas abelhas. Essas pranchas situavam-se, até onde se podia ver, ao longo dos planos de intersecção imaginária entre as bacias escavadas nos lados opostos da prancha de cera. Em certas partes, apenas pequenas porções de uma placa romboide, em outras, grandes porções haviam sido deixadas entre bacias; mas podia-se ver, pela estranha disposição dos materiais, que a obra não fora adequadamente realizada. As abelhas devem ter trabalhado mais ou menos no mesmo ritmo em ambos os lados, roendo e escavando bacias com seu movimento circular, pois, de outro modo, não teriam suspendido o trabalho simultaneamente nos planos intermediários ou de intersecção, deixando placas lisas entre as bacias.

Considerando-se a maleabilidade da cera fina, não vejo qualquer dificuldade para que as abelhas, ao trabalharem em ambos os lados de uma faixa de cera, interrompessem a atividade ao perceber que haviam mastigado a cera a ponto de ter atingido a espessura adequada. Pelo que vi em colmeias comuns, as abelhas nem sempre trabalham no mesmo ritmo em ambos os lados; encontrei romboides feitos pela metade, na base de um alvéolo que começara a ser construído, que eram levemente côncavos de um lado – que, suponho, as abelhas haviam escavado rápido demais – e convexos do outro, em que o ritmo fora menos acelerado. Num caso em particular, reintroduzi o favo na colmeia, para que as abelhas pudessem trabalhar por mais algum tempo, e ao examiná-lo constatei que a placa romboide fora completada e se tornara *perfeitamente lisa*: teria sido absolutamente impossível, dada a fina espessura da placa romboide, que tivessem chegado a isso mastigando o lado convexo; suponho, portanto, que nesses casos as abelhas se posicionem nos alvéolos opostos e empurrem e dobrem a cera dúctil e quente (o que é bem fácil de fazer, como eu mesmo pude constatar), achatando-a até que ela se tornasse um plano intermediário.

O experimento com a prancha de cera escarlate nos mostra que, se as abelhas fossem construir por si mesmas uma fina parede de cera, poderiam fazer os alvéolos com o formato adequado, situando-se a uma distância apropriada umas das outras, escavando no mesmo ritmo e empenhando-se para que os buracos em esfera fossem idênticos, porém sem que as esferas irrompessem umas nas outras. Mas as abelhas, como se pode ver examinando a borda de um favo em construção, fazem uma parede rudimentar, em circunferência, ao seu redor, mastigando-a nos lados opostos, trabalhando em movimento giratório à medida que escavam cada alvéolo. Não fazem a base piramidal de três lados completa do alvéolo, apenas uma ou duas das placas romboides que se situam no extremo da margem crescente, dependendo do caso; e nunca completam as bordas superiores das placas romboides até que as paredes hexagonais tenham sido começadas. Algumas dessas afirmações diferem daquelas feitas pelo célebre Huber pai, mas estou convencido de que são precisas. E, se tivesse espaço, poderia mostrar que são compatíveis com a minha teoria.

A afirmação de Huber segundo a qual o primeiro alvéolo é escavado a partir de uma pequena parede de cera em folha dupla não é, ao que eu pude constatar, estritamente correta, pois tudo começa por um pequeno toco de cera; mas não entrarei nesses detalhes. Vemos como é importante o papel da escavação na construção dos favos, mas seria um grave erro supor que as abelhas são incapazes de erguer uma parede rudimentar de cera na posição apropriada, ou seja, ao longo do plano de intersecção entre duas esferas adjacentes. Tenho diversos espécimes que mostram que elas são capazes disso. Mesmo no caso da camada de cera superficial em torno de um favo em construção, podem-se observar às vezes curvaturas em posição correspondente aos planos das pranchas romboides basais dos futuros favos. Mas, em todo caso, a parede rudimentar de cera tem de ser terminada, mastigando-se a superfície praticamente inteira, em ambos os lados. A maneira como as abelhas constroem é curiosa: fazem sempre a primeira parede, rudimentar, com uma espessura dez ou vinte vezes maior que a da parede final do favo, excessivamente fina, que é a que permanece. Para compreender como elas trabalham, suponham-se pedreiros que tomam um largo bloco de cimento e comecem a cortá-lo em ambos os lados, de cima a baixo, até que sobre apenas uma parede fina e lisa no meio; e, à medida que o cimento cortado é descartado, acrescentam cimento à borda superior da parede. Teríamos assim uma fina parede que cresce constantemente para cima, coroada, porém, por um gigantesco ressalto. Pelo fato de todos os alvéolos, recém-iniciados ou já completos, receberem um forte ressalto de cera, as abelhas podem se agrupar e se aglomerar sobre o favo sem prejudicar as delicadas paredes hexagonais, que não costumam ter mais que 1/400 de polegada [0,63 mm] de espessura; as placas da base piramidal têm o dobro disso. Por esse singular método de edificação, o favo é continuamente reforçado com um dispêndio mínimo de cera.

O fato de uma multidão de abelhas se pôr à obra parece, à primeira vista, aumentar a dificuldade de compreensão do processo de confecção dos favos: cada abelha, após trabalhar por um breve período num alvéolo, desloca-se para outro, de modo que, como disse Huber, muitos indivíduos são empregados desde o início da fabricação do primeiro alvéolo. Tive a oportunidade de confirmar isso na prática, recobrindo as extremidades das paredes hexagonais de cada um dos alvéolos, ou seja, a margem extrema do anel circunferencial de um favo em construção, com uma camada extremamente fina de cera escarlate derretida; e constatei, invariavelmente, que a cor era difundida pelas abelhas com a mais extrema delicadeza, como um pintor faria com seu pincel: átomos de cera colorida eram extraídos do ponto em que haviam se depositado e distribuído pelas bordas crescentes do favo como um todo. O trabalho de construção parece ser uma espécie de balanço entre muitas abelhas, cada uma posicionada instintivamente à mesma distância da outra, tentando formar esferas iguais e, então, erguendo ou deixando planos de intersecção entre essas esferas. Foi realmente interessante notar que, em situações de dificuldade, como quando duas peças de um favo se encontravam num ângulo, as abelhas com frequência punham o alvéolo abaixo e o reconstruíam, do mesmo jeito, recorrendo, às vezes, a uma forma que antes haviam rejeitado.

Quando as abelhas têm um lugar em que possam se posicionar adequadamente para o seu trabalho – por exemplo, uma folha de madeira situada bem no meio de um favo –, então elas podem deitar as fundações de uma das paredes de um novo hexágono no lugar que lhe é estritamente apropriado, projetando-se para além de outros alvéolos já completos. É suficiente que as abelhas possam se posicionar à distância adequada, umas em relação às outras e em relação às paredes dos últimos alvéolos completados, e então, desenhando esferas imaginárias, elas podem erguer uma parede intermediária entre duas esferas adjacentes; mas, até onde pude ver, elas só aparam os ângulos de um alvéolo quando uma boa parte do próprio alvéolo e daqueles adjacentes tiver sido construída. Essa capacidade que as abelhas têm de, em determinadas circunstâncias, erguer uma parede rudimentar no lugar apropriado, entre dois alvéolos recém-começados, é importante, pois depende de um fato que à primeira vista parece desmentir a teoria precedente, a saber, que os alvéolos nas margens extremas de colmeias de vespas são por vezes estritamente hexagonais. Mas não tenho espaço para desenvolver esse assunto. E, de resto, não parece haver dificuldade no fato de um único inseto (como a vespa-rainha) construir alvéolos hexagonais, desde que trabalhe alternadamente na parte interna e na parte externa de dois ou três deles que sejam feitos ao mesmo tempo, mantendo sempre a distância apropriada em relação às partes dos alvéolos recém-começados, formando esferas ou cilindros e erguendo planos intermediários. Fixando-se num ponto a partir do qual fará um novo alvéolo e depois deslocando-se para fora, primeiro para um ponto, depois para cinco outros pontos, posicionados a uma distância apropriada em relação ao ponto central, e uns em relação aos outros, é possível que um inseto consiga situar os planos de intersecção e assim criar um hexágono isolado. Mas, ao que me consta, nenhum caso assim jamais foi observado; e não haveria benefício algum em construir um hexágono simples, pois então mais materiais seriam requeridos para o cilindro.

Como a seleção natural atua apenas pela acumulação de sutis modificações de estrutura ou instinto, cada uma delas proveitosa para o indivíduo em certas condições de vida, parece razoável indagar como uma longa e gradativa sucessão de instintos arquitetônicos modificados, todos eles tendendo ao atual plano de construção, que é perfeito, poderiam ter beneficiado os progenitores da abelha-operária. A resposta não me parece difícil: sabe-se que as abelhas têm por vezes dificuldade de obter néctar suficiente, e, segundo informa o sr. Tegetmeier, constatou-se experimentalmente que nada menos que 12 a 15 libras [5,4 a 6,8 kg] de açúcar seco são consumidas por uma colmeia de abelhas para a secreção de uma libra [453 g] de cera; de modo que é necessário colher uma prodigiosa quantidade de néctar em estado fluido, a ser consumido pelas abelhas, para que haja a secreção de cera em quantidade suficiente para a construção dos favos. Sem mencionar que muitas abelhas permanecem ociosas por muitos dias, por ocasião do processo de secreção. Um grande estoque de mel é necessário para sustentar um grupo numeroso de abelhas durante os meses de inverno; e sabe-se que a segurança da colmeia depende de que um bom número de abelhas tenha sustento. Portanto, a economia de cera, por permitir também a de mel, é um elemento de suma importância para que uma família de abelhas possa prosperar. É claro que o êxito de abelhas, de qualquer espécie que sejam, pode depender do número de parasitas e de outros inimigos que as afligem ou, então, de outras causas inteiramente diferentes e independentes da quantidade de mel que as abelhas possam coletar. Mas suponhamos que esta última circunstância tenha determinado, como provavelmente o faz com frequência, o número de indivíduos de mamangaba que poderia viver numa região qualquer; e suponhamos ainda que a comunidade tenha sobrevivido ao inverno e, por conseguinte, feito uso de um estoque de mel: nesse caso, não há dúvida de que seria vantajoso para a mamangaba se uma pequena modificação de instinto a levasse a construir seus alvéolos de cera em estreita proximidade, de modo que haveria intersecções pontuais entre eles, pois a existência de uma parede comum a dois alvéolos adjacentes já traria alguma economia de cera. Seria, então, cada vez mais vantajoso para nossa mamangaba que ela fizesse seus alvéolos cada vez mais regulares, quase contínuos e agregados numa mesma massa, como os favos de *Melipona*; pois, nesse caso, boa parte da superfície que limita um alvéolo serviria para limitar outros e uma boa quantidade de cera seria economizada. Pela mesma causa, seria vantajoso à *Melipona* que ela fizesse seus alvéolos mais próximos e mais regulares do que hoje, pois então, como vimos, as superfícies esféricas desapareceriam, sendo inteiramente substituídas por superfícies planas; e os favos de *Melipona* seriam tão perfeitos quanto os da abelha-operária. A seleção natural não poderia levar para além desse estágio de perfeição arquitetônica, pois o favo da mamangaba é, até onde podemos ver, totalmente perfeito quanto à economia de cera.

E assim, em minha opinião, o mais maravilhoso de todos os instintos conhecidos, o da abelha-operária, é explicado pelos benefícios que a seleção natural extrai de numerosas, sucessivas e sutis modificações de instintos mais simples. Lenta e gradualmente, e de maneira cada vez mais perfeita, a seleção natural levou as abelhas a formar esferas iguais equidistantes numa camada dupla e a acumular e escavar a cera ao longo de planos de intersecção. As abelhas, é claro, não estão a par de que formam esferas equidistantes, assim como não têm ideia dos diferentes ângulos dos prismas hexagonais ou das placas romboides basais. O poder que motivou o processo de seleção natural foi a economia de cera e, por isso, o enxame que tiver desperdiçado menos mel na secreção de cera terá sido o mais exitoso e terá transmitido hereditariamente a novos enxames o novo instinto econômico assim adquirido, e eles, por seu turno, terão tido mais chance de êxito na luta pela existência.

Sem dúvida, muitos instintos de difícil explicação poderiam ser opostos à teoria da seleção natural, casos em que não se vê qual poderia ter sido a origem do instinto; em que não se conhecem quaisquer gradações intermediárias; em que instintos parecem ter uma importância tão menor que dificilmente poderiam ter sido modificados por seleção natural; instintos quase idênticos em animais tão afastados na escala da natureza que não se explica sua similaridade pela remissão a um progenitor em comum, e somos, portanto, levados a crer que teriam sido adquiridos por atos de seleção natural independentes. Não entrarei aqui nesses diferentes casos; restrinjo-me a uma dificuldade em particular, que de início me pareceu insuperável e, na verdade, fatal para a minha teoria como um todo. Refiro-me às fêmeas neutras ou estéreis, presentes em certas comunidades de insetos, pois elas diferem muito, em instinto e estrutura, tanto dos machos quanto das fêmeas férteis, e no entanto, por serem estéreis, são incapazes de se propagar.

O assunto merece uma discussão exaustiva, mas me deterei em um único caso, o das formigas-operárias, que são estéreis. Como as operárias se tornaram estéreis, é difícil dizer; mas essa dificuldade não é maior que aquela relativa a qualquer outra modificação estrutural marcante, e seria possível mostrar que alguns insetos e outros animais articulados podem se tornar estéreis em estado de natureza; e, caso se trate de insetos sociais e seja vantajoso à comunidade que todo ano venha a nascer certo número de indivíduos capazes de trabalhar, mas não de procriar, não vejo por que isso não poderia se efetuar por seleção natural. Mas deixarei de lado essa dificuldade preliminar. Pois a verdadeira dificuldade está no fato de as formigas-operárias serem tão acentuadamente diferentes tanto dos machos quanto das fêmeas férteis, no que diz respeito ao instinto e também à estrutura, como se vê na forma do tórax e na ausência de asas e às vezes de olhos. No que diz respeito ao instinto como tal, a prodigiosa diferença entre as operárias e as fêmeas perfeitas poderia ser mais bem exemplificada pela abelha-operária. Se a formiga-operária ou outro inseto neutro qualquer fosse uma espécie como outra, eu não hesitaria em afirmar que todas as suas características foram lentamente adquiridas pela seleção natural, a saber, um indivíduo que nasceu com uma pequena modificação de estrutura que, mostrando-se vantajosa, foi transmitida à prole, que, por sua vez, variou e foi novamente selecionada, e assim por diante. Mas, no caso da formiga-operária, temos um inseto que difere muito de seus pais e, no entanto, é totalmente estéril, de modo que jamais poderia transmitir à sua progenitura modificações de estrutura ou de instinto sucessivamente adquiridas. Cabe então a pergunta: como conciliar esse caso com a teoria da seleção natural?

Em primeiro lugar, não se devem esquecer os incontáveis exemplos que temos, em nossas produções domésticas como naquelas em estado de natureza, de diferenças estruturais de toda espécie que se tornaram correlatas a certas idades ou a um dos sexos. Temos diferenças correlatas não a um sexo apenas, como também àquele curto período em que o sistema reprodutivo está ativo, como a plumagem nupcial de tantos pássaros ou a mandíbula em forma de gancho do salmão macho. Temos ainda sutis mudanças nos chifres de diferentes raças de gado, em relação a um estado artisticamente imperfeito do sexo masculino; pois algumas dessas raças têm chifres mais longos que outras, em comparação aos chifres dos touros e das vacas dessas mesmas raças. Portanto, não vejo qualquer dificuldade no fato de uma característica qualquer ter se tornado correlata à condição estéril de certos membros de comunidades de insetos. A única dificuldade é entender como essas modificações correlativas de estrutura teriam se acumulado lentamente por seleção natural.

Essa dificuldade, por insuperável que pareça, é atenuada ou mesmo superada quando se lembra que seleção se aplica a famílias bem como a indivíduos, se necessário for para atingir o fim desejado. Por exemplo, quando se cozinha um vegetal saboroso, o indivíduo é destruído, mas o horticultor planta sementes dessa mesma matriz e confia que obterá praticamente a mesma variação; pecuaristas que desejam uma carne mais gordurosa sacrificam o animal, mas o criador confia em sua prole. Minha fé nos poderes da seleção é tamanha que não duvido que uma raça de gado que produz sempre animais com chifres extraordinariamente longos possa, lentamente, ser conformada mediante a cuidadosa observação de quais bois e vacas, uma vez acasalados, produzem o gado com os chifres mais longos; mas nenhum boi poderia jamais ter propagado sua espécie. O caso dos insetos sociais me parece o mesmo: uma modificação mínima de estrutura ou de instinto relativa à condição estéril de alguns membros da comunidade tornou-se vantajosa para esta; por conseguinte, os machos férteis e as fêmeas dessa mesma comunidade continuaram a florescer e a transmitir a suas proles férteis uma tendência a produzir membros estéreis, dotados da mesma modificação. Acredito que esse processo tenha se repetido até que se produzisse uma prodigiosa diferença entre fêmeas férteis e fêmeas estéreis da mesma espécie, tal como vemos em muitos insetos sociais.

Mas, com isso, nem sequer chegamos ao cerne da dificuldade, a saber, o fato de os neutros de muitas espécies de formigas serem diferentes não apenas das fêmeas férteis e dos machos, mas também uns dos outros, às vezes a um grau espantoso, a ponto de se dividirem em duas ou mesmos três castas. Além disso, as castas em geral não têm graduações, são perfeitamente delimitadas, tão distintas entre si quanto duas espécies de um mesmo gênero ou então dois gêneros de uma mesma família. Assim, por exemplo, as *Eciton* têm operários e soldados neutros, com dentes e instintos acentuadamente diferentes uns dos outros; entre as *Cryptocerus*, apenas os operários de uma das castas trazem na cabeça uma maravilhosa espécie de capacete, cuja utilidade não se conhece; nas *Myrmecocystus* mexicanas, os operários de uma casta nunca deixam o ninho, são alimentados pelos de outra e desenvolveram um abdômen enorme, que secreta uma espécie de mel, suprindo assim o lugar daquele excretado pelos afídeos, ou, se preferirmos, desse gado doméstico que nossas formigas europeias aprisionam.

Pode-se pensar que eu confio cegamente no princípio de seleção natural, pois insisto em não admitir que tais fatos, espantosos e estabelecidos, anulam de um só golpe toda a minha teoria. No caso mais simples de insetos neutros que pertencem a uma mesma casta ou espécie, que, como creio, tornaram-se por meio de seleção natural diferentes dos machos e das fêmeas, podemos concluir com segurança, a partir da analogia com variedades ordinárias, que cada mínima modificação sucessiva e proveitosa provavelmente não apareceu de início em todos os indivíduos neutros no mesmo ninho, mas apenas em uns poucos; e, por longa e contínua seleção de pais férteis que produziam mais neutros dotados da proveitosa modificação, todos os neutros adquiriram, por fim, o caráter desejado. Assim, podem-se encontrar ocasionalmente num mesmo ninho insetos neutros de uma mesma espécie que apresentam gradações de estrutura, o que, na verdade, é bastante frequente, levando-se em conta que poucos insetos neutros foram examinados com o devido cuidado fora da Europa. O sr. F. Smith mostrou que há uma surpreendente diferença entre os neutros de diversas formigas britânicas, de tamanho bem como de cor; e que formas situadas nos extremos podem às vezes ser ligadas entre si por indivíduos extraídos de um mesmo ninho. Eu mesmo tive a oportunidade de identificar gradações perfeitas no gênero. É comum que as operárias maiores ou menores sejam os indivíduos mais numerosos, ou ambos serem numerosos, sendo escasso o número dos de tamanho intermediário. A *Formica flava* possui operárias maiores e menores, com algumas de tamanho intermediário; nessa espécie, como observou o sr. Smith, as operárias de grande porte têm olhos simples (*ocelli*), que, embora diminutos, podem ser identificados com precisão, enquanto as de pequeno porte têm *ocelli* rudimentares. Tendo realizado cuidadosas dissecções de numerosos espécimes dessas operárias, posso afirmar que os olhos das operárias de pequeno porte são desproporcionalmente rudimentares em relação ao seu tamanho e estou plenamente convencido, por mais que não possa afirmá-lo taxativamente, de que as operárias de porte intermediário têm *ocelli* de condição exatamente intermediária. De modo que temos aqui dois corpos de operárias estéreis num mesmo ninho, diferindo não apenas em tamanho mas também quanto aos órgãos da visão, conectados entre si por alguns poucos indivíduos de condição intermediária. Acrescento ainda, a título de digressão, que, se as operárias de pequeno porte por acaso fossem os indivíduos mais úteis à comunidade e houvesse uma contínua seleção dos machos e das fêmeas que produzissem mais e mais deles, até que todas as operárias fossem de pequeno porte, teríamos uma espécie de formiga com neutros em condição muito próxima aos da *Myrmica*; pois as operárias dessa espécie não têm sequer os rudimentos de *ocelli*, por mais que os machos e as fêmeas de *Myrmica* os tenham desenvolvido.

Acrescento outro exemplo. Tão certo eu estava de que encontraria gradações estruturais importantes entre as diferentes castas de neutros de uma mesma espécie que de bom grado aceitei a oferta do sr. Smith, que me concedeu numerosos espécimes de um mesmo ninho da formiga-correição (*Anomma*) da África ocidental. O leitor terá talvez uma ideia da diferença entre as operárias dessa espécie a partir não tanto de suas medidas exatas, mas de uma ilustração precisa: a diferença era tão grande que é como se estivéssemos vendo um grupo de operários erguendo uma casa, uma parte deles com 5'2 pés [1,6 m] de altura, a outra com 16 pés [5 m], supondo-se, ademais, que as cabeças desses últimos fossem três vezes maior que as dos primeiros, e não quatro vezes, como seria de esperar, além de mandíbulas quase cinco vezes maiores. As mandíbulas diferiam muito no aspecto geral, na forma e no número de dentes, conforme o tamanho das operárias. Mas, para nós, o fato mais importante é que, embora as operárias possam ser agrupadas em castas, de acordo com seu tamanho, há entre elas uma gradação sensível, inclusive na estrutura de suas mandíbulas, que varia muito de uma casta para outra. Falo com segurança a esse respeito, pois disponho dos desenhos do sr. Lubbock, feitos com a câmera lúcida, de mandíbulas de operárias dos mais variados tamanhos por mim dissecadas.

Com esses fatos à minha disposição, acredito que a seleção natural, ao atuar nos parentes férteis, poderia formar uma espécie que produzisse neutros com regularidade, todos de grande porte com uma forma de mandíbula ou todos de pequeno porte e mandíbulas de estrutura variada; ou, ainda – e este é o cerne de nossa dificuldade –, um grupo de operárias com um mesmo tamanho e estrutura e, simultaneamente, outro grupo com estrutura e tamanho diferentes – no início, seria formada uma série graduada, como no caso da formiga-correição, mas as formas extremas, que são as mais úteis à comunidade, seriam produzidas em número cada vez maior por meio de seleção natural dos pais que as geram, até que não fossem mais produzidos indivíduos de estrutura intermediária.

E assim originou-se, ao que me parece, o espantoso fenômeno da presença, num mesmo ninho, de duas castas de operárias definidas e distintas. Podemos ver a utilidade que sua produção teria para uma comunidade de insetos sociais, com base no mesmo princípio de que a divisão do trabalho é útil ao homem civilizado. Como as formigas trabalham a partir de instintos hereditários e ferramentas ou instrumentos hereditários, e não pelo conhecimento adquirido e por instrumentos manufaturados, elas só poderiam chegar a uma perfeita divisão do trabalho pela esterilidade das operárias, pois, se estas fossem férteis, cruzariam com as demais castas e seus instintos e estruturas se tornariam mistos. E, ao que me parece, a natureza instituiu essa admirável divisão do trabalho nas comunidades de formigas pelo princípio de seleção natural. Mas, confesso que, embora esteja seguro quanto ao valor desse princípio, jamais poderia imaginar que a seleção natural é assim tão eficaz, não fosse pelo exame dos insetos neutros, que me convenceu de que é o caso. Por isso, a discussão a respeito deles só poderia ser minimamente exaustiva, pois é necessária para mostrar o poder da seleção natural, e também porque ele representa, de longe, a dificuldade mais séria com que minha teoria se deparou. Trata-se ainda de um caso interessante, pois prova que, nos animais, assim como nas plantas, qualquer nível de modificação estrutural pode ser efetuado pela acumulação de variações numerosas, sutis e, por assim dizer, acidentais, que sejam, de alguma maneira proveitosas, sem que, para tanto, seja necessária a concorrência do exercício ou do hábito. Pois o exercício, o hábito ou a volição dos membros completamente estéreis de uma comunidade jamais poderiam afetar a estrutura ou os instintos de membros férteis, os únicos que têm descendentes. Surpreende-me que ninguém tenha alegado contra a conhecida doutrina de Lamarck esse caso dos insetos neutros, que tem o estatuto de uma demonstração.

Resumo

Tentei mostrar brevemente neste capítulo que as qualidades intelectuais de nossos animais domésticos variam e que essas variações são hereditárias. Tentei mostrar também, de maneira ainda mais breve, que no estado de natureza os instintos variam sutilmente. Ninguém irá contestar que os instintos são de suma importância aos animais. Por isso, não vejo nenhuma dificuldade para que, em condições de vida variáveis, a seleção natural acumule sutis modificações de instinto em qualquer extensão e em qualquer direção que seja útil. Em alguns casos, o hábito, ou o uso e desuso, tem, provavelmente, alguma influência. Não pretendo, com os fatos apresentados neste capítulo, reforçar a minha teoria; mas nenhum dos casos expostos a desmente, até onde posso perceber. Por outro lado, que os instintos nem sempre são perfeitos, mas podem se enganar, que nenhum deles foi produzido em benefício de outros animais, embora muitos animais tirem proveito de instintos alheios, que o adágio da história natural, *Natura non facit saltum* [a natureza não dá saltos], se aplica aos instintos assim como à estrutura do corpo, e permaneceria inexplicável se não fossem essas considerações, que os explicam integralmente, tudo isso, eu digo, tende a corroborar a teoria da seleção natural.

Essa teoria é reforçada por outros fatos relativos aos instintos, como espécies aparentadas, embora distintas, que habitam partes afastadas do globo e vivem em condições consideravelmente diferentes e, muitas vezes, retêm instintos praticamente iguais. Por exemplo, o princípio de hereditariedade permite entender, entre outras coisas, por que o tordo sul-americano cerca seu ninho com lama, assim como o britânico; ou como é possível que o macho da corruíra (*Troglodytes*) norte-americana construa "ninhos de galo" como os da corruíra europeia, distinta dela – um hábito que não se encontra em nenhum outro pássaro. Por fim, pode não ser uma dedução lógica, mas, para minha imaginação, é muito mais satisfatório ver em instintos como o jovem do cuco, que expulsa seus irmãos de criação, o das formigas, que fazem escravos, o da larva de *Ichneumonidae*, que se alimenta dentro dos corpos de lagartas vivas, não como instintos especialmente alocados ou criados, mas como pequenas consequências de uma lei geral, que leva à promoção de todos os seres orgânicos, qual seja: multipliquem-se, variem, que os mais fortes sobrevivam e os mais fracos pereçam.

CAPÍTULO VIII

Hibridismo

Distinção entre a esterilidade dos híbridos e a dos primeiros cruzamentos entre espécies · Esterilidade varia em graus; não é universal; é afetada por cruzamentos entre próximos; é removida pela domesticação · Leis que governam a esterilidade dos híbridos · Esterilidade não é um dote, mas é incidente a outras diferenças · Causas de esterilidade nos primeiros cruzamentos entre espécies e nos híbridos produzidos · Paralelismo entre os efeitos da mudança de condições de vida e os cruzamentos · Fertilidade das variedades cruzadas e de suas proles mestiças não é universal · Comparação entre híbridos e mestiços, independentemente da fertilidade · Resumo

A teoria mais difundida entre os naturalistas afirma que os resultados do cruzamento entre espécies diferentes têm uma qualidade especial, a esterilidade, que impede uma confusão geral entre as formas orgânicas. É uma opinião que, à primeira vista, parece provável, pois espécies que habitam uma mesma região dificilmente permaneceriam distintas se pudessem cruzar sem impedimento. Em minha opinião, porém, alguns autores mais recentes não deram a devida importância ao fato de que os híbridos geralmente são estéreis. É uma circunstância especialmente relevante para a teoria da seleção natural, na medida em que a esterilidade de híbridos não lhes traz qualquer benefício e, portanto, não poderia ter sido adquirida pela preservação contínua de graus de esterilidade cada vez mais vantajosos. Contudo, espero poder mostrar que a esterilidade não é uma qualidade adquirida em particular nem um dote especial, mas é incidente a outras diferenças, estas sim adquiridas.

Na abordagem desse assunto, confundiram-se duas classes de fatos que, em boa medida, são fundamentalmente diferentes, a saber, a esterilidade de duas espécies que se cruzaram e a esterilidade dos híbridos produzidos por elas.

Espécies puras, embora tenham órgãos reprodutores em perfeitas condições, quando cruzam com outras espécies não produzem uma prole, ou, se a produzem, é exígua. Híbridos, ao contrário, têm órgãos reprodutores funcionalmente impotentes, como se vê claramente no elemento sexual de plantas e de animais, apesar da perfeita condição estrutural dos órgãos que os produziram (até onde mostra o microscópio). No primeiro caso, ambos os elementos sexuais que entram na formação do embrião são perfeitos; no segundo, ou não se desenvolveram, ou o fizeram de maneira imperfeita. É uma distinção importante na consideração da causa da esterilidade comum a ambos os casos. E, se a distinção foi ignorada, é provavelmente porque, em ambos os casos, tomou-se a esterilidade como um dote especial, cuja compreensão estaria para além da província de nossos poderes de raciocínio.

A fertilidade das variedades, ou seja, das formas que se sabe ou acredita-se terem descendido de pais de espécies diferentes, é, assim como a fertilidade de sua prole de mestiços, um dado tão importante para a minha teoria quanto a esterilidade no interior de uma mesma espécie, pois, ao que tudo indica, ela permite distinguir, ampla e claramente, variedades e espécies.

Comecemos pela esterilidade de espécies cruzadas e de sua prole híbrida. É impossível percorrer as memórias de Kölreuter e de Gärtner, esses observadores admiráveis e cuidadosos que devotaram a vida a tais assuntos, sem se impressionar pela ocorrência generalizada de algum grau de esterilidade no cruzamento entre espécies distintas. Kölreuter toma essa regra como universal, o que não o impede de classificar como variedades dez casos de formas que a maioria dos autores considera espécies distintas que produzem cruzamentos férteis. Gärtner também toma essa lei como universal, mas contesta a fertilidade dos dez casos de Kölreuter. Aqui como alhures, Gärtner conta com exatidão o número de sementes produzidas, mostrando assim que há, de fato, algum grau de esterilidade, comparando-se o número máximo de sementes produzidas por duas espécies distintas cruzadas com o número médio produzido por cada uma delas em estado de natureza. Mas, ao proceder assim, me parece introduzir a causa de um erro muito grave. Para que uma planta seja hibridizada, é preciso castrá-la e, ainda mais importante, ela deve, na maioria dos casos, ser isolada para impedir que o pólen de outras plantas a alcance trazido por insetos. Porém, quase todas as plantas com que Gärtner realizou experimentos se encontravam em vasos, em um aposento de sua casa. Sem dúvida, tais condições são nocivas à fertilidade de uma planta. Gärtner oferece em sua tabela cerca de uma vintena de casos de plantas por ele castradas e fertilizadas artificialmente com o próprio pólen; metade teve a fertilidade afetada em algum grau (excluindo-se as leguminosas, notoriamente difíceis de manipular). E, à medida que, ao longo dos anos, ele promoveu o cruzamento repetido e contínuo entre a prímula e a primavera, que, por boas razões, devem ser consideradas variedades, e não espécies, pôde constatar que em apenas um ou dois casos foram produzidas sementes férteis; e viu também que as proles resultantes do cruzamento das pimpinelas vermelha e azul (*Anagallis arvensis* e *Anagallis caerulea*), classificadas pelos melhores botânicos como variedades, eram totalmente estéreis. E, como ele chegou à mesma conclusão em casos análogos, parece-me legítimo duvidar que outras espécies, quando cruzadas entre si, sejam realmente tão estéreis, como quer Gärtner.

Tão certo quanto a esterilidade de espécies distintas cruzadas entre si varia muito, em gradações insensíveis, é que a fertilidade de espécies puras é facilmente afetada por diferentes circunstâncias, de modo que, para propósitos práticos, é dificílimo dizer onde termina a fertilidade perfeita e onde começa a esterilidade. Parece-me que a melhor evidência disso é o fato de que os dois maiores observadores que já existiram, aos quais nos referimos aqui, chegaram a conclusões diametralmente opostas em relação a exatamente a mesma espécie. Para saber se certas formas ambíguas deveriam ser classificadas como espécies ou variedades, seria instrutivo comparar – embora eu não possa fazê-lo, por falta de espaço – a evidência apresentada por nossos melhores botânicos com a de fertilidade, aduzida por um ou mais horticultores com base em experimentos realizados em anos diferentes. Pode-se assim mostrar que nem a esterilidade nem a fertilidade permitem estabelecer qualquer distinção clara entre espécies e variedades; mas, mesmo assim, seria apenas uma evidência de grau, tão incerta quanto a derivada de outras diferenças estruturais constitutivas.

No que se refere à esterilidade de híbridos em gerações sucessivas, embora Gärtner tenha conseguido cultivar algumas plantas assim, cuidando para que não cruzassem com nenhum dos progenitores puros (e isso por seis, sete e, às vezes, dez gerações), ele mesmo afirma, de maneira taxativa, que a fertilidade dos híbridos não aumentou em nenhum momento, ao contrário, diminuiu gradativa e acentuadamente. Não tenho dúvida de que em geral é assim e, com frequência, a fertilidade cai abruptamente já nas primeiras gerações. Creio, porém, que se a fertilidade diminuiu nesses experimentos foi devido a uma causa independente, a saber: o cruzamento entre parentes próximos. Eu mesmo reuni um bom conjunto de fatos que provam que isso diminui a fertilidade, e reiteram, por outro lado, que o cruzamento ocasional entre um híbrido e uma variedade distinta aumenta a fertilidade. Portanto, não tenho dúvida quanto à pertinência da crença quase universal dos horticultores. Raramente os naturalistas cultivam híbridos em grande número; e, como a espécie progenitora e os híbridos derivados costumam crescer em um mesmo jardim, tomam-se medidas, no período de florescimento, para impedir visitas de insetos. Por isso, os híbridos costumam ser fertilizados, em cada geração, por seu próprio pólen, o que me parece danoso à sua fertilidade, já reduzida por serem híbridos. Essa convicção é reforçada por uma declaração notável, repetida várias vezes por Gärtner, de que mesmo quando os híbridos menos férteis são fertilizados artificialmente com pólen híbrido da mesma espécie, sua fertilidade, apesar dos efeitos nocivos da manipulação, pode aumentar significativamente e de maneira crescente. Mas posso afirmar, por experiência própria, que na fertilização artificial o pólen muitas vezes é retirado ao acaso das anteras de outra flor, quando não daquelas da própria flor a ser fertilizada, o que permitiria efetuar o cruzamento entre duas flores de uma mesma planta. E mais, na realização de um experimento complicado como esse, um naturalista cuidadoso como Gärtner teria castrado os híbridos, o que garantiria, em cada geração, o cruzamento com o pólen de uma flor distinta, seja da mesma planta, seja de outra planta igualmente híbrida. Explica-se, assim, pelo fato de os cruzamentos entre parentes terem sido evitados, o estranho fenômeno do aumento de fertilidade em sucessivas gerações de híbridos *artificialmente fertilizados*.

Examinemos agora os resultados obtidos por um terceiro horticultor dos mais experientes, o honorável reverendo Herbert. Ele conclui tão enfaticamente pela existência de híbridos perfeitamente férteis, a exemplo da espécie que lhes deu origem, quanto Kölreuter e Gärtner concluem pela universalidade da lei de que alguns cruzamentos interespécies produzem indivíduos estéreis. Alguns dos experimentos de Herbert foram realizados com as mesmas espécies utilizadas por Gärtner. A diferença dos resultados obtidos poderia ser explicada, ao menos em parte, pela grande habilidade de Herbert como horticultor e por ele ter estufas à sua disposição. Das muitas afirmações importantes que ele faz destacarei aqui apenas uma, a título de exemplo: "Todo óvulo numa poda de *Crinum capense* que foi fertilizado por *Crinum revolutum* produziu uma planta tal como eu nunca vi em casos de fecundação natural". Temos aí uma fertilidade perfeita, ou melhor, mais do que perfeita, em um cruzamento inicial entre duas espécies distintas.

O exemplo do *Crinum* leva-me a um fato singular, a existência de plantas individuais, como certas espécies de *Lobelia*, ou de espécics inteiras, como as do gênero *Hippeastrum*, que se deixam fertilizar mais facilmente pelo pólen de outra espécie do que pelo seu próprio. Constatou-se que essas plantas produzem sementes de pólen para espécies diferentes e que essas sementes são estéreis para a fertilização de indivíduos de sua própria espécie. O que significa que certas plantas individuais, quando não todos os indivíduos de uma mesma espécie, têm mais facilidade para se hibridizar com indivíduos de outras espécies do que para se fertilizarem a si mesmas. Um bulbo de *Hippeastrum aulicum* criado por Herbert produziu quatro flores; três foram fertilizadas com o próprio pólen e a quarta foi subsequentemente fertilizada pelo pólen de um composto híbrido que descendia de três outras espécies distintas. O resultado foi "que os ovários das três primeiras flores logo pararam de crescer e, após alguns dias, pereceram por completo, enquanto a vagem impregnada pelo pólen do híbrido cresceu vigorosamente e progrediu rapidamente, até alcançar a maturidade e produzir sementes férteis que vegetaram livremente". Em carta enviada a mim em 1839, o sr. Herbert disse que realizara esse experimento por cinco anos repetidos e continuou a fazê-lo por muitos anos mais, sempre com o mesmo resultado; e afirma ter obtido resultado similar ao do experimento com o *Hippeastrum* ao lidar com alguns de seus subgêneros, como a *Lobelia*, a *Passiflora* e o *Verbascum*. As plantas utilizadas nesses experimentos pareciam perfeitamente saudáveis, mas, embora seus óvulos e seu pólen fossem adequados a outras espécies, eram funcionalmente imperfeitos na própria planta de origem, o que nos leva a inferir que haviam sido desnaturadas. Em todo caso, esses fatos mostram como a maior ou menor fertilidade das espécies no cruzamento pode depender de sutis causas recônditas.

Os experimentos práticos dos horticultores, embora não sejam conduzidos com precisão científica, merecem alguma atenção. É notória a complexidade dos cruzamentos que produziram as espécies *Pelargonium*, *Fuchsia*, *Calceolaria*, *Petunia*, *Rhododendron* etc., e, no entanto, muitos desses híbridos se propagaram sem impedimento. Herbert, por exemplo, afirma que um híbrido de *Calceolaria integrifolia* e de *Calceolaria plantaginea*, espécies com hábitos gerais distintos, "se reproduzem tão bem quanto qualquer outra espécie nativa das montanhas do Chile". Dei-me ao trabalho de averiguar o grau de fertilidade de alguns dos cruzamentos complexos de rododendros e posso assegurar que muitos produziram indivíduos perfeitamente férteis. O sr. C. Noble, por exemplo, informou-me que realiza enxertos em galhos de um híbrido entre *Rhododendron ponticum* e *Rhododendron catawbiense* e que esse híbrido "procria com tanta facilidade quanto se poderia imaginar". Se, como quer Gärtner, os híbridos, devidamente tratados, tivessem fertilidade decrescente a cada geração, seria um fato notório para os criadores. Horticultores estão acostumados a plantar vastas faixas com os mesmos híbridos, que, graças à ação dos insetos, têm a oportunidade de se cruzar livremente entre si, impedindo assim a influência nociva do cruzamento entre parentes. Para se convencer da eficácia da atuação dos insetos, basta examinar as flores de espécies menos férteis de rododendros híbridos, que não produzem pólen: em seus estigmas, vê-se uma abundância de pólen trazido de outras flores.

No que se refere aos animais, carecemos de experimentos precisos como os realizados com as plantas. Supondo que nossos arranjos sistemáticos sejam confiáveis e que os gêneros dos animais sejam tão bem definidos quanto os das plantas, podemos inferir que animais muito distantes na escala da natureza se deixam cruzar mais facilmente do que plantas de condição similar; mas seus híbridos serão, ao que me parece, mais estéreis. Não estou certo de que exista um animal híbrido perfeitamente fértil. Contudo, não se pode esquecer de que, como poucos animais mantidos em cativeiro se reproduzem livremente, poucos experimentos foram realizados com eles. Um canário foi cruzado com outras nove espécies de tentilhão, e como nenhuma delas se reproduz livremente em cativeiro não haveria razão para esperar que os primeiros casais ou seus híbridos fossem perfeitamente férteis. Do mesmo modo, com relação à fertilidade de gerações sucessivas de animais híbridos mais férteis, não sei se foram realizados experimentos com duas famílias de um mesmo híbrido criadas ao mesmo tempo a partir de progenitores diferentes, evitando-se os efeitos nocivos do cruzamento entre parentes próximos. Ao contrário, irmãos e irmãs foram cruzados geração após geração, em oposição às repetidas advertências dos criadores; e não chega a surpreender que a esterilidade inerente aos híbridos tenha aumentado gradativamente. Se, procedendo desse modo, acasalássemos irmãos e irmãs de uma espécie pura, mas com tendência à esterilidade, em pouquíssimas gerações a linhagem estaria perdida.

Não estou a par de casos certificados de animais híbridos perfeitamente férteis, mas, tenho boas razões para crer que seriam tais, por exemplo, os híbridos resultantes do cruzamento entre o *Cervulus vaginalis* e o *Cervulus reevesii*, ou entre o *Phasianus colchicus* e o *Phasianus torquatus* ou o *Phasianus versicolor*. Os híbridos de ganso comum e ganso chinês (*A. cygnoides*), espécies tão diferentes que costumam ser classificadas em gêneros distintos, vêm se reproduzindo na Inglaterra, seja a partir de progenitores puros, seja ainda, em um único caso, *inter se*. Este último feito se deve ao sr. Eyton, que obteve dois híbridos dos mesmos pais a partir de ninhadas diferentes; e, a partir desses dois pássaros, obteve oito híbridos (netos do ganso puro) a partir de um mesmo ninho. Na Índia, os gansos de raça mista são ainda mais comuns. Duas autoridades que constam entre as mais capazes, o sr. Blyth e o capitão Hutton, afirmam que bandos inteiros de gansos híbridos são cultivados em diferentes regiões daquele país e, como o objetivo da criação é o lucro, devem por certo ser muito férteis, dado que não se encontram ali as suas espécies progenitoras.

Os naturalistas modernos parecem ter aceitado uma doutrina de Pallas, segundo a qual todas as espécies de animais domésticos descendem de duas ou mais espécies aborígenes, mescladas por cruzamento. Nessa perspectiva, as espécies aborígenes ou teriam de início produzido híbridos bastante férteis, ou estes se tornaram férteis em gerações subsequentes, como resultado da domesticação. Esta última alternativa parece-me a mais provável, e estou inclinado a considerá-la verdadeira, embora faltem evidências diretas. Acredito, por exemplo, que nossos cães descendem de diversas matrizes selvagens, e, com a possível exceção de alguns cães domésticos indígenas, da América do Sul, quase todos são férteis quando cruzados entre si – o que me leva a questionar, por analogia, se as numerosas espécies aborígenes teriam se cruzado livremente e produzido híbridos férteis. Por outro lado, também há razão para crer que o gado europeu e o gado indiano, corcovado, produzem híbridos férteis; porém, fatos comunicados a mim pelo sr. Blyth levam a pensar que é melhor considerá-los espécies diferentes. Essa teoria sobre a origem de muitos de nossos animais domésticos desmente a crença de uma esterilidade quase universal no cruzamento entre espécies de animais distintas ou, ao menos, mostra que a esterilidade não é uma característica indelével, mas pode ser obliterada pela domesticação.

Por fim, o exame dos fatos relativos ao cruzamento de plantas e de animais permite concluir que algum grau de esterilidade é produzido; mas trata-se de um resultado bastante geral, que, dado o estado atual de nossos conhecimentos, não pode ser considerado universal.

Leis que governam a esterilidade dos primeiros cruzamentos entre espécies e dos híbridos resultantes

Consideraremos agora em mais detalhes as circunstâncias e regras que governam a esterilidade dos primeiros cruzamentos entre espécies e dos híbridos decorrentes. Nosso principal objetivo é verificar em que medida as regras indicam que as espécies são dotadas dessa qualidade a ponto de impedir que se cruzem e se misturem, confundindo-se entre si. As regras e conclusões que se seguem foram extraídas principalmente do estudo clássico de Gärtner sobre a hibridização das plantas. Empenhei-me ao máximo para determinar até que ponto essas mesmas regras se aplicariam aos animais; e, dado o nosso escasso conhecimento dos híbridos animais, surpreendeu-me ver que, em geral, as mesmas regras valem em ambos os reinos.

Foi observado anteriormente que o grau de fertilidade dos primeiros cruzamentos, bem como dos híbridos, vai do zero à perfeita fertilidade. São surpreendentes as curiosas maneiras em que se pode mostrar a existência dessa gradação; nos restringiremos aqui a apresentar os fatos em linhas muito gerais. Quando o pólen de uma planta de determinada família é depositado no estigma de uma planta de outra família, sua influência é a mesma que a da poeira inorgânica. A partir desse zero absoluto de fertilidade, o pólen de uma espécie, uma vez aplicado ao estigma de outra espécie do mesmo gênero, produz uma gradação perfeita no número de sementes produzidas até chegar a uma fertilidade completa ou quase completa – e, como vimos, pode até chegar, em casos anômalos, a uma fertilidade excessiva, que excede a produzida pelo pólen da própria planta. Entre os híbridos propriamente ditos, alguns nunca produziram e provavelmente jamais produzirão sequer uma semente fértil, nem mesmo com o pólen de seus progenitores puros. Mesmo assim, em alguns casos, pode-se detectar um traço de fertilidade, quando o pólen de uma das espécies progenitoras faz com que a flor do híbrido desabroche antes do que o faria; e o desabrochar prematuro de uma flor é sinal de fertilidade, ainda que incipiente. A partir desse extremo de esterilidade, há os híbridos que se fertilizam a si mesmos, o que leva à produção cada vez mais numerosa de sementes até que se chegue à fertilidade perfeita.

Híbridos de duas espécies muito difíceis de serem cruzadas, que raramente produzem proles, são em geral bem pouco férteis. Mas o paralelismo entre a dificuldade de se realizar um primeiro cruzamento e a esterilidade dos híbridos produzidos pelos cruzamentos subsequentes – duas classes de fatos que costumam ser misturados – não é, de modo algum, estrito. Em muitos casos, duas espécies puras podem ser reunidas com facilidade incomum, produzindo uma prole híbrida numerosa, porém acentuadamente estéril. Por outro lado, há espécies que raramente se deixam cruzar, ou que o fazem com dificuldade, mas cujos híbridos são bastante férteis. Essas duas situações opostas podem ser verificadas até no interior de um mesmo gênero, como no caso do *Dianthus*.

A fertilidade dos primeiros cruzamentos, assim como dos híbridos, é mais sensível a condições desfavoráveis do que a fertilidade de espécies puras. Mesmo nessas últimas, o grau de fertilidade é variável, por uma tendência inata; e, ainda que duas espécies sejam cruzadas sempre nas mesmas circunstâncias, nada garante que esse grau não irá variar, pois a fertilidade depende, ao menos em parte, da constituição dos indivíduos escolhidos para o experimento. Com os híbridos não é diferente, e com frequência constata-se que seu grau de fertilidade varia muito em indivíduos diversos que cresceram a partir do mesmo casulo e foram expostos a condições exatamente iguais.

O termo "afinidade sistemática" significa uma semelhança entre espécies diferentes em relação à estrutura e à constituição, em especial no que se refere à estrutura das partes, tão importante para a fisiologia, que pouco varia em espécies aparentadas. A fertilidade dos primeiros cruzamentos e dos híbridos decorrentes é governada por afinidade sistemática. É o que fica claro, por um lado, pelo fato de nunca terem surgido híbridos entre espécies que os naturalistas pudessem classificar em famílias distintas; e, por outro lado, pelo fato de espécies estreitamente aparentadas geralmente se deixarem cruzar com bastante facilidade. Contudo, a correspondência entre afinidade sistemática e facilidade de cruzamento não é estrita. Pode-se oferecer uma série de casos de espécies de grupos estreitamente aparentados que não se deixam reunir ou só o fazem com extrema dificuldade; e, por outro lado, de espécies afastadas, mas que se deixam reunir com facilidade. Pode haver, em uma mesma família, um gênero como o *Dianthus*, por exemplo, no qual muitas espécies se deixam cruzar entre si; e outro, como o *Silene*, em que os maiores esforços são incapazes de produzir sequer um híbrido de espécies muito próximas. A mesma diferença pode ser constatada dentro dos limites de um mesmo gênero. Por exemplo, as muitas espécies de *Nicotiana* foram mais cruzadas do que praticamente qualquer outro gênero, mas Gärtner pôde constatar que a *Nicotiana acuminata*, que não é uma espécie distinta particular, teimava em não fertilizar ou em não ser fertilizada por nada menos que oito espécies diferentes de *Nicotiana*. Muitos outros fatos análogos poderiam ser oferecidos.

Ninguém sabe dizer ao certo qual quantidade de diferenciação em um caractere distintivo é necessária para impedir que uma prole fértil resulte do cruzamento entre duas espécies. Plantas com hábitos e aparência inteiramente diferentes, dotadas de peculiaridades marcantes em cada uma das partes de suas flores, e mesmo no pólen, na fruta e nos cotilédones, podem ser cruzadas. Plantas de floração anual ou perene, árvores decíduas ou não, plantas que habitam diferentes lugares e são adaptadas a climas extremamente diversos deixam-se, com frequência, cruzar com facilidade.

Por cruzamento recíproco entre duas espécies entendo, por exemplo, o cavalo garanhão que cruza com uma jumenta, ou o jumento que cruza com a égua: pode-se dizer que essas espécies se cruzaram entre si reciprocamente. A dificuldade de realizar cruzamentos recíprocos entre tais espécies pode variar muito. Casos como esse são extremamente importantes, pois provam que a capacidade de duas espécies de se cruzar entre si é, com frequência, completamente independente de afinidade sistemática entre elas ou de alguma diferença identificável em suas respectivas organizações. Por outro lado, esses casos mostram com clareza que a suscetibilidade ao cruzamento está ligada a diferenças de constituição imperceptíveis para nós, pois são confinadas ao sistema reprodutivo. Essa diferença no resultado de cruzamentos recíprocos entre duas espécies foi observada há algum tempo por Kölreuter. Por exemplo: a *Mirabilis jalapa* pode facilmente ser fertilizada pelo pólen da *Mirabilis longiflora*, e os híbridos produzidos serão suficientemente férteis para prolongar a linhagem; mas Kölreuter realizou mais de duzentas tentativas, em oito anos sucessivos, sem qualquer êxito, de cruzar a *Longiflora* e o pólen da *Jalapa*. Outros casos igualmente impressionantes poderiam ser mencionados. Thuret observou o mesmo fato com relação às sementes marinhas chamadas *Fuci*. Gärtner constatou também que a facilidade variável para realizar cruzamentos recíprocos é bastante comum em grau inferior. Observou-a entre formas como a *Matthiola annua* e a *Matthiola glabra*, tão similares que os botânicos as classificam como simples variedades. Igualmente notável, híbridos derivados de cruzamentos recíprocos entre duas espécies, uma delas tomada como pai e a outra como mãe, geralmente diferem quanto ao grau de baixa fertilidade, mas também, ocasionalmente, quanto ao de fertilidade alta.

Outras regras singulares poderiam ser extraídas de Gärtner. Por exemplo: algumas espécies são dotadas de uma suscetibilidade incomum a se deixarem cruzar com alguma outra em particular; outras têm a capacidade de imprimir sua similaridade na prole híbrida derivada do cruzamento com uma espécie do mesmo gênero. Mas essas diferentes capacidades nem sempre vão juntas. Há híbridos que em vez de terem, como de costume, um caráter intermediário entre seus dois pais são mais semelhantes a um deles; e, embora exteriormente sejam tão similares a uma das espécies progenitoras, são, com raras exceções, totalmente estéreis. Do mesmo modo, híbridos de estrutura intermediária em relação às de seus progenitores produzem por vezes indivíduos excepcionais ou anormais muito semelhantes a um dos progenitores, mas que são híbridos totalmente estéreis, ainda que outros híbridos oriundos da mesma cápsula tenham considerável grau de fertilidade. Esses fatos mostram que a fertilidade dos híbridos independe por completo de semelhança externa com um dos progenitores puros.

Com base nessas regras sobre a fertilidade dos primeiros cruzamentos e dos híbridos decorrentes, vemos que, quando se reúnem formas consideradas espécies sadias e distintas, sua fertilidade vai gradativamente do zero à plenitude, ou mesmo ao excesso; que essa fertilidade, além de ser claramente suscetível a condições mais ou menos favoráveis, varia de acordo com uma tendência inata; que ela é a mesma nos primeiros cruzamentos e nos híbridos decorrentes; que a fertilidade dos híbridos não está relacionada ao grau de semelhança externa entre eles e um de seus progenitores; e, por fim, que a facilidade de realizar cruzamentos iniciais entre duas espécies nem sempre é governada pela afinidade sistemática ou pelo grau de similaridade entre elas. Esta última afirmação é comprovada pelos cruzamentos recíprocos entre duas espécies, pois, dependendo de qual delas é utilizada como pai e qual delas como mãe, pode haver diferenças, eventualmente determinantes, no que se refere à facilidade de efetivar a união. Sem mencionar que híbridos produzidos por cruzamentos recíprocos costumam ter diferentes graus de fertilidade.

Mas seriam essas regras um indicativo de que as espécies foram dotadas de esterilidade para impedir que se misturassem em estado de natureza? Penso que não. Fosse assim, por que haveria graus tão díspares de esterilidade na prole cruzada de espécies diferentes que supostamente não se deixam misturar? Por que o grau de esterilidade varia de indivíduo para indivíduo em uma mesma espécie? Por que algumas espécies cruzam com facilidade, produzindo híbridos estéreis, enquanto outras, que dificilmente se deixam cruzar, produzem híbridos férteis? Por que duas espécies que se cruzam repetidas vezes produzem resultados tão diversos em diferentes momentos? Por que, afinal, a produção de híbridos é permitida? Parece-me um arranjo estranho, o que dá às espécies o poder de produzir híbridos e depois impede sua propagação implementando diversos graus de esterilidade que não têm relação direta com a facilidade com que os progenitores se deixam cruzar.

Por outro lado, as regras e os fatos precedentes parecem indicar que a esterilidade, tanto dos primeiros cruzamentos quanto dos híbridos resultantes, ou é incidental ou depende de diferenças desconhecidas, principalmente nos sistemas reprodutivos das espécies cruzadas. Essas diferenças são de natureza tão peculiar, e são tão particulares, que em cruzamentos recíprocos entre duas espécies o elemento sexual masculino de uma atua livremente no elemento sexual feminino da outra, mas o reverso não acontece. Parece-me recomendável explicar mais detidamente, com um exemplo, o que quero dizer quando afirmo que a esterilidade não é um dote especial, mas uma qualidade incidental a outras diferenças. A suscetibilidade de uma planta a ser enxertada ou germinada a partir de outra é indiferente ao seu bem-estar em estado de natureza, e ninguém, penso eu, presumiria que essa qualidade é um dote *especial*, mas admite-se que seja incidente às diferenças de lei do crescimento das duas plantas envolvidas. Por vezes, compreendemos por que uma planta não aceita outra, devido a diferenças de ritmo de crescimento, pela dureza da madeira, pela época de florescimento, pela natureza da seiva etc. Mas, na maioria dos casos, não conseguimos encontrar nenhuma razão para que isso ocorra. Diferenças importantes, como entre uma planta grande e outra pequena, uma lenhosa e outra herbácea, uma perene e outra decídua, sem mencionar a adaptação a diferentes climas, nem sempre impedem o enxerto. Tal como na hibridização, também no enxerto as possibilidades são limitadas pela afinidade sistemática entre as espécies, como mostra o fato de ninguém até hoje ter conseguido realizar enxertos em árvores de famílias diferentes, enquanto espécies de uma mesma ordem e variedades de uma mesma espécie se prestam a tal, embora nem sempre. Essa suscetibilidade, a exemplo da hibridização, não é governada por afinidades sistemáticas. Há muitos casos de enxerto entre gêneros distintos de uma mesma família e outros tantos de incompatibilidade entre espécies do mesmo gênero. A pera se deixa enxertar mais facilmente no marmelo, que é classificado em um gênero distinto, do que na maçã, que é um membro do mesmo gênero. Diferentes espécies de pera aceitam, com variável grau de facilidade, o marmelo; e o mesmo se dá com diferentes variedades de pêssego e de damasco em relação a certas espécies de ameixa.

Gärtner constatou que pode haver diferença inata entre diferentes *indivíduos* de duas espécies que se cruzam constantemente; Sagaret, por sua vez, acredita que isso acontece com indivíduos de duas espécies diferentes que são enxertados. Assim como em cruzamentos recíprocos, nos enxertos também a facilidade para efetuar a união é com frequência bastante variável. A groselha verde comum, por exemplo, não pode ser enxertada na groselha vermelha, que, por seu turno, aceita a primeira, embora com dificuldade.

Vimos que a esterilidade de híbridos com órgãos sexuais em perfeitas condições é uma situação bastante diferente da reunião entre duas espécies puras com órgãos reprodutivos em perfeitas condições. Dito isso, há certo paralelismo entre esses casos. Algo análogo ocorre no enxerto. Como constatou Thouin, três espécies de *Robinia* que fertilizaram livremente em suas próprias raízes e que não tinham dificuldade para ser enxertadas em outras espécies tornaram-se estéreis após o enxerto. Já certas espécies de *Sorbus*, quando enxertadas em outras, produzem até o dobro de frutos. Este último fato traz à lembrança os extraordinários casos do *Hippeastrum*, da *Lobelia* etc., que semeiam muito mais livremente quando fertilizados pelo pólen de espécies diferentes do que pelo próprio pólen.

Vemos assim que, embora haja uma diferença clara e fundamental entre a mera adesão de matrizes enxertadas e a união entre os elementos masculino e feminino no ato da reprodução, verifica-se certo paralelismo, ainda que grosseiro, entre os resultados do enxerto e do cruzamento de espécies distintas. E, assim como as curiosas e complexas leis da suscetibilidade das árvores ao enxerto são incidentais a diferenças desconhecidas entre os seus sistemas vegetativos, acredito que também as leis, ainda mais complexas, que governam a facilidade dos primeiros cruzamentos, são incidentais a diferenças desconhecidas, principalmente entre os seus sistemas reprodutivos. Como seria de esperar, em ambos os casos essas diferenças seguem-se, até certo ponto, da afinidade sistemática, termo que pretende exprimir toda espécie de similaridade e dissimilaridade entre seres orgânicos. Os fatos não parecem indicar que uma maior ou menor dificuldade para realizar enxertos ou cruzamentos entre espécies seria um dote especial; embora, no caso dos cruzamentos, ela indique a resistência e a estabilidade das formas específicas, o que não ocorre no caso dos implantes.

Causas de esterilidade nos primeiros cruzamentos e nos híbridos resultantes

Podemos examinar agora mais detalhadamente as causas prováveis de esterilidade dos cruzamentos iniciais e dos híbridos resultantes. São casos fundamentalmente diferentes, pois, como se viu, na união entre duas espécies puras os elementos sexuais masculino e feminino são perfeitos, mas nos híbridos, não. Mesmo nos primeiros cruzamentos, a dificuldade de se efetuar uma união parece depender de numerosas causas distintas. O elemento masculino pode ser incapaz de alcançar o óvulo feminino, como em uma planta que tivesse um pistilo longo demais para que o pólen chegasse ao ovário. Observou-se também que, quando o pólen de uma espécie é depositado no estigma de uma espécie aparentada, porém distante, embora haja protuberância nos tubos eles não penetram a superfície estigmática. Do mesmo modo, o elemento masculino pode alcançar o feminino, mas ser incapaz de causar o desenvolvimento do embrião, como parecem mostrar alguns experimentos de Thuret com as *Fuci*. Não há explicação para esses fatos, assim como não se entende por que certas árvores não se deixam enxertar em outras. Por fim, um embrião pode começar a se desenvolver e a perecer ainda em uma etapa inicial. Esta última possibilidade não foi devidamente avaliada, mas, com base em observações enviadas a mim pelo sr. Hewitt, que tem vasta experiência na hibridização de galináceos, acredito que a morte prematura do embrião é uma causa bastante frequente de esterilidade dos cruzamentos iniciais. De início, relutei em aceitar essa ideia, pois híbridos costumam ser saudáveis e ter vida longa, como no caso da mula. Mas as circunstâncias de sua existência não são as mesmas antes e depois do nascimento: se nascem e vivem em uma região na qual seus progenitores podem prosperar, geralmente têm condições de vida adequadas. Antes de nascer, porém, o híbrido é gestado no útero da mãe, ou em um ovo, ou em uma semente, o que pode expô-lo a condições desfavoráveis que levam à sua morte prematura, pois todos os seres, híbridos ou não, são muito sensíveis a condições de vida prejudiciais ou pouco naturais.

Quanto à esterilidade de híbridos em que o elemento sexual se desenvolveu imperfeitamente, a situação é outra. Mencionei, mais de uma vez, um vasto repertório de fatos que coletei e que mostram que, quando animais e plantas são removidos de suas condições naturais, seus sistemas reprodutivos podem ser seriamente afetados. Tal é, na verdade, o principal entrave à domesticação dos animais. Há muitos pontos de semelhança entre a esterilidade induzida desse modo e aquela dos híbridos. Em ambos os casos, a esterilidade é independente da saúde como um todo e costuma ser acompanhada pelo tamanho excessivo ou pela exuberância do animal ou planta; em ambos os casos, o grau de esterilidade varia; em ambos, o elemento masculino é o mais afetado, embora nem sempre; em ambos, a tendência acompanha, até certo ponto, a afinidade sistemática, em que grupos inteiros de animais e plantas são tornados impotentes pelas mesmas condições naturais e grupos inteiros de espécies tendem a produzir híbridos estéreis. Mas também acontece de uma espécie de um grupo pequeno passar por grandes alterações com a fertilidade incólume, enquanto outras produzem híbridos extraordinariamente férteis. Ninguém poderia dizer *a priori* se um animal confinado irá procriar ou se uma planta cultivada irá semear livremente, tampouco se duas espécies quaisquer de um gênero irão produzir mais ou menos híbridos estéreis. Por fim, seres orgânicos expostos por sucessivas gerações a condições pouco naturais para eles tornam-se extremamente suscetíveis à variação, o que se deve, creio eu, ao fato de seus sistemas reprodutivos serem especialmente afetados, embora não a ponto de produzir esterilidade. O mesmo acontece com os híbridos, que, como qualquer naturalista pode observar por si mesmo, se sucedem em gerações e são aptos a variar.

Vemos assim que, quando seres orgânicos são expostos a condições novas e não naturais, e híbridos são produzidos pelo cruzamento não natural de duas espécies, o sistema reprodutivo, independentemente do estado geral de saúde, sempre é afetado pela esterilidade de maneira muito similar. Em um caso, as condições de vida foram perturbadas, embora com frequência num grau tão mínimo que não conseguimos perceber; no outro, as condições externas permaneceram as mesmas, mas a organização foi perturbada pela fusão de duas diferentes estruturas e constituições em uma só. Pois dificilmente duas organizações poderiam ser fundidas em uma sem alguma perturbação no desenvolvimento, no comportamento, na relação entre as diferentes partes e órgãos ou, ainda, nas condições de vida. Híbridos que chegam a procriar *inter se* transmitem à prole, de uma geração a outra, a mesma organização composta e, assim, não deve nos surpreender que sua esterilidade, embora varie em algum grau, raramente diminua.

No entanto, é preciso reconhecer que numerosos fatos relativos à esterilidade dos híbridos só nos são compreensíveis por meio de hipóteses vagas. É o caso, por exemplo, da fertilidade desigual de híbridos produzidos a partir de cruzamentos recíprocos ou da maior esterilidade de híbridos excepcionalmente semelhantes a um dos progenitores puros. Longe de mim supor que essas observações sejam exaustivas: elas não explicam por que um organismo posto em condições não naturais se torna estéril. Tentei apenas mostrar que a esterilidade é o resultado comum dos dois casos em exame – em um caso, devido à perturbação das condições de vida, e, no outro, à perturbação da organização pela mistura de duas organizações em uma mesma.

Pode parecer fantasioso, mas suspeito que um paralelismo similar se estende a uma classe de fatos correlatos a esses, embora diferentes. Uma velha crença, quase universal, ao que me parece baseada em um conjunto de evidências significativo, diz que mudanças mínimas nas condições de vida são benéficas aos seres vivos em geral. Vemos isso na prática dos pecuaristas e agricultores, que costumam passar os animais, as sementes e os tubérculos de um clima para outro e de volta ao primeiro. Em animais convalescentes, os efeitos benéficos de qualquer mudança nos hábitos de vida são conspícuos. Do mesmo modo, plantas e animais oferecem farta evidência de que o cruzamento entre indivíduos muito diferentes de uma mesma espécie, ou seja, entre membros de diferentes linhagens ou sub-raças, torna a prole vigorosa e fértil. E, com base em fatos aludidos no quarto capítulo, creio que certa quantidade de cruzamentos é indispensável, mesmo aos hermafroditas, enquanto o intercruzamento entre os parentes mais próximos ao longo de sucessivas gerações, especialmente se mantidas as mesmas condições de vida, induz à debilidade e à esterilidade da progênie.

Tudo indica, assim, de um lado, que mudanças sutis nas condições de vida são benéficas para todos os organismos, e, de outro, que cruzamentos sutis, ou seja, entre machos e fêmeas da mesma espécie, mas que variaram e tornaram-se levemente diferentes, tornam a prole fértil e vigorosa. Mas também vimos que grandes alterações, ou mudanças de natureza particular, costumam tornar estéreis em algum grau os seres orgânicos afetados por elas e que cruzamentos superiores, entre machos e fêmeas que se tornaram ampla ou especificamente diferentes, costumam produzir híbridos com certo grau de esterilidade. Tenho a firme convicção de que esse paralelismo em particular não é um acidente ou ilusão. Um vínculo comum, porém desconhecido, essencialmente ligado ao princípio vital, parece conectar essas séries de fatos.

Fertilidade de variedades cruzadas e de suas proles mestiças

Uma objeção de peso consiste em alegar que, como deve haver necessariamente alguma distinção essencial entre espécies e variedades, as observações precedentes contêm um erro, na medida em que as variedades, por mais que difiram umas das outras quanto à aparência externa, cruzam-se sem dificuldade e produzem uma prole perfeitamente fértil. Admito que esse seja quase sempre o caso. Mas, se examinarmos variedades produzidas em estado de natureza, nos enredaremos em dificuldades insolúveis, pois a maioria dos naturalistas, diante de duas supostas variedades cujo cruzamento produz proles estéreis, não hesita em classificá-las como espécies. Por exemplo, a pimpinela azul e a vermelha, a primavera e a prímula, que muitos de nossos melhores botânicos consideram variedades, não são totalmente férteis quando cruzadas e, por isso, Gärtner as classifica como espécies inequívocas. Se argumentarmos assim, em círculos, estará assegurada a fertilidade de todas as variedades produzidas em estado de natureza.

Dúvidas continuam a nos assolar quando nos voltamos para variedades produzidas ou supostamente produzidas sob domesticação. Quando se afirma, por exemplo, que o spitz alemão tem mais facilidade do que outros cães para copular com raposas ou que certos cães domésticos originários da América do Sul não hesitam em copular com cães nativos da Europa, a explicação que ocorreria a todos, e provavelmente está correta, é que esses cães descendem de diferentes espécies aborígenes. Mas é notável a perfeita fertilidade dos cruzamentos entre variedades domésticas mais diferentes entre si, como no caso dos pombos ou dos repolhos, especialmente quando lembramos quantas espécies não há que, embora muito similares, produzem proles estéreis quando são cruzadas. Algumas considerações importantes tornam esse fato menos notável do que parece à primeira vista. Em primeiro lugar, pode-se mostrar com clareza que a mera dissimilaridade externa entre duas espécies não determina o grau maior ou menor da esterilidade da prole resultante de seu cruzamento; a mesma regra vale para variedades domésticas. Em segundo lugar, alguns naturalistas eminentes creem que uma domesticação prolongada tende a eliminar a esterilidade nas sucessivas gerações de híbridos que de início eram levemente estéreis; se for assim, não se deve esperar que a esterilidade apareça e desapareça nas mesmas condições de vida. Por fim, e parece-me a consideração mais importante, novas linhagens de animais e de plantas são produzidas sob domesticação pelo poder humano de seleção, metódico e não consciente, para seu próprio uso e prazer.

O homem não quer nem teria como selecionar diferenças sutis no sistema reprodutivo ou outras diferenças de constituição relativas a esse sistema; dá às diversas variedades o mesmo alimento; trata-as praticamente da mesma maneira; e não tenciona alterar seus hábitos de vida gerais. A natureza atua sobre a organização como um todo, de modo lento e uniforme, em longos períodos, e consegue assim, de maneira direta ou, mais provavelmente, indireta, pela correlação, modificar o sistema reprodutivo de muitos dos descendentes de uma espécie qualquer. Dada essa diferença no processo de seleção, quando efetuado pelo homem ou pela natureza, não devemos nos surpreender com diferenças nos resultados.

Considerei até aqui que variedades de uma mesma espécie cruzadas entre si são invariavelmente férteis. Mas parece-me impossível resistir à evidência de que, em alguns casos, há certa quantidade de esterilidade, como mostrarei resumidamente. A evidência é pelo menos tão positiva quanto a que nos leva a crer na esterilidade de uma série de cruzamentos entre espécies e deriva, além do mais, de testemunhos hostis à teoria aqui exposta, que nos demais casos consideram a fertilidade e a esterilidade critérios seguros de distinção específica. Por muitos anos, Gärtner cultivou em seu jardim, uma ao lado da outra, uma espécie de milho anão com sementes amarelas e uma variedade alta, com sementes vermelhas; embora essas plantas tenham sexos separados, jamais se cruzaram naturalmente. Fertilizou então treze folhas da primeira com o pólen da segunda; uma única cabeça produziu sementes e cinco grãos apenas. A manipulação não foi prejudicial, pois as plantas tinham sexos separados. Ninguém poderia supor, creio eu, que essas mudas de milho seriam espécies distintas; e é importante notar que as plantas híbridas produzidas eram *perfeitamente* férteis, e nem mesmo Gärtner ousou afirmar que seriam duas variedades especificamente distintas.

Girou de Buzareingues cruzou três variedades de abóbora, que, como as de milho, tinham sexos separados, e garante que sua fertilização mútua é bem mais dificultosa quanto maiores forem as diferenças entre elas. Não sei ao certo se esses experimentos são confiáveis ou não; mas as formas utilizadas são classificadas como variedades por Sagaret, que baseia essa escolha principalmente em testes de infertilidade.

O caso seguinte é muito mais notável e, à primeira vista, parece difícil de acreditar. É resultado de um número impressionante de experimentos, realizados por muitos anos em nove espécies de *Verbascum*, pelo mesmo Gärtner, que além de ser um observador, como dissemos, é também uma testemunha hostil às minhas teses. Quando cruzadas entre si, as variedades amarela e branca de *Verbascum* produziram menos sementes do que quando fertilizadas com pólen de suas próprias flores. E mais, Gärtner afirma que, quando as variedades amarela e branca de uma espécie são cruzadas com as variedades amarela e branca de uma espécie *distinta*, mais sementes são produzidas nos cruzamentos entre flores com a mesma cor do que naqueles entre flores de cores diferentes. Mas essas variedades de *Verbascum* não apresentam outra diferença além da mera coloração da flor; e uma variedade pode, às vezes, ser extraída da semente de outra.

Observações que eu mesmo realizei com certas variedades de hibisco rosa inclinam-me a pensar que elas apresentam fatos análogos.

Kölreuter, cuja precisão foi confirmada por todos os observadores subsequentes, provou o fato notável de que a variedade comum do tabaco se torna mais fértil do que outras quando cruzada com uma espécie inteiramente diferente. Realizou experimentos com cinco formas que costumam ser consideradas variedades e testou-as pelo critério mais severo possível, a saber, cruzamentos recíprocos, verificando que sua prole de anômalos era perfeitamente fértil. Porém, uma variedade em particular, quando utilizada como pai ou mãe em cruzamentos com a *Nicotiana glutinosa*, produziu híbridos menos estéreis que os resultantes das quatro outras quando cruzadas com essa mesma planta. Infere-se que o sistema reprodutivo dessa variedade em particular deve ter sofrido alguma modificação.

Com base nesses fatos, a partir da imensa dificuldade em determinar a infertilidade de variedades em estado de natureza – pois uma suposta variedade que fosse infértil em algum grau teria de ser classificada como espécie – e a partir do fato de que o homem seleciona apenas caracteres externos na produção de suas variedades domésticas e não quer nem poderia produzir diferenças funcionais no sistema reprodutivo, com base nessas considerações e nesses fatos não se segue, a meu ver, que a fertilidade geral das variedades é uma distinção fundamental entre variedades e espécies. A fertilidade geral das variedades não me parece suficiente para desmentir a ideia, sugerida aqui, de que a esterilidade geral, porém não invariável dos primeiros cruzamentos e dos híbridos decorrentes, não é um dote, mas é, sim, incidental a modificações lentamente adquiridas, em particular no sistema reprodutivo das formas cruzadas.

Comparação entre híbridos e mestiços, independentemente da fertilidade

As proles de espécies cruzadas podem ser comparadas às de variedades cruzadas sob muitos outros aspectos que não a fertilidade. Gärtner, que queria acima de tudo traçar uma linha de distinção nítida entre espécies e variedades, não encontrou mais que umas poucas diferenças entre a chamada prole híbrida das espécies e a chamada prole mestiça das variedades, que me parecem, de resto, bastante irrelevantes. Sem mencionar que, sob outros aspectos importantes, verifica-se entre elas um bom número de concordâncias rigorosas.

Discutirei esse assunto de maneira extremamente breve. A distinção mais importante é que, na primeira geração, os mestiços variam mais do que os híbridos. Mas o próprio Gärtner admite que híbridos de espécies cultivadas há algum tempo costumam variar na primeira geração. Eu mesmo vi exemplos impressionantes disso. Gärtner admite ainda que híbridos resultantes do cruzamento entre espécies estreitamente aparentadas são mais variáveis que os de espécies muito distintas, o que mostra que a diferença no grau de variabilidade se dilui gradativamente. Quando os mestiços e os híbridos mais férteis são propagados por diversas gerações, nota-se uma extrema variação em sua prole; mas pode-se dar exemplos de híbridos e de mestiços cujo caráter é preservado uniformemente. Mas talvez a variabilidade seja maior nas sucessivas gerações de mestiços do que nas de híbridos.

Não surpreende que os mestiços variem mais do que os híbridos. Pois seus progenitores são variedades e, no mais das vezes, variedades domésticas (há pouquíssimos experimentos com variedades naturais), o que implica, na maioria das vezes, variações recentes. Portanto, é de esperar que essa variabilidade persista e seja acrescentada àquela que surge no ato do cruzamento. Por outro lado, o tênue grau de variabilidade de híbridos de primeira geração, em contraste com sua extrema variabilidade nas gerações sucessivas, é um fato curioso que merece atenção e pode ser explicado pela ideia de que a causa mais comum de variabilidade é a extrema sensibilidade a uma alteração qualquer nas condições de vida, tornando-os com frequência impotentes ou incapazes de desempenhar a função que lhes cabe: produzir uma prole idêntica à forma progenitora. Ora, híbridos de primeira geração (com exceção daqueles cultivados há longo tempo) descendem de espécies que não tiveram seus sistemas reprodutivos afetados e, por isso, não são variáveis; mas como o sistema reprodutivo dos híbridos em geral é seriamente afetado, seus descendentes variam muito.

Aprofundando a nossa comparação entre mestiços e híbridos, Gärtner afirma que, quando duas espécies estreitamente aparentadas são cruzadas com uma terceira, cada uma produz híbridos totalmente diferentes dos da outra; mas, quando duas variedades distintas de uma mesma espécie são cruzadas com outra espécie, os híbridos produzidos não são muito diferentes. Até onde eu sei, porém, essa conclusão está baseada em um único experimento e parece ser diametralmente oposta aos resultados de numerosos experimentos conduzidos por Kölreuter.

São as únicas diferenças que Gärtner consegue apontar entre plantas híbridas e plantas mestiças. Por outro lado, de acordo com esse mesmo autor, a similaridade entre mestiços e híbridos e seus respectivos progenitores, em particular híbridos produzidos a partir de espécies muito próximas, obedece às mesmas leis. Por vezes, quando duas espécies se cruzam, uma delas se impõe e imprime a sua similaridade no híbrido; o mesmo se passa, creio eu, com as variedades de plantas. Quanto aos animais, é certo que esse mesmo poder atua. Plantas híbridas produzidas por cruzamento recíproco são geralmente muito semelhantes entre si; e o mesmo acontece com mestiços de cruzamentos recíprocos. Tanto os híbridos quanto os mestiços podem ser reduzidos a uma das formas progenitoras através de cruzamentos recíprocos em sucessivas gerações com qualquer um dos progenitores.

Essas observações também se aplicam, aparentemente, aos animais; mas o assunto é bastante complicado, em parte devido à existência de caracteres sexuais secundários, mas em especial pelo fato de a tendência à transmissão de similaridades ser mais acentuada em um sexo do que em outro quando espécies ou variedades são cruzadas entre si. Parecem-me ter razão os autores que afirmam que o jumento predomina em relação ao cavalo, pois tanto a mula quanto o bardoto são mais similares a ele do que a este último, mas, ao mesmo tempo, esse poder é mais forte no macho do que na fêmea, e a mula, que resulta do cruzamento entre o jumento e a égua, é mais semelhante ao jumento do que ao bardoto, que resulta do cruzamento entre o garanhão e a jumenta.

Alguns autores alegam que apenas os mestiços de animais se assemelhariam a um de seus progenitores, mas pode-se mostrar que isso também ocorre com híbridos, embora com menos frequência. Examinando os casos que coletei de animais cruzados similares a um de seus progenitores, as similaridades parecem se restringir principalmente a caracteres que são, por natureza, quase aberrantes e que surgem subitamente – como o albinismo, o melanismo, a ausência de rabo ou de chifres, dedos anômalos – e não têm relação com caracteres adquiridos lentamente por seleção. Por conseguinte, súbitas reversões para o caráter perfeito de um dos progenitores são mais prováveis em mestiços, que descendem de variedades muitas vezes produzidas abruptamente e de caráter aberrante, do que em híbridos, que descendem de espécies produzidas de maneira lenta e natural. Estou de acordo com o dr. Prosper Lucas, que, após ter coligido um enorme conjunto de fatos relativos aos animais, chegou à conclusão de que as leis de similaridade da criança em relação aos pais são as mesmas, sejam os pais mais similares entre si, como na união de indivíduos da mesma variedade, ou mais diferentes, como na união de indivíduos de variedades diferentes ou espécies distintas.

Deixando de lado a questão da fertilidade e da esterilidade, parece haver, quanto ao resto, uma similaridade geral na prole de espécies cruzadas bem como na de variedades cruzadas. Se tomarmos as espécies como criações especiais e as variedades como leis secundárias, essa similaridade seria um fato desconcertante. Mas ela está em perfeita harmonia com a ideia de que não há distinção essencial entre espécies e variedades.

Resumo

Cruzamentos iniciais entre formas suficientemente distintas para serem classificadas como espécies e seus híbridos são, em geral, mas não invariavelmente, estéreis. Há diferentes graus de esterilidade e, com frequência, essa diferença é tão pequena que os dois naturalistas mais ciosos chegaram a conclusões diametralmente opostas na classificação das formas por esse critério. A esterilidade varia, por tendência inata, nos indivíduos da mesma espécie e é claramente suscetível a condições favoráveis ou adversas. O grau de esterilidade não acompanha rigorosamente a afinidade sistemática, mas é governado por numerosas leis, curiosas e complexas. Costuma oscilar, às vezes muito, em cruzamentos repetidos entre duas espécies e nem sempre ocorre com o mesmo grau no primeiro cruzamento e no híbrido decorrente.

Assim como nos enxertos a suscetibilidade de uma espécie ou variedade a acolher outra é incidental e depende de diferenças desconhecidas em seus respectivos sistemas vegetativos, também nos cruzamentos a maior ou menor facilidade com que uma espécie se reúne a outra é incidente a diferenças desconhecidas em seus respectivos sistemas reprodutivos. Há tanta razão para pensar que as espécies teriam sido dotadas de variados graus de esterilidade para impedir que se cruzassem e se confundissem em estado de natureza quanto para pensar que as árvores teriam sido dotadas de variados graus de resistência ao enxerto para impedir que as florestas se tornassem uma confusão.

A esterilidade dos primeiros cruzamentos entre espécies puras, com sistemas reprodutivos em perfeita condição, depende, ao que parece, de numerosas circunstâncias, em alguns casos da morte prematura do embrião. A esterilidade de híbridos, que têm um sistema reprodutivo em condição imperfeita e cuja organização como um todo, e não apenas a desse sistema, foi perturbada pelo fato de eles terem sido compostos de duas espécies distintas, a esterilidade deles parece estar intimamente relacionada à mesma esterilidade que afeta espécies puras quando suas condições de vida são perturbadas. É uma teoria sustentada por um paralelismo de outro gênero, a saber: o cruzamento entre formas minimamente diferentes é favorável ao vigor e à fertilidade de sua prole, e alterações mínimas de suas condições de vida parecem favoráveis ao vigor e à fertilidade dos seres orgânicos em geral. Não surpreende que o grau de dificuldade com que duas espécies se unem corresponda, em geral, ao grau de esterilidade da prole híbrida, embora isso ocorra por causas diferentes; pois ambas dependem de alguma quantidade de diferença entre as espécies cruzadas. Tampouco surpreende que a facilidade para efetuar um primeiro cruzamento, a fertilidade dos híbridos produzidos e a capacidade de receber enxertos (que depende, no entanto, de outras circunstâncias) tenham, até certo ponto, um paralelismo com as ditas afinidades sistemáticas, pois essa expressão se refere a todo tipo de similaridade entre as espécies.

Os cruzamentos iniciais entre formas reconhecidas como variedades, ou suficientemente semelhantes para serem consideradas tais, são em geral férteis, e o mesmo se aplica à sua prole de mestiços, embora não de maneira universal. E não surpreende que seja assim, diante de nossa tendência a argumentar em círculos a respeito de variedades em estado de natureza e do fato de que a maioria das variedades foi produzida sob domesticação, pela seleção de diferenças externas, que não incidem no sistema reprodutivo. Quanto ao resto, há uma similaridade geral entre híbridos e mestiços, exceto pela fertilidade. Por fim, os fatos brevemente apresentados neste capítulo não me parecem se opor, ao contrário, parecem corroborar a ideia de que não há distinção fundamental entre espécies e variedades.

CAPÍTULO IX

Da imperfeição do registro geológico

Da ausência de variedades intermediárias nos dias atuais · Da natureza de variedades intermediárias extintas, e de seu número · Do vasto lapso de tempo inferido do ritmo de depósito e denudação · Da pobreza de nossas coleções paleontológicas · Da intermitência das formações geológicas · Da ausência de variedades intermediárias em qualquer uma das formações · De seu repentino surgimento nos estratos fósseis mais inferiores de que se tem notícia

No capítulo vi enumerei as principais objeções razoáveis aos princípios sustentados neste volume. A maioria delas já foi abordada. Uma dificuldade óbvia diz respeito ao caráter distinto das formas específicas e ao fato de elas não estarem unidas entre si por meio de inumeráveis elos de transição. Ofereci as razões de por que esses elos não são comuns atualmente, em circunstâncias aparentemente favoráveis à sua presença, como áreas extensas e contíguas de condições físicas graduadas. Tentei mostrar que a vida de cada espécie depende mais fundamentalmente da presença de outras formas orgânicas já definidas que do clima e, logo, que as condições que de fato governam a vida não são graduadas à maneira do calor e da umidade. Tentei ainda mostrar que variedades intermediárias, por serem menos numerosas que as formas que elas conectam, geralmente são expulsas e exterminadas no curso de subsequentes modificações e aprimoramentos. Mas a principal causa de atualmente não se encontrarem, por toda parte na natureza, elos inumeráveis entre as espécies é o processo de seleção natural, pelo qual novas variedades vêm a todo instante ocupar o lugar de suas formas progenitoras, exterminando-as. Se esse processo de extermínio atuou em enorme escala, o número de variedades intermediárias outrora existentes na Terra deve ter sido enorme. Por que então não se encontram tais elos em abundância, em cada uma das formações e estratos geológicos? A geologia não revela a existência de nenhuma cadeia orgânica sutilmente graduada; tal é, provavelmente, a mais óbvia e mais grave objeção que poderia ser apresentada à minha teoria. A explicação para esse fato encontra-se, creio eu, na extrema imperfeição do registro geológico.

Em primeiro lugar, deve-se ter em mente que tipo de forma intermediária seria exigida por minha teoria. Quando examino duas espécies próximas, dificilmente evito a imagem de formas *diretamente* intermediárias entre elas. Mas trata-se de pura ilusão; o certo é buscar por formas intermediárias entre cada espécie e um progenitor em comum, embora desconhecido; e o progenitor geralmente é diferente, em um ou mais aspectos, de seus descendentes modificados. Para darmos uma simples ilustração: os pombos rabo-de-leque e papo-de-vento descendem ambos do pombo-de-rocha. Se dispuséssemos de todas as variedades intermediárias que jamais existiram, teríamos uma série extremamente detalhada entre ambos e seu progenitor, mas nenhum, por exemplo, que combinasse uma cauda um pouco expandida a um papo alargado, que são as características dessas duas linhagens. Além disso, elas foram a tal ponto modificadas que, se não tivéssemos nenhuma evidência histórica ou indireta a respeito de sua origem, não seria possível determinar, apenas pela comparação entre sua estrutura e a da linhagem progenitora, se descendem dessa espécie ou de outra, aparentada a ela; é o caso do *C. oenas*, por exemplo.

Também nas espécies naturais, se olharmos para duas formas muito distintas entre si, por exemplo o cavalo e a anta, não teremos razão para supor que uma vez existiram elos diretamente intermediários entre elas, e sim entre cada uma delas e um progenitor em comum. Este último mostraria, em sua organização como um todo, grande similaridade geral com a anta e o cavalo; mas, em alguns detalhes de estrutura, diferiria consideravelmente de ambos, talvez mais até do que eles diferem entre si. Assim, em casos como esse, seremos incapazes de reconhecer a forma progenitora de duas ou mais espécies quaisquer, mesmo se compararmos com precisão a estrutura do progenitor com a de seus descendentes modificados, a não ser que, ao mesmo tempo, tenhamos uma cadeia quase perfeita de elos detalhados.

Minha teoria admite que entre duas formas vivas uma tenha descendido da outra; por exemplo, que um cavalo tenha descendido de uma anta; e, nesse caso, elos *diretos* intermediários teriam existido entre essas espécies. Mas isso implicaria que uma das formas tivesse permanecido inalterada por longo tempo, enquanto seus descendentes passaram por uma grande quantidade de mudança. Contudo, o princípio da competição entre organismo e organismo, entre criança e pai, torna muito rara a possibilidade desse evento; pois, em todos os casos, as formas de vida novas e aprimoradas tendem a suplantar as antigas e obsoletas.

Na teoria da seleção natural, todas as espécies vivas estão conectadas à espécie progenitora de cada gênero mediante diferenças que não são maiores do que as que vemos atualmente entre as variedades de uma mesma espécie. Essas espécies progenitoras, geralmente extintas, estiveram por sua vez conectadas a uma espécie mais antiga e, assim, em uma regressão contínua, cada grande classe convergindo sempre para um ancestral em comum. De tal modo que deve ser incontável o número de elos transicionais e de conexão entre as espécies vivas e as extintas. Se essa teoria estiver mesmo certa, elas de fato um dia viveram na Terra.

Dos períodos

Independentemente de encontrarmos ou não vestígios fósseis de elos de conexão infinitamente numerosos, pode-se objetar que não houve tempo suficiente para que ocorresse uma quantidade de mudança orgânica tão grande como essa, dada a extrema lentidão das mudanças efetuadas por seleção natural. Seria difícil recapitular para o leitor leigo, que não é geólogo treinado, os fatos que levam a mente a uma concepção pífia do intervalo de tempo em que transcorre esse processo. Quem leu os *Princípios de geologia*, obra-prima de *Sir* Charles Lyell, a que os historiadores futuros atribuirão uma verdadeira revolução nas ciências naturais, e, mesmo assim, não se sente preparado para admitir o quão inconcebivelmente longos foram os períodos de tempo passados, faria melhor em fechar o presente volume. Não que seja suficiente estudar a obra de Lyell ou ler tratados de diferentes pesquisadores acerca de formações específicas, notando como são inadequadas as ideias que eles tentam oferecer da duração de cada período ou mesmo de cada estrato. É preciso que um homem examine por si mesmo, por anos a fio, as grandes edificações de estratos superpostos, veja o mar em operação, moendo velhas rochas e produzindo novos sedimentos, antes de tentar compreender algo a respeito do intervalo de tempo, cujos monumentos se encontram à nossa volta.

Uma boa ideia é caminhar por linhas costeiras formadas por rochas moderadamente duras e observar o processo de sua degradação. Na maioria dos casos, as ondas atingem os penhascos uma ou duas vezes ao dia, e por um breve período, e só conseguem desgastá-los quando estão carregadas de areia ou seixo, pois há boas razões para crer que a água não pode muito, por si mesma, no desgaste de rochas. Quando, por fim, a base do penhasco é minada, os enormes fragmentos que se descolam e tombam ao chão têm de ser desgastados, átomo por átomo, até que, com o tamanho reduzido, possam ser rolados pelas ondas, para então serem moídos, transformando-se em seixo, areia ou lama. Quantas vezes não vemos, ao longo das bases de penhascos em retração, pedregulhos arredondados, recobertos por espessas camadas de produtos marinhos! Isso mostra que não chegaram a ser desgastados e com frequência não podem ser rolados pelas ondas. E mais, se acompanharmos por algumas milhas o lineamento de um penhasco rochoso que esteja passando por degradação, veremos aqui e ali, em curtos trechos ou em torno de um promontório, que os rochedos sofreram investidas de fato; a aparência do solo e a presença de vegetação mostram que, nas demais partes, passaram-se anos desde que as águas acometeram contra a base.

Quem quer que se disponha a estudar de perto a ação do mar em nossas praias ficará profundamente impressionado, creio eu, com a vagareza com que as encostas rochosas são desgastadas. As observações a esse respeito feitas por Hugh Miller e pelo excelente observador que é o sr. Smith, de Jordan Hill, são verdadeiramente impressionantes. Que alguém examine, nesse estado de espírito, leitos de conglomerado com espessura de muitos milhares de pés, que, embora tenham sido formados em um ritmo mais rápido do que muitos outros depósitos, por terem sido formados por seixos desgastados, arredondados, trazendo o selo do tempo, mostram bem o quão lentamente se acumulou a massa como um todo, e lembre-se da aguda observação de Lyell: a espessura e a extensão de formações de sedimentos são o resultado e a medida da degradação sofrida alhures pela crosta da Terra. E qual não deve ter sido a degradação implicada pelos depósitos sedimentários de muitos diferentes países! O prof. Ramsay comunicou-me a espessura máxima, no mais das vezes obtida por medidas, em alguns casos por estimativas, de cada formação em diferentes partes da Grã--Bretanha. Eis os resultados:

Estrato paleozoico (excluindo-se leitos ígneos): 57 154 pés [17 420 m]
Estrato secundário: 13 190 pés [4 020 m]
Estrato terciário: 2 240 pés [683 m]

O que perfaz em conjunto 72 584 pés [22 km], ou seja, aproximadamente 13¾ milhas britânicas. Algumas dessas formações, representadas na Inglaterra por leitos finos, têm no continente milhares de pés de espessura. E mais, entre cada formação sucessiva há enormes hiatos, na opinião da maioria dos geólogos. O amontoado das rochas sedimentares na Grã-Bretanha oferece uma ideia bastante inadequada do tempo que se passou durante a sua acumulação; mas, mesmo assim, que tempo considerável este não foi! Observadores confiáveis estimaram que o imenso Mississipi deposita meros seiscentos pés [183 m] de sedimento a cada 100 mil anos. Essa estimativa pode estar errada; mas, considerando-se os amplos espaços pelos quais o sedimento fino é transportado pelas correntes marítimas, o processo de acumulação em uma única área só pode ser muito lento.

Independentemente da taxa de acúmulo de matéria degradada, a quantidade de desgaste sofrido pelos estratos em diferentes lugares é, provavelmente, a melhor evidência do intervalo de tempo transcorrido. Lembro-me de ter ficado vivamente impressionado com a evidência do desgaste quando observei ilhas vulcânicas consumidas pelas ondas e aparadas, por todos os lados, por penhascos perpendiculares de um ou 2 mil pés [300 ou 600 m] de altura; o suave declive dos fluxos de lava, outrora em estado líquido, dava uma ideia de até onde se estendiam, em oceano aberto, as rochas duras e ásperas. A mesma história é contada, com clareza ainda maior, pelas falhas, essas grandes rachaduras ao longo das quais os estratos se elevaram de um lado ou rebaixaram-se de outro, a alturas ou profundidades de até mil pés [305 m]. No instante em que a crosta rachou, a superfície do solo foi de tal maneira aplainada pela ação do mar que não restam quaisquer traços desses enormes deslocamentos.

A falha de Craven, por exemplo, estende-se por mais de trinta milhas [48 km] e, ao longo dessa linha, o deslocamento vertical dos estratos varia de seiscentos a 3 mil pés [180 a 915 m] de altura. O prof. Ramsay publicou uma descrição de um desfiladeiro em Anglesea com 2300 pés [700 m];

e, segundo ele me disse, há outro em Merionethshire com 12 mil pés [3660 m]. Nesses casos, não há nada na superfície que mostre movimentos prodigiosos, pois as pedras de um como de outro lado desapareceram após serem suavemente desgastadas. A consideração desses fatos me parece tão impressionante quanto as vãs tentativas de apreender a ideia de eternidade.

Ofereço um caso adicional: a conhecida denudação do Weald. Deve-se admitir que esse fenômeno é uma mera trivialidade, comparado ao que removeu massas de nossos estratos paleozoicos, em blocos de 10 mil pés [3 km] de espessura, como mostra a magistral memória do prof. Ramsay a esse respeito. Mesmo assim, não deixa de ser uma lição admirável contemplar o distante South Downs a partir do North Downs; pois, se lembrarmos que, não muito longe, a oeste, as escarpas norte e sul se encontram e se encerram, é fácil imaginar o grande domo de rochas que deve ter ocupado o Weald após a formação do calcário. A distância entre South e North Downs é de cerca de 22 milhas [35 km], e a espessura de suas respectivas formações é em média de 1100 pés [335 m], segundo informa o prof. Ramsay. Porém, se, como supõem alguns geólogos, uma camada de rochas mais antigas subjaz ao Weald, em cujos flancos os depósitos sedimentares superiores podem ter se acumulado em massas mais finas do que alhures, então essa estimativa estaria errada; mas essa dúvida não afeta significativamente a estimativa com relação à extremidade oeste do distrito. Se conhecêssemos o ritmo com que o mar desgasta uma linha de penhascos de uma altura dada, poderíamos medir o tempo requerido para a denudação do Weald. Isso, no entanto, é impossível; mas, se quisermos formar uma noção crua do objeto, podemos assumir que o mar teria avançado quinhentos pés [152 m] sobre os penhascos à razão de uma polegada por século. À primeira vista, pode parecer pouco; mas é o mesmo que supor que um penhasco de uma jarda [0,91 m] de altura fosse consumido ao longo de uma linha costeira inteira à razão de uma jarda a cada 22 anos. Duvido que alguma rocha, mesmo que fosse porosa como o calcário, pudesse ceder a um ritmo como esse, exceto nas encostas mais expostas; embora sem dúvida o desgaste de um penhasco mais suave seria mais rápido do que a fratura de rochedos. Por outro lado, não me parece possível que uma linha costeira de dez ou vinte milhas [16 ou 32 km] de extensão possa sofrer uma degradação simultânea em toda a sua extensão; e devemos lembrar que quase todos os estratos contêm camadas mais duras ou nódulos que resistem ao atrito por longo tempo e formam, assim, um quebra-mar na base. Concluo que em circunstâncias ordinárias, um penhasco com quinhentos pés [152 m] de altura exigiria uma denudação de uma polegada por século. Nesse ritmo, de acordo com os dados referidos, a denudação do Weald exigiu 306 662 400 anos; ou, para arredondar, 300 milhões de anos.

A atuação da água doce no distrito de Weald, levemente declinado, dificilmente poderia ter sido significativa, mas reduziria um pouco a estimativa anterior. Por outro lado, quando o nível das águas oscilasse, como sabemos que aconteceu nessa área, a superfície permaneceria exposta por anos a fio, furtando-se à ação do mar. Quando submersa, talvez por períodos igualmente longos, teria, do mesmo modo, escapado à atuação erosiva das ondas que arrebentam nas encostas. De modo que, muito provavelmente, o intervalo de tempo transcorrido desde o período final do Secundário foi muito superior a 300 milhões de anos.

Se faço essas breves considerações é porque é de suma importância que se tenha uma noção, por imperfeita que seja, do intervalo de tempo em que os processos geológicos transcorrem. Em todos esses anos, pelo mundo afora, o solo e as águas eram habitados por hospedeiros de formas vivas. Imaginem-se as gerações em número infinito, que a mente não poderia abarcar, sucedendo-se umas às outras no decorrer do tempo; vejam-se agora nossos museus de geologia: como não são pobres as exposições que eles nos oferecem!

Da pobreza das coleções paleontológicas

Todos reconhecem que nossas coleções paleontológicas são bastante imperfeitas. É preciso não esquecer a observação do grande paleontólogo Edward Forbes, segundo a qual numerosas espécies fósseis são conhecidas e denominadas a partir de espécimes individuais e fragmentários ou de pequenos grupos encontrados em um mesmo local. Apenas uma pequena porção da superfície da Terra foi explorada geologicamente, e em nenhuma parte com o devido cuidado, como atestam as importantes descobertas realizadas todos os anos na Europa. Nenhum organismo inteiramente inarticulado pode ser preservado. Conchas e ossos são corrompidos e desaparecem, esquecidos no fundo dos mares e onde não há acúmulo de sedimento. Parece-me que adotamos uma perspectiva equivocada quando supomos tacitamente que o sedimento é depositado no leito dos mares a uma taxa suficiente para recobrir e preservar vestígios fósseis. Em vastas faixas de oceano, a límpida coloração azul das águas declara sua pureza. Os muitos casos registrados de formações recobertas por outra formação posterior após um enorme intervalo de tempo, sem que nesse ínterim o leito marítimo tenha sofrido qualquer desgaste, só parecem explicáveis admitindo-se que o leito dos mares teria permanecido inalterado no curso de muitas épocas. Os vestígios preservados em areia ou saibro costumam ser diluídos quando os leitos são remexidos pela agitação das águas. Suspeito que pouquíssimos entre os animais que vivem nas praias entre águas rasas e mais profundas possam ser preservados. Por exemplo, muitas espécies de *Chthamalinae* (uma subfamília dos cirrípedes sésseis) recobrem as rochas ao redor do mundo, em número infinito; são todas estritamente litorâneas, com exceção de uma única espécie do Mediterrâneo, que habita águas profundas e cujos fósseis foram encontrados na Sicília; nenhuma outra espécie foi encontrada em formações terciárias, quando se sabe que o gênero *Chthamalus* existiu no período Cretáceo. Um exemplo ao menos em parte análogo a esse é o do gênero de moluscos *Chiton*.

Quanto aos seres de terra que viveram durante os períodos Secundário e Paleozoico, é desnecessário lembrar que nossas evidências de vestígios fósseis são extremamente fragmentárias. Por exemplo, não se conhece molusco de terra que tenha pertencido a algum desses longos períodos, exceto por um, descoberto por *Sir* Charles Lyell nos estratos carboníferos da América do Norte. Quanto aos vestígios de mamíferos, melhor do que páginas e páginas de detalhes, basta passar os olhos pelo quadro histórico publicado como suplemento ao manual de geologia de Lyell para ver quão acidental e rara é a sua preservação. O que não chega a surpreender, quando nos lembramos de que grande parte dos ossos de mamíferos do Terciário foi encontrada em cavernas ou em depósitos lacustres e não se conhece sequer uma caverna ou leito lacustre que tenha pertencido à época das formações secundária ou paleozoica.

Mas a imperfeição do registro geológico resulta principalmente de outra causa, mais importante do que todas as mencionadas, a saber: as diferentes formações são separadas entre si por grandes lapsos de tempo. Quando vemos a tabulação dessas formações nas obras dos geólogos ou os acompanhamos por suas expedições, é difícil não nutrir a crença de que essas épocas se seguiriam de perto umas às outras. Mas sabemos, graças à grande obra de *Sir* R. Murchison sobre a Rússia, que há naquele país grandes intervalos entre formações superpostas. O mesmo vale para a América do Norte e muitas outras partes do mundo. Mesmo o mais treinado e hábil dos geólogos, se tivesse confinado sua atenção a esses amplos territórios, jamais poderia suspeitar que, durante períodos que em seu próprio país foram brancos e estéreis, grandes massas de sedimento acumularam-se em outras partes, repletas de novas e peculiares formas de vida. E, se em cada território separado não se pode formar uma ideia da extensão de tempo transcorrido entre formações consecutivas, infere-se que em parte alguma isso é possível. O fato de as frequentes e significativas mudanças na composição mineral de formações consecutivas geralmente implicarem grandes mudanças na geografia das terras circundantes, das quais o sedimento deriva, é coerente com a crença de que haveria grandes lapsos de tempo entre cada formação.

Creio que é possível compreender por que as formações geológicas de cada região são quase invariavelmente intermitentes, ou seja, não se seguem umas às outras em sequência. O fato que mais me impressionou, quando examinei muitas centenas de milhas da costa da América do Sul, em trechos que se ergueram a centenas de pés de altura nos períodos mais recentes, é a ausência de quaisquer depósitos suficientemente volumosos para cobrir a duração, que fosse, de um único período geológico mais curto. Por toda a costa oeste, habitada por uma fauna marinha peculiar, os leitos terciários são tão pouco desenvolvidos que provavelmente nenhum registro das muitas faunas marinhas, sucessivas e peculiares, poderá ser legado à posteridade. Uma reflexão servirá para explicar por que, ao longo da costa ascendente do lado oeste da América do Sul, não se encontram, em parte alguma, formações extensas com vestígios mais recentes ou do Terciário, embora o suprimento de sedimentos tenha sido muito grande por várias épocas, devido ao enorme desgaste das encostas rochosas e à força dos rios lamacentos que deságuam no mar: é que os depósitos litorâneos e próximos passam a sofrer um desgaste contínuo tão logo sejam expostos pela lenta e gradual elevação do solo desgastado com a atuação das ondas.

Parece-me seguro concluir que o sedimento tem de ser acumulado em massas extremamente espessas, sólidas e extensas, para que possa, assim, suportar a incessante ação das ondas, na primeira elevação do solo e nos períodos subsequentes de oscilação de nível das águas. Essas espessas e extensas acumulações de sedimento podem ser formadas de dois modos: ou nas profundezas do mar, e nesse caso, de acordo com as pesquisas de E. Forbes, podemos concluir que o fundo do mar é habitado por pouquíssimos animais e a massa, quando soerguida, oferece um registro extremamente imperfeito das formas de vida que então existiram, ou então o sedimento pode se acumular com qualquer espessura e extensão sobre um fundo raso, e, enquanto as taxas de subsidência e de suprimento de sedimento permanecerem equivalentes, o mar será raso e favorável à vida, e poderão se acumular formações fósseis soerguidas, suficientemente espessas para resistir à degradação.

Estou convencido de que assim se formaram, em períodos de subsidência, todas as antigas formações ricas em fósseis. Desde que publiquei minhas teorias a esse respeito,[1] tenho assistido aos progressos da geologia e me surpreendo como os autores que trataram desse assunto chegaram, um após o outro, à mesma conclusão que eu. Acrescento que a única antiga formação terciária na costa oeste da América do Sul suficientemente robusta para resistir à degradação, mas que, mesmo assim, dificilmente poderá resistir por muito tempo (em termos geológicos), foi certamente depositada durante a oscilação do nível das águas para baixo, tornando-se assim consideravelmente espessa.

Todos os fatos geológicos dizem claramente que cada área passou por numerosas e lentas oscilações de nível, que parecem ter afetado amplos espaços. Por conseguinte, formações ricas em fósseis e suficientemente espessas e extensas para resistir a degradações subsequentes podem ter se formado

---

[1] *Journal of the Voyage of the Beagle*, 1845.

no curso de longos períodos de subsidência; mas apenas onde o suprimento de sedimentos era suficiente para manter o mar raso e para envolver os vestígios é que eles puderam ser preservados antes que começassem a se decompor. Por outro lado, enquanto o leito do mar permaneceu estacionário, depósitos *espessos* não poderiam se acumular nas partes mais rasas, mais propícias à vida. Menos ainda poderia algo assim ocorrer durante períodos alternados de elevação, ou, para sermos mais exatos, os leitos que se acumulassem teriam sido destruídos ao serem soerguidos e trazidos para dentro dos limites da ação das ondas sobre as encostas.

Com isso, é inevitável que o registro geológico seja intermitente. Tenho confiança de que essa teoria é verdadeira, pois está estritamente de acordo com os princípios gerais ensinados por Lyell; e Forbes chegou a conclusões similares por uma via independente.

Uma observação em especial é digna de nota. Durante períodos de elevação, a área de terra e das partes costeiras adjuntas ao mar aumenta, e novas estações com frequência se formam. Como foi dito, são circunstâncias favoráveis à formação de novas variedades e espécies, mas há um branco no registro geológico correspondente a esses períodos. Por outro lado, durante a subsidência, tanto a área habitada quanto o número de habitantes diminuem (exceto pelos produtos litorâneos de um continente que se fragmenta em um arquipélago) e, por conseguinte, poucas novas variedades ou espécies se formam – e é justamente nesses períodos que os nossos depósitos ricos em fósseis se acumularam. Pode-se dizer que a natureza se precaveu contra a descoberta explícita de suas formas transicionais ou de ligação.

As considerações precedentes não deixam dúvida de que o registro geológico, visto como um todo, é extremamente imperfeito; mas, se confinarmos nossa atenção a qualquer uma das formações, é difícil compreender por que não encontramos variedades graduadas entre espécies aparentadas que viveram no seu início e no seu final. Há registro de casos de uma mesma espécie que oferece variedades distintas na parte superior e na parte inferior da mesma formação, mas que, por serem raras, não precisam ser examinadas aqui. Ainda que cada formação tenha, sem dúvida, requerido muitos anos para se depositar, encontro muitas razões para que cada uma delas não contenha uma série graduada de elos entre as espécies que então viviam; mas não poderia, de modo algum, determinar o peso devido a cada uma das considerações que se seguem.

Embora cada formação pareça assinalar um intervalo de anos bastante longo, provavelmente eles são curtos se comparados ao período necessário para que uma espécie se transforme em outra. Estou ciente de que dois paleontólogos cujas opiniões merecem toda deferência, Bronn e Woodward, concluíram que a duração média de cada formação é duas ou três vezes superior à duração média das formas específicas. Porém, dificuldades que me parecem intransponíveis impedem-me de chegar a conclusões a esse respeito. Quando vemos uma espécie surgir pela primeira vez em uma formação, é no mínimo precipitado inferir que ela não teria existido em períodos anteriores. Do mesmo modo, quando vemos uma espécie desaparecer antes que as camadas mais altas tenham sido depositadas, também é precipitado supor que ela teria sido extinta. Esquecemo-nos de quão exígua é a área total da Europa, em comparação à do resto do mundo; e não podemos dizer que os diversos estágios de nenhuma formação desse continente tenham sido correlacionados com perfeita acuidade.

Quanto aos animais marinhos dos mais diversos gêneros, é seguro inferir que houve migrações volumosas em períodos de alteração climática e outras; e, quando vemos uma espécie surgir em uma formação, é provável que isso assinale sua migração para aquela área. Sabe-se, por exemplo, que mais espécies surgem em camadas mais primitivas dos leitos paleozoicos da América do Norte do que nos da Europa, o que parece se explicar pelo tempo necessário à migração através dos mares, maior lá do que aqui. Examinando-se depósitos mais recentes em outras partes do mundo, notou-se que algumas poucas espécies ainda existentes são encontradas nos depósitos, mas extinguiram-se nos mares imediatamente adjacentes, ou, inversamente, que espécies neles abundantes são raras ou inexistentes nos depósitos. É uma excelente lição refletir sobre a quantidade estabelecida de migração de habitantes da Europa durante a Era Glacial, que responde por apenas uma parte de um período geológico completo, bem como nas grandes mudanças de nível, na extraordinária mudança climática, no prodigioso intervalo que marcam esse período. Mas é de se duvidar que em alguma parte do mundo depósitos sedimentários, *incluindo vestígios fósseis*, tenham se acumulado em uma mesma área durante toda a Era Glacial. É pouco provável, por exemplo, que sedimentos tenham então se depositado na embocadura do Mississippi, no limite de profundidade em que a vida marinha pode florescer; são conhecidas as vastas mudanças geográficas ocorridas em outras partes do continente americano nesse mesmo período. Quando os leitos depositados nas águas rasas próximas à embocadura do Mississippi forem soerguidos, vestígios fósseis orgânicos provavelmente aparecerão e desaparecerão em diferentes níveis, devido à migração de espécies e a alterações geográficas. E, num futuro distante, um geólogo que examine esses leitos poderá ser levado a concluir que a duração média da vida dos fósseis ali mantidos foi menor que a da Era Glacial, e não bem maior, como é o caso, estendendo-se desde uma época anterior até os nossos dias.

Para que um depósito apresente uma perfeita gradação entre duas formas nas partes superior e inferior de uma mesma formação, é preciso que tenha se acumulado por um período bastante longo, suficiente para o lento processo de variação. Tal depósito teria de ser extremamente espesso; e a espécie que passa pela transformação teria de ter vivido na mesma área por todo esse tempo. Mas, como vimos, uma formação espessa contendo fósseis só pode se acumular em períodos de subsidência e, para que a profundidade se mantenha aproximadamente a mesma, o que é necessário para que a mesma espécie siga vivendo na mesma área, o suprimento de sedimento deve praticamente contrabalancear o volume de subsidência. Mas esse mesmo volume muitas vezes tende a inundar a área de que o sedimento deriva, diminuindo, assim, o suprimento à medida que o movimento de descendência avança. Esse balanço quase exato entre o suprimento de sedimento e a quantidade de subsidência é, provavelmente, uma contingência rara: mais de um paleontólogo observou que depósitos demasiadamente espessos costumam ser feitos de vestígios orgânicos, exceto nas extremidades superior e inferior.

Ao que parece, cada formação separada, a exemplo do conjunto de formações em uma região qualquer, acumulou-se de modo intermitente. Quando deparamos, como é frequente, com uma formação composta de leitos de diferente composição mineral, é razoável suspeitar que o processo de depósito tenha sido descontínuo, dado que uma mudança nas correntes do mar e o suprimento de sedimentos de diferente natureza geralmente se devem a mudanças de ordem geográfica que requerem um tempo considerável. A mais atenta inspeção de uma formação não poderia dar uma ideia do tempo que ela levou para se consolidar. Poderíamos dar muitos exemplos de leitos com uns poucos pés de espessura, representando formações que em outras partes têm milhares de pés de espessura e requereriam um enorme período para serem acumuladas; mas quem ignorasse esse fato jamais poderia suspeitar do tempo representado na formação mais fina. Muitos casos poderiam ser mencionados de leitos inferiores de formações que foram soerguidos, denudados, submergidos e depois recobertos pelos leitos superiores da mesma formação – fatos que mostram a amplitude dos intervalos ocorridos em sua acumulação. Em outros casos, tem-se evidências claríssimas, fornecidas por árvores fossilizadas em posição vertical, tal como cresceram, de muitos longos intervalos de tempo e mudanças de nível durante o processo de depósito, das quais jamais se poderia suspeitar, não tivesse o acaso preservado as árvores. *Sir* Lyell e Dawson encontraram na Nova Escócia leitos carboníferos com 1400 pés [426 m] de espessura, com estratos antigos contendo árvores, um acima do outro, com nada menos que 68 diferentes níveis. Portanto, quando a mesma espécie ocorre no fundo, no meio e no topo de uma formação, é provável não que ela tenha vivido no mesmo lugar durante todo o período em que ocorreu o depósito, mas, ao contrário, que tenha surgido e ressurgido, quiçá muitas vezes, durante o mesmo período geológico. Se essa espécie tivesse passado por uma quantidade considerável de modificação durante um período geológico qualquer, uma seção provavelmente não incluiria todas as sutis gradações intermediárias que, em minha teoria, devem ter existido entre elas, apenas mudanças de forma, mínimas, porém abruptas.

É de suma importância lembrar que os naturalistas não dispõem de um parâmetro pelo qual as espécies possam ser distinguidas das variedades. Concedem que as espécies sofrem pequenas variações; mas, quando deparam com uma diferença um pouco maior entre duas formas quaisquer, classificam-nas ambas como espécies, a não ser que tenham como conectá-las por meio de gradações intermediárias. É algo que não poderíamos fazer, pelas razões que acabamos de dar, em uma seção geológica qualquer. Supondo que as espécies B e C, e uma terceira A, sejam encontradas em um leito subjacente; mesmo se A fosse estritamente intermediária entre B e C, deveria ser classificada apenas como uma terceira espécie distinta, a não ser que pudesse, ao mesmo tempo, ser diretamente conectada com uma ou ambas dessas formas mediante variedades intermediárias. E não se deve esquecer, como antes foi dito, que A pode ser o progenitor de B e de C, sem, no entanto, ser o intermediário direto entre eles quanto à estrutura.

Assim, podemos perfeitamente obter a espécie progenitora e seus diversos descendentes modificados a partir dos leitos inferior e superior de uma mesma formação, sem contudo, sermos capazes de identificar o parentesco entre eles, e por conseguinte somos obrigados a classificá-los como espécies distintas.

É notório que muitos paleontólogos baseiam suas classificações de espécies em diferenças mínimas e o fazem tão mais prontamente quando a espécie é oriunda de diferentes subestágios da mesma formação. Alguns concologistas experientes propõem que as muitas sutis espécies de D'Orbigny e outras sejam inseridas na categoria de variedades, princípio que permite encontrar o tipo de evidência requerido pela minha teoria. E mais: se examinarmos intervalos ainda mais amplos, os estágios distintos, porém consecutivos de uma mesma grande formação, veremos que os fósseis preservados, embora sejam quase universalmente classificados como especificamente diferentes, são, no entanto, parentes mais próximos entre si do que as espécies encontradas em formações separadas por grandes intervalos de tempo. Retornarei a esse ponto no próximo capítulo.

Há outra consideração digna de nota. Como vimos, há razão para suspeitar de que as primeiras variedades de animais e de plantas que se propagam rapidamente e não têm alta motilidade costumam ser locais e que tais variedades locais só se propagam e suplantam as formas progenitoras após terem se modificado e se aprimorado em grau considerável. Nessa perspectiva, é muito pequena a chance de que na formação de uma região qualquer sejam descobertos os primeiros estágios de transição entre duas formas, pois as mudanças sucessivas são presumidamente locais ou restritas a um mesmo lugar. Os animais marinhos costumam ter, em sua maioria, ampla disseminação; e vimos que as plantas mais amplamente disseminadas são também as que apresentam mais variedades: é provável, portanto, que entre os animais marinhos, os que primeiro deram origem a variedades e em seguida a espécies tenham sido aqueles cujo alcance excedia em muito os limites das formações geológicas da Europa; o que, por sua vez, diminuiria consideravelmente a possibilidade de podermos retraçar os seus estágios de transição em uma formação geológica qualquer.

Não se deve esquecer que, mesmo quando se examinam espécimes de animais atualmente existentes, dificilmente se poderiam conectar duas formas mediante variedades intermediárias provando que pertencem à mesma espécie, a não ser que se tenham coletado muitos espécimes derivados de diferentes lugares. É um procedimento que os paleontólogos não teriam como adotar, com toda probabilidade, em espécimes fósseis. Perceberemos talvez com mais clareza que é improvável que consigamos conectar espécies mediante um bom número de elos fósseis tênues e intermediários, se considerarmos que dificilmente os geólogos do futuro conseguiriam provar que nossas raças domesticadas de bovinos, ovinos, equinos e cães descenderam de uma matriz comum ou de diferentes linhagens aborígenes ou que certas conchas das praias da América do Norte, atualmente classificadas por alguns concologistas como espécies distintas das europeias e por outros como variedades destas, seriam de fato variedades especificamente distintas. Algo assim só seria possível se esse geólogo hipotético descobrisse numerosas gradações intermediárias em estado fóssil, o que me parece muito improvável.

É verdade que a pesquisa geológica acrescentou numerosas espécies aos gêneros extintos bem como aos existentes e diminuiu a amplitude dos lapsos entre alguns poucos grupos; mas pouco fez para suprimir os brancos entre espécies, conectando-as mediante variedades intermediárias, numerosas e sutis. E o fato de não tê-lo feito é provavelmente a mais grave e mais óbvia entre as muitas objeções que poderiam ser feitas à minha teoria. Por isso, vale a pena condensar as observações precedentes em uma ilustração imaginária. O arquipélago malaio tem praticamente o mesmo tamanho da Europa, do mar do Norte ao Mediterrâneo, da Grã-Bretanha à Rússia, o que o equipara com alguma precisão às formações geológicas até aqui examinadas, exceto pelos Estados Unidos. Concordo plenamente com o sr. Godwin-Austen quando ele afirma que a situação atual desse arquipélago, com suas numerosas ilhas separadas por mares extensos e rasos, representa provavelmente a situação da Europa pelo acúmulo de suas diferentes formações geológicas. É uma das regiões do mundo mais ricas em seres orgânicos. Todavia, uma história natural do mundo seria bastante imperfeita se se baseasse na coleta das espécies que um dia viveram aí.

Há razões de sobra para crer que os habitantes de terra do arquipélago seriam preservados de maneira muito imperfeita nas formações que presumidamente se acumulariam ali. Suspeito que não seriam preservados muitos espécimes dos animais litorâneos ou dos que vivem em rochas submarinas; mesmo os recobertos por cascalho ou areia não durariam muito. Onde não há acúmulo de sedimento no leito do mar, ou não em ritmo suficiente para proteger da degradação os vestígios orgânicos, nenhum registro pode ser preservado.

Creio que, no arquipélago em questão, as formações fósseis poderiam ter espessura suficiente para durar uma época tão distante no futuro quanto as formações secundárias estão do passado, mas apenas em períodos de subsidência. Esses períodos seriam separados entre si por amplos intervalos, durante os quais a área seria ou estacionária ou ascendente e, em sua ascensão, destruiria as formações fósseis, tão logo estas se acumulassem, pela incessante ação das ondas sobre as encostas, como vemos atualmente na América do Sul. Em períodos de subsidência, a extinção de vida seria provavelmente alta; em períodos de elevação, haveria muita variação, mas o registro geológico seria imperfeito ao extremo.

Pode-se questionar se a duração de um grande período de subsidência do arquipélago como um todo ou de parte dele, concomitante ao acúmulo de sedimentos, *excederia* a duração média de formas específicas constantes; são condições indispensáveis à preservação de todas as gradações transicionais entre duas ou mais espécies. Se tais gradações não estivessem integralmente preservadas, variedades transicionais despontariam como espécies distintas. Também é provável que cada grande período de subsidência tenha sido interrompido por oscilações do nível das águas e que sutis alterações climáticas interviessem por longos períodos; nesse caso, os habitantes do arquipélago teriam de migrar e, por isso, não poderia haver, em nenhuma das formações, qualquer registro consecutivo exato de suas modificações.

Muitos dos atuais habitantes marinhos do arquipélago se disseminam por muitas milhas para além dessas, e a analogia leva-me a crer que seriam precisamente essas espécies de ampla disseminação aquelas que com mais frequência produzem variedades, que começariam locais, ou restritas a um lugar, mas, dotadas de alguma vantagem decisiva ou modificadas e aprimoradas, lentamente se espalhariam e suplantariam suas formas progenitoras. Como, ao retornarem a seus antigos lares, essas variedades estariam alteradas em relação a seu estado prévio de maneira quase uniforme, ainda que muito tênue, elas poderiam ser classificadas como novas espécies distintas, de acordo com os princípios de muitos paleontólogos.

Portanto, se há alguma verdade nessas observações, não temos por que esperar, em formações geológicas, um número infinito das formas transicionais tênues, que, em minha teoria, certamente conectariam todas as espécies antigas e atuais de um mesmo grupo em uma única cadeia de vida ramificada. Tudo o que podemos é buscar por elos, alguns mais próximos entre si, outros mais distantes; e, por mais próximos que sejam, se forem encontrados em diferentes estágios de uma mesma formação, serão classificados pela maioria dos paleontólogos como novas espécies. Reconheço que jamais teria suspeitado de quão pobre é o registro das mutações da vida na mais bem preservada seção geológica se não tivesse sido alegado, contra a minha teoria, o fato de não se encontrarem inumeráveis elos de transição entre as espécies que surgem no início e no final de cada formação.

Do súbito surgimento de grupos inteiros de espécies aparentadas

A maneira abrupta com que grupos inteiros de espécies subitamente emergem em certas formações tem sido alegada por vários paleontólogos, como Agassiz, Pictet e, sobretudo, pelo prof. Sedgwick, como uma objeção fatal para a crença na transmutação das espécies. E, realmente, se numerosas espécies pertencentes a um mesmo gênero ou família surgiram todas ao mesmo tempo, esse fato desmentiria a teoria da modificação por meio de seleção natural. Pois o desenvolvimento de um grupo de formas, todas elas descendentes de um mesmo progenitor, só poderia ser um processo extremamente lento, e os progenitores teriam de viver durante longas épocas antes de produzirem descendentes modificados. Mas temos o hábito de supervalorizar a perfeição do registro geológico e inferimos, do fato de determinados gêneros ou famílias terem sido encontrados abaixo de certo estágio, que eles não teriam existido antes desse estágio. Esquecemos de quão grande é o mundo em comparação à área em que os registros geológicos foram cuidadosamente examinados; esquecemo-nos de que grupos inteiros de espécies poderiam ter existido em outra parte, por muito tempo, multiplicando-se antes de invadir os antigos arquipélagos da Europa e dos Estados Unidos. Não damos a devida consideração aos enormes intervalos de tempo que provavelmente transcorreram entre nossas formações consecutivas – mais longos talvez, em alguns casos, do que o tempo necessário à acumulação de cada formação. Esses intervalos permitiriam a multiplicação das espécies a partir de uma ou mais formas progenitoras, e na formação seguinte tais espécies apareceriam como se tivessem sido criadas subitamente.

Eu poderia recordar aqui uma observação já feita de que uma longa sucessão de épocas pode ser necessária para adaptar um organismo a uma nova linha de vida peculiar e diferente, por exemplo, voar nos ares; mas quando isso se efetua, e umas poucas espécies adquirem vantagem considerável sobre outros organismos, um tempo comparativamente breve é necessário para produzir uma quantidade de formas divergentes que então podem se espalhar com rapidez pelo mundo inteiro.

Oferecerei uns poucos exemplos para ilustrar essas observações e mostrar que é um erro supor que grupos inteiros de espécies teriam sido produzidos subitamente. Eu poderia lembrar que muitos tratados geológicos publicados há não muito tempo se referiam à grande classe dos mamíferos como se ela tivesse surgido abruptamente no início do período Terciário. Hoje, uma das mais ricas acumulações de fósseis de mamíferos de que se tem notícia pertence à metade do período Secundário; sem mencionar o mamífero autêntico que foi descoberto em pedras arenosas avermelhadas que datam do início dessa mesma série. Cuvier afirmava que não havia macacos em nenhum estrato terciário; mas espécies extintas, pertencentes ao Eoceno, foram descobertas na Índia, na América do Sul e na Europa. O caso mais impressionante é a família das baleias. Como esses animais têm ossos enormes, são marinhos e se disseminam pelo mundo inteiro, o fato de não se ter descoberto nenhuma ossada de baleia em qualquer formação secundária parecia justificar a crença de que essa grande e distinta ordem teria sido repentinamente produzida no intervalo entre a formação secundária tardia e a terciária primária. Mas o suplemento ao manual de Lyell publicado em 1858 oferece evidências claras da existência de baleias nos estratos arenosos superiores, anteriormente ao período Secundário.

Outro exemplo impressionou-me vivamente, pois o tive diante dos olhos. Em um relato sobre cirrípedes sésseis fósseis,[2] afirmei que com base no número de espécies existentes e de espécies terciárias; na extraordinária abundância de indivíduos de muitas espécies ao redor do mundo, desde a região ártica até o Equador, habitando diversas zonas de profundidade variável, de até cinquenta pés [15 m] a partir da superfície; da maneira perfeita com que cada espécie foi preservada nos leitos terciários mais antigos; da facilidade com que se reconhece mesmo um fragmento de valva, é possível inferir que, se espécies de cirrípedes sésseis tivessem existido durante os períodos secundários, elas certamente teriam sido preservadas e descobertas; e, como nenhuma espécie foi descoberta em leitos desse período, concluí que esse grupo teria emergido subitamente no início da série terciária. Foi uma constatação amarga para mim, pois parecia haver aí mais um caso de súbito surgimento de um grande grupo de espécies. Porém, meu trabalho havia sido recentemente publicado quando recebi do sr. Bosquet, hábil paleontólogo, um desenho de um perfeito espécime de cirrípede séssil, que ele mesmo extraíra do calcário da Bélgica. Como que para dar

---

2 *A Monograph of the Sub-class Cirripedia, with Figures of All the Species*. 2 vols. Londres: 1852; 1854.

contundência ao achado, era um exemplar de *Chthamalus*, um gênero muito comum, numeroso e onipresente, do qual nenhum espécime havia sido encontrado no estrato terciário. Com isso, sabemos agora que tais animais existiram no período Secundário e foram os progenitores das muitas espécies terciárias, bem como das atualmente existentes.

O caso mais frequentemente alegado pelos paleontólogos de súbito surgimento de um grupo inteiro de espécies é o dos peixes teleósteos nos primeiros estágios do período Cretáceo. Esse grupo inclui a grande maioria das espécies atualmente existentes. O prof. Pictet recuou sua existência em um estágio intermediário, e outros paleontólogos creem que peixes muitos mais antigos também seriam teleósteos. Supondo, como faz Agassiz, que todos surgiram no início da formação calcária, o fato seria muito notável; mas não vejo por que colocaria uma dificuldade insuperável à minha teoria, a não ser que se pudesse mostrar que as espécies desse grupo surgiram todas subitamente, ao mesmo tempo, em todas as partes do mundo, nesse mesmo período. Desnecessário lembrar que não se tem notícia de peixes fósseis originários do sul do Equador; e, percorrendo-se a *Paleontologia* de Pictet, constata-se que pouquíssimas espécies oriundas de importantes formações geológicas da Europa são conhecidas. Algumas famílias de peixes têm, atualmente, disseminação bastante limitada; e pode ser que o peixe teleósteo tenha se desenvolvido em uma parte do mar, migrando depois para outras. De resto, não temos nenhum direito de supor que os mares do mundo teriam sido sempre abertos, de norte a sul, como no presente. Se o arquipélago malaio fosse convertido em terra, as partes tropicais do oceano Índico formariam uma grande bacia perfeitamente fechada, na qual grupos de animais marinhos poderiam se multiplicar à vontade, permanecendo confinados até que alguma espécie se adaptasse a um clima mais frio e conseguisse dobrar os cabos ao sul da África ou da Austrália, alcançando mares distantes.

Com base nessa consideração e em outras similares, mas principalmente devido à nossa ignorância da geologia de outras regiões para além da Europa e dos Estados Unidos, sem mencionar a revolução das ideias em paleontologia efetuada por descobertas ocorridas nos últimos anos, parece-me tão descuidado adotar uma postura dogmática quanto à sucessão dos seres orgânicos pelo mundo quanto querer se pronunciar acerca dos produtos de um continente como a Austrália, por exemplo, a partir de um rápido exame de um único ponto estéril de seu amplo território.

Do súbito surgimento de grupos de espécies aparentadas nos mais baixos estratos de fossilização conhecidos

Há outra dificuldade, aliada a essa, que me parece bem mais séria. Refiro-me à maneira como numerosas espécies de um mesmo grupo surgem subitamente nas rochas fossilizadas da ordem mais baixa conhecida. A maioria dos argumentos que me convenceram de que todas as espécies existentes de um mesmo grupo teriam descendido de um único progenitor aplica-se com quase a mesma força às primeiras espécies conhecidas. Por exemplo, eu não poderia questionar que todos os trilobitas silurianos descenderam de um mesmo crustáceo que teria vivido muito antes do período Siluriano e provavelmente era muito diferente de qualquer animal conhecido. Alguns dos mais antigos animais silurianos, como o *Nautilus*, a *Lingula* e outros, não são muito diferentes de espécies vivas; e minha teoria não poderia acomodar a suposição de que essas espécies antigas foram progenitoras de todas as espécies de suas respectivas ordens, pois elas não apresentam, em nenhum grau, caracteres intermediários. Além disso, se fossem mesmo progenitoras dessas ordens, tais espécies teriam sido há tempos suplantadas e exterminadas por seus numerosos descendentes aprimorados.

Assim, se a minha teoria é mesmo correta, parece inquestionável que antes do depósito do estrato siluriano mais baixo transcorreram períodos tão longos ou mais do que o intervalo que separa os nossos dias da época siluriana, e durante essas épocas vastas e incógnitas o mundo fervilhava com criaturas vivas.

Não vejo como responder satisfatoriamente à questão de por que não encontramos registros desses longos períodos primordiais. Muitos dos mais eminentes geólogos, *Sir* Murchison à frente deles, pensam que nos vestígios orgânicos conservados nos estratos silurianos mais inferiores vemos a aurora da vida neste planeta. Outros juízes entre os mais competentes, como *Sir* Lyell e o finado sr. Forbes, contestam essa conclusão. Não devemos nos esquecer de que apenas uma pequena parcela do mundo é conhecida de maneira precisa. Recentemente, o sr. Barrande acrescentou um estágio inferior ao sistema siluriano, abundante em novas espécies peculiares. Vestígios de vida foram detectados nos leitos de Longmynd, abaixo da chamada zona primordial de

Barrande. A presença de nódulos fosfáticos e material betuminoso em algumas das mais ancestrais rochas azoicas provavelmente indica a existência de vida já nesses períodos. O que não suprime a dificuldade considerável de explicar a ausência dos grandes depósitos de estratos fossilizados que, segundo a minha teoria, teriam se acumulado antes da época siluriana. Se os leitos mais antigos tivessem sido completamente obliterados por denudação ou por ação metamórfica, não teríamos mais do que pequenos remanescentes das formações sucessivas a eles e em condição metamorfoseada. Mas as descrições de depósitos silurianos nos imensos territórios na Rússia e na América do Norte não sustentam a ideia de que, quanto mais antiga a formação, mais severos para ela os efeitos da denudação e do metamorfismo.

O caso permanece, por ora, sem solução; e pode ser utilizado como um argumento válido contra as ideias aqui oferecidas. Para mostrar que ele poderá, eventualmente, ser resolvido, oferecerei a seguinte hipótese: a julgar pela natureza dos vestígios de seres orgânicos que não parecem ter habitado profundezas extremas, encontrados nas diversas formações geológicas da Europa e dos Estados Unidos, e pela quantidade de sedimento que compõe formações com milhas de espessura, podemos inferir que o sedimento derivou de ilhas ou trechos de terra nas proximidades da Europa e da América do Norte. Nada sabemos, porém, do estado de coisas nos intervalos entre as sucessivas formações; e não poderíamos dizer se a Europa e a América do Norte teriam existido como terra seca, se como superfície submarina, porém próxima à terra, na qual o sedimento não foi depositado, ou ainda, por fim, como leito de um mar aberto e de profundeza insondável.

Examinando-se os oceanos atualmente existentes, cuja extensão é três vezes maior que a dos continentes, vemos que eles são pontuados por ilhas, mas não se sabe de nenhuma ilha oceânica que ofereça testemunho de formação paleozoica ou secundária. Do que se pode inferir com alguma probabilidade que, durante os períodos Paleozoico e Secundário, não havia continentes nem tampouco ilhas continentais no lugar dos oceanos, pois, se tivessem existido, é muito provável que tais formações tivessem se acumulado a partir de sedimento derivado de seu desgaste e esgotamento; e teriam sido ao menos em parte sublevados pelas oscilações do nível das águas, que, presume-se, teriam interferido nesses longuíssimos períodos. O que esses fatos nos ensinam, portanto, é que onde hoje se estendem oceanos havia oceanos nos períodos mais ancestrais de que se tem registro; e onde hoje há continentes existiam terras muito extensas, sujeitas, sem dúvida, a grandes oscilações de nível, desde o primeiro período Siluriano. O mapa colorido em apêndice ao meu volume sobre recifes de corais levou-me à conclusão de que os grandes oceanos continuam sendo áreas de subsidência, os grandes arquipélagos, áreas de oscilação de nível, e os continentes, áreas de elevação de nível. Mas poderíamos supor que desde sempre foi assim? Nossos continentes parecem ter sido formados pela preponderância, durante seguidas oscilações de nível, da força de elevação; mas não poderiam as áreas de preponderância ter se alterado no lapso entre as épocas? Pode ser que, em um período incomensuravelmente anterior à época siluriana, tenham existido continentes onde hoje há oceanos. Não há por que presumir que, se o leito do oceano Pacífico, por exemplo, fosse convertido em um continente, encontraríamos aí formações mais antigas que os estratos silurianos, supondo que elas existam; pois é perfeitamente possível que estratos que sofreram subsidência a algumas milhas de proximidade do centro da Terra, pela enorme pressão exercida pela água, tenham experimentado uma ação metamórfica muito maior do que estratos que permaneceram próximos à superfície. Ainda não foram devidamente exploradas, em minha opinião, áreas inteiras de certas partes do mundo, a América do Sul, por exemplo, formadas por rocha metamórfica denudada que deve ter sido aquecida sob grande pressão; quem sabe se não encontraríamos nelas formações muito anteriores à época siluriana, em condição totalmente metamorfoseada?

As muitas dificuldades aqui discutidas, a saber: o fato de não encontrarmos, nas formações sucessivas, um número infinito de elos de transição entre as muitas espécies atualmente ou outrora existentes; a maneira súbita com que grupos inteiros de espécies despontam nas formações europeias; a quase completa ausência, ao que se saiba, de formações fósseis abaixo dos estratos silurianos – são todas elas dificuldades extremamente sérias. Não fosse assim, os mais eminentes paleontólogos, como Cuvier, Owen, Agassiz, Barrande, Falconer e Forbes, sem mencionar os grandes geólogos, como Lyell, Murchison e Sedgwick, não teriam sustentado, unanimemente, às vezes com veemência, a imutabilidade das espécies. Ao menos um entre eles, porém, veio a questionar essa tese, após ter refletido muito a respeito: *Sir* Charles Lyell. Estou ciente de que parece arrogante, da minha parte, discordar dessas autoridades, às quais tanto deve o nosso conhecimento. Os que pensam que o registro geológico é perfeito em alguma medida e preferem não dar um peso tão grande aos argumentos e fatos oferecidos neste volume sem dúvida rejeitarão sem mais a teoria aqui exposta. De minha parte, prefiro adotar a metáfora de Lyell e ver, no registro geológico natural, uma história do mundo preservada imperfeitamente, escrita em um dialeto mutável; dessa história, temos apenas algumas partes do volume mais recente, que versam sobre duas ou três regiões; um ou outro capítulo esparso foi preservado e, em cada página, umas poucas linhas estão inteiras. Cada palavra da língua na qual essa história foi escrita se altera em maior ou menor medida na sucessão ininterrupta de capítulos e parece representar a modificação, aparentemente abrupta, de formas de vida sepultadas em formações consecutivas, porém separadas por lapsos consideráveis. Por esse ângulo, as dificuldades aqui discutidas diminuem muito, se é que não desaparecem.

CAPÍTULO X

Da sucessão geológica dos seres orgânicos

Do lento e sucessivo surgimento de novas espécies · De seus diferentes ritmos de modificação · Espécies que desaparecem não ressurgem · Grupos de espécies seguem as mesmas regras gerais de surgimento e de desaparecimento de cada espécie em particular · Da extinção · Das mudanças simultâneas de formas de vida pelo mundo · Das afinidades entre espécies extintas entre si e com espécies vivas · Do estágio de desenvolvimento de formas antigas · Da sucessão dos mesmos tipos dentro de mesmas áreas · Resumo do presente capítulo e dos precedentes

Veremos agora se os numerosos fatos e regras relativos à sucessão geológica dos seres orgânicos são mais congruentes com a visão comum acerca da imutabilidade das espécies ou com a de sua lenta e gradual modificação por meio de descendência e de seleção natural.

Espécies novas surgiram muito lentamente, uma após a outra, tanto na terra como no mar. Lyell mostrou que, quanto a isso, dificilmente se poderia resistir às evidências, no caso das muitas idades terciárias; cada vez mais os hiatos entre elas tendem a ser preenchidos, tornando mais gradual o sistema percentual de formas perdidas e de formas novas. Em alguns leitos mais recentes, embora sem dúvida muito antigos se medidos em anos, apenas uma ou duas espécies são formas perdidas ou formas novas surgidas pela primeira vez, seja localmente ou, até onde sabemos, na face da Terra. A nos fiarmos pelas observações de Philippi na Sicília, as alterações sucessivas de habitantes marinhos dessa ilha foram numerosas e graduais. As formações secundárias são mais fragmentárias; mas, como observa Bronn, nem o aparecimento nem o desaparecimento de muitas espécies hoje extintas foi simultâneo em cada uma das formações tomada em separado.

Espécies de diferentes gêneros e classes não mudaram no mesmo ritmo e no mesmo grau. Nos leitos terciários mais antigos, há moluscos que ainda podem ser encontrados em meio a uma multidão de formas extintas. Falconer oferece um exemplo contundente de um fato similar, com um crocodilo associado a muitos estranhos mamíferos e répteis perdidos em depósitos abaixo do Himalaia. Os *Lingula* silurianos pouco diferem das espécies vivas desse mesmo gênero; já a maioria dos demais moluscos silurianos e todos os crustáceos do mesmo período são muito diferentes dos atuais. Os produtos da terra parecem se alterar mais rapidamente que os do mar, como foi recentemente observado na Suíça. Há razões para crer que organismos considerados elevados na escala da natureza se modificam mais rapidamente do que aqueles de posições inferiores; mas há exceções a essa regra. Como observou Pictet, a quantidade de alteração orgânica não corresponde exatamente à sucessão de nossas formações geológicas, de modo que entre duas formações consecutivas não se encontram formas de vida que tenham se alterado exatamente no mesmo grau. Mas, se compararmos quaisquer formações, exceto pelas mais estreitamente aparentadas, constataremos que todas as espécies passaram por alguma transformação. Há razão para crer que, quando uma espécie desaparece da face da Terra, a mesma forma idêntica jamais reaparecerá. A mais forte e aparente exceção a essa regra são as chamadas colônias do sr. Barrande, que se imiscuem, por certo tempo, em uma formação mais antiga, permitindo assim que a fauna antes existente reapareça; mas me parece satisfatória a explicação de Lyell, a saber, de que se trata de um caso de migração temporária a partir de uma província geográfica distinta.

São fatos congruentes com a minha teoria. Não creio na existência de algo como uma lei fixa de desenvolvimento que causaria a alteração repentina, simultânea ou em igual grau de todos os habitantes de uma região. O processo de modificação é necessariamente muito lento. A variabilidade de cada espécie é independente da de outras. Que essa variabilidade seja aproveitada pela seleção natural e as variações sejam acumuladas em maior ou menor quantidade, causando, assim, uma quantidade maior ou menor de modificação na espécie que varia, é algo que depende de muitas contingências complexas, como a natureza benigna ou não da variação, o poder de intercruzamento, o ritmo de procriação, a lenta alteração das condições físicas do país e, especialmente, a natureza dos outros habitantes com que a espécie em variação compete. Assim, não surpreende que uma espécie mantenha uma forma idêntica por muito mais tempo que outras ou que, ao mudar, não se altere muito. Vemos o mesmo efeito na distribuição geográfica; no fato, por exemplo, de os moluscos terrestres e os insetos coleópteros da Madeira terem se tornado consideravelmente diferentes de seus parentes mais próximos no continente europeu, enquanto os moluscos marinhos e os pássaros permaneceram inalterados. Poderemos talvez compreender o ritmo de alteração aparentemente mais rápido dos seres de terra, muito organizados, em comparação aos produtos marinhos, de ordem inferior, se considerarmos que são mais complexas as relações entre os seres mais elevados e suas condições de vida, orgânicas ou inorgânicas, como foi explicado em capítulo anterior. Quando muitos habitantes de uma região foram modificados ou aprimorados, podemos compreender, com base no princípio de competição, bem como naquele das importantíssimas relações entre um organismo e outro, que toda forma que não seja modificada ou aprimorada em algum grau estará sujeita ao extermínio. Poderemos ver por que todas as espécies de uma região são, por fim, modificadas se considerarmos intervalos de tempo suficientemente amplos; pois aquelas que não se alteram são extintas.

A média da quantidade de alteração pode, talvez, ser praticamente a mesma em membros de uma mesma classe, tomados em períodos mais longos de igual duração. Mas, como a acumulação de formações fósseis resistentes ao tempo depende de grandes massas de sedimento terem sido depositadas em áreas em subsidência, nossas formações se acumularam com intervalos amplos e irregulares, o que explica a desigualdade na quantidade de mudança orgânica exibida pelos fósseis conservados em formações consecutivas. Assim, cada formação assinala não tanto um novo e completo ato de criação quanto uma cena ocasional, tomada quase ao acaso, de um drama encenado vagarosamente.

Entende-se por que uma espécie que desapareceu jamais poderia ressurgir, ainda que as mesmíssimas condições de vida, orgânicas e inorgânicas, se tornassem recorrentes. Pois, embora a prole de uma espécie possa se adaptar para preencher exatamente o mesmo lugar ocupado por outra na economia da natureza (como, sem dúvida, ocorreu inúmeras vezes), suplantando-a, mesmo assim as duas formas, a nova e a antiga, não seriam idênticas, pois é quase certo que ambas herdariam caracteres diferentes de seus respectivos progenitores. Por exemplo, é possível que se todos os pombos rabo-de-leque desparecessem, os criadores, se perseguissem o mesmo objetivo ao longo de muitas épocas, viriam a produzir uma prole que mal se distinguiria do pombo rabo-de-leque que conhecemos; mas, caso o pombo-de-rocha, que é o progenitor comum a ambos, desaparecesse – e temos todas as razões para crer que na natureza a espécie progenitora é geralmente suplantada e exterminada pela sua prole –, seria incrível que um pombo rabo-de-leque idêntico à raça atual pudesse ser gerado por outra espécie de pombo ou mesmo por outras raças domésticas bem definidas, pois é praticamente certo que esse pombo recém-formado herdaria do progenitor características levemente diferentes daquelas do atual.

Grupos de espécies, ou seja, de gêneros e de famílias, obedecem às mesmas regras gerais de surgimento e de desaparecimento que as espécies, com velocidade variável e em maior ou menor grau. Um grupo extinto não pode ressurgir; e sua existência, enquanto durar, será contínua. Estou ciente de que parece haver exceções a essa regra, mas elas são tão insignificantes que mesmo Forbes, Pictet e Woodward (que se opõem às ideias que sustento) admitem que é assim. É uma regra que está em perfeito acordo com a minha teoria. Pois, se todas as espécies de um mesmo grupo descenderam de uma mesma espécie, é claro que, não importa quando uma espécie desse grupo venha a surgir na sucessão das épocas, seus membros existirão em continuidade, gerando formas novas, modificadas ou iguais, sem alteração. Espécies do gênero *Lingula*, por exemplo, devem ter existido continuamente por uma sucessão ininterrupta de gerações do estrato siluriano mais baixo até os dias atuais.

Vimos no capítulo anterior que as espécies de um grupo às vezes parecem surgir abruptamente, e tentei mostrar que, na maioria dos casos, não é o que acontece; fosse assim, os meus princípios estariam desmentidos. Casos como esse são muito excepcionais; a regra geral é o aumento gradual do número de espécies até que o grupo chegue a um máximo e, então, cedo ou tarde, sua diminuição gradativa. Se representarmos o número de espécies de um gênero ou de gêneros de uma família por uma linha vertical de espessura variável que atravesse as sucessivas formações geológicas em que as espécies são encontradas, pode parecer, eventualmente, que a linha teria início na extremidade inferior não em um ponto definido, mas subitamente; mas isso é falso. Ela se inicia em um ponto definido e então, gradualmente, à medida que ascende, torna-se mais espessa, mantendo-se às vezes, em um trecho, com espessura invariável, afinando-se depois nos leitos superiores, indicando assim a redução do número de espécies e a sua extinção. Esse aumento gradual do número de espécies de um grupo condiz com a minha ideia de que o número de espécies de um mesmo gênero ou de gêneros de uma mesma família aumenta de maneira lenta e progressiva, pois o processo de modificação e produção de certo número de formas aparentadas só pode ser lento e gradual: uma espécie dá origem, de início, a duas ou três variedades, que lentamente são convertidas em espécies que, por sua vez, produzem em passos igualmente lentos outras espécies, e assim por diante, como se fossem os galhos de uma enorme árvore, a partir de um tronco único, até que o grupo se torne suficientemente grande.

Da extinção

Até aqui, referimo-nos de passagem ao desaparecimento de espécies e grupos de espécies. Na teoria da seleção natural, a extinção de formas antigas está estreitamente ligada à produção de formas novas e aprimoradas. A velha noção de que todos os habitantes da terra teriam sido varridos de sua superfície por catástrofes ocorridas em sucessivos períodos parece ter sido abandonada mesmo por geólogos como Beaumont, Murchison e Barrande, cujas ideias poderiam levá-los a uma conclusão como essa. Ao contrário, o estudo das formações terciárias oferece muitas razões para crer que espécies e grupos de espécies desaparecem gradualmente, um após o outro, primeiro em um lugar, depois de outro e, por fim, do mundo inteiro. A existência de espécies e de grupos de espécies se dá em períodos muito desiguais; como vimos, há grupos que existem desde os primórdios até hoje, enquanto outros desapareceram antes do fim do período Paleozoico. Parece não haver lei fixa para determinar a duração temporal máxima de uma espécie ou gênero qualquer. Há razões para crer que a completa extinção das espécies de um grupo costuma ser um processo mais lento do que sua produção. Se representarmos, como foi sugerido, o surgimento e o desaparecimento de um grupo de espécies em uma linha vertical de espessura variável, veremos que a linha se afunila mais gradualmente na extremidade superior, indicando a marcha do extermínio, do que na inferior, que assinala o surgimento e a multiplicação das espécies. Em alguns casos, porém, o extermínio de grupos inteiros de seres vivos, como o dos amonites, próximo ao fim do período Secundário, foi espantosamente repentino.

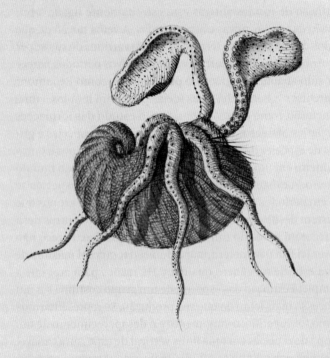

amonite

O tema da extinção das espécies está envolto por um mistério desnecessário. Alguns autores chegam a supor que, assim como o indivíduo tem uma vida de extensão finita, seria também esse o caso das espécies. Nenhuma questão me intriga tanto quanto essa. Quando encontrei, em La Plata, um dente de cavalo em meio a vestígios fósseis de mastodonte, megatério, toxodonte e outras espécies extintas, que, em um período geológico bastante recente, conviveram com moluscos que existem até hoje, senti-me arrebatado; tendo em vista que o cavalo, desde a sua introdução pelos espanhóis, disseminou-se livremente pela América do Sul, multiplicando-se em um ritmo sem paralelo, ocorreu-me a questão: o que poderia ter exterminado, em data tão recente, o antigo cavalo americano, em condições de vida aparentemente tão favoráveis? Meu desconcerto, porém, mostrou-se infundado. O prof. Owen logo percebeu que o dente, embora muito similar ao do cavalo atual, pertencia a uma espécie extinta. Se esse cavalo ainda existisse, por mais raro que fosse, nenhum naturalista se espantaria com sua raridade, pois esta é atributo de um vasto número de espécies de todas as classes em todos os lugares. Se nos perguntarmos por que esta ou aquela espécie é rara, responderemos que há algo desfavorável em suas condições de vida; mas o quê, precisamente, é difícil dizer. Supondo que o cavalo fóssil ainda existisse como espécie rara, poderíamos ter certeza de lenta procriação, por analogia com os demais mamíferos, mesmo com o elefante, e a partir da história da domesticação do cavalo na América do Sul poderíamos inferir que, em condições mais favoráveis, ele ocuparia o continente em poucos anos. Mas não poderíamos dizer quais condições desfavoráveis restringiram seu progresso, se uma ou muitas contingências, em qual período da vida do cavalo e em que grau elas teriam atuado. Se tais condições persistissem, tornando-se aos poucos cada vez menos favoráveis, não nos daríamos conta disso, mas o cavalo em questão se tornaria progressivamente mais raro até ser extinto, e seu lugar seria tomado por um rival mais bem-sucedido.

Nem sempre lembramos que o aumento do número de seres vivos é constantemente limitado por fatores nocivos despercebidos, mais do que suficientes para provocar a escassez e a extinção da espécie. Há muitos casos de formações terciárias recentes em que a escassez precede a extinção; e sabemos que assim progrediram os eventos relativos a animais exterminados, parcial ou totalmente, pela atuação do homem. Eu poderia repetir aqui o que disse em 1844, a saber, que admitir que as espécies se tornam raras antes de serem extintas, não se surpreender com a raridade de uma espécie e, mesmo assim, espantar-se quando ela deixa de existir, é como admitir que no indivíduo a doença precede a morte, não se surpreender que um homem esteja doente, mas espantar-se que ele tenha morrido, suspeitando que ele teria falecido em decorrência de um ato violento.

A teoria da seleção natural está fundamentada na crença de que cada nova variedade e, em última instância, cada nova espécie é produzida e mantida pela posse de alguma vantagem em relação àquelas com as quais se compete, e disso se segue, quase inevitavelmente, a extinção das formas menos favorecidas. O mesmo ocorre com nossas produções domésticas: quando se obtém uma variação nova, minimamente aprimorada, ela suplanta as variedades menos aprimoradas na mesma vizinhança; quando o aprimoramento é significativo, é transportada para toda parte, como o nosso gado de chifres curtos e ocupa o lugar de outras raças em outras regiões. Assim, o surgimento de novas formas e o desaparecimento de formas antigas, tanto naturais quanto artificiais, estão interligados. Em grupos prósperos, é comum que o número de formas novas específicas produzidas em um período ultrapasse o de formas antigas; mas sabemos que o número de espécies não cresceu indefinidamente, ao menos não durante períodos geológicos tardios, de modo que, olhando para tempos mais recentes, poderíamos crer que a produção de novas formas causou a extinção de um número equivalente de formas antigas.

A competição costuma ser mais severa entre as formas mais semelhantes, como explicamos e ilustramos. Assim, os descendentes aprimorados e modificados de uma espécie geralmente causam o extermínio da espécie progenitora e, caso muitas novas formas tenham se desenvolvido a partir de uma espécie, o parente mais próximo dessa espécie, i.e., a espécie do mesmo gênero, será mais suscetível ao extermínio. Desse modo, certo número de novas espécies, descendentes de uma mesma espécie, ou seja, um novo gênero, vem a suplantar um antigo gênero pertencente à mesma família. Deve ocorrer com frequência que uma nova espécie, pertencente a um dos novos grupos, ocupe o lugar antes habitado por uma espécie que pertence a um grupo distinto, causando o seu extermínio; e, se muitas formas aparentadas se desenvolverem a partir do intruso bem-sucedido, muitas terão de lhes dar lugar, em geral formas aparentadas que padeçam de alguma inferioridade hereditária em comum.

Mas, não importa se a espécie que dá lugar a outra, modificada e aprimorada, pertence ou não à mesma classe que esta, é frequente que uns poucos entre os atingidos sejam preservados por estarem adaptados a um modo de vida peculiar ou por habitarem um local distante e isolado, no qual se furtam da competição. Por exemplo, uma única espécie do grande gênero dos moluscos *Trigonia*, comum em formações secundárias, ainda existe nos mares da Austrália; e uns poucos membros do grande grupo de peixes ganoides, praticamente extinto, ainda habitam as águas de nossos rios. Portanto, a extinção completa de um grupo é, em geral, um processo mais lento do que sua produção.

Quanto ao extermínio aparentemente súbito de famílias e ordens inteiras, como os trilobitas no fim do período Paleozoico e os amonitas no fim do período Secundário, recorde-se o que foi dito sobre os longos períodos entre as formações consecutivas, pois é possível que nesses intervalos tenha havido extermínios lentos de dimensão considerável. E mais: quando, devido a uma migração repentina ou a um desenvolvimento inusitadamente rápido, muitas espécies de um mesmo grupo tomam posse de uma nova área, elas exterminarão de maneira igualmente rápida a maioria dos antigos habitantes; e as formas que cedem lugar costumam ser aparentadas, pois compartilham de algum caractere inferior.

Parece-me, portanto, que essa explicação da extinção de uma espécie ou de grupos inteiros de espécies está de acordo com a teoria da seleção natural. A extinção em si mesma não deve nos espantar. Espantosa é nossa presunção de imaginar, por um momento, que compreenderíamos muitas das complexas contingências das quais dependem a existência das espécies. A economia da natureza se tornará obscura para nós se por um instante esquecermos que cada espécie tende a aumentar descontroladamente e que alguma restrição sempre atua, no mais das vezes, silenciosamente. Quando pudermos afirmar com precisão que uma espécie é mais abundante em indivíduos do que outra; e por que uma espécie é capaz de se naturalizar em uma região qualquer; então, e somente então, justifica-se alguma surpresa, por não podermos explicar a extinção dessa espécie particular ou desse grupo de espécies.

Das formas de vida em modificação quase simultânea em diferentes partes do mundo

Dificilmente poderia haver descoberta paleontológica mais impressionante do que a variação simultânea das formas de vida em diferentes partes do mundo. As mesmas formações calcárias presentes na Europa podem ser reconhecidas nas mais distantes partes do mundo, nos mais diferentes climas, onde não se encontram fragmentos de calcário, como na América do Norte, na zona equatorial da América do Sul, na Terra do Fogo, no cabo da Boa Esperança e na península da Índia. Nesses pontos distantes entre si, os vestígios orgânicos encontrados em leitos têm um grau de semelhança inconfundível com os presentes em calcário. Não é que sejam exatamente as mesmas espécies; em alguns casos, não há sequer uma espécie em comum, mas elas pertencem às mesmas famílias, gêneros e seções de gêneros e se distinguem, por vezes, a partir de características triviais, como a textura de superfície. E mais, outras formas, que não são encontradas no calcário da Europa, mas ocorrem em formações acima ou abaixo dela, também estão ausentes dessas outras partes do mundo. Diversos autores observaram, em formações paleozoicas sucessivas da Rússia, da Europa ocidental e da América do Norte, um paralelismo similar entre as formas de vida, como o constatado por Lyell, por exemplo, a propósito dos numerosos depósitos terciários da Europa e da América do Norte. Mesmo que as poucas espécies fósseis comuns ao Novo e ao Velho Mundo permanecessem ocultas, o paralelismo geral das sucessivas formas de vida em estágios dos períodos Paleozoico e Terciário, bastante distantes entre si, seria mesmo assim manifesto, e as muitas formações poderiam ser facilmente relacionadas.

Essas observações dizem respeito unicamente a habitantes de regiões afastadas; não temos informação suficiente para julgar se os produtos da terra e da água doce também se modificam simultaneamente em lugares distantes. Pode-se questionar se eles se modificaram; se o megatério, o milodonte, a macrauquênia e o toxodonte tivessem sido trazidos de La Plata para a Europa sem qualquer informação relativa à sua localização geológica, ninguém suspeitaria que eles teriam coexistido com moluscos ainda vivos; mas, como esses monstros anômalos coexistiram com o mastodonte e o cavalo, teria sido possível ao menos inferir que eles viveram durante algum dos estágios terciários tardios.

Quando dizemos que as formas marinhas se alteraram simultaneamente pelo mundo, não nos referimos assim aos mesmos mil ou 100 mil anos, nem temos em mente um sentido geológico estrito; pois, se todos os animais marinhos que atualmente vivem na Europa e todos os que aí viveram durante o Pleistoceno – um período longuíssimo, se contado em anos, que inclui a Era Glacial – fossem comparados aos que atualmente vivem na América do Sul ou na Austrália, mesmo o mais hábil naturalista teria dificuldade em dizer se os habitantes atuais da Europa ou os do Pleistoceno são os que mais se assemelham aos atuais do hemisfério Sul. Do mesmo modo, muitos observadores competentes creem que os seres atualmente existentes nos Estados Unidos estão mais próximos dos que viveram na Europa nos estágios terciários do que daqueles que hoje se encontram neste último continente; e, nesse caso, os leitos fósseis depositados nas costas da América do Norte deveriam, daqui por diante, ser classificados com os leitos europeus, mais antigos. Mas basta nos projetarmos em um futuro distante para ver que as formações marítimas modernas, como o Plioceno Superior e o Pleistoceno, além dos leitos atuais da Europa, das Américas e da Austrália, por conterem vestígios fósseis com algum grau de parentesco e não incluírem as formas encontradas nos depósitos mais antigos subjacentes, seriam, corretamente, classificadas como simultâneas, em sentido geológico.

Pois, bem, o fato de as formas de vida se alterarem simultaneamente (em sentido lato) em diferentes partes do mundo impressionou dois observadores excelentes, o sr. Verneuil e o sr. D'Archiac. Após se referirem ao paralelismo entre formas de vida paleozoicas em diferentes partes da Europa, eles acrescentam: "Se, impressionados com essa estranha sequência, voltarmos nossa atenção para a América do Norte, descobriremos uma série de fenômenos análogos e parecerá certo que todas essas modificações de espécies, sua extinção e a introdução de novas espécies não se explicam por meras mudanças de correntes marítimas ou outras causas mais ou menos locais e temporárias, mas dependem das leis gerais que governam o reino animal como um todo". O sr. Barrande fez contundentes declarações no mesmo sentido. E, de fato, seria vão querer encontrar nas mudanças de correntezas, de clima ou de outras condições físicas a causa das grandes mutações das formas de vida pelo mundo nos climas mais variados. É preciso buscar, como disse Barrande, por uma lei especial. Isso se tornará mais claro quando tratarmos da distribuição atual dos seres orgânicos, pois veremos quão delicada é a relação entre as condições físicas das diferentes regiões e a natureza de seus habitantes.

A teoria da seleção natural explica a sucessão paralela das formas de vida pelo mundo, fato tão importante. Novas espécies são formadas por novas variedades dotadas de alguma vantagem em relação a formas antigas; e são dominantes ou têm alguma vantagem sobre formas que habitam a mesma região aquelas formas que com mais frequência geram novas variedades ou espécies incipientes, pois, para que estas se preservem e sobrevivam, devem ser vitoriosas em um grau ainda mais alto. Temos evidências a esse respeito nas plantas dominantes, as mais comuns em seu local de origem e também as mais difundidas, pois produziram o maior número de novas variedades. É igualmente natural que espécies dominantes, que mais se propagam e mais variam, e que invadem os territórios de outras espécies, sejam também aquelas com mais chances de se disseminar ainda mais e dar origem a novas variedades e espé-

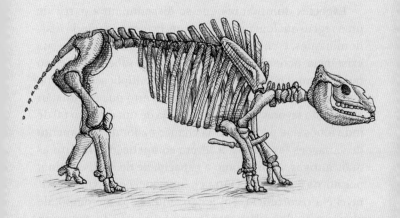

toxodonte

cies. O processo de difusão costuma ser extremamente lento, pois depende de alterações climáticas e geográficas ou de estranhos acidentes; no longo prazo, porém, as formas dominantes geralmente conseguem se impor. A disseminação dos habitantes de terra é provavelmente mais lenta do que a de seres de mares contínuos, dada a separação entre os continentes. É de esperar, assim, algum grau de paralelismo menos estrito nos produtos da terra do que nos do mar.

Espécies dominantes que se disseminam a partir de uma região qualquer podem encontrar espécies ainda mais dominantes, e então seu curso triunfante, ou mesmo sua existência, poderá ser interrompido. Não sabemos ao certo quais as condições mais favoráveis à multiplicação de espécies novas dominantes; mas parece certo que circunstâncias muito favoráveis são a existência de um número tal de indivíduos que propicie uma chance maior de surgimento de variações favoráveis, a severa competição com formas mais antigas, assim como a capacidade de se disseminar por novos territórios. Outra circunstância que parece favorável é a recorrência, em longos intervalos de tempo, de algum grau de isolamento, como foi explicado. Suponhamos que um quarto do mundo seja propício à produção de novas espécies dominantes na terra, e outro quarto, à sua produção nas águas do mar; se essas condições favoráveis permanecerem inalteradas por longo tempo, seus habitantes travariam longas e árduas batalhas, onde quer que se encontrassem, e as formas vitoriosas viriam ora da terra, ora do mar. Mas, com o passar do tempo, as formas dominantes superiores, onde quer que ocorressem, tenderiam a prevalecer por toda parte; e, à medida que o fizessem, provocariam a extinção de outras formas inferiores, que, por estarem ligadas em grupos por laços hereditários, tenderiam a desaparecer, por mais que aqui e ali um membro conseguisse sobreviver por mais tempo. Parece-me assim que a sucessão paralela e simultânea das mesmas formas de vida pelo mundo é congruente com o princípio de que novas espécies são formadas por espécies dominantes, que se disseminaram de maneira ampla e variada. A nova espécie produzida, dominante por hereditariedade e por ter alguma vantagem em relação a seus progenitores ou a outra espécie, irá propagar-se, variar, e produzir novas espécies. As formas derrotadas, que cedem lugar às vitoriosas, são em geral grupos aparentados, por terem alguma inferioridade hereditária em comum; e, portanto, à medida que novos grupos aprimorados se disseminam pelo mundo, velhos grupos obsoletos desaparecem, e a sucessão das formas é, em ambos os sentidos, por toda parte simultânea.

Essa outra observação me parece digna de nota. Apresentei minhas razões para crer que todas as formações fósseis mais significativas foram depositadas em períodos de subsidência e que longos hiatos ocorrem em períodos nos quais o leito do mar permaneceu estacionário ou em elevação ou, então, quando o sedimento não foi depositado com rapidez suficiente para envolver e assim proteger os vestígios orgânicos. Durante esses longos hiatos, presume-se que os habitantes de cada região teriam passado por uma quantidade considerável de modificação e extinção e que teria havido migração considerável de outras partes do mundo. E, como há razão para crer que grandes áreas são afetadas pelo mesmo movimento, é provável que formações estritamente contemporâneas tenham, com frequência, se acumulado em espaços amplos de uma mesma região do mundo. Mas nem por isso estamos autorizados a concluir que sempre foi assim e que amplas áreas foram invariavelmente afetadas pelos mesmos movimentos. Duas formações depositadas em duas regiões durante praticamente o mesmo período apresentam, pelas causas aqui expostas, uma mesma sucessão geral de formas de vida, sem que haja, contudo, correspondência exata entre as espécies, dado que em uma delas o tempo para a modificação, a extinção e a imigração seria um pouco maior ou menor do que na outra.

Suspeito que casos dessa natureza tenham ocorrido na Europa. O sr. Prestwich, em suas admiráveis *On the Geological Condition Affecting the Construction of a Tunnel between England and France*, estabeleceu um paralelismo geral estreito entre os sucessivos estágios nesses países, mas, ao comparar certos estágios da Inglaterra e da França, embora encontre em ambos uma curiosa concordância entre o número de espécies que pertencem aos mesmos gêneros, as espécies mesmas diferem de uma maneira que é difícil de explicar, considerando-se a proximidade entre as duas áreas – a não ser, é claro, que se pressuponha que um istmo teria separado dois mares habitados por faunas distintas contemporâneas. Lyell propôs observações similares a respeito de formações terciárias tardias. Barrande também mostra que há um impressionante paralelismo geral entre os sucessivos depósitos silurianos da Boêmia e da Escandinávia, ao mesmo tempo que encontra uma surpreendente quantidade de diferença entre as espécies. Se as muitas diferentes formações dessas regiões não tivessem sido depositadas durante exatamente os mesmos períodos – uma formação em uma delas com frequência corresponde a um hiato noutra – e se, em ambas as regiões, as espécies tivessem continuado a se alterar lentamente durante o acúmulo de numerosas formações e os intervalos de tempo entre elas, então as formações em ambas as regiões poderiam ser arranjadas na mesma ordem, de acordo com a sucessão geral da forma de vida, e a ordem teria a falsa aparência de um paralelismo estrito; mas as espécies não seriam todas as mesmas nos estágios aparentemente correspondentes nas duas regiões.

Das afinidades entre espécies extintas e entre estas e formas vivas

Examinemos agora as afinidades mútuas entre espécies extintas e espécies vivas. Elas fazem parte de um mesmo gigantesco sistema natural, explicado pelo princípio de descendência. Quanto mais antiga uma forma, mais diferente ela é, via de regra, de formas vivas. Como Buckland observou, todos os fósseis podem ser classificados ou em grupos ainda existentes ou entre eles. Que as formas extintas ajudam a preencher os amplos intervalos entre gêneros, famílias e ordens ainda existentes, é inquestionável. Se restringirmos a atenção apenas às formas vivas ou às extintas, veremos que a série se afigura menos perfeita do que se combinarmos ambas em um mesmo sistema geral. Apenas com relação aos vertebrados, páginas e páginas poderiam ser preenchidas com ilustrações impressionantes de nosso grande paleontólogo, o prof. Owen, mostrando como os animais extintos se encaixam entre grupos existentes. Cuvier classificou os ruminantes e os paquidermes como as duas ordens mais distintas de mamíferos, mas Owen descobriu tantos elos fósseis entre eles que teve de alterar por completo a classificação dessas ordens, inserindo paquidermes em ordens subordinadas de ruminantes. Por exemplo, ele dilui, por finas gradações, a diferença aparentemente grande entre o porco e o camelo. Com relação aos invertebrados, Barrande (a mais alta autoridade no assunto) confirma que os animais paleozoicos, embora pertençam às mesmas ordens, famílias ou gêneros de animais atualmente existentes, não se limitavam aos grupos distintos a que hoje pertencem.

Alguns autores se opuseram a que se considerassem espécies ou grupos de espécies extintas como intermediárias entre espécies ou grupos de espécies vivas. Se pelo termo "intermediário" entende-se que uma forma extinta é diretamente intermediária, em todos os seus caracteres, entre duas formas vivas, a objeção provavelmente é válida. Mas parece-me que em uma classificação natural muitas espécies fósseis teriam de estar entre espécies vivas, e alguns gêneros extintos, entre gêneros vivos, mesmo entre gêneros pertencentes a famílias diferentes. O caso mais comum, especialmente em relação a dois grupos muito distintos, como peixes e répteis, parece ser o seguinte: supondo-se que atualmente se diferenciem entre si por uma dezena de caracteres, os antigos membros desses grupos se distinguiriam por um número menor de caracteres, de modo que nesse período ambos os grupos, apesar de suas diferenças, estiveram próximos um do outro.

Diz uma crença comum que, quanto mais antiga uma forma, mais ela tende a se conectar, por meio de algum de seus caracteres, a grupos atualmente distantes. O valor dessa observação restringe-se àqueles grupos que passaram por muitas alterações no curso das épocas geológicas; e seria difícil provar a sua verdade geral, pois vez por outra descobre-se que animais vivos, como os *Lepidosiren*, têm afinidades diretas com grupos bastante distintos um do outro. Mas, se compararmos os répteis, os batráquios, os peixes e os cefalópodes mais antigos e os mamíferos do eoceno aos membros mais recentes das mesmas classes, deveremos admitir que a observação tem alguma verdade.

Vejamos agora em que medida esses diversos fatos e inferências concordam com a teoria da descendência com modificação. Como se trata de um assunto consideravelmente complexo, peço ao leitor que retorne ao diagrama no capítulo IV (pp. 186–87). Suporemos que as letras numeradas representam gêneros e as linhas pontilhadas que derivam deles, as espécies em cada gênero. O diagrama é excessivamente simples, poucos gêneros e poucas espécies são dados, mas isso não importa para nossos propósitos. As linhas horizontais representarão formações geológicas sucessivas, e todas as formas abaixo da linha no topo serão consideradas extintas. Os três gêneros existentes, a^{14}, q^{14} e p^{14}, formarão uma pequena família; b^{14} e f^{14} formarão uma família ou subfamília estreitamente relacionada; e o^{14}, e^{14} e m^{14}, uma terceira família. Essas três famílias, com os muitos gêneros extintos nas diversas linhagens de descendência que derivam de uma mesma forma progenitora A, formarão uma ordem, pois todos terão herdado algo em comum de seu antigo progenitor comum. Segundo o princípio da tendência contínua de divergência de caráter, ilustrado no quarto capítulo por esse diagrama, quanto mais recente uma forma, mais ela irá diferir, no geral, de seu antigo progenitor. Podemos assim compreender a regra de que os mais antigos fósseis são os que mais diferem das formas existentes. Contudo, não devemos supor que a divergência de caráter seja uma contingência necessária; depende apenas de os descendentes de uma espécie poderem se apoderar de muitos lugares diferentes na economia da natureza. Portanto, é bastante possível, como vimos no caso das formas silurianas, que uma espécie continue sendo levemente modificada em relação a condições de vida levemente alteradas e mesmo assim retenha, por um longo período, as mesmas características gerais. É o que representa no diagrama a letra F^{14}.

Todas as formas, extintas ou não, que descendem de A perfazem uma mesma ordem, como foi observado; e essa ordem, devido aos continuados efeitos da extinção e da divergência de caracteres, divide-se em numerosas famílias e subfamílias, algumas das quais, presume-se, pereceram em diferentes períodos, enquanto outras perduram até os dias atuais.

Ao examinarmos o diagrama, veremos que, se muitas das formas distintas supostamente acumuladas nas sucessivas formações tivessem sido descobertas em muitos pontos abaixo na série, as três famílias na linha no topo se tornariam menos distintas entre si. Se, por exemplo, os gêneros a^1, a^5, a^{10}, f^8, m^3, m^6 e m^9 fossem desenterrados, essas três famílias estariam tão estreitamente ligadas entre si que provavelmente teriam de ser reunidas em uma mesma família, um pouco como fez Owen com os ruminantes e os paquidermes. Mas haveria razão em se objetar a que se designassem como intermediários os gêneros extintos que interligariam os gêneros das três famílias, pois elas não são diretamente intermediárias, mas apenas no curso de um longo circuito, mediante variadas formas muito diferentes entre si. Se muitas formas extintas fossem descobertas entre uma das linhas horizontais ou formações geológicas medianas, por exemplo, acima da linha VI, mas nenhuma acima dela, então apenas as duas famílias à esquerda (a saber, a^{14} etc., b^{14} etc.) teriam de ser reunidas em uma mesma família e, mesmo assim, as duas outras famílias (a saber, a^{14} a f^{14}, incluindo agora cinco gêneros, de o^{14} a m^{14}) permaneceriam distintas. Mas essas duas famílias estariam agora menos distantes do que anteriormente à descoberta dos fósseis. Se, por exemplo, supusermos que os gêneros das duas famílias difiram entre si em uma dezena de caracteres, então os gêneros, no período inicial assinalado VI, diferiríam entre si em um número menor de caracteres, pois nesse estágio inicial de descendência ainda não teriam caráter divergente em relação ao progenitor comum da ordem, ou não tão acentuadamente como depois. Por isso, os gêneros mais antigos extintos apresentam, com frequência, em algum grau mínimo, um caráter intermediário entre seus descendentes modificados e seus parentes colaterais.

Mas a situação na natureza é muito mais complexa do que o representado no diagrama. Pois os grupos são mais numerosos, perduram por períodos extremamente desiguais e são modificados em diferentes graus. E, como possuímos apenas os registros geológicos mais recentes, e em condição fragmentária, não temos direito algum de querer, exceto em casos excepcionais, preencher amplos intervalos no sistema natural, aproximando famílias e ordens distintas.

Tudo o que podemos esperar é afinidades sutis, em formações anteriores, entre subgrupos que passaram por modificações consideráveis em períodos geológicos conhecidos, de modo que os membros mais velhos estariam mais próximos entre si, com relação a algum caractere, do que aqueles dos mesmos grupos. É o que sugerem evidências oferecidas por nossos melhores paleontólogos.

E assim a teoria da descendência com modificação parece explicar de maneira satisfatória os fatos relativos às afinidades mútuas entre formas extintas de vida e formas existentes. Não se pode dizer o mesmo das outras teorias.

Segundo essa mesma teoria, é evidente que a fauna de um grande período qualquer da história da Terra tem um caráter geral intermediário em relação à que a precedeu e à que a sucedeu ou irá sucedê-la. Assim, as espécies que viveram no sexto grande estágio de descendência no diagrama são a prole modificada das que viveram no quinto estágio e são as progenitoras daquelas do sétimo estágio, que se modificaram ainda mais, e não poderiam deixar de ter um caráter intermediário entre as formas de vida acima e abaixo de si. Deve-se, no entanto, conceder a extinção completa de algumas das formas precedentes, a introdução de formas novas por imigração e grande quantidade de modificação durante os longos hiatos entre as formações sucessivas. Feitas essas exceções, a fauna de cada período geológico tem, indubitavelmente, caráter intermediário. Darei apenas um exemplo: os fósseis do sistema devoniano. Quando esse sistema foi descoberto, os paleontólogos reconheceram de imediato o seu caráter intermediário entre o sistema carbonífero acima dele e o sistema siluriano abaixo. Mas nem toda fauna é necessariamente intermediária, pois são desiguais os intervalos entre as formações consecutivas.

A afirmação de que a fauna de cada período como um todo tem um caráter quase intermediário entre as faunas precedente e seguinte não chega a ser desmentida pelo fato de certos gêneros oferecerem exceções à regra. Por exemplo, os mastodontes e os elefantes são arranjados pelo dr. Falconer em duas séries: primeiro de acordo com suas afinidades mútuas e, depois, segundo seus períodos de existência, que não apresentam o mesmo arranjo. Espécies de caráter extremo não são as mais antigas nem as mais recentes; e as de caráter intermediário não o são em relação à idade. Mesmo supondo por um instante que, nesse caso e em outros similares, os registros de surgimento e de desaparecimento de uma espécie fossem perfeitos, não teríamos razão para crer que formas sucessivas teriam uma existência equivalente à duração dos períodos de tempo em que se encontram. Uma forma muito antiga poderia, ocasionalmente, durar muito mais do que uma forma produzida alhures tempos depois, especialmente em produtos terrestres que habitam distritos separados. Para compararmos coisas menores com maiores: se as principais raças de pombos domésticos, vivas ou extintas, fossem arranjadas, com todo rigor possível, de acordo com relações seriais de afinidade, esse arranjo não se aproximaria muito da ordem de sua produção e, menos ainda, da ordem de seu desaparecimento: o pombo-de-rocha, que é o progenitor, ainda vive, mas muitas variedades entre ele e o pombo-correio tornaram-se extintas; e pombos-correio de bico longo, que ocupam um dos extremos da série quanto ao tamanho desse caractere tão importante, surgiram antes

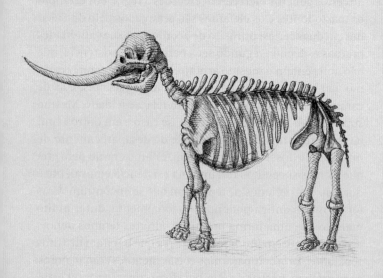

mastodonte

do pombo-cambalhota de bico curto, que ocupa o extremo oposto da série.

Estreitamente ligado à asserção de que os vestígios orgânicos de uma formação intermediária são, em algum grau, intermediários em caráter está o fato, reiterado por todos os paleontólogos, de que fósseis de duas formações consecutivas estão muito mais próximos entre si do que os fósseis de duas formações remotas. Pictet oferece o conhecido exemplo da semelhança geral entre os vestígios orgânicos de diferentes estágios da formação calcária, apesar de as espécies serem diferentes em cada estágio. Esse fato parece ter sido suficiente para abalar a firme crença do prof. Pictet na imutabilidade das espécies. Quem quer que esteja familiarizado com a distribuição das espécies existentes em nosso globo não tentará explicar a estreita semelhança entre diferentes espécies em formações consecutivas pela permanência de condições de vida semelhantes nas áreas em que elas se encontravam. Lembre-se de que as formas de vida, ao menos as que habitam o mar, modificam-se quase simultaneamente pelo mundo e, portanto, nos climas e nas condições mais diversos. Considerem-se as prodigiosas vicissitudes climáticas no período Pleistoceno, que inclui a Era Glacial, e nota-se quão pouco foram afetadas as formas específicas dos habitantes do mar.

A teoria da descendência explica por que vestígios fósseis de formações imediatamente consecutivas estão conectados entre si, embora sejam de espécies diferentes. Como o acúmulo de cada formação foi muitas vezes interrompido, e longos hiatos se interpuseram entre formações sucessivas, não se deve esperar, como tentamos mostrar no capítulo anterior, em qualquer uma das formações, todas as variedades intermediárias entre as espécies que surgem na abertura e no encerramento desses períodos, mas apenas formas estreitamente aparentadas, ou, como alguns preferem chamá-las, espécies representativas, após hiatos muito longos se medidos em anos, mas nem tanto se medidos geologicamente. É uma evidência da lenta e quase insensível mutação das formas específicas.

Do estágio de desenvolvimento das formas antigas

Muito se tem discutido em torno da questão de saber se formas recentes seriam ou não mais desenvolvidas do que formas antigas. Não entrarei nesse assunto, pois os naturalistas sequer chegaram a um consenso do que entendem por formas superiores e formas inferiores. Mas, de acordo com a minha teoria, há um sentido preciso em que as formas mais recentes devem ser consideradas superiores às mais antigas. Se uma espécie nova surge, é porque na luta pela vida tem alguma vantagem em relação a outras formas preexistentes. Se, em um clima praticamente similar, os habitantes do eoceno em um lugar do mundo fossem colocados em competição com os atuais habitantes do mesmo ou de outro lugar, a fauna ou flora do eoceno certamente seria vencida e exterminada, e o mesmo se passaria com a fauna secundária em relação à do eoceno ou com a paleozoica em relação à do secundário. Não tenho dúvida de que esse processo de aprimoramento afetou, de maneira sensível e acentuada, a organização das formas mais recentes de vida, em comparação às mais antigas. Mas não vejo como essa progressão poderia ser verificada. É possível que os crustáceos, por exemplo, que não são os mais elevados de sua própria classe, tenham vencido moluscos superiores a eles. Dada a maneira extraordinária com que os produtos europeus invadiram a Nova Zelândia e se apoderaram de locais antes ocupados por outros seres, há razão para crer que, se todos os atuais animais e plantas da Grã-Bretanha fossem soltos na Nova Zelândia, com o tempo muitas formas britânicas se naturalizariam e exterminariam muitas formas nativas. E, em vista disso e do fato de pouquíssimos habitantes do hemisfério Sul terem se naturalizado em qualquer parte da Europa, se é que algum chegou a tanto, há motivo para duvidar de que, se todos os produtos nativos da Nova Zelândia fossem introduzidos na Grã-Bretanha, um número considerável de qualquer um deles poderia se apoderar de lugares atualmente habitados por nossas plantas e animais nativos. Desse ponto de vista, os produtos da Grã-Bretanha podem ser ditos superiores aos da Nova Zelândia. Mas nem mesmo o mais hábil dos naturalistas poderia ter previsto esse resultado a partir do mero exame das espécies desses dois países.

Agassiz insiste que animais antigos são, em certa medida, semelhantes aos embriões de animais recentes das mesmas classes, ou seja, que a sucessão geológica de formas extintas é, de certo modo, paralela ao desenvolvimento embriológico de formas recentes. Concordo, porém, com Pictet e Huxley, que a verdade dessa doutrina está longe de ter sido provada. Mas tenho a expectativa de que um dia venha a sê-lo, ao menos em relação a grupos subordinados que se ramificaram uns a partir dos outros em tempos relativamente recentes. A doutrina de Agassiz está de acordo com a teoria da seleção natural. No capítulo XIII, tentarei mostrar que o indivíduo adulto é diferente do indivíduo em estágio embrionário devido a variações que não intervêm na primeira idade, mas são herdadas e se manifestam na idade pertinente. Esse processo, embora quase não altere o embrião, aumenta progressivamente as diferenças do adulto em relação a ele no curso de sucessivas gerações.

O que significa que o embrião é como um retrato, preservado pela natureza, da condição antiga e menos modificada de cada animal. Essa ideia pode ser verdadeira, mas permanece sem comprovação. Considerando, por exemplo, que os mais antigos mamíferos, répteis e peixes que se conhecem pertencem estritamente a suas próprias classes, embora algumas dessas antigas formas sejam, em graus mínimos, menos distintas entre si do que os atuais membros típicos desses mesmos grupos, buscaríamos em vão animais com um caráter embriológico comum ao dos *Vertebrata*, até que se descobrissem camadas muito abaixo do mais baixo estrato siluriano – descoberta muito pouco provável.

Da sucessão dos mesmos tipos nas mesmas áreas, em períodos terciários tardios

O sr. Clift mostrou, já há alguns anos, que os fósseis de mamíferos das cavernas australianas eram parentes próximos dos marsupiais vivos desse mesmo continente. Na América do Sul, vê-se uma relação similar a essa, mesmo para um olho inculto, nos gigantescos fragmentos de cascos de tatu encontrados em diversas partes da província de La

tatu

Plata. E o prof. Owen mostrou, de maneira irrefutável, que a maioria dos numerosos fósseis ali sepultados é parente próximo de tipos sul-americanos. Essa relação é ainda mais clara na maravilhosa coleção de ossadas reunidas pelos srs. Lund e Clausen, oriundas das cavernas do Brasil. Esses fatos me impressionaram de tal maneira que insisti, em 1844, na existência de uma "lei da sucessão de tipos" a partir dessa "maravilhosa relação, em um mesmo continente, entre os mortos e os vivos". O prof. Owen depois estendeu essa mesma generalização aos mamíferos do Velho Mundo. A mesma lei pode ser vista nos restauros dos gigantescos pássaros extintos da Nova Zelândia, feitos por esse mesmo autor, e também nos pássaros das cavernas do Brasil. O sr. Woodward mostrou que ela também se aplica aos moluscos, mas, devido à ampla distribuição da maioria de seus gêneros, não se exibe neles com a mesma clareza. Outros casos poderiam ser acrescentados, como a relação entre os caracóis extintos e os atualmente existentes na ilha da Madeira e entre os moluscos extintos e os atualmente existentes no mar Cáspio.

O que significa essa notável lei da sucessão dos mesmos tipos nas mesmas áreas? Teríamos de ser muito ousados para tentar explicar, pela comparação entre o atual clima da Austrália e partes da América do Sul situadas na mesma latitude e pela presença de condições físicas diferentes, a dissimilaridade entre os habitantes desses dois continentes. Assim como, pela presença de condições similares, a uniformidade dos mesmos tipos em cada um deles durante o período Terciário tardio. Tampouco se poderia afirmar que é uma lei imutável que os marsupiais tenham sido apenas ou principalmente produzidos na Austrália ou que os edentados e outros tipos americanos tenham sido produzidos somente na América do Sul. Sabemos que, em tempos antigos, a Europa foi habitada por numerosos marsupiais, e mostrei, nos escritos acima referidos, que nas Américas a lei de distribuição dos mamíferos terrestres já foi diferente do que é atualmente. A América do Norte compartilhou profundamente, em outros tempos, do atual caráter da parte sul do continente, que, por sua vez, esteve mais próxima do que hoje da parte norte. De maneira similar, as descobertas de Falconer e de Cautley mostram que os mamíferos da região setentrional da Índia já foram mais próximos dos da África do que no presente. Fatos análogos poderiam ser dados em relação à distribuição de animais marinhos.

A teoria de descendência com modificação explica claramente a grande lei da longa persistência, porém não imutabilidade, da sucessão dos mesmos tipos dentro das mesmas áreas. Pois os habitantes de cada região do mundo obviamente tenderão a deixar nessas regiões, no período imediatamente subsequente, descendentes muito próximos, embora modificados em algum grau. Se os habitantes de um continente antes diferiam muito dos de outro, então seus descendentes modificados irão diferir quase da mesma maneira e em mesmo grau. Mas, após intervalos de tempo muito longos e grandes mudanças geográficas, que permitem intensa migração recíproca, as formas mais frágeis cederão às mais dominantes, o que mostra que não há nada de imutável nas leis de distribuição passada e presente.

Alguém poderia perguntar, em tom zombeteiro, se eu estaria insinuando que o megatério e outros enormes mons-

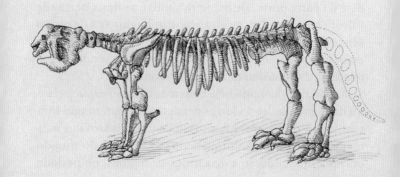

megatério

tros aparentados teriam deixado na América do Sul, como descendentes degenerados, a preguiça, o tamanduá e o tatu. Longe de mim afirmar algo assim. Aqueles enormes animais foram totalmente extintos e não deixaram progênie. Nas cavernas do Brasil, porém, encontram-se muitas espécies extintas que são parentes próximas, pelo tamanho e por outros caracteres, das espécies ainda existentes na América do Sul, e alguns desses fósseis podem ser de progenitores dessas últimas. Não se deve esquecer que, de acordo com a minha teoria, todas as espécies do mesmo gênero descenderam de outra espécie, de modo que, se seis gêneros, cada um deles com oito espécies, forem encontrados em uma mesma formação geológica e se houver na formação geológica sucessiva a ela seis outros gêneros aparentados ou representativos com o mesmo número de espécies, poderemos concluir que apenas uma espécie de cada um dos seis gêneros mais velhos deixou descendentes modificados, constituindo seis gêneros novos. As outras sete espécies do gênero antigo desapareceram por completo e não deixaram progênie; ou, provavelmente mais comum, duas ou três espécies de apenas dois ou três gêneros entre os seis velhos gêneros foram progenitoras dos seis novos gêneros. As demais espécies e gêneros antigos extinguiram-se por completo. Em ordens decadentes, com os gêneros e as espécies em números decrescentes, como parece ser o caso dos edentados da América do Sul, ainda menos gêneros e espécies deixaram descendentes de sangue modificados.

Resumo do capítulo presente e do anterior

Tentei mostrar que o registro geológico é extremamente imperfeito; que apenas uma pequena porção do globo foi cuidadosamente explorada sob o aspecto geológico; que apenas certas classes de seres orgânicos foram amplamente preservadas em estado fóssil; que o número de espécimes e de espécies preservados em nossos museus não é nada se comparado ao incalculável número de gerações que devem ter perecido durante uma única formação geológica; que, devido à subsidência necessária ao acúmulo de depósitos fósseis suficientemente espessos para resistir a degradações futuras, passaram-se enormes intervalos de tempo entre as formações sucessivas; que provavelmente a extinção foi maior nos períodos de subsidência e a variação foi maior nos de elevação, e durante este último os registros foram mantidos de maneira mais imperfeita; que cada formação singular não se depositou continuamente; que a duração de cada formação é provavelmente breve se comparada à duração média de formas específicas; que a migração desempenhou um importante papel na primeira aparição de novas formas em uma área ou formação qualquer; que as espécies de ampla distribuição são as que mais variaram e com mais frequência geraram novas espécies; e que as variedades com frequência foram de início locais. Essas causas, tomadas em conjunto, só poderiam contribuir para que o registro geológico seja imperfeito ao extremo e explicam por que não encontramos um sem-número de variedades a conectar as formas de vida, extintas ou existentes, mediante a mais fina gradação.

Quem quer que rejeite essas ideias sobre a natureza do registro geológico terá razão para descartar minha teoria como um todo. Em vão alguém assim se perguntaria onde encontrar os inumeráveis elos de transição que outrora devem ter conectado as espécies aparentadas ou representativas existentes nos diversos estágios de uma mesma formação. Terá em descrédito a existência dos enormes intervalos de tempo que se passaram entre as formações que alegamos serem consecutivas; poderá menosprezar a importância das migrações, quando se considera a formação de uma única grande região, como a da Europa; poderá contrapor o aparente – mas, com frequência, falsamente aparente – surgimento súbito de grupos inteiros de espécies; e se perguntará onde estão os vestígios dos infinitamente numerosos organismos que devem ter existido muito antes do depósito das camadas do Siluriano. A esta última questão posso apenas oferecer uma resposta hipotética: até onde se vê, a extensão atual de nossos oceanos tem permanecido a mesma por um longuíssimo período, e a posição atual de nossos continentes permanece inalterada desde a época siluriana; mas é bem possível que, muito antes desse período, o mundo se apresentasse sob um aspecto inteiramente diferente e pode ser que os continentes mais ancestrais, compostos de formações mais antigas do que as que conhecemos, se encontrem hoje metamorfoseados, se é que não estão sepultados nas profundezas do oceano.

Pondo de lado essas dificuldades, parece-me que todos os demais principais fatos da paleontologia se seguem diretamente da teoria da descendência com modificação por meio de seleção natural. Podemos entender como novas espécies surgiram lenta e sucessivamente e como espécies de diferentes classes não necessariamente se alteram ao mesmo tempo, ou no mesmo ritmo, ou no mesmo grau, embora todas passem, em alguma medida, no longo prazo, por modificações. A extinção das formas antigas é a consequência quase inevitável da produção de novas formas. Podemos entender por que, quando uma espécie desaparece, ela jamais reaparecerá. O número de espécies de um grupo aumenta lentamente, e elas perduram por períodos desiguais, pois o processo de modificação é necessariamente lento e depende de muitas contingências complexas. A espécie dominante dos grupos dominantes superiores tende a deixar muitos descendentes modificados, formando assim subgrupos e grupos. À medida que isso acontece, as espécies de grupos menos vigorosos, devido à inferioridade herdada de um progenitor comum, tendem a ser extintas em conjunto, sem deixar sobre a face da Terra uma prole modificada. Mas a completa extinção de um grupo inteiro de espécies é, com frequência, um processo muito lento, devido à sobrevivência de uns poucos descendentes, remanescentes em localidades protegidas e isoladas. Um grupo que desaparece jamais reaparecerá, pois o elo geracional foi rompido.

Entende-se agora que a disseminação das formas de vida dominantes, que são as que variam com mais frequência, tende no longo prazo a povoar o mundo com descendentes aparentados, embora modificados, que geralmente conseguem ocupar os lugares dos grupos de espécies que estão abaixo de si na luta pela existência. Assim, após longos intervalos de tempo, parecerá que os produtos do mundo se transformaram simultaneamente.

Podemos entender por que todas as formas de vida, antigas e recentes, perfazem juntas um grande sistema, pois estão conectadas entre si pela geração. Podemos entender, a partir da tendência contínua à divergência de caráter, por que quanto mais antiga uma forma, mais diferente ela é, em geral, das formas vivas atualmente; por que formas antigas e extintas tendem a preencher lacunas entre formas existentes, por vezes mesclando em um mesmo grupo dois grupos antes classificados como distintos (mais comum, porém, é que apenas os aproxime). Quanto mais antiga uma forma, com mais frequência, ao que parece, ela exibe caracteres em algum grau intermediários entre grupos atualmente distintos; pois quanto mais antiga uma forma, mais próxima estará e, por conseguinte, mais semelhante será do progenitor comum de diferentes grupos que, a partir dele, se tornaram largamente divergentes. Raramente acontece de formas extintas serem intermediárias diretos entre grupos atualmente distintos; são intermediárias apenas mediante uma longa cadeia em circuito, que percorre diferentes formas extintas. Podemos ver claramente por que os vestígios orgânicos de formações consecutivas muito próximas têm entre si um parentesco mais estreito do que os verificados entre formações remotas, pois os elos entre as formas são mais estreitos quando são geracionais. Podemos ver claramente por que os vestígios de uma formação intermediária têm, eles mesmos, caráter intermediário.

Os habitantes de cada período sucessivo da história do mundo venceram seus predecessores na luta pela vida e são, nessa medida, superiores na escala da natureza, o que explicaria o sentimento vago e indefinido de muitos paleontólogos, de que a organização como um todo teria progredido. Caso se possa provar, no futuro, que os animais antigos são em certa medida similares aos embriões de animais mais recentes da mesma classe, o fato se tornará inteligível. A sucessão dos mesmos tipos de estrutura dentro das mesmas áreas durante períodos geológicos tardios deixa de ser misteriosa e é explicada, sem mais, pela hereditariedade.

Portanto, se o registro geológico é tão imperfeito como parece (ao menos é certo que ele não é muito perfeito), então as principais objeções à teoria da seleção natural perdem força ou desaparecem. Por outro lado, todas as principais leis da paleontologia declaram abertamente que as espécies foram produzidas por geração ordinária e formas antigas foram suplantadas por formas novas e melhoradas, produzidas pelas leis de variação que atuam ao nosso redor e preservadas por seleção natural.

CAPÍTULO XI

Distribuição geográfica

Distribuição atual não pode ser explicada por condições físicas diversas · Importância das barreiras · Afinidade entre os produtos em um mesmo continente · Centros de criação · Meios de dispersão devido a alterações do clima e do nível da terra e devido a meios ocasionais · Dispersão durante a Era Glacial se deu pelo mundo inteiro

Quando consideramos a distribuição dos seres orgânicos pela face do globo, é impressionante constatar que a similaridade ou dissimilaridade entre os habitantes de diferentes regiões não pode ser explicada por condições climáticas ou outras condições físicas. É uma conclusão a que chegaram, nos últimos tempos, todos os autores que se debruçaram sobre o assunto. O exemplo do continente americano seria praticamente suficiente, por si só, para provar essa verdade. Todos concordam que, excluindo-se o extremo norte, em que as terras polares são quase contíguas, a divisão mais fundamental da distribuição geográfica é entre Novo e Velho Mundo. Mas, se viajarmos pelo vasto continente americano, das regiões centrais dos Estados Unidos à extremidade sul, depararemos com as mais diversas condições – distritos úmidos, desertos áridos, montanhas altas, planícies verdes, florestas, pântanos, lagos e grandes rios – nas mais diversas temperaturas. Não existe no Velho Mundo uma condição climática que não tenha paralelo no Novo ou que não seja tão próxima quanto o necessário para que as mesmas espécies as habitassem. É muito raro encontrar um grupo de organismos que esteja confinado a um pequeno ponto com condições peculiares em grau mínimo. Por exemplo, poderíamos nomear pequenas áreas do Velho Mundo mais quentes do que qualquer uma do Novo, mas que não são habitadas por uma fauna ou flora peculiar. Apesar desse paralelismo de condições, quão diferentes não são os produtos vivos de cada uma dessas partes do mundo!

Se compararmos, no hemisfério Sul, amplas extensões de terra da Austrália, da África meridional e da América do Sul, entre 25 e 35 graus de latitude, encontraremos porções extremamente similares quanto a todas as condições; mas não há três floras e faunas mais diferentes. Ou, se quisermos comparar os produtos da América do Sul observados abaixo de 25 graus de latitude com aqueles observados acima de 35 e que habitam, assim, climas consideravelmente diferentes, veremos que estão muito mais próximas entre si do que dos produtos da Austrália ou da África do Sul encontrados em climas muito similares. Fatos análogos poderiam ser oferecidos relativamente aos habitantes do mar.

Um segundo fato que impressiona, em nossa apreciação geral, é que a existência de barreiras de todo tipo, ou de obstáculos à livre migração, está estreitamente ligada a diferenças entre produtos de diferentes regiões. Vemos que é assim na imensa diferença entre cada um dos produtos terrestres do Novo e do Velho Mundo, exceto no extremo norte, em que as terras praticamente se unem e onde, em meio a pequenas diferenças climáticas, pode ter havido livre migração das formas temperadas, tal como ocorre hoje entre as formas estritamente árticas. Verifica-se o mesmo na grande diferença entre os habitantes da Austrália, da África e da América do Sul na mesma latitude, regiões tão isoladas uma da outra quanto seria possível. Algo similar pode ser constatado nos diferentes continentes: nos lados opostos de altas cadeias montanhosas contíguas, nas extremidades de extensos desertos, às vezes até a margem de enormes rios, encontramos produtos diferentes. Embora tais obstáculos não sejam intransponíveis, nem tampouco, ao que tudo indica, tão permanentes quanto os oceanos que separam os continentes, as diferenças são bem menores do que aquelas que são características de distintos continentes.

Voltando-nos para o mar, encontramos a mesma lei. Não há duas faunas marinhas mais distintas, em que mal se encontra um peixe, molusco ou caranguejo em comum, do que as das costas leste e oeste das Américas Central e do Sul, faunas separadas pelo estreito, embora intransponível, istmo do Panamá. Nas praias da parte oeste do continente, estende-se uma vasta extensão de oceano aberto, com nenhuma ilha ou ponto de descanso para imigrantes; temos aí uma barreira de outro gênero e, tão logo a transpomos, encontramo-nos nas ilhas do Pacífico leste, com outra fauna, totalmente distinta. Três faunas marinhas se distribuem a norte e a sul em linhas paralelas não muito afastadas entre si, em climas correspondentes, mas, por estarem separadas por barreiras intransponíveis de terra ou mar aberto, são inteiramente diferentes. Por outro lado, em direção oeste a partir das ilhas a leste das partes tropicais do Pacífico, não há nenhuma barreira intransponível e existem numerosas ilhas como locais de repouso, até que, cruzando o hemisfério, chegamos às praias da África. Em toda essa imensidão, não encontramos fauna marinha distinta ou bem definida. Embora não haja sequer um molusco, crustáceo ou peixe em comum às faunas acima mencionadas do oeste e do leste da América e das ilhas do Pacífico oriental, muitos peixes oriundos do Pacífico nadam pelas águas do Índico, e muitos moluscos são comuns às ilhas orientais do Pacífico e às praias orientais da África, em meridianos de longitude quase exatamente oposta.

Outro fato importante, parcialmente incluído na afirmação precedente, é a afinidade entre os produtos de um mesmo continente ou mar, embora as espécies mesmas sejam distintas em diferentes pontos e lugares. É uma lei da mais ampla generalidade, da qual cada um dos continentes oferece numerosos casos. Mas o naturalista que viajasse, por exemplo, do norte para o sul, não poderia deixar de observar a maneira como sucessivos grupos de seres especificamente distintos, porém claramente aparentados, substituem uns aos outros. Ele ouve notas muito similares emitidas por pássaros aparentados, porém de gêneros distintos; vê que a construção de seus ninhos também é muito similar, embora não seja idêntica; e que seus ovos têm cores semelhantes. As planícies próximas ao estreito de Magalhães são habitadas por uma espécie de *Rhea* (ema); ao norte, nas planícies de La Plata, encontra-se outra espécie do mesmo gênero; mas em parte alguma se encontra o verdadeiro avestruz ou emu, como os da mesma latitude na África e na Austrália. Também nas planícies de La Plata vemos a cotia e o viscacha, animais que têm quase os mesmos hábitos de nossas lebres e coelhos e pertencem à mesma ordem de roedores, mas exibem uma estrutura de tipo americano. Escalamos os altos picos da Cordilheira dos Andes e deparamos com espécies albinas de viscacha; olhamos as águas e não vemos o castor

ema

ou o rato almiscarado, mas o ratão-do-banhado e a capivara, roedores do tipo americano. Poderíamos dar inumeráveis exemplos. Se olharmos para as ilhas na costa americana, por mais que sua estrutura geológica seja diferente, os habitantes são essencialmente americanos, embora de espécies peculiares. Poderíamos recuar a épocas passadas, como foi mostrado no capítulo precedente, e encontrar a prevalência de tipos americanos no continente e nos mares americanos. Entrevemos aí um elo orgânico profundo, que se impõe ao longo do espaço e do tempo nas mesmas áreas de terra e de água, independentemente de condições físicas. O naturalista que não quisesse investigar esse elo só poderia ser alguém desprovido de curiosidade.

De acordo com a minha teoria, esse elo é a simples hereditariedade, causa que, por si mesma, até onde sabemos, produz organismos muito similares entre si ou, como no caso das variedades, quase idênticos. A dissimilaridade entre os habitantes de diferentes regiões pode ser atribuída à modificação por meio de seleção natural e, em grau inteiramente subordinado a ela, à influência direta de condições físicas. O grau de similaridade depende da maior ou menor facilidade com que ocorreu a migração de uma ou mais formas de vida dominantes de uma região a outra, em períodos mais ou menos remotos; da natureza e do número dos imigrantes anteriores; e de sua ação e reação, em suas respectivas lutas pela vida. Pois a relação de organismo para organismo, como observei repetidas vezes, é a mais importante de todas as relações. Assim, a grande importância das barreiras consiste em deter a migração; como faz o tempo, no lento processo de modificação por meio de seleção natural. Espécies de ampla disseminação, com uma abundância de indivíduos que já triunfaram sobre os seus muitos rivais em seus amplamente extensos habitats, terão a melhor chance de conquistar novos lugares quando se espalharem por novas regiões. Em seus novos habitats, serão expostos a novas condições e com frequência passarão por modificações e melhorias ulteriores, tornando-se assim ainda mais vitoriosos e produzindo grupos de descendentes modificados. Com base nesse princípio de hereditariedade com modificação, podemos compreender como seções de gêneros, gêneros inteiros e mesmo famílias são confinados a uma mesma área, como comumente e notoriamente é o caso.

Como observei no capítulo precedente, não creio na existência de uma lei do desenvolvimento necessário. Assim como a invariabilidade de cada espécie é uma propriedade independente, da qual a seleção natural tira proveito apenas na medida em que favorece o indivíduo em sua complexa luta pela vida, tampouco o grau de modificação em diferentes espécies é uma quantidade uniforme. Se, por exemplo, certo número de espécies que se encontram em direta competição umas com as outras migrar em conjunto para uma nova região que posteriormente se torne isolada, elas serão pouco suscetíveis à modificação, pois nem a migração nem o isolamento são capazes de algo por si mesmos. Esses princípios entram em jogo apenas quando introduzem organismos em novas relações recíprocas e, em menor grau, em relações com as condições físicas circundantes. Assim como vimos no capítulo precedente que algumas formas mantiveram praticamente o mesmo caráter que possuíam em um período geológico extremamente remoto, também certas espécies migraram por amplos espaços e sofreram muitas modificações.

É óbvio, nessa perspectiva, que as diferentes espécies de um mesmo gênero, embora habitem os mais distantes rincões do mundo, devem ter se originado da mesma fonte, e descenderam de um mesmo progenitor. No caso daquelas espécies que pouca modificação sofreram no curso de períodos geológicos inteiros, não há muita dificuldade em admitir a possibilidade de terem migrado a partir de uma mesma região, pois, em meio às vastas modificações geográficas e climáticas que teriam ocorrido desde os tempos mais antigos, é possível conceber qualquer quantidade de imigração. Mas, em muitos outros casos, em que temos razão para crer que a espécie de um gênero teria sido produzida em tempos relativamente recentes, há uma grande dificuldade em torno da questão. Também é óbvio que os indivíduos de uma mesma espécie que hoje habitam regiões distantes e isoladas devem ser oriundos de um mesmo ponto, em que seus progenitores primeiro foram produzidos; pois, como explicado no capítulo precedente, é muito improvável que indivíduos exatamente iguais tenham sido alguma vez produzidos por seleção natural a partir de progenitores especificamente distintos.

Chegamos assim a uma questão que tem sido amplamente debatida pelos naturalistas, a saber, se as espécies foram criadas em um ou mais pontos da superfície da Terra. Sem dúvida, muitas vezes é extremamente difícil compreender como uma mesma espécie poderia ter migrado a partir de um ponto para os numerosos pontos isolados em que hoje se encontram. Mesmo assim, a simplicidade da ideia de que cada espécie teria sido produzida primeiro em uma região em particular é cativante para o espírito. E quem a rejeita, recusa a *vera causa* da geração comum com subsequente migração, recorrendo à atuação de um milagre. Todos admitem que, na maioria dos casos, a área habitada por uma espécie é contígua; e, quando uma planta ou animal habita dois pontos tão distantes entre si, ou separados por um intervalo de natureza tal que o espaço entre eles não poderia ser facilmente transposto por uma migração, o fato é considerado notável e excepcional. A capacidade de migração pelos mares é talvez mais acentuadamente limitada nos mamíferos terrestres do que em qualquer outro ser orgânico; o que explica por que não há casos de um mesmo mamífero que habite partes distantes do mundo. Nenhum geólogo terá dificuldade de admitir que a Grã-Bretanha um dia esteve unida ao continente europeu e possuía, por conseguinte, os mesmos quadrúpedes. Mas, se uma mesma espécie pode ser produzida em dois pontos separados, por que então não encontramos um único mamífero comum à Europa, à Austrália e à América do Sul? As condições de vida são praticamente as mesmas, a ponto de uma série de animais europeus ter se naturalizado na América e na Austrália; e algumas plantas aborígenes são exatamente idênticas nesses pontos distantes dos hemisférios setentrional e meridional. Isso ocorre porque os mamíferos não conseguiram migrar, enquanto algumas plantas, devido aos meios de dispersão, migraram por um vasto espaço entrecortado. A influência considerável e impressionante de barreiras de todo tipo na distribuição só se torna compreensível a partir da ideia de que a grande maioria das espécies foi produzida em um dos lados apenas, sem conseguir migrar para o outro. Poucas famílias ou muitas famílias, muitíssimos gêneros e ainda mais seções de gêneros são confinados a uma única região; e numerosos naturalistas observaram que os gêneros mais naturais, ou aqueles em que as espécies têm entre si a relação mais próxima, costumam ser locais ou estar confinados a uma mesma área. Que estranha anomalia teríamos se, ao descermos um grau na série, aos indivíduos de uma mesma espécie, uma regra diretamente oposta a essa prevalecesse, e as espécies não fossem locais, mas tivessem sido produzidas em uma ou mais áreas distintas!

Parece-me, como a muitos outros naturalistas, que é mais provável a ideia de que cada espécie teria sido produzida em apenas uma área, migrando subsequentemente dessa área até onde permitissem seus poderes de deslocamento e de subsistência, em condições passadas ou atuais. Sem dúvida, há muitos casos em que não conseguimos explicar como a mesma espécie poderia ter passado de um ponto a outro. Mas as mudanças geográficas e climáticas que certamente ocorreram em tempos geológicos mais recentes devem ter fraturado ou tornado descontínua a distribuição antes contínua de muitas espécies. O que nos obriga a considerar se as exceções à distribuição contígua são tão numerosas e de natureza tão séria que deveríamos abrir mão da crença, tornada provável por considerações gerais, de que cada espécie foi produzida dentro de uma área, a partir da qual migrou para tão longe quanto pôde. Seria tedioso e inútil discutir todos os casos excepcionais de uma mesma espécie que atualmente se distribui por diferentes pontos afastados; mesmo porque parece-me que muitos desses casos não poderiam ser explicados. Mas, após algumas considerações preliminares, irei discutir alguns poucos fatos mais interessantes. São eles: primeiro, a existência de uma mesma espécie nos cumes de cadeias distantes umas das outras e em diferentes pontos das regiões ártica e antártica; segundo (já no próximo capítulo), a ampla distribuição dos produtos de água doce; e, terceiro, a ocorrência de uma mesma espécie terrestre em ilhas e no continente, embora separadas por centenas de milhas de mar aberto. Se a existência de uma mesma espécie em pontos distantes e isolados da superfície da Terra pode, em muitos casos, ser explicada pela ideia de que cada espécie teria migrado a partir de um único lugar em que surgiu, então, considerando-se nossa ignorância a respeito das alterações geográficas e climáticas prévias e dos variados meios ocasionais de transporte, a crença de que essa seria uma lei universal parece-me ser, incomparavelmente, a mais segura.

Nessa discussão, deveremos considerar outra questão, igualmente importante: saber se as muitas espécies distintas de um mesmo gênero que, de acordo com a minha teoria, descenderam de um progenitor comum, poderiam ter migrado, sofrendo modificações durante parte desse processo, a partir de uma área habitada por seu progenitor. Se se puder mostrar que, quase sempre, uma região cuja maioria dos habitantes é parente próximo ou pertence ao mesmo gênero de uma espécie de uma segunda região, provavelmente recebeu em algum período precedente imigrantes dessa outra região, então minha teoria estará aprumada, pois poderemos compreender claramente, com base no princípio de modificação, por que os habitantes de uma região são parentes dos de outra a partir da qual foram fornecidos. Uma ilha vulcânica, por exemplo, que emergiu e se formou a poucas centenas de milhas de um continente, provavelmente receberia deste ao longo do tempo alguns colonizadores, e os seus descendentes, embora modificados, nem por isso deixariam de ser, por hereditariedade, parentes dos habitantes do continente. Casos dessa natureza são comuns e, como veremos, não poderiam ser explicados pela teoria da criação independente. Essa concepção da relação entre as espécies de uma região e as de outra não difere muito, se substituirmos a palavra "espécie" pelo termo "variedade", daquela recentemente apresentada pelo sr. Wallace em um engenhoso artigo em que ele conclui "que cada espécie veio a existir concomitantemente, no espaço e no tempo, a uma espécie previamente existente e estreitamente ligada a ela". Fui informado, em correspondência com esse autor, que ele atribui essa coincidência à geração com modificação.

As observações precedentes acerca de "um único ou múltiplos centros de criação" não têm implicações diretas para outra questão estreitamente ligada a ela, qual seja, se todos os indivíduos de uma mesma espécie descendem de um único casal ou de um único hermafrodita ou se, como supõem alguns autores, de muitos indivíduos criados simultaneamente. No caso dos seres orgânicos que nunca se cruzam, se é que eles existem, a espécie, de acordo com minha teoria, deve ter descendido de uma sucessão de variedades aprimoradas que nunca se misturaram a outros indivíduos ou variedades, mas se suplantaram umas às outras, de tal modo que, a cada estágio sucessivo de modificação e melhoria, todos os indivíduos de cada variedade serão descendentes de um mesmo progenitor. Mas, na maioria dos casos, ou seja, dos organismos que se reúnem para copular ou que com frequência se cruzam, acredito que, durante um longo processo de modificação, os indivíduos da espécie serão mantidos quase uniformes devido ao cruzamento, de modo que muitos indivíduos sofrerão transformações simultâneas e a quantidade total de modificação não se deverá, a cada estágio, à descendência a partir de um mesmo progenitor. Para ilustrar o que quero dizer, nossos cavalos de corrida ingleses diferem pouco dos de outras linhagens, mas não devem sua diferença e superioridade ao fato de descenderem de um mesmo progenitor, e sim ao cuidado continuado de seleção e de treinamento de muitos indivíduos ao longo de sucessivas gerações.

Antes de discutir as três classes de fatos que selecionei como aqueles que mais dificuldade oferecem à teoria dos "centros únicos de criação", tenho algumas palavras a dizer a respeito dos meios de dispersão.

Meios de dispersão

Sir Charles Lyell e outros autores trataram desse assunto com habilidade. Oferecerei aqui apenas um breve resumo dos fatos mais importantes. A alteração climática deve ter exercido poderosa influência sobre a migração: uma região cujo clima atual a torna intransitável pode ter antes oferecido uma rota à migração. Discutirei esse aspecto da questão com algum detalhe. Alterações do nível do solo também devem ter exercido influência considerável. Um estreito istmo separa agora duas faunas marinhas; se ele submergir ou se tiver estado antes submerso, as duas faunas se misturarão ou terão estado misturadas. Onde hoje se estende o mar, a terra pode ter conectado ilhas ou mesmo continentes, permitindo assim que produtos terrestres passassem de um ponto a outro. Nenhum geólogo questionará que grandes mutações de nível do solo tiveram lugar no período de existência dos atuais organismos. Edward Forbes insistiu que todas as ilhas do Atlântico estiveram um dia conectadas à Europa ou à África, assim como a Europa à América. Outros autores, do mesmo modo, suprimiram hipoteticamente as separações entre quase todas as ilhas e os continentes. E, se é que podemos nos fiar nos argumentos de Forbes, deve-se admitir que não há uma ilha que até recentemente não estivesse conectada a um continente. Essa concepção corta o nó górdio da dispersão das espécies pelos mais distantes pontos e suprime muitas dificuldades. Mas, até onde sou capaz de julgar, não estamos autorizados a admitir alterações geográficas tão grandes no período de existência das atuais espécies. Parece-me que temos abundante evidência de significativas oscilações de nível de nossos continentes, mas não de mudanças equivalentes em sua posição e extensão, a ponto de indicar que eles teriam permanecido unidos, até um período mais recente, entre si e a numerosas ilhas. Admito de bom grado a existência prévia de numerosas ilhas intermediárias, hoje abaixo do nível do mar, que podem ter servido como estações de repouso a muitas plantas e animais em suas migrações. Nos oceanos produtores de corais, essas ilhas afundadas são hoje marcadas, segundo acredito, por anéis de corais ou por atóis posicionados sobre elas. Mas só poderemos especular com segurança sobre a antiga extensão das terras quando se admitir, como acredito que um dia o será, que cada espécie procede de um único local de nascimento e quando, no curso do tempo, soubermos algo de definitivo acerca dos meios de distribuição das espécies. Não me parece que um dia se possa provar que, no período mais recente, continentes que hoje estão bem separados entre si estiveram unidos uns aos outros de forma contígua ou quase e, a eles, as muitas ilhas oceânicas. Numerosos fatos ligados à distribuição, como a grande diferença entre as faunas marinhas de cada um dos lados do mesmo continente, a estreita relação entre os habitantes terciários de muitas terras e mesmo mares e os atuais habitantes desses mesmos locais, certo grau de relação (como veremos) entre a distribuição dos mamíferos e a diferente profundidade dos mares, tais fatos, digo eu, e outros similares parecem-me ser opostos à admissão de prodigiosas revoluções na geografia no período mais recente, como pressupõe a teoria de Forbes e admitem seus muitos discípulos. Também a natureza e as proporções relativas dos habitantes de ilhas oceânicas parecem-me opostas à crença de uma prévia continuidade entre elas e os continentes. Sua composição, quase universalmente vulcânica, tampouco favorece a ideia de que seriam náufragos de continentes submersos, pois, se tivessem sido anteriormente cadeias montanhosas sobre terra firme, então ao menos algumas entre as ilhas teriam sido formadas, como outros picos montanhosos, de granito, xistos metamórficos, pedras fósseis ou outras do gênero, em vez de consistirem em simples massas de matéria vulcânica.

Cabe-me agora dizer umas poucas palavras sobre os chamados meios acidentais de distribuição, mas que deveriam se chamar, mais apropriadamente, de meios ocasionais. Restrinjo-me aqui às plantas. Em tratados de botânica, afirma-se que esta ou aquela planta não se adapta bem à dispersão, mas pode-se dizer que é praticamente desconhecida a adaptabilidade de cada uma delas à dispersão pelos mares. Antes de realizar, com a ajuda do sr. Berkeley, alguns experimentos a esse respeito, não se sabia ao certo até que ponto as sementes poderiam resistir à danosa atuação da água dos mares. Para minha surpresa, constatei que, entre 87 espécies, 64 germinaram após 28 dias de imersão e umas poucas sobreviveram a 137 dias nas mesmas condições. Por uma questão de conveniência, lidei principalmente com sementes pequenas, sem a cápsula ou o fruto. A maioria delas afundou passados alguns dias, o que significa que não poderiam flutuar por longas braças de mares, sendo ou não danificadas pela água salgada. Tentei o mesmo com frutos maiores, cápsulas etc., e alguns flutuaram por um bom tempo. É conhecida a diferença entre o potencial de flutuação da madeira verde e o da seca. Ocorreu-me que enchentes poderiam arrancar plantas e raízes, e estas, tendo secado às margens dos rios, poderiam depois ser arrastadas pela elevação do nível das águas e despejadas no mar, o que me levou a secar troncos e ramos de 94 plantas com seus respectivos frutos maduros e depositá-los em água do mar. A maioria afundou rapidamente, mas alguns deles, que, enquanto estavam verdes, haviam flutuado por pouco tempo, uma vez ressecados flutuaram por muito mais tempo. Por exemplo, avelãs maduras afundaram imediatamente, mas, ressecadas, flutuaram por noventa dias e depois, quando plantadas, frutificaram. Um pé de aspargos com bagas maduras flutuou por 23 dias, quando estava seco flutuou por

85 dias e depois os frutos germinaram. Os frutos maduros de *Helosciadium* afundaram após dois dias, mas, após secos, flutuaram por mais de noventa dias e depois germinaram. Ao todo, das 94 plantas secas, dezoito flutuaram por mais de 28 dias e algumas entre elas flutuaram por um período bem mais longo. Assim, dado que 64 entre 87 sementes germinaram após 28 dias de imersão, e dezoito entre 94 plantas com frutos maduros (mas não todas da mesma espécie, como no experimento anterior) flutuaram após secas por mais de 28 dias, conclui-se, se é que se pode inferir algo de fatos tão exíguos, que catorze entre cem plantas oriundas de uma região qualquer estão aptas a ser transportadas por correntes marinhas por 28 dias, retendo seu poder de germinação. No Atlas Físico de Johnston, a velocidade média das diferentes correntes atlânticas é de 33 milhas [53 km] *per diem* (algumas chegam a correr 60 milhas [96,5 km] *per diem*). Nessa média, as sementes de catorze entre cem plantas pertencentes a uma região poderiam ser transportadas por 924 milhas de mar [1487 km] para uma região diferente; e, uma vez ressecadas, germinariam, se levadas a um local favorável por um vento terrestre.

Posteriormente aos experimentos por mim realizados, o sr. Martens tentou realizar outros similares por conta própria, porém com muito mais acuidade, pois colocou as sementes em uma caixa, que lançou ao mar, de modo que fossem ora expostas ao ar, ora à água, como ocorreria com plantas que de fato flutuassem. Utilizou 98 sementes, a maioria delas diferente das que escolhi, mas incluiu muitos frutos grandes, além de sementes de plantas que vivem próximo ao mar, o que favoreceria a média do período de flutuação, além de aumentar sua resistência à ação danosa da água salgada. Em compensação, não secou previamente nenhuma das plantas ou ramos com frutos, o que, como vimos, teria permitido que alguns deles flutuassem por muito mais tempo. O resultado é que dezoito entre as 98 de suas sementes flutuaram por 42 dias, depois do que se mostraram capazes de germinar. Mas eu não duvido que plantas expostas às ondas flutuariam por menos tempo do que as protegidas do movimento violento, como em nossos experimentos. Portanto, talvez seja mais seguro supor que as sementes de cerca de dez entre cem plantas de uma flora, após terem sido ressecadas, poderiam flutuar por um espaço de 900 milhas [1450 km] no mar e então germinariam. É um fato interessante que os frutos maiores com frequência flutuem por mais tempo do que os menores, pois dificilmente poderia haver outro meio de transporte para sementes maiores; e, como mostrou Alphonse de Candolle, tais plantas têm em geral uma amplitude menor de distribuição.

Mas há outras maneiras possíveis para o transporte de sementes. A madeira à deriva é encontrada na maioria das ilhas, mesmo naquelas situadas em mar aberto, e os nativos das ilhas Coral, no Pacífico, obtêm pedras para suas ferramentas exclusivamente nas raízes de árvores à deriva, pois essas pedras são consideradas um valioso tributo real. O exame mostrou-me que, quando pedras de formato irregular estão incrustadas nas raízes de árvores, pequenas porções de terra estão com frequência encerradas em seus interstícios e atrás deles de modo tão perfeito que nenhuma partícula sequer poderia ser levada pela água no mais longo dos transportes. Em uma pequena parcela de terra assim *completamente* envolta por madeira em um carvalho de cerca de cinquenta anos, germinaram três plantas dicotiledôneas. Posso garantir a acuidade dessa observação, assim como posso mostrar que as carcaças de pássaros, quando boiam no mar, nem sempre são imediatamente devoradas, o que permite a sementes de diferentes espécies ali depositadas manter por longo tempo a sua vitalidade. Ervilhacas e ervilhas, por exemplo, não resistem a uns poucos dias de imersão em água salgada; mas, para minha surpresa, algumas delas, extraídas da carcaça de um pombo que flutuara artificialmente em água salgada por trinta dias, germinaram.

Pássaros vivos são agentes muito eficazes de transporte de sementes. Eu poderia alegar muitos fatos para mostrar a frequência com que pássaros de diferentes espécies são propelidos por ventos através do oceano a vastas distâncias. Parece-me seguro supor que, em tais circunstâncias, sua velocidade de voo com frequência chega a 35 milhas [56 km] por hora; alguns autores oferecem estimativas ainda maiores. Nunca vi um exemplo de como as sementes nutritivas passam pelos intestinos de um pássaro, mas sei que sementes mais resistentes passam intactas mesmo pelos órgãos digestivos de um peru. Ao longo de dois meses, colhi em meu jardim sementes de doze espécies extraídas dos excrementos de pássaros de pequeno porte e elas me pareceram perfeitas; algumas delas com as quais realizei experimentos chegaram a germinar. Mais importante ainda é o fato de as carcaças de pássaros não secretarem suco gástrico, o que garante, e isto eu sei por experiência, que a germinação das sementes não será prejudicada. É certo que, nas tripas de um pássaro que tenha encontrado e devorado alimento em grande quantidade, os grãos levarão entre doze e dezoito horas para serem digeridos. Nesse intervalo, um pássaro pode facilmente ser propelido a uma distância de 500 milhas [805 km]; e sabe-se, além do mais, que os gaviões buscam por pássaros exauridos e, quando os devoram, as entranhas de sua carcaça são assim prontamente espalhadas. Segundo me informou o sr. Brent, um de seus amigos teve de interromper os voos de pombos-correio da França para a Inglaterra porque os gaviões da costa inglesa destruíam um sem-número deles, tão logo despontavam. Alguns gaviões e corujas engolem suas presas inteiras e, após um intervalo de doze a vinte horas, expelem pelotas de alimento não digerido, que, como mostram experimentos por mim realizados no Jardim Zoológico, incluem sementes suscetíveis de germinação. Algumas sementes de aveia, trigo, milhete, capuchinha, cânhamo, trevo e beterraba germinaram após terem permanecido entre doze e 21 horas nos estômagos de aves de rapina; duas sementes de beterraba, inclusive, germinaram após terem sido retidas por dois dias e catorze horas. Pude observar que peixes de água doce se alimentam de sementes de diferentes plantas, aquáticas ou secas. Não raro, tais peixes são devorados por pássaros, o que permite que as sementes sejam transportadas de um lugar para outro. Introduzi diferentes espécies de semente no estômago de diversos peixes mortos e então dei suas carcaças a águias pescadoras, cegonhas e pelicanos. Após um intervalo de horas, os pássaros ou expeliram as sementes em pelotas de alimento não digerido ou em seus excrementos, e muitas delas mantiveram os poderes de germinação. Certas espécies de semente, contudo, não resistiram ao processo.

Embora os bicos e os pés de pássaros sejam em geral bastante limpos, é um fato que a terra por vezes adere a eles. Em um experimento, removi 22 grãos de terra argilosa seca das patas de uma perdiz, e nessa terra encontravam-se seixos quase tão grandes quanto a semente de uma ervilha. Assim, é possível que, ocasionalmente, sementes sejam transportadas a grandes distâncias; e muitos fatos poderiam ser mobilizados para mostrar que, em quase toda parte, o solo está repleto de sementes. Reflita por um instante sobre os milhões de codornas que todo ano cruzam o Mediterrâneo; poderíamos duvidar que a terra grudada em suas patas muitas vezes contém diminutas sementes? Insistirei aqui nesse ponto.

Sabe-se que alguns icebergs estão repletos de terra e pedras e às vezes mesmo de madeira, ossos e detritos de ninhos. Em vista disso, não posso crer que eles não transportem, ocasionalmente, sementes de uma parte a outra da região ártica ou da antártica, como aliás foi sugerido por Lyell, ou então, na Era Glacial, de uma parte a outra das regiões temperadas. Suspeito que os Açores, devido ao grande número de espécies de plantas em comum com a Europa, em comparação às plantas de outras ilhas oceânicas da mesma região, porém mais próxima do continente, e (como foi observado pelo sr. H. C. Watson) devido ao caráter algo setentrional da flora, levando-se em conta a latitude, essas ilhas, digo, parecem ter sido abastecidas, ao menos em parte, por sementes trazidas pelo gelo durante a Era Glacial. A meu pedido, *Sir* Lyell escreveu ao sr. Hartung para averiguar se ele observara nessas ilhas pedregulhos erráticos, ao que este último respondeu que encontrara grandes fragmentos de granito e outras rochas, tais que não ocorrem no arquipélago. Podemos assim inferir, com segurança, que icebergs outrora depositaram suas cargas rochosas nas praias dessas ilhas oceânicas, e é ao menos possível que tenham trazido a elas as sementes de plantas setentrionais.

Levando-se em conta que os diferentes meios de transporte supracitados, sem mencionar muitos outros que sem dúvida restam a descobrir, vêm atuando ano após ano ao longo de séculos e de dezenas de milhares de anos, seria de fato surpreendente que não tivesse havido um transporte maciço de plantas. Esses meios de transporte são por vezes chamados de acidentais, mas essa denominação não é estritamente correta: as correntes do mar não são acidentais nem as direções das principais dos ventos poderiam ser consideradas assim. Deve-se observar que dificilmente haveria um meio de transporte capaz de levar tão longe as sementes, pois, quando expostas por muito tempo à atuação da água salgada, elas perdem a vitalidade, e o seu transporte no papo ou no intestino de pássaros não é uma exceção. Os meios aqui mencionados, contudo, seriam suficientes para o seu transporte ocasional por algumas centenas de milhas do oceano, de uma ilha a outra ou de um continente a uma ilha vizinha, embora não de um continente a outro. As floras de continentes distantes não poderiam, portanto, se misturar uma a outra por esse meio; ao contrário, permaneceriam tão distintas quanto as vemos hoje. O curso das correntes jamais poderia trazer para a Inglaterra sementes oriundas da América do Norte, embora possam, e de fato o fazem, trazê-las das Índias Ocidentais para as nossas praias, onde, quando não chegam mortas pela longa imersão na água do mar, elas logo perecem, pois não resistem ao nosso clima. Quase todos os anos um ou dois pássaros continentais são trazidos às praias ocidentais da Irlanda ou da Inglaterra oriundos da América do Norte; mas haveria apenas um meio para que esses peregrinos pudessem trazer sementes, a saber, em lama grudada a suas patas, ocorrência suficientemente rara por si mesma. E, mesmo nesse caso, quão exígua não seria a chance de que uma semente caísse em solo favorável e chegasse à maturidade! Contudo, seria um erro ainda maior afirmar que, apenas porque uma ilha bem abastecida como a Grã-Bretanha não recebeu, ao que se sabe (mas seria difícil prová-lo), em séculos mais recentes, imigrantes oriundos da Europa ou de outros continentes por meios ocasionais de transporte, uma ilha mal abastecida, mais distante do continente, não teria recebido colonizadores por meios similares. Não me parece haver dúvida de que, de vinte sementes ou animais transportados a uma ilha, ainda que muito menos abastecida que a Grã-Bretanha, apenas um, se tanto, estaria tão bem-adaptado ao novo lar a ponto de se naturalizar. Mas isso não é um argumento contra o que podem realizar os ocasionais meios de transporte durante o longo intervalo de tempo geológico em que uma ilha emerge e se forma e antes de ela ser devidamente ocupada por habitantes. Em uma terra praticamente desnuda, em que não haja muitos insetos ou pássaros predadores, quase toda semente que ali chegasse certamente germinaria e sobreviveria.

Dispersão durante a Era Glacial

A identidade entre muitas plantas e animais que habitam os cumes de montanhas separadas entre si por planícies com milhas de extensão, nas quais as espécies alpinas não poderiam sobreviver, é um dos mais impressionantes casos conhecidos de uma mesma espécie que habita dois pontos diferentes sem que haja, aparentemente, a possibilidade de que ela tenha migrado de um ponto a outro. É uma constatação notável que muitas plantas habitam as regiões nevadas tanto dos Alpes e dos Pirineus quanto do extremo norte da Europa. E ainda mais notável é que as plantas das Montanhas Brancas, dos Estados Unidos, sejam as mesmas que as do Labrador e quase as mesmas, segundo Asa Gray, das mais elevadas montanhas da Europa. Já em 1747 esses fatos levaram Gmelin a concluir que a mesma espécie teria sido criada independentemente em pontos distintos, e continuaríamos a pensar assim se Agassiz e outros não tivessem chamado a atenção para a Era Glacial, que, como veremos, oferece uma explicação simples para esses fatos. Temos evidência de quase todo gênero imaginável, orgânico e inorgânico, de que em um período bastante recente a Europa Central e a América do Norte padeceram sob um clima ártico. As ruínas de uma casa consumida pelo fogo não contam sua história com mais clareza do que as montanhas da Escócia e de Gales com seus flancos escoriados, superfícies polidas e pedregulhos pontiagudos, testemunhos das correntes de gelo que até há pouco singravam seus vales. O clima da Europa mudou tanto que, no norte da Itália, morainas gigantescas, deixadas por velhas geleiras, estão hoje recobertas por milharais e vinhas. Em boa parte dos Estados Unidos, pedregulhos erráticos e rochas escoriadas por icebergs à deriva e gelo costal revelam inequivocamente suas origens em um período antecedente, frio.

A influência, em uma época prévia, do clima glacial na distribuição dos habitantes da Europa, tal como explicada com notável clareza por Edward Forbes, foi, em linhas gerais, como veremos a seguir. (Acompanharemos as mudanças mais de perto, supondo que a chegada de uma nova Era Glacial foi lenta e depois passou, como na anterior.) Com a chegada do frio, e à medida que zonas cada vez mais ao sul se tornavam próprias para seres árticos e inapropriadas para seus habitantes temperados, esses últimos foram suplantados e os primeiros tomaram o seu lugar. Os habitantes das regiões mais temperadas teriam se deslocado ao mesmo tempo rumo ao sul, a não ser que fossem impedidos por barreiras, e, nesse caso, pereceram. As montanhas estavam recobertas por neve e gelo, e seus habitantes anteriores desceram para as planícies. No momento em que o frio atingiu o clímax, tivemos uma fauna e uma flora ártica uniformes recobrindo as partes centrais da Europa, os Alpes e os Pirineus inclusive, chegando até mesmo à Espanha. As regiões dos Estados Unidos hoje temperadas eram da mesma maneira recobertas por plantas e animais árticos, praticamente iguais aos da Europa; pois os então habitantes do Círculo Polar, que, em nossa suposição, tinham, por toda parte, se deslocado rumo ao sul, mostram uma notável uniformidade ao redor do mundo. Mesmo supondo que a Era Glacial tenha começado um pouco antes na América do Norte do que na Europa, de modo que também a migração se deu ali um pouco mais cedo, isso não faz diferença quanto ao resultado.

Com o retorno do calor, as formas árticas voltaram ao norte, seguidas de perto em sua retirada pelos produtos de regiões mais temperadas. E, à medida que a neve na base das montanhas derretia, as formas árticas se apoderaram do solo limpo, degelado, ascendendo cada vez mais à medida que aumentasse o calor, enquanto as outras seguiram em sua jornada rumo ao norte. E, assim, quando o calor estava enfim de volta, as mesmas espécies árticas que havia pouco tinham convivido nas terras baixas do Velho e do Novo Mundo se encontraram isoladas nos distantes cumes de montanhas (tendo sido exterminadas em todas as altitudes inferiores) e nas regiões árticas de ambos os hemisférios.

Compreende-se assim a identidade entre muitas plantas em pontos tão imensamente remotos entre si como as montanhas dos Estados Unidos e as da Europa. E compreende-se também o fato de as plantas alpinas de cada uma das cadeias terem um parentesco mais estreito com cada uma das formas árticas existentes mais ao norte, pois a migração, com a vinda do frio, e o retorno, com a vinda do calor, se deram no eixo sul-norte. As plantas alpinas da Escócia, por exemplo, observadas por Watson, e as dos Pirineus, observadas por Ramond, têm um parentesco mais estreito com as plantas do norte da Escandinávia; as dos Estados Unidos, com as do Labrador; as das montanhas da Sibéria, com as regiões árticas desse país. Essas perspectivas, fundamentadas na existência, perfeitamente assegurada, de uma Era Glacial anterior ao nosso período, parecem-me explicar de maneira tão satisfatória a atual distribuição dos produtos árticos da Europa e andinos da América que, quando encontrarmos, em outras regiões, a mesma espécie em cumes de montanhas afastadas entre si, poderemos concluir, praticamente sem outra evidência, que um clima frio facultou a sua migração prévia pelas planícies que as separam, que desde então se tornaram quentes demais para acomodar sua existência.

Se, desde a época glacial, o clima se tornou em algum grau mais quente do que hoje (como alguns geólogos estadunidenses creem ser o caso, pela distribuição do mastodonte fóssil), então os produtos árticos e temperados teriam marchado, em um período tardio, um pouco mais para o norte, retirando-se subsequentemente para onde vivem hoje. Mas não sei de quaisquer evidências satisfatórias com respeito a esse período levemente mais quente desde a Era Glacial.

Em sua longa migração rumo ao sul, bem como em seu retorno para o norte, as formas árticas foram expostas a praticamente o mesmo clima e, é importante notar, se deslocaram juntas, em formação, e por conseguinte suas relações mútuas não foram excessivamente perturbadas, o que, de acordo com os princípios introduzidos neste volume, não as expôs a modificações excessivas. Mas em nossos produtos alpinos, isolados desde o momento em que o calor retornou, primeiro nas bases e por fim nos cumes das montanhas, a situação foi um pouco diferente. Não é plausível que as mesmas espécies árticas tenham sido deixadas em cadeias montanhosas afastadas entre si, sobrevivendo ali desde então; mais provável é que se misturassem a outras espécies alpinas, que habitaram as montanhas antes do início da Era Glacial e que, no período mais frio desta, foram impelidas a ocupar as planícies. Também as circunstâncias climáticas a que foram expostas eram um pouco diferentes. Portanto, suas relações mútuas foram, inevitavelmente, perturbadas e, por conseguinte, foram suscetíveis à modificação, o que de fato ocorreu. Pois, ao compararmos as atuais plantas e animais alpinos das diferentes cadeias montanhosas da Europa, embora muitas espécies sejam exatamente as mesmas, entre algumas das variedades atuais, algumas são classificadas como formas duvidosas, enquanto outras são espécies estreitamente aparentadas ou então representativas.

Ao ilustrar o que acredito ter ocorrido durante a Era Glacial, pressupus que, no início, os produtos árticos eram tão uniformes nas regiões polares quanto o são atualmente. Mas as observações precedentes sobre sua distribuição se aplicam não apenas estritamente às formas árticas, como também a muitas formas subárticas e a algumas temperadas setentrionais, pois há aquelas que são iguais às de montanhas mais baixas e planícies da América do Norte e da Europa. Mas seria razoável indagar como eu explico o necessário grau de uniformidade das formas temperadas e subárticas ao redor do mundo no início da Era Glacial. Atualmente, os produtos subárticos e temperados setentrionais do Novo e do Velho Mundo são separados entre si pelo oceano Atlântico e pela parte norte extrema do Pacífico. Durante a Era Glacial, quando os habitantes de ambos os mundos viviam mais ao sul do que vivem hoje, os espaços de oceano que os separavam devem ter sido ainda maiores. Creio que a presente dificuldade pode ser superada olhando-se para mudanças climáticas ainda mais antigas e de natureza oposta. Temos boas razões para crer que, durante o Plioceno, antes da época glacial, e quando a maioria dos habitantes do mundo era, especificamente, tal como agora, o clima era mais ameno do que atualmente. E, assim, pode-se supor que organismos que hoje habitam o clima dos 60 graus de latitude viveram durante o Plioceno mais ao norte, sob o Círculo Polar, a 66 ou 67 graus de latitude, enquanto os produtos árticos propriamente ditos habitavam braços de terra ainda mais próximos do polo. Ora, se contemplarmos um globo terrestre, veremos que abaixo do Círculo Polar há uma continuidade praticamente ininterrupta entre as terras da Europa ocidental, da Sibéria e do leste da América do Norte. A essa continuidade das terras circumpolares e à consequente liberdade de imigração para climas mais favoráveis, atribuo a uniformidade dos produtos subárticos e temperados setentrionais no Velho e no Novo Mundo em um período anterior à época glacial.

Razões já citadas levam-me a crer que nossos continentes permaneceram por longo tempo praticamente na mesma posição, embora submetidos a grandes, porém parciais oscilações de nível. Tendo a estender essa perspectiva e a inferir que, em algum período mais antigo e mais quente, como o primeiro Plioceno, um grande número de plantas e animais iguais teria habitado as terras circumpolares, praticamente contíguas, e que essas plantas e animais, tanto no Novo quanto no Velho Mundo, lentamente se puseram a migrar em direção ao sul à medida que o clima se tornava menos quente, e isso muito antes da Era Glacial. Acredito que possamos ver hoje seus descendentes, a maioria em condição modificada, nas partes centrais da Europa e dos Estados Unidos. Isso nos permite compreender a relação, em que mal há identidade, entre os produtos da América do Norte e os da Europa, uma relação das mais notáveis, considerando-se a distância entre essas duas áreas e o fato de serem separadas pelo oceano Atlântico. Podemos compreender, além do mais, o singular fato, notado por diversos observadores, de que os produtos da Europa e da América do Norte durante os estágios terciários tardios tinham entre si uma relação mais estreita do que têm no presente, pois durante esses períodos, mais quentes que o atual, as partes setentrionais do Velho e do Novo Mundo eram ligadas quase continuamente por um braço de terra, que servia como uma passagem, desde então obliterada pelo frio, que impede a migração de seus habitantes.

Durante o lento declínio das temperaturas no período Plioceno, tão logo as espécies que habitavam tanto o Novo quanto o Velho Mundo migraram para o sul do Círculo Polar, cessou por completo toda a conexão entre elas. Essa separação, no que diz respeito a produtos de climas mais temperados, ocorreu muitas épocas atrás. À medida que migraram para o sul as plantas e os animais se misturaram, de um lado, com habitantes nativos da América com os quais tiveram de competir, e, de outro, com os do Velho Mundo. Temos aí tudo o que é necessário à ocorrência de muitas modificações, muito mais do que com os produtos alpinos, que, em um período muito mais recente, permaneceram isolados nas diversas cadeias de montanhas e nas terras árticas pertencentes aos dois mundos. Por isso, quando comparamos os produtos atualmente existentes das regiões temperadas do Novo Mundo com as do Velho, encontramos pouquíssimas espécies idênticas (embora Asa Gray tenha mostrado que há mais plantas idênticas do que se costuma supor), ao mesmo tempo que observamos em cada uma das grandes classes muitas formas que alguns naturalistas classificam como raças geográficas, outros como espécies distintas, e uma gama de formas estreitamente aparentadas ou representativas, que todos os naturalistas classificam como especificamente distintas.

Assim como na terra, também nas águas do mar uma lenta migração da fauna marinha rumo ao sul, a mesma fauna que, durante o Plioceno ou mesmo antes, era quase uniforme ao longo das bordas contíguas do Círculo Polar, explica na teoria da modificação as muitas formas estreitamente aparentadas que atualmente habitam áreas bem separadas uma da outra. Podemos assim, em minha opinião, compreender a presença de muitas formas terciárias que hoje habitam as costas leste e oeste do clima temperado na América do Norte, sem mencionar o caso ainda mais impressionante de muitos crustáceos estreitamente aparentados (descritos no admirável trabalho de Dana), de alguns peixes e outros animais marinhos que são comuns às águas do Mediterrâneo e às do Japão, hoje separadas por um continente e por quase um hemisfério de oceano equatorial.

Esses casos de relação sem identidade entre os habitantes de mares atualmente separados e, do mesmo modo, entre os atuais e os antigos habitantes de regiões temperadas da América do Norte e da Europa, não podem ser explicados pela teoria da criação das espécies. Não podemos dizer que elas foram criadas parecidas, correspondendo a uma similaridade do clima, pois, se compararmos, por exemplo, certas partes da América do Sul aos continentes meridionais do Velho Mundo, veremos países que se correspondem de perto em todas as condições físicas, mas com habitantes completamente diferentes.

Para retornarmos ao assunto que temos à mão, a Era Glacial, estou convencido de que a ideia de Forbes é suscetível de ser aplicada de maneira mais ampla. Na Europa, dispomos das mais claras evidências de um período frio, das praias da costa ocidental da Grã-Bretanha aos Urais e, ao sul, aos Pirineus. Podemos inferir, a partir dos mamíferos congelados e da natureza da vegetação das montanhas dessa região, que a Sibéria sofreu um efeito similar. Ao longo do Himalaia, em pontos separados por novecentas milhas [145 km] de distância, geleiras deixaram as marcas de seus deslizes; em Siquim, o dr. Hooker viu plantações de milho em morainas gigantescas e ancestrais. Abaixo do Equador, temos algumas evidências diretas de ação glacial na Nova Zelândia; e o fato de elas também serem encontradas em montanhas dessa ilha bastante afastadas entre si conta a mesma história. A nos fiarmos em um relato publicado, haveria evidência direta de ação glacial na região sudeste da Austrália.

Voltando-nos para a América: na metade norte, fragmentos de rocha oriundos do gelo foram encontrados ao longo da parte oriental, até a latitude entre 36 a 37 graus sul, e nas praias do Pacífico, onde hoje o clima atual é tão diferente, a 46 graus de latitude ao sul. Matacões erráticos também foram encontrados nas Montanhas Rochosas. Na cordilheira equatorial da América do Sul, as geleiras chegaram a se estender por latitudes muito abaixo de seu atual nível. Na região central do Chile, espantei-me ao deparar com a estrutura de uma vasta pilha de detritos com altura de cerca de oitocentos pés [244 m] atravessando um vale dos Andes. Estou convencido de que se tratava de uma gigantesca moraina, situada muito abaixo de qualquer geleira atualmente existente. Mais ao sul, em ambos os lados do continente, de 41 graus de latitude até a extremidade última, há claríssimas evidências de atuação glacial passada nos imensos matacões transportados para longe de seu local de origem.

Não sabemos se a época glacial teria sido estritamente simultânea nesses diferentes pontos tão distantes, situados em extremidades opostas do mundo. Mas, em cada um desses casos, temos boas evidências de que essa época se incluiu no período geológico mais recente. Temos também excelentes evidências de que durou um enorme tempo, se medido em anos, em cada um desses pontos. O frio pode ter chegado e passado antes em um ponto do que em outro, mas por ter durado bastante tempo em cada um deles e ter sido contemporâneo em todos, em escala geológica, parece-me que foi, ao menos em parte desse período, simultâneo em todas as partes do mundo. Na falta de evidências distintas em contrário, é lícito ao menos admitir como provável que a ação glacial ocorreu simultaneamente nas costas leste e oeste da América do Norte, na cordilheira abaixo do Equador e em zonas mais cálidas e em ambos os lados da extremidade sul do continente. Caso se admitida isso, dificilmente se poderia evitar a crença de que a temperatura do mundo como um todo tornou-se, nesse período, simultaneamente mais fria. Para o meu propósito, porém, é suficiente admitir que a temperatura tenha sido simultaneamente mais baixa em amplos cinturões de latitude.

A ideia de que o mundo como um todo, ou senão amplos cinturões longitudinais, se resfriou ao mesmo tempo, de um polo a outro, permite lançar uma luz considerável sobre a atual distribuição de espécies idênticas e aparentadas. O dr. Hooker mostrou que, na América, entre quarenta e cinquenta plantas florescentes da Terra do Fogo, que formam uma parte nada desprezível de sua escassa flora, são comuns à Europa, apesar da imensa distância que separa essas duas regiões, sem mencionar as muitas espécies aparentadas que ele encontrou. Nos picos das montanhas da América equatorial, encontra-se uma gama de espécies que pertencem a gêneros europeus. Nas montanhas mais altas do Brasil, Gardner observou alguns gêneros europeus que não existem nas quentíssimas e amplas terras ao redor. Do mesmo modo, o ilustre Humboldt encontrou, no Silla de Caracas, espécies pertencentes a gêneros característicos da cordilheira. Nas montanhas da Abissínia, há diversas formas europeias, além de alguns poucos representantes da peculiar flora do cabo da Boa Esperança. Nesse mesmo cabo, existem algumas poucas espécies europeias que, segundo se acredita, não teriam sido introduzidas pelo homem, mas que não se encontram na região intertropical da África. No Himalaia, nas isoladas cadeias montanhosas da península da Índia, nos picos do Ceilão e nos cones vulcânicos de Java, ocorrem muitas plantas ou identicamente iguais entre si ou representativas dos mesmos grupos, que, ao mesmo tempo, representam plantas da Europa que não se encontram nas quentes planícies circundantes. Uma lista dos gêneros coletados nos picos mais altos de Java compõe o quadro de uma coleção coletada na Europa! Ainda mais impressionante é o fato de formas do sul da Austrália serem claramente representadas por plantas que crescem nos cumes das montanhas de Bornéu. Algumas dessas formas australianas, segundo me disse o dr. Hooker, distribuem-se ao longo das colinas da península da Malásia e estão discretamente espalhadas pela Índia e mais ao longe, até o Japão.

Nas montanhas meridionais da Austrália, o dr. F. Müller descobriu numerosas espécies europeias; outras, que não foram introduzidas pelo homem, ocorrem nas planícies; e, segundo me informa o dr. Hooker, seria possível oferecer uma longa lista de gêneros europeus encontrados na Austrália, mas não nas tórridas regiões intermediárias. Em sua admirável *Handbook of the New Zealand Flora*, o dr. Hooker oferece impressionantes fatos análogos com respeito às plantas dessa imensa ilha. E assim vemos que, ao redor do mundo, há plantas que crescem nas mais altas montanhas e nas planícies temperadas dos hemisférios Norte e Sul que são exatamente idênticas e, ainda mais comum, outras tantas que são especificamente distintas, embora, surpreendentemente, aparentadas entre si.

Esse breve resumo aplica-se apenas às plantas; fatos estritamente análogos poderiam ser oferecidos com relação à distribuição de animais terrestres. Casos similares ocorrem em produtos marinhos. Eu poderia citar como exemplo uma observação de uma alta autoridade, o prof. Dana, que afirma "que é certamente um fato surpreendente que os crustáceos da Nova Zelândia sejam mais similares aos da Grã-Bretanha, sua antípoda, do que aos de qualquer outra parte do mundo". *Sir* J. Richardson também menciona a presença, nas costas da Nova Zelândia, da Tasmânia etc., de formas de peixe setentrionais. Segundo me informa o dr. Hooker, há 25 espécies de algas comuns entre a Nova Zelândia e a Europa que não foram encontradas nos mares tropicais intermediários.

Deve-se observar que as formas e espécies setentrionais encontradas nas partes meridionais do hemisfério Sul e nas cadeias montanhosas intertropicais não são árticas, mas pertencem às zonas setentrionais temperadas. Como observou recentemente o sr. H. C. Watson, "ao deixarem as latitudes polares em direção às equatoriais, as floras montanhosas ou alpinas tornam-se, de fato, cada vez menos árticas". Muitas das formas que atualmente habitam as montanhas das regiões mais quentes da Terra e no hemisfério Sul têm um valor ambíguo e são classificadas por alguns naturalistas como especificamente distintas, enquanto outros as veem como variedades, mas há entre elas aquelas inequivocamente idênticas, e muitas outras, embora parentes próximas de formas setentrionais, devem ser classificadas como espécies distintas.

Tentemos agora lançar luz sobre os fatos precedentes, supondo, como sugere um vasto corpo de evidências geológicas, que o mundo como um todo, ou boa parte dele, foi muito mais frio durante a Era Glacial do que é atualmente. Medida em anos, a Era Glacial foi bastante longa; e, quando nos damos conta dos vastos espaços pelos quais algumas plantas e animais naturalizados vieram a se disseminar em poucos séculos, vemos que o período poderia acomodar considerável quantidade de imigração. À medida que o frio avançou, todas as plantas tropicais e outros produtos recuaram em ambos os lados rumo ao Equador, seguidas de perto pelos produtos temperados e, estes, por sua vez, pelos árticos (que não nos concernem aqui). É provável que as plantas tropicais tenham sofrido uma extinção considerável; o quanto, ninguém sabe ao certo. É possível que os trópicos tenham acomodado, em épocas anteriores, tantas espécies quanto as que hoje podem ser encontradas no cabo da Boa Esperança e em regiões temperadas da Austrália. Sabemos que muitas plantas e animais tropicais podem suportar uma considerável quantidade de frio, e muitos podem ter escapado ao extermínio durante uma queda moderada de temperatura, refugiando-se em pontos mais quentes. Porém, o principal fato a ser retido é que todos os produtos tropicais sofreram um impacto em alguma medida. Por outro lado, os produtos temperados sofreram menos após terem migrado para as proximidades do Equador, apesar das novas condições em que se encontravam. Certo é que muitas plantas temperadas, desde que protegidas contra as investidas de rivais, são capazes de suportar um clima muito mais quente que o de origem. Portanto, parece-me possível, tendo em vista que as plantas tropicais padeciam sob as novas condições e seriam incapazes de erguer uma barreira firme contra as intrusivas, que certo número de formas temperadas mais vigorosas e dominantes poderiam penetrar as fileiras nativas e chegar até o Equador ou mesmo cruzá-lo. É claro que a invasão teria sido grandemente favorecida pela elevação dos terrenos e, talvez, pela secura do clima, pois, segundo me informa o dr. Falconer, é sobretudo a umidade, aliada ao calor dos trópicos, que se mostra destrutiva a plantas perenes de clima temperado. Por outro lado, os distritos mais úmidos e mais quentes ofereceriam asilo às plantas tropicais nativas. As cordilheiras do nordeste do Himalaia e a longa Cordilheira dos Andes parecem ter oferecido duas grandes linhas de invasão, e outro fato notável, recentemente comunicado a mim pelo dr. Hooker, é que todas as plantas florescentes, cerca de 46 ao todo, comuns à Terra do Fogo e à Europa, existem também na América do Norte, onde devem ter permanecido ao longo da marcha. Não duvido que alguns produtos temperados tenham entrado e mesmo cruzado as *planícies* dos trópicos no período em que o frio foi mais intenso, quando formas árticas migraram cerca de 25 graus de latitude a partir de sua terra natal e recobriram a terra aos pés dos Pirineus. Acredito que, durante esse período de frio extremo, o clima no Equador, ao nível do mar, tenha sido equivalente ao que hoje se registra nessa mesma zona a seis ou sete mil pés [1830 ou 2133 m] de altura. Durante esse período, o mais frio de todos, suponho que amplos espaços da planície tropical estivessem recobertos por uma mistura de vegetação tropical e temperada, como a que hoje cresce, com exótico luxo, na base do Himalaia, tal como nas ilustrações de Hooker.

Acredito, assim, que um considerável número de plantas, uns poucos animais terrestres e produtos marinhos tenham migrado, durante a Era Glacial, das zonas setentrional e, mais ao sul, da temperada para regiões intertropicais, e algumas delas chegaram a cruzar o Equador. À medida que o frio retornava, essas formas temperadas naturalmente ascenderam a montanhas mais altas, pois seriam exterminadas nas planícies; as que não alcançaram o Equador retornaram à sua terra natal, para o norte ou para o sul; mas aquelas formas, principalmente setentrionais, que tivessem cruzado o Equador viajaram para ainda mais longe de suas terras natais, para as latitudes mais temperadas do hemisfério oposto. Embora tenhamos razão para crer, com base em evidência geológica, que os moluscos árticos como um todo não sofreram quase nenhuma modificação durante sua longa migração para o sul e seu posterior retorno para o norte, algo bastante diferente pode ter acontecido com as formas intrusivas que se assentaram nas montanhas intertropicais e no hemisfério Sul. Cercadas por estranhos, elas teriam de competir com muitas novas formas de vida, e é provável que tenham se beneficiado de modificações seletivas em sua estrutura, hábitos e constituição. Assim, muitos desses peregrinos, embora permaneçam claramente aparentados, por hereditariedade, a seus descendentes nos hemisférios Norte e Sul, habitam hoje novos lares e são variedades bem demarcadas ou espécies distintas.

Um fato notável no qual Hooker insiste a respeito da América e Alphonse de Candolle a respeito da Austrália é que muito mais plantas tenham migrado do norte para o sul do que na direção inversa. Vemos, contudo, algumas formas vegetais meridionais nas montanhas de Bornéu e da Abissínia. Suspeito que essa migração preponderante do norte para o sul deva-se ao fato de haver ao norte uma extensão maior de terra, e de as formas setentrionais terem habitado suas terras de origem em número maior que as do sul, o que como consequência lhes permitiu avançar, por meio de seleção natural e competição, a um estágio mais elevado de perfeição ou de poder de dominação. Assim, quando, na Era Glacial, as formas setentrionais se misturaram às meridionais, mostraram-se aptas a derrotar essas últimas, menos poderosas. Da mesma maneira, vemos, em nossos dias, as formas europeias recobrirem o solo de La Plata e, em menor extensão, o da Austrália, tendo, em certa medida, derrotado as formas nativas; mas foram pouquíssimas as formas meridionais que se naturalizaram em quaisquer partes da Europa, por mais que os europeus tenham importado, nos últimos dois ou três séculos, sementes de La Plata ou, mais recentemente, da Austrália. Algo do mesmo gênero deve ter ocorrido nas montanhas intertropicais. Não há dúvida de que antes da Era Glacial essas localidades estavam repletas de formas alpinas endêmicas que, no entanto, cederam em praticamente toda parte a formas dominantes geradas nos espaços mais amplos e nas oficinas mais eficientes do norte. Em muitas ilhas, os produtos nativos praticamente são igualados ou senão superados pelos naturalizados e, quando os nativos não são exterminados, seu número é reduzido consideravelmente, o que é o primeiro estágio rumo à extinção. Uma montanha é uma ilha em terra firme; durante a Era Glacial, as montanhas intertropicais devem ter permanecido completamente isoladas; e creio que esses produtos insulares em terra firme devem ter capitulado frente aos das regiões mais extensas do norte, assim como os produtos insulares realmente capitularam, por toda parte, diante de formas continentais naturalizadas pelo agenciamento humano.

Longe de mim supor que todas as dificuldades estariam superadas na perspectiva aqui oferecida acerca da distribuição e das afinidades de espécies aparentadas que habitam as zonas temperadas do norte e do sul e as montanhas de regiões intertropicais. Muitas são, ao contrário, as dificuldades a serem resolvidas. Não pretendo indicar as linhas exatas e os meios de migração, nem oferecer a razão de certas espécies terem migrado e outras não, ou dizer por que algumas foram modificadas e deram origem a novos grupos de formas, enquanto outras permaneceram inalteradas. Não é factível esperar pela explicação de tais fatos antes que se possa dizer por que uma espécie e não outra se torna naturalizada pelo agenciamento humano em uma terra estrangeira, por que uma se espalha por um território duas ou três vezes maior e é duas ou três vezes mais comum do que outra que ali habita originariamente.

Entre essas dificuldades, algumas das mais notórias são colocadas com admirável clareza pelo dr. Hooker em seus tratados de botânica dedicados às regiões antárticas. Direi apenas, que, no que concerne à ocorrência de espécies idênticas em pontos tão distantes como as ilhas Kerguelen, a Nova Zelândia e a Fuegia, acompanho Lyell quando afirma que no período final da Era Glacial os icebergs tiveram um papel decisivo em sua dispersão. Bem mais difícil, no entanto, é explicar com minha teoria da descendência a existência de numerosas espécies, na verdade bastante distintas entre si, que pertencem a gêneros confinados exclusivamente ao sul, encontradas nesses e em outros pontos isolados desse hemisfério. Pois algumas entre essas espécies são tão distintas que não poderíamos supor que teria havido tempo para que migrassem, desde o início da Era Glacial, bem como para sua subsequente modificação, até o grau necessário para que se tornassem distintas. O que os fatos indicam, parece-me, é que espécies peculiares e bastante distintas teriam migrado em linhas de irradiação a partir de um centro comum, e inclino-me a buscar, tanto no hemisfério Sul como no Norte, um período anterior, mais brando, antes do início da Era Glacial, quando as terras antárticas, hoje recobertas pelo gelo, sustentavam uma flora isolada muito peculiar. Suspeito que, antes do extermínio dessa flora pela época glacial, umas poucas formas teriam se disseminado por amplas áreas do hemisfério Sul, utilizando meios de transporte ocasionais e auxiliados pela presença de ilhas, algumas ainda existentes, outras extintas, e talvez mesmo, no início da Era Glacial, por icebergs, que serviriam como locais de repouso. Por esse meio, acredito, as plagas meridionais da América, da Austrália e da Nova Zelândia teriam sido pontuadas pelas mesmas formas peculiares de vida vegetal.

Em uma passagem impressionante, *Sir* C. Lyell especula, em linguagem quase idêntica à minha, sobre os efeitos de grandes alternâncias climáticas na distribuição geográfica da flora e da fauna. Creio que o mundo recentemente passou por um desses grandes ciclos de mudança; e que essa perspectiva, combinada à teoria da modificação por meio de seleção natural, permite explicar uma série de fatos relativos à atual distribuição de formas idênticas ou então aparentadas. É plausível afirmar que marés de seres vivos vindas do norte para o sul e, inversamente, do sul para o norte, teriam cruzado o Equador, mas que as de norte para sul foram mais fortes, terminando por inundá-lo. Assim como a maré deixa suas marcas em linhas horizontais, que são mais altas nas praias em que a maré é mais elevada, também as ondas de seres vivos deixaram suas marcas nos cumes de nossas montanhas, em uma linha que se eleva suavemente desde as planícies árticas até as grandes alturas do Equador. Os variados seres deixados a esmo podem ser comparados às raças selvagens de homens constrangidos a se isolar nas montanhas, nas quais sobrevivem como um registro – para nós, cheio de interesse – dos antigos habitantes das planícies circundantes.

CAPÍTULO XII

Distribuição geográfica – continuação

Distribuição dos produtos de água doce · Dos habitantes de ilhas oceânicas · Ausência de batráquios e de mamíferos terrestres nessas ilhas · Das relações entre os seus habitantes e aqueles dos continentes mais próximos · Da colonização a partir da fonte mais próxima, com modificações subsequentes · Resumo do presente capítulo e do anterior

Lagos e sistemas fluviais são separados uns dos outros por barreiras de terra, e é possível pensar que produtos de água doce não teriam se disseminado por uma mesma região; e também que, por ser o mar uma barreira aparentemente ainda mais intransponível, jamais poderiam chegar a países distantes. O que se dá, porém, é exatamente o inverso. Não apenas muitas espécies de água doce pertencentes a classes bastante distintas têm um considerável espectro de disseminação, como espécies aparentadas se impõem, de maneira conspícua, em toda parte pelo mundo. Quando comecei a coletar espécies nas águas doces do Brasil, lembro-me bem da surpresa que senti diante da similaridade entre os insetos de água doce, os moluscos etc., comparados aos da Grã--Bretanha, em meio à dissimilaridade entre os produtos terrestres desses dois países.

Esse poder dos produtos de água doce de se disseminarem por um amplo espectro pode parecer surpreendente, mas na maioria dos casos explica-se, em meu entender, por terem se adaptado de maneira muito útil para si mesmos a frequentes migrações de curto alcance, de um lago a outro, de um riacho a outro, ao que se seguiria, como consequência necessária, uma suscetibilidade à disseminação de amplo espectro. Tomaremos aqui apenas alguns casos. Com relação a peixes, creio não haver casos de uma mesma espécie que ocorra em dois continentes separados. Mas, em um mesmo continente, acontece com frequência de uma espécie se propagar consideravelmente e de maneira quase caprichosa: em dois sistemas fluviais quaisquer, encontram-se peixes em comum e outros diferentes. Alguns fatos parecem corroborar a possibilidade de seu transporte ocasional por meios acidentais, como o do peixe que, na Índia, não raro é atirado com vida nas águas pelos ventos e se mantém vivo mesmo quando removido da água. Inclino-me, porém, a atribuir a dispersão de peixes de água doce principalmente a alterações mínimas do nível do solo, ocorridas no período mais recente, que levaram a que os rios desaguassem uns nos outros. Também poderiam ser oferecidos exemplos de que isso ocorreu durante enchentes, sem qualquer alteração de nível do solo. Temos evidência de que no Reno teria havido consideráveis alterações no nível do solo em um período geológico bastante recente, quando a superfície era habitada por moluscos de água doce que existem ainda hoje. A grande diferença entre peixes em lados opostos de cadeias montanhosas que desde épocas remotas devem ter isolado diferentes sistemas fluviais, impedindo que se amalgamassem, é um fenômeno que parece levar a essa mesma conclusão. Com respeito a espécies aparentadas de peixes de água doce encontradas em partes do mundo bastante afastadas entre si, não há dúvida de que há muitos casos disso que, no entanto, não poderiam ser expostos aqui. Mas o fato é que alguns peixes de água doce pertencem a formas muito antigas e, em tais casos, haveria tempo mais do que suficiente para alterações geográficas de monta e, por conseguinte, tempo e meios para ampla migração. Em segundo lugar, peixes de água salgada acostumam-se, ainda que lentamente, e desde que tomadas as devidas mesuras, a viver em água doce. De acordo com Valenciennes, não se encontra um grupo de peixes que esteja confinado exclusivamente à água doce, o que nos leva a crer que o membro de um grupo de peixes ou de moluscos de água doce poderia viajar para longe, percorrendo as bordas do oceano e posteriormente modificar-se, adaptando-se às águas doces de uma terra distante.

Algumas espécies de moluscos de água doce ocupam um espectro bastante amplo, sem mencionar espécies aparentadas que, de acordo com a minha teoria, descendem de um progenitor comum, de uma fonte única e prevaleceram ao redor do mundo. De início, sua distribuição pareceu-me desconcertante, pois não é crível que suas ovas fossem transportadas por pássaros, e elas não sobreviveriam à água salgada, como de fato não sobrevivem os adultos. Eu não conseguia conceber como algumas espécies naturalizadas se disseminaram em uma única região. Mas dois fatos que observei, e sem dúvida haveria muitos outros, lançam alguma luz sobre a questão. Mais de uma vez, ao observar patos que emergem de um lago recoberto por lentilhas d'água, percebi que essas pequenas plantas aderem ao seu dorso; e verifiquei, ao transportar um pouco dessas lentilhas d'água de um aquário a outro, que, sem que eu me desse conta, eu transportara moluscos de água doce de um para o outro. Mas há um agenciamento que talvez seja ainda mais efetivo. Introduzi as patas de um pato, como ocorreria com um desses animais que dormisse em uma lagoa, em um aquário repleto de ovas de moluscos de água doce, recém-incubadas, e constatei que numerosas dessas pequenas criaturas aderiram às patas, e tão firmemente que, quando retirei as patas, era impossível removê-las, ainda que, se fossem um pouco mais velhas, se desprendessem sem nenhum esforço. Esses moluscos recém-incubados, embora fossem de natureza aquática, sobreviveram atrelados às patas em um ar úmido entre doze e vinte horas, intervalo de tempo no qual um pato ou uma andorinha poderia voar entre seiscentas e setecentas milhas [965 e 1126 km], pousando, sem dúvida, em um lago ou córrego, se levado para além-mar até uma ilha oceânica ou um ponto distante qualquer. *Sir* Charles Lyell disse-me, além disso, que um *Dytiscus* foi capturado com um *Ancylus* (um molusco de água doce similar a uma craca), firmemente grudado a ele; ao que acrescento que um besouro aquático da mesma família, um *Colymbetes*, certa vez pousou no HMS *Beagle* quando o navio se encontrava a 45 milhas [72 km] de distância da costa; e quem sabe o quão longe ele não poderia voar se impelido por um vento favorável?

Quanto às plantas, sabe-se, já há bastante tempo, que são amplos os espectros ocupados por muitas espécies de água doce e mesmo de pântano, seja nos continentes, seja em ilhas remotas. É o que se vê de maneira impressionante, como notou Alphonse de Candolle, em grandes grupos de plantas terrestres com alguns poucos membros aquáticos; é como se estes adquirissem, em decorrência, um espectro igualmente amplo. Penso que esse fato se explica pela existência de meios favoráveis à dispersão. Mencionei antes que a terra pode ocasionalmente, em pequenas quantidades, aderir às patas e aos bicos de pássaros. Aves pernalta, que frequentam as beiradas de lagos, provavelmente têm os pés enlameados quando as águas transbordam. Pássaros dessa ordem, eu poderia mostrar, são os que mais migram e podem, eventualmente, ser encontrados em ilhas desoladas em mar aberto. Como é improvável que pousem no mar, suas patas permanecem sujas e, quando pousam em terra, provavelmente o fazem em refúgios de água doce. Não me parece que os botânicos estejam cientes da quantidade de sementes existentes nos lagos. Realizei diversos experimentos, mas relatarei aqui apenas um. Extraí das beiradas de uma pequena lagoa, em um mês de fevereiro, três colheres de sopa de lama, em diferentes pontos, abaixo do nível da água; uma vez seca, o total de lama pesava seis onças e ¾ [190 g]. Mantive esse montinho recoberto em meu laboratório por seis meses, colhendo e contando as plantas à medida que iam surgindo; havia plantas de muitos gêneros e foram, ao todo, 537 indivíduos. E isso tudo em uma porção de lama armazenada em uma xícara de chá! Levando-se em conta esses fatos, parece-me que seria algo inexplicável que os pássaros aquáticos não transportassem sementes de plantas de água doce a vastas distâncias e essas plantas não tivessem ampla disseminação. O mesmo agenciamento poderia incidir nas ovas de animais de pequeno porte que vivem em água doce.

Outros agenciamentos desconhecidos têm provavelmente um papel. Afirmei que peixes de água doce se alimentam de algumas espécies de semente e expelem tantas outras após tê-las engolido. Mesmo peixes de pequeno porte ingerem sementes de tamanho moderado, como é o caso dos lírios-

-amarelos, ou golfões-amarelos e do *Potamogeton*. Andorinhas e outros pássaros, século após século, têm devorado diariamente a sua cota de peixes; então levantam voo rumo a outras águas ou são impelidos pelo oceano; e, como vimos, as sementes retêm o seu poder de germinação por horas após terem sido rejeitadas em pelotas regurgitadas ou nos excrementos. Quando vi o tamanho imenso das sementes dessa bela flor-de-lótus, o *Nelumbo*, e lembrei-me do que Alphonse de Candolle disse a seu respeito, pareceu-me que sua distribuição era um fato inexplicável. Mas Audubon garante ter encontrado as sementes do grande lótus-amarelo meridional (provavelmente, segundo o dr. Hooker, o *Nelumbium luteum*) no estômago de uma andorinha; e, embora eu não possa atestá-lo como fato, a analogia me leva a crer que uma andorinha que voasse de um lago a outro, obtendo ali um farto repasto de peixe, provavelmente expeliria de seu estômago uma pelota contendo as sementes não digeridas de *Nelumbo* ou, então, as sementes poderiam ser expelidas pelo pássaro enquanto ele alimentasse sua prole, do mesmo modo como às vezes fazem com peixes.

Considerando-se esses diversos meios de distribuição, deve-se lembrar que quando da formação inicial de um lago ou riacho, em uma ilhota que acaba de emergir, por exemplo, ele está vazio, e uma semente ou ova teria boas chances de ocupá-lo por inteiro. Sempre haverá uma luta pela vida entre os indivíduos de uma mesma espécie que ocupem um lago qualquer, por pouco numerosos que sejam; no entanto, como o número de gêneros é exíguo em comparação aos que vivem no solo, a competição provavelmente será menos severa entre as espécies aquáticas do que entre as terrestres. Por isso, um intruso oriundo de águas de uma região afastada teria mais chances de se apoderar do lago do que teria um colono terrestre em relação ao solo. Deve-se ainda lembrar que alguns, talvez muitos, produtos de água doce ocupam posições inferiores na escala da natureza, e temos razões para crer que esses seres inferiores se alteram ou modificam-se menos rapidamente do que os mais elevados, o que representa um tempo médio maior para a migração de uma espécie aquática. Não devemos descartar a probabilidade de muitas espécies terem um dia se distribuído por um espectro amplo, tão extenso quanto poderia ser o de produtos de água doce, por áreas imensas, extinguindo-se posteriormente nas regiões intermediárias. Mas creio que a distribuição como um todo de plantas e de animais inferiores de água doce, mantendo-se uma mesma forma ou com algum grau de modificação, depende principalmente da ampla dispersão de suas sementes e ovos pelos animais, especialmente pássaros de água doce com grande autonomia de voo e capazes de se deslocar por grandes distâncias. E assim a natureza, como um jardineiro cuidadoso, colhe as sementes que brotam em um leito e as despeja em outros igualmente favoráveis.

Dos habitantes das ilhas oceânicas

Chegamos agora à terceira e última classe de fatos que, em minha opinião, colocam as maiores dificuldades à ideia de que todos os indivíduos de uma mesma espécie e de espécies aparentadas descenderam de um único progenitor e, portanto, procederam indistintamente de um mesmo local de nascimento, por mais que, com o passar do tempo, tenham passado a habitar pontos do globo separados. Disse que a opinião de Forbes acerca da extensão dos continentes me parece inaceitável pois, se seguida à risca, levaria a crer que, em um período mais recente, todas as ilhas estariam ou próximas de um mesmo continente ou unidas a ele. É uma ideia que removeria numerosas dificuldades, mas não explicaria, segundo penso, todos os fatos relativos a produtos insulares. No que se segue, não me restringirei à mera questão da dispersão, mas considerarei também outros fatos relevantes para as respectivas teorias da criação independente das espécies ou de sua descendência com modificação.

O número das espécies de todos os gêneros que habitam as ilhas oceânicas é exíguo, se comparado ao das áreas continentais. Alphonse de Candolle admite que é assim com as plantas, e Wollaston, com os insetos. Se olharmos para a extensão completa e as diferentes posições das ilhas da Nova Zelândia, que se estendem por mais de 780 milhas [1255 km] de latitude, e se compararmos o número de suas plantas florescentes, 750 no total, com o de uma área equivalente no cabo da Boa Esperança ou na Austrália, teremos de admitir, ao que me parece, algo totalmente independente de condições físicas como causa de uma diferença numérica tão grande. Mesmo o condado de Cambridge, bastante uniforme, tem 847 plantas e a pequena ilha de Anglesey, 764; mas algumas plantas alienígenas constam entre esses números e, a outros respeitos, a comparação não é justa. Temos evidência de que a ilha de Ascensão, que é estéril, tinha de início menos de meia dúzia de plantas florescentes; mas muitas outras se naturalizaram aí, bem como na Nova

Zelândia e em qualquer outra ilha oceânica em que se queira pensar. Há razão para crer que, em Santa Helena, as plantas e os animais naturalizados praticamente exterminaram as várias produções nativas. Aquele que aceita a doutrina da criação independente das espécies terá de admitir que um número suficiente de plantas e de animais mais bem-adaptados não foi criado em ilhas oceânicas, pois o homem os armazenou, a partir de variadas fontes, com mais diligência e perfeição do que a própria natureza.

Embora o número de gêneros de habitantes seja escasso nas ilhas oceânicas, a proporção de espécies endêmicas (ou seja, que não se encontram em nenhuma outra parte do mundo) costuma ser extremamente alta. Para ver que é assim, basta comparar, por exemplo, o número de moluscos terrestres na ilha da Madeira, ou de pássaros endêmicos no arquipélago de Galápagos, com o número de espécies em qualquer um dos continentes e, em seguida, a área dessas ilhas com a área do continente escolhido. É um fato previsto na minha teoria, pois, como foi explicado, espécies recém-chegadas, após um longo trajeto, a um distrito novo e isolado terão de competir com novos associados, expondo-se assim a modificações e tornando-se aptas a produzir grupos de descendentes modificados. Mas disso não se segue que, por serem peculiares em uma ilha todas as espécies de uma mesma classe, também o serão os de outra classe ou de outra seção dessa mesma classe. Essa diferença depende, ao que parece, de a espécie que não se modificou ter imigrado com facilidade, em grupo, de modo a não perturbar em demasia suas mútuas relações. Assim, nas ilhas Galápagos, quase todos os pássaros de terra e apenas dois a cada onze de mar são peculiares; e é óbvio que pássaros marinhos teriam mais facilidade para chegar a essa ilha do que os terrestres. As Bermudas, por outro lado, que estão quase à mesma distância da costa da América do Norte do que as Galápagos da América do Sul e que têm um solo bastante peculiar, não possuem sequer um pássaro de terra endêmico. E sabemos, graças ao admirável relato dessas ilhas fornecido pelo sr. J. M. Jones, que muitos pássaros norte-americanos, durante suas grandes migrações anuais, visitam as Bermudas, seja periódica ou ocasionalmente. A Madeira também não possui um pássaro que lhe seja peculiar, e, segundo informações do sr. E. W. Harcourt, todo ano são levados para ali muitos pássaros de origem europeia ou africana. De tal modo que tanto as Bermudas quanto a Madeira receberam pássaros que de longa data lutavam entre si em suas regiões de origem e haviam se adaptado uns aos outros e que, uma vez assentados em seu novo lar, mantiveram-se reciprocamente nessas relações, pouco expondo-se, por conseguinte, a modificações ulteriores. A Madeira oferece ainda um extraordinário número de moluscos aquáticos peculiares, mas nem sequer uma espécie entre eles se confina a suas praias. E, embora não saibamos como os moluscos se dispersam, vemos que suas ovas ou larvas, talvez presas a algas ou a fragmentos de madeira flutuantes ou, ainda, às patas de pássaros marinhos, poderiam ser transportadas com muito mais facilidade do que moluscos de terra por trezentas ou quatrocentas milhas [483 ou 644 km] em mar aberto. As diferentes ordens de insetos da Madeira oferecem, aparentemente, fatos análogos.

Ilhas oceânicas são, por vezes, carentes de certas classes, cujo lugar parece ser ocupado por outros habitantes. Em

Galápagos, répteis, na Nova Zelândia, gigantescos pássaros sem asas ocupam o lugar dos mamíferos. O dr. Hooker mostrou que nas plantas de Galápagos o número proporcional das diversas ordens é bem diferente do que alhures. Tais casos costumam ser explicados pelas condições físicas das ilhas, mas essa explicação me parece mais do que duvidosa. Creio que a facilidade de imigração teria sido ao menos tão importante quanto a natureza das condições.

Há muitos fatos notáveis a respeito dos habitantes de ilhas remotas. Por exemplo, em certas ilhas intocadas por mamíferos, algumas plantas endêmicas têm lindas sementes com ganchos; mas são poucas as relações tão conspícuas quanto a adaptação de sementes com essa forma ao transporte pela lã e pela pele de quadrúpedes. É um caso que minha teoria explica sem dificuldade, pois uma semente com ganchos pode ser transportada a uma ilha por outros meios; feito isso, a planta, levemente modificada, porém retendo a forma da semente, se tornaria uma espécie endêmica, e os ganchos seriam um apêndice tão inútil como um órgão rudimentar qualquer, como as asas enrugadas sob o élitro soldado de muitos besouros insulares. De mesmo modo, ilhas com frequência abrigam arbustos ou árvores que alhures incluem apenas espécies herbáceas. Ora, como mostrou Alphonse de Candolle, a disseminação das árvores, qualquer que seja a causa, costuma ser limitada, o que significa que árvores teriam grandes dificuldades de alcançar ilhas oceânicas distantes, e, embora uma planta herbácea não tivesse chance alguma de competir, em termos de altura, com uma árvore plenamente desenvolvida, ela teria uma vantagem imediata, uma vez estabelecida em uma ilha e enfrentando a competição exclusiva de plantas herbáceas, tornando-se cada vez maior e sobrepondo-se a outras plantas. Se é assim, a seleção natural com frequência reforçaria a tendência da planta herbácea a adquirir estatura, não importando sua ordem, convertendo-as assim, nas ilhas, primeiro em arbustos e depois em árvores propriamente ditas.

Quanto à ausência de ordens inteiras em ilhas oceânicas, Bory de Saint-Vincent observou, há algum tempo, que batráquios (sapos, rãs, tritões) jamais foram encontrados em qualquer uma das muitas ilhas que povoam os oceanos. Dei-me ao trabalho de verificar essa afirmação e pude constatar que ela é estritamente verdadeira. Fui informado de que haveria uma espécie de sapo nas montanhas da Nova Zelândia; mas desconfio que essa exceção (se é que a informação é correta) poderia ser explicada pelo agenciamento do gelo. Essa ausência generalizada de sapos, rãs e tritões em tantas ilhas oceânicas não poderia ser explicada por condições físicas. Parece-me, ao contrário, que ilhas são particularmente propícias a esses animais; sapos foram introduzidos na Madeira, nos Açores e nas ilhas Maurício e multiplicaram-se a ponto de se tornar um problema. Sabe-se, porém, que esses animais morrem imediatamente ao menor contato com a água do mar, o que, segundo minha teoria, mostra que haveria grande dificuldade para transportá-los pelo oceano, o que explica, por conseguinte, por que eles não existem em nenhuma ilha oceânica. Caberia à teoria da criação independente das espécies a difícil incumbência de explicar por que os batráquios não foram criados em lugares tão bem-adaptados a eles.

O caso dos mamíferos é similar. Busquei cuidadosamente em relatos de viagem mais antigos e, embora ainda não tenha encerrado minha pesquisa, ainda não encontrei um único exemplo de mamífero terrestre – exceto por animais domesticados pelos nativos – que habitasse uma ilha a mais de 300 milhas [483 km] do continente ou de uma ilha de dimensões continentais; sem mencionar que em muitas ilhas situadas a distâncias menores eles tampouco se fazem presentes. As ilhas Falklands, que são habitadas por uma raposa similar a um lobo, são as que mais se aproximam de uma exceção, mas não se pode considerar esse grupo oceânico, pois encontra-se em um leito conectado ao continente. Icebergs trouxeram, em tempos prévios, blocos de terra a suas praias ocidentais e podem também ter trazido raposas, como frequentemente acontece nas regiões árticas. Mas nem por isso seria lícito afirmar que ilhas de pequeno porte não poderiam, eventualmente, dar sustento a mamíferos, pois em muitas partes do mundo eles são encontrados em ilhas bastante diminutas, desde que próximas ao continente, e dificilmente se poderia nomear uma ilha em que nossos quadrúpedes de pequeno porte não tenham se naturalizado e se multiplicado. Os teóricos da criação das espécies não poderiam alegar que não houve tempo suficiente para a criação de mamíferos nas ilhas, pois muitas ilhas vulcânicas são antiquíssimas, como mostra a intensa degradação por elas sofrida até os estratos terciários. Também houve tempo suficiente para a produção de espécies endêmicas, pertencentes a outras classes, e, ao que tudo indica, no continente os mamíferos surgem e desaparecem em um ritmo mais rápido do que ouros animais inferiores a eles. Embora não se encontrem mamíferos terrestres em ilhas oceânicas, há mamíferos voadores em praticamente todas as ilhas. A Nova

Zelândia tem dois morcegos que não existem em nenhuma outra parte do mundo; a ilha Norfolk, o arquipélago de Fiji, as ilhas Bonin, os arquipélagos de Carolina e de Mariana e as ilhas Maurício têm morcegos que lhes são peculiares. Por que, pode-se perguntar, teria a suposta força criadora produzido morcegos, mas não outros animais em ilhas remotas? Minha teoria responde facilmente a essa pergunta: pois nenhum mamífero terrestre poderia ser transportado por amplas distâncias pelos mares, distâncias essas que os morcegos percorrem voando. Morcegos foram avistados, à luz do dia, em alto-mar; e sabe-se que ao menos duas espécies norte-americanas visitam as Bermudas regular ou ocasionalmente, sendo que essas ilhas se situam a 600 milhas [965 km] da costa. Segundo me disse o sr. Tomes, um estudioso dessa família, muitos morcegos de uma mesma espécie possuem considerável espectro de deslocamento e são encontrados tanto no continente quanto em ilhas distantes. Assim, basta supor que tais espécies peregrinas foram modificadas por meio de seleção natural em seus novos lares, em conformidade à nova situação em que se encontraram, para compreender a presença endêmica de morcegos em ilhas em meio à ausência de mamíferos terrestres.

Além da relação entre a distância das ilhas em relação ao continente e a ausência nelas de mamíferos terrestres, existe ainda outra relação, em certa medida independente da distância, entre a profundidade do mar que separa uma ilha das terras continentais vizinhas e a presença, em ambas, das mesmas espécies de mamífero ou de espécies aparentadas em condição mais ou menos modificada. O sr. Windsor Earl realizou observações impressionantes a respeito, refe-

morcego

rindo-as ao grande arquipélago malaio, que é atravessado, nas proximidades de Celebes, por uma zona oceânica de águas profundas, espaço esse que separa duas faunas de mamífero extremamente distintas uma da outra. Em cada um dos lados, as ilhas estão situadas em leitos submarinos de profundidade moderada e são habitadas por quadrúpedes aparentados, quando não idênticos. Sem dúvida, umas poucas anomalias ocorrem nesse enorme arquipélago, e é muito difícil julgar alguns casos devido à provável naturalização de certos mamíferos pelo agenciamento humano. Mas não precisaremos esperar muito mais para que uma intensa luz seja lançada sobre a história natural desse arquipélago, graças ao admirável zelo e às profundas pesquisas do sr. Wallace. Ainda não tive tempo de estudar esse tópico em outras partes do mundo, mas, até onde cheguei, a mesma relação em geral se verifica. A Grã-Bretanha é separada da Europa por um canal raso, e os mamíferos são os mesmos em ambos os lados; deparamos com fatos análogos em muitas ilhas separadas da Austrália por canais similares. As Índias Ocidentais estão assentadas em um leito submerso a grande profundidade, quase mil braças [1,8 km], e nelas encontram-se formas americanas, mas de espécie ou mesmo de gênero distinto. Como a quantidade de modificação depende sempre de que transcorra algum intervalo de tempo e como, durante as mudanças de nível, é óbvio que as ilhas separadas por canais rasos são aquelas que mais provavelmente estiveram, até tempos recentes, unidas em continuidade com o continente, compreende-se a frequente relação entre a profundidade do mar e o grau de afinidade entre os mamíferos que habitam ilhas e os de continentes vizinhos, relação esta inexplicável na teoria dos atos de criação independentes.

As observações precedentes acerca de habitantes de ilhas oceânicas – a saber: a escassez de gêneros; a abundância de formas endêmicas de classes particulares ou de seções delas; a ausência de grupos inteiros, como os batráquios, e de animais terrestres, apesar da presença de morcegos voadores; as proporções singulares de plantas de certas ordens; o desenvolvimento de formas herbáceas que se tornaram árvores etc. – tais observações, digo, parecem-me estar mais de acordo com a ideia de que haveria meios ocasionais de transporte muito eficazes, atuando no curso do tempo, do que a ideia de que todas as atuais ilhas oceânicas estiveram um dia conectadas às terras dos continentes mais próximos, pois, se fosse assim, a migração teria provavelmente sido mais completa e, caso se admita a modificação, todas as formas de vida teriam sido modificadas de maneira mais uniforme, de acordo com a suma importância da relação de organismo com organismo.

Não nego que há muitas e graves dificuldades de compreender como muitos entre os habitantes de ilhas mais remotas, sejam eles dotados da mesma forma específica original, sejam modificados após a chegada, poderiam ter alcançado o local que atualmente habitam. Mas não se deve descartar a probabilidade de ter havido, em tempos remotos, muitas ilhas que serviam como pontos de apoio, das quais não resta mais nenhum vestígio. Mencionarei aqui apenas um desses casos de dificuldade. Quase todas as ilhas oceânicas, mesmo as menores e mais isoladas, são habitadas por moluscos de terra, em geral de espécies endêmicas, mas, vez por outra, de espécies também encontradas alhures. O dr. Augustus Addison Gould oferece numerosos casos interessantes em relação aos moluscos de terra das ilhas do Pacífico. É sabido que tais moluscos não resistem ao contato com o sal, pois suas ovas morrem tão logo sejam imersas em água salina, ao menos aquelas com que realizei experimentos. Contudo, deve haver, de acordo com a minha teoria, algum meio desconhecido, embora muito eficaz, para efetuar o seu transporte. Seria o caso de os recém-nascidos se agarrarem e aderirem às patas de pássaros ciscando a terra e serem por eles transportados? Ocorreu-me que moluscos de terra em hibernação e dotados de um diafragma membranoso que recobre o orifício da concha poderiam flutuar no oceano, em pedaços de madeira à deriva, por distâncias consideráveis. Experimentos por mim realizados mostraram que muitas espécies suportam nesse estado, sem sofrer danos, a submersão em água salgada por até sete dias. Um desses moluscos era o *Helix pomatia*: assim que ele voltou a hibernar, eu o mergulhei em água salgada, onde permaneceu por vinte dias, recuperando-se depois perfeitamente. Essa espécie é dotada de um espesso opérculo calcário, que eu tratei de remover; tão logo uma nova membrana se formou, mergulhei-o novamente em água salgada por catorze dias: ele se recuperou e deixou o recipiente por conta própria. Mas seria desejável que fossem realizados mais experimentos a esse respeito.

Para nós, o fato mais impressionante e importante em relação a habitantes de ilhas é sua afinidade com os das terras mais próximas, sem que com isso sejam da mesma espécie. Numerosos exemplos disso poderiam ser oferecidos. Darei apenas um, o do arquipélago de Galápagos, situado sob o Equador, à distância de entre 500 e 600 milhas [805 e 965 km] da costa sul-americana ocidental. Quase todas as produções aí encontradas, de terra ou de mar, trazem a inequívoca estampa do continente americano. Existem em Galápagos 26 pássaros de terra, 25 dos quais são classificados pelo dr. Gould como espécies distintas, supostamente criadas aí; e, no entanto, esses pássaros têm manifesta afinidade com espécies americanas em cada um de seus caracteres, em seus hábitos, movimentos e tons de voz. E o mesmo vale para os demais animais e quase todas as plantas, como mostra o dr. Hooker em sua admirável memória acerca da flora desse arquipélago. O naturalista que contemple os habitantes dessas ilhas vulcânicas situadas no Pacífico, a centenas de milhas de distância do continente, sente-se como se estivesse de fato em terras continentais. O que explica isso? Por que as espécies supostamente criadas nesse arquipélago, e em nenhuma outra parte, trazem tão claramente a estampa de afinidade com aquelas supostamente criadas na América? Não há nada, nas condições de vida, na natureza geológica das ilhas, em sua altura ou clima ou nas proporções em que as diferentes classes se associam entre si, que se aproxime minimamente das condições da costa oeste da América do Sul. Ao contrário, as diferenças são patentes. Por outro lado, há um considerável grau de semelhança de natureza do solo, de clima, altura e extensão das ilhas, entre as Galápagos e o arquipélago do Cabo Verde – mas quão grande e completa não é a diferença entre seus respectivos habitantes! Os habitantes das ilhas do Cabo Verde são parentes daqueles do continente africano, assim como os das Galápagos são daqueles do continente americano. Creio que esse fato importantíssimo não poderia ser explicado pela teoria da criação independente das espécies, enquanto, na teoria aqui sustentada, é óbvio que as Galápagos receberiam colonos por meios de transporte ocasionais ou então pela continuidade de terras entre as ilhas e o continente. O mesmo se aplica a Cabo Verde em relação à África. Também é claro, que, se tais colonos seriam suscetíveis de modificações, o princípio de hereditariedade trai suas origens primeiras.

Muitos fatos análogos a esse poderiam ser oferecidos. Chega a ser mesmo uma regra quase universal que as produções endêmicas insulares estão relacionadas às dos continentes mais próximos ou às de outras ilhas. As exceções são raras, e a maioria delas pode ser explicada. Assim, as plantas da ilha Kerguelen, embora estejam mais próximas da África que das Américas, têm estreito parentesco, como mostrou o dr. Hooker, com as das Américas, anomalia que desaparece na teoria segundo a qual essa ilha foi abastecida principalmente por sementes trazidas com a terra e as rochas contidas em icebergs trazidos por correntes. As plantas endêmicas da Nova Zelândia estão muito mais próximas daquelas da Austrália do que de qualquer outra região, como seria de esperar, mas também têm claro parentesco com as da América do Sul, um continente tão afastado que o fato se torna anômalo. Mas essa dificuldade desaparece quase por completo na perspectiva de que a Nova Zelândia, a América do Sul e outras ilhas e arquipélagos meridionais teriam sido, muito tempo atrás, abastecidos a partir de um mesmo ponto em comum intermediário, qual seja, as ilhas da Antártida, que antes do início da Era Glacial eram recobertas por vegetação. A afinidade entre a flora da porção sudoeste da Austrália e a do cabo da Boa Esperança, embora mais tênue, é, segundo afirma o dr. Hooker, igualmente verdadeira e constitui um caso espantoso que permanece sem explicação. Mas essa afinidade se restringe às plantas e um dia, sem dúvida, será explicada.

A lei que faz com que habitantes especificamente distintos de um arquipélago sejam parentes próximos daqueles do continente mais próximo é, por vezes, demonstrada em escala reduzida, o que não é sem interesse, dentro dos limites de um mesmo arquipélago. Assim, as numerosas ilhas de Galápagos são locadas, como mostrei alhures, de uma maneira maravilhosa por espécies muito próximas entre si, de tal modo que os habitantes de cada ilha em separado, apesar de muito diferentes, são parentes incomparavelmente mais próximos entre si do que com os habitantes de qualquer outra parte. É algo previsto em minha teoria, pois as ilhas estão tão próximas umas das outras que é praticamente certo que receberam imigrantes oriundos de uma mesma fonte ou umas das outras. Mas essa dissimilaridade entre os habitantes endêmicos das ilhas pode ser utilizada também como um argumento contra as minhas ideias, pois pode-se perguntar como veio a suceder que numerosas ilhas situadas tão próximas umas às outras e dotadas da mesma formação geológica, da mesma elevação, do mesmo clima etc. têm imigrantes diferentemente modificados, ainda que em pequeno grau. Por muito tempo me debati com essa objeção. Mas ela deriva, em parte, de um erro bastante arraigado, que consiste em considerar as condições físicas de uma região o fator mais importante para os seus habitantes, quando, ao contrário, parece incontestável que a natureza dos demais habitantes, com os quais cada um tem de competir, é ao menos um elemento tão ou mais importante para o seu sucesso. Se olharmos agora para os habitantes do arquipélago de Galápagos que são encontrados em outras partes do mundo (pondo-se de lado, por um instante, as espécies endêmicas, que não seria justo incluir aqui, pois estamos considerando apenas como elas vieram a se modificar após terem chegado), veremos que há uma significativa quantidade de diferença entre as diversas ilhas. É uma diferença que se deve esperar, de acordo com a minha teoria de que as ilhas teriam sido abastecidas por meios de transporte ocasionais, uma semente de uma planta é trazida para uma ilha a partir de outra e assim por diante. Assim, quando, em tempos antigos, um imigrante se assentasse em uma ou mais ilhas ou quando, subsequentemente, se disseminou de uma ilha a outra, ele se exporia, sem dúvida, a variadas condições de vida em diferentes ilhas, pois teria de competir com distintos grupos de organismos. Uma planta, por exemplo, encontraria o solo mais propício a ela mais ocupado por plantas diferentes em uma ilha do que em outra e estaria exposta, em cada uma delas, a ataques de inimigos algo diferentes uns dos outros. É provável, portanto, que, havendo variação, a seleção natural favoreça diferentes variedades em diferentes ilhas. Algumas espécies, no entanto, poderiam se espalhar e, ao mesmo tempo, reter o mesmo caráter em meio ao grupo, assim como vemos que, nos continentes, há espécies que se disseminam consideravelmente, mas mantêm-se as mesmas.

O fato realmente surpreendente em relação ao arquipélago de Galápagos e, em menor grau, a casos análogos é que as novas espécies formadas em ilhas não tenham rapidamente se espalhado. Mas é preciso lembrar que as ilhas, embora possam ser avistadas umas a partir das outras, são separadas por águas profundas e, em muitos casos, de extensão maior do que o Canal da Mancha, e nada leva a crer que em tempos antigos essas ilhas estiveram unidas. O arquipélago é entrecortado por rápidas correntes marítimas, e correntes de vento são ali extremamente raras, o que significa que a separação entre as ilhas é muito mais efetiva do que os mapas dão a entender. Contudo, há um bom número de espécies, sejam encontradas em outras partes do mundo, sejam exclusivas do arquipélago, comum a outras ilhas, e fatos comprovados permitem-nos inferir que tais espécies provavelmente se disseminaram pelas ilhas a partir de uma delas. Com frequência, deixamo-nos levar por uma ideia que, em minha opinião, está errada, a respeito da probabilidade de espécies aparentadas invadirem os territórios umas das outras quando entram em contato. Sem dúvida, se uma espécie tem uma vantagem qualquer em relação a outra, em pouco tempo ela a suplantará, por completo ou parcialmente. Mas, se ambas estiverem igualmente bem-adaptadas a seus lugares na natureza, é mais provável que ambas os guardem e se mantenham apartadas por um bom tempo. Por estarmos cientes do fato de que muitas das espécies naturalizadas pelo agenciamento do homem se espalham com espantosa rapidez por novas regiões, tendemos a inferir que a maioria das espécies também se espalha assim, mas é preciso lembrar que as formas que se naturalizam em novas regiões não costumam ser parentes próximas dos habitantes aborígenes, mas, ao contrário, espécies bem diferentes que, na maioria das vezes, pertencem a gêneros distintos, como mostrou Alphonse de Candolle. No arquipélago de Galápagos, mesmo as espécies de pássaros, embora adaptadas para viver em mais de uma ilha, são distintas em cada uma delas, e chega mesmo a haver três espécies de tordo, bastante próximas, vivendo em três ilhas diferentes. Suponhamos agora que o tordo das ilhas Chatham fosse levado à ilha Charles, que tem uma espécie própria dessa ave: teria a chance de se estabelecer ali? É seguro inferir que a espécie que habita a ilha Charles é abundante, pois todo ano são depositados ali mais ovos do que poderiam ser chocados; e podemos inferir que o tordo peculiar à ilha Charles está ao menos tão bem-adaptado a ela quanto o das ilhas Chatham à sua. *Sir* Charles Lyell e o sr. Wollaston comunicaram-me um fato notável a esse respeito, a saber, que a ilha da Madeira e a ilhota adjunta de Porto Santo possuem muitos moluscos de terra distintos, embora representativos, alguns dos quais vivem nas fendas de rochas. E, apesar de grandes quantidades de pedra serem anualmente transportadas de Porto Santo a Madeira, esta última ilha não foi colonizada pelos habitantes da primeira. Mas, em compensação, ambas foram colonizadas por moluscos de terra europeus, que, sem dúvida, tinham alguma vantagem sobre as espécies locais. Feitas essas considerações, não admira que as espécies endêmicas e representativas que habitam as numerosas ilhas do arquipélago de Galápagos não tenham se espalhado de uma ilha a outra. Em muitos outros casos, como de diferentes distritos de um mesmo continente, a ocupação prévia teve provavelmente um papel importante na contenção da mistura de espécies sob as mesmas condições de vida. Assim, as regiões sudeste e sudoeste da Austrália oferecem praticamente as mesmas condições físicas e são unidas entre si por terras contíguas e, contudo, são habitadas por um vasto número de diferentes espécies de mamíferos, pássaros e plantas.

O princípio que determina o caráter geral da flora e da fauna das ilhas oceânicas, a saber, que seus habitantes, quando não idênticos, têm parentesco claro com os da região em que os colonos se originaram, antes de terem se modificado e adaptado ao novo lar, é um princípio de ampla aplicação na natureza em geral. Pode ser encontrado em cada montanha, em cada lago, em cada pântano. Assim, por exemplo, as espécies alpinas, exceto pelas que permaneceram idênticas e principalmente no que se refere às plantas, espalharam-se por um amplo espectro no mundo inteiro durante a época glacial mais recente e têm um parentesco com as de planícies circundantes; na América do Sul, encontram-se beija-flores andinos, roedores andinos, plantas andinas etc., todas elas formas estritamente americanas, e é óbvio que uma montanha, à medida que lentamente emerge, será colonizada pelos habitantes das planícies ao seu redor. O mesmo se passa com os habitantes de lagos e de pântanos, exceto nos casos em que a grande facilidade de transporte disseminou uma mesma forma por toda parte no mundo. O mesmo princípio atua nos animais cegos que habitam cavernas da América do Norte e da Europa. Outros fatos análogos poderiam ser mencionados. Parece-me uma constatação geral, que, quando quer que em duas regiões, por mais distantes que sejam, ocorram muitas espécies aparentadas ou representativas, encontram-se também algumas espécies idênticas, o que mostra, de acordo com a pre-

beija-flor andino

sente exposição, que em algum momento no passado houve comunicação ou migração entre as duas regiões. E, onde quer que ocorram duas espécies estreitamente aparentadas, encontram-se muitas formas que alguns naturalistas costumam classificar como espécies distintas e outros preferem chamar de variedades. Essas formas ambíguas mostram-nos os passos do processo de modificação.

Essa relação entre o poder e a extensão da migração de uma espécie, seja no tempo presente, seja no passado, sob condições físicas diferentes, e a existência, em pontos remotos do mundo, de outras espécies aparentadas a ela mostra-se ainda sob uma perspectiva mais geral. Há algum tempo, o sr. Gould observou que entre os gêneros de pássaros que migram pelo mundo muitas espécies percorrem espectros bastante amplos. Não me parece haver dúvida de que essa regra é, em geral, verdadeira, por mais difícil que seja prová-la. Entre os mamíferos, vemo-la exibida de maneira conspícua nos morcegos e, em menor grau, nos *Felidae* e os *Canidae*. Ainda a vemos ao compararmos a distribuição de borboletas e a de besouros. Ela vale também para a maioria dos produtos de água doce, muitos gêneros dos quais se espalham pelo mundo, sem mencionar as espécies individuais de ampla disseminação. Isso não significa que, em gêneros que se disseminam em escala planetária, todas as espécies tenham amplo espectro, nem mesmo que tenham um espectro *médio*, mas apenas que algumas espécies se disseminam por áreas bastante amplas. A facilidade com que uma espécie varia e dá origem a novas formas determina de maneira decisiva seu espectro médio. Por exemplo, duas variedades de uma mesma espécie habitam a América e a

Europa, o que dá à espécie um amplo espectro; mas, caso a variação tivesse sido maior, as duas variedades seriam classificadas como espécies distintas, e o espectro comum seria grandemente reduzido. Tampouco isso significa que uma espécie que parece ter capacidade de cruzar barreiras e se disseminar amplamente, como é o caso de certos pássaros dotados de asas poderosas, necessariamente tenham ampla disseminação, pois não se deve esquecer que ela implica não apenas o poder de atravessar barreiras, como também outro poder, ainda mais importante, de vencer a luta pela vida com estrangeiros associados em terras distantes. De acordo com a teoria de que todas as espécies teriam descendido de um mesmo progenitor, por mais que atualmente se distribuam pelos mais remotos pontos do mundo, deve-se seguir, e creio que, via de regra, de fato segue-se, que ao menos algumas espécies variam amplamente, pois é necessário que o progenitor não modificado dissemine-se por um amplo espectro, sofrendo modificações à medida que se difunde e se posicione sob condições diversas favoráveis à sua prole, primeiro em novas variedades e posteriormente em novas espécies.

Ao considerarmos a ampla distribuição de certos gêneros, lembremos que alguns são extremamente antigos e devem ter se ramificado a partir de um progenitor comum em uma época remota, de modo que, em muitos casos, tenha havido tempo suficiente para mudanças climáticas e geográficas de monta, bem como para transportes acidentais, facultando assim a migração de algumas espécies para os diferentes cantos do mundo, onde poderiam se tornar levemente modificadas, de acordo com suas novas condições. Há também razão para crer com base em evidências geológicas que organismos inferiores na escala dentro de cada uma das grandes classes geralmente se alteram em um ritmo mais lento do que as formas mais elevadas e, por conseguinte, que as formas inferiores têm mais chances de manter seu caráter específico em meio às mais amplas migrações. Esse fato, aliado ao de muitas sementes e ovas de tantas formas inferiores serem diminutas e mais bem-adaptadas ao transporte a distância, provavelmente explica uma lei que há tempos vem sendo observada e que recentemente foi discutida, admiravelmente, por Alphonse de Candolle por referência às plantas. Trata-se do seguinte: quanto mais inferior o grupo a que pertence um organismo, maior a sua aptidão a se disseminar amplamente.

As relações que acabamos de discutir, a saber: organismos inferiores, por se alterarem mais lentamente, disseminam-se por um espectro maior que o dos superiores; apenas algumas espécies dos gêneros de ampla disseminação se propagam amplamente; há um parentesco, feitas as devidas exceções, entre, de um lado, os produtos alpinos, lacustres e pantaneiros e, de outro, os de planícies circundantes; a existência de íntimas relações entre as diferentes espécies que habitam as ilhotas de um mesmo arquipélago; e, em especial, a relação conspícua entre os habitantes de cada arquipélago como um todo e os das terras mais próximas – tais relações, digo, simplesmente não poderiam ser explicadas pela teoria da criação independente das espécies, mas podem ser compreendidas pela teoria da colonização a partir da fonte mais próxima, aliada à ideia de uma subsequente modificação e melhor adaptação dos colonos a seus novos assentamentos.

Resumo do capítulo presente e do anterior

Nesses capítulos, tentei mostrar que, se dermos o devido quinhão à nossa ignorância com relação aos efeitos plenos de todas as alterações de clima e de nível do solo certamente ocorridas em um período mais recente e a outras mudanças similares que podem ter ocorrido nesse mesmo período; se lembrarmos quão profundamente ignorantes somos em relação aos muitos e curiosos meios ocasionais de transporte, tópico que ainda resta por ser devidamente analisado; se tivermos em mente a frequência com que uma espécie pode percorrer continuamente uma ampla área, tornando-se extinta nas regiões intermediárias – então, parece-me que deixarão de ser insuperáveis as dificuldades de aceitar que todos os indivíduos de uma mesma espécie, onde quer se localizem, descenderam dos mesmos progenitores. E somos levados a essa conclusão – a que outros naturalistas chegaram, dando a ela o nome de centros unitários de criação – por algumas considerações gerais, em especial relativamente à importância das barreiras e da distribuição analógica de subgêneros, gêneros e famílias.

Com respeito a espécies distintas de um mesmo gênero, que, segundo a minha teoria, devem ter surgido a partir de uma mesma fonte progenitora, se concedermos, aqui também, o que cabe à nossa ignorância e lembrarmos que algumas formas de vida se alteram muito lentamente, sendo necessários enormes períodos de tempo para que elas possam migrar, não penso que as dificuldades são insuperáveis, embora sejam extremamente agudas nesse caso como no de indivíduos de uma mesma espécie.

Para exemplificar os efeitos de mudanças climáticas na distribuição, tentei mostrar a importância da influência da Era Glacial moderna, que, tenho plena convicção, afetou o mundo inteiro ou, ao menos, além das latitudes setentrionais como um todo, e também alguns cinturões meridionais. Para mostrar a diversidade dos possíveis meios de transporte, discuti com alguma minúcia os meios de dispersão dos produtos de água doce.

Se não há dificuldades insuperáveis em se admitir que, no curso do tempo, indivíduos de uma mesma espécie, assim como indivíduos de espécies aparentadas, procederam de uma única fonte, então parece-me que todos os principais fatos relativos à distribuição geográfica se tornam explicáveis a partir da teoria da migração (em geral das formas de vida mais dominantes), com a posterior modificação e a multiplicação de novas formas. Podemos, assim, compreender a extrema importância das barreiras, de terra ou da água, que separam nossas diferentes províncias zoológica e botânica; a localização de subgêneros, gêneros e famílias; e por que, afinal, em diferentes latitudes, por exemplo na América do Sul, os habitantes de planícies e montanhas, de florestas, pântanos e desertos estão ligados entre si de maneira tão misteriosa por uma afinidade, assim como estão ligados também a seres extintos que antes habitaram o mesmo continente. Tendo em mente que as relações de um organismo com outro são de suma importância, podemos ver por que duas áreas com praticamente as mesmas condições físicas são, com frequência, habitadas por formas de vida tão diferentes. Pois, de acordo com o intervalo de tempo passado desde que novos habitantes chegaram à região e com a natureza da comunicação que permitiu a entrada de certas formas e não de outras, em maior ou menor número; e dependendo da competição mais ou menos direta que as que entraram travaram com outras também estrangeiras ou com habitantes locais e da capacidade dos imigrantes de variar mais ou menos rapidamente, seguiram-se, em diferentes regiões, independentemente de condições físicas, condições de vida infinitamente diversificadas e uma quantidade praticamente infinita de ação e reação orgânica. Haveria assim, nas diferentes grandes províncias geográficas do mundo, alguns seres modificados, alguns muitos, outros poucos, alguns bastante numerosos, outros escassos.

Esses mesmos princípios permitem-nos compreender, como tentei mostrar, por que ilhas oceânicas têm poucos habitantes mas, entre eles, um bom número é endêmico ou peculiar; e por que, em relação aos meios de migração, um desses seres, mesmo dentro de uma mesma classe, tem apenas espécies endêmicas e outro grupo, todas as espécies em comum com outras regiões do mundo. Vemos agora por que grupos inteiros de organismos, como batráquios e mamíferos terrestres, estão ausentes de ilhas oceânicas, enquanto as ilhas mais isoladas possuem suas próprias espécies peculiares de mamíferos voadores ou morcegos. Vemos por que haveria alguma relação entre a presença de mamíferos em condição mais ou menos modificada e a profundidade das águas que separam a ilha do continente. Vemos claramente por que todos os habitantes de um arquipélago, apesar de suas diferenças específicas nas diversas ilhotas, estariam intimamente associados entre si, assim como teriam parentesco, embora não tão próximo, com os habitantes do continente mais próximo ou da provável fonte de origem dos imigrantes. Vemos por que em duas áreas, por distantes que sejam uma da outra, haveria uma correlação, dada a presença de espécies idênticas, de variedades, de espécies ambíguas e de espécies distintas, porém representativas.

O falecido Edward Forbes costuma insistir que há, nas leis da vida, um paralelismo conspícuo de tempo e espaço, ou seja, as leis que governaram a sucessão das formas em tempos passados seriam praticamente as mesmas que, atualmente, governam as diferenças em diversas áreas. Muitos fatos mostram que é assim. A permanência de cada espécie ou grupo de espécies é contínua no tempo, e as exceções a essa regra são tão raras que é justo atribuí-las à circunstância de não termos ainda descoberto, em uma formação intermediária, formas por ora ausentes situadas entre as superiores e as inferiores. Também no espaço há uma regra geral segundo a qual é contígua a área habitada por uma única espécie ou grupo de espécies, e as exceções, que não são raras, podem ser explicadas, como tentei mostrar, por uma migração ocorrida em algum período anterior, sob condições diferentes, ou por meios de transporte ocasionais, e pelo fato de as espécies terem sofrido extinção nas zonas intermediárias. Tanto no tempo como no espaço, espécies e grupos de espécies têm seus pontos máximos de desenvolvimento. Grupos de espécies, pertençam eles a certo período de tempo ou a uma certa área, muitas vezes distinguem-se por caracteres triviais em comum, como de molde ou de cor. Contemplando a longa sucessão das épocas, como hoje contemplamos as mais distantes províncias ao redor do mundo, constatamos que alguns organismos diferem pouco entre si, enquanto outros, pertencentes a uma classe, ordem ou família diferente dentro de uma mesma ordem, podem ser muito diferentes entre si. Tanto no tempo como no espaço, os membros inferiores de uma classe geralmente mudam menos do que os superiores, mas há, em ambos os casos, exceções claras a essa regra. Minha teoria torna inteligíveis as numerosas relações ao longo do tempo e do espaço, pois, quer olhemos as formas de vida que se alteraram por sucessivas épocas em um mesmo recanto do mundo, quer olhemos aquelas que mudaram após terem migrado para cantos distantes, em ambos os casos essas formas, dentro de cada classe, foram conectadas pelo mesmo elo de geração e, quanto mais próximo o parentesco de sangue entre duas formas, mais próximas elas estarão uma da outra, via de regra, no tempo e no espaço. Em ambos os casos, as leis de variação são as mesmas, e as modificações foram acumuladas pelo mesmo poder de seleção natural.

CAPÍTULO XIII

Afinidades mútuas entre os seres orgânicos. Morfologia. Embriologia. Órgãos rudimentares

---

Classificação de grupos subordinados a grupos · Sistema natural · Regras e dificuldades de classificação, a partir da teoria de descendência com modificação · Classificação de variedades · Descendência deve ser sempre utilizada na classificação · Caracteres analógicos ou adaptativos · Afinidades são gerais, complexas e irradiadas – Extinção separa e define os grupos · Morfologia entre membros de uma mesma classe e entre partes de um mesmo indivíduo · Embriologia, suas leis explicadas por variações que não intervêm na primeira idade, mas são herdadas e se manifestam na idade pertinente · Órgãos rudimentares, explicação de sua origem · Resumo

Desde os primórdios da vida, os seres orgânicos têm se assemelhado uns aos outros por gradativa descendência, o que permite classificá-los em grupos subordinados a grupos. É evidente que essa classificação não é arbitrária, diferentemente do que acontece com os agrupamentos de estrelas em constelações. A existência de grupos teria um significado simples se um grupo estivesse adaptado a habitar a terra e outro, a água, se um se alimentasse de carne e outro, de matéria vegetal, e assim por diante. O que ocorre na natureza é outra coisa, e é notório que até membros de uma mesma subespécie têm hábitos diferentes uns dos outros. Vimos nos capítulos II e IV, dedicados, respectivamente, a variedades domésticas e à seleção natural, que a espécie que mais varia é a mais abrangente, mais difusa e mais comum, espécie dominante, que pertence ao gênero principal. As variedades ou espécies incipientes produzidas a partir dela são convertidas, segundo penso, em novas espécies distintas, e estas, pelo princípio de hereditariedade, tendem a produzir outras espécies novas e dominantes. Por conseguinte, os grupos extremamente grandes, que incluem várias espécies dominantes, tendem a aumentar continuamente e de maneira indefinida. Procurei ainda mostrar que, como as várias espécies descendentes tentam ocupar o maior número de diferentes lugares possíveis na economia da natureza, seus caracteres tendem à divergência constante. É uma conclusão corroborada pelo exame de uma gama de formas de vida diversas que entram em competição em uma área qualquer de dimensões restritas e pelo exame de certos fatos relativos à naturalização.

Também procurei mostrar que formas em processo de multiplicação e de divergência de caráter tendem a suplantar e a exterminar formas mais antigas, menos divergentes e menos aprimoradas. Peço ao leitor que retorne ao diagrama do capítulo IV (pp. 186-87) que ilustra a atuação desses diferentes princípios, pois então verá que o resultado inevitável é que os descendentes modificados que procedem de um mesmo progenitor se dividam em grupos subordinados a grupos. No diagrama, cada letra na extremidade superior de uma linha representa um gênero que inclui diferentes espécies; e os gêneros dessa linha formam, em conjunto, uma classe, pois descendem todos de um mesmo progenitor ancestral oculto, do qual receberam uma herança em comum. Mas, com base nesse mesmo princípio, os três gêneros na parte esquerda têm muito em comum e formam uma subfamília, distinta daquela que inclui os dois gêneros seguintes à direita, que, do quinto estágio de descendência em diante, divergiram a partir de um progenitor comum. Esses cinco gêneros também têm muito em comum, embora menos que os três antecedentes, e formam uma família distinta da que inclui os três gêneros mais à direita, que divergiram num período ainda mais anterior. E todos esses gêneros, descendentes de (A), formam uma ordem distinta dos gêneros descendentes de (I). De modo que temos aí, agrupadas em gêneros, numerosas espécies descendentes de um mesmo progenitor, enquanto os gêneros estão incluídos em ou subordinados a subfamílias, famílias e ordens, reunidas em uma mesma classe. Explica-se assim, em meu entender, o principal fato da história natural, que, por ser familiar, nem sempre recebe a devida atenção, qual seja, a existência de grupos subordinados a grupos.

Naturalistas tentaram, ao longo dos tempos, arranjar as espécies, os gêneros e as famílias em classes, perfazendo o que se chama de sistema natural. Mas o que se entende por essa designação? Alguns autores o veem como um simples esquema que permite arranjar em conjunto os objetos vivos mais semelhantes entre si e separar os mais diferentes; outros como um meio artificial de enunciar, da maneira mais expedita possível, proposições gerais, ou seja, de oferecer, em uma sentença, a suma de caracteres comuns – por exemplo, para todos os mamíferos, para todos os carnívoros, para o gênero cão – e dar a descrição completa de cada uma das espécies do gênero. É inquestionável que se trata de um sistema engenhoso e útil. Muitos naturalistas, porém, pensam que o sistema natural significaria algo mais: creem que ele revelaria o plano do Criador. Mas, a não ser que se explique o que essa expressão quer dizer, se uma ordem no tempo, no espaço ou outra coisa qualquer, não me parece que ela acrescente algo a nosso conhecimento. Expressões como a de Lineu, muito famosa, com que tantas vezes deparamos em formulação mais ou menos explícita, de que os caracteres não fazem o gênero, mas é este que dá os caracteres, parecem implicar que algo mais além de semelhança estaria embutido nos caracteres. Creio, de fato, que é o caso: a proximidade de descendência, causa única de similaridade entre os seres orgânicos, recoberta por sucessivos graus de modificação, elo este que é revelado, ao menos em parte, por nossa classificação.

Consideremos agora as regras adotadas na classificação e as dificuldades atinentes às teorias de que a classificação ou apresenta um plano desconhecido da criação, ou é um simples esquema para enunciar proposições gerais e agrupar entre si as formas mais semelhantes. Pode-se pensar, como em tempos antigos, que as partes da estrutura que determinam os hábitos de vida e o lugar geral de cada ser na economia da natureza seriam de suma importância à classificação. Nada mais falso do que isso. Quem considera minimamente importantes as similaridades aparentes entre um rato e um musaranho, um dugongo e uma baleia, uma baleia e um peixe? Essas semelhanças, embora estejam intimamente conectadas à vida de um ser como um todo, são classificadas por nós como "caracteres meramente adaptativos ou análogos"; voltaremos a falar delas. Pode-se mesmo oferecer, como regra geral, que, quanto menos um detalhe da organização diga respeito a hábitos específicos, mais importante ele será para a classificação. Um exemplo. Referindo-se ao dugongo, Owen diz: "Como os órgãos de geração são os que têm relação mais remota com os hábitos e a alimentação do animal, julgo que fornecem clara indicação de suas verdadeiras afinidades. É muito pouco provável que, considerando-se as modificações desses órgãos, venhamos a tomar por essencial uma característica meramente adaptativa". Do mesmo modo, no que se refere às plantas, é notável como os órgãos de vegetação, dos quais sua própria vida depende, são pouco significativos, exceto nas primeiras divisões principais, mas os órgãos de reprodução, que produzem a semente, têm importância máxima.

Não devemos, assim, nos fiar às semelhanças entre partes da organização, nas classificações, por mais importantes que sejam para o bem-estar do ser vivo em sua relação com o mundo exterior. Isso explica por que quase todos os naturalistas destacam órgãos de alta importância vital ou fisiológica; e, sem dúvida, a ideia de que esses órgãos teriam especial relevância para a classificação é, via de regra, verdadeira, embora nem sempre seja o caso. Mas a sua importância para a classificação depende, segundo penso, de uma constância significativa em amplos grupos de espécies, o que, por sua vez, depende de terem sido menos expostos a alterações no processo de adaptação da espécie às condições de vida. Que a mera importância fisiológica de um órgão não determina seu valor classificatório é algo demonstrado, na prática, pelo fato de diferentes órgãos, presentes em grupos de espécies aparentadas, aos quais se atribui uma importância fisiológica equivalente, terem um valor classificatório totalmente diferente. É um fato que não poderia escapar a um naturalista que tenha estudado com afinco um grupo em particular; e foi plenamente reconhecido nos escritos de quase todos os autores. Citaremos apenas a maior autoridade no assunto, Robert Brown, que, referindo-se a certos órgãos dos *Proteaceae*, diz que sua importância genérica, "como a de todas as suas partes, não somente nesta, mas, segundo presumo, em toda família natural, é bastante desigual e, em alguns casos, perdeu-se por inteiro". Em outra obra, ele afirma que a família *Connaraceae* "difere por ter um ou mais ovários, pela presença ou ausência de albume, na estivação imbricada ou valvular. Qualquer um desses caracteres, tomado em si mesmo, tem, com frequência, uma importância mais do que genérica, ainda que, como aqui, tomados em conjunto, eles pareçam insuficientes para separar o *Cnestis* do *Connarus*". Em uma das grandes divisões de insetos, a ordem dos *Hymenoptera*, as antenas têm, com observou Westwood, uma estrutura inteiramente constante, enquanto em outra não somente diferem muito, como as diferenças têm um valor secundário para a classificação. Mas ninguém diria que as antenas não têm a mesma importância fisiológica nessas duas divisões de uma mesma ordem. Um sem-número de exemplos poderia ser dado da relevância desigual, para a classificação, de um mesmo órgão de igual importância para as espécies de um grupo geral.

Do mesmo modo, ninguém diria que órgãos rudimentares ou atrofiados têm alta importância fisiológica ou vital; mas não há dúvida de que são muito relevantes para a classificação. Ninguém contestaria que os dentes rudimentares da mandíbula superior de jovens ruminantes ou alguns ossos rudimentares de suas pernas são muito úteis para exibir a estreita afinidade entre ruminantes e paquidermes. Robert Brown insistiu no fato de que os floretes rudimentares são altamente relevantes para a classificação das gramíneas.

Podem-se dar numerosos exemplos de caracteres derivados de partes fisiologicamente irrelevantes que, mesmo assim, são reconhecidamente úteis para a definição de grupos inteiros, como a presença de uma passagem entre as narinas e a boca, que, de acordo com Owen, distingue inequivocamente os peixes dos répteis; a inflexão do ângulo das mandíbulas nos marsupiais; a maneira como as asas dos insetos se dobram; a cor de certas algas; a pubescência de partes das flores gramíneas; a natureza da cobertura dérmica, como cabelos ou penas, nos vertebrados. Se o ornitorrinco fosse recoberto com penas em vez de pelos, esse caractere externo trivial poderia, em minha opinião, ajudar tanto os naturalistas na determinação do grau de afinidade entre essa estranha criatura e os pássaros e répteis, quanto uma proximidade estrutural entre importantes órgãos internos.

A relevância taxonômica de caracteres triviais ou irrelevantes depende principalmente de eles terem correlação com outros caracteres, independentemente da importância. O valor dos agregados de caracteres é bastante evidente na história natural. Como tantas vezes foi observado, a espécie pode se afastar de outras aparentadas a ela em relação a diversos caracteres, de alta importância fisiológica e de prevalência quase universal, sem, contudo, deixar dúvidas de como deve ser classificada. Do mesmo modo, constatou-se que uma classificação fundada em apenas um caractere, qualquer que seja e apesar de sua importância, jamais poderia ser bem-sucedida, pois não há parte da organização que seja universalmente constante. A relevância de um agregado de caracteres, mesmo que nenhum deles seja importante, é o único fator capaz de explicar, penso eu, o dito de Lineu segundo o qual os caracteres não fazem o gênero, mas é este que dá os caracteres, que parece agora respaldado na apreciação de muitos pontos semelhantes triviais, demasiado tênues para que se possa defini-los. Certas plantas entre as *Malpighiaceae* têm flores perfeitamente graduadas; mas, como observou Antoine de Jussieu, "a maioria dos caracteres próprios da espécie, do gênero, da família e da classe desaparecem e zombam de nossa classificação". A *Aspicarpa* produziu, durante muitos anos, na França, apenas flores degradadas, mas o sr. Richard percebeu, como observa o mesmo Jussieu, que ela continuava a pertencer ao gênero das *Malpighiaceae*. Esse caso parece-me ilustrativo do espírito de que algumas de nossas classificações estão imbuídas.

Na prática, em seu trabalho cotidiano, os naturalistas não dão importância ao valor fisiológico dos caracteres quando se trata de definir um grupo ou remeter a ele uma espécie particular. Se encontram um caractere quase uniforme, comum a um grande número de formas, ainda que não seja compartilhado por outras tantas, utilizam-no sem hesitação, pois ele tem um valor; se for comum a menos formas, consideram-no de valor subordinado. Alguns naturalistas e, entre eles, ninguém menos que Auguste de Saint-Hilaire, mestre da botânica, não hesitaram em declarar esse princípio como verdadeiro. Se se constata que certos caracteres são sempre correlativos a outros, eles de pronto ganham um valor altíssimo, por mais que nenhum vínculo os conecte. Na maioria dos grupos de animais, órgãos importantes como os de propagação da raça, de bombeamento e filtragem do sangue etc. são quase uniformes e, por isso, são considerados deveras úteis à classificação. Em alguns grupos, porém, órgãos de suma importância vital são caracteres de valor subordinado.

Podemos ver por que os caracteres encontrados no embrião têm a mesma importância que os encontrados no adulto; é que nossas classificações obviamente incluem todas as idades de cada espécie. Mas está longe de ser óbvio, para a concepção comum, por que a estrutura do embrião seria mais relevante para esse propósito que a do adulto, que permite a um ser vivo desempenhar plenamente o seu papel na economia da natureza. Grandes naturalistas como Milne-Edwards e Agassiz insistem que os caracteres embrionários são os mais importantes em qualquer classificação de animais, e costuma-se considerar essa doutrina verdadeira. O mesmo vale para as plantas de floração, cujas duas divisões principais estão baseadas em caracteres derivados do embrião, a saber, o número e a posição das folhas embrionárias ou cotilédones e o desenvolvimento da plúmula e da radícula. Em nossa discussão de embriologia, veremos por que tais caracteres são tão valiosos para uma classificação que tacitamente inclui a ideia de descendência.

Muitas de nossas classificações são influenciadas por cadeias de afinidades. Nada mais fácil que definir o número de caracteres comuns às aves; não se pode dizer o mesmo dos crustáceos. Nas extremidades opostas da série, há espécies de crustáceos que mal têm caracteres em comum, o que não impede que se estabeleça um parentesco entre elas, entre as formas subordinadas e assim por diante, identificando-as, inequivocamente, como membros dessa classe dos *Articulata* e não de outra.

Muitas vezes a distribuição geográfica também é utilizada, ainda que não de maneira muito lógica, para propósitos de classificação, em especial de grupos extensos de formas aparentadas. Temminck insiste na utilidade ou mesmo na necessidade dessa prática para certos grupos de pássaros; e ela tem sido adotada por numerosos entomologistas e botânicos.

Por fim, no que se refere ao valor comparativo dos vários grupos de espécies, como ordens, subordens, famílias, subfamílias e gêneros, tudo indica, dado o nosso conhecimento atual, que ele seria arbitrário. Muitos entre os melhores botânicos, como o sr. Bentham e outros, insistem veementemente que é assim. Exemplos poderiam ser dados, entre as plantas e os insetos, de um grupo de formas classificadas pelos naturalistas primeiro como apenas um gênero e depois elevadas à posição de família ou subfamília, mas não porque as pesquisas tenham encontrado diferenças estruturais importantes antes negligenciadas, mas porque numerosas espécies aparentadas, com sutis graus de diferença, foram subsequentemente descobertas.

Se não me engano, todas as regras, recursos e dificuldades atinentes à classificação podem ser explicados pela teoria de que o sistema natural está baseado na descendência com modificação, e os caracteres que os naturalistas consideram como os que mostram verdadeira afinidade entre duas espécies são herdados de um progenitor comum, e, nessa medida, toda classificação é genealógica. O elo oculto pelo qual os naturalistas buscavam um pouco às cegas é a descendência, e não, como pensam, um plano qualquer de criação, tampouco a enunciação de proposições gerais sob as quais seriam reunidos ou separados objetos mais ou menos semelhantes entre si.

Explico-me. Creio que, para ser natural, o *arranjo* de grupos dentro de cada classe em devida subordinação e em relação a outros grupos deve ser estritamente genealógico, mas a *quantidade* de diferença entre os diversos grupos ou ramificações aparentadas por sangue, no mesmo grau, a um progenitor em comum, varia consideravelmente, pois se deve aos diferentes graus de modificação pelos quais elas passaram. É algo que se expressa na distribuição das formas em diferentes gêneros, famílias, seções e ordens. O leitor compreenderá o significado disso se retornar ao diagrama do capítulo IV (pp. 186-87). Suporemos que as letras A a L representam gêneros interligados, que viveram durante o período Siluriano e descenderam de uma espécie que existiu em um período anterior desconhecido. Espécies de três desses gêneros (A, F e I) transmitiram ao presente descendentes modificados, representados pelos quinze gêneros da linha horizontal no extremo alto (a^{14} a z^{14}). Todos os descendentes modificados a partir de uma mesma espécie são representados como parentes sanguíneos ou descendentes no mesmo grau; poderiam ser chamados, metaforicamente, de primos em milionésimo grau, embora sejam profundamente diferentes entre si, em grau inclusive. As formas que descendem de A, divididas em duas ou três famílias, constituem uma ordem distinta das descendentes de I, por sua vez divididas em duas famílias. As espécies existentes descendentes de A não poderiam ser classificadas no mesmo gênero do progenitor A, nem as de I no do progenitor I. Mas é de supor que o atual gênero F^{14} tenha sofrido apenas leves modificações, o que permite classificá-lo com o gênero-progenitor F, assim como uns poucos seres vivos ainda pertencem a gêneros silurianos. De modo que o nível ou valor das diferenças entre seres orgânicos com um mesmo grau de parentesco sanguíneo tornou-se profundamente diferente. No entanto, seu *arranjo* genealógico permanece rigorosamente verdadeiro, não somente no presente como em cada período sucessivo de descendência. Todos os descendentes modificados a partir de A herdaram algo em comum de seu mesmo progenitor, assim como todos os descendentes de I; e o mesmo ocorrerá em cada ramo subordinado de descendentes, a cada período sucessivo. Mas, se agora supusermos que qualquer um dos descendentes de A ou de I foi tão modificado que perdeu por completo, em maior ou menor medida, os seus traços de parentesco, então, nesse caso, terão perdido também, por completo, em maior ou menor medida, os seus lugares na classificação natural, como parece ter ocorrido com alguns organismos existentes. É de supor que todos os descendentes do gênero F, com a linha completa de descendência, pouco tenham se modificado e formam, mesmo assim, um único gênero. Mas esse gênero, apesar de isolado, mantém mesmo assim a posição que lhe cabe, intermediária; pois F era, originariamente, um caráter intermediário entre A e I, e os muitos gêneros descendentes desses dois terão herdado, em certa medida, seus caracteres. Esse arranjo natural é mostrado, na medida do possível, no diagrama, embora de maneira excessivamente simplificada. Sem o recurso a um diagrama ramificado, se apenas os nomes dos grupos tivessem sido escritos em série linear, teria sido ainda mais difícil obter um arranjo natural; é impossível, como se sabe, representar numa série, em superfície achatada, as afinidades que se descobrem na natureza entre seres de um mesmo grupo. Assim, em minha perspectiva, o sistema natural tem arranjo genealógico, como um pedigree; mas os graus de modificação pelos quais os diferentes grupos passaram têm de ser expressos pela sua distribuição em diversos gêneros, subfamílias, famílias, seções, ordens e classes.

Para ilustrar essa visão da classificação, vale a pena compará-la às línguas. Se tivéssemos um perfeito pedigree do gênero humano, o arranjo genealógico das diferentes raças ofereceria também a melhor classificação das variadas línguas atualmente faladas no mundo; e, de fato, se pudéssemos incluir todas as línguas extintas, além dos dialetos intermediários em lenta modificação, esse arranjo seria, em minha opinião, o único possível. Mas é perfeitamente plausível que uma língua muito antiga tenha se alterado pouquíssimo, gerando poucas línguas novas, enquanto outras (devido à disseminação das diferentes raças descendentes de uma matriz comum, ao seu subsequente isolamento e aos seus diferentes graus de civilização) alteraram-se bastante, originando diversas línguas e dialetos. Os variados graus de diferença entre as línguas de uma mesma matriz teriam de ser expressos por grupos subordinados a grupos, mas o arranjo apropriado, e mesmo o único, seria genealógico e estritamente natural, pois conectaria entre si todas as línguas, extintas ou modernas, pelas mais íntimas afinidades, e daria a filiação e a origem de cada língua atualmente falada.

Para confirmar essa teoria, vejamos a classificação de variedades que se acredita ou se sabe serem descendentes de uma única espécie. Elas são agrupadas em espécie, com variedades subordinadas a variedades. No que se refere a produções domésticas, são requeridos muitos outros graus de diferenciação, como foi visto no caso dos pombos. A origem da existência de grupos subordinados a grupos é igual para variedades e espécies, a saber, descendência próxima com graus variados de modificação; e na classificação de variedades seguem-se praticamente as mesmas regras utilizadas na classificação de espécies. Alguns autores insistem que é necessário classificar variedades em um sistema natural, e não artificial; recomenda-se, por exemplo, que não se classifiquem juntas duas variedades de abacaxi apenas porque seus frutos (a parte mais importante da planta) são quase idênticos; ninguém agrupa juntos o nabo sueco e o comum, embora ambos tenham estames suculentos e espessos. A parte mais constante é a utilizada para classificar variedades. Do mesmo modo, Marshall, esse grande pecuarista, afirma que os chifres são muito úteis à classificação do gado, pois variam menos que o aspecto ou a coloração do corpo etc.; mas o mesmo não se aplica às ovelhas, cujos chifres são menos constantes. Na classificação de variedades, parece-me que, se tivéssemos um verdadeiro pedigree, a classificação genealógica seria adotada por todos. Alguns autores esboçaram algo assim. E podemos ter a certeza de que, independentemente do maior ou menor grau de modificação, o princípio da hereditariedade manteria juntas as formas que fossem aparentadas no maior número de pontos. Nos pombos-cambalhota, embora algumas variedades subordinadas difiram de outras num caractere importante, o bico mais longo, elas são mantidas juntas devido ao hábito de dar cambalhotas no ar. É verdade que os de rosto achatado perderam esse hábito quase por completo, mas, mesmo assim, sem qualquer consideração ou reflexão adicional, são incluídos nesse mesmo grupo por causa do parentesco de sangue e de outras similaridades. Se ficasse provado que os *Hotentotes* descenderam do grupo dos Negros, parece-me que teriam de ser classificados nele, malgrado a coloração da pele e outros caracteres importantes.

Quanto a espécies em estado de natureza, todo naturalista leva em consideração, em suas classificações, a circunstância da descendência. Pois ele inclui, no grau mais baixo, o da espécie, os dois sexos, que, como todos sabem, podem variar quanto aos seus caracteres mais fundamentais: não se encontra um fato comum aos machos e aos hermafroditas de certas espécies de cirrípedes, quando adultos, mas ninguém jamais cogitaria separá-los. O naturalista toma como uma mesma espécie os diversos estágios larvais de um indivíduo, por mais diferentes que sejam uns dos outros e dos adultos; e também procede assim em relação às chamadas gerações alternadas de Steenstrup, que apenas em sentido técnico podem ser consideradas um mesmo indivíduo. Inclui aberrações; e inclui variedades, não somente porque são muito similares à forma progenitora, mas porque descendem dela. Quem acredita que a prímula descende da primavera, ou esta descende daquela, classifica-as em conjunto como uma mesma espécie e lhes dá uma mesma definição. Quando se descobriu que três formas de orquídea – *Monochanthus*, *Myanthus* e *Catasetum* –, antes classificadas como três gêneros distintos, eram, por vezes, produzidas na mesma espiga, elas passaram a ser incluídas em uma única espécie. Mas, pode-se perguntar, o que faríamos se ficasse provado que uma espécie de canguru foi produzida, por um longo curso de modificações, a partir de um urso? Deveríamos classificar essa espécie com os ursos? E o que faríamos com as demais? A suposição é, obviamente, absurda, e poderia ser respondida com um *argumentum ad hominem*: o que faríamos se víssemos um canguru perfeito extraído do útero de uma ursa? De acordo com a analogia, seria classificado

abacaxi

com os ursos; mas, então, com certeza as demais espécies da família canguru teriam de entrar no gênero urso. A suposição, como eu disse, é absurda; pois, onde há estreita hereditariedade em comum, certamente haverá estreita semelhança ou afinidade.

Dado que a descendência tem sido universalmente utilizada para reunir em classes indivíduos da mesma espécie, apesar das grandes diferenças entre eles, e também para classificar variedades que passaram por modificações às vezes consideráveis, não teria esse elemento sido utilizado, ainda que de forma não consciente, para agrupar espécies em gêneros e estes em grupos mais elevados, embora, nesse caso, a modificação tenha um grau maior e tenha levado mais tempo para se efetivar? Creio ser o caso; pois apenas assim consigo compreender as variadas regras e procedimentos adotados pelos melhores sistemáticos. Não temos pedigrees por escrito e precisamos extrair a descendência comum de semelhanças quaisquer que se apresentem. Para tanto, escolhemos aquelas características que, até onde podemos julgar, são as menos suscetíveis de serem afetadas pelas condições de vida a que a espécie foi exposta recentemente. Estruturas rudimentares, nessa perspectiva, são tão boas, senão melhores que outras partes da organização. Não importa quão trivial possa ser um caracter – que seja a mera inflexão de um ângulo da mandíbula, a maneira como a asa de um inseto se dobra, se a pele é recoberta por pelos ou penas –, desde que prevaleça por muitas e diferentes espécies, em particular as que têm hábitos de vida peculiares, ele terá um alto valor, pois a única maneira de explicar sua presença em tantas formas com hábitos tão diferentes é como herança de um progenitor em comum. Podemos nos enganar a respeito deste ou daquele elemento de estrutura, mas, quando numerosos caracteres, por triviais que sejam, ocorrem juntos por um extenso grupo de seres com hábitos diferentes, podemos ter a certeza, ou quase, com base na teoria da descendência, de que esses caracteres foram herdados de um ancestral comum. E sabemos o valor que esses caracteres agregados ou correlatos têm para a classificação.

É compreensível que uma espécie ou grupo de espécies se afaste, em muitas de suas características mais importantes, de outras aparentadas a ela e, mesmo assim, seja classificada com elas. Isso pode ser feito com segurança, e de fato o é com frequência, desde que um número suficiente de caracteres, por desimportantes que sejam, traia o elo secreto da descendência comum. Duas formas extremas que não tenham sequer um caractere em comum, mas estejam conectadas por uma cadeia de grupos intermediários, permitem inferir, de um só golpe, uma descendência comum e colocar todas elas numa só e mesma classe. Percebemos que os órgãos de suma importância fisiológica – os que servem à preservação da vida nas mais variadas condições de sua existência – são, em geral, os mais constantes, e damos a eles um valor especial; mas, se percebemos que, num grupo em particular ou na seção de um grupo, os mesmos órgãos são muito diferentes, imediatamente seu valor diminui em nossa classificação. Vê-se assim claramente por que caracteres embriológicos são tão importantes em termos classificatórios. A distribuição geográfica pode às vezes ser útil para classificar grandes gêneros amplamente distribuídos; pois todas as espécies de um mesmo gênero que habitem uma região qualquer, distinta ou isolada, terão, com toda probabilidade, descendido dos mesmos progenitores.

Podemos agora entender a importantíssima distinção entre afinidades reais e similaridades analógicas ou adaptativas. Lamarck foi o primeiro a chamar a atenção para ela, que Macleay e outros adotaram com destreza. A semelhança entre a forma do corpo e os membros anteriores, como entre as nadadeiras do dugongo, que é um animal paquidérmico, e as da baleia, e entre esses dois mamíferos e os peixes, é analógica. Os insetos fornecem incontáveis exemplos disso, o que levou Lineu, enganado pelas aparências, a classificar um inseto homóptero como uma mariposa. Vemos algo assim também em nossas variedades domésticas, como nos estames mais espessos do nabo sueco em relação aos do nabo comum. A similaridade entre o galgo inglês e o cavalo de corrida é, na verdade, mais fantasiosa do que as analogias que alguns autores encontraram entre animais muito mais diferentes entre si. Se, tal como eu entendo a questão, apenas os caracteres que revelam descendência têm real importância para a classificação, pode-se compreender com clareza por que o caractere analógico ou adaptativo, embora de máxima importância para o bem-estar do ser vivo, é praticamente inútil para o naturalista sistemático. Pois animais que pertençam a duas linhagens de descendência inteiramente distintas podem prontamente se adaptar a condições similares, tornando-se assim semelhantes exteriormente; mas tais semelhanças não revelam, ao contrário, tendem a esconder as relações sanguíneas de parentesco entre eles e suas respectivas linhagens de descendência. E podemos também compreender o aparente paradoxo de que os mesmos caracteres, analógicos quando se compara uma classe a outra, revelem afinidades reais quando os membros de uma mesma classe ou ordem são comparados entre si. Assim, a forma do corpo e os membros como nadadeiras são analógicos apenas quando as baleias são comparadas aos peixes, por serem adaptações, em ambas as classes, para nadar na água; mas a forma do corpo e os membros como nadadeiras são caracteres que revelam uma afinidade real entre diferentes membros da família das baleias; pois esses cetáceos têm tantos caracteres em comuns, grandes ou pequenos, que não poderíamos duvidar que eles herdaram a forma geral de seu corpo e a estrutura de seus membros de um ancestral comum. O mesmo vale para os peixes.

Tendo em vista que membros de classes distintas com frequência se adaptaram, por sucessivas modificações mínimas, para viver em circunstâncias muito similares, como habitar os três elementos, terra, água e ar, isso talvez permita compreender a razão de certo paralelismo numérico por vezes observado em subgrupos de classes distintas. Um naturalista impressionado por um paralelismo como esse em uma classe qualquer poderia facilmente estendê-lo a um espectro mais amplo, bastando, para isso, que aumentasse ou diminuísse, arbitrariamente, o valor dos grupos em outras classes (a experiência mostra que essa valoração é sempre arbitrária). Tal é a provável origem das classificações septenária, quinquenária, quaternária e ternária.

Como os descendentes modificados de espécies dominantes, que pertencem a gêneros maiores, tendem a herdar certas vantagens que tornaram grandes os grupos a que eles pertencem e dominantes os seus progenitores, é praticamente certo que eles se difundirão amplamente e se apoderarão de mais e mais lugares na economia da natureza. Os grupos maiores e mais dominantes tendem assim a crescer continuamente e, com isso, a suplantar muitos outros grupos menores e mais frágeis. Isso explica por que todos os organismos, recentes ou extintos, estão incluídos em umas poucas ordens principais, em classes ainda mais escassas e em um único grande sistema natural. É surpreendente que a descoberta da Austrália não tenha acrescentado nenhum inseto a uma nova ordem; e, no reino vegetal, como explica o dr. Hooker, apenas duas ou três ordens menores foram acrescentadas. Isso reitera que os grupos superiores são pouco numerosos e, ao mesmo tempo, têm ampla disseminação.

No capítulo X, dedicado à sucessão geológica dos seres vivos, tentei mostrar, com base no princípio de que a diversificação do caráter de cada grupo teria ocorrido, em geral, em um longo processo de modificação, por que as formas de vida mais antigas muitas vezes apresentam caracteres intermediários, em graus sutis, entre grupos existentes. Umas poucas formas ancestrais progenitoras intermediárias, que ocasionalmente transmitissem descendentes pouquíssimo modificados, produziriam os grupos chamados aberrantes. Quanto mais aberrante for uma forma, maior o número de formas intermediárias que, em minha teoria, foram exterminadas e perderam-se para sempre. Dispomos de alguma evidência de que formas aberrantes teriam sido severamente afetadas por extinção, pois, em geral, são representadas por pouquíssimas espécies e bastante distintas entre si – o que implica extinção. Os gêneros *Ornithorhynchus* e *Lepidosiren*, por exemplo, não seriam menos aberrantes se cada um fosse representado por uma dezena de espécies em vez de uma única; mas tal riqueza de espécies, segundo apontam minhas investigações, não costuma ser a sorte de gêneros aberrantes. Esse fato só pode ser explicado, em minha opinião, tomando-se as formas aberrantes como grupos que fracassaram e foram dominados por rivais mais bem-sucedidos, com alguns membros preservados pela inusitada concorrência de circunstâncias favoráveis.

O sr. Waterhouse observou que, quando um membro que pertence a um grupo de animais exibe uma afinidade em relação a um grupo bem distinto, essa afinidade é, na maioria dos casos, geral, não específica. Assim, de acordo com esse autor, de todos os roedores, a viscacha é o parente mais próximo dos marsupiais, mas, nos pontos em que se aproxima dessa ordem, suas relações são gerais, e não com esta ou aquela ordem em particular. E, como acredita-se que os pontos de afinidade da viscacha com os marsupiais são reais, e não meramente adaptativos, eles se devem, em minha teoria, a uma herança comum. Portanto, devemos supor que todos os roedores, incluindo-se a viscacha, são ramificações de algum marsupial muito antigo, que teria tido um caráter de algum modo intermediário em relação aos marsupiais existentes ou, então, que tanto os roedores quanto os marsupiais são ramificações de um progenitor em comum, a partir do qual ambos os grupos passaram por muitas modificações em direções divergentes. Em todo caso, é de supor que a viscacha reteve, hereditariamente, mais do caráter de seu antigo progenitor do que os roedores; e, portanto, não tem relação específica com nenhum marsupial em particular, mas relaciona-se indiretamente com todos ou quase todos os marsupiais existentes, por ter preservado parcialmente o caráter de seu progenitor em comum ou de algum membro mais primitivo do grupo. Por outro lado, como observou o sr. Waterhouse, o vombate (*Phascolomys*) assemelha-se mais à ordem geral dos roedores, e não a alguma espécie em particular. Nesse caso, contudo, há fortes razões para suspeitar que a semelhança é meramente analógica, e deve-se ao fato de os vombates terem se adaptado a hábitos como os dos roedores. De Candolle pai realizou observações muito similares a essas acerca da natureza geral das afinidades entre diferentes ordens de plantas.

O princípio da multiplicação e gradual divergência no caráter das espécies que descendem de um progenitor comum, aliado à retenção pela herança de alguns caracteres em comum, permite entender as afinidades radiais extremamente complexas que conectam entre si os membros de uma mesma família ou grupo superior. Pois o progenitor comum a uma família inteira de espécies hoje fragmentada pela extinção em grupos distintos e subgrupos, terá transmitido a todos alguns de seus caracteres, modificados de vários modos e em vários graus; e as diversas espécies terão, por conseguinte, um parentesco recíproco por circuitos de afinidade de extensão variada (como se pode ver no diagrama do capítulo IV), remontando a muitos predecessores. E, assim como é difícil mostrar as relações consanguíneas entre os numerosos membros de uma família nobre ou muito antiga, mesmo com o auxílio de uma árvore genealógica, compreende-se a extraordinária dificuldade experimentada pelos naturalistas para descrever, sem o auxílio de um diagrama, as múltiplas afinidades que eles percebem entre os

vombate

numerosos membros vivos e extintos de uma mesma grande classe natural.

Como foi visto no quarto capítulo, a extinção teve um papel importante na definição e ampliação dos intervalos entre os numerosos grupos em cada classe. Isso permite explicar o modo como classes inteiras se distinguem de outras, por exemplo, os pássaros de todos os outros animais vertebrados, com base na suposição de que se perderam por completo muitas antigas formas de vida que conectavam os progenitores primeiros dos pássaros aos progenitores primeiros de outras classes de vertebrados. Foi menor a extinção completa de classes das formas de vida que outrora conectaram os peixes aos batráquios. E ela foi menor ainda em outras classes, como a dos *Crustacea*, em que as formas mais maravilhosamente diversificadas ainda são conectadas por uma longa, embora intermitente, cadeia de afinidades. A extinção apenas separou os grupos, não os criou; pois, se cada forma que um dia viveu sobre a Terra de repente reaparecesse, seria, é verdade, impossível dar definições que permitissem distinguir cada um dos grupos dos demais, pois todos estariam misturados por gradações tão pequenas quanto aquelas entre as mais tênues variedades existentes e, mesmo assim, seria possível uma classificação ou arranjo natural. É o que veremos examinando o diagrama: as letras de A a L podem representar onze gêneros silurianos, alguns dos quais produziram grandes grupos de descendentes modificados. Pode-se presumir que cada elo intermediário entre esses onze gêneros e o progenitor primordial, e cada elo em cada ramificação e ramificação subordinada de seus descendentes, está vivo, e que os elos entre eles são tão tênues quanto os elos entre as variedades mais sutis. Nesse caso, seria impossível dar uma definição qualquer que permitisse distinguir os numerosos membros de numerosos grupos de seus progenitores mais imediatos, ou estes de seu progenitor mais antigo e desconhecido. Mesmo assim, o arranjo natural do diagrama se sustentaria, e, com base no princípio de hereditariedade, todas as formas que descendessem de A ou de I teriam algo em comum. Em uma árvore, é possível especificar este ou aquele ramo a partir da junção em que eles se encontram e se confundem. Como eu disse, não teríamos como definir os diversos grupos; mas poderíamos identificar tipos, ou formas, que representassem a maioria dos caracteres de cada grupo, grande ou pequeno, e dar assim uma ideia geral do valor das diferenças entre eles. A isso seríamos levados, se pudéssemos coletar todas as formas em uma classe que tivesse vivido ao longo de todos os tempos e em todos os lugares. Mas é certo que jamais poderíamos formar uma coleção tão perfeita. Contudo, em certas classes, tendemos nessa direção; e Milne-Edwards insistiu, recentemente, em um artigo notável, na importância de examinar os tipos, independentemente de conseguirmos ou não separar e definir os grupos a que esses tipos pertencem.

Vimos, por fim, que a seleção natural, que resulta da luta pela existência e que quase inevitavelmente induz à extinção e à divergência de caráter nos muitos descendentes de uma espécie progenitora dominante, explica esse componente grande e universal nas afinidades entre todos os seres orgânicos, a saber, sua subordinação em grupos subordinados a grupos. Utilizamos o elemento de dissidência para classificar os indivíduos de ambos os sexos e de todas as idades, mesmo que tenham poucos caracteres em comum, em uma espécie;

utilizamos a descendência para classificar variedades reconhecidas, por mais diferentes que pareçam de seu progenitor; e creio que esse elemento de descendência é o elo secreto de conexão pelo qual os naturalistas buscaram ao cunhar o termo de sistema natural. A partir de uma ideia como esta de sistema natural, genealógica em seu arranjo, com os graus de diferença entre os descendentes de um progenitor em comum expressos em termos de gêneros, famílias, ordens etc., compreendemos por que somos compelidos a adotar certas regras em nossa classificação; por que valorizamos certas similaridades mais do que outras; por que podemos utilizar órgãos rudimentares e inúteis ou outros de importância fisiológica trivial; e por que, na comparação de um grupo a outro distinto, rejeitamos sumariamente os caracteres analógicos ou adaptativos, os mesmo que utilizamos dentro dos limites de um mesmo grupo. E podemos ver claramente como todas as formas, vivas ou extintas, se deixam agrupar em um mesmo grande sistema, e como os diversos membros de cada classe se conectam entre si pelas mais complexas e irradiadas linhas de afinidade. Provavelmente jamais desfaremos a inextricável teia de afinidades entre os membros de uma classe qualquer; mas, se temos em vista um objeto distinto e não apelamos a um plano de criação, podemos estar certos de um progresso que, embora lento, será inevitável.

Morfologia

Vimos que os membros de uma mesma classe, independentemente de seus hábitos de vida, assemelham-se uns aos outros quanto ao plano geral de sua organização. Essa semelhança é muitas vezes expressa pelo termo "unidade de tipo", ou dizendo-se que as diversas partes e órgãos das diferentes espécies de uma classe são homólogos. O tópico é abarcado pelo nome geral de morfologia. É o departamento mais interessante da história natural, e pode-se mesmo dizer que é a sua própria alma. Haveria algo mais curioso do que o fato de que a mão do homem, feita para agarrar; a da toupeira, para escavar; a perna do cavalo; a barbatana do golfinho; e a asa do morcego tenham sido construídas sob um mesmo parâmetro e incluam os mesmos ossos nas mesmas posições relativas? Étienne Geoffroy Saint-Hilaire insistiu com veemência na suma importância da conexão relativa entre órgãos homólogos: as partes podem mudar em qualquer extensão que seja, em forma e tamanho, mantendo-se, entretanto, conectadas entre si na mesma ordem. Encontramos, por exemplo, os ossos do braço e do antebraço transpostos em relação aos da coxa e da perna. Por isso, os mesmos nomes podem ser dados a ossos homólogos em animais inteiramente diferentes. Encontramos essa mesma grande lei na construção das bocas dos insetos: haveria algo tão diferente quanto a longa probóscide em espiral de uma mariposa-esfinge, a curiosa probóscide redobrada de uma abelha ou pulga e as grandes mandíbulas de um besouro? E, no entanto, todos esses órgãos, que servem a propósitos tão diferentes, são formados por modificações infinitamente numerosas de um lábio superior, mandíbulas e dois pares de maxilares. Leis análogas governam a construção da boca e dos membros dos crustáceos. O mesmo acontece com as flores das plantas.

mariposa-esfinge

Nada mais vão do que tentar explicar a similaridade de parâmetros entre membros de uma mesma classe pela utilidade ou por causas finais. Owen admitiu, em seu escrito mais interessante, *On the Nature of Limbs*, que essa tentativa é infrutífera. Deve-se reconhecer o contrário do que afirma a visão vulgar da criação independente de cada ser, na qual o Criador houve por bem construir cada animal e cada planta tal como ele é.

A explicação disso torna-se manifesta na teoria da seleção natural por meio de sucessivas modificações mínimas: cada modificação é, de algum modo, vantajosa à forma modificada, mas com frequência afeta, pelo crescimento correlativo, outras partes da organização. Em mudanças dessa natureza, é pouca ou inexistente a tendência a modificar o parâmetro original ou à transposição de partes. Os ossos de um membro podem ser alongados ou encurtados em qualquer extensão e ser envoltos por uma espessa membrana, de modo a servir como nadadeiras; uma pata com membranas entre os dedos pode ter todos os seus ossos ou alguns deles distendidos até certo tamanho, e a membrana que os conecta pode aumentar para que sirvam como asas: em meio a todas essas modificações, não haverá qualquer tendência a alterar o molde dos ossos ou a conexão relativa entre partes diversas. Se supusermos que o antigo progenitor, ou arquétipo, como poderia ser denominado, de todos os mamíferos teve seus membros construídos sobre um parâmetro geral dado, independentemente do propósito ao qual sirvam, perceberemos imediatamente a plena significação da construção homóloga dos membros pela classe como um todo. Assim, nas bocas de insetos, basta supor que o progenitor comum a eles tivesse um lábio superior, mandíbulas e dois pares de maxilares, com uma forma ainda bastante simples, para que a seleção natural desse conta da infinita diversidade de estrutura e função das bocas de insetos. Mas é possível supor que o parâmetro geral de um órgão seja obscurecido a ponto de se perder, pela atrofia ou mesmo pelo aborto de certas partes, pela solda de outras ou, ainda, por sua duplicação ou multiplicação, variações estas que, como sabemos, estão dentro dos limites do possível. Nas barbatanas dos gigantescos lagartos marinhos, hoje extintos, e nas bocas de certos crustáceos suctoriais, o parâmetro geral parece ter sido, em certa medida, obliterado.

Há outro ramo, igualmente interessante, desse mesmo tópico. A saber, a comparação não entre a mesma parte em diferentes membros de uma mesma classe, mas entre as diferentes partes ou órgãos de um mesmo indivíduo. A maioria dos fisiologistas acredita que os ossos do crânio são homólogos, isto é, correspondem, quanto ao número e às conexões relativas, às partes elementares de certo número de vértebras. Os membros anteriores e posteriores em cada espécie da classe dos vertebrados articulados são claramente homólogos. Vemos a mesma lei quando comparamos as maravilhosamente complexas mandíbulas e pernas dos crustáceos. E, numa flor, como todos sabem, as posições relativas das sépalas, das pétalas, dos estames e dos pistilos, assim como sua estrutura interna, tornam-se inteligíveis quando se considera que consistem em folhas metamorfoseadas arranjadas em espiral. As plantas aberrantes oferecem, com frequência, evidência de que um órgão pode se transformar em outro, e podemos ver em embriões de crustáceos, mas também nos de outros animais e nos de flores, que órgãos que, em estado maduro, são bastante diferentes entre si, são perfeitamente semelhantes no estágio inicial de crescimento.

Quão inexplicáveis são esses fatos à luz da teoria comum da criação! Por que o cérebro teria de estar envolto por uma caixa composta de numerosos pedaços de ossos, com conformações as mais extraordinárias? Como observou Owen, os benefícios derivados da distribuição das diferentes partes dos mamíferos não explica, de modo algum, a construção em comum entre o seu esqueleto e o dos pássaros. Por que ossos similares teriam sido criados para a formação das asas e das pernas do morcego se são utilizados para propósitos tão diferentes? Por que deveria um crustáceo, que tem uma boca complexa, formada por muitas partes, ter, como consequência, poucas pernas ou, inversamente, os dotados de múltiplas pernas ter bocas mais simples? Por que deveriam as sépalas, as pétalas, os estames e os pistilos de qualquer flor individual serem construídos de acordo com o mesmo parâmetro se eles servem aos mais diferentes propósitos?

A teoria da seleção natural oferece respostas satisfatórias a essas questões. Nos vertebrados, vemos uma série de vértebras internas que contêm certos recessos e apêndices; nos articulados, vemos que o corpo é dividido em uma série de segmentos com apêndices externos; e, em plantas de floração, vemos uma série de sucessivas volutas de folhas em espiral. Como observou Owen, a repetição indefinida da mesma parte ou órgão é a característica comum de todas as formas inferiores ou pouco modificadas; e, portanto, há razão para crer que o progenitor desconhecido dos vertebrados possuía muitas vértebras, o dos articulados, muitos segmentos, e os das plantas de floração, muitas volutas de folhas em espiral. Vimos anteriormente que partes repetidas muitas vezes são suscetíveis a variar em número e estrutura e que, por conseguinte, é muito provável que a seleção natural, por um longo período de contínua modificação, tenha se apropriado de certo número de elementos primordialmente similares, muitas vezes repetidos, adaptando-os aos mais diversos propósitos. Ora, se a soma total de modificações teria sido efetuada por pequenos passos sucessivos, não admira descobrir em tais partes ou órgãos certo grau de semelhança fundamental, retido pelo poderoso princípio de hereditariedade.

Na imensa classe dos moluscos, embora seja possível detectar homologias entre as partes de uma espécie e as de outra distinta, não poderíamos indicar mais do que umas poucas homologias seriais; raras vezes estamos autorizados a dizer que uma parte ou órgão é homóloga a outra em um mesmo indivíduo. O que é compreensível; pois, mesmo nos membros mais inferiores da classe dos moluscos, não se encontra repetição indefinida de uma das partes, assim como nas outras grandes classes dos reinos animal e vegetal.

Muitos naturalistas afirmam que o crânio é formado por vértebras metamorfoseadas; as mandíbulas de caranguejos, por pernas metamorfoseadas; os estames e os pistilos de flores, por folhas metamorfoseadas. Mas, como observou o prof. Huxley, o mais correto nesses casos seria dizer que o crânio e as vértebras e a mandíbula e as pernas foram formados pela metamorfose não de uma parte na outra, mas a partir de um mesmo elemento comum. Os naturalistas, no entanto, valem-se dessa afirmação apenas em sentido metafórico; longe deles querer com isso dizer que, no decorrer de um longo processo de descendência, órgãos primordiais de um gênero qualquer – vértebras em um caso, pernas em outro – teriam sido realmente modificados, transformando-se em crânios ou mandíbulas. Mas a aparência dessa transformação é tão forte que não podem evitar o uso desses termos em sentido quase literal. Entendo que, ao procederem assim, não fazem nada de errado, pois são termos que explicam, por exemplo, o incrível fato de as mandíbulas do caranguejo preservarem muitos caracteres que provavelmente teriam sido preservados hereditariamente, se realmente tivessem se metamorfoseado em um longo processo de descendência a partir de pernas verdadeiras ou de um simples apêndice ao corpo.

Embriologia

Foi observado de passagem que certos órgãos do indivíduo que, na maturidade, se tornam muito diferentes e servem a propósitos diferentes são, no embrião, perfeitamente semelhantes entre si. Também os embriões de diferentes animais de uma mesma classe costumam ser muito similares. A melhor prova disso é uma circunstância mencionada por Agassiz, que se esqueceu de etiquetar o embrião de um animal vertebrado que coletara e depois não sabia mais dizer se era um mamífero, um pássaro ou um réptil. As larvas vermiformes de mariposas, moscas, besouros etc. são muito mais similares entre si do que as dos insetos maduros; mas, em larvas, os embriões são ativos e foram adaptados para estilos de vida específicos. Vestígios da lei da similaridade entre os embriões às vezes são preservados até uma idade posterior. Pássaros do mesmo gênero, ou de gêneros estreitamente aparentados, muitas vezes são similares até a primeira ou a segunda plumagem, como se pode ver pelas penas com pintas no grupo dos tordos. Na tribo dos gatos, a maioria das espécies é estriada ou tem linhas pontilhadas; e as estrias dos filhotes de leão deixam-se distinguir claramente. Vez por outra, embora raramente, pode-se ver algo similar nas plantas: assim, as folhas embrionárias do úlex e as primeiras folhas da acácia filoide são pinuladas, ou divididas, à maneira das folhas das leguminosas.

Os detalhes de estrutura pelos quais embriões de animais distintos, pertencentes a uma mesma classe, se assemelham entre si e muitas vezes não têm relação direta com suas condições de existência. Por exemplo, não se deve supor que em embriões de vertebrados a peculiar disposição em espiral das artérias próximas às entrâncias braquiais esteja relacionada a condições similares no jovem mamífero que é alimentado no útero de sua mãe, no pássaro que é chocado em um ovo ou tampouco no girino. Há tanta razão para crer nessa relação quanto para crer que os mesmos ossos das mãos de um homem, das asas de um morcego e das nadadeiras do golfinho se relacionam a condições de vida similares. Ninguém diria que as estrias em filhotes de leão ou os pontos na pele de um jovem melro têm alguma utilidade para esses animais ou se relacionam a condições a que eles estão expostos.

Contudo, o caso é diferente quando, em algum momento de sua existência embrionária, um animal ativo tem de prover a si mesmo. O período de atividade pode vir mais cedo ou mais tarde, mas, quando vier, a adaptação da larva às condições de vida é tão perfeita e tão bela como no animal adulto. Em virtude dessas adaptações especiais, a similaridade entre as larvas ou os embriões ativos de animais interligados é por vezes bastante obscurecida, e pode-se dar casos de larvas de duas espécies, ou de dois grupos de espécies, tão diferentes, ou ainda mais diferentes entre si do que seus progenitores adultos. Na maioria dos casos, no entanto, as larvas, embora ativas, continuam a obedecer mais ou menos estritamente a lei da semelhança embrionária comum. Os cirrípedes oferecem um bom exemplo disso: o ilustre Cuvier não percebeu que um perceve é um crustáceo, como mostra de maneira inequívoca o exame de sua larva. Do mesmo modo, as duas divisões principais de cirrípedes, o pedunculado e o séssil, bastante diferentes no aspecto externo, têm em cada um dos estágios larvas que mal se distinguem entre si.

No decorrer de seu desenvolvimento, o embrião geralmente progride na organização; utilizo essa expressão, embora esteja ciente de que é praticamente impossível definir com clareza o que significa uma organização superior ou inferior. Mas provavelmente ninguém contestaria que a borboleta é superior à lagarta. Em alguns casos, no entanto, o animal maduro é considerado inferior à larva, como em certos crustáceos parasitários. Para nos referirmos mais uma vez aos cirrípedes, suas larvas têm, no primeiro estágio, três pares de pernas, um único olho extremamente simples e uma boca em forma de proboscídeo, com a qual se alimentam fartamente, pois seu tamanho aumenta muito. No segundo estágio, correspondente ao estágio da crisálida nas borboletas, têm seis pares de pernas natatórias belamente formadas, um par de magníficos olhos compostos e antenas extremamente complexas; mas sua boca é cerrada e imperfeita, e não conseguem se alimentar; sua função nesse estágio é buscar, com órgãos do sentido bastante desenvolvidos, e alcançar, com sua capacidade ativa de nadar, um lugar apropriado ao qual possam aderir para passar pela metamorfose final. Quando isso acontece, permanecem fixos pelo resto de suas vidas; suas pernas converteram-se em órgãos preênseis, adquirem uma boca bem construída, mas perdem as antenas e seus dois olhos são reconvertidos em um único diminuto e simplíssimo ponto ocular. Nesse estágio final, pode-se considerar que os cirrípedes são mais ou então menos organizados do que eram na condição larval. Mas, em alguns gêneros, as larvas desenvolvem-se e se tornam ou hermafroditas, com a estrutura usual, ou o que chamei de machos complementares. Neste último caso, o desenvolvimento certamente é retrógrado, pois o macho não passa de um saco que vive por um curto período de tempo e é destituído de boca, estômago ou qualquer órgão importante, exceto o da reprodução.

Estamos tão acostumados a encontrar diferenças estruturais entre o embrião e o adulto e, do mesmo modo, uma estreita similaridade entre embriões de animais muito diferentes de uma mesma classe que somos levados a ver esses fatos como necessariamente contingentes em relação ao crescimento. Mas não há nenhuma razão óbvia para que a asa de um morcego, por exemplo, ou a barbatana de um golfinho não seja delineada com todas as partes na posição apropriada no momento em que uma estrutura se torna visível no embrião. E há grupos inteiros de animais, e, em alguns casos, de outros grupos diferentes deles, em que o embrião não difere muito do adulto em nenhum período. Assim, Owen observou, a respeito do peixe choco, "não há metamorfose: o caractere cefalópode manifesta-se muito antes de as partes do embrião estarem completas"; e, sobre as aranhas, "não há nelas nada digno de ser chamado de metamorfose". As larvas de insetos, sejam adaptadas aos mais diversos e ativos hábitos, sejam inativas, sejam alimentadas por seus progenitores, sejam pelo meio em que estão inseridas, passam, quase todas, por um estágio de desenvolvimento similar, como vermes, mas em alguns poucos casos, como nos afídeos, não se vê traço de estágio vermiforme, a nos fiarmos nos admiráveis desenhos do prof. Huxley sobre o desenvolvimento desse inseto.

Como explicar esses numerosos fatos da embriologia? A saber: a existência de uma diferença geral, porém não universal, entre a estrutura do embrião e a do adulto; que as partes de um mesmo embrião individual, que se tornam dessemelhantes e servem a diferentes propósitos, sejam muito similares entre si no período inicial de crescimento; que os embriões de diferentes espécies de uma mesma classe sejam geralmente, mas não universalmente, similares entre si; que a estrutura do embrião não se relacione diretamente com as condições de existência, exceto quando o embrião se torna ativo e tem de prover a si mesmo; e, por fim, que o embrião aparentemente tenha, por vezes, uma organização superior à do animal maduro. Creio que todos esses fatos podem ser explicados da seguinte maneira, com base na teoria da descendência com modificação.

É uma pressuposição comum, talvez devido ao fato de aberrações muitas vezes afetarem os embriões no período inicial de seu desenvolvimento, que haveria, nesse mesmo período, sutis variações estruturais. Mas a evidência disso é escassa; a bem da verdade, a evidência sugere o contrário. É notório que os criadores de gado, de cavalos e de outros animais artificiais só são capazes de dizer ao certo quais os méritos ou a forma do animal algum tempo após o seu nascimento. Vemos isso com clareza em nossas crianças: nem sempre sabemos dizer se a criança será alta ou baixa ou quais serão seus traços precisos. A questão não é saber em qual período da vida foi causada a variação, mas em qual período ela pôde se mostrar plenamente. Pode ser que a causa tenha atuado, e creio que de fato atua, antes mesmo da formação do embrião, e a variação pode se dever à afecção dos elementos sexuais masculino e feminino pelas condições a que um dos progenitores ou seus antepassados foram expostos. O que não impede que um efeito como esse, causado num período inicial, antes mesmo da formação do embrião, surja apenas mais tarde, como é o caso de doenças hereditárias que se manifestam apenas na velhice, embora tenham sido comunicadas à prole a partir do elemento reprodutivo de um dos progenitores. É o caso também dos chifres de gado intercruzado, afetados pela forma dos chifres de um dos progenitores. Para o bem-estar de um animal muito jovem, que permanece no útero de sua mãe ou é chocado por ela em um ovo, ou que é alimentado ou protegido por um de seus pais, é irrelevante se os seus caracteres foram adquiridos num período inicial ou posterior de sua vida. É insignificante, por exemplo, para um pássaro que obtém alimento com seu bico longo, que ele tenha ou não adquirido tal bico enquanto for alimentado por seus pais. Do que concluo pela possibilidade de que cada uma das muitas sucessivas modificações pelas quais cada espécie adquiriu sua estrutura atual tenha sido introduzida num período não tão inicial de suas vidas. Essa tese é sustentada por evidências diretas de nossos animais domésticos. Em outros casos, porém, é bem possível que cada modificação sucessiva, ou a maioria delas, tenha aparecido num período mais inicial.

Afirmei no primeiro capítulo que há alguma evidência de probabilidade de que a modificação, não importa a idade em que surge em um dos progenitores, tende a ressurgir na mesma idade na prole. Certas variações surgem apenas em idades correspondentes, como as peculiaridades da lagarta no casulo, os estágios de imago do bicho-da-seda ou, ainda, as diferentes configurações de chifres no gado adulto. Além disso, variações que, até onde se vê, podem ter surgido mais cedo ou mais tarde tendem a ressurgir em idade correspondente na prole e nos progenitores. Não quero dizer que seja sempre o caso; e poderia oferecer muitos casos de variações (tomando-se a palavra no sentido mais amplo) introduzidas mais cedo na prole do que nos progenitores.

Esses dois princípios, caso se admita que são verdadeiros, explicarão, creio eu, todos os fatos mencionados relativos à embriologia. Examinemos antes alguns casos análogos em variedades domésticas. Alguns autores que escreveram sobre cães sustentam que o galgo inglês e o buldogue, embora pareçam tão diferentes, são, na verdade, variedades estreitamente aparentadas e provavelmente descendem da mesma matriz selvagem. Interessei-me por saber em que medida os filhotes seriam diferentes. Seus criadores disseram-me que são tão diferentes entre si quanto seus pais; e, a julgar pelos olhos, parece ser o caso. Mas, ao medir os cães mais velhos e seus filhotes de seis dias, constatei que os filhotes ainda não tinham adquirido a quantidade proporcional de diferença. Do mesmo modo, foi-me dito que os burros de carga e os cavalos de corrida eram tão diferentes quanto os animais crescidos; o que muito me surpreendeu, pois penso que é mais provável que a diferença entre essas duas linhagens tenha sido inteiramente causada por seleção sob domesticação. Mas, tendo medido cuidadosamente a mãe e o potro de três dias de um cavalo de corrida e o de um pesado cavalo de tiro, constatei que os potros ainda não tinham adquirido a quantidade de diferença proporcional.

Como me parece ser conclusiva a evidência de que as diferentes linhagens domésticas de pombo descenderiam de uma mesma espécie selvagem, comparei pombos de diferentes raças doze horas após terem nascido; não darei os detalhes, mas medi cuidadosamente suas proporções do bico, a amplitude da boca, a extensão das narinas e das pálpebras, o tamanho dos pés e a extensão das pernas, na matriz selvagem, nos pombos papo-de-vento, rabo-de-leque, galinha e polonês, no pombo-dragão, no mensageiro e no cambalhota. Quando maduros, alguns desses pássaros são tão diferentes quanto à extensão e à forma do bico que seriam, sem dúvida, classificados em gêneros distintos se fossem produções naturais. Mas, quando os filhotes desses pássaros foram dispostos em fila, embora a maioria deles se distinguisse dos demais, as diferenças proporcionais entre eles relativamente aos pontos mencionados eram incomparavelmente menores do que entre os pássaros adultos. Alguns detalhes característicos particulares – por exemplo, a amplitude da boca – mal eram detectáveis nos mais jovens. Houve, porém, uma exceção notável a essa regra, pois as diferenças de proporção entre os jovens pombos-cambalhota e os jovens pombos-de-rocha e de outras raças eram tão grandes quanto no estado adulto.

Os dois princípios acima expostos parecem-me explicar esses fatos em relação a estágios embrionários posteriores de nossas variedades domésticas. Criadores selecionam cavalos, cães e pombos para cruzamento quando são já quase adultos; é indiferente para eles se as qualidades e as estruturas mais desejáveis foram adquiridas mais cedo ou mais tarde, desde que o animal crescido as possua. E os casos aqui apresentados, em particular o dos pombos, parecem mostrar que as diferenças características que dão o valor de cada raça e que foram acumuladas por seleção humana não aparecem, de maneira geral, no primeiro período de vida e foram herdadas pela prole em um período correspondente, não tão inicial, ao que se manifestaram nos progenitores. Mas o exemplo do pombo-cambalhota, que, doze horas após ter nascido, adquire as proporções que lhe são próprias, prova que esta não é uma regra universal, pois, nesse caso, as diferenças características ou devem ter surgido num período anterior ou senão devem ter sido herdadas, não em idade correspondente à dos progenitores, mas anterior.

Apliquemos agora esses fatos e os dois princípios acima – que, embora não tenham sido atestados como verdadeiros, são prováveis em algum grau – a espécies em estado de natureza. Tomemos um gênero de pássaros, que, em minha teoria, descende de uma espécie progenitora, a partir da qual muitas espécies novas foram modificadas por meio de seleção natural de acordo com seus diferentes hábitos. Então, devidos aos numerosos pequenos passos sucessivos de variação introduzidos em idade tardia e herdados em idade correspondente, os jovens da nova espécie de nosso suposto gênero tenderão, manifestamente, a ser muito mais semelhantes entre si do que os adultos, como vimos no caso dos pombos. Podemos estender essa visão a famílias e mesmo a classes inteiras. Os membros anteriores, por exemplo, que serviam como pernas na espécie progenitora, podem, por uma longa sequência de modificações, adaptar-se para servir como mãos em um descendente, como nadadeiras em outros e como asas num terceiro. E, de acordo com os dois princípios acima, a saber, de que cada modificação sucessiva é introduzida em idade tardia e é herdada em idade tardia correspondente, os membros anteriores serão, nos embriões dos diferentes descendentes da espécie progenitora, muito similares entre si, pois não terão sido modificados. Mas em cada nova espécie individual os membros anteriores embrionários serão muito diferentes dos membros anteriores do animal maduro, pois neste os membros terão sofrido modificações num período tardio da vida, convertendo-se em mãos, nadadeiras ou asas. Qualquer que seja a influência, de um lado, do exercício ou uso contínuo e, de outro, do desuso, na modificação de um órgão, tal influência afetará principalmente o animal maduro, que adquiriu plenos poderes de atividade e tem de ganhar seu próprio sustento; e os efeitos assim produzidos serão herdados em idade madura correspondente, enquanto os jovens permanecerão inalterados ou serão menos modificados pelos efeitos do uso ou desuso.

Em certos casos, os sucessivos passos de variação podem intervir, a partir de causas que ignoramos por completo, num período bastante inicial, ou cada um dos passos pode ser herdado num período anterior àquele em que se manifesta. Em ambos os casos (como no do pombo-cambalhota), o jovem ou embrião seria muito similar à forma progenitora madura. Vimos que essa é a regra de desenvolvimento em grupos inteiros de animais, como o peixe choco ou as aranhas, e em alguns membros da grande classe dos insetos, como os afídeos. Quanto ao fato de a causa final dos jovens não passar, nesses casos, por nenhuma metamorfose, o que os torna, desde a mais tenra idade, muito similares a seus pais, pode-se ver que isso resultaria das duas seguintes contingências: ou porque os jovens, no curso de uma longa série de modificações ao longo de gerações, têm de satisfazer as próprias necessidades desde os primeiros estágios de desenvolvimento, ou porque observam exatamente os mesmos hábitos de vida que os seus pais, pois, nesse caso, seria indispensável à existência da espécie que a criança fosse modificada desde cedo, da mesma maneira que seus pais, de acordo com hábitos similares aos deles. Mas talvez seja necessário explicar melhor por que o embrião não sofre qualquer metamorfose. Caso fosse proveitoso ao jovem seguir hábitos de vida diferentes, em algum grau, daqueles de seus pais e, por conseguinte, ser construído de uma maneira levemente diferente, então, com base no princípio da hereditariedade em idades correspondentes, o jovem ou larva ativa poderia facilmente se tornar, por seleção natural, diferente de seus pais, em qualquer extensão que fosse. Tais diferenças poderiam também se tornar correlativas aos sucessivos estágios de desenvolvimento, de modo que a larva, no primeiro estágio, fosse muito diferente da larva no segundo estágio, como vimos no caso dos cirrípedes. O adulto poderia se tornar apto a lugares e hábitos tais que tornassem inúteis certos órgãos de deslocamento, de sensação etc., e, nesse caso, seria possível dizer que a metamorfose final seria retrógrada.

Como todos os seres orgânicos, existentes ou extintos, que jamais viveram sobre a Terra têm de ser classificados em conjunto e como todos estão interconectados pelas mais sutis gradações, o melhor ou, se nossas classificações são quase perfeitas, o único arranjo possível seria genealógico. Pois a descendência é, segundo entendo, o elo secreto de conexão que os naturalistas buscam quando utilizam o termo "sistema natural". Isso nos permite entender por que, aos olhos da maioria dos naturalistas, a estrutura do embrião é ainda mais importante para a classificação do que a do adulto. Pois o embrião é o animal em seu estado menos modificado e, nessa medida, revela a estrutura de seu progenitor. Por mais que dois grupos de animais sejam atualmente muito diferentes um do outro quanto à estrutura e aos hábitos, caso eles passem pelos mesmos estados embrionários poderemos estar certos de que ambos descendem dos mesmos ou quase dos mesmos pais e são, portanto, nessa medida, parentes próximos. Assim, estrutura embrionária comum revela descendência comum. E o faz, por mais que a estrutura seja, no adulto, modificada ou obscurecida: vimos, por exemplo, que os cirrípedes podem ser imediatamente reconhecidos, por suas larvas, como membros da grande classe dos crustáceos. Como o estado embrionário de cada espécie e grupo de espécies mostra parcialmente a estrutura de seus antigos progenitores, menos modificados, vemos com clareza por que antigas formas de vida extintas são semelhantes aos embriões de seus descendentes – as espécies atualmente existentes. Agassiz acredita que essa é uma lei da natureza; mas confesso que meu único anseio é provar que ela seja verdadeira. E só é possível fazê-lo naqueles casos em que o antigo estado, que agora se supõe representado por muitos embriões, não foi obliterado, seja pela intervenção, desde a mais tenra idade, de um longo curso de sucessivas variações, seja pela herança de variações em um período anterior ao de sua manifestação primeira. Deve-se ainda ter em mente que a suposta lei de similaridade entre antigas formas de vida e os estágios embrionários de formas recentes pode bem ser verdadeira, mas, como o registro geológico não se estende suficientemente no tempo passado, pode ser que permaneça por muito tempo, ou mesmo para sempre, sem demonstração.

E assim, ao que me parece, os principais fatos da embriologia, que constam entre os mais importantes da história natural, são explicados com base no princípio de que modificações mínimas não aparecem nos muitos descendentes de um mesmo antigo progenitor nos períodos iniciais da vida, embora possam ter sido causados no primeiro deles e ser herdados num período correspondente. A embriologia torna-se ainda mais interessante quando vemos o embrião como uma imagem, mais ou menos obscurecida, da forma progenitora comum a cada uma das grandes classes de animais.

Órgãos rudimentares, atrofiados ou abortados

Órgãos ou partes nessa estranha condição, que trazem o selo da inutilidade, são extremamente comuns na natureza.

Por exemplo, mamas rudimentares são generalizadas nos machos de mamíferos; presumo que a "asa bastarda" dos pássaros possa ser considerada um dedo em estado rudimentar; muitas cobras têm um dos lobos do pulmão em estado rudimentar; em outras, há rudimentos de pélvis e membros atrofiados. Alguns casos de órgãos rudimentares são extremamente curiosos. Por exemplo, a presença de dentes em fetos de baleias que, quando crescem, não têm sequer um dente em suas mandíbulas; ou a presença de dentes que não perfuram a gengiva nas mandíbulas superiores de fetos de bezerros. Chega-se mesmo a afirmar, com autoridade, que rudimentos de dentes podem ser identificados em bicos de certos pássaros em estágio embrionário. Nada é tão claro quanto o fato de que as asas são formadas para voar; mas em quantos insetos não vemos asas tão pequenas que são inteiramente inaptas ao voo e não raro se encontram em receptáculos, firmemente atadas umas às outras!

Órgãos rudimentares costumam ter significado inequívoco. Por exemplo, há besouros de um mesmo gênero (e até de uma mesma espécie) em tudo semelhantes entre si, exceto pelas asas plenamente desenvolvidas de um e os rudimentos de membrana do outro; e é indubitável que tais rudimentos representam asas. Órgãos rudimentares às vezes retêm sua potencialidade, apenas não se desenvolvem; parece ser o caso das mamas de mamíferos machos, e não faltam registros de que esses órgãos se desenvolveram plenamente em machos adultos, a ponto de secretar leite. Assim também nas leiteiras do gênero *Bos* costuma haver quatro tetas desenvolvidas e duas rudimentares, que, em nossas vacas domésticas, costumam se desenvolver e secretar leite.

Em plantas individuais de uma mesma espécie, as pétalas às vezes ocorrem como meros rudimentos, em outras em estado plenamente desenvolvido. Em plantas com os sexos separados, as flores masculinas muitas vezes têm pistilo, e Kölreuter pôde constatar que, cruzando-as com uma espécie hermafrodita, o rudimento do pistilo aumentava muito na prole híbrida, o que mostra que o rudimento e o pistilo perfeito têm, essencialmente, a mesma natureza.

Um órgão que serve a dois propósitos diferentes pode se tornar rudimentar ou atrofiar para um deles, mesmo que seja o mais importante, e permanecer perfeitamente eficiente para o outro. Assim, nas plantas, o ofício do pistilo é permitir que os tubos de pólen alcancem os óvulos protegidos no ovário, situado em sua base. O pistilo consiste em um estigma, apoiado no estilo; mas, em algumas *Compositae*, os floretes masculinos, que, obviamente, não podem ser fecundados, têm um pistilo em estado rudimentar, pois não é coroado com um estigma; o estilo foi desenvolvido e é revestido por pelos, como em outras *Compositae*, com o propósito de varrer o pólen das anteras circundantes. Do mesmo modo, um órgão pode se tornar rudimentar para seu próprio propósito e ser utilizado com outro objetivo: em certos peixes, a nadadeira parece rudimentar para o propósito de dar força, mas foi convertida em um esboço de órgão respiratório ou pulmão. Outros exemplos similares poderiam ser oferecidos.

Órgãos rudimentares em indivíduos de uma mesma espécie são muito suscetíveis de variar quanto ao grau de desenvolvimento e em outros aspectos. E não só isso. Em espécies estreitamente aparentadas pode variar muito o grau em que um mesmo órgão se tornou rudimentar. Este último fato é bem exemplificado pelo estado das asas das fêmeas de mariposas em certos grupos. Órgãos rudimentares podem ter sido completamente abortados; e isso implica que não encontremos num animal ou planta nenhum traço de um órgão que a analogia nos levaria a esperar encontrar e que, vez por outra, se encontra em indivíduos aberrantes da espécie. Assim, na boca-de-leão (*Anthirrhinum*) em geral não se encontram rudimentos de um quinto estame, mas nem sempre esse é o caso. Ao traçarmos as homologias de uma mesma parte nos diferentes membros de uma classe, nada mais comum ou necessário do que o uso e a descoberta de rudimentos. É algo que mostram bem os desenhos feitos por Owen dos ossos das pernas do cavalo, do boi e do rinoceronte.

É um fato importante que órgãos rudimentares, como os dentes presentes nas mandíbulas superiores de baleias e ruminantes, sejam porventura detectados no embrião, mas depois desapareçam por completo. E creio que seja uma regra universal que uma parte rudimentar ou órgão seja relativamente maior que as partes adjacentes no embrião do que no adulto, de modo que o órgão, nesse estágio inicial, é menos rudimentar ou não possa ser chamado de rudimentar em algum grau. Assim também, no adulto, diz-se que um órgão rudimentar muitas vezes reteve sua condição embrionária.

Tais são os principais fatos relativos a órgãos rudimentares. Refletindo sobre eles, não há como não se espantar: pois o mesmo poder de raciocínio que nos diz claramente que a maioria das partes e órgãos se adapta a certos propósitos, e com sofisticação, também nos diz, de maneira igualmente clara, que esses órgãos rudimentares ou atrofiados são imperfeitos e inúteis. Nas obras de história natural, costuma-se dizer que os órgãos rudimentares teriam sido criados "em prol da simetria" ou para "complementar o esquema da natureza", mas isso não me parece uma explicação, apenas a reiteração dos fatos. Acaso seria suficiente dizer que, porque os planetas giram em rotação elíptica em torno do Sol, os satélites seguem a mesma rota em torno dos planetas, em prol da simetria e para complementar o esquema da natureza? Um eminente fisiologista explica a presença de órgãos rudimentares supondo que eles servem para excretar materiais supérfluos ou danosos ao sistema; mas acaso poderíamos supor que atuariam da mesma maneira as minúsculas papilas que muitas vezes representam o pistilo em flores masculinas e são formadas por tecido celular? Poderíamos supor que a formação de dentes rudimentares depois reabsorvidos teria alguma serventia ao bezerro embrionário em rápido crescimento através da secreção do precioso fosfato tricálcico? Quando os dedos da mão de um homem foram amputados, por vezes surgem unhas nos cotos: haveria tanta razão para crer que esses vestígios de unhas surgiram para excretar material ósseo quanto para crer que as unhas rudimentares nas nadadeiras do peixe-boi foram formadas com esse propósito.

Em minha teoria de descendência com modificação, a origem dos órgãos rudimentares é simples. Dispomos de uma abundância de casos de órgãos rudimentares em nossas produções domésticas, como o coto de um rabo em raças sem rabo, o vestígio de orelhas nas raças desprovidas de orelhas, a presença de pequenas saliências nas raças desprovidas de chifres, especialmente, de acordo com Youatt, nos bezerros, e a flor como um todo na couve-flor. Muitas vezes, vemos rudimentos de variadas partes em aberrações. Mas duvido que algum desses casos possa lançar luz sobre a origem de órgãos rudimentares em estado de natureza, não mais do que mostrando que rudimentos podem ser produzidos, pois não me parece que espécies em estado de natureza passem por mudanças abruptas. Acredito que o desuso seja o principal agente; que ele levou, em gerações sucessivas, à gradual redução de vários órgãos até que eles se tornassem rudimentares, como os olhos de animais que vivem em cavernas escuras ou as asas de pássaros que habitam ilhas oceânicas, que raramente são forçados a voar e, por isso, perderam essa capacidade. Do mesmo modo, um órgão útil em certas condições pode se tornar prejudicial em outras, como as asas de besouros que vivem em ilhas expostas e pequenas. Nesse caso, a seleção natural continuaria lentamente a reduzir o órgão, até que ele se tornasse inofensivo e rudimentar.

Qualquer mudança de função que possa ser efetuada em passos insensivelmente pequenos encontra-se sob o poder da seleção natural, de modo que um órgão que se torne inútil ou prejudicial, em meio a alterações de hábitos de vida, pode facilmente ser modificado e utilizado para outro propósito. Ou um órgão pode ser retido por causa de uma única de suas várias funções. Um órgão que se torna inútil pode muito bem variar, e variações como essa não podem ser detidas pela seleção natural. A qualquer momento da vida, o desuso ou a seleção podem atrofiar um órgão, e isso geralmente acontece quando o ser atingiu a maturidade e chegou a seus plenos poderes de ação; então, o princípio de hereditariedade em idades correspondentes reproduzirá o órgão em seu estado reduzido na mesma idade e, por conseguinte, raramente o afeta ou o reduz ainda no embrião. Podemos entender assim o tamanho maior relativo de órgãos rudimentares no embrião e seu tamanho menor relativo no adulto. Pois, se cada passo do processo de redução tivesse de ser herdado não na idade correspondente, mas nos primeiros momentos da vida (e há boas razões para crer que isso seria possível), a parte rudimentar tenderia a desaparecer por completo e teríamos um caso de perfeito aborto. Sem mencionar que também entraria em jogo, provavelmente com frequência, o princípio de economia exposto no capítulo anterior, pelo qual os materiais que formam uma parte ou estrutura, se não forem úteis ao que os possui, serão aproveitados apenas na medida do possível, o que tenderia a causar a completa obliteração do órgão rudimentar.

Como a presença de órgãos rudimentares se deve assim à tendência, em cada parte da organização, a ser herdada, podemos compreender, pela perspectiva genealógica de classificação, por que os sistematizadores consideram as partes rudimentares tão úteis quanto as de importância fisiológica, quando não mais úteis do que estas. Órgãos rudimentares podem ser comparados a letras em uma palavra, mantidas em sua soletração, obsoletas na pronunciação, mas que servem como índices valiosos de sua derivação. A teoria da descendência com modificação leva à conclusão de que a existência de órgãos inúteis, em condição rudimentar e imperfeita, ou praticamente abortados, longe de apresentar uma inusitada dificuldade, como fazem em relação à doutrina da criação, podem ser mesmo antecipados e certamente são explicados pelas leis de hereditariedade.

Resumo

Tentei mostrar neste capítulo que certas questões, como a subordinação de grupos a grupos em todos os organismos ao longo dos tempos; a natureza da relação pela qual todos os seres, vivos ou extintos, são reunidos em um único e grande sistema, mediante um complexo circuito de linhas de afinidade em irradiação; as regras adotadas e as dificuldades encontradas pelos naturalistas em suas classificações; o valor atribuído a caracteres constantes e prevalecentes, de grande importância vital ou da mais trivial importância, ou, ainda, como nos órgãos rudimentares, sem qualquer importância; os valores opostos de caracteres analógicos ou adaptativos e de caracteres de verdadeira afinidade, para mencionarmos apenas algumas, são resolvidas naturalmente na teoria do parentesco comum entre as formas que os naturalistas consideram próximas, aliada às suas modificações por seleção natural, com as contingências da extinção e as divergências de caracteres. No exame desse esquema de classificação, deve-se levar em conta que o elemento de descendência foi universalmente utilizado para reunir os sexos e as idades e identificar variedades de uma mesma espécie, por mais diferentes que sejam as suas estruturas. Se ampliarmos o uso desse elemento de descendência, única causa conhecida e certificada de similaridade entre seres orgânicos, compreenderemos o que se entende por sistema natural: é um sistema genealógico em seu arranjo preliminar no qual as diferenças adquiridas gradativamente são assinaladas pelos termos "variedade", "espécie", "gênero", "família", "ordem" e "classe".

Essa mesma teoria da descendência com modificação torna inteligíveis os principais fatos da morfologia, quer se considere o parâmetro exibido nos órgãos homólogos, independentemente do propósito, nas diferentes espécies de uma classe, quer se pense nas partes homólogas construídas sobre um mesmo parâmetro em cada indivíduo ou planta.

O princípio das sucessivas variações mínimas, não necessária ou universalmente incidentes nos primeiros períodos de vida, permite-nos compreender os principais fatos da embriologia, a saber, a semelhança, num embrião individual, entre partes homólogas que, quando maduras, tornam-se completamente diferentes quanto à estrutura e à função, e a semelhança entre as diferentes espécies de uma classe de partes ou órgãos homólogos, adaptados nos adultos aos mais diferentes propósitos. Larvas são embriões ativos que sofreram modificações específicas relativas a seus hábitos de vida, pois o princípio das modificações é herdado em idades correspondentes. Esse mesmo princípio – lembrando que a redução do tamanho dos órgãos, seja por desuso ou por seleção, geralmente ocorre no período da vida em que o ser tem de prover suas próprias carências e tendo em vista a força do princípio de hereditariedade –, digo eu, explica sem maior dificuldade a existência de órgãos rudimentares e seu aborto, a ponto de sua presença ser antecipada pela teoria. Pode-se discernir a importância de caracteres embrionários e órgãos rudimentares para a classificação a partir da ideia de que o único arranjo natural é genealógico.

Por fim, as diferentes classes de fatos consideradas neste capítulo parecem confirmar tão claramente que as inumeráveis espécies, gêneros e famílias de seres orgânicos que povoam este mundo descenderam, dentro de sua própria classe ou grupo, de progenitores comuns, sendo depois modificadas por um processo de descendência, que, mesmo que essa teoria não fosse corroborada por outros fatos ou argumentos, eu estaria pronto a adotá-la em meus estudos.

CAPÍTULO XIV

Recapitulação e conclusão

Recapitulação das dificuldades da teoria da seleção natural · Recapitulação das circunstâncias gerais e específicas a seu favor · Causas da crença generalizada na imutabilidade das espécies · Até que ponto se pode estender a teoria · Efeitos de sua adoção no estudo da história natural · Observações finais

Dado que este volume é um único e longo argumento, pode convir ao leitor uma breve recapitulação dos principais fatos apresentados e inferências realizadas.

Eu não nego que muitas objeções de monta poderiam ser colocadas à teoria da descendência com modificação por seleção natural. Esforcei-me para considerá-las em toda a sua força. À primeira vista, nada mais difícil do que crer que os mais complexos órgãos e instintos teriam sido aperfeiçoados, não por meio de um poder análogo à razão humana, embora superior a ela, mas pela acumulação de incontáveis variações mínimas, cada uma delas benéfica ao indivíduo em que incide. Mas essa dificuldade, com tudo o que tem de insuperável para a nossa imaginação, não será mais considerada real se admitirmos que as gradações de perfeição de um órgão ou instinto qualquer, ocorrendo no presente ou no passado, sejam, cada uma delas, boas em seu gênero; que todos os órgãos ou instintos são variáveis, por um mínimo que seja; e, por fim, que há uma luta pela existência que leva à preservação de cada desvio de estrutura ou instinto que se mostre proveitoso. Em vista do exposto, não me parece que a verdade dessas proposições possa ser questionada.

Sem dúvida, é extremamente difícil conjecturar, em especial nos grupos de seres orgânicos fragmentados ou extintos, por quais gradações as diferentes estruturas vieram a ser aprimoradas; mas vemos na natureza tantas gradações inusitadas que corroboram o adágio *Natura non facit saltum* que é bom ter cautela antes de declarar que um órgão ou instinto qualquer, ou um ser orgânico como um todo, poderia ter chegado à sua condição atual por outro meio além de muitas etapas gradativas. Admito que alguns casos põem dificuldades agudas à teoria da seleção natural. Um dos mais curiosos é a existência de duas ou três castas definidas de operárias ou fêmeas estéreis em uma mesma comunidade de formigas; mas, como tentei mostrar no capítulo sétimo, essa dificuldade pode ser superada.

Com relação à esterilidade praticamente universal do primeiro cruzamento entre diferentes espécies, remeto o leitor à recapitulação de fatos no oitavo capítulo, que me parece mostrar, de maneira conclusiva, que ela não é um dote especial, não mais do que a impossibilidade de realizar enxertos de certas espécies de árvores em outras, mas, ao contrário, é um fenômeno incidente a diferenças de constituição do sistema reprodutivo de espécies cruzadas. A validade dessa conclusão é atestada pela ampla diferença de resultado dos cruzamentos recíprocos entre diferentes indivíduos de duas espécies, onde uma mesma espécie é utilizada primeiro como pai e, em seguida, como mãe.

A fertilidade de variedades cruzadas e da prole de mestiços não pode ser considerada universal. E sua fertilidade generalizada não haverá de surpreender se lembrarmos que não é plausível que esse processo tenha afetado sua constituição ou seu sistema reprodutivo. Sem mencionar que a maioria das variedades utilizadas em experimentos foram produzidas sob domesticação e, como esta tende a suprimir a esterilidade, não é de esperar que a produzisse.

A esterilidade dos híbridos é um caso inteiramente diferente daquele dos cruzamentos iniciais, pois seus órgãos reprodutivos são mais ou menos impotentes, enquanto nos cruzamentos iniciais eles se encontram, em ambos os lados, em perfeitas condições. Repetidas vezes constatamos que organismos de toda espécie se tornam estéreis em algum grau quando sua constituição foi perturbada por novas condições de vida levemente diferentes; e não deve surpreender que os híbridos apresentem algum grau de esterilidade, pois sua constituição não poderia deixar de ser afetada por sua composição a partir de duas organizações distintas. Esse paralelismo é confirmado por outra classe de fatos diametralmente opostos, a saber: o vigor e a fertilidade de todos os seres orgânicos aumentam quando se introduzem pequenas variações em suas condições de vida, assim como, desse mesmo modo, a prole cruzada de formas levemente modificadas, ou variações, se torna mais fértil e vigorosa. Ou seja, por um lado, mudanças consideráveis nas condições de vida e cruzamentos entre formas muito alteradas afetam a fertilidade; por outro, mudanças menores e cruzamentos entre formas não tão modificadas a aumentam.

Se passarmos agora à distribuição geográfica, veremos que a teoria de descendência com modificação encontra dificuldades muito sérias. Todos os indivíduos de uma mesma espécie, e todas as espécies de um mesmo gênero ou de um grupo mais elevado, são descendentes de progenitores comuns; e, portanto, por mais distantes e isoladas que sejam as partes do mundo em que hoje se encontrem, devem ter passado de uma parte a outra ao longo de sucessivas gerações. Na maioria das vezes, porém, não temos meios sequer para conjecturar como isso poderia ter ocorrido. Mas, assim como há razão para crer que certas espécies teriam mantido a mesma forma específica durante períodos longuíssimos, se medidos em anos, não é preciso dar um peso tão grande à ocasional difusão de uma mesma espécie, pois é perfeitamente possível que migrações ocorram por muitos meios em longos períodos de tempo. Uma distribuição interrompida ou fragmentária pode ser explicada, no mais das vezes, pela extinção da espécie em regiões intermediárias. É inegável que, por ora, ignoramos por completo a extensão das várias alterações climáticas e geográficas que afetaram a Terra durante períodos modernos; e tais alterações, sem dúvida, facilitaram muito a migração. A título de exemplo, tentei mostrar quão poderosa foi a influência da Era Glacial na distribuição de uma mesma espécie e de espécies representativas sobre a face do globo. Ignoramos também os meios de deslocamento que podem ter sido utilizados. Com respeito a espécies distintas de um mesmo gênero que habitem regiões muito distantes e isoladas, como o processo de modificação deve ter sido necessariamente muito lento, todos os meios de migração teriam sido possíveis em um período bastante longo, o que permite atenuar, em alguma medida, a dificuldade da difusão das espécies de um mesmo gênero.

De acordo com a teoria da seleção natural, existiram incontáveis formas intermediárias ligando entre si todas as espécies em cada grupo mediante gradações tão sutis quanto as atuais variedades. O que leva à pergunta: por que não vemos essas formas de ligação à nossa volta? Por que os seres orgânicos não estão misturados entre si em um mesmo caos inextricável? No que se refere a formas existentes, devemos lembrar que não podemos esperar (exceto em casos muito raros) a descoberta de conexão *direta* entre elas, mas apenas entre formas atualmente existentes e outras suplantadas ou extintas. Mesmo tomando-se uma área extensa que tenha permanecido contígua durante um longo período e cujas condições climáticas e outras condições de vida pouco mudaram ao se passar de um distrito, ocupado por uma espécie, a outro, ocupado por uma espécie próxima aparentada, não há por que esperar variedades intermediárias na zona intermediária; ao contrário, temos razão para crer que apenas umas poucas espécies teriam passado por mudanças em um período determinado, sendo que todas as mudanças se efetuam lentamente. Mostrei também que as variedades intermediárias, que provavelmente primeiro existiriam nas zonas intermediárias, estariam expostas ao risco de ser suplantadas pelas formas aparentadas a ela em ambos os lados; estas, por serem formadas por um número maior de indivíduos, se modificam e se aprimoram mais rapidamente do que as menos numerosas e, assim, no longo prazo, as variedades intermediárias tendem a ser suplantadas e exterminadas.

Admitindo-se essa doutrina do extermínio de uma infinidade de elos entre os seres vivos e os habitantes extintos do globo terrestre e, em cada um dos períodos sucessivos, entre esses últimos e espécies ainda mais antigas, cabe a pergunta: por que as formações geológicas não registram esses elos? Por que as coleções de vestígios fósseis não oferecem evidência plena da gradação e da mutação das formas de vida? Não encontramos tais evidências, e reside aí a mais óbvia e poderosa das muitas objeções que podem ser colocadas à minha teoria. E por que, novamente, grupos inteiros de espécies aparentadas parecem, ainda que muitas vezes enganosamente, ter surgido de maneira súbita em determinados estágios geológicos? Por que não encontramos grandes sobreposições de estratos abaixo do sistema siluriano repletas de vestígios dos progenitores dos grupos fósseis que viveram neste último período? Pois, de acordo com minha teoria, é certo que tais estratos devem ter sido depositados em algum lugar durante épocas da história do mundo antiquíssimas e inteiramente incógnitas.

A essas graves questões e objeções só posso responder com a suposição de que o registro geológico é muito mais imperfeito do que creem a maioria dos geólogos. Ninguém poderia alegar que não houve tempo suficiente para que mudanças orgânicas ocorressem; ao contrário, o lapso de tempo em que elas transcorrem é tão grande que simplesmente escapa à concepção do intelecto humano. O número de espécimes em nossos museus não é nada se comparado às incontáveis gerações de incontáveis espécies que certamente existiram. Não teremos condições de reconhecer uma espécie como progenitora de uma ou mais espécies diferentes, por mais que as examinemos de perto, se não dispormos de elos intermediários entre seu passado, ou seu progenitor, e estados subsequentes; e não se deve esperar que tais elos venham a ser descobertos, dada a imperfeição do registro geológico. Numerosas espécies ambíguas atualmente existentes poderiam ser designadas como prováveis variedades; mas quem poderia dizer se, no futuro, não serão descobertos elos fósseis que permitirão aos naturalistas decidir ao certo se as formas ambíguas são variedades ou não? Enquanto a maioria dos elos entre duas espécies permanecer desconhecida, qualquer outro elo ou variedade que venha a ser descoberto será simplesmente classificado como uma nova espécie distinta. Apenas uma pequena porção do mundo foi explorada geologicamente. Somente seres orgânicos de certas classes se prestam a ser preservados em condição fóssil, ao menos em grande número. Espécies amplamente distribuídas são as que mais variam, e as variedades costumam de início ser locais; ambas as causas tornam menos provável a descoberta de elos intermediários. Variedades locais só se disseminam por regiões distantes após terem sido consideravelmente modificadas e aprimoradas; e, quando posteriormente são descobertas em formações geológicas, parecem ter surgido ali e são classificadas como espécies novas. A maioria das formações acumulou-se de maneira intermitente; e sua constituição, sou dado a pensar, levou menos tempo que a duração média da constituição das formas específicas. Formações sucessivas são separadas entre si por intervalos de tempo enormes dos quais não há qualquer registro, pois só é possível haver acúmulo de formações fósseis suficientemente densas para resistir à degradação futura em que o sedimento é depositado no leito marinho subsidiário. Durante os períodos alternados de elevação e de nível estacionário, o registro será nulo. Nesses últimos períodos, haverá, provavelmente, mais variação das formas de vida; e, em períodos de subsidência, mais extinção.

Com respeito à ausência de formações fósseis abaixo dos primeiros estratos do sistema siluriano, resta-me apenas recorrer à hipótese exposta no capítulo IX. Todos admitem que o registro geológico é imperfeito; mas poucos aceitam que ele o é no grau por mim sugerido. Se examinarmos períodos suficientemente longos, a geologia irá declarar, inequivocamente, que todas as espécies sofreram mudanças, como requer a minha teoria, pois se alteraram de maneira lenta e gradual. Vemos isso claramente nos resquícios fósseis de formações consecutivas, invariavelmente muito mais próximos entre si do que de outras formações afastadas no tempo.

Tal é o resumo das principais objeções e dificuldades que seria justo opor à minha teoria; encerro aqui a recapitulação das respostas e explicações que ofereci. Senti-me oprimido, ao longo de muitos anos, pelo peso dessas dificuldades e não poderia, de modo algum, diminuir sua relevância. Mas é preciso notar que as objeções mais importantes se referem a questões que simplesmente ignoramos. Apenas ainda não nos demos conta do tamanho de nossa ignorância a seu respeito. Desconhecemos todas as possíveis gradações transicionais entre os órgãos mais simples e os mais perfeitos; e não se pode dizer que conheçamos todos os variados meios de distribuição das espécies ao longo dos anos ou que tenhamos ciência do grau de imperfeição do registro geológico. Mas, por maiores que sejam, essas dificuldades não são suficientes, em minha opinião, para desmentir a teoria da descendência com modificação.

Voltemo-nos agora para o outro lado do argumento. Em condições de domesticação, a variabilidade é, como foi mostrado, considerável. Ao que parece, isso se deve à eminente suscetibilidade do sistema reprodutivo a alterações das condições de vida, de tal modo que, quando não se torna inoperante, esse sistema não produz uma prole exatamente como a forma progenitora. A variabilidade é governada por muitas leis complexas, como correlação de crescimento, uso e desuso e influência direta das condições de vida. É difícil dizer ao certo por quanta modificação nossas produções domésticas teriam passado, mas é seguro inferir que a quantidade foi grande e que as modificações permanecem hereditárias por longos períodos. Enquanto as condições de vida forem as mesmas, teremos razão para crer que uma modificação transmitida por muitas gerações continuará a sê-lo por um número de gerações quase infinito. Por outro lado, temos evidência de que a variabilidade, uma vez em jogo, jamais cessa por completo; pois novas variedades são ocasionalmente produzidas, mesmo pelas mais antigas de nossas produções domésticas.

Na verdade, o homem não fabrica variedades; tudo o que ele faz é expor, não conscientemente, seres orgânicos a novas condições de vida, e então a natureza atua sobre a organização e produz variações. Mas ele pode selecionar, e efetivamente o faz, variedades que lhe são oferecidas pela natureza, acumulando-as e as direcionando a seu bel-prazer. É assim que ele adapta animais e plantas para benefício ou prazer próprio. Pode proceder metodicamente ou sem consciência disso, preservando os indivíduos que lhe são mais úteis em determinado momento sem a intenção de alterar a raça.

Não há dúvida de que ele pode exercer influência direta no caráter de uma raça ao selecionar, em cada geração sucessiva, diferenças individuais que, de tão tênues, são indiscerníveis para olhos destreinados. Esse processo de seleção é o principal agente na produção da maioria das raças domésticas que se destacam pela utilidade. Que muitas das raças produzidas pelo homem tenham, em boa medida, caráter de espécies naturais é confirmado pelas dúvidas insolúveis acerca de seu possível caráter nativo.

Não há nenhuma razão para que os princípios que com tanta eficácia atuam nas condições de domesticação não tenham similar atuação na natureza. Na preservação de indivíduos e de raças favorecidas em meio à incessante luta pela existência, vemos atuar os mais poderosos e permanentes meios de seleção. A luta pela existência decorre, inevitavelmente, da alta taxa de progressão geométrica da população de todos os seres vivos. Essa taxa é provada pelo cálculo, pelos efeitos da maneira peculiar como as estações se sucedem e pelos resultados da naturalização; tudo isso foi explicado no terceiro capítulo. Nascem mais indivíduos do que o número que poderia sobreviver. Um grão na balança determina qual indivíduo viverá e qual morrerá, qual variedade de espécie se multiplicará e qual minguará até a extinção. A luta é mais severa entre os indivíduos de uma mesma espécie, obrigados a competir diretamente uns com os outros; é quase tão severa entre as variedades de uma mesma espécie; e um pouco menos entre as espécies de um mesmo gênero. Mas pode ser bastante severa também entre seres os mais distantes na escala da natureza. A menor vantagem de um ser, não importa a idade ou a estação em que ela se manifeste, em relação àqueles com os quais compete, ou ainda, sua adaptação mais eficiente, por menor que seja o grau, às condições físicas circundantes, pende a balança a seu favor.

Em animais com os sexos distintos, há, na maioria dos casos, uma disputa entre os machos pela posse das fêmeas. Os indivíduos mais vigorosos, ou os que tiveram mais êxito na luta com as condições de vida, geralmente produzirão a prole mais numerosa. Mas o sucesso não raro depende da posse de armas, dos meios de defesa ou dos encantos dos machos. A menor vantagem de um ser leva à vitória.

A geologia declara que cada região do globo passou por alterações físicas de monta, e é de esperar que os seres orgânicos tenham variado em estado de natureza tal como em condições de domesticação. O único modo de explicar a variabilidade na natureza é pela seleção natural. Muitas vezes foi dito, mas é uma afirmação inverificável, que a quantidade de variação na natureza é estritamente limitada. O homem, embora atue apenas sobre caracteres externos, e com frequência de forma caprichosa, é capaz de produzir, em um curto período de tempo, um resultado significativo apenas pelo acréscimo de diferenças individuais a suas produções. E todos admitem que as espécies em estado de natureza apresentam ao menos diferenças individuais. Mas, além dessas diferenças, todos os naturalistas admitem também a existência de variedades, que lhes parecem suficientemente distintas para serem dignas de registro sistemático. Quem poderia traçar uma distinção clara entre diferenças individuais e variações sutis? Ou entre variedades mais demarcadas e subespécies e espécies? Observe-se que os naturalistas não concordam quanto à classificação de muitas formas representativas encontradas na Europa e na América do Norte.

Se, portanto, encontram-se, no estado de natureza, uma variabilidade e um agente poderoso pronto a atuar e a selecionar, por que duvidar que variações de algum modo úteis aos seres nas tão complexas relações de vida de que eles participam não seriam preservadas, acumuladas e herdadas? Se o homem pode pacientemente selecionar variações úteis, por que a natureza também não poderia selecionar aquelas que, em condições de vida que passam por alterações, são as mais úteis a suas produções vivas? Que limite haveria para esse poder, atuando ao longo das eras e realizando o mais rígido e completo escrutínio da constituição, da estrutura e dos hábitos de cada criatura, favorecendo as boas e rejeitando as más? Não vejo limite algum para esse poder, que lenta e belamente adapta cada forma às mais complexas relações de vida. A teoria da seleção natural parece-me provável, mesmo que não olhemos para além desse ponto. Recapitulei aqui, da maneira mais direta que pude, as dificuldades e as objeções postas a ela; passemos aos fatos e argumentos que, em particular, depõem a seu favor.

A teoria de que as espécies são apenas variedades bem definidas e permanentes, e cada espécie surgiu primeiro como variedade, permite entender por que não é possível traçar nenhuma linha de demarcação entre espécies supostamente produzidas por atos de criação especiais e variedades cuja produção é atribuída a leis secundárias. Essa mesma teoria permite ainda compreender por que em cada região onde muitas espécies de um gênero foram produzidas, e nas quais continuam a prosperar, encontram-se numerosas variedades específicas; pois, onde quer que a manufatura de espécies tenha sido ativa, deve-se esperar, via de regra, que continue a sê-lo, o que coaduna com a ideia de que as variedades são espécies incipientes. Além disso, as espécies de gêneros grandes, que fornecem o maior número de variedades ou de espécies incipientes, preservam, em certo grau, o caráter das variedades, pois a diferença entre elas não é tão grande quanto aquela entre espécies de gêneros menores. Também as espécies estreitamente aparentadas, dentro de gêneros maiores, parecem ter uma distribuição restrita, pois fecham-se em pequenos grupos ao redor de outras espécies, tal como as variedades. São relações incompreensíveis à luz da teoria de que as espécies foram criadas independentemente; mas tornam-se inteligíveis caso as espécies tenham existido primeiro como variedades.

Dado que cada espécie tende, por sua taxa geométrica de reprodução, a multiplicar de maneira indefinida o número de seus indivíduos, e como a descendência modificada de cada espécie aumenta cada vez mais à medida que sua estrutura e seus hábitos se diversificam, capacitando-as a se apropriar de muitos diferentes lugares na economia da natureza, a seleção natural tende constantemente a preservar a prole mais diversificada de uma espécie qualquer. Assim, durante um longo e contínuo processo de modificação, as tênues diferenças características de variedades de uma mesma espécie tendem a ser elevadas a diferenças maiores de características da espécie de um mesmo gênero. Novas variedades, melhoradas, irão inevitavelmente suplantar e exterminar as mais antigas, as menos aprimoradas e as intermediárias; e assim as espécies se tornam, em grande medida, objetos definidos e distintos. Espécies dominantes que pertencem aos grupos maiores tendem a gerar novas formas dominantes e, assim, cada grupo maior tende a se tornar ainda maior e, ao mesmo tempo, a diversificar seu caráter. Mas, como nem todos os pequenos grupos poderiam se multiplicar igualmente, pois o mundo não teria como acomodá-los, os grupos mais dominantes vencem os menos. Essa tendência dos grandes grupos a aumentar cada vez mais e a diversificar o caráter, aliada a contingências que inevitavelmente atuam em toda extinção, explica o arranjo das formas de vida em grupos subordinados a grupos, sempre dentro de grandes classes, que hoje vemos por toda parte à nossa volta e que prevaleceu ao longo dos tempos. Esse fato central do agrupamento de todos os seres orgânicos parece-me inteiramente inexplicável no quadro de uma teoria da criação independente das espécies.

Como a seleção natural atua unicamente pela acumulação de pequenas variações sucessivas e favoráveis, ela é incapaz de produzir grandes e súbitas modificações; ela atua com passos curtos e lentos. E assim torna-se inteligível, nessa teoria, o adágio *Natura non facit saltum* [a natureza não dá saltos], reiterado a cada vez que se realizam novos acréscimos ao nosso conhecimento. Podemos agora entender por que a natureza é pródiga em variedades, mas avara em inovações; o que não seria uma lei da natureza, se cada espécie tivesse sido criada independentemente.

Parece-me que essa teoria explica muitos outros fatos. Não seria estranho que um pássaro com a forma do pica-pau tivesse sido criado para caçar insetos de chão? Que gansos de terra firme, que jamais ou quase nunca nadam, tivessem sido criados com pés com membranas entre os dedos? Que um tordo tivesse sido criado para mergulhar e se alimentar de insetos subaquáticos? Que um petrel tivesse sido criado com estrutura e hábitos adequados à vida de um arau ou um de mergulhão? Os exemplos são incontáveis. Mas, se pensarmos que cada espécie tenta sempre multiplicar o número de seus indivíduos, com a seleção natural pronta a adaptar os descendentes em lenta variação a algum nicho da natureza inabitado ou escassamente habitado, esses fatos deixarão de ser estranhos, se é que não são antecipados pela teoria.

A seleção natural atua por competição e, como adapta os habitantes de cada país apenas em relação ao grau de perfeição de seus compatriotas, não surpreende que os habitantes de um país qualquer, que, na visão comum, são tomados por criações especialmente adaptadas a essas condições, sejam vencidos e suplantados por produtos naturalizados oriundos do estrangeiro. Tampouco causa espanto que os dispositivos naturais não sejam, até onde se vê, absolutamente perfeitos; ao contrário, muitos deles são repulsivos à nossa ideia de adequação. Não admira que o ferrão da abelha cause sua própria morte; que muitos zangões sejam produzidos de uma vez, para serem massacrados por suas irmãs estéreis; que nossos pinheiros desperdicem tanto pólen; que a abelha-rainha tenha um ódio instintivo por suas filhas férteis; que a larva de *Ichneumonidae* se alimente dos corpos vivos de lagartas etc. A única coisa que admira, nisso tudo, pelas lentes da seleção natural, é que mais casos de ausência de perfeição não tenham sido registrados.

As leis de variação complexas e pouco conhecidas são as mesmas, até onde se vê, que aquelas que governam a produção das chamadas formas específicas. Em ambos os casos, condições físicas parecem ter um efeito direto reduzido; mas variedades que adentrem um território podem assumir algum dos caracteres próprios das espécies que ali vivem. Tanto nas variedades como nas espécies, uso e desuso parecem ter produzido algum efeito, e é difícil resistir a essa conclusão quando se observa que o pato d'água, que tem asas inadequadas para o voo, não é tão diferente do pato doméstico; ou quando se compara o tuco-tuco de toca, que por vezes é cego, a certas toupeiras cegas, cujos olhos são recobertos por uma pele, ou quando se pensa nos animais cegos que habitam as cavernas da Europa e das Américas. Tanto nas variedades quanto nas espécies, o ajuste do tamanho parece ter um papel importante: quando uma parte é modificada, outras o serão necessariamente. Tanto nas variedades quanto nas espécies, ocorrem reversões a caracteres perdidos. Como a teoria da criação das espécies explicaria a ocasional aparição de listras nos ombros e nas pernas de tantas espécies de cavalo e seus híbridos? Mas como não é simples esse fato, admitindo-se que tais espécies descendem de um progenitor estriado, assim como muitas raças domésticas de pombo descendem do pombo-de-rocha azul manchado!

Se as espécies foram criadas independentemente umas das outras, por que os caracteres específicos, pelos quais cada espécie de um mesmo gênero se diferencia das outras, variam mais do que os caracteres genéricos, que todas têm em comum? Por que deveria a cor de uma flor variar mais em uma espécie de um gênero do que se todas tivessem a mesma cor, se as outras espécies desse mesmo gênero, supostamente criadas à parte, têm flores com cores diferentes? Mas, se espécies são apenas variedades bem demarcadas, cujos caracteres se tornaram permanentes em alto grau, esse fato é compreensível, pois alguns de seus caracteres variam no momento em que a variedade se ramifica a partir de um progenitor comum, tornando-se especificamente distinta de outras, e, portanto, esses mesmos caracteres são, provavelmente, ainda mais variáveis do que os caracteres genéricos, herdados sem qualquer alteração por um longuíssimo período. A teoria da criação das espécies não explica por que uma parte que se desenvolveu de maneira bastante inusitada em uma espécie do gênero e é, por isso, de grande importância para a espécie deveria estar exposta a variação; mas, na minha teoria, essa parte sofreu uma quantidade inusitada de variação e modificação desde o momento em que se ramificou a partir de um progenitor em comum, o que explica por que ela continua, em geral, a ser variável. Mas pode ser que uma parte se desenvolva da maneira mais inusitada, como as asas do morcego, e seja, mesmo assim, mais suscetível a variar do que qualquer outra estrutura, desde que seja comum a muitas formas subordinadas, quer dizer, que tenha sido herdada por um longuíssimo período de tempo; é que, nesse caso, a seleção natural contínua a tornou constante.

Se contemplarmos os instintos, veremos que, por mais maravilhosos que alguns deles sejam, eles não oferecem maiores dificuldades à teoria da seleção natural com sucessivas modificações mínimas, porém proveitosas. Podemos assim entender por que a natureza se move com passos gradativos ao atribuir a diferentes animais de uma classe os seus respectivos instintos. Tentei mostrar em que medida o princípio de gradação pode lançar luz sobre os admiráveis poderes arquitetônicos da abelha-operária. O hábito, sem dúvida, pode contribuir para a modificação dos instintos; mas certamente não é indispensável, como se vê no caso dos insetos de gênero neutro, que não dispõem de uma prole para herdar os efeitos de hábitos longamente adquiridos. A ideia de que todas as espécies de um mesmo gênero descenderam de um progenitor em comum e têm por isso uma herança em comum permite-nos entender por que espécies aparentadas, quando postas em condições de vida consideravelmente diferentes, seguem, mesmo assim, quase os mesmos instintos – por que o tordo sul-americano, por exemplo, arremata seus ninhos com barro, como faz a espécie britânica. Se os instintos foram lentamente adquiridos por meio de seleção natural, não admira que alguns instintos aparentemente não sejam perfeitos e se exponham a equívocos e que tantos outros causem sofrimento aos animais que os possuem.

Se as espécies são apenas variedades bem definidas e permanentes, é fácil ver por que sua prole cruzada obedece às mesmas leis complexas quanto aos graus e gêneros de semelhança com os progenitores, a exemplo do que acontece com a prole cruzada das variedades. Mas esses fatos seriam estranhos se as espécies tivessem sido criadas independentemente e as variedades tivessem sido produzidas por leis secundárias.

Se admitirmos que o registro geológico é extremamente imperfeito, então os poucos fatos que ele oferece serão valiosos para sustentar a teoria de descendência com modificação. Novas espécies vieram ao palco lentamente e em intervalos sucessivos; e a quantidade de mudança, após intervalos idênticos de tempo, varia muito em diferentes grupos. A extinção de espécies em particular e de grupos inteiros de espécies, que teve um papel tão determinante na história do mundo orgânico, decorre quase inevitavelmente do princípio de seleção natural, pois formas antigas serão suplantadas por novas formas aprimoradas. Uma vez interrompida a cadeia de gerações, é impossível que uma espécie ou um grupo de espécies venha a ressurgir. A difusão gradual de formas dominantes, com a lenta modificação de seus descendentes, faz com que, após longos intervalos, as formas de vida pareçam ter se alterado simultaneamente pelo mundo. O fato de os vestígios fósseis de cada formação terem, em algum grau, caráter intermediário entre os fósseis de formações superiores e inferiores é explicado sem mais por sua posição intermediária na cadeia de descendência. O fato central de que todos os seres orgânicos extintos pertencem ao mesmo sistema que os seres mais recentes, inserindo-se ou no mesmo grupo que eles ou em algum grupo intermediário, deriva da constatação de que os seres vivos e os extintos são a progênie de pais em comum. Como os grupos que descenderam de um progenitor antigo têm, em geral, um caráter divergente, o progenitor e seus primeiros descendentes têm, com frequência, um caráter intermediário, em comparação aos descendentes tardios; o que explica por que quanto mais antigo um fóssil, mais comum é que se situe em algum grau intermediário entre grupos existentes e grupos aparentados. Formas recentes costumam ser consideradas, em um sentido vago, superiores às formas mais antigas e extintas; e de fato o são, na medida em que as formas tardias e mais aprimoradas conquistaram os seres orgânicos mais antigos e menos aprimorados na luta pela vida. Por fim, a lei da persistência de formas aparentadas em um mesmo continente, como os marsupiais na Austrália, os edentados nas Américas e outros casos que tais, torna-se agora inteligível, pois numa terra confinada as formas mais recentes e as extintas são naturalmente aparentadas por descendência.

Examinando a distribuição geográfica, se admitirmos que houve, ao longo dos tempos, numerosas migrações de uma parte do mundo a outra, devidas a alterações climáticas e geográficas e a diversos e desconhecidos meios ocasionais de dispersão, poderemos entender, a partir da teoria de descendência com modificação, a maioria dos principais fatos referentes à distribuição. Vemos por que há um paralelismo tão marcante na distribuição de seres orgânicos no espaço físico e em sua sucessão geográfica ao longo dos tempos; pois, em ambos os casos, os seres foram conectados pelo vínculo da geração comum e os meios de modificação foram os mesmos. E compreendemos agora o maravilhoso fato que tanto impressionou os viajantes, que puderam constatar que, em um mesmo continente, nas condições mais diversas, seja no calor ou no frio, nas montanhas ou nas planícies, nos desertos ou nos pântanos, há um parentesco claro entre os membros de uma mesma classe; é que eles descendem dos mesmos progenitores, os primeiros colonizadores. Esse mesmo princípio de uma migração prévia, combinado, no mais das vezes, a modificação, permite entender, tomando-se a Era Glacial como ilustração, por que se encontram, nas montanhas mais afastadas, nos mais diferentes climas, algumas plantas idênticas e outras tantas aparentadas, e esclarecer o parentesco evidente de certos habitantes dos mares no norte e nas zonas temperadas do sul, embora eles sejam separados pelo oceano intertropical. Por outro lado, não surpreende encontrar, em áreas que oferecem as mesmas condições físicas de vida, habitantes muito diferentes entre si, que por muito tempo permaneceram isolados uns dos outros. Pois, como a relação entre um organismo com outro é a mais importante de todas as relações, duas áreas que tenham recebido colonizadores de uma terceira origem ou então uma da outra, em variados períodos e em diferentes proporções, terão, inevitavelmente, um curso de modificação bastante diferente.

O princípio de migração com modificações subsequentes mostra por que as ilhas oceânicas são habitadas por poucas espécies, das quais muitas são peculiares. Vemos claramente por que animais que são incapazes de cruzar amplas porções do oceano, como sapos e mamíferos terrestres, não habitam tais ilhas; e por que, de outro lado, novas e peculiares espécies de morcego, capazes de realizar essa travessia, podem ser encontradas em ilhas muito distantes do continente. Esses fatos são inexplicáveis pela teoria da criação independente das espécies.

A existência de espécies diretamente aparentadas ou representativas em duas áreas implica, na teoria que defendemos, que os mesmos progenitores tenham outrora habitado ambas as áreas; e podemos constatar, quase invariavelmente, que, onde quer que muitas espécies diretamente aparentadas habitem duas áreas diferentes, continuam a existir algumas espécies comuns a ambas. Onde quer que haja muitas espécies diretamente aparentadas, embora distintas, haverá também muitas formas ambíguas e variedades de uma mesma espécie. É uma regra de caráter geral que os habitantes de cada uma das áreas sejam parentes dos habitantes da origem mais próxima da qual derivaram os imigrantes. Vemos isso em quase todas as plantas e animais no arquipélago de Galápagos, nas ilhas Juan Fernández e em outras ilhas americanas, onde impressiona o estreito parentesco entre seus habitantes, sejam animais ou plantas, e aqueles da costa litorânea mais próxima; o mesmo vale para o arquipélago de Cabo Verde e outras ilhas africanas em relação à costa. Esses fatos só podem ser explicados pela presente teoria.

A teoria da seleção natural, que abarca as contingências de extinção e de divergência de caráter entre as espécies, mostra, como vimos, que todos os seres orgânicos, antigos ou atuais, constituem um único imenso sistema natural, com cada grupo subordinado a um grupo e com grupos extintos situando-se entre grupos mais recentes. Os mesmos princípios mostram ainda toda a complexidade das afinidades entre as espécies e os gêneros, que formam um circuito dentro de uma mesma classe. Vemos por que certos caracteres são muito mais úteis do que outros na classificação; por que caracteres de adaptação, embora de suma importância ao ser vivo, quase não têm nenhuma na classificação; por que caracteres derivados de partes rudimentares, embora não tenham serventia ao ser vivo, têm muitas vezes alto valor classificatório; e por que os caracteres embriológicos são os mais valiosos de todos. As verdadeiras afinidades entre todos os seres orgânicos se devem à hereditariedade ou à descendência comum. O sistema natural é um arranjo genealógico no qual as linhagens de descendência são identificadas por meio dos caracteres mais permanentes, por mais negligenciáveis que sejam em termos vitais.

O fato de a estrutura dos ossos ser a mesma nas mãos do homem, nas asas do morcego, nas nadadeiras do golfinho e nas pernas do cavalo, que o mesmo número de vértebras forme o pescoço da girafa e o do elefante, e outros tantos fatos similares podem ser explicados pela teoria da descendência com lentas e sutis modificações sucessivas. O parâmetro similar das asas e das pernas do morcego, utilizadas para diferentes propósitos, das mandíbulas e das pernas do caranguejo, das pétalas, dos estames e dos pistilos das flores, também se torna inteligível a partir do princípio de modificação gradual de partes ou órgãos, similares nos progenitores de cada uma das classes. Já o princípio de que as variações sucessivas nem sempre se impõem nas primeiras etapas da vida e são herdadas num período posterior, correspondente àquele em que ocorreram nos progenitores, mostra claramente por que os embriões de mamíferos, pássaros, répteis e peixes são tão semelhantes entre si, mas diferem muito quando atingem a forma adulta. Não mais nos espantaremos ao ver que o embrião de um mamífero terrestre ou de um pássaro tenha brânquias respiratórias e artérias em forma de espiral, como nos peixes, que, com o auxílio de brânquias bem desenvolvidas, respiram o ar dissolvido na água.

O desuso, aliado por vezes à seleção natural, tende com frequência a reduzir as dimensões de um órgão que se tornou inútil devido a mudanças de hábitos ou a alterações das condições de vida; o que mostra bem o significado dos órgãos rudimentares. Mas o desuso ou a seleção geralmente atuam em cada criatura que tenha alcançado a maturidade e tem de desempenhar um papel na luta pela existência, e sua atuação sobre os órgãos no período inicial da vida tende a ser limitada; por isso, o órgão não é reduzido ou tornado rudimentar na primeira idade. O bezerro, por exemplo, herdou dentes que nunca despontam pela gengiva superior de um progenitor ancestral que tinha dentes bem desenvolvidos; e presume-se que os dentes do animal maduro tenham sido reduzidos por sucessivas gerações pelo desuso ou pela adaptação da língua e do palato, por seleção natural, ao ato de mascar sem a sua ajuda, enquanto, no bezerro, os dentes permaneceram intocados pela seleção natural ou pelo desuso e são o legado de um período remoto para o presente. Na teoria da criação especial de cada ser orgânico e cada órgão em separado, é simplesmente incompreensível que partes como os dentes no embrião do bezerro tragam o selo da inutilidade. Pode-se dizer que a natureza teve o cuidado de revelar, por meio de órgãos rudimentares e de estruturas homólogas, o seu esquema de modificações, que muitos teimam em não reconhecer.

Recapitulei, assim, os principais fatos e considerações que me convenceram por completo de que as espécies mudaram e continuam a mudar, lentamente, pela preservação e pelo sucessivo acúmulo de pequenas variações favoráveis. Por que teriam os mais eminentes naturalistas e geólogos de nossa época rejeitado o princípio de mutabilidade das espécies? Ninguém diria que os seres orgânicos não sofrem, em estado de natureza, nenhuma variação; não há como provar que a quantidade de variação ao longo das épocas é limitada; não foi traçada nem poderia ser nenhuma distinção entre espécies e variedades bem definidas. Não há como sustentar que o cruzamento de espécies produz sempre uma prole estéril e variedades invariavelmente férteis, nem tampouco que a esterilidade é um dote especial e um signo de que as espécies foram criadas. A crença de que as espécies seriam produções imutáveis foi praticamente inevitável enquanto se acreditou que a história do mundo teria curta duração; e agora que adquirimos alguma ideia do lapso de tempo abraçamos sem mais a noção de que o registro geológico é tão perfeito que forneceria plena evidência da mutação das espécies, se elas tivessem passado por isso.

Mas a principal causa de nossa má vontade em admitir que uma espécie deu origem a outras espécies distintas é natural, pois relutamos em admitir uma alteração de monta cujas etapas somos incapazes de discernir. A mesma dificuldade foi sentida por muitos geólogos quando Lyell primeiro insistiu que longas linhas de penhascos internos foram formadas e grandes vales foram escavados pela lenta atuação das ondas nas encostas dos continentes. A mente simplesmente não concebe o sentido completo da expressão 100 milhões de anos; incapaz de realizar essa soma, ela não percebe plenamente os efeitos de incontáveis sutis variações, acumuladas ao longo de gerações praticamente infinitas.

Embora eu esteja plenamente convencido quanto à verdade dos princípios apresentados neste volume em forma de resumo, não tenho a pretensão de convencer naturalistas experientes, cujo espírito armazena diversos fatos examinados por anos a fio a partir de um ponto de vista oposto ao meu. É muito fácil disfarçar nossa ignorância por trás de expressões como "plano da criação", "desenho unitário" etc. e pensar que oferecemos uma explicação quando tudo o que fazemos é reiterar os fatos. Qualquer um que seja levado, por sua disposição, a dar mais peso a dificuldades inexplicadas do que à explicação de certos fatos, certamente rejeitará a minha teoria. Uns poucos naturalistas, dotados de espírito mais flexível, que começaram a questionar por conta própria se as espécies seriam mesmo imutáveis, poderão ser influenciados pelo presente volume; mas é para o futuro que eu dirijo meu olhar confiante, para os naturalistas mais jovens ou em formação, que serão capazes de apreciar ambos os lados da questão de modo imparcial. Todos os que forem levados a pensar que as espécies são mutáveis farão um bem se declararem expressamente essa convicção; pois apenas assim poderá ser removida a carga de preconceito que oprime esse assunto.

Muitos naturalistas eminentes têm tornado pública, em anos recentes, a convicção de que muitas espécies de diferentes gêneros não são realmente espécies, enquanto outras são reais, ou seja, foram criadas independentemente. Parece-me uma conclusão estranha. Admitem que uma multidão de formas que, até há pouco, eles mesmos viam como criações à parte, e assim continuam a ser vistas pela maioria dos naturalistas, e que, portanto, são dotadas de traços externos muito característicos, foram, na verdade, produzidas por variação, mas recusam-se, ao mesmo tempo, a estender esse mesmo princípio a outras formas levemente diferentes entre si. Mas não pretendem com isso definir ou mesmo conjecturar quais seriam as formas de vida criadas, quais as produzidas por leis secundárias. Admitem a variação como *vera causa* em um dos casos e arbitrariamente a rejeitam em outro, sem estabelecer qualquer distinção entre eles. Haverá um dia em que essa conduta será tomada como a curiosa ilustração da cegueira de opiniões preconcebidas. Para esses autores, um ato da criação é tão espantoso quanto um nascimento comum. Mas será que eles realmente acreditam que em incontáveis períodos da história da Terra certo número de átomos elementares são ordenados de tal modo que se condensam em tecidos vivos? Ou que em cada suposto ato de criação são produzidos um ou mais indivíduos específicos? Ou que todas as infinitas espécies de animais ou plantas foram criados como ovos ou sementes ou mesmo já crescidos? E, no caso dos mamíferos, teriam sido criados com falsas marcas de que receberam o leite materno? Os mesmos naturalistas, que, com pertinência, exigem uma explicação exaustiva de cada uma das dificuldades decorrentes da teoria da mutabilidade das espécies, envolvem em um silêncio solene toda a questão do primeiro surgimento das espécies.

Pode-se perguntar até que ponto levo a doutrina da modificação das espécies. É uma questão difícil de responder, pois, quanto mais distintas as formas que examinamos, menor se torna a força do argumento. Alguns argumentos de peso vão mais longe. Há classes inteiras cujos membros podem ser conectados entre si por cadeias de afinidades e classificados a partir do mesmo princípio em grupos subordinados a grupos. Vestígios fósseis muitas vezes preenchem intervalos consideráveis entre ordens atualmente existentes. Órgãos em estado rudimentar mostram claramente que um progenitor mais antigo tinha o mesmo órgão plenamente desenvolvido; o que necessariamente implica, em alguns casos, uma enorme quantidade de modificação nos descendentes. Em classes inteiras, variadas estruturas são formadas sobre o mesmo parâmetro e, no estado embrionário, é grande a semelhança entre diferentes espécies. Portanto, não há dúvida de que a teoria de descendência com modificação abarca todos os membros de uma mesma classe. Acredito que os animais teriam descendido de no máximo quatro ou cinco progenitores e as plantas, de um número igual, se não menor.

A analogia levaria além, à crença de que todos os animais e plantas descenderam de um mesmo protótipo. Mas a analogia pode ser um guia enganoso. Todavia, os seres vivos têm muito em comum em sua composição química, em suas vesículas germinais, em sua estrutura celular, em suas leis de crescimento e de reprodução. É o que se vê na mais trivial das circunstâncias: um mesmo veneno afeta animais e plantas de modo similar; o veneno secretado pela mosca (*Eurosta solidaginis*) produz enxertos aberrantes tanto na rosa selvagem quanto no carvalho. Portanto, irei inferir por analogia que provavelmente todos os seres orgânicos que jamais viveram neste globo descendem de alguma forma primordial, na qual foi instilado o sopro da vida.

Quando os princípios sobre a origem das espécies defendidos neste volume forem admitidos, ou, que seja, algo análogo a eles, podemos entrever uma considerável revolução nos domínios da história natural. Os sistematizadores conduzirão seus trabalhos tal como hoje o fazem, mas não mais os assombrará o espectro da dúvida, seria esta ou aquela forma essencialmente uma espécie? Tenho certeza – e falo por experiência própria – de que se trata de um grande alívio.

Desaparecerão por completo as infindáveis disputas, como aquela em torno de saber se cerca de cinquenta espécies britânicas de amoras silvestres seriam ou não espécies verdadeiras. Os sistemáticos terão apenas de decidir (e não será fácil) se uma forma qualquer é suficientemente constante e distinta de outras, a ponto de poder ser definida; e, caso o seja, se a diferença é suficientemente importante para merecer um nome específico. Este último ponto se tornará muito mais essencial do que é hoje, pois diferenças entre duas formas, por menores que sejam, são consideradas pelos naturalistas suficientes para elevar ambas à categoria de espécies, desde que elas não se misturem em gradações. Daqui em diante, teremos de aceitar que a única distinção entre espécies e variedades bem demarcadas é que se sabe, ou acredita-se, que as últimas estão conectadas entre si, atualmente, por gradações intermediárias que outrora conectaram as espécies. Portanto, sem chegar a rejeitar a consideração da existência atual de gradações intermediárias entre duas formas dadas, seremos mais cuidadosos ao avaliar a diferença quantitativa de fato entre elas. É bem possível que formas hoje consideradas meras variedades passem a ser tidas como dignas de nomes específicos, como no exemplo da primavera e da prímula, e, nesse caso, a linguagem científica entrará em concordância com a linguagem comum. Em suma, teremos de tratar as espécies da mesma maneira como os gêneros são tratados pelos naturalistas que admitem que eles são meras combinações artificiais, feitas por conveniência. Pode não ser uma perspectiva animadora; mas ao menos estaremos livres da busca vã pela essência do termo "espécie", que nunca foi descoberta nem jamais poderá sê-lo.

Os outros departamentos da história natural, mais gerais, ganharão muito em interesse. Termos utilizados pelos naturalistas, como afinidade, relação, tipo comum, paternidade, morfologia, caracteres adaptativos, órgãos rudimentares e abortados etc. deixarão de ser metafóricos e ganharão plena significação. Quando deixamos de olhar para um ser vivo como um selvagem olha para um navio, como algo que escapa inteiramente à sua compreensão; quando consideramos que cada produção da natureza tem uma história; quando contemplamos cada estrutura e instinto complexo como a suma de numerosos dispositivos, cada um deles útil ao que o possui, quase do mesmo jeito como quando vemos em uma grande invenção mecânica a suma do trabalho, da experiência, da razão e mesmo dos erros de muitos artesãos – quando vemos por essas lentes cada um dos seres orgânicos, quão interessante não se torna, e falo por experiência própria, o estudo da história natural!

Um campo de pesquisa extenso e quase inexplorado se abre sobre as causas e as leis de variação, a correlação de crescimento, os efeitos de uso e desuso, a influência direta de condições externas e assim por diante. O estudo de produções domésticas torna-se especialmente valioso. Uma nova variedade, gerada pelo homem, é agora um objeto de estudo muito mais importante e mais interessante do que uma espécie acrescentada à infinidade das já registradas. Nossas classificações se tornarão, na medida do possível, genealogias; e então irão oferecer o que de fato se pode chamar de plano da criação. As regras de classificação se tornarão, sem dúvida, mais simples quando o objeto diante de nós estiver bem-definido. Não dispomos de pedigrees ou brasões armoriais; temos de descobrir e traçar, em nossas genealogias, as muitas linhas divergentes de descendência por meio de caracteres, de qual gênero for, que tenham sido herdados de um passado distante. Órgãos rudimentares declararão, de modo infalível, a natureza de estruturas há muito perdidas. Espécies e grupos de espécies chamados de aberrantes, que poderíamos apelidar de fósseis vivos, nos auxiliarão a formar uma imagem de formas de vida antigas. A embriologia nos revelará a estrutura, parcialmente obscura, dos protótipos de cada uma das grandes classes.

Quando tivermos certeza de que todos os indivíduos de uma mesma espécie e todas as espécies diretamente aparentadas dentro de certos gêneros descenderam, em um período não muito remoto, de um mesmo progenitor e migraram a partir de um nascedouro comum e conhecermos melhor os possíveis meios de migração, então, graças à luz que a geologia lança e continuará a lançar sobre as alterações prévias do clima e do nivelamento do solo, poderemos traçar, de maneira admirável, as migrações prévias dos habitantes do mundo inteiro. Mesmo no presente é possível lançar alguma luz sobre a geografia de tempos ancestrais, comparando-se as diferenças entre os habitantes dos mares nas encostas opostas de um mesmo continente e a natureza dos vários habitantes desse continente quanto aos seus aparentes meios de migração.

A glória da nobre ciência da geologia é mitigada pela extrema imperfeição dos registros. A crosta da Terra, com os vestígios ali embebidos, não se compara a um museu ordenado, mas, antes, a uma coleção reunida ao acaso e aos saltos. O acúmulo de cada formação fóssil depende da concorrência de circunstâncias pouco usuais, e os intervalos entre os estágios sucessivos são consideráveis. É possível ter uma ideia minimamente segura da duração desses intervalos mediante a comparação entre formas orgânicas mais antigas e aquelas que as sucederam. Mas devemos ser cautelosos ao tentar correlacionar, pela sucessão geral das formas de vida, duas formações como estritamente contemporâneas, quando há poucas espécies idênticas em comum. Como as espécies são produzidas e exterminadas por causas que atuam lentamente e continuam a atuar, e não por miraculosos atos de criação e catástrofes, e como a mais importante de todas as causas de alteração dos organismos, a saber, a mútua relação de organismo com organismo, é praticamente independente da alteração, brusca ou não, de condições físicas, a melhoria de um ser induz a melhoria ou o extermínio de outros, o que significa que a quantidade de mudança orgânica em fósseis de formação consecutiva provavelmente serve como justa medida do lapso factual de tempo. Algumas espécies, porém, mantendo-se agregadas em um corpo, podem permanecer inalteradas por longo tempo, enquanto, nesse mesmo período, muitas outras, migrando para novos países e entrando em competição com grupos estrangeiros, podem se modificar, e convém não superestimar a precisão da alteração dos organismos como medida de tempo. Nos períodos iniciais da história da Terra, quando as formas de vida provavelmente eram menos numerosas e mais simples, a taxa de mudança provavelmente era menor e, na aurora primeira da vida, quando existiam apenas umas poucas formas, com as estruturas mais simples possíveis, a taxa de mudança deve ter sido pequena no mais alto grau. A história inteira do mundo, tal como hoje a conhecemos, embora tenha uma extensão inconcebível para nós, será tomada, daqui em diante, como um mero fragmento de tempo, se comparada às eras que intercederam desde a primeira criatura, progenitora de inumeráveis descendentes, extintos e vivos.

Vejo abrirem-se, em um futuro distante, campos para pesquisas mais importantes do que essas. A psicologia ganhará uma nova fundação: a aquisição necessária e gradativa de cada um dos poderes e das capacidades mentais. Uma luz sobre o homem e sua história será lançada.

Autores entre os mais eminentes parecem plenamente satisfeitos com a ideia de que cada espécie foi criada à parte. A meu ver, é mais coerente com o que sabemos das leis impostas pelo Criador à matéria supor que a produção e a extinção dos habitantes atuais e passados da Terra tenha se devido a causas secundárias, como as que determinam o nascimento e a morte dos indivíduos. Os seres vivos parecem-me mais nobres quando os vejo não como criações especiais, mas descendentes lineares de uns poucos que viveram muito antes de a primeira camada do sistema siluriano ter sido depositada. A julgar pelo passado, pode-se inferir com segurança que nenhuma entre as espécies atualmente existentes transmitirá à posteridade sua imagem inalterada; e que, entre elas, pouquíssimas transmitirão qualquer prole a um futuro distante, pois o modo como os seres orgânicos se agrupam mostra que a maioria das espécies de cada gênero, e todas as espécies de muitos gêneros, não deixou nenhum descendente e foi completamente extinta. Isso nos permite lançar um olhar profético em relação ao futuro e prever que as espécies que prevalecerão e produzirão novas espécies dominantes serão as mais comuns hoje, que se disseminam mais amplamente e pertencem a grandes grupos dominantes. E, como todas as formas atuais são descendentes lineares de outras que viveram muito antes da época siluriana, podemos ter certeza de que a sucessão ordinária ao longo das gerações jamais foi interrompida e nenhum cataclismo tornou o mundo um lugar inteiramente desolado; o que permite esperar um futuro seguro, tão longo que sua duração seja inconcebível. E, como a seleção natural opera unicamente em benefício do ser vivo em que ela incide, todos os dotes corporais e intelectuais tendem a progredir até a perfeição.

É fascinante contemplar a margem de um rio, confusamente recoberta por diversas plantas de variados tipos, os pássaros cantando nos arbustos, os mais diferentes insetos voando de um lado para o outro, vermes deslocando-se pelo solo barrento, e refletir, por um instante, que essas formas, construídas de maneira tão elaborada, tão diferentes entre si e dependentes umas das outras por vias tão complexas, foram produzidas sem exceção por leis que atuam ao nosso redor. Tomadas no sentido mais amplo, essas leis são: o crescimento com reprodução; a hereditariedade, praticamente implicada na reprodução; a variabilidade, pela atuação direta ou indireta das condições de vida externas e por uso e desuso; e uma taxa de crescimento populacional tão alta que leva a uma luta pela vida e, como consequência, à seleção natural, resultando na diversificação de caracteres e na extinção das formas menos aprimoradas. E assim, mediante uma guerra travada na natureza, que produz a fome e a morte, realiza-se, sem mais, o objetivo mais elevado que poderiamos conceber: a produção dos animais superiores. Há algo de grandioso nessa visão da vida que, com seus poderes únicos, foi soprada em umas poucas formas, senão em apenas uma; e, enquanto este planeta segue girando conforme as leis da gravidade, as mais belas e maravilhosas formas orgânicas evoluíram e continuam a evoluir de acordo com um princípio tão simples como o aqui exposto.

TEXTOS
COMPLEMENTARES

Da tendência das espécies a formar variedades; e Da perpetuação das variedades e das espécies por meios naturais de seleção[1]

CHARLES DARWIN E ALFRED RUSSEL WALLACE

Comunicado por Sir Charles Lyell e por Joseph D. Hooker.
Lido em 1 de julho de 1858.

Ao Sr. J. J. Bennett, secretário da Linnean Society de Londres

Estimado Senhor,

Os artigos que se seguem, e que temos a honra de oferecer à Linnean Society, dizem respeito a um mesmo assunto, a saber, as leis que afetam a produção de variedades, raças e espécies. Eles contêm os resultados de investigações de dois naturalistas infatigáveis, o sr. Charles Darwin e o sr. Alfred Wallace.

Estes cavalheiros conceberam, independentemente, e sem que o outro soubesse, a mesma teoria, bastante engenhosa, para explicar o surgimento e a perpetuação de variedades e de

---

[1] Publicado, sem o preâmbulo de Lyell e Hooker, no *Journal of the Procedures of the Linnean Society of London*, 3 (9), 1 jul. 1858, pp. 46–50, com o título: "Three Articles on the Tendency of Species to Form Varieties and on the Perpetuation of Varieties and Species by Natural Means of Selection".

formas específicas em nosso planeta; e ambos podem reclamar para si, com justiça, o mérito de serem pensadores originais nesta importante linha de pesquisa. Mas, como nenhum deles havia publicado suas ideias, e há anos vínhamos insistindo com o sr. Darwin para que o fizesse, ambos os autores concordaram em depositar seus artigos em nossas mãos, e pensamos que melhor seria, para o interesse da ciência, que uma seleção deles fosse apresentada diante da Linnean Society.

Tomados em ordem de composição, são eles:

1. O extrato de uma obra manuscrita do sr. Darwin sobre as espécies, esboçada em 1839 e redigida em 1844, quando uma cópia foi lida pelo dr. Hooker, sendo o conteúdo posteriormente comunicado a *Sir* Charles Lyell. A primeira parte da referida obra é dedicada à "Variação de seres orgânicos em domesticação e em estado natural". Propomos à Sociedade a leitura da segunda seção dessa segunda parte, intitulada "Das variedades de seres orgânicos em estado de natureza; dos meios naturais de seleção; da comparação entre as raças domésticas e as espécies".

2. O resumo de uma carta pessoal, enviada pelo sr. Darwin ao prof. Asa Gray, de Boston, nos Estados Unidos, em outubro de 1857.

3. Um ensaio do Sr. Wallace intitulado "Da tendência das variedades a se desviarem indefinidamente do tipo original", escrito em Ternate em fevereiro de 1858 e submetido a seu amigo e correspondente, o sr. Darwin, com o desejo expresso de que fosse transmitido a *Sir* Charles Lyell, caso o sr. Darwin julgasse o conteúdo suficientemente inovador e interessante. Tão valiosas pareceram ao sr. Darwin as ideias aí expostas que ele se propôs, em carta a *Sir* Charles Lyell, obter o consentimento do sr. Wallace para que o ensaio fosse publicado o mais breve possível. Pareceu-nos que era o caso, desde que o sr. Darwin não

privasse o público, como tendia a fazer em prol do sr. Wallace, do relato que ele mesmo escrevera a respeito do mesmo assunto e que, como antes foi dito, um de nós teve a oportunidade de ler em 1844, permanecendo o conteúdo, por muitos anos, restrito ao nosso conhecimento. Diante disso, o sr. Darwin deu-nos permissão para que fizéssemos com seu relato o que bem entendêssemos; e, ao adotar a presente medida, apresentando-o à Linnean Society, explicamos a ele que consideramos assim não apenas a questão da prioridade entre ele e seu amigo, como também os interesses da ciência em geral. Pois nos pareceu desejável que ideias fundamentadas em ampla dedução com base em fatos e maturadas por anos de reflexão constituíssem, também, um ponto de partida para outros; e, enquanto o mundo científico aguarda pela publicação integral do trabalho do sr. Darwin, alguns dos principais resultados de seus esforços, bem como daqueles de seu hábil correspondente, poderiam ser oferecidos ao público, lado a lado.

Respeitosamente,

Charles Lyell
Joseph D. Hooker.

1. Extraído de um texto inédito do sr. Charles Darwin, consistindo em parte de um capítulo intitulado "Das variedades de seres orgânicos em estado de natureza; dos meios naturais de seleção; da comparação entre as raças domésticas e as espécies" (1844)

Em uma passagem eloquente, Alphonse de Candolle declarou que a natureza inteira está em guerra, um organismo contra o outro ou ainda contra a natureza externa. É algo de que poderíamos à primeira vista duvidar diante da tranquila face com que se apresenta a nós; mas a reflexão prova que é a mais pura verdade. Não é uma guerra constante, mas recorrente, travada em graus mínimos, por breves períodos, eventualmente severa, em períodos distantes entre si; por isso, é fácil subestimar seus efeitos. Trata-se aqui da doutrina de Malthus, aplicada à maioria dos casos com dez vezes mais força. Em todo clima há estações de maior ou menor abundância para cada um de seus habitantes, e nem em todas as épocas do ano haverá comida para todos. Então, a restrição moral que, embora em um grau tênue, limita o gênero humano, simplesmente não existe. Mas, mesmo o gênero humano, que se reproduz lentamente, dobrou de tamanho em 25 anos; e, se o seu suprimento pudesse aumentar com mais facilidade, dobraria em ainda menos tempo. Porém, para animais desprovidos de meios artificiais, a quantidade de alimento para cada espécie deve ser *em média* constante, enquanto o aumento dos organismos tende a ser geométrico, ocorrendo, na ampla maioria dos casos, em um ritmo rapidíssimo. Suponha-se que em um local qualquer haja oito pares de pássaros e que, anualmente, quatro deles criem *apenas* quatro filhotes (incluindo abortados), e que a prole irá, por seu turno, gerar crias numericamente equivalentes a essas; então, ao cabo de sete anos (uma vida longa para a maioria dos pássaros, excluindo-se mortes violentas), haverá 2 048 pássaros em vez dos dezesseis originais. Ora, um aumento como esse seria completamente impossível, e devemos concluir ou que os pássaros não criam todos os filhotes que têm, ou que a vida média destes não passa de sete anos. É provável que essas restrições sejam concorrentes. Um cálculo desse tipo, aplicado a todas as plantas e animais, produziria resultados mais ou menos impressionantes, dependendo de cada espécie. Em nenhum caso, porém, tão impressionantes quanto no homem.

Há registros de muitas ilustrações dessa rápida tendência ao crescimento, entre os quais figura o extraordinário número de certos animais durante estações climáticas peculiares. Por exemplo, entre os anos de 1826 e 1828, em La Plata, devido a uma seca, milhões de cabeças de gado pereceram, enquanto o país inteiro *fervilhava* com ratos. Parece-me indubitável que, durante a temporada de reprodução, todos os ratos procriam (exceto por uns poucos machos e fêmeas anômalos), e, portanto, que esse crescimento espantoso ao longo de três anos deve ser atribuído, em primeiro lugar, a um número de sobreviventes fora do comum no primeiro ano e, em segundo, à procriação até o terceiro ano, quando, com o retorno da estação chuvosa, o número de roedores retornou aos limites normais. Relatos dão conta de que, quando o homem introduziu animais e plantas em climas tropicais, em poucos anos o país inteiro estava repleto deles. Esse aumento necessariamente cessa tão logo o país esteja repleto; mas temos boas razões para crer, do que se sabe a respeito dos animais selvagens, que *todos* acasalam na primavera. Na maioria das vezes, é difícil imaginar onde os limites se impõem, embora, geralmente, sem dúvida, ele incida sobre as sementes, os ovos e os recém-nascidos. Mas, quando nos lembramos de quão difícil é estipular, com base em repetidas observações, a duração média da vida, mesmo para o homem (que conhecemos melhor do que qualquer outro animal), ou descobrir a proporção percentual entre mortes e nascimentos em diferentes países, não devemos nos surpreender de que não consigamos descobrir onde incidiria o limite de um animal ou de uma planta. É preciso lembrar que, na maioria dos casos, os limites têm recorrência anual, em gradações mínimas e regulares, chegando a extremos em anos de excepcional frio ou calor, de estiagem ou chuva, dependendo da constituição do ser vivo em questão. Afrouxe-se um limite, por um mínimo que seja, e os poderes de multiplicação geométrica de cada organismo farão aumentar quase imediatamente o número de indivíduos da espécie favorecida. A natureza pode ser comparada a uma superfície na qual se encontram 10 mil lâminas afiadas em fricção recíproca e impelidas para dentro por golpes incessantes. Para medir o impacto dessas ideias, é preciso muita reflexão. Deve-se estudar o que Malthus diz sobre o homem; e deve-se considerar os casos aqui mencionados, os ratos de La Plata, a introdução de gado e de cavalos na América do Sul, nossos cálculos sobre pássaros. Reflita-se sobre o enorme poder multiplicador *inerente* a todos os animais, que atua neles *anualmente*; as incontáveis sementes que as flores dispersam, por uma centena de engenhosos dispositivos, ano após ano, sobre a superfície da Terra; e, mesmo assim, haverá razão para supor que o percentual médio de cada um dos habitantes de uma região costuma permanecer constante. Por fim, deve-se ter em mente que esse número médio de indivíduos em cada país (permanecendo inalteradas as condições externas) é mantido por uma constante luta contra outras espécies ou contra as condições externas (como nos estertores das regiões árticas, onde o frio limita a vida) e que cada indivíduo de cada espécie geralmente guarda sua posição, seja devido à capacidade de adquirir alimento em algum período de sua vida, desde o óvulo, seja pela luta entre seus progenitores e outros indivíduos da *mesma* espécie ou de uma espécie *diferente* (em organismos menores, nos quais o principal limite incide em intervalos menores).

Que se alterem, porém, as condições externas de uma região. Se for em pequeno grau, as proporções relativas dos habitantes, na maioria dos casos, simplesmente não irão se alterar muito; mas, se o número de habitantes for pequeno, como em uma ilha, o livre acesso a ela a partir de outras regiões for circunscrito e a alteração de condições prosseguir continuamente, alterando o regime das estações, então os habitantes originais deixarão de ser perfeitamente adaptados às condições locais. Em outra parte desta obra, mostra-se que tais alterações de condições externas, por atuarem no sistema reprodutivo, provavelmente fariam com que a organização dos seres mais afetados adquirisse, em estado de domesticação, certa plasticidade. E como duvidar que, na luta de cada indivíduo pela obtenção de subsistência, qualquer mínima variação de estrutura, hábitos ou instintos, que o adapte a novas e melhores condições, alteraria também o seu vigor e a sua saúde? Na luta, ele teria mais *chance* de sobreviver; e o mesmo valeria para os de sua prole que herdassem a variação, por menor que fosse. Anualmente nascem mais indivíduos do que poderiam sobreviver; o menor grão na balança dirá, no longo prazo, sobre quais a morte recairá e quais irão sobreviver. Que esse trabalho de seleção, por um lado, e de morte, por outro, persista por mil gerações; quem iria dizer que ele não produziria nenhum efeito quando se sabem os efeitos produzidos em um ano, por Bakewell na criação de bovinos e por Western na de ovinos, a partir desse mesmo princípio de seleção?

Tomemos como exemplo mudanças em curso em uma ilha imaginária. Que a organização de certo animal canino que se alimenta principalmente de coelhos, mas porventura também de lebres, adquira alguma plasticidade; que as mesmas mudanças que o afetam causem a lenta redução do número de coelhos e o concomitante aumento do de lebres: o efeito seria este, a raposa ou o cão capturaria mais lebres, mas, devido à sutil plasticidade de sua organização, alguns indivíduos com a carcaça mais leve, os membros alongados e a visão mais apurada, por menores que fossem essas diferenças, seriam levemente favorecidos e tenderiam a viver mais, sobrevivendo àqueles períodos do ano em que o alimento é mais escasso; sem mencionar que se reproduziriam mais cedo, o que tenderia a tornar hereditárias essas sutilezas peculiares. Já os menos maleáveis seriam implacavelmente destruídos. Não vejo razão para duvidar de que essas causas produziriam, em mil anos, um efeito pronunciado e adaptariam a forma da raposa ou do cão à captura de lebres, em vez de coelhos, como acontece, por exemplo, com os galgos, que se prestam a ser aprimorados mediante criteriosa seleção e reprodução. O mesmo se daria com plantas, em condições similares. Se o número de indivíduos de uma espécie com sementes aplumadas pudesse ser elevado pelo poder superior de propagação em sua própria área (ou seja, se o limite do aprimoramento incidisse principalmente nas sementes), os indivíduos com um pouco a mais de plumagem seriam, no longo prazo, os que mais se propagariam, e um grande número de sementes assim formadas germinaria, tendendo a produzir plantas dotadas de uma plumagem ligeiramente mais adaptada.[2]

---

[2] Vejo tanta dificuldade quanto em conceber que o agricultor pode aprimorar as variedades de algodão, por exemplo. [N. A.]

Além desse meio natural de seleção, pelo qual os indivíduos preservados, como ovos ou larvas ou já maduros, são os mais bem-adaptados a ocupar o lugar que preenchem na natureza, há um agenciamento secundário que atua na maioria dos animais unissexuais e tende a produzir o mesmo efeito: trata-se da disputa dos machos pelas fêmeas. Essas disputas são, em geral, decididas pela lei da batalha, mas, no caso dos pássaros, aparentemente, pela sedução do canto, pela beleza ou pela capacidade de realizar a corte, como no caso do galo dançarino da Guiana. Os machos mais vigorosos e mais saudáveis geralmente vencem, pois insinuam uma capacidade de adaptação superior. Esse gênero de seleção, contudo, é menos rigoroso que o outro: não requer a morte do menos bem-sucedido, apenas lhe proporciona menos descendentes. Além disso, a disputa ocorre em uma época do ano na qual o alimento costuma ser abundante, embora talvez o seu principal efeito seja a modificação dos caracteres sexuais secundários, que não têm relação com a capacidade de obtenção de alimento ou de se defender de inimigos, apenas de combater outros machos ou de rivalizar com eles. O resultado dessa disputa entre os machos pode ser comparado, em certos aspectos, ao produzido pelos pecuaristas, menos preocupados com a cuidadosa seleção dos bezerros do que com o uso do melhor touro reprodutor possível.

II. *Resumo de uma carta do sr. Darwin ao prof. Asa Gray, de Boston, Estados Unidos, datada de 5 de setembro de 1857.*

1. É maravilhoso ver do que é capaz o princípio de seleção pelo homem na escolha de indivíduos dotados de alguma qualidade desejada, em sua reprodução e numa nova seleção. Os horticultores se surpreendem com os resultados que eles mesmos produzem, que incidem em diferenças que o olhar desatento não consegue perceber. A seleção só foi adotada *metodicamente* na Europa, e apenas nos últimos cinquenta anos; mas sempre foi praticada, às vezes com algum método, desde os tempos mais antigos. Deve ter havido também um tipo seleção não deliberada, em períodos ainda mais remotos, para a preservação dos animais individuais que se mostrassem mais úteis a diferentes grupos humanos em circunstâncias particulares (sem qualquer preocupação com seus descendentes). O "descarte da exótica", como se referem os criadores à eliminação de variedades que se desviam desse tipo, é um modo de seleção. Estou convencido de que a seleção intencional e ocasional foi desde sempre o principal agente na produção de raças domésticas; mas, como quer que seja, o fato é que seu poder de modificação se exibiu de maneira indubitável apenas em épocas mais recentes. A seleção atua exclusivamente pelo acúmulo de variações, menores ou maiores, causadas por condições externas ou também pelo fato de a criança gerada nunca ser absolutamente similar aos seus pais. Com esse poder de acumular variações, o ser humano adapta seres vivos a suas necessidades – pode-se dizer que ele faz com que a lã de uma espécie de ovino seja boa para a confecção de tapetes, a de outra, para a de vestuário, e assim por diante.

2. Suponha agora que houvesse um ser que não julgasse aparências externas, mas estudasse a organização interna como um todo, que nunca fosse caprichoso e selecionasse com um objetivo único, por milhões de gerações a fio. Do que ele não seria capaz? Encontram-se na natureza algumas variações mínimas que podem eventualmente incidir em todas as partes de uma estrutura; e parece-me possível mostrar que a alteração das condições de existência é a principal causa de a criança não ser exatamente igual a seus pais. A geologia, por sua vez, declara que mudanças ocorrem e estão ocorrendo na natureza. Trata-se aí de um tempo quase ilimitado, do qual apenas o geólogo pode ter uma ideia. Pense, por exemplo, na Era Glacial, durante a qual as mesmas espécies de conchas existiram, sucedendo-se em milhões e milhões de gerações.

3. Parece-me que se poderia mostrar que a *seleção natural* (que dá título ao meu livro) tem um poder certeiro, que seleciona e somente o que é em benefício de cada ser orgânico. De Candolle pai, W. Herbert e Lyell escreveram coisas excelentes acerca da luta pela vida; mas não foram enfáticos o suficiente. Reflete que cada ser (mesmo um elefante) se reproduz em tal ritmo que, em poucos anos, ou que seja em séculos, a superfície da Terra não poderia acomodar a progênie de um casal. Constatei que é difícil aceitar a ideia de que o aumento de cada espécie é limitado em um momento dado de sua existência ou em uma geração de breve duração. Poucos dos que nascem anualmente sobrevivem para propagar os seus. Que diferenças mínimas não determinam, com frequência, os que irão sobreviver e os que irão perecer!

4. Tome agora o caso de uma região que passa por uma alteração qualquer. Essa alteração tende a fazer com que seus habitantes variem sutilmente, e não me parece que a maioria dos

seres varie suficientemente o tempo todo para que a seleção natural atue sobre eles. Alguns habitantes serão exterminados e os restantes serão expostos à ação de um conjunto diferente de habitantes, fator que acredito ser muito mais importante à vida de cada ser do que o clima. Considerando-se os métodos infinitamente variados que os seres vivos adotam para obter alimento na luta contra outros organismos, para escapar do perigo em diversos momentos de suas vidas, para gestar seus ovos e sementes e assim por diante, não tenho dúvida de que, ao cabo de milhões de gerações, alguns indivíduos venham a nascer com alguma sutil variação proveitosa a alguma parte de sua economia. Tais indivíduos terão mais chance de sobreviver e propagar-se com sua estrutura nova e diferente, e a modificação poderá ser lentamente aprimorada, não importa até que ponto, pela ação cumulativa da benfazeja seleção natural. A variedade assim formada coexistirá com sua forma progenitora ou, o que é mais comum, a exterminará. Um ser orgânico, como um pica-pau ou um visco, por exemplo, poderá assim se adaptar a uma série de contingências – a seleção natural acumula as variações mínimas em todas as partes de sua estrutura que sejam, de algum modo, úteis a ele em sua vida.

5. Múltiplas dificuldades ocorrerão a propósito desta teoria. Penso que muitas delas admitem uma resposta satisfatória. O adágio *Natura non facit saltum* [a natureza não dá saltos] responde a algumas das mais óbvias. A lentidão das mudanças e o fato de elas afetarem alguns indivíduos apenas respondem a outras. A extrema imperfeição de nossos registros geológicos oferece resposta a um terceiro bloco.

6. Outro princípio que me parece ter um importante papel na origem das espécies é o chamado princípio de divergência. Um mesmo lugar poderá sustentar uma quantidade maior de

vida se for ocupado por formas bastante diversificadas. É o que se vê, por exemplo, quando se examinam as múltiplas formas genéricas encontradas em um quadrado de relva ou, ainda, nas plantas e nos insetos que habitam uma ilha isolada e que pertencem, quase invariavelmente, a tantos gêneros e famílias quantas são as suas espécies. Podemos compreender o significado desse fato a partir dos animais superiores, cujos hábitos conhecemos melhor. Sabe-se que está experimentalmente demonstrado que uma seção do solo poderá acomodar mais terra caso seja recoberta por numerosas espécies e gêneros de relva do que se com apenas com duas ou três espécies. Pode-se dizer que todo ser orgânico que se propaga com rapidez tenta, com todas as suas forças, se multiplicar; e assim acontece, com a prole de qualquer espécie que tenha se diversificado em variedades, subespécies ou espécies verdadeiras. Dos fatos precedentes segue-se, penso eu, que as variedades de prole de cada espécie tentarão se apoderar de tantos e tão diversos nichos da economia da natureza quanto for possível (apenas algumas terão êxito). Cada nova variedade ou espécie, uma vez formada, geralmente toma o lugar de seu progenitor, menos bem-adaptado, e o extermina. Creio ser essa a origem da classificação e das afinidades entre os seres orgânicos em todos os tempos. Os seres orgânicos ramificam-se à maneira dos galhos de uma árvore, a partir de um tronco comum: os ramos florescentes e divergentes destroem os menos vigorosos, e os galhos, apodrecidos ou caídos no chão, seriam como uma representação, é verdade que algo rudimentar, de gêneros e famílias extintos.

Este esboço é ainda *muito* imperfeito; mas eu não poderia fazer melhor em um espaço tão curto. Cabe à vossa imaginação preencher as lacunas por mim deixadas.

III. Da tendência das variedades de se desviarem indefinidamente do tipo original. Por Alfred Russel Wallace.

Um dos mais fortes argumentos apresentados como prova de que as espécies são original e permanentemente distintas é que as *variedades* produzidas em estado de domesticação são mais ou menos instáveis e, muitas vezes, se deixadas a si mesmas, tendem a retornar à forma normal da espécie progenitora. Essa instabilidade seria uma peculiaridade distintiva de todas as variedades, mesmo das que ocorrem em animais selvagens em estado de natureza, e constituiria uma provisão para preservar inalteradas espécies criadas originalmente como distintas.

A ausência ou escassez de fatos e observações relativos a *variedades* de animais selvagens é um argumento de peso considerável para os naturalistas, o que levou à crença difundida, porém talvez precipitada, de que as espécies seriam estáveis. Igualmente generalizada, contudo, é a crença nas chamadas "variedades permanentes ou verdadeiras", raças de animais que continuamente propagam seus semelhantes, mas diferem tão pouco (embora constantemente) de outra raça que uma é considerada variação da outra. E, de fato, não costumam haver meios para determinar qual a *variedade*, qual a *espécie*, exceto quando se sabe que uma raça produz uma prole diferente de si mesma e similar a outra. Mas isso parece incompatível com a "permanente invariabilidade das espécies"; a dificuldade, porém, é superada assumindo-se que tais variedades têm limites estritos e jamais poderiam se distanciar demais do tipo original, embora possam retornar a ele – algo que, apesar de ser muito provável, por analogia com os animais domesticados, não pode ser demonstrado.

Observe-se que esse argumento depende da pressuposição de que variedades que ocorrem em estado de natureza seriam, sob todos os aspectos, análogas ou mesmo idênticas às variedades de animais domésticos, sendo governadas pelas mesmas leis, no que se refere à sua permanência ou a variações ulteriores. O presente artigo pretende mostrar que essa pressuposição é inteiramente falsa e que há na natureza um princípio geral que faz com que muitas variedades sobrevivam a seus progenitores e deem origem a sucessivas variações, que se afastam cada vez mais do tipo original, produzindo também, nos animais domesticados, a tendência de que as variedades retornem à forma progenitora.

A vida dos animais selvagens é uma luta pela existência. O exercício integral de suas faculdades e o uso de todas as suas energias são requeridos para que preservem sua própria existência e a propiciem à sua prole infante. As condições primordiais que determinam a existência de indivíduos, bem como de espécies inteiras, consistem na possibilidade de obter alimento durante as estações menos favoráveis e escapar aos ataques dos inimigos mais perigosos. Essas condições determinam também a população das espécies. Portanto, mediante a cuidadosa consideração de todas as circunstâncias, poderemos compreender e, em alguma medida, explicar algo que à primeira vista parece inexplicável – a excessiva abundância de algumas espécies, enquanto outras, parentes próximas, são muito raras.

Logo se vê que deve haver uma proporção geral entre certos grupos de animais. Animais de grande porte não podem ser tão abundantes quanto os pequenos; carnívoros devem ser menos abundantes que herbívoros; águias e leões jamais poderiam ser tão numerosos quanto pombos ou antílopes; os jumentos selvagens dos desertos tártaros não poderiam se igualar em número aos cavalos das pastagens mais luxuriantes e dos pampas da América do Sul. A maior ou menor fecundidade de um animal é muitas vezes considerada uma das principais causas de sua abundância ou escassez; mas o exame dos fatos irá mostrar que, na realidade, ela pouco ou nada tem a ver com a questão. Mesmo o menos prolífico dos animais se multiplicaria rapidamente, não fossem certas restrições; e, por outro lado, é evidente que a população animal do globo tende a ser estacionária, ou talvez, devido à interferência do homem, decrescente. Pode haver flutuações; mas um aumento permanente, exceto em localidades restritas, é quase impossível. Por exemplo, nossa própria observação nos convenceu de que a quantidade de pássaros não aumenta constantemente, a cada ano, em razão geométrica, como seria o caso, não houvesse um poderoso limite à sua multiplicação natural. Pouquíssimos pássaros produzem menos que dois filhotes por ano, muitos têm seis, oito ou dez; quatro é certamente um número abaixo da média; e, se supusermos que cada casal se reproduz apenas quatro vezes ao longo da vida, estaremos abaixo da média, desde que não morram vítimas de violência ou de falta de alimento. E, mesmo a esse ritmo, quão enorme não seria a multiplicação, ao longo dos anos, a partir de um único casal! Um cálculo simples mostrará que, em quinze anos, um casal de pássaros produz quase 10 milhões de indivíduos. Contudo, não há razão para supor que o número de pássaros aumentaria em uma região qualquer em quinze ou em 150 anos. Mesmo com tais poderes de multiplicação, a população de uma espécie atingiria seus limites e se tornaria estacionária poucos anos após sua origem. É evidente, portanto, que a cada ano perecerá um imenso número de pássaros, equivalente ao dos que irão nascer; e como, em um cálculo conservador, a progênie de cada ano é duas vezes mais numerosa que os progenitores, segue-se que, independentemente do número médio de indivíduos existentes em uma região qualquer, *o dobro de seu número perecerá anualmente* – constatação impressionante, mas que parece muito provável e talvez esteja aquém, não além, do que de fato acontece. Parece assim que, no que diz respeito à continuidade da espécie e à manutenção do número médio de indivíduos, boa parte destes é supérflua. Em média, todos menos *um* tornam-se alimento de falcões e milhafres, gatos selvagens e doninhas ou morrem de frio ou de fome, com a chegada do inverno. É o que provam, de modo contundente, algumas espécies em particular; pois vemos que a abundância de seus indivíduos não tem a ver com sua fertilidade na produção da prole. Talvez o exemplo mais notável de uma população imensa de pássaros seja o do pombo-correio norte-americano, que põe um ou dois ovos apenas e, segundo se diz, não cria mais que um filhote. Por que então esse pássaro é tão abundante, enquanto outros, que produzem duas ou três vezes mais filhotes, são muito menos numerosos? A explicação é simples. O alimento mais congenial a essa espécie, que mais favorece sua prosperidade, encontra-se fartamente distribuído por uma região bastante extensa, com variações de solo e de clima que propiciam suprimento constante, em uma área ou outra; o pássaro é capaz de voos muito rápidos e de longa duração e pode percorrer, sem se fatigar, o distrito inteiro que habita; e, assim, tão logo o suprimento se esgota em um lugar, ele não tarda a encontrá-lo em outro. Esse exemplo impressionante nos mostra com clareza que a obtenção quase permanente de alimento nutritivo é praticamente a única condição requerida para garantir a rápida multiplicação de uma espécie dada; e nem a fecundidade limitada, nem os ataques irrestritos de aves de rapina ou do homem são capazes de detê-la. Em nenhum outro pássaro essas circunstâncias se combinam de maneira tão perfcita. Ou a comida tende a faltar, ou eles não têm o poder de sobrevoar uma área extensa em busca dela, ou, durante alguma estação do ano, ela se torna muito escassa e uma alternativa menos nutritiva tem de ser encontrada. E, assim, apesar de produzirem uma prole mais numerosa, nunca aumentam em número para além do que permite o suprimento das estações menos favoráveis. Quando o alimento se torna escasso, muitos pássaros só conseguem sobreviver migrando para regiões com um clima mais ameno ou diferente; mas, como pássaros migratórios costumam existir em abundância, é evidente que os países que eles visitam serão deficientes no suprimento constante e abundante de alimento nutritivo, e aqueles cuja organização não permite que migrem quando sua comida se torna escassa jamais chegam a uma população muito alta. Essa é, provavelmente, a razão pela qual os pica-paus são escassos entre nós, enquanto nos trópicos são os mais numerosos entre os pássaros solitários. O pardal doméstico é mais comum que o de peito vermelho, pois seu alimento é mais fácil de se obter – sementes de relva são preservadas durante o inverno, e nossas fazendas oferecem um suprimento quase inesgotável delas. E por que, em geral, os pássaros aquáticos, especialmente os marinhos, existem em quantidades tão grandes? Não é por serem mais prolíficos do que outros, mas, ao contrário, porque nunca ficam sem comida, pois as praias e margens de rios oferecem um suprimento fresco de pequenos moluscos e crustáceos. As mesmas leis se aplicam aos mamíferos. Gatos selvagens são prolíficos e têm poucos inimigos; por que então não são tão numerosos quanto os coelhos? A única resposta factível é que seu suprimento é mais precário. Parece evidente, portanto, que, enquanto uma região permanecer fisicamente inalterada, o número de sua população animal não poderá aumentar. Se uma espécie aumenta, outras que se alimentam da mesma comida terão de diminuir proporcionalmente. O número de indivíduos que morrem por ano é imenso; e, como a existência individual de cada animal depende apenas de si mesmo, morrerão os mais fracos, os muito jovens, os muito velhos e os doentes, e os que prolongam sua existência serão os mais perfeitos quanto à saúde e ao vigor, obtendo alimento regularmente e evitando os numerosos predadores. Trata-se, como observamos de início, de uma "luta pela existência", na qual o mais fraco e menos perfeitamente organizado sempre sucumbirá.

Pois bem, é claro que o que se passa entre os indivíduos de uma mesma espécie haverá de se passar também entre as diversas espécies aparentadas de um grupo, quer dizer, as mais adaptadas a obter suprimento regular de comida e a se defender contra os ataques de seus inimigos e contra as vicissitudes das estações necessariamente conquistarão e preservarão uma superioridade populacional, enquanto as espécies que, devido a algum defeito de poder ou organização, forem menos capazes de compensar vicissitudes de alimentação, suprimento etc., diminuirão em número, até por fim se tornarem extintas. Entre esses dois extremos, a espécie apresentará variados graus quanto à capacidade de garantir os meios de preservação da vida, o que explica a abundância ou raridade de uma espécie. De modo geral, nossa ignorância impede-nos de remeter acuradamente os efeitos às causas, mas, caso nos tornássemos perfeitamente familiarizados com a organização e os hábitos de diferentes espécies de animais e pudéssemos medir a capacidade que cada um tem para desempenhar os diferentes atos necessários à sua segurança e existência nas mais variadas circunstâncias que o cercam, poderíamos calcular as proporções de abundância de indivíduos que resultariam.

Caso tenhamos conseguido estabelecer estes dois pontos em fundações sólidas, primeiro, *que a população animal de uma região é geralmente estacionária e é mantida baixa pela periódica escassez de comida e outros limites*, e, segundo, *que a relativa abundância ou escassez de indivíduos de diferentes espécies se deve inteiramente à sua organização e aos hábitos resultantes dela, que, por facilitarem a obtenção de um suprimento regular de alimento e propiciarem mais segurança em alguns casos do que em outros, pode ser contrabalanceada apenas por uma diferença na população que deve existir em uma área dada*, poderemos passar à consideração das variedades, às quais as observações precedentes têm uma aplicação direta e bastante importante.

A maioria ou quiçá todas as variações a partir da forma típica de uma espécie deve ter um efeito definido, por mínimo que seja, nos hábitos e capacidades dos indivíduos. Mesmo uma mudança de cor, ao torná-los mais ou menos distinguíveis, pode afetar sua segurança; o maior ou menor desenvolvimento dos pelos pode modificar seus hábitos. Mudanças mais importantes, como o aumento do poder ou das dimensões dos membros ou de outros órgãos externos, afetariam em maior ou menor grau seu modo de obter comida ou sua distribuição no país que habitam. Também é evidente que a maioria das mudanças afetaria, de maneira favorável ou adversa, os poderes de prolongamento da existência. Um antílope dotado de pernas mais curtas e fracas sofrerá mais ataques de carnívoros; um pombo-correio com asas mais curtas será, cedo ou tarde, afetado em sua capacidade de obter suprimento regular de comida; e, em ambos os casos, o resultado necessário será a diminuição de população da espécie modificada. Se, por outro lado, uma espécie qualquer produzir uma variedade dotada de poderes levemente superiores na preservação da existência, será ela, inevitavelmente, a que irá crescer numericamente. Esses resultados são tão necessários quanto a relação entre a senilidade, a intemperança e a escassez de comida, de um lado, e a taxa de mortalidade, de outro. Em ambos os casos, pode haver muitas exceções individuais; mas, na média, se verá que a regra se sustenta. Todas as variedades entram, portanto, em duas classes: as que, nas mesmas condições, nunca igualam a população da espécie progenitora e as que, com o tempo, obtêm e mantêm uma superioridade numérica. Que uma alteração das condições físicas ocorra no distrito – um longo período de seca, a destruição da vegetação por gafanhotos, a irrupção de um animal carnívoro buscando por novas pastagens, qualquer mudança, em suma, que tenda a dificultar a existência da espécie em questão e requeira a mobilização de todos os seus poderes para evitar o extermínio –, é evidente que, entre os indivíduos que compõem a espécie, os que formam a variedade menos numerosa e mais fragilmente organizada sofrerão mais e, se a pressão for severa, serão extintos. A atuação contínua das mesmas causas atingiria em seguida a forma progenitora, reduzindo gradativamente o seu número e eventualmente extinguindo-a, caso persistam as mesmas condições desfavoráveis. A variedade superior seria então a única remanescente e, com o retorno de circunstâncias favoráveis, rapidamente aumentaria em número e ocuparia o lugar da espécie ou variedade extinta.

A variedade teria assim substituído a espécie, da qual seria uma forma mais perfeitamente desenvolvida e muito organizada e estaria, em todos os aspectos, mais bem-adaptada para garantir sua própria segurança e prolongar sua existência em particular e da raça em geral. Tal variedade *não poderia* retornar à forma original, inferior a ela e que jamais poderia lhe oferecer competição na luta pela existência. Dada, portanto, uma "tendência" à reprodução do tipo original da espécie, mesmo assim a variação é sempre numericamente preponderante e, em condições físicas adversas, *será a única a sobreviver*. Mas essa raça nova, melhorada e populosa pode, por sua vez, com o tempo, originar novas variedades, exibindo diversas e múltiplas diversificações de forma, qualquer uma das quais, desde que tenda a aumentar as facilidades à preservação da existência, se tornará predominante, por seu turno, pela mesma lei geral. Temos aí, portanto, *a progressiva e contínua divergência* deduzida a partir das leis gerais que regulam a existência dos animais em estado de natureza e do fato incontestável de que as variedades são frequentes. Com isso, porém, não se afirma que esse resultado é invariável; às vezes, uma mudança de condições físicas no distrito pode afetar o processo, tornando a raça mais capaz de sustentar a existência a raça menos apta a fazê-lo e, mesmo, causando a extinção da raça nova e, por algum tempo, superior, enquanto a espécie mais antiga ou aparentada e suas primeiras variedades inferiores continuam a florescer. Variações em partes desimportantes podem também ocorrer, sem qualquer efeito nos poderes de preservação da vida; e as variedades assim produzidas poderão ter um curso paralelo ao da espécie presente, seja dando origem a variedades subsequentes ou retornando ao tipo anterior. Tudo o que argumentamos é que certas variações têm uma tendência a manter sua existência por mais tempo do que a espécie original, e essa tendência se faz sentir, pois, embora a doutrina dos acasos e das médias nunca seja confiável em escala limitada, quando aplicada a grandes números ela produz resultados próximos aos previstos na teoria e, conforme nos aproximamos de uma infinidade de exemplos, torna-se estritamente precisa. Pois bem, a escala em que a natureza atua é tão vasta e os números de indivíduos e períodos com que ela lida estão tão próximos do infinito que qualquer causa, por menor que seja e por mais suscetível a ser escamoteada ou compensada por circunstâncias acidentais, termina por produzir os resultados esperados.

Voltemo-nos por um instante aos animais domesticados para ver como suas variedades são afetadas pelos princípios aqui enunciados. A diferença essencial entre a condição dos animais selvagens e a dos animais domésticos é que o bem-estar e a existência mesma dos primeiros dependem do exercício pleno e da condição saudável de todos os seus sentidos e capacidades físicas, enquanto, nos segundos, esse exercício é apenas parcial e, em alguns casos, inexistente. Um animal selvagem tem de buscar, muitas vezes laboriosamente, cada punhado de comida, exercitando a visão, a audição e o olfato, também para evitar perigos, além de buscar abrigo contra a inclemência das estações e prover subsistência à sua prole. Não há músculo em seu corpo que não seja solicitado para uma atividade diuturna e mesmo horária; não há sentido ou faculdade que não seja fortalecido pelo exercício contínuo. O animal doméstico, por outro lado, recebe comida e abrigo, é resguardado contra as vicissitudes das estações e protegido do ataque de seus inimigos naturais; muitas vezes, não pasta sem a companhia do homem. Metade de seus sentidos e faculdades é praticamente inútil; e a outra metade apenas ocasionalmente é requisitada a um exercício frágil, mesmo seu sistema muscular nem sempre é chamado a agir.

Ora, quando animais como esses variam, pelo incremento da força ou da capacidade de um órgão ou sentido, esse incremento é totalmente inútil, nunca é requisitado e pode existir sem que o animal se dê conta dele. No animal selvagem, ao contrário, como todas as faculdades e poderes são convocados pelas necessidades da existência, qualquer incremento se torna imediatamente disponível, é fortalecido pelo exercício e deve, ainda que sutilmente, modificar a alimentação, os hábitos e a economia inteira da raça. Cria, por assim dizer, um novo animal, com poderes superiores, que necessariamente irá se multiplicar, sobrevivendo aos que lhe são inferiores.

Já no animal domesticado, todas as variações têm a mesma chance de sobrevivência, e mesmo as que tornariam o animal selvagem incapaz de competir com seus semelhantes e preservar sua existência não constituem, no estado doméstico, uma desvantagem. Nossos porcos, que engordam tão rápido, nossas ovelhas de pernas curtas, pombos porter e cães poodle jamais teriam surgido em estado de natureza, pois o primeiro passo em direção a essas formas inferiores conduziria à sua imediata extinção, e tampouco sobreviveriam atualmente, em competição com seus parentes selvagens. A grande velocidade, mas baixa resistência do cavalo de corrida, a força desigual de uma matilha de cães labradores, seriam inúteis. Soltos nos pampas, esses animais provavelmente seriam extintos ou, em condições favoráveis, teriam de perder qualidades características que jamais seriam requisitadas, revertendo, após umas poucas gerações, ao tipo comum, dotados de vários poderes e faculdades, proporcionados reciprocamente, de maneira a torná-los aptos a buscar alimento e a se proteger, e no qual, graças ao exercício pleno de cada parte da organização, o animal consegue sobreviver. Variedades domésticas, quando se tornam selvagens, *têm de* retornar a algo próximo ao tipo da matriz selvagem original *ou então se extinguem por completo*.

Vemos assim que, a partir da observação das variedades de animais domésticos, não é possível realizar inferências a respeito das de animais selvagens. Suas respectivas circunstâncias de vida são tão opostas que o que se aplica a um quase nunca vale para o outro. Animais domésticos são anômalos, irregulares, artificiais; estão sujeitos a variações que nunca existiram e jamais existirão em estado de natureza; sua própria existência depende inteiramente do cuidado humano; e estão muito longe da justa proporção entre as faculdades, do verdadeiro balanço da organização, por meio dos quais unicamente pode um animal, deixado a si mesmo, preservar sua existência e dar continuidade à sua raça. A hipótese de Lamarck, de que mudanças progressivas nas espécies foram produzidas pelas tentativas dos animais de incrementar o desenvolvimento de seus próprios órgãos, modificando assim sua estrutura e seus hábitos, foi refutada mais de uma vez, sem dificuldade, por todos os que escreveram a respeito de variedades e espécies. Considerou-se que, feito isso, a questão finalmente estaria decidida; mas a teoria aqui desenvolvida torna essa hipótese inteiramente desnecessária, ao mostrar que resultados similares são produzidos pela atuação de princípios em constante operação na natureza. As poderosas garras retráteis do falcão e das diferentes tribos de gatos não foram produzidas ou incrementadas pela volição desses animais, mas, entre as diferentes variações ocorridas nas formas mais primitivas e bem menos organizadas desses grupos, *sobreviveram por mais tempo sempre os que tiveram mais facilidade para capturar suas presas*. Tampouco a girafa adquiriu seu longo pescoço porque desejava alcançar a folhagem das árvores mais altas, constantemente distendendo a musculatura com esse propósito, mas variações ocorridas entre antípodas, que adquiriram um pescoço mais longo que o usual, *garantiram o acesso destes a uma nova fonte de verdura, acima do solo em que pastavam suas companheiras de pescoços curtos, e assim, por ocasião da primeira escassez alimentar, as antípodas sobre-*

viveram a estas últimas. As peculiares cores de muitos animais, especialmente dos insetos, que tanto se assemelham ao solo, às folhas ou aos galhos em que habitualmente residem, são explicadas pelo mesmo princípio; pois, embora no curso das épocas possam ter ocorrido muitas variedades de tintura, *as raças com as cores mais bem-adaptadas a camuflá-las de seus inimigos inevitavelmente sobreviveriam por mais tempo*. Vemos aí a atuação concomitante de uma causa que explica o balanço tantas vezes observado na natureza: uma deficiência em um conjunto de órgãos é sempre compensada pelo desenvolvimento aprimorado de outros: poderosas asas acompanham pés fracos, uma grande rapidez compensa a ausência de armas defensivas; pois, como foi mostrado, nenhuma variedade em que uma deficiência ocorra sem ser contrabalanceada tem como prolongar sua existência. A atuação desse princípio é exatamente como a do operador centrífugo de uma máquina a vapor, que verifica e corrige quaisquer irregularidades antes de elas se tornarem evidentes. Da mesma maneira, nenhuma deficiência não balanceada jamais pode alcançar, no reino animal, uma magnitude mais conspícua, pois seria sentida já no primeiro passo, ao dificultar a existência, seguindo-se quase certamente sua extinção. Uma origem como a advogada neste ensaio concorda também com o caráter peculiar das modificações de forma e estrutura que produzem, nos seres organizados, as muitas linhas de divergência a partir de um tipo central, o aumento de eficiência e poder de um órgão em particular por uma sucessão de espécies aparentadas e a notável persistência de partes desimportantes, como a cor, a textura da plumagem e dos pelos e a forma de chifres e de cristas, ao longo de uma série de espécies que diferem consideravelmente quanto a caracteres mais essenciais. Também nos fornece a razão da "estrutura mais especializada" que, segundo afirma o prof. Owen, seria uma característica recente, se comparada a formas extintas, e que evidentemente seria o resultado da progressiva modificação de um órgão qualquer, aplicado a um propósito específico na economia animal.

Acreditamos, assim, ter mostrado que existe na natureza uma tendência à progressão contínua de certas classes de variedades, que se distanciam cada vez mais do tipo original; que parece não haver nenhuma razão para que se atribua um limite a essa progressão; e, por fim, que o mesmo princípio que produz esse resultado em estado de natureza explica também por que as variedades domésticas têm uma tendência à reversão ao tipo original. Essa progressão, que ocorre em pequenos passos, que se dá em várias direções, sendo, porém, restringida e contrabalanceada pelas condições necessárias segundo as quais unicamente a existência pode ser preservada, concorda, penso eu, com todos os fenômenos oferecidos pelos seres organizados, como sua extinção e sucessão em eras passadas, e todas as extraordinárias modificações de forma, instinto e hábitos que eles exibem.

Ternate, fevereiro de 1858.

Três resenhas de *A origem das espécies* (1860)

1. Por Asa Gray [1]

Na aplicação do princípio de seleção natural, o sr. Darwin supõe: 1. que haveria certa variabilidade em plantas e animais em estado de natureza; 2. certa ausência de distinções definidas entre pequenas variações e variações do mais alto grau; 3. que o fato de os naturalistas não concordarem, na prática, quanto a quais formas são espécies e quais são variedades definidas, sugere que provavelmente não há nenhuma diferença essencial e original entre elas, ou, ao menos, que em muitos casos não é possível decidir; 4. que as espécies mais prósperas e dominantes dos gêneros maiores são as que em média mais variam (mas essa proposição só poderia ser comprovada por comparações extensas, cujos detalhes não são dados na obra); 5. por fim, que os gêneros maiores tendem a ser estreitamente aparentados, embora de maneira desigual, formando pequenos nichos em torno de certas espécies, como formariam se supusermos que seus membros foram um dia satélites ou variedades de uma espécie central ou progenitora, alcançando depois uma divergência maior e um caráter específico. Essa associação é um

---

1 Extraído de *The American Journal of Science and Arts*, vol. 89, n. 36, mar. de 1860. The Darwin Project, acessível na internet.

fato inegável, e o modo como o sr. Darwin a trata parece correto e natural.

O núcleo da obra é a tentativa de mostrar que tais variedades divergem gradualmente em espécies e gêneros por meio de *seleção natural*; que esta é o inevitável resultado da *luta pela existência*, na qual todos os seres estão envolvidos; e que essa luta é uma consequência inevitável de numerosas causas, mas, principalmente, da alta taxa de multiplicação dos seres orgânicos.

Por curioso que pareça, a teoria está fundamentada nas doutrinas de Malthus e de Hobbes. O velho Augustin de Candolle concebeu a ideia de uma luta pela existência e declarou, em uma passagem que teria sido o deleite do cínico filósofo de Malmesbury, que a natureza inteira está em guerra, um organismo contra o outro ou contra a natureza exterior; é uma ideia da qual Lyell e Herbert fizeram bom uso. Apenas Hobbes, no entanto, com sua teoria da sociedade, e Darwin, com sua teoria da história natural, ergueram sistemas sobre ela. E, não importa o que os moralistas e os economistas políticos pensem dessas doutrinas em sua aplicação original à sociedade humana e à relação entre população e subsistência, sua aplicação integral à grande sociedade do mundo orgânico em geral tornou-se inescapável. Ao sr. Darwin cabe o mérito de ter estendido essa aplicação e extraído dela resultados imensamente diversificados, com rara sagacidade e incansável paciência, trazendo à luz as *verdadeiras causas* que operam no estabelecimento da atual associação e distribuição geográfica das plantas e dos animais. Deve-se reconhecer que, com isso, ele deu uma contribuição bastante importante a um interessante ramo da ciência, por mais que a sua teoria não consiga explicar a origem ou a diversidade das espécies.

A maior dificuldade dessa teoria é a produção e a especialização dos órgãos. É correto dizer [como faz Darwin] que todos os seres orgânicos foram formados a partir de duas leis principais, unidade de tipo e adaptação às condições de existência (Owen acrescenta uma terceira: repetição vegetativa, mas ela corresponde, no mundo vegetal, à unidade de tipo). Os partidários de uma teleologia especial, como Paley, ocupam-se apenas da lei de adaptação às condições de existência e remetem fatos particulares ao argumento de um desígnio especial; mas assim não explicam uma enorme quantidade de mais variados fatos. Os morfologistas partem, quanto à estrutura, da unidade de tipo ou da concordância fundamental de cada grande classe de seres, independentemente de seus hábitos ou condições de vida, o que exige que cada indivíduo "se submeta a certas deformações" e aceite, ao menos por um tempo, órgãos que não necessariamente lhe são úteis. Espíritos filosóficos formaram diferentes concepções na tentativa de harmonizar teoricamente essas duas perspectivas. O sr. Darwin as combina e as explica em termos estritamente naturais. A adaptação às condições de existência é resultado da seleção natural; a unidade de tipo, da unidade de descendência. O modo como ele formula sua teoria permite explicar, por agenciamentos naturais, a origem de novos órgãos, sua diversidade em cada um dos grandes tipos, sua especialização e as adaptações de órgãos a funções e de estruturas a condições. E, sempre que o faz, recorda-nos Lamarck, o que mostra que a luz da ciência, voltada para investigações estruturais, não chega a esclarecer o mistério da organização. É o ponto em que as explicações naturais falham. Dados os órgãos, a seleção natural pode explicar, até certo ponto, os aprimoramentos; e, se forem dados com uma variedade de gradações, ela pode determinar quais irão sobreviver e quais irão perecer.

Nessa linha de argumento, não resta à teoria senão fazer o máximo possível da gradação e aderência ao tipo como sugestivas de derivação, o que seria inexplicável em qualquer outra teoria científica, desautorizando, ao mesmo tempo, toda tentativa de explicar *como* essa metamorfose se deu, até que os naturalistas tenham explicado *como* o girino se transforma em sapo ou como uma espécie de pólipo se transforma em outra. Quanto ao *porquê* de ser assim, a filosofia da causa eficiente e o argumento do desígnio como um todo permanecem, admitida essa teoria da derivação, precisamente na mesma situação que antes. Não há razão para discordância entre Darwin e Agassiz. Este último admite, com Owen e os morfologistas, que é inútil tentar explicar a similaridade de parâmetros dos membros de uma mesma classe por recurso à utilidade ou à doutrina das causas finais. "Na teoria comum da criação independente dos seres, pode-se apenas dizer que aprouve ao Criador construir cada animal e planta de tal ou tal jeito." O sr. Darwin, ao propor uma teoria que sugere um *como* que harmoniza esses fatos em um sistema confiável, acredita que tudo foi feito sabiamente, com desígnio no sentido mais amplo, por uma primeira causa inteligente. A contemplação intelectual do objeto, a mais ampla exposição da unidade de plano da criação, considerada independentemente de agenciamentos naturais, não leva a outra conclusão.

O que nos traz à questão: o que aconteceria se a derivação das espécies adquirisse a densidade de uma verdadeira teoria física ou que fosse de uma hipótese suficiente? O que ela nos teria a oferecer? É uma questão pertinente, ao menos por ora. Pois, entre aqueles que concordam conosco que Darwin não chegou a estabelecer uma teoria da derivação, muitos admitirão, como fazemos, que sua teoria da derivação é muito menos improvável do que as anteriores, que condiz com doutrinas consagradas da ciência física, e é provável que se venha a ser aceita antes mesmo de ter sido provada. Além disso, as variadas noções que prevaleçam, entre os mais religiosos como entre os menos, das relações entre os agenciamentos naturais ou fenômenos e a causa eficiente parecem ser mais cruas, obscuras e discordantes do que poderiam ser.

Não surpreende que a doutrina deste livro seja denunciada como ateísta. O que surpreende, e preocupa-nos, é que tenha sido denunciada como tal por um homem de ciência, a partir da vaga suposição de que uma conexão material entre os membros de séries de seres organizados é inconsistente com a ideia de sua conexão recíproca intelectual mediante uma deidade, isto é, como produtos de uma mente e, como tais, índices da realização de um plano preconcebido. As consequências dessa suposição são temerárias; mas, felizmente, ela é desmentida por cada um dos nascimentos que ocorrem na natureza.

Mais correto seria dizer que a teoria é, em si mesma, perfeitamente compatível com uma visão ateísta do universo. Isso é verdade; mas vale também para as teorias físicas em geral. E, pensando bem, é mais verdade para a teoria da gravitação e a hipótese nebular do que para a hipótese em questão. Esta última apenas adota uma *causa particular, aproximada*, ou um conjunto de tais causas, a partir das quais, argumenta-se, a atual diversidade de espécies resultou de maneira *contingente*. O autor não afirma que isso ocorreu *necessariamente*, que os resultados atuais, em modo e medida, e nenhum outro, teriam de ocorrer. Já a teoria da gravitação e sua extensão, a hipótese nebular, pressupõem uma causa física *universal e fundamental*, a partir da qual os efeitos da natureza *necessariamente* devem resultar. Considera-se atualmente que o estabelecimento da teoria newtoniana foi um passo rumo ao ateísmo ou ao panteísmo. No entanto, o grande feito de Newton foi ter provado que certas forças (forças cegas, em sua teoria), atuando sobre a matéria em determinadas direções, devem *necessariamente* produzir órbitas planetárias da exata medida e forma em que, segundo mostram as observações, elas existem; visão esta tão coerente com a necessidade eterna em forma ateística ou panteísta quanto em forma de teísmo.

A teoria da derivação não se expõe à acusação de ateísmo fortuito, pois tenta atribuir causas reais a resultados harmoniosos e sistemáticos. Voltaremos a esse ponto no final desta resenha.

A validade de tais objeções à teoria da derivação pode ser testada com um ou dois casos análogos. A crença mais comum, científica bem como popular, postula a criação original e independente do oxigênio, do hidrogênio, do ferro, do ouro etc. Seria irreligiosa a especulação, cada vez mais aceita, de que alguns, ou mesmo todos os corpos elementares, derivados ou compostos, se desenvolveram a partir de formas de matéria precedentes? Teriam sido ateus os velhos alquimistas, além de sonhadores, com suas tentativas de transformar a terra em ouro? Ou, para tomarmos um exemplo de força (ou poder), que está mais próxima da causa eficiente do que a forma, haveria uma tendência irreligiosa subjacente à tentativa de provar que o calor, a luz, a eletricidade, o magnetismo e mesmo o poder mecânico são variações ou transmutações de uma mesma força? A consagração dessa teoria é tida como um dos grandes triunfos científicos de nosso século.

Mas talvez a objeção se dirija não tanto à especulação em si mesma como à tentativa de mostrar como a derivação teria sido efetuada. Nesse sentido, a mesma objeção aplica-se a uma engenhosa hipótese, mais recente, forjada para explicar a gênese dos elementos químicos a partir do meio etéreo, bem como os diferentes pesos atômicos e algumas outras características, por sua sucessiva complexidade – o hidrogênio consiste em tantos átomos de substância etérea, unidos em particular ordem, e assim por diante. Essa especulação chamou a atenção dos filósofos da British Association, que consideraram que, embora não fosse em si mesma nociva, ela não era respaldada pelos fatos. Certamente, a situação da teoria do sr. Darwin não é pior, em termos morais, pois tem algum respaldo em fatos.

Em nossa opinião, portanto, é muito mais fácil reclamar um caráter teísta para a teoria da derivação do que estabelecê-la em evidência científica adequada. Dificilmente poderiam ser erguidos contra ela objeções a que a hipótese nebular não estivesse igualmente exposta. Mas esta é aceita pelos cientistas em geral e é adotada como base de uma extensa e recôndita ilustração na grande obra do sr. Agassiz.[2]

O autor de *A origem das espécies* não nos informa como sua teoria científica combina com sua filosofia e sua teologia. Paley, em sua célebre analogia do relógio, insiste que, se os marcadores de tempo fossem feitos de modo a produzir relógios similares, à maneira da geração dos animais, o argumento do desígnio seria ainda mais forte. O que impediria ao sr. Darwin dar ao argumento de Pailey uma extensão *a fortiori*, a partir do suposto relógio que às vezes produz relógios melhores e dispositivos adaptados às sucessivas condições, fabricando, lentamente, um cronômetro, um relógio municipal ou uma série de organismos de mesmo tipo? Com base em certas expressões incidentais, no fecho do volume, tomadas em conexão com o mote, adotado de Whewell, julgamos provável que o autor considera que o sistema da natureza como um todo recebeu, em sua formação inicial, a marca da vontade de seu Autor, que anteviu as variadas, porém necessárias, leis de sua atuação por meio de sua existência, ordenando quando e como cada particular do

---

2 *Ensaio sobre a classificação*, 1857, pp. 127-31. [N.T.]

estupendo plano deveria ser realizado efetivamente; e, como para Ele querer é fazer, ao ordená-lo, o fez. Corretas ou não, as ideias sustentadas por eminentes físicos e teólogos de pendor filosófico, como Babbage, de um lado, e Jowett, de outro, dificilmente poderiam ser consideradas ateístas. Talvez o sr. Darwin preferisse exprimir sua ideia de modo mais geral, adotando as ponderadas palavras de um dos mais eminentes naturalistas de sua época e substituindo o termo "ação" por "pensamento", pois é apenas o primeiro – do qual o último unicamente pode ser inferido – que ele tem em consideração.

> Tomando a natureza como se ela exibisse um pensamento que me guia, parece-me que, enquanto o pensamento humano é consecutivo, o Divino é simultâneo, abarcando, ao mesmo tempo e para sempre, no passado, no presente e no futuro, as mais diversificadas relações entre centenas de milhares de seres organizados, cada um dos quais apresenta, por seu turno, complexidades, que, para serem estudadas e compreendidas, de maneira imperfeita – como é o caso do próprio homem – custaram já à humanidade milhares de anos.[3]

Concebendo assim o poder divino em um ato coetâneo ao pensamento divino, e ambos como tão distantes quanto poderiam estar da temporalidade humana, Agassiz pode considerar a intervenção do Criador, em termos humanos, seja como *feita de uma vez por todas* ou *reiterada eternamente*. Em última instância, todo teísta de pendor filosófico deve adotar uma dessas concepções.

A perversão da primeira delas leva ao ateísmo, a noção de que haveria uma eterna sequência de causas e efeitos da qual

---

3 Ibid., cap. 32. [N. T.]

não há causa primeira – visão à qual poucas pessoas sadias poderiam se acomodar. A ameaça que paira sobre a segunda é o panteísmo. De nossa parte, sentimo-nos ao abrigo de ambos os erros, em nossa profunda convicção de que há uma ordem do universo; de que ordem pressupõe mente, desígnio, vontade; e de que mente ou vontade pressupõem personalidade. Assim resguardados, preferimos, à segunda concepção de causalidade, a primeira, mais filosófica bem como mais cristã, que nos deixa com as mesmas dificuldades e os mesmos mistérios em relação à natureza e à providência, mas nenhum outro além desses. A lei da natureza equivale aí à concepção humana da ação divina contínua e ordenada.

Não supomos que um poder menor ou diferente seria exigido para o sustento do universo e a manutenção de suas operações, não mais do que para trazê-lo à existência. Portanto, embora não concebamos nenhuma improbabilidade nas "intervenções da mente criadora na natureza", se por isso se entende a introdução de novos eventos adequados em tempos adequados, deixamos às mentes mais profundas que estabeleçam, se puderem, uma distinção racional de gênero entre sua intervenção na natureza para a realização de operações e o ato de dar início a essas operações.

Gostaríamos de ter examinado mais criticamente, à luz dessas concepções, a doutrina do livro do sr. Darwin, em especial algumas partes questionáveis, como sua explicação do desenvolvimento natural dos órgãos e a sugestão da "aquisição necessária de um poder mental" na escala ascendente de gradação. Diremos apenas que é inconcebível que o Cosmos seja uma série que começa com o caos e termina com a mente ou que esta resulte daquele. E, se pela origem sucessiva de espécies e órgãos mediante agenciamentos naturais o autor entende uma série de eventos que se sucedem uns aos outros, independentemente da direção contínua de uma inteligência – eventos que não são moldados e ordenados por uma mente, com vista a fins determinados –, então ele não estabeleceu nenhuma doutrina nem contribuiu para o seu estabelecimento, apenas cumulou improbabilidades que excedem toda crença. Que se tome o caso da formação e origem dos sucessivos graus de complexidade do olho. O tratamento desse tópico, no capítulo VI, em dada interpretação, expõe-se a todas as objeções aqui referidas; mais correto é comparar o olho "a um telescópio, aperfeiçoado por longos e contínuos esforços dos mais elevados intelectos humanos", estendendo a analogia e extraindo, a partir dela, ilustrações e inferências satisfatórias. O essencial nisso, o puramente intelectual, é a realização de melhorias no telescópio ou na máquina a vapor. É uma questão menor saber se as melhorias sucessivas, pequenas a cada passo e consistentes com o tipo geral do instrumento, são aplicadas a certas máquinas individuais ou se novas máquinas são construídas para cada uma delas. Mas, se máquinas pudessem engendrar, o método de adaptação seria o mais econômico, e diz-se que a economia é a lei máxima da natureza. A origem de melhorias e as sucessivas adaptações para responder a novas condições ou servir a outros fins são o que corresponde ao sobrenatural e, portanto, permanecem inexplicáveis. Quanto a colocá-las em uso, embora a sabedoria anteveja os resultados, é algo que cabe, no longo prazo, às circunstâncias e à seleção natural. As máquinas antigas cairão rapidamente em desuso, a não ser que uma máquina velha e simples permaneça mais bem-adaptada a um propósito ou uma condição em particular – como a velha máquina Newcomen, de extração de carvão. Se há uma divindade que molda esses fins, o todo é inteligível e razoável; do contrário, não.

Lamentamos que a necessidade de discutir questões filosóficas tenha impedido um exame mais exaustivo da teoria e dos interessantes pontos científicos mobilizados a seu favor. Um dos mais pertinentes, e certamente de peso, diz respeito à origem local das espécies e à sua gradual difusão, mediante agenciamentos naturais; deixaremos o seu exame para outra ocasião.

A origem das espécies é uma obra científica, estritamente restrita ao objeto que lhe interessa; ela se sustenta ou cai, dependendo de quão científica for. Provavelmente, o autor não teve a intenção de negar a intervenção direta na natureza, pois a admissão da origem independente de certos tipos torna plausível a existência de tanta interferência quanto necessário; quis apenas defender que a seleção natural, ao explicar os fatos, também explica muitas classes de fatos que não poderiam ser explicados pela intervenção de milhares e milhares de repetidos atos de criação independente, com o que, pelo contrário, se tornariam com eles ainda mais obscuros. Em que medida teve êxito, cabe ao mundo científico decidir.

Quando estas folhas estavam para ser impressas, chegou a nós um exemplar da segunda edição. Percebemos com satisfação a inserção de um mote adicional, no verso da página de título, reclamando para a doutrina a mesma visão teísta aqui exposta. E, de fato, as pertinentes palavras do sábio bispo Butler trazem, em sua mais simples expressão, a substância destas páginas: "O único significado próprio do termo "natural" é este: invariável, fixo, estabelecido; pois o que é natural requer e pressupõe uma mente inteligente para torná-lo o que ele é, isto é, para efetuá-lo continuamente, ou em tempos determinados, ao passo que o sobrenatural ou miraculoso o efetua de uma só vez".

II. Por Thomas Huxley[4]

Há dois os gêneros de hipótese a respeito da origem das espécies que pretendem se erguer sobre bases científicas e que, como tais, são os únicos merecedores de séria atenção. O primeiro, da "criação especial", supõe que cada espécie teria se originado a partir de uma ou mais matrizes, que, por seu turno, não seriam resultado da modificação de outra forma ou matéria viva nem surgiriam mediante agenciamentos naturais, mas seriam produzidas, como tais, por um ato sobrenatural de criação.

O outro, da dita hipótese da "transmutação", considera que todas as espécies existentes são o resultado da modificação de espécies preexistentes e de seus predecessores, por agenciamentos similares àqueles que, no presente, produzem variedades e raças de maneira totalmente natural; uma consequência provável, embora não necessária, dessa hipótese é que todos os seres vivos surgiram a partir de uma única matriz. A origem dessa matriz primitiva, ou dessas matrizes, é algo que claramente não interessa à doutrina da origem das espécies. A hipótese da transmutação é perfeitamente consistente, por exemplo, com a concepção da criação especial de um germe primitivo ou com a suposição de que este teria surgido por causas naturais, como modificação da matéria inorgânica.

A doutrina da criação especial deve sua existência, em boa medida, à suposta necessidade de pôr a ciência em acordo com a cosmogonia hebraica; mas é curioso observar que, tal como defendida atualmente pelos homens de ciência, ela se mostra

---

4 Extraído de *Westminster Review*, 17 abr. 1860, pp. 541-70. The Victorian Web, acessível na internet.

inconsistente não somente com a hipótese hebraica, como também com qualquer outra.

Se há um resultado claro produzido pela investigação geológica, consiste no seguinte: a extensa série de animais e de plantas extintas não é divisível, como outrora se supôs, em grupos distintos, separados por fronteiras bem demarcadas. Não há grandes hiatos entre épocas e formações, não há períodos sucessivos marcados pelo aparecimento *en masse* de plantas e de animais aquáticos e terrestres. A cada ano aumenta a lista de elos entre o que geólogos mais velhos supunham ser épocas amplamente separadas: veja as escarpas que ligam filões de minério a terciários mais antigos; os leitos de Maastricht, conectando os terciários ao gesso; os leitos de são Cassiano, que exibem uma abundante fauna de tipos mesozoicos e paleozoicos mistos, em rochas de uma época outrora supostamente pobre em vida; e, por fim, as incessantes disputas em torno da identidade de um estrato, devoniano ou carbonífero, siluriano ou devoniano, cambriano ou siluriano.

Se a hipótese da criação especial dispensa o poderoso auxílio do exército da bibliolatria, receberia ela algum apoio da ciência e da lógica sadias? Receio que não. Os argumentos trazidos à baila em seu favor têm todos a mesma forma: se as espécies não foram criadas de maneira sobrenatural, não podemos compreender os fatos x, y ou z; não podemos compreender a estrutura dos animais e das plantas, a não ser supondo que foram fabricados para fins especiais; não podemos entender a estrutura do olho, a não ser supondo que foi feito para ver; não podemos entender os instintos, a não ser supondo que os animais foram miraculosamente dotados deles.

Em matéria de dialética, deve-se admitir que esse tipo de raciocínio não haverá de impressionar os que não receiam as consequências contrárias. É um argumento *ad ignorantiam*: aceite-se essa explicação ou seja ignorante. Mas, supondo que prefiramos admitir nossa ignorância a adotar uma hipótese que contraria todos os ensinamentos da natureza; ou melhor, suponhamos, por um instante, que essa explicação seja admissível e nos perguntemos o que ela acrescenta: o que ela de fato explica? Seria mais que um jeito grandiloquente de anunciar um fato – de que nada sabemos a respeito? Explica-se um fenômeno quando se mostra que ele é o caso de uma lei geral da natureza; mas a intervenção sobrenatural do Criador não é, nesse caso, exemplo de nenhuma lei, e, se as espécies realmente surgiram assim, é inútil discutir sua origem.

Perguntemo-nos, por fim, se uma quantidade qualquer de evidência a que a natureza de nossas faculdades nos permite chegar poderia justificar a asserção de que um fenômeno estaria fora do alcance da causalidade natural. Para isso, seria preciso que conhecêssemos todas as consequências produzidas por todas as combinações possíveis em um período de tempo ilimitado. Então, se as conhecêssemos e constatássemos que nenhuma delas poderia dar origem às espécies, teríamos boas razões para negar suas origens na causalidade natural. Do contrário, qualquer hipótese é melhor do que a que nos compromete com essas embaraçosas suposições.

Mas a hipótese da criação especial não é apenas uma máscara especiosa de nossa ignorância; sua presença na biologia trai a juventude e imaturidade dessa ciência. Pois o que é a história de cada ciência senão a história da eliminação da noção de interferências, do Criador ou de outras, na ordem natural dos fenômenos que constituem a matéria dessa ciência? Quando a astronomia era jovem, "as estrelas matinais cantavam a alegria em uníssono" e os planetas eram guiados, em suas trajetórias, por mãos celestes. Agora, a harmonia das estrelas resolveu-se na gravitação de acordo com o inverso dos quadrados das distâncias, e as órbitas dos planetas são dedutíveis das mesmas leis de força que explicam por que a pedra atirada por um garoto quebra uma janela. O raio era o anjo do Senhor; mas aprouve à providência, em tempos modernos, que a ciência fizesse dele o humilde mensageiro do homem; e sabemos que cada relâmpago que reluz no horizonte em uma noite de verão é determinado por condições verificáveis, e sua direção e brilho poderiam ser calculados se os conhecêssemos suficientemente.

A solvência das grandes companhias mercantis depende da validade de leis verificadas que governam a aparente irregularidade da vida humana, ela que, nas queixas dos moralistas, é o que há de mais incerto no mundo. Mesmo os tolos sabem que a praga, a pestilência e a fome são resultados naturais de causas que se encontram, em grande parte, sob o controle humano, e não o tormento inevitável infligido pela vingativa onipotência sobre suas pobres criaturas.

Uma ordem harmoniosa, que governa um progresso eternamente contínuo; a teia formada pela matéria e pela força que lentamente entrelaçam, sem um fio interrompido, o véu que se põe entre nós e o infinito, compondo o único universo que conhecemos ou poderíamos conhecer – tal é a imagem do mundo que a ciência desenha –, e, conquanto uma parte esteja em uníssono com as demais, poderemos estar certos de que foi bem desenhada. Deveria a biologia, e apenas ela, permanecer em desarmonia com suas ciências irmãs?

As mencionadas objeções à doutrina da origem das espécies por atos de criação especiais devem ter ocorrido, com maior ou menor força, a todos os que consideraram o assunto de maneira séria e independente. E não admira que, de tempos em tempos, essa hipótese tenha deparado com outras, contrárias, tão bem fundamentadas quanto ela, quando não mais do que ela. É interessante notar que os inventores das doutrinas opostas à criação especial foram motivados também por conhecimentos de geologia, e não apenas de biologia. E, uma vez se admita a concepção da produção gradual do atual estado físico de nosso globo por causas naturais que operam por longas épocas, não haverá lugar para se admitir que os seres vivos teriam surgido de maneira diferente.

Lamarck foi impelido à hipótese da transmutação das espécies em parte por suas doutrinas cosmológicas e geológicas, em parte por uma concepção graduada, embora irregularmente ramificada da escala dos seres, formulada com base em seus profundos estudos de plantas e formas inferiores de animais. Em sua *Filosofia zoológica* (1809), realizou grandes avanços em relação à maneira crua e meramente especulativa com que autores anteriores trataram da questão da origem dos seres vivos e buscou uma causa física que pudesse efetuar a mutação de uma espécie em outra. Pensou ter encontrado na Natureza causas amplamente suficientes para esse propósito. É um fato fisiológico, diz ele, que os órgãos aumentam de tamanho com a atividade e atrofiam com a inatividade; também é um fato fisiológico que as modificações produzidas são transmitidas à prole. Alterem-se as ações do animal, sua estrutura será modificada, favorecendo o desenvolvimento de partes recentemente trazidas ao uso e a diminuição das menos utilizadas; mas, ao alterar as circunstâncias que o cercam, também suas ações serão modificadas e, assim, no longo prazo, a alteração de circunstâncias modificará a organização. Todas as espécies de animais são, de acordo com Lamarck, o resultado da atuação indireta da alteração de circunstâncias nos germes primitivos que, em sua opinião, originalmente surgiram por geração espontânea nas águas de nosso planeta. É curioso, no entanto, que Lamarck afirme com tanta insistência que as circunstâncias nunca modificam diretamente a forma ou a organização dos animais, em qualquer grau que seja, mas apenas operam pela modificação de suas carências e, por conseguinte, de suas ações. Pois assim ele incita à seguinte questão: como as plantas, das quais não se pode dizer que tenham carências ou ações, vêm a ser modificadas? Ao que ele responde que elas são modificadas por alterações em seus processos de nutrição, efetuadas pela mudança de circunstâncias; e não parece lhe ter ocorrido que tais modificações poderiam também ocorrer nos animais.

Lamarck pensava que a mera especulação não é o caminho para chegar à origem das espécies, mas, para estabelecer qualquer teoria sólida a respeito, é necessário descobrir, por observação ou de outro modo, uma *vera causa* capaz de originá-las; afirmou ainda que a verdadeira ordem da classificação coincide com a ordem de seu desenvolvimento, uma após a outra; insistiu na necessidade de haver tempo suficiente para tal desenvolvimento; e declarou que todas as variedades de instinto e razão podem ser remetidas à mesma causa que originou as espécies. Tais foram suas principais contribuições ao avanço da questão. Por outro lado, Lamarck ignorava outra força natural capaz de modificar a estrutura dos animais além do desenvolvimento ou da atrofia das partes em consequência às suas necessidades, o que o levou a atribuir a esse agenciamento um peso infinitamente maior do que o devido; e os absurdos decorrentes disso foram justamente condenados. Carecia de toda concepção de luta pela existência, à qual o sr. Darwin, como veremos, dá grande importância; chegou mesmo a questionar a existência de espécies extintas, exceto por animais de grande porte mortos pelo homem. Parece-lhe tão remota a ideia de atuação destrutiva por outras causas que, na discussão acerca da possível existência de conchas fósseis, ele pergunta: "Como poderiam ter desaparecido se é impossível que o homem as tenha destruído?".[5] Lamarck tem uma noção nebulosa da influência da seleção e não menciona os maravilhosos fenômenos que ilustram seu poder, exibidos por animais domésticos. A enorme influência de Cuvier foi erigida contra suas ideias e, como não foi difícil mostrar que algumas de suas conclusões eram insustentáveis, suas doutrinas afundaram sob o peso da ortodoxia científica, bem como teológica. Os esforços mais recentes para restabelecer seu crédito aos pensadores mais rigorosos e cientes dos fatos surtiram pouco efeito; e pode-se questionar se Lamarck não teria sido mais maltratado pelos amigos do que pelos adversários.

Há até dois anos, a posição dos defensores da hipótese da criação especial parecia mais segura do que nunca, senão por força inerente, devido ao óbvio fracasso de todas as tentativas de obliterá-la. Além disso, por mais que os poucos que refletissem a fundo na questão das espécies se sentissem repelidos pelos dogmas dominantes, não viam outra saída que não a adoção de suposições tão pouco justificadas por experimentos ou observações que lhes pareciam igualmente repugnantes. A escolha se colocava entre dois absurdos e uma condição intermediária de desconfortável ceticismo; e este último, por desagradável e insatisfatório que fosse, oferecia a única posição defensável em tais circunstâncias.

Sendo essa a disposição geral dos naturalistas, não admira que eles tenham lotado os salões da Linnean Society de Londres em 1º de julho de 1858 para ouvir a leitura de artigos redigidos por autores que, vivendo em lados opostos do globo, chegaram

---

5 *Filosofia zoológica*, I, p. 77. [N. T.]

a seus respectivos resultados de maneira independente e declararam ter descoberto a mesmíssima solução para todos os problemas relacionados às espécies. Um deles, o sr. Wallace, um naturalista talentoso que há alguns anos se dedica ao estudo dos produtos do arquipélago malaio, enviou um relato ao sr. Darwin, contendo suas ideias, para que fossem comunicadas à mesma sociedade. Examinando o ensaio, o sr. Darwin surpreendeu-se ao constatar que ele continha algumas das principais ideias de uma volumosa obra que vinha preparando há vinte anos, partes das quais, contendo uma exposição das mesmas ideias que as oferecidas pelo sr. Wallace, haviam sido examinadas há quinze ou dezesseis anos por amigos próximos. Sem saber ao certo como fazer justiça a seu camarada e a si mesmo, o sr. Darwin pôs a questão nas mãos do dr. Hooker e de *Sir* Charles Lyell, que o aconselharam a enviar um curto resumo de suas teorias à Linnean Society, para que fosse lido com o artigo do sr. Wallace. O livro *A origem das espécies* é um desenvolvimento desse resumo; a formulação completa da doutrina do sr. Darwin deverá ocorrer em um volume amplo, com uma riqueza de exemplos, que, segundo se diz, está em vias de publicação.

A hipótese darwiniana tem o mérito de ser eminentemente simples e compreensível quanto ao princípio. Suas posições essenciais podem ser expostas em poucas palavras: todas as espécies foram produzidas pelo desenvolvimento de variedades a partir de matrizes comuns; a conversão dessas variedades, primeiro em raças permanentes, depois em novas espécies, se deu pelo processo de *seleção natural* – processo este essencialmente idêntico ao de seleção artificial, pelo qual o homem produziu e produz raças de animais domésticos, com a diferença de que a *luta pela existência* toma o lugar do homem e exerce, na seleção natural, a ação seletiva realizada por ele na seleção artificial.

As evidências oferecidas pelo sr. Darwin para sustentar sua hipótese são de três gêneros. Primeiro, ele tenta provar que as espécies podem ser originadas por seleção; segundo, tenta mostrar que causas naturais são capazes de efetuar seleção; e, terceiro, tenta provar que os fenômenos mais notáveis e aparentemente mais anômalos exibidos na distribuição e no desenvolvimento das espécies, bem como em suas relações mútuas, podem ser deduzidos da doutrina geral de sua origem, que ele combina a fatos reconhecidos de alterações geológicas – e mesmo que nem todos esses fenômenos sejam atualmente explicáveis, nem por isso são inconsistentes com sua teoria.

Não há dúvida de que o método de investigação adotado pelo sr. Darwin não apenas concorda rigorosamente com os cânones da lógica científica como é o único adequado. Críticos treinados nas línguas clássicas ou nas matemáticas, que nunca na vida determinaram um fato científico por indução, com base em experimento e observação, queixam-se, do alto de sua sapiência, de que o método do sr. Darwin não é suficientemente indutivo ou baconiano para o seu gosto. Mas, por mais que não tenham qualquer familiaridade com o processo de investigação científica, eles poderão descobrir, lendo o capítulo do sr. Stuart Mill dedicado ao "método dedutivo",[6] que há uma multidão de investigações científicas nas quais o método dedutivo não tem muita serventia para o investigador.

O modo de investigação que, na eventual inaplicabilidade de métodos diretos de observação e experimento, oferece a principal fonte de conhecimento de que dispomos ou que poderíamos adquirir chama-se, de maneira geral, método dedutivo e

---

6 *Sistema de lógica*, 1843. [N. T.]

consiste em três operações: primeiro, indução direta; segundo, raciocínio; terceiro, verificação.

As condições que determinam a existência de espécies são não apenas extremante complexas, como se encontram, em sua grande maioria, para além do alcance de nosso conhecimento. O que o sr. Darwin tentou fazer concorda exatamente com a regra estabelecida pelo sr. Mill, pois trata-se de determinar certos fatos de monta por via de indução, observação e experimentação; em seguida, raciocinar a partir dos dados assim obtidos; e, por fim, testar a validade do raciocínio, comparando as deduções realizadas aos fatos observados na Natureza. Indutivamente, o sr. Darwin tenta provar que as espécies surgem de determinada maneira; dedutivamente, ele pretende mostrar que, se elas surgem assim, então os fatos relativos à distribuição, ao desenvolvimento, à classificação etc. podem ser explicados, isto é, deduzidos a partir dessa origem, combinada a alterações geográficas e climáticas notórias, ocorridas em períodos de tempo indefinidos. Essa explicação, ou a coincidência entre fatos observados e fatos deduzidos, na medida em que ela se dá, é uma verificação da teoria darwiniana.

Portanto, o método do sr. Darwin é impecável. Outra questão é saber se o autor responde plenamente às condições impostas pelo método. Estaria de fato provado, de maneira satisfatória, que as espécies se originam por seleção natural? Ou que existe algo como uma seleção natural? Ou, ainda, que nenhum dos fenômenos relativos às espécies é inconsistente com a sua origem, tal como ele a concebe? Se essas questões puderem ser respondidas afirmativamente, a teoria do sr. Darwin deixará de ser uma hipótese e será promovida à categoria das teorias comprovadas; mas, enquanto as evidências oferecidas não puderem respaldar essa afirmação, a nova doutrina permanecerá, em nosso entender, na categoria das hipóteses – doutrina na verdade extremamente valiosa, dotada do mais alto grau de probabilidade, e a única hipótese digna de ser considerada, de um ponto de vista científico; mas, mesmo assim, uma hipótese sobre as espécies, e não uma teoria a seu respeito.

Após muita reflexão, e sem termos qualquer predisposição contra as teorias do sr. Darwin, temos a clara convicção de que, dadas as atuais evidências, não está categoricamente provado que um grupo de animais dotados de todos os caracteres exibidos por espécies na natureza tenha se originado por seleção natural ou artificial. Grupos com o caráter morfológico de espécies – na verdade, raças distintas e permanentes – foram produzidos, muitas e muitas vezes; mas não há, no presente, nenhuma evidência definitiva de que algum grupo de animais tenha, por variação e seleção da prole, dado origem a outro grupo que, quando acasalado com o primeiro, seja minimamente fértil. O sr. Darwin está ciente desse ponto fraco e oferece variados argumentos engenhosos e relevantes, na tentativa de diminuir a força da objeção. Admitimos o valor desses argumentos, chegamos mesmo a expressar nossa crença de que experimentos conduzidos por um fisiologista hábil provavelmente obteriam o resultado desejado, ou seja, a produção de proles mais ou menos inférteis, quando cruzadas entre si, originárias de uma matriz comum, e em poucos anos; mas, mesmo assim, dado o estado atual dos conhecimentos, não se deve disfarçar nem menosprezar "as dissonâncias mínimas do alaúde".[7]

---

7 No original, *"the little rift within the lute"*, citação de um poema de Tennyson, "Idylls of the King", de 1859: *"It is the little rift within the lute,/ That by and by will make the music mute"* [as dissonâncias mínimas do alaúde/ terminarão por silenciar a música]. [N. T.]

Quanto ao resto do argumento, fomos incapazes de encontrar por conta própria, até o presente momento, falhas de maior importância; e, a julgar pelo que escutamos e lemos, outras tentativas de fazê-lo não se mostraram mais bem-sucedidas. Argumenta-se, por exemplo, que nos capítulos III e IV, dedicados, respectivamente, à luta pela existência e à seleção natural, o sr. Darwin não prova tanto que a seleção natural ocorre quanto que ela deve ocorrer; mas, na verdade, nenhuma outra demonstração seria possível. Quando uma raça atrai nossa atenção na natureza, é provável que ela tenha existido por um tempo considerável e, então, é tarde demais para inquirirmos acerca de sua origem. Da mesma maneira, afirma-se que não há real analogia entre a seleção que ocorre em domesticação, por influência humana, e uma operação efetuada pela natureza, pois a interferência do homem é inteligente. Reduzido a seus elementos básicos, esse argumento pressupõe que um efeito produzido penosamente por um agente inteligente deve ser, *a fortiori*, ele mesmo trabalhoso, logo impossível para um agente não inteligente. Mesmo deixando de lado se a natureza, atuando como faz de acordo com leis definidas e invariáveis, merece ser chamada de agente não inteligente, essa posição é insustentável. Mistura-se o sal à areia e coloca-se um problema ao mais douto dos homens se lhe for pedido que separe, com recursos meramente naturais, os grãos de um daqueles da outra; um pé d'água alcançaria esse objetivo em dez minutos. Enquanto o homem precisa sobrecarregar toda a sua inteligência para separar uma variedade qualquer que surja e selecionar a partir de sua prole os agenciamentos destrutivos que constantemente operam na natureza, quando deparam com uma variedade mais exposta às circunstâncias do que outra, inevitavelmente a eliminam no longo prazo.

Uma objeção frequente e justa à hipótese lamarckiana da transmutação das espécies baseia-se na ausência de formas transicionais entre muitas espécies. Mas esse argumento não tem nenhuma força contra a hipótese darwiniana. Na verdade, uma das partes mais valiosas e sugestivas da obra do sr. Darwin é aquela em que ele prova que a frequente ausência de transições é uma consequência necessária de sua doutrina e que a matriz a partir da qual duas ou mais espécies surgiram não precisa, de modo algum, ser intermediária entre elas. Se duas espécies surgidas de uma matriz comum do mesmo modo como o pombo-correio e o pombo papo-de-vento, digamos, surgiram do pombo-de-rocha, então a matriz comum a essas duas espécies não precisa ser intermediária, assim como o pombo-de-rocha não é intermediário entre o mensageiro e o papo-de-vento. Se se aprecia com clareza a força dessa analogia, vê-se que caem por terra todos os argumentos contra a origem das espécies por seleção baseados na ausência de formas transicionais. Parece-nos que a posição do sr. Darwin seria ainda mais sólida se ele não tivesse adotado o aforismo *Natura non facit saltum*, que tantas vezes ocorre em suas páginas. É nossa crença, como dissemos, que a Natureza vez por outra dá saltos, e o reconhecimento desse fato é importante, pois ele permite afastar muitas objeções menores à doutrina da transmutação.

Devemos parar. A discussão detalhada dos argumentos do sr. Darwin nos levaria muito além dos limites a que nos propomos neste artigo. Nosso objetivo terá sido atingido se tivermos oferecido uma exposição inteligível, por breve que seja, dos fatos estabelecidos ligados à questão das espécies, das relações entre a explicação dos fatos oferecidos pelo sr. Darwin e as teorias sustentadas por seus predecessores e contemporâneos e, acima de tudo, da acuidade de sua teoria em relação às exigências da lógica científica. Observamos que ela ainda não satisfaz todas essas exigências; mas não hesitamos em reconhecer que é tão superior a qualquer outra hipótese, precedente ou contemporânea, pela extensão de sua base de observações e experimentos, pelo método, rigorosamente científico, e pela capacidade de explicar fenômenos biológicos, como era a hipótese de Copérnico em relação às especulações de Ptolomeu. Mas, afinal, as órbitas planetárias não se mostraram inteiramente circulares e, apesar dos serviços prestados por Copérnico à ciência, Kepler e Newton tiveram de sucedê-lo. E se a órbita descrita pelo darwinismo for excessivamente circular? E se as espécies oferecerem, aqui e ali, fenômenos residuais que a seleção natural não pode explicar? Em vinte anos, os naturalistas poderão dizer se é ou não o caso; seja como for, teremos uma enorme dívida para com o autor da *Origem das espécies*. Daríamos ao leitor uma impressão muito errada se o levássemos a pensar que o valor da obra depende inteiramente da justificação definitiva das teorias que ela contém. Pelo contrário, mesmo que amanhã elas fossem refutadas, o livro permaneceria o melhor de seu gênero – o mais exaustivo compêndio já publicado contendo fatos judiciosamente reunidos em prol da doutrina da origem natural das espécies. Os capítulos sobre variação, luta pela existência, instinto, hibridismo, imperfeição do registro geológico e distribuição geográfica não apenas não têm iguais, como, até onde sabemos, tampouco têm rivais na literatura biológica. Como um todo, não nos parece haver outra obra, exceto pelas *Investigações sobre o desenvolvimento dos animais*, de Von Baer,[8] que seja tão apta a exercer profunda influência sobre a biologia do futuro e a estender os domínios da ciência a regiões do pensamento nas quais até hoje ela mal penetrou.

---

8 *Über Entwicklungsgeschichte der Tiere*, 2 vols., 1829, 1837.

III. Por Richard Owen [9]

A origem das espécies é uma questão de suma importância para a biologia; e o mundo científico aguarda ansiosamente pelos fatos que o sr. Darwin julgue mais adequados para sustentar sua teoria relativa a esse ponto, bem como por deduções a partir deles que venham a lançar alguma luz sobre "o mistério dos mistérios".[10] Já mencionamos as principais, senão todas as observações originais do autor do presente volume [referência a cinco ou seis experimentos citados no início da resenha]; feito isso, podemos agora expressar todo o nosso desapontamento. Essas observações são insuficientes para tornar a hipótese convincente ou mesmo sugestiva; e resta-nos apenas confiar na mente superior, no intelecto poderoso, no pensamento e na expressão claros e precisos que elevam esse homem tão acima de seus contemporâneos, ele que é capaz de chegar, com base em fatos corriqueiros e correlações, coincidências e analogias da história natural, a conclusões mais profundas e verdadeiras que as de seus colegas de trabalho.

Tais expectativas, devo confessar, viram-se frustradas desde a primeira sentença do livro.

> Em minhas viagens a bordo do HMS *Beagle* como naturalista senti-me profundamente impressionado por certos fatos acerca da distribuição dos seres que habitam a América do Sul e as relações geológicas entre os atuais e os antigos habitantes desse continente. Eram tais que pareciam lançar alguma luz sobre

---

9 Excerto de *The Edinburgh Review*, 3, abril de 1860, pp. 487-532. The Victorian Web, acessível na internet.
10 *A origem das espécies*, Introdução, p. 39.

a origem das espécies – o mistério dos mistérios, como disse um de nossos grandes filósofos.[11]

Pondo o volume de lado e meditando sobre esse parágrafo, perguntamo-nos o que haveria de tão especial nos habitantes da América do Sul, em seus habitantes nativos, suponho eu, a ponto de sugerir que o homem é um macaco transmutado ou que lançasse luz sobre a origem da espécie humana ou de outra qualquer. O sr. Darwin certamente sabe o que se costuma entender por uma expressão como "ilha desabitada"; e pode estar se referindo, com o termo "habitantes da América do Sul", não à espécie humana em particular, nativos ou não, mas aos animais inferiores. Mas em que sentido pólipos de água doce ou esponjas seriam "habitantes" e plantas, não? Talvez ele queira dizer que a distribuição e as relações geológicas dos seres organizados em geral na América do Sul tenha sugerido uma perspectiva de transmutação. Certo é que não raro esses mesmos seres sugeriram ideias acerca da origem independente de espécies de plantas e animais. Mas o livro não esclarece, nem explica, quais seriam os "fatos" aptos a iluminar a misteriosa origem das espécies.

A origem das espécies é a questão das questões na zoologia, o problema supremo que os mais originais pesquisadores, os mais lúcidos pensadores, os mais bem-sucedidos generalizadores nunca perderam de vista, ao mesmo tempo que o abordaram com a devida reverência. Temos o direito de esperar que a mente que se propõe a tratar do problema e alega tê-lo resolvido esteja à altura dessas tarefas. Os sinais dessa capacidade intelectual devem ser buscados na clareza da expressão e na ausência de termos ambíguos ou desprovidos de significado. Mas a

---

[11] Ibid.

presente obra ocupa-se de argumentos, crenças e especulações sobre a origem das espécies nos quais, ao que nos parece, incorre-se no erro básico que é confundir dois problemas diferentes, as espécies como resultado de uma causa ou lei secundária e a natureza dessa lei de criação. Várias foram as ideias promulgadas a respeito de seu modo de operação, como a atuação recíproca, sobre o organismo, de um impulso interno e de uma influência externa (De Maillet, Lamarck); o nascimento prematuro de um embrião em fase de desenvolvimento, tão diferentes dos pais, que manifesta, nessa fase, diferenças específicas (*Vestígios da criação*, ed. 1857); a transmissão hereditária das chamadas "monstruosidades acidentais"; o princípio de transmutação gradual por "degeneração" (Buffon), em contraste com a visão "progressiva".

Quanto à definição de espécie, Lamarck propôs, em 1809 [*Filosofia zoológica*], que a mais exata seria esta: "uma coleção de indivíduos similares (*semblables*) produzidos por outros indivíduos semelhantes a eles (*pareils à eux*)". O progresso das descobertas, especialmente na paleontologia, levou-o a afirmar que as espécies não são tão antigas quanto a própria Natureza nem têm uma idade uniforme; que sua suposta permanência depende das circunstâncias e influências a que cada indivíduo está sujeito e, assim como certos indivíduos sujeitos a certas influências variam a ponto de constituir raças, tais variações podem ser e de fato são gradativas (*elles s'avancent*), produzindo caracteres que o naturalista pode considerar, arbitrariamente, espécies ou variedades. Ele menciona, praticamente nas mesmas palavras do sr. Darwin, o constrangimento e a confusão ocasionados pelas diferentes interpretações, nas obras dos naturalistas, da natureza e do valor dessas difcrenças observáveis. O verdadeiro método de investigação das diversidades de organização parte das formas simples para as compostas, curso que Lamarck afirma ser gradativa e regularmente progressivo, salvo quando circunstâncias locais e outras que influenciam o modo de vida ocasionam diversidades anômalas.

Cuvier precedeu Lamarck na determinação das espécies e dos graus de variação que suas próprias observações e seu juízo crítico sobre as de outros permitiam admitir. "Embora os organismos só produzam corpos similares a si mesmos, há circunstâncias que alteram, na sucessão das gerações e até certo ponto, a forma primitiva." Deve-se observar que a questão depende inteiramente de que se prove qual é o limite preciso de variação. Cuvier não oferece provas de que a alteração "se detém em certo ponto"; e, como sugere a passagem a seguir, seus meios de conhecimento, por suas próprias observações e pelas de outros, não o levaram além do ponto em questão, e ele não era homem de extrair conclusões que excedem as premissas.

> A oferta menos abundante de alimento faz com que os filhotes cresçam menos e adquiram menos força. O clima mais ou menos frio, a umidade maior ou menor do ar, a exposição variável à luz, produzem efeitos análogos; mas os fatores que tendem a alterar mais rápida e sensivelmente as suas propriedades são o empenho do homem no cultivo dos produtos animais e vegetais que ele cria para seu uso, o rigor com que condiciona seus hábitos de exercício e de alimentação e a restrição das influências diferentes daquelas a que estariam expostos no estado de natureza.

Cuvier admite que a determinação experimental dessas propriedades variáveis, das causas precisas a que se devem, do grau de variabilidade e dos poderes de modificação das influências é ainda bastante imperfeita (*"ce travail est encore très imparfait"*). De acordo com ele, as propriedades mais variáveis dos organismos são o tamanho e a cor.

O primeiro depende principalmente de oferta abundante de alimento, o segundo, da luz, e de outras causas tão obscuras, que parecem variar ao acaso. A extensão e a força dos pelos variam muito. Uma planta viscosa, por exemplo, quando transportada a um local úmido, torna-se lisa. Animais que perdem cabelo em regiões quentes ganham-no nas frias. Certas partes externas, como estames e espinhos, dedos, dentes e coluna vertebral, estão sujeitos à variação numérica, para mais e para menos; partes de importância menor, como chumaços de pelos, variam em proporção; partes homólogas (*des parties de nature analogue*) transformam-se umas nas outras, como estames que viram pétalas em flores duplas, asas que viram barbatanas, pés que viram mandíbulas; e, poderíamos acrescentar, órgãos de adesão que passam a ser de respiração (como os perceves de que fala o sr. Darwin).

Quanto ao suposto teste de verificação da diferença entre espécie e variedade, pela infecundidade do híbrido de dois progenitores que apresentam diferenças duvidosas, Cuvier, mencionando o caso de pais oriundos de duas espécies diferentes, e não de meras variedades, afirma enfaticamente que *"cette assertion ne repose pas sur aucune preuve"* (essa asserção não repousa sobre nenhuma prova); e é comum que indivíduos de uma mesma espécie, por diferentes que sejam, consigam procriar (*"quelque différens qu'ils soient, peuvent toujours produire ensemble"*). Mas alerta-nos para não concluirmos, do fato de indivíduos de duas raças diferentes produzirem uma prole intermediária fecunda, que eles são da mesma espécie e não são originariamente distintos.

O número de variedades, ou a quantidade de variação – diz Cuvier –, refere-se a circunstâncias geográficas. Muitas entre as variedades atuais parecem estar confinadas ao redor de seu centro originário, seja por mares, que elas não conseguem atravessar, a nado ou pelo voo, seja por temperaturas que elas não conseguiriam suportar, seja ainda por montanhas que não podem escalar e outras circunstâncias diversas.

A observação cotidiana, a comparação e a reflexão sobre organismos recentes ou extintos, realizadas entre a data em que Cuvier fez essas declarações (*Recherches sur les ossements fossiles*, 1812) e o final de sua carreira (1832), não puderam produzir a prova necessária para que se alterasse sua crença com relação à causa que opera na produção das espécies cuja sucessão ele foi o primeiro a demonstrar.

Lamarck, sem nada acrescentar com base na observação e na experiência, afirma que as modificações identificadas por Cuvier não "se detêm em certo ponto", mas progridem, acompanhando a operação das causas que as produzem; que tais mudanças de forma e estrutura induzem a modificações correspondentes nas ações, e a modificação das ações, tornando-se um hábito, torna-se uma causa a mais de alteração estrutural; que o emprego mais frequente de certas partes ou órgãos leva ao aumento proporcional do desenvolvimento de tais partes; e que, como o exercício intensificado de certas partes ou órgãos costuma ser acompanhado pela obsolescência de outra parte, essa mesma obsolescência, por induzir a um grau proporcional de atrofia, torna-se outro elemento na progressiva mutação das formas orgânicas.

Tais princípios parecem se intitular à condição das *vera causae* de Bacon e estão de acordo com os poderes e as propriedades conhecidas dos seres animados; ocorre que a observação não revela mais do que uma extensão bastante limitada de sua operação, seja pelo tempo de observação da operação, seja, por conseguinte, pela quantidade total de mudança produzida.

Quando Cuvier afirma que a capacidade de variar vai até certo ponto, parece dizer que ela não foi observada ou identificada para além desse ponto. Ele admite uma tendência à transmissão hereditária dos caracteres variados. Mas nem ele nem qualquer outro fisiologista conseguiu até hoje demonstrar a condição ou o princípio orgânico que operaria para frear o progresso da modificação da forma e estrutura em correlação com a operação das influências modificantes em sucessivas gerações. Os que se apressam a afirmar que haveria uma capacidade indefinida de desvio em relação a uma forma específica contribuem mais para obscurecer a questão do que para elucidá-la.

Os princípios adotados desde a época de Cuvier, baseados em rigorosa e extensa observação, tendem a estabelecer, na mente dos biólogos mais exigentes em matéria de raciocínio, a convicção quanto à existência de uma lei de criação secundária em constante operação. São eles os seguintes: a lei da repetição indiferente ou vegetativa, mencionada na página 437 da obra do sr. Darwin; a lei da unidade de plano ou das relações para com um arquétipo; as analogias entre estágios embrionários transicionais em um animal superior e as formas maduras de animais inferiores; os fenômenos de partenogênese; certo paralelismo nas leis que governam a sucessão das formas através do tempo e do espaço; o progressivo distanciamento em relação ao tipo ou a progressão a partir de estruturas mais gerais para as mais específicas, exemplificada na série de espécies, desde a sua introdução primeira até as formas existentes. Em seu trabalho mais recente,[12] o prof. Owen não hesita em declarar "que provavelmente o resultado mais importante e mais significativo das pesquisas paleontológicas foi o estabelecimento do axioma da operação contínua do ordenado vir-a-ser [*becoming*] dos seres vivos". Quanto a suas opiniões em relação à natureza ou ao modo dessa "operação contínua de criação", o professor silencia. Ele oferece um breve sumário de hipóteses alheias e alude brevemente a suas bases indutivas, que ele considera defectivas. Em outras obras, contentou-se em testar a ideia de transmutação progressiva em objetos da história natural que tinha à mão, como os caracteres do chimpanzé, do gorila e de alguns outros animais.

Os que submeteram as especulações transmutativas ao teste dos fatos observados e dos poderes verificados da vida orgânica e publicaram os resultados – em geral desfavoráveis a essas especulações –, são menosprezados pelo sr. Darwin, que os relega à condição de "curiosa ilustração da cegueira de opiniões preconcebidas"; e quem quer que ouse recusar o assentimento às teorias de transmutação, suas ou de outros, é descrito como alguém que acredita que "em incontáveis períodos da história da Terra certo número de átomos elementares são ordenados de tal modo que se condensam em tecidos vivos" (p. 627) – teoria esta, de resto, tão pouco condizente com as observações quanto a hipótese de uma seleção natural por influência externa ou do nascimento ou desenvolvimento excepcional das espécies. O sr. Darwin vai mais longe e chega a ponto de afirmar que "todos os paleontólogos mais eminentes, como Cuvier, Owen Agassiz, Barrande, Falconer, Forbes etc., e os maiores de nossos geólogos, como Lyell, Murchison, Sedgwick etc., sustentam

---

12 *Paleonthology; or a Systematic Summary of Extinct Animals*, 1860.

unanimemente, às vezes com veemência, a imutabilidade das espécies" (p. 416 desta edição).

Se com isso se entende que eles unanimemente rejeitam as evidências de uma causa operativa secundária ou lei que atua constantemente na produção de sucessivos organismos especificamente diferentes dados a conhecer pela paleontologia, a expressão trai não somente uma confusão de ideias relativas ao fato da lei e à sua natureza, como também uma ignorância ou indiferença quanto aos ponderados pensamentos e expressões dessas eminentes autoridades nessa questão suprema da biologia.

Um de seus discípulos parece ser tão míope em relação a essa distinção quanto o mestre.

> Objetou-se à teoria de que as espécies atualmente existentes surgiram pela variação de outras preexistentes e da destruição de variedades intermediárias, que se trata de uma inferência precipitada, a partir de uns poucos fatos da vida de umas poucas plantas variáveis, e que, portanto, não é digna de crédito; mas parece-me que a teoria oposta, que postula um ato de criação independente para cada espécie, é uma inferência tão precipitada como essa.[13]

Presume-se aí, a exemplo do que faz o sr. Darwin, que nenhum outro modo de operação de uma lei secundária como fundamento de uma forma com caracteres específicos distintos, além do imaginado pelos partidários da transmutação, poderia ter sido adotado pelo autor das leis da criação. Qualquer fisiologista que pense que a exposição lamarckiana da lei, ou a darwiniana,

---

13 Joseph Hooker, *Handbook of the New Zealand Flora*, 1864–1867, ensaio introdutório.

mais atenuada, não se aplica a uma espécie como o gorila, por exemplo, tomado como um passo na produção transmutativa do homem, será denunciado como alguém que aceita sem mais todo e qualquer fato ou fenômeno relativo à origem e à continuidade das espécies "como dependente de um poder descomunal, exercido de maneira intermitente no desenvolvimento, a partir de elementos inorgânicos, de organismos, desde o mais volumoso e complexo até o mais diminuto e simples". É característico da visão parcial dos fenômenos orgânicos adotada pelos transmutacionistas, e de seu despreparo para lidar com a descoberta e o funcionamento de uma grande lei natural, que eles não saibam discernir as indicações da origem de uma forma específica a partir de outras, a não ser pela via da mudança gradual através de uma série de variedades presumivelmente extintas.

Teria a medusa, que emerge do oviduto de uma campanulária, se desenvolvido de partículas inorgânicas? Ou teriam certos átomos elementares repentinamente adquirido a forma de acalefo? Teria o pólipo progenitor de um acalefo necessariamente se extinguido em virtude desse nascimento anômalo? Não poderia e não teria de fato propagado sua própria espécie inferior, em relação à forma e organização, apesar da produção ocasional de outro diferente, de uma espécie superior? E o fato de um animal dar à luz outro, não meramente específico, mas genérica e ordinariamente distinto, seria um ato solitário? Não julgou Cuvier que, em um sem-número de casos, o progenitor entra em uma classe de animais, a prole fértil, em outra? E a série inteira de fenômenos partenogênicos *não deveria ser levada em conta na consideração do problema, de máxima importância, da introdução de novas formas específicas neste planeta? Teriam os partidários da transmutação o privilégio exclusivo de conceber a possibilidade da ocorrência de fenômenos desconheci-*

dos, os únicos a propor crenças e suposições, a denunciar especulações estéreis e a não autorizar nenhuma hipótese além da sua própria? Deveríamos nos resignar e permitir que um observador que aponte para um caso em que a transmutação, não importa como seja denominada, seja desautorizada pelo teórico como alguém que crê em um modo de manufatura das espécies no qual nunca acreditou e que parece de fato inconcebível?

Pediríamos ao sr. Darwin e ao dr. Hooker que levassem esses questionamentos em consideração; e, caso pensem que eles têm algum sentido, por menor que seja, que reconsiderem a possibilidade de dar alternativas aos futuros pesquisadores, para além da oposição entre a ideia de que a vida teria começado sob leis diferentes das atuais e a de que "todos os seres que jamais viveram sobre a Terra descendem" por meio de "seleção natural", de uma única instância, uma forma primordial criada miraculosamente.

O prof. Owen e outros, que vêm estudando com especial atenção os incríveis fenômenos recentemente descobertos relativos à geração, resumidos pelos termos "partenogênese" e "gerações alternadas", têm nos auxiliado a "penetrar o mistério da origem das diferentes espécies de animais", afirmando, ao menos até onde as observações no momento alcançam, que "o ciclo das modificações tem um desfecho definitivo", ou seja, quando a "mônada" ciliada deu à luz a mônada "gregarina", e esta à "cercaria" e cercaria à "distoma", o óvulo fertilizado da fascíola excluiu novamente a progênie em forma infusorial ou monádica e o ciclo recomeçou. É possível, porém, que, em certas circunstâncias, como a operação intermitente de uma lei que atue em longos intervalos, como a máquina de calcular de que fala o autor dos *Vestígios*, a mônada prossiga dividindo-se em outras, a gregarina continue a gerar gregarinas, a cercaria, cercarias etc., e assim quatro ou cinco formas, não meramente específicas mas genéricas, e, de um ponto de vista zoológico, ordinais, venham a divergir de uma forma anterior totalmente distinta delas. Por quantos anos, e por quantas gerações, a progênie de pólipos cativos de *Medusa aurita* mantidos no aquário de *Sir* John Dalyell não continuou a gerar pólipos de sua espécie (*hydra tuba*), sem se resolver em uma forma superior? Os fenômenos naturais de posse da ciência estão longe de permitir que se decida em qual hipótese, além da transmutativa, a lei de produção das espécies poderia ser baseada, e certamente não haverá de ser em uma fundação tão ampla como a proposta pelo ensaio do sr. Darwin.

Não advogamos qualquer uma dessas hipóteses como superior à "seleção natural"; apenas afirmamos que esta última permanece, no presente, como mera conjectura. As exceções a essa e a outras versões mais antigas de transmutacionismo que surgem na mente do naturalista praticante e do observador original são tantas e tão poderosas que deixam a promulgação e a defesa dessa hipótese, não importando como seja formulada, em todos os tempos, para os indivíduos de temperamento mais imaginativo, como De Maillet no século passado, Lamarck na primeira metade deste e Darwin na segunda. Os grandes nomes aos quais se deve o constante avanço da zoologia, por meio de indução, têm se mantido distantes de qualquer hipótese em relação à origem das espécies. Apenas um entre eles, por suas descobertas paleontológicas e pelo desenvolvimento de uma lei de repetição indiferenciada e de homologias, incluindo a relação dessas últimas com um arquétipo, pronunciou-se a favor da teoria da origem das espécies pela operação contínua de uma lei de criação, ao mesmo tempo que levantou algumas das mais sérias objeções ou exceções à hipótese de que a lei teria natureza progressiva e gradativamente transmutativa.

Raras vezes o sr. Darwin se refere aos escritos de seus predecessores, dos quais, supõe-se, ele teria derivado suas ideias sobre a origem das espécies – e não dos fenômenos de distribuição dos habitantes da América do Sul; e, quando o faz, apresenta de maneira inadequada suas exposições do assunto. Qualquer um que estude as páginas de Lamarck (*Filosofia zoológica*, vol. I, caps. I, VI e VII, e às adições ao vol. II) verá o peso que ele atribui à adaptabilidade constitutiva inerente, às influências hereditárias e à importância de longos intervalos de tempo, em sucessivas gerações, para a transmutação das espécies. As noções mais comuns acerca da filosofia de Lamarck são incorretas e injustas. Darwin escreve:

> Os naturalistas costumam se referir a condições externas como clima, alimentação etc. como se fossem a única causa possível de variação. Em um sentido bastante estrito, como veremos, isso é verdade; mas seria uma inversão da lógica querer atribuir às meras condições externas a estrutura de um pica-pau, por exemplo, com suas patas e sua cauda, seu bico e sua língua, tão admiravelmente adaptados para capturar insetos sob a casca das árvores. Também no caso do visco, que obtém seu alimento em certas árvores cujas sementes têm de ser transportadas por certos pássaros e cujas flores têm sexos distintos, o que exige a atuação de insetos no transporte do pólen de uma flor a outra, não há lógica em querer explicar a estrutura dessa planta parasitária e suas relações com numerosos seres orgânicos pelos efeitos de condições externas, do hábito ou de sua suposta volição.

O autor de *Vestígios da criação* diria, presumo eu, que, após inúmeras gerações, um pássaro qualquer deu à luz um pica-pau e uma planta qualquer, um visco, e ambos foram produzidos tão perfeitos como os encontramos. Mas, ao que me consta, essa afirmação não chega a ser uma explicação, pois desconsidera e não explica a questão da adaptação dos seres orgânicos entre si e deles às condições físicas de vida.[14]

O engenhoso autor dessa última obra assumiu a tarefa de desfazer o "mistério dos mistérios", quando uma extensa série de pesquisas embriológicas trouxe à luz as fases extremas de formas pelas quais os animais superiores passam ao longo do desenvolvimento fetal e as impressionantes analogias que as fases transitórias embrionárias apresentam na série de espécies inferiores em seu estado acabado ou de desenvolvimento completo. Ele menciona ainda o abrupto desvio em relação ao tipo específico, manifestado por uma prole malformada ou aberrante, além dos casos em que essas anomalias sobreviveram e propagaram a estrutura desviada. A partir disso, o autor dos *Vestígios* especula – não nos parece que de maneira mais precipitada ou ilegítima do que seu crítico – acerca de outras possibilidades, outras condições de mudança além das sugeridas por Lamarck, como a influência do nascimento prematuro ou da permanência excessiva no feto no surgimento de uma forma específica diferente daquela do progenitor. É uma visão respaldada pela história de certas variedades, como as ovelhas de lã de cachemira do sr. Graux, que surgiram subitamente a partir de má-formação.

A série inteira dos seres animados – escreve o autor de *Vestígios* – é resultado, primeiro, de um impulso inerente às formas de vida para avançar, em certos momentos, por graus de organização que culminam nas dicotiledôneas mais desenvolvidas

---

14 Introdução, p. 42.

e nos mamíferos; segundo, de circunstâncias físicas exteriores, que operam por reação ao impulso central, produzindo as peculiaridades da organização externa ou a adaptação de que fala o teólogo natural.

Mas ele também requer o elemento adicional que o sr. Darwin tão livremente invoca. "A gestação de um único organismo leva poucos dias, semanas ou meses; mas a gestação de uma criação (por assim dizer) requer longos períodos de tempo."

A geologia mostra formas em sucessão e oferece longos intervalos de tempo, nos quais elas poderiam ter se transformado umas nas outras, pelos mesmos meios que vemos a produção de variedades. Intervalos breves de tempo são suficientes para produzir tais variedades; seria insensato supor que longos intervalos permitiriam mutações mais bem definidas, porém dotadas do mesmo caráter?

Claro que não, responde o sr. Darwin.

Tomemos como exemplo mudanças em curso em uma ilha imaginária. Que a organização de certo animal canino que se alimenta principalmente de coelhos, mas porventura também de lebres, adquira alguma plasticidade; que as mesmas mudanças que o afetam causem a lenta redução do número de coelhos e o concomitante aumento do de lebres: o efeito seria este, a raposa ou o cão capturaria mais lebres, mas, devido à sutil plasticidade de sua organização, alguns indivíduos com a carcaça mais leve, os membros alongados e a visão mais apurada, por menores que fossem essas diferenças, seriam levemente favorecidos e tenderiam a viver mais, sobrevivendo àqueles períodos do ano em que o alimento é mais escasso; sem mencionar que se reproduziriam mais cedo, o que tenderia a tornar hereditárias essas sutilezas peculiares. Já os menos maleáveis seriam implacavelmente destruídos. Não vejo razão para duvidar de que essas causas produziriam, em mil anos, um efeito marcado e adaptariam a forma da raposa ou do cão à captura de lebres, em vez de coelhos, como acontece, por exemplo, com os galgos, que se prestam a ser aprimorados mediante criteriosa seleção e reprodução.[15]

Não há dúvida de que mentes prosaicas poderiam pedir a esses autores que apresentassem provas do que dizem; e sentimos quase como uma ofensa pessoal, quando, trazidos à beira de um conhecimento proibido como esse que nos oferecem os partidários da transmutação, o cálice de Circe nos é subtraído pela seca observação do presidente da British Association:

> Requer-se a observação de animais em estado de natureza para mostrar qual o seu grau de plasticidade ou até que ponto vai o surgimento de variedades; sem isso, não há fundamento para julgar a probabilidade, por exemplo, de os ligamentos elásticos ou as estruturas articuladas da pata de um felino terem sido induzidos a partir da estrutura mais simples de um dedo com garra não retrátil, de acordo com o princípio de sucessão das variedades no tempo.[16]

O mesmo autor sugere uma causa operativa do desenvolvimento de seres organizados de natureza diferente oposta à concebida

---

15 C. Darwin & A. Wallace, três artigos, 1858.
16 R. Owen, *Report of the annual meeting of the British Association*, 1847, p. 335.

pelos *Vestígios* na produção de adaptações teleológicas. O prof. Owen chama a atenção para os numerosos casos, no reino animal, de um princípio estrutural similar ao que prevalece no reino vegetal, exemplificado pela multiplicação, em um mesmo animal, de órgãos que desempenham a mesma função, mas não estão relacionados entre si pela combinação de poderes destinados à realização de uma função mais elevada. De acordo com ele, os animais invertebrados oferecem as mais numerosas e impressionantes ilustrações dos princípios que ele generalizou sob a alcunha de "lei da repetição indiferenciada".

> O fato de o endoesqueleto consistir em uma sucessão de segmentos compostos de maneira similar, sugerindo homologias especiais, gerais e seriais, é uma ilustração da lei de repetição vegetativa ou indiferenciada, que se manifesta de maneira ainda mais conspícua nos segmentos do exoesqueleto dos invertebrados, por exemplo, nos anéis da centopeia ou da minhoca e nas múltiplas partes do esqueleto dos equinodermas. A repetição de segmentos similares na coluna espinhal, e de elementos similares no segmento vertebral, é análoga à repetição de cristais resultante da atuação da força de polarização no crescimento de um corpo inorgânico. O princípio de repetição vegetativa não apenas prevalece cada vez mais à medida que descemos na escala da vida animal, como as formas das partes do esqueleto que são repetidas se aproximam cada vez mais de figuras geométricas. É o que vemos, por exemplo, nos esqueletos externos dos peixes estrelados; e o sal, quando calcificado, adquire a mesma figura cristalina que o caracteriza em deposição e submetido à força geral de polarização oriunda do corpo organizado. Temos aí, portanto, uma prova direta da concorrência das forças de polarização por toda parte prevale-

centes com as forças adaptativas ou especiais de organização no desenvolvimento do corpo animal.[17]

Portanto, além do princípio de organização, não importando como seja concebido, que produz "adaptações" especiais, admitido pelos *Vestígios* como poder "secundário" na produção das espécies, o prof. Owen afirma que "parece haver também a contraoperação, durante a construção dos corpos, de uma força geral de polarização, à qual se devem atribuir, em grande parte, a similaridade entre as formas, a repetição das partes, e os sinais de unidade da organização". Ao que ele acrescenta que "esse princípio platônico de organização específica parece ser antagônico à força geral de polarização dominando-a e moldando-a em subserviência às exigências da forma específica resultante".[18] Um índice do grau em que a força de polarização ou de repetição indiferenciada teria operado é oferecido pelo caráter da organização animal expresso pelo termo "estrutura mais geral", cunhado por Von Baer.[19] Como mostra esse autor, a estrutura torna-se mais geral em razão da proximidade do indivíduo em relação ao ponto em que sua existência tem início. Conforme o indivíduo se expõe à ação e reação das influências circundantes, ou seja, à medida que amadurece, ele adquire uma estrutura mais especializada com caracteres mais bem delimitados e mais individualizados. Owen mostrou que uma estrutura mais generalizada é, em grau significativo, uma característica de muitos animais extintos, em comparação aos mais recentes; e não há dificuldade em conceber que a especialização da estrutura seria

---

17 Id., ibid., p. 339.
18 Id., ibid.
19 *Investigações sobre o desenvolvimento dos animais*, 2 vols., 1829, 1837.

o resultado da progressiva modificação de um órgão aplicado a um propósito em especial na economia animal.

O autor de *A origem das espécies* parte de uma única forma, criada por um poder sobrenatural. Ela não a define; pode ser que esteja para além de seus poderes concebê-la. Ela é, no entanto, eminentemente plástica; é modificada pela influência de circunstâncias externas e propaga tais modificações por meio de geração. Onde quer que seus descendentes modificados encontrem condições de existência favoráveis, eles prosperam; do contrário, perecem. No estado primordial das coisas, o resultado é tão análogo ao obtido pelo homem, no estabelecimento de uma prole de animais domésticos a partir de uma matriz selecionada, que sugeriu ao sr. Darwin a expressão "seleção natural"; e pede-se a nós, ou ao menos aos "naturalistas mais jovens, com a mente flexível", que acreditemos que as influências recíprocas, definidas dessa maneira, teriam operado, por meio da divergência de caráter e da extinção, nos descendentes dos progenitores em comum, de modo a produzir todos os seres orgânicos que vivem, ou uma vez viveram, em nosso planeta.

Supõe-se que o protótipo primeiro teria começado produzindo, pela via legal da geração, criaturas similares a si mesmo ou tão pouco afetadas por influências externas que de início mal se distinguiriam de seus pais. Quando a progênie se multiplicou e divergiu, expôs-se mais e mais à influência da "seleção natural", até que, após incontáveis eras, durante as quais essa lei continuou a operar, ela finalmente ascendeu ao homem. Mas perguntamo-nos agora: poderia algum entre os descendentes do protótipo ter escapado por completo às influências circundantes? Parece-nos inconcebível uma imunidade como essa, dado o período ilimitado requerido para a operação da suposta seleção natural. Portanto, nenhum ser vivo poderia exibir, atualmente, a misteriosa forma primordial a que Darwin restringe o ato da criação direta; e presume-se que essa consequência inevitável de sua hipótese tenha se tornado uma barreira intransponível para a definição daquela mesma forma.

Estariam os fatos da natureza orgânica de acordo com a hipótese darwiniana: seriam todas as formas orgânicas atualmente conhecidas tão diferenciadas, tão complexas, tão superiores à suposta simplicidade da forma e estrutura primordiais que testemunhariam os efeitos de uma "seleção natural" que opera continuamente ao longo de tempos imemoriais? Absolutamente não. Os seres vivos atualmente mais numerosos são aqueles que oferecem essa mesma simplicidade de forma e estrutura, a que melhor condiz, e, acrescentamos, a única que condiz, com o protótipo ideal a partir do qual, em qualquer hipótese de lei natural, a série da vida, vegetal e animal, poderia descender.

Caso o estudo paciente e honesto e a comparação entre plantas e entre animais, em suas múltiplas e variadas formas maduras e em cada passo do desenvolvimento pelo qual essas formas são obtidas, possam nos dar alguma ideia do organismo primitivo hipotético – se é que sua natureza não deve ser deixada a fantasias desvairadas e divagações especulativas –, diríamos que a forma e a condição de vida comum, em um período de existência, a toda espécie e gradação conhecida de organismo, são a única forma e condição concebível do ser primordial único do qual a "seleção natural" infere a descendência de todos os organismos que jamais existiram na Terra.

Esboço histórico – do progresso da opinião, anterior a esta obra, sobre *A origem das espécies*
(3ª edição, 1861)

CHARLES DARWIN

Oferecerei aqui um breve esboço do progresso da opinião acerca da origem das espécies. Até recentemente, a grande maioria dos naturalistas acreditava que as espécies seriam produções imutáveis e haviam sido criadas independentemente. É uma ideia defendida com argúcia por muitos autores. Uns poucos naturalistas, por outro lado, acreditaram que as espécies passam por modificações e que as formas de vida existentes descendem, por geração, de formas preexistentes. Deixando de lado as alusões a esse tópico em autores antigos,[1] o primeiro a abordá-lo imbuído

---

[1] Aristóteles, em *Physicae Auscultationes* (II.8.2), tendo observado que a chuva não cai para que o milho cresça, não mais do que para arruinar sua colheita armazenada ao ar livre, aplica o mesmo argumento à organização e acrescenta o seguinte (na tradução do sr. Clair Grece, que chamou minha atenção para essa passagem): "O que impede que as partes do corpo tenham, por natureza, uma relação mais do que acidental? Assim como os dentes, por exemplo, necessariamente crescem de forma que os da frente são pontiagudos, adaptados a rasgar a comida, e os de trás são achatados, adaptados à mastigação, sem que, no entanto, tenham sido feitos para isso, mas apenas como resultado de um acidente, o mesmo se passa em tudo aquilo em que parece haver adaptação de meios a fins. Portanto, todas as coisas que, tomadas em conjunto (ou seja, as partes de um todo), são tomadas como se tivessem sido feitas em prol de algo são preservadas, na verdade, por uma espontaneidade

de verdadeiro espírito científico foi Buffon. Mas, por ter mudado de opinião diversas vezes, sem entrar nas causas ou meios de transformação das espécies, não direi mais a seu respeito.

Lamarck foi o primeiro cujas conclusões sobre esse tópico chamaram a atenção. Esse naturalista, justamente celebrado, expôs suas ideias pela primeira vez em 1801, ampliando-as depois, em 1809, com a *Filosofia zoológica* e, subsequentemente, em 1815, em uma introdução à *Histoire naturelle des animaux sans vertèbres*. Nessas obras, ele sustenta a doutrina de que as espécies, inclusive o homem, descendem de outras espécies. Cabe-lhe o mérito eminente de ter chamado a atenção para a probabilidade de que todas as mudanças, tanto no mundo orgânico como no inorgânico, são resultados de leis, e não de interposições miraculosas. Lamarck parece ter sido levado a essa conclusão a respeito da mudança gradual das espécies pela dificuldade de distinguir entre espécies e variedades, pela gradação de formas, quase perfeita em certos grupos, e pela analogia com produções domésticas. Com respeito aos meios de modificação, ele concedeu algo à influência direta das condições físicas de vida, outro tanto ao cruzamento entre formas já existentes e muito ao uso e desuso, ou seja, aos efeitos do hábito. Ao agenciamento deste ele parece atribuir todas as belas adaptações encontradas na natureza, como o longo pescoço da girafa, que serviria para perscrutar as copas das árvores. Mas também acredita em uma lei de desenvolvimento progressivo; e,

---

interna, que as constituiu de modo apropriado, e tudo o que não é ou não foi assim constituído pereceu e continuará a perecer". Vemos aqui, sombreado, o princípio de seleção natural. Mas, para entender que Aristóteles não o compreendeu adequadamente, basta ver suas observações acerca da formação dos dentes. [N.A.]

como todas as formas de vida tendem a progredir dessa maneira, ele defende que tais formas são geradas espontaneamente, explicando, assim, a existência atual de produções simples.[2]

De acordo com a biografia escrita por seu filho Isidore, o eminente Geoffroy Saint-Hilaire já suspeitava, em 1795, que o que chamamos de espécies são degenerações a partir de um mesmo tipo. Porém, apenas em 1828 ele tornou pública a convicção de que não são as mesmas formas que vêm sendo perpetuadas desde a origem de todas as coisas. Geoffroy parece ter encontrado principalmente nas condições de vida, ou no *monde ambiant*, as causas para a mudança. Era cauteloso em suas conclusões e não acreditava que espécies atualmente existentes estariam passando por modificações. Trata-se, como observa seu filho, "de um problema deixado inteiramente ao futuro, supondo que o futuro irá se deter sobre ele".

---

[2] Obtive as datas de publicação das obras de Lamarck com Isidore Geoffroy Saint-Hilaire, *Histoire naturelle générale des règnes organiques* (1859, tomo II, p. 405), que oferece uma excelente história da opinião aqui examinada. O mesmo livro oferece uma explicação completa das conclusões de Buffon a esse respeito. É curioso constatar que meu avô, Erasmus Darwin, antecipou tanto as opiniões de Lamarck quanto suas razões equivocadas, no poema "Zoonomia" (1794, I, pp. 500-510). De acordo com Isidore, não há dúvida de que Goethe foi um fervoroso partidário de ideias similares, como mostra a introdução a uma obra escrita por ele entre 1794 e 1795, mas publicada apenas muito tempo depois [*A metamorfose das plantas*]. Ali, ele observa que a questão com a qual os naturalistas terão de se debater no futuro é como o gado obteve seus chifres, e não para que estes servem (ver dr. Karl Meding, *Goethe als Naturforscher*, p. 34). É uma coincidência interessante que Goethe na Alemanha, o dr. Darwin na Inglaterra e Étienne Geoffroy Saint-Hilaire na França (como veremos) tenham chegado à mesma conclusão a respeito da origem das espécies, nos anos 1794-95. [N.A.]

Em 1813, o dr. W. C. Wells leu diante da Royal Society o artigo "An Account of a White Female, Part of Whose Skin Resembles that of a Negro", mas essa peça foi publicada apenas em 1818, como parte dos célebres *Two Essays upon Dew and Single Vision*. Ele reconhece aí, e foi o primeiro a fazê-lo abertamente, o princípio de seleção natural, mas aplica-o apenas às raças humanas e somente a algumas de suas características. Tendo notado que negros e mulatos desfrutam de imunidade em relação a algumas doenças tropicais, ele observa, primeiro, que todos os animais tendem a variar em algum grau e, segundo, que os agricultores incrementam por seleção seus animais domésticos, ao que ele acrescenta, "o que, nesse caso, é feito pela arte, parece ser feito com a mesma eficácia, embora lentamente, pela natureza, na formação das diversas variedades do gênero humano, adaptados às regiões que habitam. Entre as variedades acidentais de seres humanos que teriam ocorrido com os primeiros habitantes dispersos pela África central, algumas seriam mais aptas a suportar as doenças locais do que outras. Essa raça, por conseguinte, se multiplicaria, enquanto as outras se tornariam mais escassas, devido não apenas à sua inabilidade de se defender contra os surtos de doenças, mas também de se haver com seus vizinhos mais vigorosos. A cor dessa raça mais vigorosa, suponho, a partir do que foi dito, que ela seria escura. Mas, permanecendo a mesma disposição inicial de formação de variedades, surgiriam, com o tempo, raças cada vez mais escuras, e, como a mais escura de todas seria a mais bem-adaptada ao clima, ela se tornaria, aos poucos, a mais dominante, se não a única, na região em que havia surgido". Ele estende essas mesmas ideias aos habitantes de climas frios com pele branca. Agradeço ao dr. Rowley, dos Estados Unidos, por ter chamado minha atenção, mediante o sr. Brace, para essa passagem da obra do dr. Wells.

O honorável reverendo W. Herbert, posteriormente deão de Manchester, declara, no quarto volume das *Horticultural Transactions*, publicado em 1822, e em sua obra *Amaryllidaceae*, de 1837, que "experimentos de horticultura estabeleceram, para além de qualquer dúvida, que as espécies botânicas são apenas uma classe mais elevada e duradoura de variedades". Ele aplica a mesma ideia aos animais e acredita que espécies únicas de cada gênero teriam sido originalmente criadas com uma qualidade plástica extraordinária, produzindo depois, principalmente por cruzamento, mas também por variação, todas as espécies atualmente existentes.

Em 1826, o prof. Grant, no parágrafo final de um artigo sobre os *Spongilla* publicado no *Edinburgh Philosophical Journal*,[3] declara abertamente sua crença de que as espécies descendem de outras espécies e aprimoraram-se no curso de modificações. Essa mesma ideia é apresentada na 55ª conferência publicada no *Lancet* em 1834.

Em 1831, o sr. Patrick Matthew publicou sua obra *On Naval Timber and Arboriculture*, na qual oferece uma teoria da origem das espécies exatamente igual à proposta pelo sr. Wallace e por mim, nos artigos publicados no *Journal of the Linnean Society* em 1858, e expandida no presente volume (voltaremos a esse ponto). Infelizmente, essa teoria é formulada pelo sr. Matthew em algumas passagens esparsas e muito breves, inseridas no apêndice de um livro dedicado a outro assunto, de modo que permaneceu ignorada até que o próprio sr. Matthew chamasse atenção para ela no *Gardener's Chronicle* de 7 de abril de 1860. As diferenças entre a perspectiva do sr. Matthew e a minha são de importância menor. Ele parece considerar que o mundo

---

3 V. 14, p. 283.

permaneceu inabitado em sucessivos períodos, após os quais se daria o reverso, e oferece a ideia de que novas formas poderiam ser geradas "sem a presença de qualquer molde ou germe de agregados anteriores". Não estou certo de ter compreendido algumas passagens, mas pareceu-me que ele atribui grande importância à influência direta das condições de vida. Mesmo assim ele vislumbrou, sem dúvida, a força do princípio de seleção natural.

O célebre geólogo e naturalista Von Buch expressa claramente, no excelente livro *Description physique des îles Canaires* (1836), o credo de que as variedades lentamente se tornam espécies que, se cruzadas entre si, não produzem descendentes férteis.

Rafinesque, no livro *New Flora of North America*, também publicado em 1836, diz o seguinte: "É possível que todas as espécies tenham sido um dia variedades e que muitas variedades estejam, gradualmente, tornando-se espécies, ao assumir caracteres constantes e distintivos" (p. 6), mas a seguir acrescenta, "exceto pelos tipos originais ou ancestrais do gênero" (p. 18).

Em 1843-44, o prof. Haldeman ofereceu, no *Boston Journal of Natural History*,[4] argumentos a favor e contra a hipótese do desenvolvimento e da modificação das espécies. Ele parece se inclinar pelo lado da mudança.

Os *Vestígios da criação* foram publicados em 1844. Na décima edição, consideravelmente melhorada, o autor anônimo diz o seguinte: "A proposição a que chegamos após muito ponderar é que as numerosas séries de seres animados, desde os mais simples e mais antigos até os mais elevados e mais recentes, são, sob a providência de Deus, o resultado, *em primeiro lugar*, do impulso imprimido nas formas de vida, avançando-as, em

---

4 V. IV, p. 468.

momentos definidos, por geração, por graus de organização que culminam nas mais altas dicotiledôneas e vertebrados, sendo que esses graus são pouco numerosos e são, em geral, assinalados por intervalos de caráter orgânico, o que põe uma dificuldade prática à atribuição de afinidades; e, *em segundo lugar*, de outro impulso, conectado às forças vitais, que tende, no decorrer das gerações, a modificar estruturas orgânicas de acordo com circunstâncias externas, como alimentos, o habitat e os fenômenos atmosféricos"[5] – tais são as *adaptações* do teólogo natural. O autor parece acreditar que a organização progride por saltos súbitos, enquanto os efeitos produzidos pelas condições de vida são graduais. Ele argumenta, incisivamente e com base em razões gerais, que as espécies não são produções imutáveis. Mas não vejo como os dois impulsos a que ele se refere poderiam explicar, em sentido científico, as numerosas e tão belas adaptações recíprocas que vemos em toda parte na natureza, não vejo como ganharíamos assim alguma visão de como um pica-pau, por exemplo, veio a se adaptar a seus peculiares hábitos de vida. Graças ao estilo vivo e brilhante, e apesar da falta de precisão e cautela mostradas pelo autor nas primeiras edições, tornou-se um sucesso editorial. Em minha opinião, prestou um excelente serviço ao chamar a atenção, neste país, para esses tópicos e ao pôr de lado os preconceitos, preparando o solo para a recepção de teorias análogas.

Em 1846, o veterano geólogo M. J. d'Omalius d'Halloy publicou, no *Bulletin de l'Académie Royale de Bruxelles*, um artigo excelente, embora deveras curto, em que ele considera que é mais provável a opinião de que as espécies tenham sido produzidas por descendência com modificação do que que tenham

---

5 1853, p. 155.

sido criadas em separado. Essa opinião fora promulgada pelo mesmo autor já em 1831.

Em 1849, o prof. Owen, em *On the Nature of Limbs*, escreveu o seguinte: "A ideia-arquétipo manifestou-se em carne e osso, sob diversas modificações, neste planeta, muito antes de existirem as espécies animais que a exemplificam em ato. Ignoramos, contudo, até o momento, a que leis naturais ou causas secundárias poderiam estar atreladas à sucessão ordenada e progressão de tais fenômenos orgânicos".[6] Em pronunciamento dirigido à British Association, em 1858, ele se refere a um "axioma da constante operação do poder criador ou do devir ordenado das coisas que vivem".[7] Mais à frente, após mencionar a questão da distribuição geográfica, ele diz, "esses fenômenos abalam nossa confiança na conclusão de que o quiuí (*Apteryx*) da Nova Zelândia e o tetraz vermelho britânico seriam criações distintas, feitas exclusivamente para essas ilhas. Mesmo assim, não devemos esquecer que pela palavra "criação" o zoólogo entende *"um processo de sabe-se lá o quê"*.[8] Owen amplifica essa ideia acrescentando que, quando casos como o do tetraz vermelho são "elencados pelo zoólogo como evidência da criação distinta desse pássaro, exclusivamente para a ilha em que ele vive, ele quer dizer, principalmente, que ele não sabe bem como o tetraz vermelho ali chegou, e apenas ali. Esse modo de expressar sua ignorância implica a crença de que tanto o pássaro quanto a ilha em questão devem sua origem à

---

6 *On the Nature of Limbs: a Discourse delivered on Friday, February 9, at the Evening Meeting of the Royal Institution of Great Britain*. London: John Van Voorst, 1849, p. 86.
7 Id., ibid., p. 51.
8 Id., ibid., p. 90.

"Grande Causa criadora primordial". Se interpretarmos as sentenças proferidas uma após a outra nesse mesmo pronunciamento, teremos a impressão de que, em 1858, esse eminente filósofo sentiu abalada a sua confiança de que o quiuí e o tetraz vermelho surgiram primeiro em seus respectivos lares, "ao certo ele não sabe como", ou mediante algum processo "que não se sabe ao certo qual é".

Esse pronunciamento foi feito posteriormente à leitura, na Linnean Society, em Londres, dos artigos de minha autoria e do sr. Wallace sobre a origem das espécies. Quando a primeira edição desse pronunciamento veio a público, deixei-me enganar, como muitos outros, por expressões como "a contínua operação do poder criador", que alinhavam o sr. Owen firmemente a outros paleontólogos persuadidos da imutabilidade das espécies. Mas, ao que tudo indica,[9] foi um erro de minha parte, por precipitação. Pela edição mais recente deste último trabalho inferi, e a inferência me parece perfeitamente justa, de uma passagem que começa com as palavras "sem dúvida, a forma-tipo",[10] que o prof. Owen admite que a seleção natural poderia ter algo a ver com a formação de novas espécies, com a reserva de que talvez se trate de uma inferência inadequada, pois é desprovida de evidências.[11] Ofereci outros exemplos, extraídos da correspondência entre o prof. Owen e o editor da *London Review*, que mostram manifestamente que o prof. Owen alega ter promulgado a teoria da seleção natural antes que eu o fizesse; expressei minha surpresa e satisfação com esse fato. Mas, até onde se pode compreender a partir de passagens como a

---

9 *Anatomy of the vertebrates*, v. III, p. 796.
10 V. I, p. XXXV.
11 V. III, p. 798.

mencionada, à p. 798 do livro sobre os vertebrados, novamente errei. Consola-me saber que outros também têm a opinião de que os escritos de controvérsia do prof. Owen são difíceis de compreender e de reconciliar entre si. No que se refere à enunciação do princípio de seleção natural, é irrelevante, no fundo, se o prof. Owen me precedeu ou não, pois ambos, como mostra este esboço histórico, fomos precedidos pelo dr. Wells e pelo sr. Matthews.

O sr. Isidore Geoffroy Saint-Hilaire, em conferências apresentadas em 1850 (das quais um *resumé* foi publicado na *Revue et Magazine de Zoologie*),[12] oferece rapidamente suas razões para crer que os caracteres específicos "são fixos, para cada espécie, enquanto ela se mantém em meio às mesmas circunstâncias, modificando-se quando se alterem as circunstâncias de ambiente". E aduz: "Em suma, a *observação* dos animais selvagens mostra, por si mesma, a variabilidade *limitada* das espécies. Os *experimentos* com animais selvagens que se tornaram domésticos e com animais domésticos que reverteram ao estado selvagem mostram-no com clareza suficiente. Esses mesmos experimentos sugerem, ademais, que as diferenças produzidas podem ter *valor genérico*". Na *Histoire naturelle générale*, ele chega a conclusões análogas.[13]

A nos fiarmos em uma circular recentemente publicada,[14] o dr. Freke teria proposto, em 1851, a doutrina de que todos os seres orgânicos descenderam de uma mesma forma primordial. As razões para que creia nisso, a partir das quais ele aborda o tema, são inteiramente diferentes das minhas. Mas, agora que

---

12 Jan. de 1851.
13 Tomo II, 1859, p. 430.
14 Dublin Medical Press, p. 322.

o dr. Freke publicou "Essay on the Origins of Species by Means of Organic Affinity" (1861), a difícil empreitada de resumir suas ideias tornou-se desnecessária de minha parte.

O sr. Herbert Spencer, em um ensaio originalmente publicado no *Leader* de março de 1852 e reproduzido em *Essays* (1858), oferece um contraste, elegante e vivaz, entre as teorias da criação e do desenvolvimento dos seres orgânicos. A partir da analogia com as produções domésticas, das mudanças que afetam os embriões de tantas espécies, da dificuldade de distinguir entre espécie e variedade e do princípio da gradação geral, ele conclui que as espécies sofreram modificações, que ele atribui a mudanças de circunstância. O autor também abordou, em 1855, a psicologia, a partir do princípio da necessária aquisição de cada um dos poderes mentais e da capacidade de gradação.

Em 1852, o sr. Naudin, um botânico de renome, declarou expressamente, em um notável artigo sobre a origem das espécies,[15] sua crença de que as espécies seriam formadas de maneira análoga a variedades em cultivo, processo este que ele atribui ao poder humano de seleção. Mas ele não mostra como a seleção atua na natureza. Ele acredita, a exemplo do reverendo Herbert, que as espécies, quando nasceram, eram mais plásticas do que atualmente. Sublinha o que chama de *princípio de finalidade*, "potência misteriosa, indeterminada, fatalidade para alguns, e, para outros, vontade providencial, cuja atuação incessante sobre os seres vivos determina, em todas as épocas de existência do mundo, a forma, o volume e a duração de cada um deles, em razão de seu lugar na ordem da qual é parte. Essa potência põe em harmonia cada membro em relação ao conjun-

---

15 *Revue Horticole*, p. 102; reproduzido em *Nouvelles Archives du Muséum*, tomo I, p. 171.

to, ajustando-o à função que deve cumprir no organismo geral da natureza, função que é, para ele, sua razão de ser".[16]

Em 1853, o célebre geólogo conde Keyserling sugeriu que assim como novas doenças, supostamente causadas por miasma, surgiram e se espalharam pelo mundo, é possível que, em certos períodos, os germes das espécies existentes tenham sido afetados quimicamente por moléculas circundantes de natureza particular, dando assim origem a novas formas.[17]

Também em 1853 o dr. Schaffhausen publicou um excelente panfleto (*Verhandlung des Naturhistorie*) em que ele defende o desenvolvimento de formas orgânicas sobre a Terra. Ele infere que muitas espécies se mantiveram as mesmas por longos períodos, enquanto outras se modificaram, e explica a distinção entre espécies pela destruição das formas intermediárias. "Os atuais plantas e animais não estão separados dos extintos por novos atos de criação, mas devem ser considerados seus descendentes por contínua reprodução".

---

16 Referências extraídas da obra de Bronn, *Untersuchungen über die Entwickelungs-Gesetze*, dão a entender que o célebre botânico e paleontólogo Unger teria tornado pública, em 1852, a crença de que as espécies passam por desenvolvimento e modificação. Dalton, do mesmo modo, na obra que redigiu com Pander sobre *Fossil sloths*, expressou, em 1821, uma crença similar. São perspectivas, como se sabe, muito próximas das defendidas por Oken como parte de sua mística *Naturphilosophie*. A nos fiarmos em referências feitas no escrito de Godron *Sur l'espèce*, Bory de Saint-Vincent, Burdach, Poiret e Fries teriam defendido a ideia de que as espécies são produzidas continuamente. Mencionarei apenas que, entre os 34 autores citados neste "Esboço histórico" como partidários da modificação das espécies, ou ao menos como opositores à ideia de sua criação em separado, 27 escreveram sobre ramos específicos da história natural e da geologia. [N. A.]

17 *Bulletin de la Société Géologique*, tomo x, p. 357.

Um conhecido botânico francês, o sr. Lecoq, escreveu o seguinte: "Constatamos que nossas pesquisas sobre a fixidez ou variabilidade das espécies nos conduzem diretamente às ideias promulgadas por dois homens justamente célebres, Geoffroy Saint-Hilaire e Goethe".[18] Outras passagens da obra põem em dúvida a que ponto o autor leva a sério a ideia de modificação das espécies.

A chamada *filosofia da criação* foi tratada de maneira magistral pelo reverendo Baden Powell em seus *Essays on the Unity of the World*, publicados em 1855. Nada é tão impressionante quanto a maneira como ele mostra que a introdução de novas espécies é "um fenômeno regular, não casual" ou, nas palavras de *Sir* John Herschel, "uma contradição natural à ideia de um processo miraculoso".

O terceiro volume do *Journal of the Linnean Society* contém artigos, redigidos por mim e pelo sr. Wallace, lidos em seção pública em 1º de julho de 1858, nos quais, como disse nas observações preliminares a este volume, a teoria da seleção natural é promulgada pelo sr. Wallace com admirável força e clareza.

Von Baer, pelo qual todos os zoólogos têm o mais profundo respeito, expressou, por volta de 1859,[19] a convicção, com base, principalmente, nas leis de distribuição geográfica, de que formas que hoje são perfeitamente distintas descendem de uma única forma progenitora.

Em junho de 1859, o prof. Huxley apresentou uma conferência à Royal Institution, intitulada *Persistent Types of Animal Life*. Referindo-se a esses casos, ele observa, "é difícil compreender

---

18 Em 1854, *Études de Géographie Botanique*, tomo I, p. 250.
19 Ver prof. Rudolph Wagner, *Zoologisch-Anthropologische Untersuchungen*, 1861, p. 51.

o seu significado, se supusermos que cada espécie de animal e planta, ou cada grande tipo de organização, teria sido formado e situado sobre a face do globo em longos intervalos por um ato de criação independente. É bom lembrar que tal pressuposição não recebe a chancela da tradição e da revelação, além de ser oposta à analogia da natureza. Se, por outro lado, os *tipos persistentes* forem vistos em relação àquela hipótese que pressupõe que uma espécie viva, em um momento qualquer, é o resultado da modificação gradual de espécies preexistentes, hipótese que, além de não ter sido provada, foi mesmo prejudicada por alguns de seus defensores, é, mesmo assim, a única corroborada pela fisiologia, então sua existência pareceria mostrar que a quantidade de modificação pela qual os seres vivos passaram durante o tempo geológico é, na verdade, muito pequena, em comparação à série de alterações que devem ter sofrido".

Em dezembro de 1859, o dr. Hooker publicou uma *Introduction to the Australian Flora*. Na primeira parte dessa obra de vulto, ele admite como verdadeira a teoria da descendência com modificação das espécies e sustenta essa doutrina mediante muitas observações originais.

A primeira edição da presente obra foi publicada em 24 de novembro de 1859 e a segunda, em 7 de janeiro de 1860.

Objeções variadas à teoria da seleção natural[1]

CHARLES DARWIN

Dedicarei este capítulo à consideração das múltiplas e variadas objeções apresentadas às minhas ideias e aproveitarei para esclarecer algumas discussões prévias. Seria inútil discutir todas essas objeções, pois muitas foram feitas por autores que não se deram ao trabalho de tentar compreender o assunto. Um distinto naturalista alemão, por exemplo, afirmou que o ponto fraco de minha teoria é que eu considero todos os seres orgânicos como imperfeitos, quando, na realidade, o que eu disse é que eles não são tão perfeitos quanto poderiam ser em relação às condições em que se encontram, como mostra, de resto, o fato de muitas formas nativas, em tantas partes do mundo, terem dado lugar a invasores estrangeiros. E, mesmo que os seres orgânicos tenham sido um dia perfeitamente adaptados às suas condições de vida, não poderiam permanecê-lo, por conta da mudança de suas condições, a não ser que eles mesmos também mudassem. Ninguém contesta que as condições físicas de cada região, bem como o número e o gênero dos habitantes, passaram por incontáveis mutações.

Um crítico mais recente insistiu, exibindo seus conhecimentos de matemática, que, como a longevidade é muito vantajo-

---

[1] Capítulo VII da 6ª edição de *A origem das espécies*, de 1872.

sa para todas as espécies, quem quer que acredite em seleção natural "deve arranjar sua árvore genealógica", de tal maneira que todos os descendentes tenham vidas mais longas que seus progenitores. Mas não percebe o nosso crítico que uma planta bienal ou um animal de categoria inferior poderia migrar para um clima frio e ali perecer com a chegada do inverno? E, mesmo assim, devido às vantagens adquiridas por meio de seleção natural, sobreviver de um ano a outro, graças ao depósito de sementes ou ovas? O sr. Ray Lankester discutiu recentemente esse tópico e concluiu, na medida em que a complexidade do assunto permite, que a longevidade é, em geral, um fator relativo a cada uma das espécies na escala de organização, bem como à quantidade de gasto com a reprodução e a atividade geral. Essas condições, com toda a probabilidade, são amplamente determinadas por seleção natural.

Argumentou-se que, como nenhum dos animais e plantas do Egito dos quais temos conhecimento se alterou no curso dos últimos 3 ou 4 mil anos, provavelmente o mesmo se deu em outras partes do mundo. Mas, como observou o sr. G. H. Lewes, essa linha de argumento é precipitada. Pois, embora as antigas raças domésticas figuradas nos monumentos egípcios ou embalsamadas em seus túmulos sejam muito similares, se não idênticas, às atualmente existentes, todos os naturalistas reconhecem que tais raças foram produzidas pela modificação de tipos originais correspondentes. Os muitos animais que permaneceram inalterados desde o início da Era Glacial ofereceriam um exemplo incomparavelmente mais forte, pois foram expostos a grandes alterações climáticas e migraram por grandes distâncias; enquanto, no Egito, até onde sabemos, as condições de vida permaneceram totalmente uniformes nos últimos milhares de anos. O fato de pouca ou nenhuma alteração ter ocorrido desde o fim da Era Glacial teria alguma força contra os que acreditam na existência de uma lei de desenvolvimento inata e necessária, mas nada pode contra a doutrina da seleção natural, ou sobrevivência dos mais aptos, que supõe que, quando variações ou diferenças individuais de natureza benéfica eventualmente ocorrem, elas são preservadas, desde que as circunstâncias sejam favoráveis a isso.

O célebre paleontólogo Bronn, ao final de sua tradução desta obra para o alemão, pergunta-se como o princípio de seleção natural explica que uma variedade conviva com uma espécie progenitora. Mas, se cada uma delas se adaptou a hábitos ou condições de vida levemente diferentes, nada impede que vivam juntas; e, se deixarmos de lado as espécies polimórficas, que parecem ter uma variabilidade peculiar, bem como variações temporárias, como tamanho, albinismo etc., constataremos que as variedades mais permanentes são, em geral, até onde se vê, habitantes de localidades diferentes, como terras altas ou terras baixas, distritos secos ou distritos úmidos. E mais, no caso de animais que vagueiam e cruzam livremente, suas variedades parecem se restringir a regiões diferentes.

Bronn lembra ainda que as espécies nunca diferem entre si em um único caractere, mas em muitas partes de sua organização; e pergunta-se como estas poderiam ter sido modificadas simultaneamente por meio de variação e seleção natural. Mas não é necessário supor que todas as partes de uma organização sejam modificadas simultaneamente. As modificações mais importantes, excelentemente adaptadas para propósitos determinados, podem ser adquiridas por variações sucessivas e mínimas, primeiro em uma parte, depois em outra, como foi observado. Por serem transmitidas em conjunto, parecem ter se desenvolvido simultaneamente. Mas a melhor resposta a essa objeção é oferecida pelas raças domésticas que foram modificadas pelo poder humano de seleção para algum propósito em especial. Vejam-se os cavalos de corrida e de charrete, ou o galgo e o mastim: toda sua armação e mesmo suas características mentais foram inteiramente modificadas; mas, se pudéssemos retraçar cada um dos passos da história de sua transformação – e os mais recentes podem sê-lo –, não veríamos grandes alterações simultâneas, mas primeiro a pequena modificação e o aprimoramento de uma, depois a de outra. Mesmo quando a seleção foi aplicada pelo homem a um único caractere – o melhor exemplo disso são nossas plantas de cultivo –, pode-se ver que, invariavelmente, embora essa parte – a flor, o fruto ou as folhas – tenha se alterado muito, quase todas as outras sofreram leves modificações. Isso pode ser atribuído em parte ao princípio de crescimento correlacionado, em parte à variação dita espontânea.

Uma objeção muito mais séria, feita pelo mesmo Bronn e, mais recentemente, por Broca, alega que muitos caracteres parecem não ter qualquer uso para os que os possuem e, portanto, não poderiam ter sido efetivados por meio de seleção natural. Bronn menciona a extensão de orelhas e de caudas de diferentes espécies de lebres e camundongos, as complexas camadas de esmalte nos dentes de diversos animais e um sem-número de casos análogos a esses. Já o caso das plantas é discutido por Nägeli em um ensaio admirável. Ele admite que a seleção natural fez muito, mas insiste que as famílias de plantas diferem entre si principalmente por caracteres morfológicos que parecem ser desimportantes ao bem-estar da espécie. Acredita ele, por isso, na existência de uma tendência inata a um desenvolvimento progressivo e mais perfeito. Cita o arranjo das células nos tecidos e das folhas no eixo de uma planta como casos em que a seleção natural não teria como atuar, aos quais poderiam ser acrescentadas as divisões numéricas nas partes da flor, a posição dos óvulos, o formato da semente quando dissociado do uso para a disseminação etc.

É uma objeção consideravelmente forte. Contudo, devemos, em primeiro lugar, ser extremamente cautelosos em decisões relativas à utilidade atual ou prévia de certas estruturas para as espécies. Em segundo lugar, deve-se ter sempre em mente que, quando uma parte é modificada, outras também o serão, graças a causas obscuras, como o fluxo maior ou menor de nutrientes para uma das partes, a pressão mútua entre diferentes partes, a influência de uma parte de desenvolvimento mais antigo sobre outra mais recente e assim por diante; sem esquecer outras causas que levam a tantos casos misteriosos de correlação que simplesmente não entendemos. Esses agenciamentos podem ser reunidos, em nome da brevidade, sob a expressão "leis de crescimento". Em terceiro lugar, não devemos esquecer a atuação direta e inquestionável de condições de vida, quando alteradas, além das variações ditas espontâneas, nas quais a natureza das condições tem um papel subordinado. Variações de pétalas, como o surgimento de uma rosa de musgo em uma rosa comum ou de uma nectarina em uma árvore de pêssego, oferecem bons exemplos de variação espontânea; mas, mesmo nesses casos, se tivermos em mente o poder de uma pequena gota de veneno de produzir complexos sucos biliares, não estaremos tão certos de que as variações acima não seriam o efeito de uma modificação local na natureza da seiva, devido a uma modificação das condições de vida. Deve haver alguma causa eficiente para cada diferença individual mínima, bem como para variações mais fortemente acentuadas que eventualmente venham a surgir; e, se a causa desconhecida atuasse persistentemente, é quase certo que todos os indivíduos da espécie seriam modificados de maneira similar.

Nas primeiras edições desta obra, subestimei, ao que parece, a frequência e a importância de modificações devido à variabilidade espontânea. Mas não se deve atribuir a essa causa as inumeráveis estruturas tão bem-adaptadas aos hábitos de vida de cada espécie. Seria como querer explicar, também com essa causa, a forma bem-adaptada de um cavalo ou de um cão de corrida, que, antes do estabelecimento do princípio de seleção pelo homem, tanta surpresa causava no espírito dos naturalistas da antiga geração.

Algumas dessas observações merecem ser ilustradas. Com respeito à suposta inutilidade de várias partes e órgãos, é desnecessário dizer que, mesmo nos animais superiores e mais conhecidos, existem muitas estruturas tão altamente desenvolvidas que ninguém questiona sua importância, por mais que seu uso ainda não tenha sido determinado. Bronn menciona a extensão das orelhas e da cauda em diferentes espécies de roedores como exemplos, ainda que triviais, de diferenças de estrutura desprovida de uso particular, e eu poderia citar, de acordo com o dr. Schöbl, as orelhas do camundongo comum, dotadas de uma extraordinária quantidade de nervos, que, sem dúvida, fazem delas órgãos táteis – o que sugere que a extensão das orelhas não é tão desimportante. Veremos mais à frente que, para algumas espécies, a cauda é um órgão preênsil de grande utilidade e seu uso é muito influenciado pela extensão.

Quanto às plantas – sobre as quais contamos com o ensaio de Nägeli –, é ponto pacífico que as flores de orquídeas apresentam uma miríade de curiosas estruturas que, alguns anos atrás, teriam sido consideradas meras diferenças morfológicas, sem qualquer função especial; mas hoje são tidas como da maior importância para a fertilização das espécies com o auxílio de insetos e provavelmente foram adquiridas por seleção natural. Até recentemente, ninguém poderia imaginar que em plantas diamórficas e trimórficas as diferentes extensões de estames e pistilos e seus respectivos arranjos teriam alguma utilidade, mas agora sabemos que têm.

Em certos grupos de plantas, os óvulos ficam eretos e em outros, suspensos; em outros, num mesmo ovário um óvulo mantém a primeira posição e outro, a segunda. Essas posições parecem ser, à primeira vista, puramente morfológicas, desprovidas de significação fisiológica. Mas, segundo me informa o dr. Hooker, em um mesmo ovário às vezes apenas os óvulos superiores são fertilizados, às vezes apenas os inferiores, e sugere que isso depende, provavelmente, da direção em que os tubos de pólen adentram o ovário. Se for assim, a posição dos óvulos em um mesmo ovário, mesmo quando um está ereto e o outro suspenso, seguir-se-ia da seleção de algum pequeno desvio de posição que favorecesse a sua fertilização e a produção de sementes.

Numerosas plantas pertencentes a ordens distintas costumam produzir flores de duas espécies, uma delas com estrutura aberta e a outra, fechada e imperfeita. Essas duas espécies apresentam, por vezes, estruturas maravilhosamente diferentes, mas é visível que convergem para uma mesma planta. As flores comuns, abertas, podem ser cruzadas, processo indubitavelmente benéfico. Mas flores fechadas e imperfeitas também são obviamente importantes, pois garantem o suprimento de um grande estoque de sementes com o mínimo gasto de pólen. As duas espécies de flor diferem muito, como foi dito, em relação à estrutura. As pétalas das flores imperfeitas quase sempre consistem em meros rudimentos, e os grãos de pólen têm diâmetro reduzido. Na *Ononis columnae*, cinco entre os estames alternados são rudimentares; e, em algumas espécies de *Viola*, três estames se encontram nesse estado, dois retêm sua função própria e são bastante pequenos. Seis a cada trinta flores fechadas da violeta índica (de nome desconhecido, pois nunca consegui que as plantas produzissem flores perfeitas) apresentam sépalas em número reduzido, de cinco para três. Em uma seção da *Malpighiaceae*, as flores fechadas, de acordo com Antoine de Jussieu, são ainda mais modificadas, pois os cinco estames opostos às sépalas são todos abortados e o único estame a se desenvolver é o que fica oposto à pétala. Este último estame não se encontra nas flores comuns dessa espécie; e o pistilo é abortado; e o número dos ovários é reduzido, de três para dois. Embora a seleção natural pudesse impedir que algumas plantas se expandissem, diminuindo assim a quantidade de pólen sempre que as flores fechadas o tornassem supérfluo, dificilmente alguma das modificações mencionadas poderia ser determinada por esse meio, pois são decorrentes das leis de crescimento, incluindo a inatividade funcional das partes durante a redução contínua da quantidade de pólen e o aumento do número de flores fechadas.

Compreender os importantes efeitos das leis de crescimento é tão necessário que oferecerei casos adicionais de outro gênero, a saber, as diferenças em uma mesma parte ou órgão quanto à sua posição relativa em uma mesma planta. Na castanheira espanhola, bem como em alguns pinheiros-silvestres, os ângulos de divergência entre as folhas diferem, de acordo com Schacht, nos ramos horizontais e nos verticais. Na arruda-comum e em outras plantas, uma flor, geralmente a central ou a terminal, abre primeiro e tem cinco sépalas e pétalas e cinco divisões no ovário, enquanto as demais flores da planta são tetrâmeras. Na *Adoxa* britânica, a flor situada no topo tem, em geral, dois lobos em cálice e os demais órgãos tetrâmeros, enquanto as circundantes apresentam dois lobos em cálice e os demais órgãos pentâmeros. Em muitas *Compositae* e *Umbelliferae* (e em algumas outras plantas), as flores circunferenciais têm corolas muito mais desenvolvidas que as flores centrais, o que parece, com frequência, estar conectado ao aborto dos órgãos reprodutores. Um fato ainda mais curioso, anteriormente mencionado, é que os aquênios, ou sementes da circunferência e do centro, diferem por vezes grandemente quanto à forma, à cor e a outros caracteres. Na *Carthamus* e em outras *Compositae*, os aquênios centrais são os únicos dotados de pappus; nas *Hyoseris*, a mesma cabeça tem aquênios com três formas diferentes. Em certas umbelíferas, as sementes externas, de acordo com Tausch, são ortospermas [alongadas], enquanto as centrais são celospermas [arrendondadas], caractere que De Candolle considera, em outras espécies, da mais alta importância sistemática. O prof. Braun menciona o gênero das fumarináceas, no qual as flores na parte inferior da haste têm cascas ovais, com nervuras, contendo uma semente; e, na parte superior da haste, síliquas lanceoladas, bivalves, com duas sementes. Nesses diferentes casos, com exceção dos floretes rajados bem desenvolvidos, que servem para tornar as flores conspícuas aos insetos, a seleção natural não poderia ter atuado, até onde vemos; ou, se o fez, foi de maneira subordinada. Todas essas modificações se seguem da posição relativa das partes e da interação entre elas, e não há dúvida de que, se todas as flores e folhas de uma mesma planta fossem submetidas à mesma condição externa e interna, como as flores e as folhas em certas posições, também seriam modificadas.

Em numerosos outros casos, encontramos modificações estruturais que os botânicos consideram da mais alta importância, mas que afetam apenas algumas flores da planta ou ocorrem em plantas distintas que crescem juntas nas mesmas condições. Como essas variações não parecem ter um uso especial para as plantas, elas não podem ter sido influenciadas por seleção natural. Ignoramos a sua causa; não podemos atribuí--las, como nos casos anteriores, a um agenciamento aproximado, como a posição relativa. Oferecerei uns poucos exemplos. É tão comum observar, em uma mesma planta, flores tetrâmeras, pentâmeras etc., que não é preciso citar casos; mas, como variações numéricas são relativamente raras quando são poucas as partes, cabe mencionar que, de acordo com De Candolle, as flores de *Papaver bracteatum* oferecem duas sépalas com quatro pétalas (o tipo mais comum de papoulas) ou três sépalas com seis pétalas. A maneira como as pétalas se redobram no botão é, na maioria dos grupos, um caractere morfológico dos mais constantes; mas, segundo afirma o prof. Asa Gray, em algumas espécies de *Mimulus* a estivação é quase tão frequente nas *Rhinanthideae* quanto nas *Antirrhinidiae*, tribo essa à qual o gênero pertence. Auguste de Saint-Hilaire oferece os seguintes casos: o gênero *Zanthoxylon* pertence à divisão das *Rutaceae* com um único ovário, mas, em algumas espécies, encontram-se flores em uma mesma planta, ou até em uma mesma panícula, com um ou dois ovários. A cápsula da *Helianthemum* foi descrita como unilocular ou trilocular; e, na *H. mutabile*, "*Une lame*", de extensão variada, "*s'étend entre le pericarpe et le placenta*" [Uma lâmina estende-se entre o pericarpo e a placenta.]. Nas flores de *Saponaria officinalis*, o dr. Masters observou exemplos de placentação marginal e central livre. Por fim, Saint-Hilaire encontrou, próximo à extremidade sul do espectro de disseminação da *Gomphia oleoeformis*, duas formas que, de início, pensou serem duas espécies diferentes, mas que, depois, encontrou juntas em um mesmo arbusto; ao que ele acrescenta: *"Voilà donc dans un même individu des loges et un style qui se rattachent tantôt à une axe verticale et tantôt à un gynobase"*. [Eis, portanto, em um mesmo indivíduo, antros e um pistilo presos, seja a um eixo vertical, seja a uma ginobase.]

Vemos, assim, que muitas das modificações morfológicas das plantas podem ser atribuídas a leis de crescimento e de interação das partes, independentemente de seleção natural. Mas, no que diz respeito à doutrina de Nägeli de uma tendência inata à perfeição ou ao desenvolvimento progressivo, seria possível afirmar, no caso de variações fortemente acentuadas como as que estamos examinando, que essas plantas estariam progredindo rumo a um estágio superior de desenvolvimento? Ao contrário, eu infiro, do simples fato de que as partes em questão diferem ou variam grandemente em uma mesma planta, que tais modificações têm pouquíssima importância para as plantas, por maior que seja a sua importância para nós, na classificação. Dificilmente se poderia dizer que a aquisição de uma parte inútil promoveria um organismo na escala natural; e, no caso das flores imperfeitas, fechadas, acima descritas, se cabe invocar um princípio, é o da regressão, e não da progressão, e o mesmo vale para muitos animais parasitas e degradados. Ignoramos as causas que provocam as modificações específicas aqui mencionadas; mas podemos inferir que, se a causa desconhecida atuasse de maneira praticamente uniforme por certo período de tempo, o resultado seria praticamente uniforme e os indivíduos da mesma espécie seriam modificados da mesma maneira.

Pelo fato de os caracteres mencionados serem desimportantes ao bem-estar da espécie, qualquer variação mínima que incida neles não será acumulada ou aumentada por meio de seleção natural. Uma estrutura que tenha se desenvolvido por uma seleção longa e contínua torna-se em geral variável quando deixar de ter uso para a espécie, como vemos nos órgãos rudimentares, pois deixa de ser regulada por esse mesmo poder de seleção. Mas, quando, devido à natureza do organismo e das condições, são implementadas modificações desimportantes ao bem-estar da espécie, pode ser que elas sejam transmitidas, quase sem alteração, a numerosos descendentes dotados de outras modificações, como parece ter acontecido. Não deve ter sido de grande importância para a maioria dos mamíferos, pássaros ou répteis se eles eram revestidos por pelos, penas ou escamas, mas, mesmo assim, pelos foram transmitidos à maioria dos mamíferos, penas, aos pássaros, e escamas, aos répteis. Uma estrutura, não importa qual, comum a muitas formas aparentadas, é classificada por nós como tendo alta importância sistemática e, por conseguinte, é, com frequência, tomada como de importância vital à espécie. Por isso, tendo a pensar que diferenças morfológicas que consideramos importantes – como o arranjo das folhas, as divisões da flor ou do ovário, a posição dos óvulos etc. – muitas vezes surgiram como variações flutuantes, que cedo ou tarde se tornaram constantes, devido à natureza do organismo e das condições circundantes e também ao cruzamento entre indivíduos distintos, mas não devido à seleção natural. Pois, como esses caracteres morfológicos não afetam o bem-estar da espécie, desvios mínimos incidentes a eles não poderiam ser governados ou acumulados por meio de seleção natural. O que nos conduz a uma estranha constatação: os caracteres de importância vital mínima para a espécie são os mais relevantes para o sistemático. Mas, como veremos mais à frente, quando tratarmos do princípio genético da classificação [cap. XIII da primeira edição], o paradoxo não é tão grande quanto pode parecer à primeira vista.

Embora não tenhamos evidências confiáveis da existência, em seres orgânicos, de uma tendência inata rumo ao desenvolvimento progressivo, é uma constatação que se segue, como tentei mostrar no capítulo IV, da atuação contínua da seleção natural. Pois a melhor definição jamais formulada de um alto padrão de organização é o grau a que as partes se especializaram ou se diferenciaram, e a seleção natural tende a esse fim, uma vez que assim as partes conseguem realizar suas funções com mais eficiência.

Um zoólogo renomado, o sr. George Mivart, reuniu recentemente todas as objeções até agora levantadas, por mim mesmo e por outros, contra a teoria da seleção natural que propus com o sr. Wallace, e ilustrou-as com arte e força admiráveis. Apresentadas em bloco, formam uma legião considerável; e, como não é da intenção do sr. Mivart oferecer os vários fatos e considerações opostos a suas conclusões, o leitor que queira pesar as evidências de ambos os lados não precisa empenhar minimamente sua razão ou sua memória. Quando discute os casos especiais, o sr. Mivart desconsidera os efeitos do aumento do uso ou desuso das partes, que eu sempre defendi serem muito importantes e dos quais tratei em minha obra *Variation under domestication*.[2] Do mesmo modo, com frequência ele supõe que eu nada atribuo à variação independente de seleção natural, enquanto na obra a que acabo de aludir, reuni um número de casos maior do que se encontra em qualquer outra obra do gênero. Meu juízo pode não ser confiável; mas, após ter lido cuidadosamente o livro do sr. Mivart, comparando cada seção com o que eu disse a esse respeito, posso afirmar que nunca

---

2   *Variation under domestication*, 1862. [N.T.]

me senti tão seguro da verdade geral das conclusões a que cheguei nesta obra – descontando-se, é claro, erros parciais e inevitáveis, tratando-se de um assunto tão intricado.

Todas as objeções de Mivart foram ou serão consideradas no presente volume. O principal ponto, que parece ter chamado a atenção de muitos leitores, é "que a seleção natural é incapaz de explicar os estágios incipientes de estruturas úteis". É uma questão intimamente ligada à gradação de caracteres, com frequência acompanhada pela alteração de função – por exemplo, a conversão de bexigas natatórias em pulmões –, pontos que foram discutidos no capítulo VI em duas divisões. Mesmo assim, irei considerar aqui, com algum detalhe, muitos entre os casos apresentados pelo sr. Mivart, selecionando os mais ilustrativos, pois a falta de espaço me impede de considerar todos eles.

A girafa, com sua estatura imponente, seu pescoço longuíssimo, suas pernas longilíneas, sua cabeça e sua língua, tem o molde inteiro lindamente adaptado a perscrutar os ramos mais altos das árvores. Consegue, assim, obter o alimento que se encontra fora do alcance de outros *Ungulata*, ou animais ungulados que habitam a mesma região, certamente uma vantagem considerável em períodos de estiagem. O gado Niata, da América do Sul, mostra como uma pequena diferença estrutural pode ser significativa, em tais períodos, para a preservação da vida de um animal. Esse gado perscruta a relva tão bem quanto outros, mas, devido à projeção da mandíbula inferior, não alcança, em meio às secas recorrentes, as copas de árvores, como juncos e outras, que fornecem alimento ao gado comum e aos cavalos; e, nesses períodos, se não for alimentado por seus proprietários, o Niata perece. Antes de adentrar as objeções do sr. Mivart, convém explicar mais uma vez como a seleção natural atua em casos comuns. O homem modificou alguns de seus animais sem necessariamente dar atenção a pontos especiais de estrutura, apenas preservando e criando a partir dos indivíduos mais ágeis, como no caso do cavalo de corrida e do cão galgo, ou do galo de rinha, criado a partir das aves vitoriosas em combate. Também na natureza, com o surgimento da girafa, os indivíduos que perscrutavam mais alto e conseguiam, em períodos de estiagem, alcançar uma polegada ou duas acima dos outros teriam sido os preservados com mais frequência, pois vasculhariam a região inteira em busca de alimento. Os tratados de história natural com medições cuidadosas mostram que partes de indivíduos de uma mesma espécie apresentam pequenas diferenças de tamanho. Essas diferenças proporcionais são devidas às leis de crescimento e de variação e não têm, para a maioria das espécies, o menor uso ou importância. Mas deu-se o contrário no caso da girafa, considerando-se seus prováveis hábitos de vida: os indivíduos cujas partes fossem mais alongadas que o usual teriam, em geral, sobrevivido aos demais. Então eles se cruzariam e deixariam uma prole, que ou herdaria a mesma peculiaridade ou teria uma tendência a variar da mesma maneira, enquanto indivíduos menos favorecidos a esse respeito estariam expostos a perecer.

Vemos, assim, que na natureza não há necessidade de separar pares singulares, como faz o homem quando metodicamente seleciona uma linhagem; a seleção natural preserva e separa todos os indivíduos superiores, permitindo que cruzem livremente, e destrói todos os inferiores. Por meio desse processo de longa duração, que corresponde exatamente ao que chamei de seleção não consciente pelo homem, combinado, sem dúvida, e isso é muito importante, aos efeitos hereditários do uso intensificado das partes, parece-me praticamente certo que um quadrúpede ungulado comum poderia ser convertido em uma girafa.

O sr. Mivart apresenta duas objeções a essa conclusão. Uma delas é que um corpo maior exigiria, obviamente, um suprimento maior de alimento, e ele considera "altamente provável que as desvantagens decorrentes iriam mais do que contrabalancear, em tempos de escassez, as vantagens adquiridas". Mas, dado o grande número de girafas existentes na África do Sul, onde também são abundantes alguns dos maiores antílopes do mundo, mais altos que um touro, por que duvidar que, quanto ao tamanho, poderiam ter existido gradações intermediárias de girafas, submetidas, como as atuais, às mais severas estiagens? Certamente, a habilidade de alcançar, a cada estágio de crescimento, um suprimento adicional de comida, intocado por outros quadrúpedes ungulados da mesma região, teria sido vantajosa à girafa. Tampouco se deve menosprezar o fato de que o volume maior serviria como proteção contra todas as feras predadoras, exceto o leão; contra o qual, mesmo assim, um pescoço mais longo, e, quanto mais longo, melhor, poderia servir, como observou o sr. Chauncey Wright, como uma espécie de torre de guarda. Por essa razão, diz *Sir* S. Baker, nenhum animal é tão difícil de perseguir quanto a girafa. Esse animal também utiliza o longo pescoço como meio de ataque e de defesa, ao agitar violentamente a cabeça, armada com protuberâncias à maneira de chifres. A preservação de uma espécie dificilmente poderia ser determinada por uma única vantagem; depende, ao contrário, de todas elas, pequenas ou grandes.

O sr. Mivart então se pergunta (e esta é sua segunda objeção): se a seleção natural é mesmo tão potente e a perscrutação de ramos mais altos é assim tão vantajosa, por que nenhum outro quadrúpede ungulado adquiriu um longo pescoço e uma estatura imponente, exceto, em menor medida, pelo camelo, pelo guanaco e pela macrauquênia? Ou, do mesmo modo, por que nenhum membro desse grupo adquiriu uma longa probóscide? Com relação à África do Sul, que outrora foi habitada por numerosas manadas de girafas, a resposta não é difícil, e a melhor maneira de fornecê-la é mediante uma ilustração. Em qualquer um dos prados da Inglaterra em que cresçam árvores, vemos que os ramos mais baixos são cortados ou aplainados pela ação dos cavalos ou do gado; que vantagem teriam ovelhas, por exemplo, num lugar como esse, em adquirir um pescoço um pouco mais longo? Sem dúvida, há em cada distrito espécies de animais que alcançam mais alto que outros, e é quase certo que a espécie capaz de alcançar mais alto teria o pescoço alongado para esse propósito graças à seleção natural e aos efeitos do uso intensificado. Na África do Sul, a competição pela perscrutação dos ramos mais altos das acácias e de outras árvores se dá entre uma girafa e outra, e não entre a girafa e outros animais ungulados.

É impossível saber por que, em outras partes do mundo, animais pertencentes a essa mesma ordem não adquiriram um pescoço alongado ou uma probóscide; mas é tão insensato esperar por uma resposta clara a essa questão quanto querer saber por que um evento da história humana ocorreu em um país e não em outro. Ignoramos as condições que determinam o número e a disseminação de cada espécie; e não temos sequer como conjecturar quais mudanças de estrutura seriam favoráveis a seu aumento em uma nova região. Podemos, no entanto, ver que, de maneira geral, causas variadas interferiram no desenvolvimento de um pescoço longo ou de uma probóscide. Para alcançar folhagem em altura considerável sem ter de escalar a árvore, função para a qual os animais ungulados são particularmente impróprios, é necessário um aumento considerável do volume do corpo; e sabemos que algumas áreas sustentam pouquíssimos quadrúpedes de grande porte, por exemplo, a América do Sul, apesar de tão luxuriante, enquanto na África do Sul eles são incomparavelmente numerosos. Por que é assim, não se sabe; e tampouco se sabe por que os períodos terciários tardios foram tão mais favoráveis à sua existência que o período atual. Quaisquer que sejam as causas, vemos que certos distritos e determinados períodos foram muito mais favoráveis ao desenvolvimento de um quadrúpede do porte da girafa.

Para que um animal possa adquirir uma estrutura especial altamente desenvolvida, é quase indispensável que muitas outras partes sejam modificadas e coadaptadas. Do fato de cada uma das partes do corpo variar minimamente não se segue que as partes necessárias variem sempre na direção correta e no grau certo. Sabemos que nas diferentes espécies de nossos animais domésticos as partes variam de diferentes maneiras e em diferente grau e que algumas espécies variam muito mais do que outras. Mesmo que surgissem variações adaptadas, não se segue que a seleção natural conseguiria atuar a partir delas e produzir uma estrutura aparentemente benéfica à espécie. Por exemplo, se o número de indivíduos existentes em um país é determinado principalmente pela destruição de feras predadoras por parasitas, sejam externos ou internos, como muitas vezes parece o caso, então a seleção natural ou pouco poderá fazer ou será grandemente retardada na modificação de uma estrutura particular para obtenção de alimento. Por fim, a seleção natural é um processo lento e, para que um efeito acentuado se produza, é preciso que persistam, por longo tempo, as mesmas condições naturais. Essas razões vagas e gerais são as únicas que permitem compreender por que quadrúpedes ungulados não adquiriram, em outras partes do mundo, pescoços mais alongados ou outros meios para perscrutar os ramos mais altos das árvores.

Outros autores formularam objeções da mesma natureza. Em cada um dos casos por eles mencionados, é provável que causas variadas, além das causas gerais indicadas, tenham interferido na aquisição, por meio de seleção natural, de estruturas tidas como benéficas a certas espécies. Um autor se pergunta: por que o avestruz não adquiriu o poder de voar? Mas um mínimo de reflexão mostra que seria necessário um enorme suprimento de alimento para dar a esse pássaro do deserto força suficiente para deslocar seu corpo pelo ar. Ilhas oceânicas são habitadas por morcegos e também por focas, mas não por mamíferos terrestres; e, como alguns desses mamíferos são espécies peculiares, é necessário que habitem seus lares há um bom tempo. Portanto, pergunta-se *Sir* Charles Lyell, oferecendo por conta própria algumas respostas, por que os morcegos e as focas não deram à luz, em tais ilhas, formas capazes de habitá-las? Para isso, seria necessário que as focas fossem primeiro convertidas em animais carnívoros terrestres de tamanho considerável e os morcegos, por sua vez, em animais insetívoros terrestres; para os primeiros, não haveria presas; já os últimos poderiam se alimentar de insetos de solo, que, no entanto, já seriam devorados pelos répteis ou pássaros que primeiro colonizaram a maioria das ilhas oceânicas e são ali tão abundantes. Gradações de estrutura, cada uma das etapas sendo benéfica à espécie em modificação, só são favorecidas em circunstâncias muito peculiares. Um animal estritamente terrestre, ao buscar alimento em águas rasas, depois em riachos ou lagos, poderia terminar sendo convertido em um animal tão perfeitamente aquático que desbravaria o mar aberto. Mas ilhas oceânicas não oferecem às focas condições favoráveis à reconversão em formas terrestres. Morcegos, como foi mostrado, provavelmente adquiriram suas asas primeiro ao planar de uma árvore a outra, como os chamados esquilos voadores, para, assim, escapar a seus inimigos e para evitar quedas; mas, uma vez desenvolvido o poder de voar propriamente dito, jamais poderia haver reconversão, não nas mesmas condições, para o poder de planar, menos eficiente. Os morcegos podem, de fato, ter as asas grandemente reduzidas, como certos pássaros, ou mesmo perdê-las por completo, por desuso; mas, para isso, seria necessário que primeiro adquirissem o poder de correr rapidamente no chão, apenas com o auxílio de suas patas dianteiras, para, assim, competir com pássaros ou outros animais de solo, modificação para a qual os morcegos parecem ser especialmente inaptos. Essas observações conjecturais foram feitas apenas para mostrar que uma transição estrutural, com cada um dos passos sendo benéfico, é algo altamente complexo, e não admira que certas transições não ocorram em casos determinados.

Por fim, mais de um autor se perguntou por que alguns animais têm poderes mentais mais desenvolvidos que outros, dado que um desenvolvimento como esse seria benéfico a todos. Por que os macacos não adquiriram os poderes intelectuais do homem? Várias causas poderiam ser atribuídas a isso; mas, como são conjecturais, e sua probabilidade relativa não pode ser mensurada, seria inútil oferecê-las aqui. Não há de esperar por uma resposta definitiva à última dessas questões, visto que ninguém consegue resolver nenhum problema mais simples: por que, entre duas raças de selvagens, uma se alçou mais alto que outra na escala da civilização? É algo que, aparentemente, implica aumento de poder cerebral.

Retornemos às outras objeções do sr. Mivart. Insetos muitas vezes se assemelham, para se proteger, a variados objetos, como folhas verdes ou secas, copas mortas, parcelas de líquen, flores, espinhos, excremento de pássaros e outros insetos. O grau de semelhança é, com frequência, impressionante e não se restringe à cor, estendendo-se à forma e mesmo à maneira como os insetos guardam posição. As lagartas que se projetam imóveis como copas mortas dos arbustos dos quais se alimentam são um excelente exemplo desse tipo de semelhança. Casos de imitação de objetos como o excremento de pássaros são raros e excepcionais. A esse respeito, observa o sr. Mivart:

> Como, de acordo com a teoria do sr. Darwin, há uma tendência constante à variação indefinida, e como as variações mínimas incipientes ocorrem *em todas as direções*, segue-se que elas tendem a se neutralizar umas às outras e, de início, a formar modificações tão instáveis que é difícil, se não impossível, ver como tais oscilações a partir de começos infinitesimais poderiam alguma vez construir uma semelhança suficientemente apreciável de uma folha, de um bambu ou de outro objeto qualquer, da qual a seleção natural possa se apropriar e perpetuar.

Mas, em todos os casos precedentes, os insetos sem dúvida poderiam apresentar, em seu estado original, alguma similaridade rudimentar e acidental a um objeto comumente encontrado nos locais por eles frequentados. Não é algo improvável, considerando-se o número quase infinito de objetos circundantes e a diversidade de forma e cor dos hospedeiros de insetos. Como uma semelhança rudimentar é necessária para um primeiro começo, podemos entender por que os animais maiores, superiores, não se assemelham – exceto, ao que saiba, pelo peixe – a objetos especiais em busca de proteção, apenas à superfície ao seu entorno e principalmente quanto à cor. Supondo que um inseto originalmente se assemelhasse, em algum grau, a um galho ou a uma folha seca e depois variasse de diferentes modos, então todas as variações que tornassem o inseto de alguma maneira mais similar a tal objeto, favorecendo assim a sua proteção, seriam preservadas, enquanto todas as outras variações seriam negligenciadas, até que, por fim, desaparecessem; ou, se tornassem o inseto menos similar ao objeto, seriam eliminadas. A objeção do sr. Mivart só teria força se quiséssemos explicar tais similaridades independentemente da seleção natural, por meio de meras variações flutuantes.

Tampouco vejo força na dificuldade do sr. Mivart com relação aos "últimos toques de perfeição na mimetização", como o exemplo dado pelo sr. Wallace, do inseto louva-a-deus (*Ceroxylus laceratus*), que se assemelha "a um galho recoberto por musgo, ou *Jungermannia*". É uma similaridade tão estreita que um Dyak nativo afirmou que os excrementos foliáceos "eram de fato musgo". Insetos são caçados por pássaros e outros inimigos, cuja visão provavelmente é mais aguçada que a nossa; cada grau de semelhança que auxilie um inseto a escapar ileso tenderia à sua preservação, e, quanto maior a semelhança, melhor para o inseto. Considerando-se a natureza das diferenças entre as espécies do grupo que incluem o supracitado *Ceroxylus*, não é improvável que o revestimento irregular desse inseto tenha variado, tornando-se mais ou menos esverdeada; pois, em cada grupo, os caracteres que diferem nas muitas espécies são os mais aptos a variar, enquanto os caracteres genéticos, ou aqueles comuns à espécie como um todo, são os mais constantes.

A baleia da Groenlândia é um dos animais mais maravilhosos do mundo, e a franja ou osso balear é uma de suas maiores peculiaridades. A franja consiste em uma fileira em cada lado da mandíbula superior com cerca de trezentas pranchas ou lâminas, dispostas uma ao lado da outra em posição transversal ao eixo mais longo da boca. Cada fileira principal comporta fileiras subsidiárias. As extremidades e margens internas de cada franja se apresentam em cerdas finas que revestem o gigantesco palato e servem para coar ou peneirar a água, capturando, assim, as pequenas presas de que esses grandes animais subsistem. A lâmina do meio, que é a mais longa, chega a ter dez, doze ou mesmo quinze pés de extensão [3, 3,6, 4,5 m]; nas diferentes espécies de cetáceos, há gradações de extensão. De acordo com Scoresby, essa lâmina tem, em algumas espécies, quatro pés, três em outras e dezoito em outras [1,2, 0,9 e 5,4 m] e, ainda, na *Balaenoptera rostrata*, apenas cerca de nove polegadas [22,8 cm] de extensão. A qualidade do osso balear também varia em diferentes espécies.

Com relação à franja, o sr. Mivart observa que, "uma vez tivesse atingido uma dimensão tal que a tornasse útil, sua preservação e seu desenvolvimento seriam promovidos apenas por seleção natural. Mas como chegar ao ponto de partida desse processo?". Em resposta a isso, pode-se perguntar por que os primeiros progenitores das baleias franjadas não teriam uma boca estruturada à maneira do bico lamelado de um pato. Patos, como baleias, subsistem peneirando a lama e a água; e a família foi chamada de *Criblatores*, ou peneiradores. Não quero dizer que os progenitores das baleias realmente possuíram bocas lameladas como bicos de patos. Quero apenas mostrar que isso não tem nada de incrível e que as imensas placas franjadas da baleia da Groenlândia poderiam ter se desenvolvido a partir de tais lamelas, em sutis gradações, cada uma delas útil ao animal que as possuísse.

O bico do pato escavador (*Spatula clypeata*) é uma estrutura ainda mais bela e complexa que a boca da baleia da Groenlândia. No espécime que examinei, a mandíbula superior era dotada, em cada um dos lados, de uma fileira ou de um pente formado por 188 lamelas finas e elásticas, biseladas obliquamente, pontiagudas, dispostas transversalmente em relação ao eixo da boca. Nascem no palato e são presas à lateral das mandíbulas por membranas flexíveis. As mais próximas ao meio são as mais longas, com cerca de uma polegada [2,5 cm] de extensão e projetando-se a cerca de catorze polegadas [35,5 cm] a partir da extremidade superior. Na base encontra-se uma curta fileira subsidiária de lamelas obliquamente transversais. Em tudo isso, são muito similares às placas franjadas da baleia da Groenlândia. Mas na extremidade do bico diferem muito, pois se projetam para dentro, e não, como na baleia, para baixo. A cabeça inteira do pato escavador, embora incomparavelmente menos volumosa, tem cerca de 1/18 da extensão da cabeça de uma *Balaenoptera rostrata*, espécie de baleia cujas placas franjadas não atingem mais que nove polegadas [22,8 cm] de extensão. De tal modo que, se concebêssemos a cabeça do pato escavador com a mesma extensão daquela da *Balaenoptera*, as lamelas teriam seis polegadas [15,2 cm] de extensão, ou seja, dois terços de seu tamanho nessa espécie de baleia. A mandíbula inferior do pato escavador é dotada de lamelas com a mesma extensão daquelas da mandíbula inferior, embora mais finas, e nisso difere acentuadamente do maxilar inferior da baleia, que é desprovido de franja. Por outro lado, as extremidades das lamelas inferiores são franjadas em finas cerdas, de modo que se assemelham às placas da baleia. No gênero *Prion*, um membro da distinta família dos petréis, apenas a mandíbula superior é dotada de lamelas, bem desenvolvidas e projetadas abaixo da margem – o que dá ao bico desse pássaro alguma semelhança com a boca de uma baleia.

Partindo da estrutura altamente desenvolvida do bico do pato escavador, podemos proceder sem grandes interrupções (como constatei com base em informações e espécimes cedidos a mim pelo sr. Salvin), no que diz respeito à adaptação ao peneiramento, até o bico do pato comum, passando pelo do *Merganetta armata* e, sob certos aspectos, pelo do *Aix sponsa*. No pato comum, as lamelas são muito mais grossas que no escavador e estão firmemente presas às laterais da mandíbula; não há mais do que cinquenta em cada lado e elas não se projetam abaixo da margem. São achatadas e, em suas extremidades, há um tecido duro translúcido, como se fosse para esmagar o alimento. As extremidades da mandíbula inferior são cruzadas por numerosos cumes finos de pouca projeção. Embora o bico do pato comum seja muito inferior, como peneira, ao do escavador, nem por isso esse pássaro deixa de utilizá-lo para esse propósito. Há outras espécies, segundo me disse o sr. Salvin, nas quais as lamelas são consideravelmente menos desenvolvidas que no pato comum; mas não sei se utilizam seus bicos para peneirar a água.

Voltando-nos a outro grupo da mesma família, o bico do ganso egípcio (*Chenalopex*) é muito semelhante ao do pato comum; mas as lamelas não são tão numerosas nem tão distintas entre si, e tampouco se voltam tanto para dentro. Esse ganso, segundo informa o sr. E. Bartlett, "utiliza seu bico como um pato, expelindo a água pelos cantos laterais". Seu principal alimento é a relva, que ele masca como o ganso comum. Neste último pássaro, as lamelas da mandíbula superior são muito mais ásperas que as do pato comum, são quase convergentes, 27 em cada lado, e terminam acima em nodos similares a dentes. As extremidades da mandíbula inferior têm dentes muito mais proeminentes, ásperos e pontiagudos que os do pato. O ganso comum não peneira a água e utiliza o bico exclusivamente para lacerar ou cortar verduras, propósito para o qual está tão bem-adaptado que consegue mascar a grama com mais habilidade que praticamente qualquer outro animal. Há outras espécies de ganso, segundo informa o sr. Bartlett, com as lamelas tão bem desenvolvidas quanto as do ganso comum.

Vemos, assim, que um membro da família dos patos, dotado de um bico construído tal como o do ganso comum e adaptado unicamente ao pasto, ou mesmo um membro com lamelas menos desenvolvidas, poderia ser convertido, com pequenas modificações, em uma espécie como o ganso egípcio, este, por sua vez, em outra, similar a um pato comum, até que por fim surgisse uma espécie similar ao pato escavador, com um bico adaptado quase exclusivamente ao peneiramento da água – pois, para capturar e mastigar alimento sólido, o escavador mal consegue utilizar outra parte de seu bico além da extremidade. Eu poderia acrescentar que o bico de um ganso também poderia ser convertido, por pequenas modificações, em um bico dotado de dentes proeminentes e recurvados, como os do pato--mergulhão (membro da mesma família), servindo a um propósito inteiramente diferente: a captura de peixe.

Retornando às baleias, a *Hyperodon bidens* é desprovida de dentes verdadeiros em condição utilizável, mas, de acordo com Lacépède, seu palato é áspero, com pequenas saliências pontiagudas e ásperas, distribuídas irregularmente. Portanto, não há nada de improvável na suposição de que alguns dos primeiros cetáceos teriam sido dotados de saliências similares a essas, distribuídas mais regularmente, e que, tal como os nodos no bico do ganso, auxiliavam-no a capturar e a lacerar alimento. Assim, dificilmente se poderia negar que as saliências seriam convertidas, por variação e seleção natural, em lamelas tão bem desenvolvidas como as do ganso egípcio, sendo utilizadas tanto para capturar objetos como para filtrar a água; posteriormente, seriam convertidas em lamelas como as do pato comum doméstico; e assim por diante, até que se tornassem tão bem formadas como as lamelas do pato escavador, servindo exclusivamente como aparato de peneiramento. A partir desse estágio, no qual as lamelas teriam 2/3 da extensão daquelas do palato da baleia da *Balaenoptera rostrata*, gradações ascendentes (encontradas em certos cetáceos) nos conduzem ao enorme palato da baleia da Groenlândia. E não há por que duvidar de que cada um dos passos dessa escala teria sido útil a certos cetáceos antigos, com a lenta alteração das funções das partes durante o processo de desenvolvimento, a exemplo das gradações de bicos nos diferentes membros da família dos patos. Deve-se ter em mente que cada uma das espécies de pato está submetida a uma severa luta pela existência e que a estrutura de cada uma das partes de sua armação deve estar bem-adaptada às condições de vida.

Os *Pleuronectidae*, ou peixes achatados, destacam-se por seu corpo assimétrico. Apoiam-se sobre um dos lados – na grande maioria da espécie, o esquerdo, mas, em alguns casos, o direito – e podem ocorrer espécimes adultos revertidos. A superfície inferior, ou de apoio, lembra à primeira vista a superfície ventral de um peixe ordinário; tem cor branca, é menos desenvolvida, sob muitos aspectos, que a superfície superior e, com frequência, as nadadeiras laterais são menores. O mais peculiar são os olhos: pois ambos se encontram no lado superior da cabeça; mas, na primeira infância, situam-se um em oposição ao outro e, então, o corpo inteiro é simétrico, com ambos os lados coloridos. Não demora para que o olho próprio do lado inferior comece a se deslocar lentamente pela cabeça, rumo ao lado superior; mas ele não passa diretamente pelo crânio, como se pensava ser o caso. É óbvio que, se não se deslocasse, o olho inferior não poderia ser utilizado pelo peixe enquanto permanecesse em sua posição habitual; e o olho inferior seria friccionado contra o fundo arenoso do mar. Que os *Pleuronectidae* estão admiravelmente adaptados a seus hábitos de vida, graças à sua estrutura achatada e assimétrica, é manifesto pelo fato de numerosas de suas espécies serem muito comuns, como a solha, o linguado e outros. As principais vantagens assim adquiridas parecem ser a proteção em relação aos inimigos e a facilidade de se alimentar do chão. Mas, como observa Schiødte, os diferentes membros da família apresentam "uma longa série de formas que exibem uma transição gradual, do *Hippoglossus pinguis*, que não muda muito de forma desde que deixa a ova, até as solhas, que se apoiam inteiramente sobre um dos lados".

O sr. Mivart menciona esse exemplo e nota que uma súbita transformação na posição dos olhos é algo difícil de conceber. Concordo com ele. E então acrescenta: "Se a transição fosse gradual, não é claro como o lento deslocamento inicial de um dos olhos pelo crânio poderia beneficiar o indivíduo. Parece, ao contrário, que uma transformação incipiente como essa lhe seria prejudicial". Ele teria uma resposta a essa objeção se tivesse consultado as excelentes observações publicadas por Malm em 1867. Em sua idade mais tenra, quando ainda são simétricos e têm olhos em cada um dos lados do corpo, os *Pleuronectidae* não conseguem se manter em posição ereta, devido à profundidade excessiva de seus corpos, o tamanho pequeno de suas nadadeiras laterais e ao fato de não terem barbatana. Logo se cansam e tombam sobre um dos lados no chão. Quando em repouso, observa Malm, com frequência reviram o olho de baixo para cima, tentando ver o que se passa: e o fazem com tanta força que o olho é pressionado contra a parte superior da órbita. A testa entre os olhos é, por conseguinte, temporariamente contraída, como não poderia deixar de ser. Malm diz ter visto um jovem peixe elevar e abaixar o olho inferior a um ângulo de setenta graus.

Não se deve esquecer que, nessa idade, o crânio é cartilaginoso e flexível e cede à contração muscular. Sabe-se ainda que, nos animais superiores, mesmo após a primeira infância, o crânio cede e tem a forma alterada caso a pele ou os músculos sejam permanentemente contraídos por uma doença ou acidente. Em coelhos de orelhas longas, se uma das orelhas desloca-se para a frente e para trás, ela leva consigo para o mesmo lado, com seu peso, todos os ossos do crânio. Malm afirma que filhotes recém-nascidos de pargo, salmão e outros peixes simétricos têm, ocasionalmente, o hábito de se apoiar sobre o fundo do mar e observou que, em tais ocasiões, com frequência forçam o olho inferior a olhar para cima, pressionando o crânio. Mas, assim, nenhum efeito permanente é produzido, pois esses peixes não demoram a se sustentar em posição ereta. Já os *Pleuronectidae*, quanto mais velhos se tornam, mais se habituam a se apoiar sobre um dos lados, devido ao crescente achatamento de seus corpos, o que produz um efeito na forma da cabeça e na posição dos olhos. A julgar pela analogia, a tendência à distorção seria, sem dúvida, reforçada pela hereditariedade. Schiødte acredita, diferentemente de certos naturalistas, que esses peixes não são simétricos sequer no embrião; se for assim, podemos compreender por que certas espécies desse gênero, quando na tenra idade, tombam sobre o lado esquerdo e outras, sobre o direito. Malm corrobora essa ideia ao acrescentar que o *Trachypterus arcticus*, que não é um membro do gênero, apoia-se sobre o lado esquerdo, quando no fundo do mar, e nada diagonalmente pela água; e, segundo se diz, os lados desse peixe são dissimilares. Nossa grande autoridade em peixes, o dr. Günther, conclui seu resumo do artigo de Malm observando que "o autor oferece uma explicação bastante simples para a condição anormal dos pleuronectoides".

Vemos, assim, que as etapas iniciais do deslocamento dos olhos pelo crânio, que o sr. Mivart considera prejudiciais, podem ser atribuídas ao hábito, sem dúvida benéfico ao indivíduo e à espécie, de tentar olhar para cima com ambos os olhos, com um dos lados do corpo apoiado sobre o fundo do mar. Também podemos atribuir aos efeitos do uso, quando se tornam hereditários, o fato de a boca, em muitas espécies de peixe achatado, estar voltada para a superfície inferior, com os ossos do crânio mais fortes e mais efetivos nesse lado do que no outro, o que facilitaria, supõe o dr. Traquair, a sua alimentação no solo. O desuso, por outro lado, explicaria a condição menos desenvolvida da metade inferior do corpo, incluindo as nadadeiras laterais; Yarrel é da opinião de que a dimensão reduzida destas é vantajosa para o peixe, "pois há muito menos ocasião para que atuem do que para as nadadeiras maiores da parte superior". O desuso talvez explique também a quantidade desproporcional de dentes na mandíbula inferior (de 25 a 30) em relação à superior (de 4 a 7). É razoável supor, a partir da superfície ventral descolorida da maioria dos peixes e de tantos outros animais, que a ausência de cor no lado achatado que permanece voltado para baixo, seja o esquerdo ou o direito, deve-se à falta de luz. Mas não se deve inferir que a mesma causa explicaria a peculiar aparência do lado superior da solha, que é manchado e emula o leito arenoso do mar, ou a capacidade de algumas espécies, recentemente documentada por Pouchet, de mudar de cor de acordo com a superfície circundante ou, ainda, a presença de tubérculos ósseos no lado superior do rodovalho. Nesses casos, é provável que a seleção natural tenha atuado na forma dos peixes, bem como em outras peculiaridades, adaptando-as aos hábitos de vida. Deve-se ter em mente, como insisti antes, que a seleção reforça efeitos herdados do uso intenso de certas partes e talvez também de seu desuso. Assim são preservadas todas as variações espontâneas que se deem na direção correta e também todos os indivíduos que herdem, no mais alto grau, os efeitos do uso intenso e benéfico de uma parte qualquer. Mas, ao que parece, é impossível decidir o quanto se deve atribuir, em um caso particular, aos efeitos do uso e à seleção natural.

Darei outro exemplo de estrutura que aparentemente deve sua origem exclusivamente ao uso ou hábito. Em alguns macacos americanos, a extremidade do rabo foi convertida em um maravilhoso órgão preênsil e serve como uma quinta mão. Um resenhista que concorda integralmente com o sr. Mivart pergunta-se, a respeito dessa estrutura: "Como crer que, no decorrer de algumas eras, uma primeira tendência incipiente a agarrar objetos pudesse preservar a vida dos indivíduos dela dotados ou favorecer suas chances de produzir e criar uma prole?". Mas não é preciso crer em tal coisa. O hábito seria suficiente para isso, o que praticamente implica que algum benefício, não importa se grande ou pequeno, derivaria dessa tendência. Brehm viu um filhote de macaco africano (*Cercopithecus*) pendurando-se com as mãos à superfície inferior do corpo da mãe, ao mesmo tempo que seu pequeno rabo se entrelaçava ao dela. O prof. Henslow manteve confinados camundongos de colheita (*Mus messorius*) que não possuem rabo com estrutura preênsil e pôde observar que, com frequência, eles enrolavam o rabo ao redor de galhos de um arbusto colocado na gaiola, o que os auxiliava a escalá-lo. O dr. Günther fez-me um relato similar a esse, ao ver um camundongo suspenso pelo rabo. Se o camundongo de colheita fosse um animal mais estritamente arbóreo, talvez seu rabo se tornasse estruturalmente preênsil, como acontece em membros da mesma ordem. É possível, contudo, que a longa cauda do macaco africano sirva-lhe mais como órgão para se balançar, permitindo-lhe dar prodigiosos saltos, do que como órgão preênsil.

Glândulas mamárias são comuns à classe dos mamíferos como um todo e são indispensáveis à sua existência. Devem, portanto, ter se desenvolvido em um período extremamente remoto, e nada sabemos de certo a respeito de seu desenvolvimento. O sr. Mivart pergunta: "Poderia um filhote de um animal qualquer ser poupado da destruição pelo gesto acidental de sugar uma gota de um líquido de baixa nutrição, emitida por uma glândula cutânea acidentalmente atrofiada de sua mãe?". Mas a questão não está bem formulada. A maioria dos que defendem a evolução admite que os mamíferos descendem de uma forma marsupial; e, sendo assim, as glândulas mamárias teriam primeiro se desenvolvido dentro da bolsa marsupial. Certos peixes, como o cavalo-marinho (*Hippocampus*), chocam os ovos e alimentam os filhotes por um tempo em uma bolsa similar a essa; e um naturalista estadunidense, o sr. Lockwood, acredita, pelo que viu do desenvolvimento dos filhotes, que eles são alimentados por uma secreção das glândulas cutâneas da bolsa. Pois bem, não é possível que os primeiros progenitores dos mamíferos, antes mesmo que pudessem receber essa alcunha, tenham alimentado os filhotes desse mesmo modo? Nesse caso, os indivíduos que secretassem um fluido que fosse, em alguma medida ou de alguma maneira, o mais nutritivo, compartilhando da natureza do leite, iriam, no longo prazo, alimentar um número maior de filhotes bem nutridos do que os indivíduos que secretassem um fluido menos nutritivo. E, assim, as glândulas cutâneas, que são homólogas às glândulas mamárias, seriam aprimoradas ou tornadas mais eficazes. É um fato condizente com o princípio da especialização, de validade geral, que as glândulas de uma parte da bolsa se desenvolvam mais que outras, formando uma mama, de início desprovida de mamilo, como vemos no ornitorrinco, que está na base na série dos mamíferos. Não tenho como determinar qual o agenciamento responsável por tornar as glândulas de um ponto mais especializadas que as de outro – se a compensação do crescimento, o efeito do uso ou a seleção natural.

O desenvolvimento das glândulas mamárias não teria nenhuma serventia e não poderia ser efetuado por seleção natural a não ser que, ao mesmo tempo, os filhotes pudessem compartilhar da secreção. Não há mais dificuldade em conceber que os filhotes dos mamíferos aprenderam instintivamente a sugar a mama do que em conceber que os pintos aprenderam a quebrar a casca dos ovos batendo contra elas com bicos especialmente adaptados ou, como aprenderam, poucas horas após terem-no feito, a ciscar as primeiras migalhas de comida. Nesses casos, tudo parece indicar que o hábito foi de início adquirido pela prática em uma idade mais avançada, sendo depois transmitido à prole em uma idade mais tenra. Mas, segundo se diz, o filhote de canguru não suga o mamilo de sua mãe, apega-se a ele, que tem o poder de ejetar leite na boca de sua prole desprotegida e em formação. A esse respeito, observa o sr. Mivart:

> Se não houvesse uma provisão especial, os filhotes sufocariam com a intrusão do leite em seus alvéolos. Mas *há* uma provisão especial. A laringe seria tão alongada que alcançaria a extremidade posterior da passagem nasal, dando, assim, trânsito livre ao ar dos pulmões, enquanto o leite passasse inofensivamente por ambas as laterais da laringe alongada e chegando com segurança ao esôfago.

O sr. Mivart pergunta então: poderia a seleção natural ter removido, no canguru adulto (e na maioria dos outros mamíferos, supondo-se que descenderam de uma forma marsupial), "essa estrutura perfeitamente inocente e inofensiva?". Pode-se sugerir, como resposta, que a voz, que certamente é muito importante para muitos animais, dificilmente poderia ser utilizada com plena força enquanto a laringe adentrasse a passagem nasal. Sigo aqui a sugestão, feita a mim pelo prof. Flower, de que essa estrutura interferiria consideravelmente na capacidade do animal de sorver alimento sólido.

Voltemo-nos agora, por um instante, às divisões inferiores do reino animal. Os *Echinodermata* (estrelas-do-mar, ouriços-do-mar etc.) possuem órgãos notáveis, chamados de pedicelárias, que, quando desenvolvidos, consistem em um fórceps tridáctilo, ou seja, são formados por três braços serrados, precisamente encaixados um no outro no topo de um estame flexível movido por músculos. Esses fórceps agarram com firmeza todo e qualquer objeto. Alexander Agassiz viu um *Echinus*, ou ouriço-do-mar, passando rapidamente, de um fórceps a outro, partículas de excremento, por certas linhas de seu corpo, para que a concha não fosse manchada. Não há dúvida de que, além de remover todo tipo de sujeira, servem também para outras funções: uma delas parece ser a defesa.

O que leva o sr. Mivart, como em tantas outras ocasiões, a perguntar: "Qual seria a utilidade dos *primeiros rudimentos* dessas estruturas, e como construções tão insípidas poderiam preservar a vida de um único *Echinus*?"; e acrescenta:

Nem mesmo o *súbito* desenvolvimento da ação de sugar poderia ser benéfico sem uma haste solta e móvel, que, por sua vez, não poderia ser eficaz sem dentes para a succão; mas nenhuma variação mínima indefinida poderia desenvolver simultaneamente essas complexas coordenações de estruturas. Negá-lo seria um flagrante paradoxo.

Por paradoxal que possa parecer ao sr. Mivart, o fato é que existem estrelas-do-mar dotadas de fórceps tridáctilos e, para compreender por que basta supor que ao menos sejam utilizados como meios de defesa. O sr. Agassiz, que gentilmente me forneceu muitas informações a esse respeito, afirma que há outras estrelas-do-mar nos quais um dos três braços do fórceps é reduzido a um suporte para os outros dois e há gêneros desprovidos de um terceiro braço. A concha do *Echinoneus* é descrita pelo sr. Perrier como tendo duas pedicelárias, uma como a do *Echinus*, outra como a do *Spatangus*. Casos assim são sempre interessantes, pois oferecem os termos médios de transições aparentemente repentinas, com o descarte de um ou dois estágios de desenvolvimento de um órgão.

Com relação aos estágios de desenvolvimento desses curiosos órgãos, o sr. Agassiz infere, de suas próprias pesquisas e daquelas de Müller, que tanto em estrelas-do-mar como em ouriços-do-mar as pedicelárias devem, sem dúvida, ser tomadas como espinhas modificadas. É o que se pode inferir de sua maneira de desenvolvimento no indivíduo, bem como de uma longa e perfeita série de gradações em diferentes espécies e gêneros, de simples grânulas a espinhas comuns, e destas a pedicelárias tridáctilas. As gradações estendem-se à maneira como espinhas comuns e pedicelárias se articulam à concha com suas varas calcárias. Em certos gêneros de estrela-do-mar, chegam a ser encontradas "as combinações necessárias para mostrar que as pedicelárias são simples espinhas ramificadas modificadas". Assim, temos espinhas fixas, com três ramos equidistantes, serrados e móveis, articulados junto à base; e mais acima, na mesma espinha, três outros ramos móveis. Estes, quando se erguem a partir do cume de uma espinha, formam, na verdade, uma pedicelária tridáctila rudimentar, que pode ser vista, na mesma espinha, com os três ramos inferiores. Nesse caso, é inequívoca a natureza idêntica dos braços da pedicelária e dos ramos móveis da espinha. Costuma-se aceitar que as espinhas comuns servem como proteção. Assim, não há razão para duvidar que aquelas dotadas de ramificações serradas e móveis servem para o mesmo propósito, e tão mais eficientemente, pois, ao deparar com outras, atuariam como aparatos preênseis ou de ataque. Portanto, cada gradação, desde a espinha comum fixa até a pedicelária fixa, teria a sua utilidade.

Em certos gêneros de estrela-do-mar, esses órgãos, em vez de serem fixos ou estarem presos a um suporte imóvel, situam-se no cume de um estame muscular flexível, embora curto; e provavelmente servem a uma função adicional, além da defesa. É possível acompanhar, nos ouriços-do-mar, os passos pelos quais uma espinha fixa torna-se articulada à concha e, assim, adquire mobilidade. Gostaria de ter espaço para oferecer um resumo mais completo das interessantes observações do sr. Agassiz sobre o desenvolvimento das pedicelárias. Como ele mesmo diz, todas as gradações possíveis podem ser encontradas entre as pedicelárias de estrelas-do-mar e os ganchos de ofiuroides, outro grupo dos *Echinodermata*; e entre as pedicelárias de ouriços-do-mar e as âncoras dos *Holothuriae*, que pertencem a essa mesma classe.

Certos animais compostos, ou zoófitos, como são chamados, em particular os *Polyzoa*, são dotados de curiosos órgãos, ditos aviculares. Sua estrutura varia muito de espécie para espécie. Em sua condição mais perfeita, lembram, curiosamente, a cabeça e o bico de um abutre em miniatura, sustentados por um pescoço e capazes de movimento, como também o são o maxilar ou a mandíbula inferior. Em uma espécie que eu mesmo observei, todos os aviculares do mesmo ramo com frequência se moviam simultaneamente para trás e para a frente, com o maxilar inferior bem aberto, em um ângulo de noventa graus, em um intervalo de cinco segundos. O movimento era suficiente para que o *Polyzoa* como um todo tremesse. Quando tocadas por um alfinete, as mandíbulas o agarram com tanta firmeza que o ramo inteiro é abalado.

O sr. Mivart aduz esse caso, principalmente por conta da suposta dificuldade de que os órgãos aviculares dos *Polyzoa* e as pedicelárias dos *Echinodermata*, que ele considera "essencialmente similares", tenham sido desenvolvidos por seleção natural em divisões muito distintas do reino animal. Mas, no que diz respeito à estrutura, não vejo qualquer similaridade entre pedicelárias tridáctilas e órgãos aviculares. Esses últimos se parecem mais com as quelas ou pinças dos crustáceos; circunstância que o sr. Mivart poderia ter citado como dificuldade à minha teoria ou mesmo sua semelhança à cabeça e ao bico de uma ave. Naturalistas que cuidadosamente estudaram esse grupo, como os drs. Busk, Smitt e Nietsche, creem que os aviculares seriam homólogos aos zooides e a suas células, que compõem o zoófito – com o lábio móvel, ou a tampa da célula, correspondente à mandíbula inferior do avicular. O sr. Busk, porém, não sabe de quaisquer gradações atualmente existentes entre um zooide e um avicular. É impossível, portanto, conjecturar por meio de quais gradações proveitosas um poderia ter sido convertido no outro; mas disso não se segue que tais gradações não existiram.

Dado que a quela dos crustáceos lembra, em algum grau, o órgão avicular dos *Polyzoa*, ambos servem como pinças, pode ser interessante mostrar que, no que diz respeito ao último, uma longa série de gradações ainda existe. No primeiro e mais simples estágio, o segmento terminal de um membro se volta contra o cume quadrado do amplo segmento penúltimo, ou contra o lado inteiro, o que lhe permite agarrar objetos sem, com isso, deixar de servir como órgão de locomoção. Encontramos também um canto do amplo segmento penúltimo levemente proeminente, por vezes dotado de dentes irregulares, contra o qual o segmento terminal se volta. Graças ao aumento do tamanho dessa projeção, com sua forma, bem como a do segmento terminal, levemente modificadas e aprimoradas, as pinças se tornam mais e mais perfeitas, até que tenhamos, por fim, um instrumento tão eficiente quanto a quela de uma lagosta. Todas essas gradações podem ser identificadas.

Além do órgão avicular, os *Polyzoa* possuem outros curiosos órgãos, chamados de vibraculares. Em geral, eles consistem em longos filamentos, capazes de movimento e facilmente excitáveis. Em uma espécie que examinei, os órgãos vibraculares eram levemente recurvados e serrados ao longo da margem exterior; e todos eles se moviam, em um mesmo *Polyzoa*, simultaneamente; de modo que, atuando como longos remos, rapidamente agarraram um ramo depositado na prancha de meu microscópio. Quando um ramo foi depositado sobre seu rosto, os órgãos vibraculares se emaranharam e tentaram intensamente se libertar. Supõe-se que serviriam para defesa, e pode-se vê-los, como diz o dr. Busk, "deslizando cuidadosa e lentamente pela superfície do *Polyzoa*, removendo o que poderia ser nocivo aos delicados habitantes de células, quando seus tentáculos estão protraídos". É provável que, assim como os vibraculares, os órgãos aviculares sirvam para a defesa, mas também capturam e matam pequenos animais, que, acredita-se, são depois deslocados pelas correntes ao alcance dos tentáculos dos zooides. Algumas espécies são dotadas de órgãos aviculares e de órgãos vibraculares, e outras têm apenas os aviculares e umas poucas apenas os vibraculares.

Difícil imaginar dois objetos com aparência tão diferente do que um filamento ou um vibracular e um avicular como a cabeça de uma ave. No entanto, é quase certo que são homólogos e desenvolveram-se a partir de uma fonte em comum, o zooide com sua célula. Podemos assim entender por que, em alguns casos, há gradações entre esses órgãos, como informa o sr. Busk. Assim, no órgão avicular de muitas espécies de *Lepralia*, a mandíbula móvel é tão desenvolvida e lembra tanto um filamento que apenas a presença do bico superior permite determinar sua natureza avicular. É possível que o órgão vibracular tenha se desenvolvido diretamente a partir dos lábios de células, sem ter passado pelo estágio avicular; mais provável, no entanto, é que tenham passado por esse estágio, pois, nos estágios iniciais de transformação, as outras partes da célula, inclusive o zooide, dificilmente poderiam ser subitamente descartados. Em muitos casos, o órgão vibracular tem um suporte enrugado na base que parece representar o bico fixo; em outras espécies, esse suporte parece ausente. Essa teoria do desenvolvimento do órgão vibracular, caso seja verídica, é interessante: pois, supondo que todas as espécies dotadas deles se tornassem extintas, nem mesmo a mais fértil imaginação poderia conceber que os vibraculares existiram, originariamente, como parte de um órgão, similar a uma cabeça de pássaro ou a uma tampa ou cobertura irregular. É interessante ver dois órgãos tão diferentes desenvolvidos a partir de uma origem comum; e, como o lábio móvel da célula serve de proteção à zooide, não há dificuldade em conceber que todas as gradações pelas quais o lábio é convertido primeiro na mandíbula inferior de um órgão avicular e depois em um filamento alongado serviriam, do mesmo modo, como proteção, de maneiras diferentes e em circunstâncias diversas.

O sr. Mivart alude a apenas dois casos do reino vegetal, a saber, a estrutura das flores de orquídea e os movimentos de plantas trepadeiras. Em relação às primeiras, ele diz o seguinte: "A identificação de sua *origem* parece-me completamente insatisfatória e é inteiramente insuficiente para explicar os inícios incipientes, infinitesimais de estruturas que só são consideradas úteis quando plenamente desenvolvidas". Como tratei desse assunto em outra obra, já mencionada, darei aqui apenas alguns detalhes de uma das peculiaridades mais impressionantes das flores de orquídea, a saber, seus grãos de pólen. Quando desenvolvidos, eles formam bolos, fixados a uma haste de alimentação flexível, ou caudículo, que, por sua vez, prende-se a uma pequena massa de material extremamente viscoso. Por esse meio, os grãos são transportados pelos insetos de uma flor ao estigma de outra. Em algumas orquídeas, não há caudículo para os bolos de pólen, e finos fios mantêm juntos os grãos; mas estes, por não se restringirem a orquídeas, não precisam ser considerados aqui. Direi apenas que na base da série dos orquidáceos, no *Cypripedium*, podemos ver como os fios provavelmente vieram a se desenvolver. Em outras orquídeas, os fios convergem para uma das extremidades do bolo de pólen, o que forma o primeiro fio ou caudículo nascente. Temos boas evidências de que tal é a origem do caudículo, por mais desenvolvido que seja, nos grãos de pólen abortados por vezes encontrados nas partes sólidas centrais.

Com relação à segunda peculiaridade principal, a saber, a pequena massa de material viscoso ligada à extremidade do caudículo, pode-se especificar uma longa série de gradações, cada uma delas claramente útil à planta. Na maioria das flores pertencentes a outras ordens, o estigma expele um pequeno material viscoso. Em certas orquídeas, ocorre o mesmo, mas a quantidade de material é bem maior e é expelida por apenas um dos três estigmas, que, talvez em consequência disso, depois torna-se estéril. Quando um inseto visita uma flor desse gênero, uma porção do material viscoso gruda nele, que leva consigo, como consequência, alguns dos grãos de pólen.

Voltemo-nos agora para as trepadeiras. Elas podem ser arranjadas em uma longa série, desde as que se enrolam em torno de um suporte até as dotadas de gavinhas, passando pelas que chamei de trepadeiras de folha. Nessas duas últimas classes, os estames, geralmente, embora nem sempre, perderam a capacidade de escalar, mas não a de revolver, que as gavinhas também possuem. As gradações de trepadeiras de folha até a gavinha são maravilhosamente próximas, e certas plantas podem ser indiferentemente situadas em uma ou outra dessas classes. Mas, ascendendo-se na série desde as que simplesmente se enroscam até as trepadeiras de folha, acrescenta-se uma qualidade importante, a sensitividade ao toque, por meio da qual os pés pedunculados das folhas ou das flores, ou aquelas modificadas e convertidas em gavinhas, são impelidos a envolver o objeto que tocam. Quem leu meu trabalho a respeito dessas plantas[3] terá compreendido que as muitas gradações de função e estrutura entre simples plantas que se enrolam e portadoras de gavinhas são, em cada caso, altamente benéficas à espécie. Por exemplo, é claramente muito vantajoso para uma planta fiadeira tornar-se trepadeira de folha, e é provável que cada uma das plantas fiadeiras dotadas de longos pés pedunculados se transformasse em trepadeira de folha se os pés pedunculados possuírem,

---

3 *On the Movements and Habits of Climbing Plants* (1865).

em algum grau mínimo, a sensitividade ao toque. Como fiar é o meio mais simples de escalar uma superfície e forma a base de nossa série, pode-se perguntar, naturalmente, como as plantas adquiriram esse poder em grau incipiente, para que depois fosse melhorado e aprimorado por seleção natural. O poder de fiar depende, primeiro, de que os estames ainda jovens sejam extremamente flexíveis (caractere comum a muitas plantas que não são trepadeiras); e, segundo, de que continuamente se inclinem a todos os pontos do compasso, um após o outro, em sucessão, na mesma ordem. Com esse movimento, os estames se inclinam por todos os lados, movendo-se constantemente em círculos. Quando uma parte inferior de um estame depara com um objeto e é detida, a parte superior continua se redobrando e se revolvendo e, assim, necessariamente enfileira-se ao redor e ascende na superfície. O movimento de revolução cessa tão longo o caule tenha crescido. Como em muitas famílias de plantas amplamente separadas há espécies e gêneros singulares que possuem o poder de revolver, e tornaram-se assim fiadeiras, elas devem tê-lo adquirido independentemente, não poderiam tê-lo herdado de um progenitor em comum. Fui assim levado a prever que se constataria que uma leve tendência a esse tipo de movimento está longe de ser rara em plantas que não escalam, o que teria propiciado uma base de atuação para a seleção natural. Quando realizei essa previsão, sabia de apenas um caso, e imperfeito, o das jovens flores pedunculares de uma maurândia que revolvia de maneira tênue e irregular, como os estames de plantas fiadeiras, mas sem terem o mesmo hábito que elas. Logo depois, Fritz Müller descobriu que os jovens estames de uma *Alisma* e de um *Linum*, plantas que não escalam e estão bem separadas no sistema natural, claramente revolviam, embora de maneira irregular, e ele afirma ter razões para crer que o mesmo ocorre em outras plantas. Esses movimentos tênues não parecem ter qualquer serventia para a planta em questão e, de toda forma, não têm nenhum uso para escalar, que é o que nos interessa. Mas é evidente que, se os estames dessas plantas fossem flexíveis e se, nas condições em que se encontram, fosse vantajoso para eles ascender a certa altura, então o hábito de revolver de maneira tênue e irregular poderia ter sido incrementado e utilizado pela seleção natural, até que as plantas se convertessem em espécies fiadeiras bem desenvolvidas.

Com relação à sensitividade dos pés pedunculados de folhas e flores e das gavinhas, aplicam-se praticamente as mesmas observações válidas para o revolver das plantas fiadeiras. Como um grande número de espécies pertencentes a grupos muito diferentes é dotado dessa sensitividade, ela deve ser encontrada em muitas plantas que não se tornaram trepadeiras. É o caso. Pude observar que as jovens flores pedunculadas da mencionada maurândia recurvavam-se um pouco para o lado que era tocado. Morren constatou que em numerosas espécies de *Oxalis* as folhas e os pés pedunculados se moviam, especialmente após serem expostos ao sol quente, ao serem delicada e repetidamente tocados ou quando a planta era balançada. Repeti essas observações em outras espécies de *Oxalis*, com o mesmo resultado. Em algumas delas, o movimento era distinto, mas via-se melhor nas folhas jovens; em outros, era tênue ao extremo. Ainda mais importante é o fato, corroborado pela autoridade de Hofmeister, de que os jovens caules e as folhas de todas as plantas se movem quando são balançadas; sabemos que, nas trepadeiras, os pés pedunculados e as gavinhas só são sensitivos nos primeiros estágios de desenvolvimento.

Não é verossímil que os tênues movimentos acima, devido ao toque ou ao balanço de órgãos tenros ou em crescimento, sejam funcionais para as plantas. Mas as plantas têm, em obediência a variados estímulos, poderes de movimento, de manifesta importância para elas. Por exemplo em direção à luz ou, mais raro, em oposição a ela; em oposição à tração gravitacional e, mais raramente, na mesma direção que ela. Quando os nervos e músculos de um animal são excitados pelo galvanismo ou pela absorção de estricnina, os movimento subsequentes podem ser considerados um resultado incidental, pois os nervos e músculos não se tornaram especialmente sensitivos a esses estímulos. Do mesmo modo, parece que as plantas, por terem o poder de se mover em obediência a certos estímulos, são excitadas de maneira incidental pelo toque ou ao serem balançadas. E não há dificuldade em admitir que, no caso das trepadeiras de folha e das portadoras de gavinha, essa tendência foi aproveitada e aprimorada por seleção natural. É provável, no entanto, por razões que dei em minha obra a respeito, que isso ocorra apenas em plantas que já adquiriram o poder de revolver e, assim, se tornaram fiadeiras.

Já tentei explicar como as plantas se tornam fiadeiras, a saber, pelo aumento da tendência a movimentos tênues e irregulares, que primeiro foram de uso a elas; e esse movimento, assim como o toque e o balançar, é resultado incidental do poder de movimento, adquirido para outros propósitos benéficos. Não pretendo decidir se, durante o gradual desenvolvimento de plantas trepadeiras, a seleção natural foi auxiliada ou não por efeitos hereditários do uso; mas sabemos que certos movimentos periódicos, por exemplo o dito sono das plantas, são governados pelo hábito.

Considerei um número suficiente, talvez mais do que suficiente, de casos cuidadosamente selecionados por um hábil naturalista empenhado em provar que a seleção natural é insuficiente para explicar os estágios incipientes de estruturas úteis; e mostrei, ou espero ter mostrado, que não há grandes dificuldades a respeito. Ofereceu-se assim uma boa oportunidade para discutir um pouco melhor a questão das gradações de estrutura, que, com frequência, estão associadas a funções estranhas – um tópico importante, que não fora suficientemente abordado em edições prévias desta obra. Recapitularei agora, de maneira breve, os pontos aqui examinados.

Para a produção de um quadrúpede notável como a girafa, seria suficiente a preservação contínua de indivíduos de alguma espécie de ruminante de altura considerável, dotado dos pescoções e das pernas mais longos e capaz de perscrutar um pouco mais alto que a média, além, é claro, da contínua destruição dos incapazes de alcançar tão alto; o uso prolongado de todas as partes, aliado à hereditariedade, seria importante para auxiliar nessa coordenação. Quanto aos muitos insetos que mimetizam variados objetos, não é improvável a crença de que uma similaridade acidental entre o animal e o objeto tenha sido a base para o trabalho de seleção natural, posteriormente aperfeiçoado pela ocasional preservação de variações mínimas que tornassem a semelhança ainda maior. É um processo que prosseguiria enquanto o inseto continuasse a variar e a semelhança maior ou menor lhe permitisse furtar-se a inimigos de visão aguçada. Em certas espécies de baleias, há uma tendência à formação de pequenos pontos irregulares no palato; e seria do escopo da seleção natural preservar todas as variações favoráveis até que os pontos fossem convertidos em nodos lamelados ou em dentes, como no bico de um ganso, depois em pequenas lamelas, como as de patos domésticos, em seguida em lamelas tão perfeitas como as do pato-escavador e, por fim, nas gigantescas placas franjadas da boca da baleia da Groenlândia. Na família dos patos, as lamelas primeiro foram utilizadas como dentes, depois em parte como dentes, em parte como aparato de peneiramento e, por fim, exclusivamente para este último propósito.

O hábito e o uso pouco ou nada podem em relação a estruturas como as lamelas de chifre ou de ossos de baleia, até onde podemos ver, em relação a seu desenvolvimento. Por outro lado, a transposição do olho inferior de um peixe achatado para o lado superior da cabeça e a formação de uma cauda preênsil podem ser atribuídos inteiramente ao uso contínuo, aliado à hereditariedade. Com relação às mamas dos animais superiores, a conjectura mais provável é que, primordialmente, as glândulas cutâneas sobre a superfície de um saco marsupial secretassem um fluido nutritivo; e a funcionalidade dessas glândulas teria se desenvolvido por seleção natural, concentrando-se em uma área confinada, formando assim uma mama. É mais difícil compreender como as espinhas ramificadas de antigos *Echinodermata*, que serviam para defesa, tornaram-se, por seleção natural, pedicelárias tridáctilas, do que entender a transformação das pinças dos crustáceos por meio de pequenas e proveitosas modificações em segmentos penúltimos e últimos de um membro anteriormente utilizado apenas para a locomoção. Nos aviculares e vibraculares dos *Polyzoa*, temos órgãos de aparência muito diferente que se desenvolveram a partir da mesma fonte; entrevê-se nos vibraculares como as sucessivas gradações poderiam ter sido úteis. Nos grãos de pólen de orquídeas, vê-se como os fios que originalmente serviram para manter juntos os grãos redundaram em caudículos; da mesma maneira, pode-se acompanhar os passos pelos quais material viscoso, como o secretado pelos estigmas de flores comuns, prestando-se, embora não exclusivamente, ao mesmo propósito, vieram a se ligar às extremidades livres dos caudículos, pois todas essas gradações são manifestamente benéficas para as plantas em questão. Com relação a plantas trepadeiras, não repetirei o que já foi dito.

Com frequência se põe a questão: se a seleção natural é mesmo tão potente, por que esta ou aquela estrutura não foi adquirida por certas espécies para as quais seria, ao que parece, vantajosa? Dada a nossa ignorância da história pregressa de certas espécies e das condições que atualmente determinam o número de seus indivíduos e como elas se distribuem, não é lícito esperar por respostas exatas a questões como essa. Na maioria dos casos, temos apenas razões gerais e, em uns poucos, há também razões específicas. Assim, para adaptar uma espécie a novas condições de vida, é praticamente indispensável a ocorrência de muitas modificações coordenadas, e é possível que, com frequência, as partes requeridas não tenham variado da maneira certa ou no grau correto. O aumento numérico de muitas espécies deve ter sido impedido por agenciamentos destrutivos, sem qualquer relação com certas estruturas que, imaginamos, foram adquiridas por seleção natural, pois parecem ser vantajosas à espécie. Nesse caso, como a luta pela vida não depende dessas estruturas, elas não poderiam ser adquiridas por seleção natural. Muitas vezes, condições complexas e de longa duração, com frequência peculiares, são necessárias ao desenvolvimento de uma estrutura; e pode ser que as condições necessárias raramente ocorram. A crença de que uma estrutura que, muitas vezes equivocadamente, nos parece benéfica à espécie, teria sido adquirida por seleção natural, é o oposto do que discernimos de sua maneira de atuação. O sr. Mivart não nega que a seleção natural tenha feito algo; mas considera "patentemente insuficiente" explicar, pelo seu agenciamento, os fenômenos a que eu me refiro. Seus principais argumentos foram devidamente considerados; passemos agora a outros. Parece-me que eles não têm caráter demonstrativo e têm pouco peso em comparação ao poder de seleção natural, auxiliado pelos outros princípios mencionados. Aproveito para acrescentar que alguns dos fatos e argumentos que mobilizei foram apresentados, com a mesma intenção, pelo autor de um bom artigo recentemente publicado na *Medico-chirurgical Review*.

Atualmente, quase todos os naturalistas admitem alguma forma de evolução. O sr. Mivart acredita que as espécies se modificam por "uma força ou tendência interna" da qual nada se sabe. Todos os evolucionários admitem que as espécies têm capacidade de mudar; mas não me parece necessário invocar qualquer força interna além da tendência à variação comum, que, com o auxílio da seleção humana, originou muitas raças domésticas bem-adaptadas e, com o da seleção natural, poderia também originar, gradativamente, raças ou espécies naturais. O resultado final, como foi explicado, seria um avanço, mas, em alguns casos, um retrocesso na organização.

O sr. Mivart inclina-se ainda a pensar (e outros naturalistas concordam com ele) que novas espécies se manifestam "de repente e com modificações que aparecem subitamente". Ele supõe, por exemplo, que as diferenças entre o *Hipparion* trípode, atualmente extinto, e o cavalo teriam surgido de súbito. Ele custa a crer que a asa de um pássaro "foi desenvolvida de outra maneira que não por uma modificação importante e acentuada, ocorrida de maneira relativamente repentina"; e parece disposto a estender essa mesma ideia às asas de morcegos e de pterodátilos. Essa conclusão implica grandes rupturas ou descontinuidades na série e parece-me, por isso, altamente improvável.

Todos os que creem em uma evolução lenta e gradual admitirão, obviamente, que mudanças específicas podem ser tão abruptas e significativas quanto qualquer outra variação particular que encontramos na natureza ou em domesticação. Mas, como as espécies são mais variáveis em estado doméstico ou cultivado do que em condições naturais, é pouco provável que modificações importantes ocorram com frequência de maneira abrupta na natureza, por mais que eventualmente se verifiquem em domesticação. Entre estas muitas podem ser atribuídas à reversão, e os caracteres que ressurgem são, provavelmente, em muitos casos, adquiridos de maneira gradual. Um número ainda maior deve ser considerado aberrações, como homens com seis dedos, homens porco-espinho, ovelhas ancon, gado Niata etc.; e, como diferem muito, quanto ao caráter, de espécies naturais, lançam pouca luz sobre o nosso assunto. Excetuando-se tais casos de variação abrupta, os poucos remanescentes constituem, se tanto, quando encontrados em estado de natureza, espécies dúbias, estreitamente aparentadas aos tipos progenitores.

Minhas razões para duvidar que as espécies naturais teriam se modificado tão abruptamente quanto algumas raças domésticas e para não dar crédito à ideia de que elas se modificariam da espantosa maneira sugerida pelo sr. Mivart são as seguintes. De acordo como nossa experiência, variações abruptas e bem marcadas ocorrem em produções domésticas de modo particular e em longos intervalos de tempo. Se ocorressem na natureza, poderiam, como foi explicado, se perder, devido a destruições acidentais e a cruzamentos subsequentes – tal como ocorre em domesticação, a não ser que variações abruptas desse gênero sejam especialmente preservadas e separadas pelo cuidado humano. Assim, para que uma nova espécie pudesse aparecer subitamente da maneira suposta pelo sr. Mivart, é praticamente inevitável postular, em oposição a toda a analogia, o surgimento simultâneo, em um mesmo distrito, de numerosos indivíduos espantosamente modificados de modo repentino. Essa dificuldade, tal como no caso da seleção não consciente pelo homem, é evitada pela teoria da evolução gradual, que postula a preservação de um grande número de indivíduos que variaram, em maior ou menor número, em uma direção favorável, e a destruição de um grande número dos que variaram em direção oposta.

Dificilmente se poderia duvidar que muitas espécies evoluíram de maneira muito gradual. As espécies e mesmo os gêneros de muitas famílias naturais têm entre si um parentesco tão próximo que não raro é difícil distingui-las. Em cada um dos continentes, ao proceder de norte a sul, de planícies a planaltos etc., deparamos com uma miríade de espécies estreitamente aparentadas ou representativas; e o mesmo pode acontecer em continentes diferentes; o que dá razão para pensar que estiveram um dia reunidos. Esta e outras observações que farei a seguir me levam a aludir aos tópicos discutidos mais à frente [nos capítulo IX a XII da primeira edição]. Contemplem-se as muitas ilhas próximas a um continente e se vê como a maioria de seus habitantes não vai além da categoria das espécies dúbias. O mesmo acontece quando investigamos tempos passados e comparamos espécies recentemente desaparecidas com as que hoje vivem na mesma área ou comparamos entre si as diferentes espécies fósseis preservadas nos diferentes estratos de uma mesma formação geológica. É manifesto que muitíssimas espécies extintas foram parentes próximas de outras que ainda existem ou que existiram até recentemente; o que nos impede de afirmar que se desenvolveram de maneira abrupta ou repentina. Tampouco há que esquecer que, quando examinamos as partes específicas de espécies aparentadas (e não as de espécies distintas), gradações numerosas, e maravilhosamente tênues, deixam-se reconstituir e permitem conectar as estruturas mais díspares.

Muitos grandes grupos só se tornam inteligíveis a partir do princípio de que as espécies evoluíram a passos muito lentos. Por exemplo, o fato de que espécies incluídas em gêneros maiores são mais estreitamente aparentadas entre si e apresentam maior número de variedades do que espécies de gêneros menores. As primeiras agrupam-se em pequenos nichos, como variedades em torno de uma espécie; e apresentam outras analogias com variedades, como foi visto no capítulo II desta obra. Esse mesmo princípio permite compreender por que caracteres específicos são mais variáveis do que caracteres genéricos e por que as partes que se desenvolvem em grau ou de maneira extraordinária são mais variáveis que outras partes da mesma espécie. Poderíamos aduzir muitos fatos análogos que apontam na mesma direção.

Tudo indica que muitas espécies foram produzidas a passos tão pequenos quanto os que separam tênues variedades, mas, mesmo assim, é plausível que algumas tenham se desenvolvido de maneira mais abrupta. Tal concessão, no entanto, só pode ser feita com base nas mais fortes evidências. As analogias vagas e, sob certos aspectos, falsas – como mostrou o sr. Chauncey Wright –, oferecidas em prol dessa doutrina da variação abrupta, como a súbita cristalização de substâncias inorgânicas ou a queda de um esferoide achatado de uma faceta a outra, não merecem nenhuma consideração. Há uma classe de fatos, porém, que, à primeira vista, sustenta a ideia de desenvolvimento repentino: a súbita aparição de novas e distintas formas de vida nas formações geológicas que conhecemos. Mas o valor dessa evidência depende inteiramente da qualidade do registro geológico de períodos remotos da história do mundo. E, caso o registro seja tão imperfeito como enfaticamente asseveram tantos geólogos, não haverá de surpreender a existência de formas que parecem ter se desenvolvido subitamente.

A não ser que admitamos transformações tão prodigiosas como as advogadas pelo sr. Mivart, como o desenvolvimento repentino das asas das aves e dos morcegos ou a súbita conversão de um *Hipparion* em um cavalo, dificilmente se obtém alguma luz a partir da teoria de modificações abruptas com base na ausência de elos nas formações geológicas conhecidas. Contra essa ideia, a embriologia registra um protesto veemente. É notório que as asas de pássaros e morcegos e as pernas de cavalos e outros quadrúpedes são indistinguíveis entre si, em estado embrionário, e depois diferenciam-se a passos imperceptivelmente tênues. Diferenças embriológicas de todo tipo podem ser explicadas, como veremos mais à frente [no capítulo XIII da primeira edição], pela variação dos progenitores de uma espécie existente desde a tenra juventude e pela transmissão à prole, em idade correspondente, dos caracteres recentemente adquiridos. O embrião permanece praticamente inalterado e serve como registro da condição passada da espécie. Isso explica por que espécies atualmente existentes muitas vezes se assemelham, nos primeiros estágios de seu desenvolvimento, a formas antigas ou extintas pertencentes à mesma classe. Nessa perspectiva, é inverossímil que um animal tenha passado por transformações tão importantes e abruptas como as mencionadas, sem, contudo, manter um traço sequer, em sua condição embrionária, de qualquer modificação abrupta, sendo que cada detalhe de sua estrutura é desenvolvido a passos imperceptivelmente sutis.

Quem defende que uma forma antiga qualquer sofreu uma transformação súbita, graças a uma força ou tendência interna, tem de assumir, contra toda a analogia, que muitos indivíduos variaram dessa mesma maneira. Mas a ideia de grandes mudanças estruturais abruptas contraria as transformações pelas quais a maioria das espécies parece ter passado. Pior ainda, o proponente das transformações súbitas será levado a conceber que muitas estruturas lindamente adaptadas a todas as outras partes de uma criatura, e às condições circundantes, foram produzidas de repente; mas não terá como explicar essas complexas e maravilhosas coadaptações; e terá forçosamente de admitir que não há vestígio, no embrião, dessas grandes e súbitas transformações. O que equivale, parece-me, a abandonar os domínios da ciência para adentrar os do miraculoso.

Autores e obras mencionadas na primeira edição de *A origem das espécies*

AGASSIZ, Jean Louis Rodolphe (1807-1873), naturalista suíço, discípulo de Georges Cuvier, professor em Neuchâtel e, depois, fundador do Museu de Zoologia Comparada em Harvard, nos EUA. Autor de um célebre *Essay on Classification* (1857) e de diversos textos redigidos contra a teoria de Darwin, entre eles o ensaio "Evolution and the Permanence of Type" (1874).

D'ARCHIAC, Adolphe (1802-1868), autor de *Histoire des progrès de la géologie*, 8 vols. (1847-1860).

AUDUBON, John James (1785-1851), ornitólogo estadunidense, autor de *Birds of America* (1827-1838).

AZARA, Félix de (1742-1821), naturalista espanhol, serviu a Coroa na América do Sul e foi autor de *Essais sur l'histoire naturelle des quadrupèdes de la province de Paraguay* (1801).

BABINGTON, Charles Cardale (1808-1895), botânico e entomólogo inglês, professor em Cambridge e autor de *Manual of British Botany* (1851).

BAKEWELL, Robert (1725-1795), pecuarista inglês famoso por seus métodos de criação de gado e de ovelhas, incluindo a introdução de variedades por cruzamento.

BARRANDE, Joachim (1800-1884), geólogo e paleontólogo francês, autor de *Système silurien du centre de la Bohême*, publicado, a partir de 1852, em 22 vols.

BENTHAM, George (1800-1884), botânico inglês, autor, com

Joseph Hooker, de *Genera Plantarum*, em 2 vols.

BERKELEY, Miles Joseph (1803–1889), botânico inglês, editor do *Journal of the Horticultural Society*.

BIRCH, Samuel (1813–1885), arqueólogo e egiptólogo inglês, pesquisador no Departamento de Antiguidades do British Museum.

BLYTH, Edward (1810–1873), naturalista inglês baseado em Calcutá, correspondente de Darwin.

BORROW, George Henry (1803–1881), viajante inglês.

BORY DE SAINT-VINCENT, Jean-Baptiste (1778–1846), naturalista francês, autor de *Voyage dans le quatre principales îles des mers de l'Afrique* (1804) e editor do *Dictionnaire classique d'histoire naturelle* em 17 vols. (1822–1831).

BOSQUET, Joseph Augustin Hubert (1814–1880), paleontólogo belga especializado no estudo de invertebrados.

BRENT, Bernard Pierce (?–1867), criador de pombos-ingleses, correspondente de Darwin.

BREWER, Thomas Mayo (1814–1880), médico e ornitólogo norte-americano, autor de *History of North American Birds*, 3 vols. (1874).

BRONN, Heinrich Georg (1800–1862), paleontólogo alemão, professor de história natural na Universidade de Heidelberg, autor de *Letkaea Geognostica*, 3 vols. (1851–1856) e primeiro tradutor de Darwin para o alemão.

BROWN, Robert (1773–1858), botânico escocês, autor de *Produmus florae Novae Holladiae* (1810).

BUCKLAND, William (1784–1856), geólogo e paleontólogo inglês, professor de mineralogia em Oxford, autor de *Mineralogy Considered with Reference to Natural Theology* (1836).

BUCKLEY, John (1770–?), pecuarista inglês.

BUCKMAN, James (1814–1884), professor na Universidade Real de Agricultura.

BURGESS, Joseph (1770–?), pecuarista inglês.

CANDOLLE, Alphonse Louis de (1806–1893), botânico

franco-suíço. Filho de Augustin, autor de *Essai élémentaire de géographie botanique* (1820) e de *Geographie botanique raisonnée, ou exposition des faits principaux et des lois concernant la distribution géographique des plantes de l'époque actuelle* (1855).

CANDOLLE, Augustin Pyramus de (1778–1841), botânico suíço, professor na Universidade de Montpellier, autor de um seminal *Essai élémentaire de géographie botanique* (1820), bastante utilizado por Lyell.

CASSINI, Alexandre Henri Gabriel de (1781–1832), botânico francês, autor de "Observations sur le style et le stigmate des synanthérées" (1813).

CAUTLEY, Proby Thomas (1802–1871), naturalista inglês, serviu na Índia e foi coautor, ao lado de Hugh Falconer, de *Fauna antiqua sivalensis* (1846).

CHAMBERS, Robert (1802–1871), geólogo escocês, autor do tratado *Vestiges of creation* (1844), publicado anonimamente. A autoria de Chambers só foi revelada após sua morte.

CLAUSEN, Peter (1804–1855), colecionador dinamarquês, serviu no Exército brasileiro.

CLIFT, William (1775–1849), anatomista inglês, curador do museu da Universidade Real de Cirurgiões.

COLLING, Charles (1751–1836), pecuarista inglês.

CUVIER, Frédéric (1773–1838), fisiologista francês, irmão caçula de Georges, professor de fisiologia comparada no Museu de História Natural de Paris e coautor, ao lado de Étienne Geoffroy Saint-Hilaire, de *Histoire naturelle des mammifères*, 4 vols. (1819–1842).

CUVIER, Georges (1769–1832), anatomista francês, pesquisador e professor, a partir de 1794, no Museu de História Natural de Paris, além de autor de numerosos estudos seminais, entre eles: *Leçons d'anatomie comparée* (1801), *Recherches sur les ossmens fossiles des quadrupèdes* (1812) e *Le Règne animal distribué d'après son organisation* (1817). Fundador da anatomia comparada e da taxonomia ramificada, defensor do fixismo das espécies e autor de uma teoria das catástrofes naturais, Cuvier se envolveu em vivas controvérsias com seus colegas de instituição: Lamarck e Étienne Geoffroy Saint-Hilaire.

DANA, James Wright (1813–1895), geólogo e zoólogo estadunidense, professor de história natural e de mineralogia em Yale e autor de *System of Mineralogy* (1843).

DOWNING, Andrew Jackson (1815–1852), horticultor estadunidense, autor do manual *The fruits and Fruit-trees of America* (1845).

EARL, George Windsor (?–1865), amigo de Darwin.

ÉLIE DE BEAUMONT, Jean-Baptiste (1798–1874), geólogo francês, autor de *Notice sur les systèmes des montagnes* (1852).

ELLIOT, Walter (1803–1887), conselheiro do governador de Madras.

EYTON, Thomas Campbell (1809–1880), naturalista inglês e amigo de Darwin.

FABRE, Jean-Henri Casimir (1823–1915), entomólogo francês.

FALCONER, Hugh (1808–1865), botânico e paleontólogo escocês, professor de botânica em Calcutá, coautor, com Thomas Cautley, de *Fauna antiqua Sivalensis* (1846).

FORBES, Edward (1815–1854), naturalista inglês, professor na Universidade de Edimburgo e autor de diversos artigos importantes, entre os quais "On the Manifestation of Polarity in the Distribution of Organized Beings in Time" (1854).

FRIES, Elias Magnus (1794–1878), botânico sueco, professor na Universidade de Lund e pioneiro da micologia.

GARDNER, George (1810–1849), botânico inglês e autor de *Travels in the Interior of Brazil* (1846).

GÄRTNER, Karl Friedrich von (1772–1850), botânico alemão, autor de *Versuche und Beobachtungen über die Bastarderzeugung im Pflazenreich* (1849).

GEOFFROY SAINT-HILAIRE, Étienne (1772-1844), anatomista e embriologista francês, pesquisador e professor, a partir de 1794, no Museu de História Natural de Paris, inventor da anatomia transcendental e autor de diversos estudos originais, entre os quais se destacam *Philosophie anatomique* (1818-1822) e *La Querelle des analogues* (1832), este último dedicado ao relato de sua polêmica com Cuvier, com um texto introdutório de Goethe.

GEOFFROY SAINT-HILAIRE, Isidore (1805-1861), zoólogo francês, filho de Étienne, autor de *Essais de zoologie générale* (1841).

GIROU DE BUZAREINGUES, Louis-François (1773-1856), agrônomo francês, autor do tratado *De La Génération* (1828).

GMELIN, Johann Georg (1709-1755), naturalista alemão, professor de química nas universidades de São Petersburgo e de Tübingen e autor de *Flora Sibirica* (1747-1749).

GODWIN-AUSTEN, Robert (1808-1884), geólogo inglês, aluno de William Buckland e secretário da Geological Society de Londres.

GOETHE, Johann Wolfgang von (1749-1832), poeta, crítico e naturalista alemão, autor de *A metamorfose das plantas* (1790), *Teoria das cores* (1810) e de outros numerosos escritos e fragmentos de história natural.

GOULD, Augustus Addison (1805-1866), zoólogo estadunidense, editor de *The Terrestrial and Airbeathing Mollusks of the United States* (1851-1855).

GOULD, John (1804-1881), ornitólogo, taxidermista da Zoological Society de Londres e autor de *The Birds of Europe* e *Birds of Australia*.

GRAY, Asa (1810-1888), botânico estadunidense, amigo e correspondente de Darwin, partidário de primeira hora de sua teoria, autor de *Essays and Reviews Pertaining to Darwinism* (1876). Presbiteriano ortodoxo, Gray não considerava que a teoria da descendência com modificação fosse incompatível com a crença religiosa.

GRAY, John Edward (1800-1875), zoólogo inglês, pesquisador do British Museum e autor de *Gleanings from the Menagerie and Aviary at Knowsley Hall* (1850).

HAMILTON SMITH, Charles (1776-1859), zoólogo britânico.

HARCOURT, Edward William (1825-1891), naturalista inglês, autor de *A Sketch of Madeira* (1851).

HEARNE, Samuel (1745-1792), explorador inglês, autor de *Journey from Fort Prince Wales in Hudson's Bay to the Northern Ocean* (1795) e modelo de Coleridge para o poema "The Rime of the Ancient Mariner" (1798).

HEER, Oswald (1809-1883), paleontólogo e botânico suíço, professor na universidade de Zurique e autor de *Flora Tertiaria Helvetiae*, 3 vols. (1855-1859).

HERBERT, William (1778-1847), naturalista inglês conhecido por experimentos de hibridização de flores.

HERON, *Sir* Robert (1765-1854), parlamentar inglês, realizou experimentos de hibridização com animais.

HERSCHEL, *Sir* John (1792-1871), matemático e astrônomo inglês, autor de *A Preliminary Discourse on the Study of Natural Philosophy* (1830), foi também correspondente de Lyell: é a uma carta endereçada a ele, tornada pública, que Darwin alude na primeira página de *A origem das espécies*.

HEUSINGER, Karl Friedrich (1792-1883), médico alemão autor de *Grundriss der Encyclopädie und Methodologie der Natur und Heikunde* (1839).

HEWITT, Edward (1850-?), criador de galináceos em Birmingham.

HOOKER, Joseph Dalton (1817-1911), botânico inglês, diretor dos Jardins Reais Botânicos de Kew, amigo de Darwin e autor de *The Botany of the Antarctic Voyage of H.M. Discovery Ships*, 2 vols. (1844-1847), e de *Flora Novae-Zelandiae*, 2 vols. (1853-1855).

HORNER, Leonard (1785-1864), geólogo escocês, correspondente de Darwin.

HUBER, Jean-Pierre (1777–1840), entomologista suíço, autor de *Recherches sur les moeurs des fourmis indigènes* (1810).

HUMBOLDT, Alexander von (1769–1859), naturalista prussiano, viajou pelo continente americano e produziu diversas obras que se tornaram célebres, tanto pelas virtudes literárias e filosóficas quanto pela pertinência científica, entre elas *Voyage aux régions équinoxiales du Nouveau Continent, fait en 1799–1804* (Paris, 1807–1834).

HUNTER, John (1728–1793), cirurgião e anatomista escocês, autor do tratado *Observations on Certain Parts of the Animal Economy*, cujas extensas coleções são exibidas no Hunterian Museum, em Glasgow.

HUTTON, Thomas (1807–1874), autor de numerosas descrições publicadas no *Calcutta Journal of Natural History*.

HUXLEY, Thomas Henry (1825–1895), zoólogo inglês, partidário e defensor das teorias de Darwin e autor de *Darwinian Essays* (1896).

JONES, John Matthew (1828–1888), zoólogo canadense, autor de numerosos estudos sobre a flora das Bermudas.

JUSSIEU, Adrien-Henri Laurent de (1797–1853), botânico francês, filho de Bernard e neto de Antoine, ambos botânicos, que, desde o início do século XVIII, desenvolveram estudos de taxonomia no Jardin des Plantes em Paris. Autor de *Taxonomie* (1848).

KIRBY, William (1759–1850), naturalista inglês, fundador da Linnean Society de Londres, autor de *Monographa apum angliae* (1802) e coautor, com William Spence, de *Introduction to Entomology*, 4 vols. (1815–1826).

KNIGHT, Thomas Andrew (1759–1838), botânico e horticultor inglês, autor de *A treatise on the Culture of the Apple and Pear* (1797).

KÖLREUTER, Joseph Gottlieb (1733–1806), botânico alemão, assistente na Academia de São Petersburgo e autor do tratado de hibridização

Vorläufige Nachricht, 4 vols. (1761-1766).

LAMARCK, Jean-Baptiste (1744-1829), naturalista francês, pesquisador no Jardin des Plantes a partir de 1787, depois professor no Museu de História Natural de Paris, autor de numerosas obras que se tornaram clássicas, entre as quais se destacam: *Philosophie Zoologique*, 2 vols. (1809), e *Histore naturelle des animaux sans vertèbres* (1815). Opôs-se a Cuvier, defendendo uma teoria que posteriormente se tornou conhecida pelo nome de transformismo e foi adotada por Étienne Geoffroy Saint-Hilaire. A contribuição de Lamarck para a biologia evolutiva tem sido cada vez mais reconhecida pelos estudiosos.

LEPSIUS, Karl Richard (1810-1884), egiptólogo prussiano, professor na Universidade de Berlim e autor de *Denkmäler aus Aegyptien und Aethiopien*, 12 vols. (1845).

LEROY, Charles-Georges (1723-1789), naturalista francês, superintendente de caça da Coroa, enciclopedista e autor de *Lettres philosophiques sur l'intelligence et la perfectibilité des animaux* (1764).

LINEU, Carl von (1707-1778), naturalista sueco, criador do moderno sistema de taxonomia por meio da identificação do órgão sexual das plantas, exposto na obra seminal *Systema Naturae* (1735), um dos principais tratados de história natural da época moderna.

LIVINGSTONE, David (1813-1873), missionário escocês na África, autor de *Missionary Travels and Researches in South Africa* (1857).

LUBBOCK, *Sir* John (1834-1913), entomologista inglês, vizinho de Darwin e autor de *Ants, Bees, and Wasps* (1882).

LUCAS, Prosper (1805-1855), médico francês, autor de *Traité philosophique et physiologique de l'hérédité naturelle* (1847).

LUND, Peter Wilhelm (1801–1880), naturalista dinamarquês, desenvolveu estudos na caverna de Lagoa Santa, em Minas Gerais. É autor de numerosos escritos em dinamarquês, coligidos em português sob o título *Memórias sobre a paleontologia brasileira*.

LYELL, Sir Charles (1797–1885), geólogo inglês, amigo de Darwin, considerado o fundador da geologia moderna. Lyell é autor de dois estudos seminais: *The Principles of Geology*, 2 vols. (1830–33), e *The Antiquity of Man* (1863), nos quais é introduzida a noção de tempo geológico, central para Darwin.

MACLEAY, William Sharpe (1792–1865), entomologista inglês, autor da obra de taxonomia *Horae Entomologicae* (1819).

MALTHUS, Thomas Robert (1766–1834), economista inglês, autor de *An essay on the Principle of Population* (1798), que introduziu em economia o princípio da escassez de recursos e se mostrou fundamental à intuição que levou Darwin à sua teoria sobre os seres vivos.

MARSHALL, William (1745–1818), agricultor inglês, autor de uma *General Survey* da economia rural inglesa, publicada em diversos volumes a partir de 1790.

MARTENS, Martin Charles (1797–1863), professor belga de botânica e química na Universidade de Louvain, Bélgica, e autor de artigos publicados no *Bulletin de la Société Botanique de France*.

MARTIN, William Charles Linnaeus (1798–1864), naturalista inglês, curador dos museus da Zoological Society de Londres e autor de uma *The History of the Horse* (1845).

MATTEUCCI, Carlo (1811–1868), médico italiano, autor de *Electro-physiological Researches* (1847).

MILLER, Hugh (1802–1856), geólogo escocês, autor de *The Testimony of the Rocks* (1857).

MILLER, William Hallowes (1801–1880), professor inglês de mineralogia em

Cambridge e membro da Royal Society.

MILNE-EDWARDS, Henri (1800-1885), zoólogo e fisiologista francês, professor do Museu de História Natural de Paris e autor de *Histoire naturelle des crustacés* (1837-41) e de *Histoire des coralliaires* (1858-1860).

MOQUIN-TANDON, Christian (1804-1863), naturalista francês, professor em Marselha e autor de *Éléments de tératologie végétale* (1841).

MORTON, Lord (1761-1827), naturalista escocês associado à Royal Society, autor de um artigo notório sobre mulas.

MÜLLER, Ferdinand von (1825-1896), médico e botânico alemão, diretor do Jardim Botânico de Melbourne e autor de *The Native plants of Victoria*, 2 vols. (1860-65) e de *Fragmenta Phytographiae Australiae*, 11 vols. (1862-1865).

MÜLLER, Johannes Peter (1801-1858), fisiologista e anatomista alemão, professor na Universidade Humboldt em Berlim e autor de *Handbuch der Physiologie des Menschen* (1833).

MURCHISON, *Sir* Roderick (1792-1871), geólogo escocês, serviu em diversas instituições científicas britânicas e foi autor de numerosos tratados importantes, dentre os quais *The Silurian System* (1839).

MURRAY, *Sir* Charles Augustus (1806-1895), diplomata inglês, cônsul-geral no Egito, contato de Darwin.

NEWMAN, Henry Wenman (1788-1898), apicultor inglês, publicou artigos no *Cottage Gardener* e no *Journal of Horticulture*.

NOBLE, Charles (1817-1892), jardineiro inglês, coautor, com John Standish, de *Practical Hints on Planting Ornamental Trees* (1852).

D'ORBIGNY, Alcide (1802-1857), naturalista francês ligado a Cuvier, autor de *Prodrome de la paléontologie stratigraphique* (1849).

OWEN, *Sir* Richard (1804-1892), paleontólogo e anatomista inglês, professor na Universidade Real de

Cirurgiões e no British Museum, teve papel decisivo na criação do Museu de História Natural de Londres. Adversário de primeira hora da teoria de Darwin, é autor de importantes escritos, como *Lectures on the Comparative Anatomy and Physiology of Invertebrate Animals* (1843), *On the Archetype and Homologies of the Vertebrate Skeleton* (1848), *On the Nature of Limbs* (1849) e *On the Anatomy of Vertebrates* (1868).

PALEY, Reverendo William (1743-1805), teólogo inglês, autor de *Natural Theology* (1802).

PALLAS, Peter Simon (1741-1811), zoólogo alemão, professor de história natural em São Petersburgo.

PHILIPPI, Rudolph (1808-1904), geólogo e paleontólogo alemão, autor de um estudo sobre os moluscos da Sicília (1836).

PICTET DE LA RIVE, François Jules (1809-1872), zoólogo e paleontólogo suíço, professor da Universidade de Genebra, autor de *Traité élémentaire de paléontologie* (1844-46).

PIERCE, James (séc. XIX), naturalista estadunidense, autor de *Memoir on the Catskill Mountains* (1823).

PLÍNIO, o Velho, (23-79 d.C.), filósofo romano, autor de uma magnífica *História natural*.

POOLE, Skeffington (séc. XIX), correspondente de Darwin.

PRESTWICH, *Sir* Joseph (1812-1896), geólogo inglês, autor de *Geology: Chemical, Physical, and Stratigraphical* (1886), 2 vol.

RAMOND, Louis-François (1753-1827), célebre explorador francês dos Pirineus.

RAMSAY, *Sir* Andrew Crombie (1814-1891), geólogo escocês, professor da Royal School of Mines, autor de *The Physical Geology and Geography of Great Britain* (1894) e correspondente de Darwin.

RENGGER, Johann Rudolf (1795-1832), naturalista suíço, autor de *Naturgeschichte der Säugethiere von Paraguay* (1830).

RICHARD, Louis-Claude Marie (1754-1821), botânico francês, discípulo de Bernard de Jussieu e professor da Escola de Medicina em Paris.

RICHARDSON, Sir John (1787-1865), naturalista escocês, explorador do ártico e autor de *Fauna Boreali Americana*, 4 vols. (1829-1837).

ROULIN, François Désiré (1796-1874), naturalista francês, viveu na América Central; é autor do artigo *Recherches sur quelques changements observés dans les animaux domestiques transportés de l'ancien dans le nouveau continent* (1835).

SAGARET, Augustin (1763-1851), botânico e horticultor francês, autor de *Pomologie physiologique* (1830).

SAINT-HILAIRE, Augustin François de (1799-1853), naturalista francês, viajou extensamente pelo Brasil. Além de relatos de suas terras, foi autor também de tratados de botânica, notadamente *Histoire des plantes les plus remarquables du Brésil et du Paraguay* (1824) e *Leçons de botanique comprenant principalement la morphologie végétale* (1841).

ST. JOHN, Charles (1809-1856), naturalista inglês, autor de *Wild Sports and Natural History of the Scottish Highlands* (1845).

SCHIØDTE, Jørgen Matthias (1815-1884), zoólogo dinamarquês, professor e curador do Museu de Copenhagen.

SCHLEGEL, Hermann (1804-1884), ornitólogo alemão, coautor de *Flora Japonica* (1833) e autor de *Essai sur la physionomie des serpents* (1837).

SEBRIGHT, John Saunders (1767-1873), agricultor inglês, autor de *The Art of Improving the Breeds of Domestic Animals* (1809) e de *Observations upon the Instinct of Animals* (1836).

SEDGWICK, Adam (1785-1873), geólogo inglês, professor em Cambridge, de quem Darwin foi aluno, coautor, com Roderick Muchison, de *On the Silurian Cambrian systems* (1835).

SILLIMAN JR., Benjamin (1816-1885), professor estadunidense de química em Yale, editou, ao lado de seu pai, o *American Journal of Sciences and Arts*.

SMITH, Frederick (1805-1879), entomologista inglês, autor de diversos artigos importantes sobre formigas e abelhas.

SMITH, James (1782-1867), geólogo escocês.

SOMERVILLE, Lord John Southey (1765-1819), criador inglês de ovelhas.

SPENCER, Lord John (1782-1845), presidente da Royal Agricultural Society.

SPRENGEL, Christian Konrad (1750-1816), botânico alemão, autor do influente tratado *Das entdeckte Geheimnis der Natur im Bau und in der Befruchtung der Blumen* (1793).

STEENSTRUP, Johannes (1813-1897), naturalista dinamarquês, professor de zoologia da Universidade de Copenhagen e autor de *On the Alternation of Generations* (1845).

STRICKLAND, Hugh Edwin (1811-1853), geólogo e zoólogo inglês, promotor da reforma taxonômica na década de 1840.

TAUSCH, Ignaz Friedrich (1793-1848), naturalista checo, professor de botânica em Praga e autor de *Hortus Canalius* (1823).

TEGETMEIER, William Bernhard (1816-1912), criador de pombos inglês, escreveu artigos para o *Cottage Gardener*.

TEMMINCK, Coenraad Jacob (1778-1858), ornitólogo holandês, diretor do Museu Nacional de Leiden e autor de *Histoire naturelle générale des pigeons et des gallinacés* (1813-1815) e de *Manuel d'ornithologie* (1815).

THOUIN, André (1747-1824), horticultor francês, autor de uma *Monographie des greffes*.

THURET, Gustave Adolphe (1817-1875), botânico francês, autor de *Études phycologiques* (1878).

THWAITES, George (1811-1882), botânico inglês, curador do Jardim Botânico do Sri Lanka.

TOMES, Robert Fisher (1823-1904), fazendeiro e zoólogo inglês especialista em morcegos.

VALENCIENNES, Achille (1794-1865), zoólogo

francês, aluno de Cuvier, auxiliou este último na redação de *Histoire naturelle des poissons*, 22 vols. (1842).

VAN MONS, Jean-Baptiste (1765-1842), farmacêutico belga, professor da Universidade de Louvain e autor de *Arbres fruitiers* (1836).

VERNEUIL, Édouard de (1805-1873), geólogo e paleontólogo francês, presidente da Société Géologique de France.

WALLACE, Alfred Russell (1823-1913), naturalista britânico natural do País de Gales, formulou o princípio da seleção natural paralelamente a Darwin. Autor de estudos considerados pioneiros na ciência da biogeografia, como *The Malay Archipelago* (1869), *The Geographical Distribution of Animals* (1876) e *Island life* (1880).

WATERHOUSE, George Robert (1810-1888), curador da Zoological Society de Londres e autor de *Natural History of Animals*, 2 vols. (1846-48).

WATSON, Hewett Cottrell (1804-1881), botânico inglês, autor do tratado *Cybele Britannica, or British Plants and their Geographical Relations* (1847-1859).

WESTWOOD, John Obadiah (1805-1893), entomólogo inglês, curador do Museu da Universidade de Oxford e autor de *Thesaurus Entomologicus Oxoniensis* (1874).

WOLLASTON, Thomas Vernon (1822-1878), entomólogo inglês, pesquisador na ilha da Madeira, autor, entre outras obras, de *On the Variation of Species, with Special Reference to the Insecta* (1856) e de *Coleoptera Atlantidum* (1865) e adversário imediato de Darwin.

WOODWARD, Henry (1832-1921), paleontólogo britânico, especialista em crustáceos e editor da *Geological Magazine*.

YOUATT, William (1776-1847), veterinário inglês, autor de obras de referência, como *The Horse* (1831) e *The Dog* (1845).

Sobre o tradutor

PEDRO PAULO PIMENTA nasceu na cidade de São Paulo em 1970. Iniciou seus estudos no Departamento de Filosofia da USP em 1990, defendendo sua tese de doutorado em 2002. Três anos depois, tornou-se professor de história da filosofia moderna na mesma instituição, na qual hoje é livre-docente. Publicou *A imaginação crítica* (Azougue, 2013) e *A trama da natureza* (Unesp, 2018), entre outros livros. Levado em parte pela necessidade, em parte pelo gosto, realizou traduções de autores como Gibbon (*Ensaios de história*, Iluminuras, 2013), Hume (*História da Inglaterra*, Unesp, 2014), Diderot e D'Alembert (*Enciclopédia*, Unesp, 2014–2016, com Maria das Graças de Souza) e Condillac (*Ensaio sobre os conhecimentos humanos*, Unesp, 2018). Dedica-se atualmente a estudos sobre as relações entre filosofia e história natural no século XVIII e XIX.

Sobre o ilustrador

ALEX CERVENY nasceu na cidade de São Paulo em 1963. Com formação independente, transita entre o desenho, a pintura, a gravura e a escultura. Como ilustrador, colaborou regularmente em jornais e revistas. Ilustrou duas edições de obras icônicas, *Pinóquio* e *Decameron* (ambos pela editora Cosac Naify), com as quais recebeu o prêmio Marcantonio Vilaça, da Funarte, pelos "Clichés-verres" da primeira, e um prêmio Jabuti pelas ilustrações da última, em 2013. No ano seguinte, recebeu novamente um prêmio Jabuti de ilustração pelos desenhos de *Labirinto* (Laranja Original). Sua obra é representada pela galeria Casa Triângulo.

© Ubu Editora, 2018
© Pedro Paulo Pimenta, 2018
© Alex Cerveny, 2018

Coordenação editorial FERNANDA DIAMANT e FLORENCIA FERRARI
Assistentes editoriais ISABELA SANCHES e JÚLIA KNAIPP
Preparação MARIANA DELFINI
Revisão RITA SAM e ROBERTA AMARAL
Design ELAINE RAMOS
Assistente de design LIVIA TAKEMURA
Produção gráfica MARINA AMBRASAS
Tratamento de imagem CARLOS MESQUITA

Imagens das páginas 22 e 25
CHARLES DARWIN PAPERS / UNIVERSITY OF CAMBRIDGE

*Nesta edição, respeitou-se o novo
Acordo Ortográfico da Língua Portuguesa*

5ª reimpressão, 2024

Dados Internacionais de Catalogação na Publicação (CIP)
Bibliotecária Bruna Heller – CRB 10/2348

Darwin, Charles [1809–1882]
A origem das espécies por meio de seleção natural, ou
A preservação das raças favorecidas na luta pela vida /
Charles Darwin; organização, apresentação e tradução
Pedro Paulo Pimenta / São Paulo: Ubu Editora, 2018. /
800 pp. 33 ils. / ISBN 978 85 92886 86 8

---

1. Evolução (Biologia) 2. Seleção natural 3. Biologia.
4. Vida – Origem I. Pimenta, Pedro Paulo II. Título

CDU 575.8

Índice para catálogo sistemático:
1. Evolução/Origem das espécies 575.8

UBU EDITORA
Largo do Arouche 161 sobreloja 2
01219 011 São Paulo SP
(11) 3331 2275
ubueditora.com.br
professor@ubueditora.com.br

Tipografia ARNHEM e GALANO GROTESQUE
Papel OFFSET 75 G/M^2
Impressão MARGRAF